电力工程设计手册

01 火力发电厂总图运输设计
02 火力发电厂热机通用部分设计
03 火力发电厂锅炉及辅助系统设计
04 火力发电厂汽轮机及辅助系统设计
05 火力发电厂烟气治理设计
06 燃气-蒸汽联合循环机组及附属系统设计
07 循环流化床锅炉附属系统设计
08 火力发电厂电气一次设计
09 火力发电厂电气二次设计
10 火力发电厂仪表与控制设计
11 火力发电厂结构设计
12 火力发电厂建筑设计
13 火力发电厂水工设计
14 火力发电厂运煤设计
15 火力发电厂除灰设计
16 火力发电厂化学设计
17 火力发电厂供暖通风与空气调节设计
18 火力发电厂消防设计
19 火力发电厂节能设计

20 架空输电线路设计
21 电缆输电线路设计
22 换流站设计
23 变电站设计

24 电力系统规划设计
25 岩土工程勘察设计
26 工程测绘
27 工程水文气象
28 集中供热设计
29 技术经济
30 环境保护与水土保持
31 职业安全与职业卫生

电力工程设计手册

燃气－蒸汽联合循环机组及附属系统设计

中国电力工程顾问集团有限公司
中国能源建设集团规划设计有限公司 编著

Power Engineering Design Manual

中国电力出版社

内 容 提 要

本书是《电力工程设计手册》系列手册中的一个分册，是专门针对燃气－蒸汽联合循环机组按电力行业热机专业的设计要求编写的实用性工具书，可以满足燃气－蒸汽联合循环机组各设计阶段的内容深度要求。主要内容包括燃气－蒸汽联合循环机组的发展历程以及设计原则、设计过程、设计内容与深度、主要技术经济指标计算，燃气轮机、余热锅炉、汽轮机和发电机的特点、分类和选型，联合循环机组配置和性能优化，各个附属系统的功能和范围、系统拟定、设计参数选取、设备选型、管道规格及材料、布置要求和联锁条件，主厂房和辅助车间布置，爆炸危险区域划分和防爆措施，天然气管道、燃油管道和管道通用设计等。为了便于读者使用，本书还列举了大量的典型设计案例。

本书充分吸纳了新型燃气－蒸汽联合循环机组发电厂建设的先进理念和成熟技术，力求全面反映近年来我国燃气－蒸汽联合循环机组发电厂热机专业的新技术、新设备和新工艺。

本书是供燃气－蒸汽联合循环机组发电厂专业设计、施工、运行和管理人员使用的工具书，也可供高等院校相关专业的师生参考使用。

图书在版编目（CIP）数据

电力工程设计手册. 燃气－蒸汽联合循环机组及附属系统设计/中国电力工程顾问集团有限公司，中国能源建设集团规划设计有限公司编著. —北京：中国电力出版社，2019.6

ISBN 978-7-5198-2671-0

Ⅰ. ①电… Ⅱ. ①中… ②中… Ⅲ. ①燃气－蒸汽联合循环发电－发电机组－设计－手册 Ⅳ. ①TM7-62 ②TM611.31-62

中国版本图书馆 CIP 数据核字（2018）第 273128 号

出版发行：中国电力出版社
地　　址：北京市东城区北京站西街 19 号（邮政编码 100005）
网　　址：http://www.cepp.sgcc.com.cn
印　　刷：北京盛通印刷股份有限公司
版　　次：2019 年 6 月第一版
印　　次：2019 年 6 月北京第一次印刷
开　　本：787 毫米×1092 毫米　16 开本
印　　张：21.25
字　　数：776 千字　2 插页
印　　数：0001—1500 册
定　　价：140.00 元

《燃气—蒸汽联合循环机组及附属系统设计》
编 写 组

主　　编　詹　扬　汤晓舒
副 主 编　刘　利　钟文英
参编人员（按姓氏笔画排序）
尹掳瀛　陈旭明　林　磊　周长年　段丽平　姜树栋
袁雄俊　倪　超　徐梓原　彭红文　虞　强

《燃气—蒸汽联合循环机组及附属系统设计》
编辑出版人员

编审人员　宋红梅　董艳荣　胡顺增　张运东
出版人员　王建华　邹树群　黄　蓓　常燕昆　陈丽梅　郑书娟
王红柳　赵姗姗　单　玲

序 言

改革开放以来，我国电力建设开启了新篇章，经过40年的快速发展，电网规模、发电装机容量和发电量均居世界首位，电力工业技术水平跻身世界先进行列，新技术、新方法、新工艺和新材料得到广泛应用，信息化水平显著提升。广大电力工程技术人员在多年的工程实践中，解决了许多关键性的技术难题，积累了大量成功的经验，电力工程设计能力有了质的飞跃。

电力工程设计是电力工程建设的龙头，在响应国家号召，传播节能、环保和可持续发展的电力工程设计理念，推广电力工程领域技术创新成果，促进电力行业结构优化和转型升级等方面，起到了积极的推动作用。为了培养优秀电力勘察设计人才，规范指导电力工程设计，进一步提高电力工程建设水平，助力电力工业又好又快发展，中国电力工程顾问集团有限公司、中国能源建设集团规划设计有限公司编撰了《电力工程设计手册》系列手册。这是一项光荣的事业，也是一项重大的文化工程，彰显了企业的社会责任和公益意识。

作为中国电力工程服务行业的“排头兵”和“国家队”，中国电力工程顾问集团有限公司、中国能源建设集团规划设计有限公司在电力勘察设计技术上处于国际先进和国内领先地位，尤其在百万千瓦级超超临界燃煤机组、核电常规岛、洁净煤发电、空冷机组、特高压交直流输变电、新能源发电等领域的勘察设计方面具有技术领先优势；另外还在中国电力勘察设计行业的科研、标准化工作中发挥着主导作用，承担着电力新技术的研究、推广和国外先进技术的引进、消化和创新等工作。编撰《电力工程设计手册》，不仅系统总结了电力工程设计经验，而且能促进工程设计经验向生产力的有效转化，意义重大。

这套设计手册获得了国家出版基金资助，是一套全面反映我国电力工程设计领域自有知识产权和重大创新成果的出版物，代表了我国电力勘察设计行业的水平和发展方向，希望这套设计手册能为我国电力工业的发展作出贡献，成为电力行业从业人员的良师益友。

汪建平

2019年1月18日

总前言

电力工业是国民经济和社会发展的基础产业和公用事业。电力工程勘察设计是带动电力工业发展的龙头，是电力工程项目建设不可或缺的重要环节，是科学技术转化为生产力的纽带。新中国成立以来，尤其是改革开放以来，我国电力工业发展迅速，电网规模、发电装机容量和发电量已跃居世界首位，电力工程勘察设计能力和水平跻身世界先进行列。

随着科学技术的发展，电力工程勘察设计的理念、技术和手段有了全面的变化和进步，信息化和现代化水平显著提升，极大地提高了工程设计中处理复杂问题的效率和能力，特别是在特高压交直流输变电工程设计、超超临界机组设计、洁净煤发电设计等领域取得了一系列创新成果。“创新、协调、绿色、开放、共享”的发展理念和全面建成小康社会的奋斗目标，对电力工程勘察设计工作提出了新要求。作为电力建设的龙头，电力工程勘察设计应积极践行创新和可持续发展理念，更加关注生态和环境保护问题，更加注重电力工程全寿命周期的综合效益。

作为电力工程服务行业的“排头兵”和“国家队”，中国电力工程顾问集团有限公司、中国能源建设集团规划设计有限公司（以下统称“编著单位”）是我国特高压输变电工程勘察设计的主要承担者，完成了包括世界第一个商业运行的1000kV特高压交流输变电工程、世界第一个±800kV特高压直流输电工程在内的输变电工程勘察设计工作；是我国百万千瓦级超超临界燃煤机组工程建设的主力军，完成了我国70%以上的百万千瓦级超超临界燃煤机组的勘察设计工作，创造了多项“国内第一”，包括第一台百万千瓦级超超临界燃煤机组、第一台百万千瓦级超超临界空冷燃煤机组、第一台百万千瓦级超超临界二次再热燃煤机组等。

在电力工业发展过程中，电力工程勘察设计工作者攻克了许多关键技术难题，形成了一整套先进设计理念，积累了大量的成熟设计经验，取得了一系列丰硕的设计成果。编撰《电力工程设计手册》系列手册旨在通过全面总结、充实和完善，引导电力工程勘察设计工作规范、健康发展，推动电力工程勘察设计行业技术水平提升，助力电力工程勘察设计从业人员提高业务水平和设计能力，以适应新时期我国电力工业发展的需要。

2014 年 12 月，编著单位正式启动了《电力工程设计手册》系列手册的编撰工作。《电力工程设计手册》的编撰是一项光荣的事业，也是一项艰巨和富有挑战性的任务。为此，编著单位和中国电力出版社抽调专人成立了编辑委员会和秘书组，投入专项资金，为系列手册编撰工作的顺利开展提供强有力的保障。在手册编辑委员会的统一组织和领导下，700 多位电力勘察设计行业的专家学者和技术骨干，以高度的责任心和历史使命感，坚持充分讨论、深入研究、博采众长、集思广益、达成共识的原则，以内容完整实用、资料翔实准确、体例规范合理、表达简明扼要、使用方便快捷、经得起实践检验为目标，参阅大量的国内外资料，归纳和总结了勘察设计经验，经过几年的反复斟酌和锤炼，终于编撰完成《电力工程设计手册》。

《电力工程设计手册》依托大型电力工程设计实践，以国家和行业设计标准、规程规范为准绳，反映了我国在特高压交直流输变电、百万千瓦级超超临界燃煤机组、洁净煤发电、空冷机组等领域的最新设计技术和科研成果。手册分为火力发电工程、输变电工程和通用三类，共 31 个分册，3000 多万字。其中，火力发电工程类包括 19 个分册，内容分别涉及火力发电厂总图运输、热机通用部分、锅炉及辅助系统、汽轮机及辅助系统、燃气-蒸汽联合循环机组及附属系统、循环流化床锅炉附属系统、电气一次、电气二次、仪表与控制、结构、建筑、运煤、除灰、水工、化学、供暖通风与空气调节、消防、节能、烟气治理等领域；输变电工程类包括 4 个分册，内容分别涉及架空输电线路、电缆输电线路、换流站、变电站等领域；通用类包括 8 个分册，内容分别涉及电力系统规划、岩土工程勘察、工程测绘、工程水文气象、集中供热、技术经济、环境保护与水土保持、职业安全与职业卫生等领域。目前新能源发电蓬勃发展，编著单位将适时总结相关勘察设计经验，编撰有关新能源发电方面的系列设计手册。

《电力工程设计手册》全面总结了现代电力工程设计的理论和实践成果，系统介绍了近年来电力工程设计的新理念、新技术、新材料、新方法，充分反映了当前国内外电力工程设计领域的重要科研成果，汇集了相关的基础理论、专业知识、常用算法和设计方法。全套书注重科学性、体现时代性、强调针对性、突出实用性，可供从事电力工程投资、建设、设计、制造、施工、监理、调试、运行、科研等工作的人员使用，也可供电力和能源相关教学及管理工作者参考。

《电力工程设计手册》的编撰和出版，凝聚了电力工程设计工作者的集体智慧，展现了当今我国电力勘察设计行业的先进设计理念和深厚技术底蕴。《电力工程设计手册》是我国第一部全面反映电力工程勘察设计成果的系列手册，且内容浩繁，编撰复杂，其中难免存在疏漏与不足之处，诚恳希望广大读者和专家批评指正，以期再版时修订完善。

在此，向所有关心、支持、参与编撰的领导、专家、学者、编辑出版人员表示衷心的感谢！

《电力工程设计手册》编辑委员会

2019年1月10日

《燃气—蒸汽联合循环机组及附属系统设计》是《电力工程设计手册》系列手册之一。

本书是专门针对燃气—蒸汽联合循环机组设计要求编写的实用性工具书，重点讲述燃气轮机容量为B级及以上的燃气—蒸汽联合循环机组。编写时，在全面总结燃气—蒸汽联合循环机组发电厂热机设计、施工、运行和管理经验的基础上，特别吸收了近年来新型燃气—蒸汽联合循环机组发电厂设计和建设的先进理念和成熟技术，广泛收集了燃气—蒸汽联合循环机组发电厂热机设计的成熟先进案例，力求全面反映进入21世纪以来燃气—蒸汽联合循环机组发电厂工程建设中使用的新技术、新设备、新工艺，希望本书能够为提高燃气—蒸汽联合循环机组发电厂热机专业设计质量，提升设计水平，实现燃气—蒸汽联合循环机组发电厂系统设计的标准化、规范化，促进绿色、节能、环保型燃气—蒸汽联合循环机组发电厂建设起到指导作用。

本书强调实用性，可以满足燃气—蒸汽联合循环机组发电厂前期工作、初步设计、施工图设计等阶段的深度要求。本书结合燃气—蒸汽联合循环机组的特点，按照现行的国家、行业政策和标准规定，介绍了燃气—蒸汽联合循环机组的发展历程以及设计原则、设计过程、设计内容与深度、专业配合、主要技术经济指标计算，燃气轮机、余热锅炉、汽轮机和发电机的特点、分类和选型，联合循环机组配置和性能优化，各个附属系统的功能和范围、系统拟定、设计参数选取、设备选型、管道规格及材料、布置要求和联锁条件，主厂房和辅助车间布置，爆炸危险区域划分和防爆措施，天然气管道、燃油管道和管道通用设计等。为了便于读者使用，本书还列举了大量的典型案例。

本书主编单位为中国电力工程顾问集团华北电力设计院有限公司，参编单位为中国电力工程顾问集团华东电力设计院有限公司。本书由詹扬、汤晓舒担任主编，负责总体框架设计、全书审核，并撰写前言；刘利、钟文英担任副主编，负责校核；刘利编写第一章第一、二节，钟文英编写第一章第三节和第九章；袁雄俊、段丽平编写第二章；段丽平编写第三章第一、二节和第五、十二章；彭红文编写第三章第三节；姜树栋、虞强编写第四、六章；周长年编写第七章；徐梓原编写第八章；尹虤瀛编写第十章；袁雄俊编写第十一章；林磊、陈旭明、倪超编写第十三章。

本书是供燃气—蒸汽联合循环机组发电厂热机设计、施工、运行和管理人员使用的工具书，也可供热能动力专业师生、电力企业或相关企业的技术和管理人员参考使用。

《燃气—蒸汽联合循环机组及附属系统设计》编写组

2019 年 1 月

目　录

第一章 综　　述

第一节　燃气—蒸汽联合循环机组发展简述

一、燃气轮机的发展

燃气轮机是近几十年迅速发展起来的热能动力机械，是经过压气机将吸入的外界空气压缩，在燃烧室与燃料混合燃烧加热后，将产生的高压高温燃气送入透平膨胀做功，把热能转变为机械能的旋转原动机。燃气轮机由压气机、燃烧室、燃气透平、控制系统及辅助设备组成。它是继汽轮机和内燃机问世之后，吸取了两者之长研制而成的。它的内燃式加旋转式的动力结构，既避免了汽轮机组需要配置庞大的锅炉，也回避了内燃机中将往复式运动转换成旋转式运动而导致的设备结构复杂、磨损大和运转稳定性差等不利因素，是目前具有市场应用前景的第三代动力机械。

由压气机、燃烧室和燃气透平三大部件组成的燃气轮机循环称为简单循环，见图1-1。它的结构简单，充分体现出燃气轮机所特有的体积小、质量轻、启动快、自动化程度高等特点，已获得广泛应用。

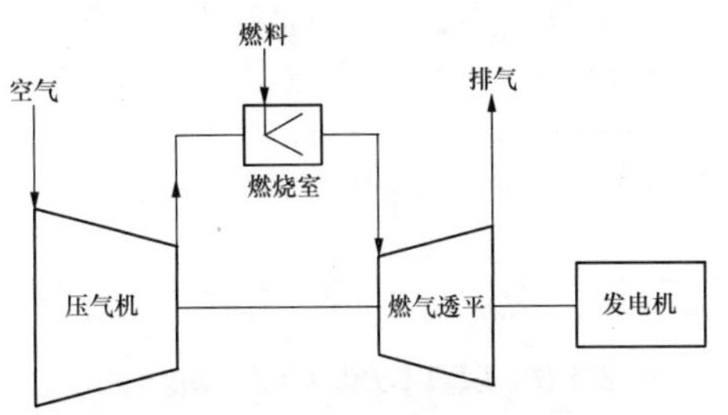

图1-1　燃气轮机简单循环示意图

1939年，世界上第一台4MW重型燃气轮机在瑞士投入发电运行，效率达18%。同年，德国制造的喷气式飞机试飞成功，使燃气轮机进入了实用阶段，并开始迅速发展。

随着透平叶片冷却技术，高温材料、涂层技术及制造工艺水平的不断提高，燃气初温也逐步提高，使燃气轮机的热效率和运行可靠性不断增加，单机功率不断增大。与此同时，燃气轮机的应用领域不断扩大。1941年，瑞士制造的第一台燃气轮机列车通过了试验；1947年，英国制造的第一艘装备燃气轮机的舰艇下水，它以1.86MW的燃气轮机作动力；1950年，英国制成第一辆燃气轮机汽车。此后，燃气轮机在更多的领域中获得应用。

燃气轮机从20世纪50年代开始进入发电行业。由于其具有效率高、污染排放少、单位投资低、建设周期短、用地用水量少、启动迅速、便于调峰等显著特点，燃气轮机发电技术得到迅速发展。到2017年，全球天然气发电量占全球发电总量的23%，其中绝大部分来自燃气—蒸汽联合循环机组。

到目前，燃气轮机的净热效率已超过42%，最大单机功率已超过550MW（ISO工况，指环境温度为15℃，大气压力为101.33kPa，相对湿度为60%），燃气初温已达1550～1600℃。燃用天然气的燃气轮机二氧化碳排放量为等容量燃煤蒸汽动力发电厂的56%，SO_2和粉尘污染物排放极少，NO_x排放已达0.015～0.025mg/L（15%O_2），甚至更低，经过脱硝处理后，可降到0.003～0.004mg/L。

燃气轮机技术经过近70年的发展已日趋成熟，其总的技术经济指标及污染排放指标都优于装有烟气脱硫装置和烟气脱硝装置的超临界燃煤电站，已成为高效、洁净、环保的火力发电模式。

二、我国燃气轮机发电技术的发展

我国的燃气轮机发电事业始于1959年，当时从瑞士引进两套6200kW的单循环燃气轮机列车发电机组，燃料为大庆原油。20世纪60年代，燃气轮机发电站的建设及其设备的制造生产初具规模。国内主要制造厂曾先后设计生产过燃气轮机组，燃气初温一般在600～700℃，效率为16%～25%，所建电站基本上是单循环机组。

到了20世纪70年代，分别从英国和日本引进了单机功率在21.7～23MW单循环机组，从而使我国燃气轮发电机组总装机容量达到300MW左右。

1984年，南京汽轮电机集团与美国通用电气公司（简称GE公司）合作生产了B系列燃气轮机，推动了我国燃气轮机国产化的进程。

为适应燃料结构调整的要求，开拓天然气的应用市场，配合西气东输和进口液化天然气工程，2003—2006年期间，由中国技术进出口总公司牵头，组织实施了共计3批燃气轮机电站设备捆绑招标采购，即技术转让及本土化、自主化捆绑招标采购。这3批捆绑招标的实施，为我国燃气－蒸汽联合循环机组的设备制造、电站建设、运行管理和维修服务等全过程形成完整的产业链打下了坚实的基础。

随后，我国主要制造厂都投入重要力量，推动了F级燃气轮机技术的发展。

2002年10月，《“863”先进能源技术领域计划》中燃气轮机重大专项课题之一的R0110重型燃气轮机的设计与研制项目，由中航工业沈阳黎明航空发动机集团立项启动。项目为配套R0110燃气轮机的燃气－蒸汽联合循环机组，其中，R0110燃气轮机的额定功率为114.5MW，热效率为36%；燃气－蒸汽联合循环机组的功率为150MW。R0110重型燃气轮机于2012年10月完成72h带负荷试验运行考核，2013年11月完成168h联合循环试运行，2014年3月项目通过了验收。

R0110重型燃气轮机项目的运行，标志着我国首次自主研发的重型燃气轮机研制取得了成功，对我国燃气轮机产业发展起到了重大的推动作用，为后续实现国产燃气轮机的商业化打下了良好基础。自此，我国成为世界上第五个具备重型燃气轮机研制能力的国家。

三、燃气－蒸汽联合循环发电技术

燃气－蒸汽联合循环是将燃气轮机排出的高温乏烟气，通过余热锅炉回收热量，将水转换为蒸汽，再将蒸汽送入汽轮机发电，采用燃气－蒸汽联合循环可以获得更高的发电热效率。目前燃用气体燃料或液体燃料的联合循环发电净热效率已超过62.7%，燃气－蒸汽联合循环单轴机组容量已超过780MW。其中，汽轮机还可提供工业抽汽对外供汽或供暖抽汽对外供热，实现热电联产。

燃气－蒸汽联合循环以燃气轮机循环为前置循环，汽轮机循环为后置循环，两者以一定方式组成一个整体的热力联合循环。燃气－蒸汽联合循环机组主要由燃气轮机和余热锅炉、汽轮机三部分构成，见图1-2。其中，燃气轮机作为联合循环的核心部件，其性能直接影响联合循环效率。余热锅炉和汽轮机所组成的蒸汽系统，其参数也主要取决于燃气轮机的排气参数。联合循环将具有较高的平均吸热温度的燃气轮机与具有较低的平均放热温度的汽轮机结合起来，让燃气轮机的排气废热成为汽轮机循环的加热热源，使得整个联合循环热能利用率明显高于单燃气轮机循环或单汽轮机循环。

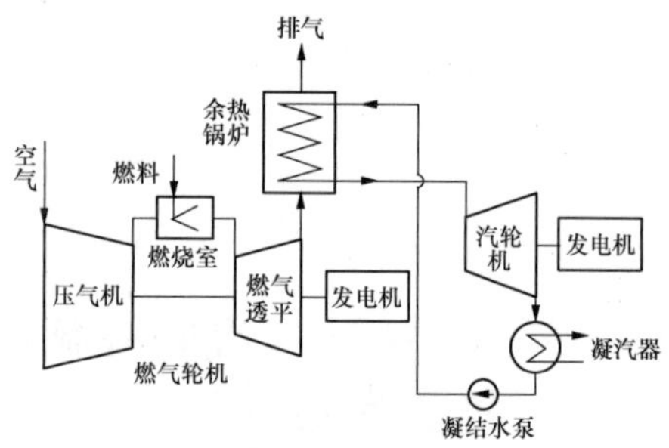

图1-2　燃气－蒸汽联合循环示意图

世界上第一套应用的联合循环机组，是在燃气轮机单循环基础上扩建汽轮机形成的联合循环发电机组，于1949年投入运行，扩建后的联合循环机组大大提高了原有电厂的发电量和效率。由于燃气－蒸汽联合循环能够达到相当高的效率，因而发展很快，目前世界上的燃气－蒸汽联合循环机组发电热效率最高超过62%，而简单循环的燃气轮机发电热效率最高达42%。

燃气－蒸汽联合循环机组由于具有效率高、占地少、保护环境、负荷变动灵活、初投资低、可靠性高，且建设周期短等特点，成为燃油和天然气电厂的主要选择方案，已逐渐在我国大部分地区得到应用。

燃气－蒸汽联合循环机组的形式有燃气轮机、汽轮机同轴拖动一台发电机的单轴联合循环，也有燃气轮机、汽轮机分轴并各自拖动各自发电机的双轴联合循环，还有两台或多台燃气轮机和一台汽轮机拖动各自发电机的三轴及以上的多轴联合循环。

燃气－蒸汽联合循环不仅大大提高了能源利用率，还可实现热电联产，具有良好的社会效益、节能效益和环境效益。大型燃气－蒸汽联合循环发电机组在环境保护方面具有显著优点，其推广应用已成为国内一线城市区域供热的必然趋势。

第二节　燃气－蒸汽联合循环机组的设计原则及流程

一、设计应遵循的主要原则

（1）遵守国家的法律、法规，贯彻执行国家经济建设的方针、政策和基本建设程序，特别应贯彻执行提高综合经济效益和促进技术进步的方针。

（2）符合现行国家和行业颁布的有关标准、规程、规范、导则的要求。

（3）满足设计合同，主、辅机设备技术协议及设备图纸资料的要求。

（4）根据国家和行业有关规范、标准与规定，结合工程的不同性质、不同要求，从工程实际条件出发，采用适用的先进技术，合理地确定工程建设水平。

（5）对生产工艺、主要设备和主体工程的选择与设计要做到安全可靠，技术先进，经济合理，安装维护方便，在可能条件下注意美观。

（6）实行资源的综合利用，要节约用水、节约用地、保护环境。

（7）适时采用新的设计思路，并设计优化，为机组运行的安全性、经济性，实现现代化企业管理创造条件。

二、设计的基本过程

燃气－蒸汽联合循环机组设计的基本过程与燃煤火电机组设计一致。

1. 初步可行性研究

依据项目建设单位的委托文件，经过调研、收资和技术分析论证，初步落实建厂的外部条件，论证项目建设的必要性，提出项目的性质、建设规模和机组选型初步建议。供热项目还需收集或预测近、远期热负荷的大小、特性和供热范围，从满足供热需求方面同时论证项目建设的必要性，并与电力中长期发展规划、热电联产规划等相协调。

2. 可行性研究

依据近期电力系统发展规划、审定的初步可行性研究报告，从电力市场和热负荷需求等方面论述项目建设的必要性，并从厂址、燃料供应等外部条件的落实情况，资源利用、环境保护、社会影响、经济效益以及风险等方面，充分进行论证和评估，说明项目实施的可行性，提出优化的设计方案。在可行性研究报告中，应提出主机（指锅炉、汽轮机、燃气轮机、发电机）技术条件和主要工艺系统流程，满足主机招标的要求。供热机组还应依据城市总体规划、供热规划和热电联产规划，进行热负荷分析，确定项目的供热介质、供热参数和供热量。

3. 初步设计

根据政府主管部门的核准文件、审定的可行性研究报告、水土保持方案、热电联产规划等相关批复文件及签订的主机技术协议等，进行工程项目的概念设计，确定工程方案和技术经济指标，确定工程建设投资，并满足主要辅助设备采购和进行工程施工准备的要求，也为施工图设计提供依据。

4. 施工图设计

根据审定的初步设计文件，所有主、辅设备的详细资料，进行项目的详细设计，是材料及其零部件等的订货、项目施工安装和安全稳定运行的依据。

5. 现场服务

现场服务也是设计工作之一，包括在项目的施工建设期间配合施工，委派现场服务设计代表，参加工程管理、项目的调试运行和验收工作。

6. 竣工图设计

项目经过施工，试运行完成后，依据设计、施工和工程建设等单位在项目施工、试运行过程中对施工图发生的所有变更，修改、完善施工图，完成竣工图设计。

7. 工程设计总结

项目设计的最后工作是进行工程设计总结，从而完成设计工作的全部过程。

项目的初步可行性研究阶段、可行性研究和初步设计阶段的报告和设计文件需按规定的内容深度进行设计，完成并取得上级部门的批准手续，然后进行下一阶段的设计。这些过程和内容也是新中国成立以来基本建设经验的总结。它反映了工程项目的规划设计由主要原则到具体方案，由宏观到微观，从定性到定量，从决策到实施，由浅入深、逐步深化、循序渐进的过程。

项目的前期工作是后面详细设计的依据，就项目的施工图设计而言，必须以可研及初步设计为依据，并忠实于前期确定的基本方案和设计原则。如有重大修改变化，应对新的设计方案进行审定，确认或调整初步设计，甚至重做并再审。

三、设计内容与深度

燃气－蒸汽联合循环机组工程项目的工艺设计主要包括工艺系统的拟定、主要设备选型和主厂房布置等方面。

（一）初步可行性研究报告设计内容与深度

初步可行性研究报告编制的内容与深度应符合DL/T 5374《火力发电厂初步可行性研究报告内容深度规定》的有关规定。

初步可行性研究是项目前期工作中不可缺少的重要环节，是编制近期电力发展规划和热电联产规划的基础。初步可行性研究报告的内容一般包括电力系统、热负荷分析、燃料供应、建厂条件、工程设想、环境与社会影响、方案的技术经济比较以及初步的投资估算与风险分析等。

燃气－蒸汽联合循环机组项目初步可行性研究阶段的工艺设计深度应满足以下要求：

（1）收集供热区域的热负荷大小和特性资料，落实热电厂供热范围、供热参数和供热负荷。

（2）结合供热负荷的需求，提出机组容量、形式和参数的选择建议，并说明项目的规划容量和建设规模的初步设想。

（3）落实天然气燃料供应等外部条件。

（二）可行性研究报告设计内容与深度

可行性研究报告编制的内容与深度应符合 DL/T 5375《火力发电厂可行性研究报告内容深度规定》的有关规定。

可行性研究是为项目决策提供依据的重要阶段，是编写项目申请报告的基础，可行性研究报告的内容一般包括电力系统、热负荷分析、燃料供应、厂址条件、工程设想、环境及生态保护与水土保持、综合利用、劳动安全与职业卫生、资源利用、节能分析、人力资源配置、项目实施条件与进度、投资估算及财务分析、风险分析、经济与社会影响分析等。

燃气－蒸汽联合循环机组项目可行性研究阶段的工艺设计深度应满足以下要求：

（1）根据供热规划和热电联产规划，说明供热区域的供热系统现状和规划，确定设计热负荷，包括热负荷性质、供热参数和供热量及供热机组的额定抽汽量；扩建项目还应说明与老厂供热负荷的关系。

（2）结合供热负荷，论证项目的建设规模、装机方案及其供热参数的合理性，撰写主机装机方案论证报告，提出主机技术条件的推荐意见，满足主机招标要求。

主机装机方案论证报告的内容应包括论证联合循环机组的配置方案，采用单轴还是多轴，采用“一拖一”“二拖一”还是“多拖一”；燃气轮机的出力和效率；余热锅炉的形式；汽轮机形式的选择，采用抽汽凝汽式供热机组还是抽汽凝汽式背压供热机组。

（3）应进行热力系统主要辅助设备形式与配置的选择，进行供热系统及其设施的形式与配置的选择。

（4）落实燃料供应，说明与厂外天然气管线的接口位置和参数，并计算燃料消耗量。

（三）初步设计内容与深度

初步设计内容与深度应符合 DL/T 5427《火力发电厂初步设计文件内容深度规定》的有关规定。

初步设计是项目进行施工图详细设计的重要依据，需要多专业共同完成，其设计内容包括各专业的初步设计说明书、工艺系统流程图、全厂和各个区域的布置图、设备材料清册以及必要的专题报告。

燃气－蒸汽联合循环机组热电联产项目初步设计的工艺设计深度应满足以下要求：

（1）各系统的拟定、主要设备的选择，应指标先进，设计方案合理、可靠。

（2）积极采用成熟的新技术、新工艺和新方法，并对其优越性、经济性和可行性进行详细的论述。

（3）各设计方案应在进行比较和充分的论证后确定，重大设计原则应有多方案优化比选，提出推荐方案供审查选择。

（4）主厂房布置应有两个以上的设计方案。

（四）施工图设计内容与深度

工艺系统与设施的施工图设计内容与深度应符合 DL/T 5461.1《火力发电厂施工图设计文件内容深度规定　第 1 部分：总的部分》和 DL/T 5461.3《火力发电厂施工图设计文件内容深度规定　第 3 部分：热机》的有关规定。

施工图设计是项目施工安装、设备材料订货、调试等工程建设的重要依据，主要包括编写设计总说明，编制主要辅助设备的技术规范书，进行主、辅设备的安装设计，工艺系统的拟定及其管道的安装设计，以及设备材料清册汇总。

燃气－蒸汽联合循环机组项目施工图设计的深度应满足以下要求：

1. 设计总说明

主要说明工程概况、设计依据、主要设计原则、设计范围、主机及主要辅机设备技术规范、主要热力系统说明、施工安装及运行时应注意的事项和施工图卷册图纸目录。

2. 主要辅助设备的技术规范书

按照招标设备技术条件和技术要求，编制主要辅助设备的技术规范书。在技术规范书中，应说明项目的工程概况、设备的设计和运行条件、技术条件和技术要求、遵循的标准规范要求和最低性能保证、设计与供货界限、接口规则，以及设备的供货范围、技术资料和交付进度监造、检验和性能验收试验等。

3. 主、辅设备的安装设计

进行辅助设备的安装图设计，包括设备的定位、设备基础的安装方式、设备的外形、设备与连接管道的接口定位及规格等接口信息。同时向结构专业提供安装设备基础的荷载及外形的要求。

4. 工艺系统的拟定及其管道的安装设计

按照热力系统的每个分系统拟定汽水系统流程图，主要是为表示本系统设计范围内管道的连接情况，包括图例符号表。

采用平面、断面布置图或轴侧单线立体图（含 ISO 图）绘制管道安装图，根据热力系统图，完成管道安装图的设计，包括零件明细表、支吊架安装明细表或支吊架组装图。管道布置图应有坐标系，并符合右手定则。

5. 设备材料清册

设备材料清册汇总热机专业施工图设计阶段的全部设备、材料及其零部件。

四、专业配合

燃气－蒸汽联合循环机组项目的设计过程需要多专业协同、配合，共同完成。为了减少或避免出现差错和疏漏等，项目在设计过程中，各个专业需进行必要的联系、配合及协商研究，以保证工程项目成品的完整性和正确性。

在项目的设计中，工艺专业应向结构、建筑等土建专业提出主厂房和辅助车间的整体布置情况，主、辅设备的支撑荷载及支撑方式，所连接的管道及其附件的支吊要求等，同时，工艺专业还要向仪控、电气专业提供转动设备的电负荷资料及其联锁控制要求、拟定的热力系统资料等。根据工程设计阶段的不同，上述资料内容深度将有所不同。

对全厂所有车间和厂房，按各个专业所涉及的范围，确定车间负责人，即车间司令。车间司令需根据厂房内主、辅设备的外形及运行、维护、检修的空间确定厂房的面积、整体高度及分层平台的高度，并负责协调车间内的各个专业所属设施的布置区域及布置情况。

一般热机专业人员为主厂房的车间司令。其他专业将根据各自专业的设施提出在主厂房占用的面积及其布置情况等的初步设想，热机专业汇总后，完成主厂房区域各专业所有设施的布置规划工作，经过各专业的相互配合、讨论研究，确定主厂房的整体布置，最终各专业将根据确定的方案，完成本专业的详细设计。

在项目的详细设计阶段（施工图设计阶段），热机专业将根据拟定好的热力系统图和结构专业完成的厂房结构设计，进行设备和系统管道的安装图设计，完成项目的工艺设计。

第三节　燃气－蒸汽联合循环机组主要技术经济指标计算

燃气－蒸汽联合循环机组按其供热性质可分为纯凝机组、采暖供热机组和工业供汽机组，其主要技术经济指标所包含的内容和计算方法与燃煤机组类似，但又不完全相同。对于燃煤机组，存在“标准煤”的概念，因此主要热经济指标如标准煤耗、全厂效率等，通常采用锅炉效率、汽轮发电机组热耗、管道效率、供热负荷等计算，不需计算每个工程的实际燃煤量，而是以标准煤对应的发热量为基础计算。

燃气－蒸汽联合循环机组由于燃料为天然气或燃油，不同工程的燃料不同，发热量存在一定的差异，也没有“标准气”或“标准油”的概念。而且，燃气－蒸汽联合循环机组的出力受环境条件影响较大，同一型号的燃气轮机，在不同地区、同一地区不同季节、不同气象条件下，出力均不同，在项目初始阶段，通常采用标准参考工况对应的额定功率，即 ISO 功率进行性能评估，标准参考工况定义见 ISO 19859：2016《燃气轮机应用　用于发电设备的要求》。另外，针对每个项目具体的现场条件，可计算出该项目的现场额定功率和其他性能参数。因此，燃气－蒸汽联合循环机组的热经济性指标的计算都是针对具体工程、具体燃料而言，与燃煤机组有所区别。

燃气－蒸汽联合循环机组的主要技术经济指标目前没有规范或标准明确规定包括哪些内容，主要是满足联合循环电厂投资和技术经济评价分析的需要，结合目前已有工程的设计经验，在实际工程中使用时，可根据需要增减。

（1）纯凝机组：通常需要计算机组额定工况出力、年发电量、热耗率、发电热效率、发电气耗率、年耗气量、厂用电率、供电热效率、折算发电标准煤耗率等。

（2）供热机组：通常需要计算年发电量、年供热量、年耗气量、供热气耗率、发电气耗率、年平均供热发电比、全厂发电热效率、发电厂用电率、供热厂用电率、折算发电标准煤耗率等。

一、技术经济指标计算所需基本条件

（一）热平衡计算

首先根据项目的原始条件，进行热平衡计算；然后根据热平衡计算结果，进行技术经济指标计算。在不同的设计阶段，热平衡计算结果可采取不同的方式获取。初步设计阶段，由于燃气轮机设备供货商已确定，可由燃气轮机设备供货商进行热平衡计算；初步可行性或可行性研究阶段，由于设备供货商未确定，所以可参考同类工程的热平衡图中数据，也可采用燃气轮机专用计算软件进行初步热平衡计算。

在进行技术经济指标计算前，通常需计算几个典型工况的热平衡（包括质量平衡和热量平衡），如 ISO 工况、纯凝额定出力工况、额定供热工况（包括工业供热和采暖供热）、最大供热工况（包括工业供热和采暖供热）、夏季工况等，得到计算经济指标所需的基本数据。

热平衡计算所需主要原始资料和技术方案如下：

（1）燃料特性。主要特性包括燃料品种（天然气或燃油等）、成分、热值、密度等，通常由燃料供应单位提供。对于天然气，成分给定后，其热值也可在热平衡计算程序中自动算出。

如北京地区某工程天然气来自西气东输等气源的混合天然气，其组分和热值由北京市燃气集团有限责任公司提供。天然气品质见表 1-1。

（2）机组容量及配置方式。如燃气轮机出力等级、燃气轮机与汽轮机的配置方式（“二拖一”“一拖一”等）、汽轮机形式（汽缸数量、是否再热等）、余热锅炉形式（单压、双压或三压）等。

（3）热负荷大小及供热抽汽主要参数、汽轮机抽汽口位置、热网疏水和回水位置等。

表 1-1 天然气品质

天然气成分	CH_4	C_2H_6	C_3H_8	CO_2	H_2O	H_2S
天然气组分（%，体积百分比）	95.9494	0.9075	0.1367	3	0.0062	0.0002
密度（kg/m^3）	0.7616					
相对密度（kg/m^3）	0.589					
爆炸下限（%）	5.1					
爆炸上限（%）	15.36					
动力黏度（$\times10^{-4}$，Pa·s）	0.1056					
运动黏度（$\times10^{-4}$，m^2/s）	0.1385					
水露点（对应4.5MPa，℃）	−13					
天然气低位发热量（标准状态，101.32kPa，20℃，MJ/m^3）	32.720					

（4）汽轮机各个工况背压及循环冷却水温度。

（5）与燃气轮机出力相关的各个计算工况环境条件。如环境温度、大气压力、相对湿度等。

根据上述原始资料，即可进行燃气轮机－余热锅炉－汽轮机的整体热平衡计算。

（二）技术经济指标计算所需基本数据

除上述热平衡计算所需的原始数据外，进行技术经济性指标计算还需下述热平衡计算结果。技术经济指标所需的热平衡计算工况，对于纯凝机组，通常采用额定工况；对于供热机组，通常采用额定供热工况和非供热期的纯凝运行额定工况（即对应年平均气象条件下机组满发的工况）。

根据热平衡计算，可得到以下结果：

（1）联合循环总出力以及燃气轮机出力和汽轮机出力。由各个工况热平衡计算结果得出。

（2）额定供热工况的供热量。包括工业热负荷和采暖热负荷，根据项目的设计热负荷确定。

（3）联合循环机组发电热耗率或发电热效率。由热平衡计算结果得出。

（4）燃气轮机小时耗气量。由热平衡计算结果得出。

（5）年发电利用小时数。由项目单位与电网签订的协议决定；或者由项目单位根据近几年实际运行情况，并预测未来的电力发展趋势后得出。

年发电利用小时数为机组全年的总发电量，折算为铭牌功率（或额定功率）时运行的小时数。由于燃气－蒸汽联合循环机组在各个工况的出力均不同，没有燃煤机组铭牌功率或额定出力的准确概念，只有燃气轮机容量等级的说法，因此，计算发电利用小时数时，所对应的额定功率可有两种取值方法，一种取ISO工况联合循环机组的总出力，另一种取当地环境年平均气象条件下对应的燃气轮机满发时的联合循环机组总出力，即纯凝运行的额定工况总出力。前一种出力以ISO工况为基础，受每个工程的具体条件影响较小，主要用于不同燃气轮机制造厂商同容量等级设备之间出力和效率的比较，比较适合于项目前期阶段的评估；后一种出力与每个工程当地气象条件等密切相关。由于热经济指标主要用于每个项目的投资和经济性评价，所以年发电利用小时数对应的额定出力建议采用后一种计算方法，即取当地年平均气象条件下，纯凝运行的额定工况总出力。燃气轮机的出力受环境因素影响很大，通常所说的燃气轮机出力指在ISO条件下的出力。

（6）供热年利用小时数。为机组全年的总供热量折算为额定供热量时的小时数。

二、主要技术经济指标计算

主要技术经济指标计算分为纯凝机组和供热机组。

（一）纯凝机组

联合循环纯凝机组的主要热经济性指标计算方法比较简单，参考燃煤机组采用THA（热耗考核）工况为基础进行计算的方法，通常以年平均气象条件下额定工况热平衡计算结果为基础进行计算。

1. 额定工况出力 P 及年发电量 W

额定工况出力 P 可由年平均气象条件下额定工况热平衡计算结果得出，等于燃气轮机出力与汽轮机出力之和。

机组年发电量 W 等于机组年发电利用小时数与额定工况机组出力的乘积，即

$$P=P_r+P_q \tag{1-1}$$

$$W=Pn \tag{1-2}$$

式中 P——联合循环机组年平均气象条件下额定工况出力（多台机组时为各台机组的出力之和），可从额定工况热平衡图中读取，kW；

P_r——额定工况燃气轮机出力（多台燃气轮机时为各台燃气轮机的出力之和），可从额定工况热平衡图中读取，kW；

P_q——额定工况汽轮机出力（多台汽轮机时为各台汽轮机的出力之和），可从额定工况热平衡图中读取，kW；

W——年发电量，kW·h；

n——年发电利用小时数，h。

2. 额定工况热耗率 q

额定工况热耗率为联合循环机组燃料耗热量与机组发电出力的比值，即

$$q=\frac{(G/\rho)q_r}{P} \tag{1-3}$$

式中 q——联合循环机组额定工况热耗率，kJ/(kW·h)；

G——额定工况天然气小时耗气量，可从热平衡计算结果中读取，kg/h；

ρ——天然气密度（标准状态），从天然气特性数据中选取，kg/m³；

q_r——天然气低位发热量（标准状态），从天然气特性数据中选取，kJ/m³。

3. 额定工况发电热效率 η_{fd}

额定工况发电热效率为联合循环机组发电出力与天然气耗热量的比值，即

$$\eta_{fd}=\frac{3600P}{(G/\rho)q_r}\times 100=\frac{3600}{q}\times 100 \tag{1-4}$$

式中 η_{fd}——联合循环机组额定工况发电热效率，%。

另外，由于联合循环机组将燃气轮机循环和汽轮机循环组合在一起，其效率还可以用式（1-5）表示，等于燃气轮发电机组热效率与余热锅炉－汽轮发电机组的热效率之和，即

$$\eta_{fd}=\eta_{rj}+\frac{(100-\eta_{rj})\eta_{yg}\,\eta_{qj}}{10000} \tag{1-5}$$

式中 η_{rj}——燃气轮发电机组热效率，%；

η_{yg}——余热锅炉热效率，%；

η_{qj}——汽轮发电机组热效率，%。

4. 发电气耗率 g_{fd}

发电气耗率为额定工况的天然气小时耗气量与机组出力的比值，即

$$g_{fd}=\frac{G/\rho}{P} \tag{1-6}$$

式中 g_{fd}——发电气耗率，单位发电量所对应的天然气耗气量（标准状态），m³/（kW·h）。

5. 年耗气量

年耗气量为额定工况天然气小时消耗量与年发电利用小时数的乘积，即

$$G_a=\frac{G}{\rho}\times n \tag{1-7}$$

式中 G_a——年耗气量（标准状态），m³/a。

6. 厂用电率 ξ_{cy}

厂用电率为全厂辅助设备耗电量与联合循环机组额定工况出力的比值，由电气专业根据辅机电负荷计算，单位为%。

7. 额定工况供电热效率 η_{gd}

额定工况供电热效率为联合循环机组供电出力与天然气耗热量的比值，其中，供电出力为发电出力扣除厂用电消耗量，即

$$\eta_{gd}=\frac{\eta_{fd}}{100-\xi_{cy}} \tag{1-8}$$

8. 折算发电标准煤耗率

联合循环电厂有时候需将发电气耗率折算为发电标准煤耗率，以便与燃煤机组进行能耗比较。折算发电标准煤耗率等于联合循环电厂的天然气耗热量折算为标准煤的耗量，即

$$b_{fd}=\frac{g_{fd}q_r}{q_{bm}} \tag{1-9}$$

式中 b_{fd}——折算发电标准煤耗率，kg/（kW·h）；

q_{bm}——标准煤低位发热量，kJ/kg。

（二）供热机组

机组的采暖供热期通常较长，而且整个供热期需要的热负荷大小不同，机组出力也不同。为便于计算，供热机组热经济性指标通常采用全年计量，分为供热期和非供热纯凝期，其中，供热期以联合循环机组设计热负荷对应的额定供热工况热平衡为依据，供热小时数取全年实际供热小时数折算为额定供热量时的小时数。非供热期以纯凝运行额定工况（即对应年平均气象条件下燃气轮机满发的工况）的热平衡为依据，非供热小时数通常折算为纯凝运行额定出力时的小时数。

1. 年发电量 W

联合循环机组年发电量等于机组年发电利用小时数与纯凝运行额定工况机组出力的乘积，也等于供热期发电量与非供热期发电量之和，即供热工况机组出力×供热年利用小时数+非供热纯凝工况机组出力×非供热纯凝工况发电小时数，其中，机组出力包括全部燃气轮机和汽轮机的总出力之和。机组年发电量为

$$W=Pn=(P_{rgr}+P_{qgr})n_{gr}+(P_{rcn}+P_{qcn})n_{cn} \tag{1-10}$$

式中 W——年发电量，kW·h；

P——联合循环机组年平均气象条件下纯凝运行的额定工况出力（多台机组时为各台机组的出力之和），可从纯凝额定工况热平衡图中读取，kW；

n——年发电利用小时数，h；

P_{rgr}——供热期燃气轮机出力（多台燃气轮机时为各台燃气轮机的出力之和），可从额定供热工况热平衡图中读取，kW；

P_{qgr}——供热期汽轮机出力（多台汽轮机时为各台汽轮机的出力之和），可从额定供热工况热平衡图中读取，kW；

n_{gr}——对应额定供热量的供热年利用小时数，可参考燃煤供热机组计算方法计算，h；

P_{rcn}——非供热期燃气轮机出力（多台燃气轮机

时为各台燃气轮机的出力之和），可从纯凝额定工况热平衡图中读取，kW；

P_{qcn}——非供热期汽轮机出力（多台汽轮机时为各台汽轮机的出力之和），可从纯凝额定工况热平衡图中读取，kW；

n_{cn}——非供热期发电小时数，根据年发电量 W，扣除供热期的发电量后，折算为非供热期纯凝额定工况发电量对应的运行小时数，h。

2. 年供热量 Q_{gr}

年供热量为联合循环机组每年供热期对外提供的总热量，等于额定供热量×供热年利用小时数，即

$$Q_{gr}=Qn_{gr}\times3600\times10^{-3} \tag{1-11}$$

式中 Q_{gr}——年供热量，GJ/a；

Q——额定供热量（多台机组时为各台机组之和），即联合循环机组的设计热负荷，MW。

3. 年耗气量 G_a

机组年耗气量为供热期耗气量与非供热期耗气量之和，等于供热期燃气轮机小时耗气量×供热年利用小时数+非供热期燃气轮机小时耗气量×非供热期发电小时数，即

$$G_a=\frac{G_{gr}}{\rho}\times n_{gr}+\frac{G_{cn}}{\rho}\times n_{cn} \tag{1-12}$$

式中 G_a——年耗气量（标准状态），m^3/a；

G_{gr}——供热期燃气轮机小时耗气量（多台燃气轮机时为各台燃气轮机的耗气量之和），可从额定供热工况热平衡图中读取，kg/h；

G_{cn}——非供热期燃气轮机小时耗气量（多台燃气轮机时为各台燃气轮机的耗气量之和），可从纯凝额定工况热平衡图中读取，kg/h；

ρ——天然气密度（标准状态），从天然气特性数据中选取，kg/m^3。

由于上述计算所得的耗气量均以燃气轮机 100%负荷工况计算，考虑燃气轮机运行老化及部分负荷工况效率下降的因素，实际耗气量可在上述耗气量的基础上考虑一定的裕量，裕度范围可取 5%～10%，根据机组运行模式及启动次数等条件而定。供热期由于燃气轮机负荷率较高，裕度可取低值，非供热期若燃气轮机处于调峰运行状态，燃气轮机负荷率较低，效率下降较多，裕度可取较高值。

4. 供热气耗率 g_{gr}

燃气—蒸汽联合循环机组供热气耗的计算方法目前还没有统一的规定，从不同的角度考虑，可能采用不同的计算方法。由于供热蒸汽的品质及天然气的能量转化效率与发电的天然气能量转化效率不同，天然气燃烧产生的热量首先用于燃气轮机发电，燃气轮机做完功的排烟在余热锅炉中进行热交换，产生过热蒸汽，在汽轮机中，部分输入热量转化为汽轮机的发电量，部分转化为热能，对外供出，其余为冷源损失，没有被利用，因此，天然气的消耗无法严格区分多少比例用于供热、多少比例用于发电，供热气耗率的计算只能参考燃煤电站标准煤耗率的计算方法，进行类比推导。

（1）燃煤机组供热标准煤耗率计算简介。燃煤机组供热标准煤耗率的计算，不同的资料中有不同的方法，目前，也没有完全统一。根据 GB 50660—2011《大中型火力发电厂设计规范》附录 A 的规定：供热式机组的设计供热标准煤耗率按式（1-13）计算，即

$$b_r=\frac{34.16}{\eta_{gl}\eta_{gd}\eta_{hs}}\times10^6 \tag{1-13}$$

式中 b_r——设计供热标准煤耗率，kg/ GJ；

η_{gl}——锅炉效率，%；

η_{gd}——管道效率，%，通常取 99%；

η_{hs}——热网首站的换热效率，%。

根据式（1-13），燃煤机组的供热标准煤耗率可以根据 1kg 标准煤在燃煤锅炉中燃烧后产生的有效输出热量，通过管道、热网首站后，对外提供的热量值计算，该热量除热损失外全部被利用，没有冷源损失，因此，标准煤低位发热量×锅炉效率×管道效率×热网首站效率即可被认为是 1kg 煤的对外供热量，其倒数即为单位供热量所消耗的标准煤量。

标准煤低位发热量：7000kcal/kg，换算为 kJ/kg 的系数在不同的规范中有不同的取值，GB 50660—2011《大中型火力发电厂设计规范》公式中，7000kcal/kg=7000×4.1816=29271（kJ/kg）；而 GB/T 2589—2008《综合能效计算通则》6.2 中规定："低（位）发热量等于 29307 千焦（kJ）的燃料，称为 1 千克标准煤（1kg）"，相当于 7000kcal/kg=7000×4.1868=29307（kJ/kg）。

根据这两种折算方法，分别得出供热标准煤耗率。

按标准煤低位发热量为 29271kJ/kg 折算时为

$$b_r=\frac{34.16}{\eta_{gl}\eta_{gd}\eta_{hs}}\times10^6$$

按标准煤低位发热量为 29307kJ/kg 折算时为

$$b_r=\frac{34.12}{\eta_{gl}\eta_{gd}\eta_{hs}}\times10^6$$

两者计算方法略有差别，对于燃气—蒸汽联合循环机组，标准煤耗率主要用于联合循环机组与燃煤机

组的类比分析，不影响工程的技术经济性评价分析，因此，计算标准煤耗率时，标准煤低位发热量取哪个数值对整体评价影响不大。

（2）联合循环机组供热气耗率 g_{gr}。参照燃煤电厂供热气耗率的计算，联合循环电厂的供热气耗率也可由天然气低位发热量、锅炉效率、管道效率、热网首站效率计算推导。

其中，天然气低位发热量可从天然气特性数据中选取，管道效率和热网首站效率与燃煤机组类似，区别在于锅炉效率的取值。

燃煤机组由于燃料在锅炉中燃烧，上述计算取燃煤锅炉效率较为合适；而联合循环机组余热锅炉实际上是一个烟气－汽水换热器，而且其输入热量不是天然气直接燃烧产生的热量，而是燃气轮机做完功后的余热，因此，若锅炉效率取余热锅炉效率不妥。目前，不同的设计单位，这个数值的取值方法有所差别，计算出来的供热气耗率也不同。

锅炉效率取用类似的燃气热水炉的效率计算，是取值方法之一，相当于天然气在燃气热水炉中燃烧产生的热量，通过管道、热网首站后，全部对外供热，即

$$g_{gr}=\frac{1}{q_r\eta_{gl}\eta_{gd}\eta_{hs}}\times10^6 \tag{1-14}$$

式中 g_{gr}——供热气耗率，单位供热量所需的耗气量（标准状态），m^3/GJ；

q_r——燃料低位发热量（标准状态），kJ/m^3；

η_{gl}——锅炉效率，实际计算时可取燃气热水炉效率，相当于天然气在燃气热水炉中燃烧生成的热量直接加热热网循环水时的效率，根据燃气热水炉制造厂家的取值，可取94%～96%；

η_{gd}——管道效率，通常取99%；

η_{hs}——热网首站的换热效率，可取98%～99%。

5. 发电气耗率 g_{fd}

发电气耗率等于全年耗气量减去供热耗气量，再除以全年发电量，其中，供热耗气量等于供热气耗率与全年供热量的乘积，即

$$g_{fd}=\frac{G_a-g_{gr}Q_{gr}}{W} \tag{1-15}$$

式中 g_{fd}——发电气耗率，单位发电量所对应的耗气量（标准状态），$m^3/(kW\cdot h)$。

6. 年平均供热发电比 β

年平均供热发电比的计算与燃煤机组相同，等于全年供热量与全年发电量的比值，即

$$\beta=\frac{Q_{gr}\times10^6}{W\times3600} \tag{1-16}$$

7. 全厂发电热效率 η_{fd}

全厂发电热效率的计算与燃煤机组相同，等于全年供热量与全年发电量之和与天然气耗热量的比值，其中，天然气耗热量为年耗气量与天然气低位热值的乘积，即

$$\eta_{fd}=\frac{Q_{gr}\times10^6+W\times3600}{Gq_r}\times100 \tag{1-17}$$

式中 η_{fd}——全厂发电热效率，%。

8. 厂用电率

与燃煤机组相同，厂用电率分为发电厂用电率和供热厂用电率。

（1）发电厂用电率 ξ_{fcy}。发电厂用电率为发电耗用的厂用电量与全厂额定发电量的比值，即

$$\xi_{fcy}=\frac{W_d}{W}\times100\% \tag{1-18}$$

式中 ξ_{fcy}——发电厂用电率，%；

W_d——全年发电耗用的厂用电量，由电气专业根据辅机电负荷计算，kW·h。

（2）供热厂用电率 ξ_{rcy}。供热厂用电率为供热耗用的厂用电量与全厂供热量的比值，即

$$\xi_{rcy}=\frac{W_r}{Q_{gr}} \tag{1-19}$$

式中 ξ_{rcy}——供热厂用电率，kW·h/GJ；

W_r——全年供热耗用的厂用电量，如热网循环水泵等只与供热有关的设备用电量，由电气专业根据辅机电负荷计算，kW·h。

9. 折算发电标准煤耗率

供热机组的折算发电标准煤耗率等于联合循环电厂的天然气发电耗热量折算为标准煤的耗量，其中，天然气发电耗热量等于发电气耗率与天然气低位发热量的乘积，即

$$b_{fd}=\frac{g_{fd}q_r}{q_{bm}} \tag{1-20}$$

式中 b_{fd}——折算发电标准煤耗率，kg/（kW·h）。

三、计算实例

以某联合循环供热机组为例，给出主要技术经济指标的计算实例。计算依据为燃气轮机供货商提供的燃气轮机－余热锅炉－汽轮机全厂热平衡图。

电厂规模：1套“二拖一”F级燃气－蒸汽联合循环供热机组，包括2台燃气轮机、2台余热锅炉和1台采暖抽汽供热式汽轮机。

联合循环机组主要技术经济指标计算见表1-2。

表 1-2　　联合循环机组主要技术经济指标计算

序号	项　目	单位	公式来源	计算结果		
				采暖期	非采暖期	总量
1	机组总的供热负荷	MW	热平衡图	640.9	0	640.9
2	1套“二拖一”机组总出力（发电量）	MW	热平衡图	786.01	921.45	
3	单台燃气轮机输入热量	MW	热平衡图	807.86	774.94	
4	单台燃气轮机耗气量（标准状态）	m^3/h	单台燃气轮机输入热量/燃料低位热值	88884	85262	
5	发电年利用小时数（折合到年平均气温机组出力）	h		2457	2043	4500
6	设备运行小时数	h		2880	2043	
7	机组年供热量	$\times10^6$GJ	机组总热负荷×年供热小时数	6.64	0	6.64
8	机组年发电量	$\times10^9$kW·h	机组总出力×运行小时数	2.26	1.88	4.15
9	机组年耗气量（理论值，标准状态）	$\times10^8m^3$	单台燃气轮机耗气量×燃气轮机数量×运行小时数	5.12	3.48	8.60
10	机组实际年耗气量（含裕量，标准状态）	$\times10^8m^3$	按实际选取	5.38	3.83	9.21
11	供热气耗率（标准状态）	m^3/GJ	1/燃料低位发热量	32.48	0	
12	供热天然气耗量（标准状态）	$\times10^3m^3$	机组供热量×供热气耗	215839.21		
13	发电天然气耗量（理论值，标准状态）	$\times10^3m^3$	全年耗气量－全年供热耗气量	296132.52	348381.95	644514.47
14	实际发电天然气耗量（含裕量，标准状态）	$\times10^3m^3$	发电天然气耗量（理论值）×裕量系数	321731.10	383220.15	704951.25
15	发电气耗率（理论值，标准状态）	m^3/（kW·h）	发电天然气耗量/全年发电量	0.131	0.185	0.155
16	实际发电气耗率（含裕量，标准状态）	m^3/（kW·h）	发电气耗（理论值）×裕量系数	0.142	0.204	0.170
17	年平均供热发电比		全年供热量/全年发电量	0.815		0.445
18	全厂发电热效率（理论值）	%	（全年供热量+全年发电量）/（全年耗气量理论值×燃料低位热值）	88.3	59.5	76.6
19	全厂实际发电热效率（含裕量）	%	（全年供热量+全年发电量）/（全年耗气量实际值×燃料低位热值）	84.1	54.1	71.6
20	发电标准煤耗率（理论值）	g/（kW·h）	发电气耗率（理论值）×天然气低位发热量/标准煤低位发热量	146.0	206.6	173.5
21	实际发电标准煤耗率（含裕量）	g/（kW·h）	发电气耗率（实际值）×天然气低位发热量/标准煤低位发热量	158.7	227.3	189.8

注　1．天然气低位发热量（标准状态）：32720kJ/m^3。

2．本计算中，天然气实际耗气量裕量取值：采暖期为1.05；非采暖期为1.1。

第二章

机　组　选　型

燃气－蒸汽联合循环机组一般由燃气轮机、余热锅炉、汽轮机和发电机及附属系统组成。燃料通常为天然气，天然气在燃气轮机中燃烧产生的高温、高压烟气推动透平做功、发电，做功后的燃气轮机排气通往余热锅炉，在余热锅炉中将燃气轮机的排气余热转换生成各种所需参数的蒸汽，再去推动汽轮机做功、发电，从而实现一个联合循环发电的过程，图 2-1 所示为单轴燃气－蒸汽联合循环机组组成示意图。

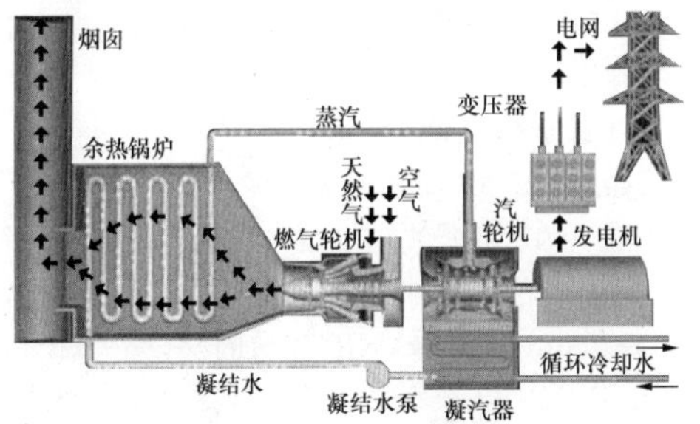

图 2-1　单轴燃气－蒸汽联合循环机组组成示意图

第一节　燃　气　轮　机

一、燃气轮机分类

燃气轮机可根据结构形式、用途和功率大小进行分类，如图 2-2 所示。

（一）按结构形式分类

燃气轮机按结构形式可以分为重型燃气轮机、轻型燃气轮机和微型燃气轮机。

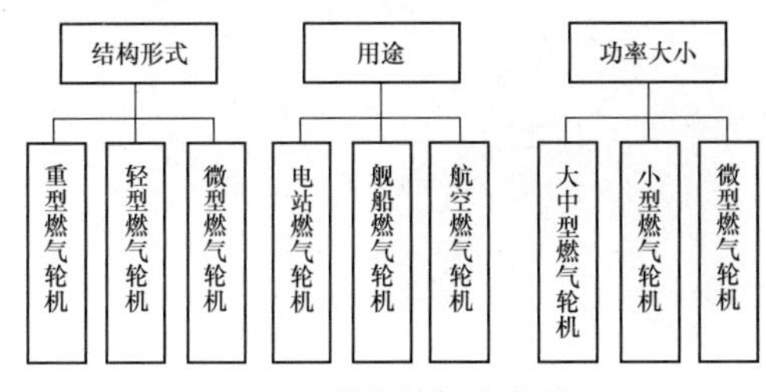

图 2-2　燃气轮机分类图

1. 重型燃气轮机

（1）设计特点：零部件较为厚重，设计时不以减轻质量为主要目标，而是在应用一般材料的情况下能够达到长期安全工作的目的，单位功率的质量为 2～5kg/kW。主要用作陆地上固定的发电机组。

（2）结构特点：

1）机组的静子采用水平中分结构，可在现场装拆分解和大修。

2）转子采用滑动轴承支撑。

2. 轻型燃气轮机

（1）设计特点：用较好的材料制造，结构紧凑，质量轻，单位功率的质量小于 2kg/kW。航空燃气轮机是最轻的轻型结构机组，单位功率的质量一般小于 0.2kg/kW。

（2）结构特点：

1）采用轴向装配方式，即整个静子不是水平中分的，仅局部静子是水平中分结构。例如压气机气缸分为两半，以便拆装。

2）转子一律采用滚动轴承支撑。

3. 微型燃气轮机

（1）设计特点：将燃气轮机与发电机设计成整体，体积很小，质量很轻。

（2）结构特点。

1）采用径流式叶轮机械。

2）一些机组还采用了空气轴承，不需要润滑油系统。

（二）按用途分类

燃气轮机按用途可以分为电站燃气轮机、舰船燃气轮机和航空燃气轮机。

1. 电站燃气轮机

电站燃气轮机用于陆地固定电站、移动电站（列车电站、卡车电站或船舶电站）。燃气－蒸汽联合循环机组的燃气轮机均为电站燃气轮机。

2. 舰船燃气轮机

舰船燃气轮机用于水翼艇、远洋船、油船、护卫舰、驱逐舰、巡洋舰、直升机航母等驱动上。

3. 航空燃气轮机

航空燃气轮机用于涡轮喷气式、涡轮风扇式、涡轮螺旋桨式、涡轮轴式、涡轮桨扇式飞机上。

（三）按功率大小分类

燃气轮机按功率大小可以分为大中型燃气轮机、小型燃气轮机和微型燃气轮机。燃气－蒸汽联合循环机组多为大中型燃气轮机，这里只对其进行说明。

功率大于 20MW 的燃气轮机归类为大中型燃气轮机。通常透平转子进口温度在 1100℃左右的燃气轮机为 B 级，透平转子进口温度在 1150℃左右的燃气轮机为 E 级，透平转子进口温度在 1300℃左右的燃气轮机为 F 级，G 级、H 级和 J 级燃气轮机透平转子进口温度则在 1400℃以上。近年来随着燃气轮机发电技术的发展，先进的 H 级、G 级等燃气轮机发电技术回用到 B 级、E 级和 F 级，使现有的 B 级、E 级和 F 级燃气轮机发电效率和出力等均有了不同程度的提升。同一厂家同一级别的燃气轮机由于透平转子进口温度和出力不同，有不同的型号。另外，随着全球燃气轮机产业的整合，目前燃气轮机制造商主要有 GE 公司、德国西门子公司（简称西门子、Siemens）、日本三菱日立电力系统有限公司（简称日本菱日）和意大利安萨尔多能源公司（简称安萨尔多、Ansaldo）等。综合考虑透平转子进口温度和出力，通常分为 B 级及以下、E 级、小 F 级、F 级、G 级、H 级、J 级燃气轮机。

（1）B 级及以下燃气轮机。B 级及以下燃气轮机产品主要有 GE 公司的 6B.03 型燃气轮机，西门子的 SGT-600、SGT-700，以及日本菱日的 MHPS H-25 等型号燃气轮机，标准工况燃气轮机出力为 20～50MW。

（2）E 级燃气轮机。E 级燃气轮机产品主要有 GE 公司的 9E 型燃气轮机，西门子的 SGT5-2000E 型燃气轮机，日本菱日的 M701DA 型燃气轮机和安萨尔多的 AE942 型燃气轮机，标准工况燃气轮机出力为 100～200MW。

（3）小 F 级燃气轮机。小 F 级燃气轮机产品主要有 GE 公司的 6F.01、6F.03 型燃气轮机，西门子的 SGT-800 型燃气轮机，以及安萨尔多的 AE64.3A 型燃气轮机，标准工况燃气轮机出力为 50～100MW。

（4）F 级燃气轮机。F 级燃气轮机产品主要有 GE 公司的 9351FA、9F.03、9F.04、9371FB、9F.05 型燃气轮机，西门子的 SGT5-4000F 型燃气轮机，日本菱日的 MHPS 701F3(M701F3)、MHPS 701F4(M701F4)、MHPS 701F5(M701F5)型燃气轮机，以及安萨尔多的 AE94.3A 型燃气轮机，标准工况燃气轮机出力为 250～400MW。

（5）F 级以上燃气轮机。F 级以上燃气轮机包括 G 级、H 级和 J 级燃气轮机。其产品主要有 GE 公司的 9HA.01 型、9HA.02 型燃气轮机，西门子的 SGT5-8000H、SGT5-8000HL 型燃气轮机，日本菱日的 MHPS 701G（M701G）、MHPS 701J（M701J）和 MHPS701GAC（M701GAC）、MHPS 701JAC（M701JAC）型燃气轮机，以及安萨尔多的 GT36-S5 型燃气轮机，标准工况燃气轮机出力为 334～550MW。

二、大中型燃气轮机特点

目前，全球可提供燃用天然气发电的大型燃气轮机的主要厂家有 4 家，分别是 GE 公司、西门子、日本菱日和安萨尔多。下面就不同级别的燃气轮机分别介绍其主要特点。

（一）E 级燃气轮机的特点

1. GE 公司 9E 型燃气轮机特点

GE 公司 9E 型燃气轮机是一款典型的 E 级燃气轮机，为了满足燃用多种燃料的 50Hz 工业和公用发电用燃气轮机市场的需求，GE 公司的 9E 系列燃气轮机于 1970 年首次投入使用。其为世界上首台出力大于 100MW 的燃气轮机。目前，GE 公司 9E 型燃气轮机的额定出力为 132MW，转速为 3000r/min。图 2-3 所示为 9E 型燃气轮机纵剖图，其主要部件如压气机、燃烧系统和透平的特点如下。

（1）压气机。GE 公司所有的压气机转子结构相同，这保证了压气机的性能，不会削弱设备整体上的可靠性或机械上的完整性。压气机配有可调进口导叶，用于调整启动时压气机第一级的空气流量。对带热回收的联合循环系统，进口导叶可以减少部分负荷下的空气流量，提高供给余热锅炉的燃气轮机排气温度。

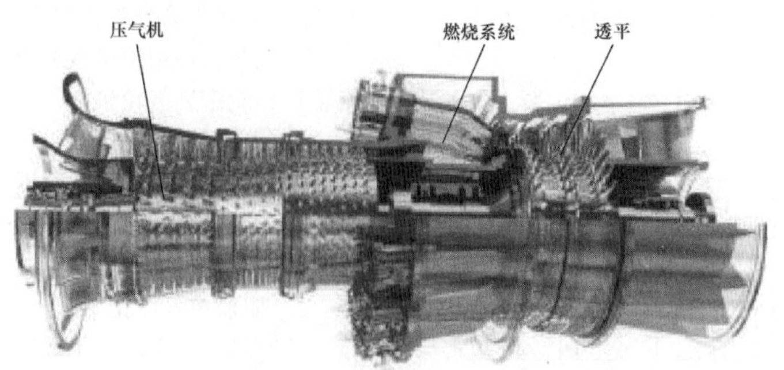

图 2-3　9E 型燃气轮机纵剖图

压气机为轴流式，由压气机转子和封闭式定子外壳构成。从外壳开始安装了17级压气机叶片、进口和出口导叶。

在压气机中，空气通过一系列转子的交替旋转和静止的翼形叶片实现分级压缩。压缩空气从压气机中抽出，用于透平冷却、轴承密封、启动和关机期间的压气机脉动控制。使用基础外置电动鼓风机来冷却透平壳体和排气框架。

进口导叶可改变角度，有助于限制启动期间的气流并改善联合循环电厂的部分负荷效率。

（2）燃烧系统。9E型燃气轮机采用分管式燃烧系统，共14只布置紧凑的同型燃料喷嘴、火焰筒和过渡段，使得在工厂进行新机组装配时快速、可靠。

在制造过程中，可依据是使用传统的双燃料系统还是先进的干式低NO_x（Dry Low NO_x，DLN）系统而选择不同形式的燃料喷嘴和火焰筒。9E型燃气轮机的燃烧系统可以在燃烧液态或气态燃料时使用扩散燃烧室加注水或注汽控制NO_x排放，也可以使用DLN燃烧室，其可以在燃用天然气时获得先进的低NO_x排放水平，在燃用液体燃料时则辅之以注水技术。DLN燃烧室在燃用天然气时NO_x排放水平达到50mg/m^3（标准状态）。

9E型燃气轮机的火焰筒和过渡段具有GE公司E级和F级机组的所有设计特征。圆柱形的、气膜冷却的Hastelloy-X材料的火焰筒带有等离子喷涂的陶瓷材料热障涂层，以降低材料的温度和梯度，提高部件寿命和检修时间间隔。9E型燃气轮机分管式燃烧室如图2-4所示。

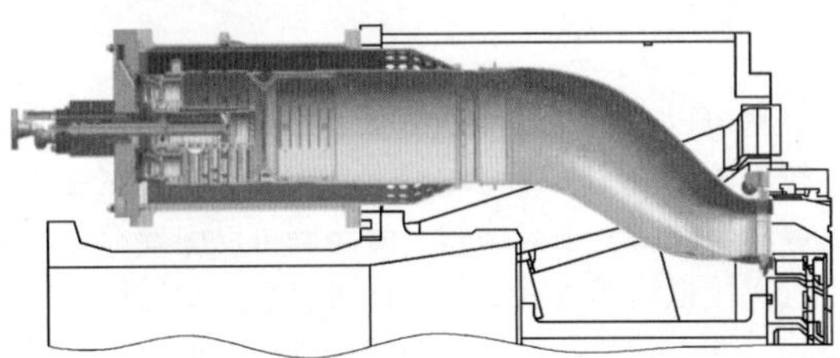

图2-4 9E型燃气轮机分管式燃烧室

（3）透平。采用3级透平，3级透平段是把压气机和燃烧段产生的热加压气体中所含的能量转换成机械能的区域。所有的3级透平喷嘴为扇形段结构，用耐腐蚀超级合金精密铸造而成，具有好的强度及工艺性。扇形段结构降低了机械应力、冷却流量和密封漏气，从而提高了效率，降低了制造成本。第1级和第2级喷嘴是空气冷却的。

9E型燃气轮机的透平动叶用耐腐蚀镍基超级合金熔模铸造而成。第1级动叶有抗硫腐蚀保护涂层，明显地提高了叶片寿命。第1级和第2级动叶采用GE公司具有专利的真空等离子涂层，可延长叶片在较高运行温度下的使用寿命。除保护涂层外，第1级和第2级动叶还有贯穿叶型的内部通道提供对流空气冷却，以维持一个低的金属温度。与无空气冷却方式相比，这种冷却方法可以使燃气温度提高111℃（200℉）以上。

第2～3级动叶为长柄叶片，以隔绝热通道温度向叶轮的传播，并带有Z形互锁围带，可提高效率，抑制振动。9E型燃气轮机透平如图2-5所示。

图2-5 9E型燃气轮机透平

2. 西门子SGT5-2000E型燃气轮机特点

西门子SGT5-2000E型燃气轮机也是一款典型的E级燃气轮机，采用单缸设计，既适用于工业机械的原动机，也适用于在基本负荷和峰值负荷运行时以恒定速度驱动发电机。可使用多种气体和/或液体燃料工作。图2-6所示为西门子SGT5-2000E型燃气轮机的纵剖图，其整体结构、燃烧系统的特点如下。

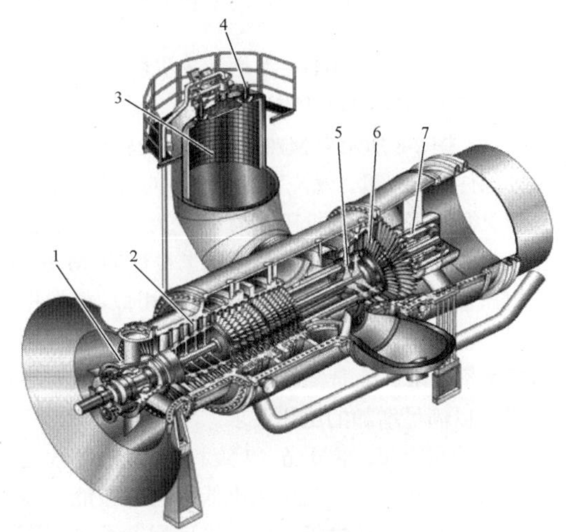

图2-6 西门子SGT5-2000E型燃气轮机的纵剖图
1—压气机轴承箱；2—压气机；3—燃烧室；4—燃烧器；5—转子；6—透平；7—透平轴承箱

（1）整体结构。西门子SGT5-2000E型燃气轮机为单缸、单轴燃气轮机，压气机和透平共用转子。转子仅通过设在压力区外侧的两个轴承支撑，这样可以确保对中良好，从而保证平稳运转。此外，压气机和透平共用承压外缸，承压外缸由圆柱形中心段构成，固定导叶座（也作为外缸和前轴承座）在压气机端连接到圆柱形中心段。除燃气轮机进气缸外，沿水平方向上，缸体各段则是分离的。最后两个压气机级和第一个透平级的导叶座插入圆柱形、挠曲刚性中心缸体中，并可承受热膨胀。

前轴承座包含径向推力联合轴承及引导进气流动的外围设备。转速传速器及液压盘车装置安装在其上游端。轴承总成通过连接在前爪式支座的径向支柱支撑在流道内。进气通过设在压气机上游的进风道完成。排气缸由内缸和略呈锥形的外壳组成，排气气流从内外之间通过。

（2）燃烧室。两个垂直筒仓式燃烧室分别设在燃气轮机左侧和右侧，并通过螺栓固定在透平缸体横向法兰上。

这种结构可确保压气机、燃烧室及从这两个位置到透平的燃气与空气气流通道同心，气流以相对较低的速度和相应的低流量损失流动。

高温燃气通道部件（包括可能承受内部压力的外部件以及内部缸体部件）和高温缸体部件周围充满从压气机抽出的空气并通过热交换进行降温。气流通路对称和双重偏转也可确保温度分布均匀，并仅在透平叶系上游产生微小的压差。

西门子 SGT5-2000E 型燃气轮机燃烧室如图 2-7 所示。

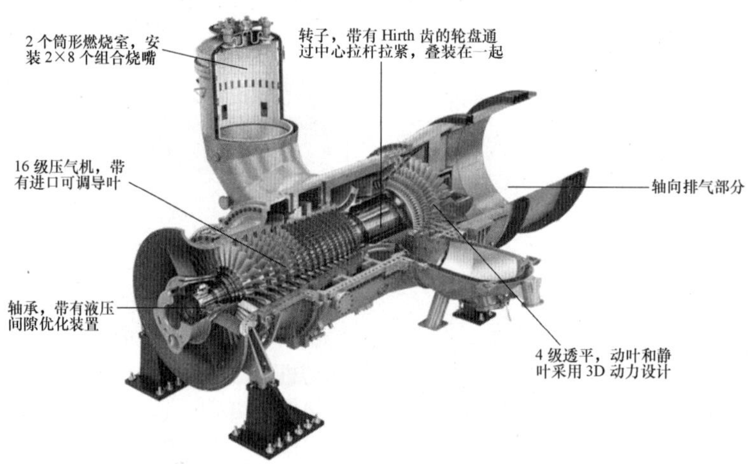

图 2-7　西门子 SGT5-2000E 型燃气轮机燃烧室

3. 日本菱日 M701DA 型燃气轮机特点

日本菱日 M701DA 型燃气轮机是一款典型的 E 级燃气轮机，图 2-8 所示为 M701DA 型燃气轮机外形图，其主要部件如压气机、燃烧系统和透平的特点如下。

（1）压气机。压气机压比为 14，为 19 级轴流式，是在成熟的 M501DA 型压气机基础上设计的。M701DA 型压气机流量及压缩效率与 M501F 型相似，但根据模化设计方法增加了各级的公称直径，以满足所增加 50% 的流量要求。而且，新压气机后面的级数新增加了一级，以满足增加的压比要求。

为启动和冷却，位于 6、7 级和 14 级的叶片之间设有内部排气孔。为提高压气机低速抗喘振能力并优化联合循环部分负荷性能，压气机也配置了可调进口导叶。

（2）燃烧系统。燃烧系统由 18 个燃烧腔室、1 个燃烧器、1 个点火系统和火焰探测器组成。每个燃烧腔室由两部分组成，即过渡段和燃烧腔。点火后，燃烧室可以在不通过注水降低 NO_x 排放的状况下获得较低的 NO_x 排放标准。干式低 NO_x 燃烧室有两个燃烧器组件及一个旁路阀。旁路阀可以引导部分压缩空气直接抵达燃烧室过渡段，可以在启动过程提高燃烧稳定性。并且，在加载期间可以获得期望的燃烧变化范围。当机组满负荷时该旁路阀完全关闭。

为透平供给能量的燃烧过程在燃烧室内进行，该燃烧室为环管布置在压气机和透平侧。每个燃烧室均以高镍基超合金焊接而成。燃料通过位于燃烧腔上游开口处的燃料喷嘴进入燃烧室并与压缩空气混合。燃烧腔体打孔并被设计成可以降低燃料与压缩空气混合而产生的激爆现象。

在两个尾筒安装了一个钢制扣环，用于设置火焰扫描器，而另外两个尾筒上配置一个钢制扣环以接收火花塞。横向火焰管相互连接，在启动时为传播火焰，使所有的内筒连接，并使发动机在运行中维持压力平衡。点火系统能在预定的转速时点火，并在点火完成后关闭。

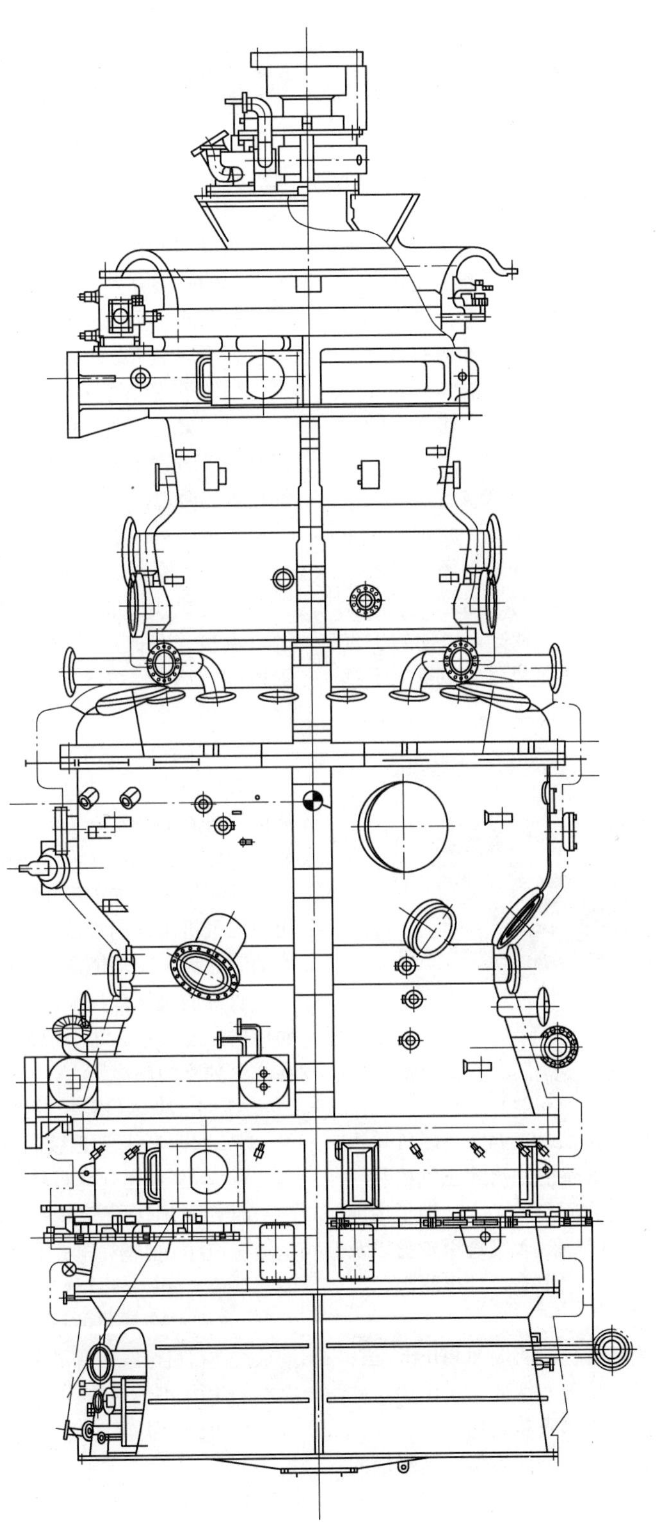

图 2-8 M701DA 型燃气轮机外形图

（3）透平。采用4级透平，从而使M701DA型燃气透平的设计维持适度的气动负荷。并且采用全三维计算流场分析，使透平的气动性能得到改进，从而保证了燃气透平具有最高的实际气动效率。

燃气透平第1、2、3级动叶栅采用不带冠叶片，第4级采用自带冠叶片。这种方法的目的是增加功率和质量流量，但可能会因叶片结构和流量之间气动弹性相互作用而诱发流体非同步振动。

第1级静叶栅由精密铸件超级合金的单个静叶弧段组成。第1级静叶栅无需打开缸体，通过人孔可以取出。内围带支撑在转子中间的扭力管上，以限制柔性应力和变形，从而保持关键的第1级叶栅的角度控制。第2级静叶栅由精密铸造超级合金的3个静叶弧段组成。第3、4级静叶栅由精密铸造超级合金的4个静叶弧段组成。

4. 安萨尔多AE94.2型燃气轮机特点

安萨尔多AE94.2型燃气轮机也是一款典型的E级燃气轮机，为单转子、冷端驱动的重型燃气轮机，带有筒形燃烧室，其额定运行频率为50Hz。

AE94.2型燃气轮机的单转子设计可以使透平直接驱动压气机和发电机。AE94.2型燃气轮机纵剖示意图如图2-9所示，其主要技术特点如下。

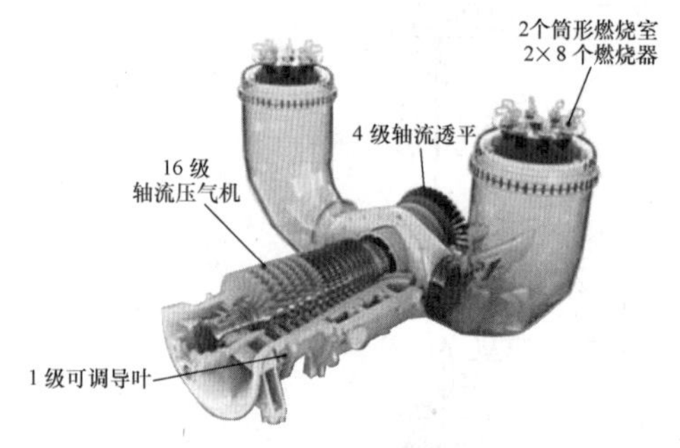

图2-9　AE94.2型燃气轮机纵剖示意图

（1）采用中心拉杆转子技术。AE94.2型燃气轮机采用单轴设计。它包括一个16级的轴流式压气机和一个4级的轴流式透平，两者在同一转子上。转子由前轴头、16级压气机叶轮、中空轴、4级透平轮盘以及后轴头组成，所有轮盘通过一根中心拉杆串联起来，在透平末端通过螺母锁紧。

转子的每个轮盘两侧都有径向的端面（Hirth）齿；端面齿为转子各段提供径向校准，保证扭矩传递，并允许各部分有相对径向的自由膨胀和收缩。

上述结构决定这种转子是一个低重量、高刚性的自持型鼓筒，因此能仅靠两个轴承支撑，一个位于前轴头，另一个位于后轴头。压气机端的轴承是一个联合径向推力轴承，用于调节转子的轴向推力。两个轴承位于燃气轮机高压区之外，从而保证了良好的对中性能和出色的运转性能。

（2）采用二次空气冷却系统。AE94.2型燃气轮机的转子采用内部空气冷却。一部分压缩空气从压气机主气流中流出，经位于中空轴的孔流过转子内部。冷却空气流向动叶根部和第一级动叶的有效叶片截面，使叶轮充分冷却，再汇入热气流中；另一部分压缩空气从压气机第13级流出，传入转子内部去冷却第2、3、4级轮盘和第二级动叶。通过转子的两股冷却空气被内部的转鼓分离。

这些冷却空气环流确保了转鼓包括透平部分被完全包裹在冷却空气中，防止在启动和变负荷过程中产生导致转子变形的额外热应力。

（3）采用方便维护、燃料适应性广的筒形燃烧室。AE94.2型燃气轮机配备有两个燃烧室，垂直安装在燃气轮机的两边，通过燃气轮机外缸的侧面法兰与燃气轮机本体连接。这种燃烧室的布置方式可方便地对各个部件进行检查，且燃烧室拆装简便。

压气机出来的空气在燃烧室中被加热到透平进口温度。在火焰筒中，气体的温度特别高，火焰辐射非常强烈，边缘固定的陶瓷瓦块起到了很好的保护作用。小股冷却空气用来冷却瓦块固定夹，同时起到了隔离瓦块后的缸体和热气流的作用。

燃烧室设计使其承担了两个同中心的流程：一个从压气机到燃烧室，另一个从燃烧室到透平，形成了相对较低的流速，从而产生最低的压降。

外缸用来承受内部压力，内缸接触高温高压热气流，压气机出来的增压后的空气在内外缸之间的通道流动时起到了冷却燃烧室内缸的作用。

对称的进气口保证燃气温度场均匀分布，动叶前的周向压差很小。每个燃烧室都配有耐火炉衬，装配有8个独立的燃烧器。

AE94.2型燃气轮机筒形燃烧室如图2-10所示。

（二）小F级及F级燃气轮机的特点

1. 小F级燃气轮机特点

（1）6F.01型燃气轮机。GE公司6F.01型燃气轮机虽然与6B.03型燃气轮机出力接近，属于中型燃气轮机，但它秉承了GE公司在燃气轮机行业内最富经验的B级、E级、F级燃气轮机的技术，同时又利用了当时的先进技术，使得机组既具有了先进的性能，又保证了高的可靠性。6F.01型燃气轮机主要特点如下：

1）排烟温度高（600℃），非常适合热电联产机组。

2）在中小型燃气轮机中，联合循环效率高。

3）采用12级压气机轴流式设计（借鉴了GE公司飞机发动机和9H型燃气轮机的压气机设计）。

图 2-10 AE94.2 型燃气轮机筒形燃烧室

4）为 3 级可调入口导叶，可改善部分负荷效率。

5）现场可更换叶片，易于检修和维护。

6）采用冷端驱动方式。

7）为轴向排气。

8）采用干式低 NO_x 燃烧系统。

9）为燃烧室设置了检修人孔，方便检修或更换火焰筒和过渡段。

10）为 3 级透平。

11）采用全三维空气动力设计。

12）第 1 级动叶为单晶材料，定向结晶、等轴结晶材料应用于其余动叶和静叶。

13）透平转子材料为镍合金，寿命更长（转子大修间隔为 144000h）。

14）为改进型热障涂层、间隙和密封。

15）透平喷嘴和动叶采用空气冷却。

16）燃气轮机及辅机采用模块化设计，易于安装、调试、检修和维护。

17）6F.01 型燃气轮机 Mark Vie 控制系统，可作为 DCS 控制全厂。

6F.01 型燃气轮机及其辅机结构紧凑，图 2-11 所示为 6F.01 型燃气轮机典型布置方案。

（2）6F.03 型燃气轮机。6F.03 型燃气轮机为 GE 公司开发的小 F 级燃气轮机，其单循环出力为 82MW，6F.03 型燃气轮机外形图如图 2-12 所示，其主要部件如压气机、燃烧室和透平等的特点如下。

1）压气机。压气机为 17 级轴流式压气机，有可调进口导叶，用于调节透平排气温度和防止压气机喘振。第 9 级和第 13 级开有抽气口，用于冷却以及在燃气轮机启动和停机过程中通过该抽气口排出一部分压缩空气，防止压气机喘振。压气机第 17 级轮毂上开有一个径向抽气槽道，将压缩空气引入转子中心孔送往透平段，用来冷却透平第 1 级和第 2 级动叶片。其中第 1 级轮盘与压气机输出轴做成一个整体，作为压气机的前半轴。而最后一级轮盘通过过渡轴与透平叶轮相连。由于该型号机组的输出为“冷端”输出，增加了压气机转子的扭矩。

整个压气机气缸分为压气机进气缸、压气机缸和压气机排气缸三部分，压气机进气缸和压气机缸的材料为球墨铸铁，压气机排气缸的材料为 CrMoV 或 NiCrMo。

2）燃烧室。整台机组共有 6 个分管、逆流型燃烧室，每个燃烧室有 4 个燃料喷嘴，整台机组共有 24 个燃料喷嘴。燃烧室型号为 DLN2.6。在 6 个燃烧室中只有顶部 2 个燃烧室设有高能点火装置，其余燃烧室通过联焰管联焰。燃烧室可烧天然气、轻油和中热值的气体燃料，还可以注入蒸汽或水来抑制 NO_x 的生成。

燃烧室外壳的材料为 SA/516-55 钢；火焰筒的材料为 HS-188（镍基合金钢），内表面加隔热涂层；过渡段的材料为 Nimonic263（镍铬钛合金钢）。

DLN2.6 燃烧室主要由火焰筒、过渡段、导流衬套、帽罩、喷嘴、端盖、前外壳和后外壳等部件组成。其中，帽罩、喷嘴、端盖和前外壳又形成了一个可以单独拆卸的头部组件。

DLN2.6 燃烧室的燃料是分级供应的，设有 1 个速度比例/截止阀（SRV）和 4 个控制阀（GCV1、GCV2、GCV3、GCV4），其控制系统比传统的气体燃料控制系统更为复杂。气体燃料的供应分为 4 条

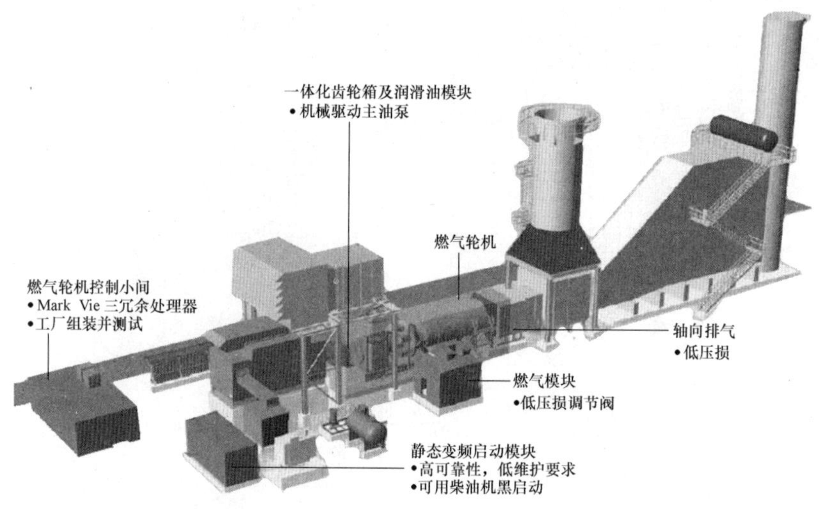

图 2-11　6F.01 型燃气轮机典型布置方案

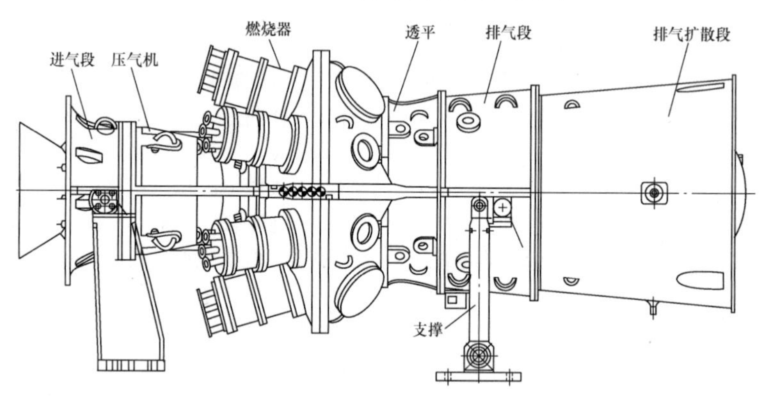

图 2-12　6F.03 型燃气轮机外形图

管路。SRV 用来调节控制阀前的气体燃料压力。

3）透平。透平为 3 级轴流式透平，第 1、2 级动叶采用耐高温保护涂层，内部冷却空气取自压气机排气；第 3 级动叶采用耐高温保护涂层，不进行冷却；第 1 级动叶叶冠无围带，第 2、3 级动叶叶冠采用整体的乙型围带；3 级透平动叶的材料均为 GTD-111。3 级静叶均采用空气内部冷却，第 1、2 级静叶设计成两片叶片为一整体的扇形段结构，并采用等离子耐高温保护涂层；第 3 级静叶设计成 3 片叶片为一整体的扇形段结构，并采用耐高温保护涂层；第 1 级静叶的材料为 FSX-414 钴基超级合金；第 2、3 级静叶的材料为 GTD-222 镍基合金。

透平缸的材料为 CrMo 钢，透平排气缸的材料为 SA/516-55 钢。透平叶轮、轴的材料为 Inconel 706 合金钢。

4）轴承和气缸支撑。两个可倾瓦轴颈轴承位于转子两端，转子的轴向推力由双销轴推力瓦轴承自行平衡。燃气轮机的前支撑位于压气机进气缸两侧，燃气轮机后支撑位于透平排气缸两侧，整台机组共有 4 点支撑。机组的死点设在“冷端”，允许气缸和转子沿轴向向“热端”膨胀。整台燃气轮机通过 4 个支撑将其固定在燃气轮机底盘上。6F.03 型燃气轮机主要设备外形图及典型布置方案见图 2-13。

（3）安萨尔多 AE64.3A 型燃气轮机特点。AE64.3A 型燃气轮机为频率 50/60Hz 的单转子型燃气轮机，AE64.3A 型燃气轮机带 15 级压气机，燃烧室带 24 个低 NO_x 排放燃烧器，采用 4 级透平经典结构，冷端驱动。AE64.3A 型燃气轮机纵剖图如图 2-14 所示，其主要技术特点如下：

1）采用中心拉杆转子技术。先进的转子结构为中心拉杆连接 15 级压气机轮盘和 4 级透平轮盘。转子两侧带前、后轴头及固定用拉杆螺母。中心拉杆式结构具有质量轻、热惯性好，适应快速启动，结构简单、刚度大、临界转速高等优势。

轮盘间通过赫兹齿结构进行连接，具有以下特点：

a．安全高效的扭矩传递；

b．自动对中特性；

c．定位精度高。

2）采用全三维先进通流技术。15 级轴流式压气机具有高流量、高效率、高压比的特性。

AE64.3A 型燃气轮机中心拉杆转子见图 2-15。

压气机的一级可调导叶可提高压气机防喘裕度，且部分负荷效率高，同时满足排放负荷率低至 50%。

压气机部件通过流场全三维数值优化，兼顾设计工况与非设计工况性能，获得效率与喘振/堵塞裕度的最佳匹配。在开发过程中充分考虑气动－结构多学科耦合优化，在保证气动性能的同时，满足结构强度/振动考核要求。

叶片方面，采用全三维叶片设计技术，其中动叶叶尖前掠可有效控制激波结构与强度，端壁与叶片耦合三维优化可提高近端壁流动性能。静叶则采用最先进“倾斜”的三维设计技术，有效改善角区流动。

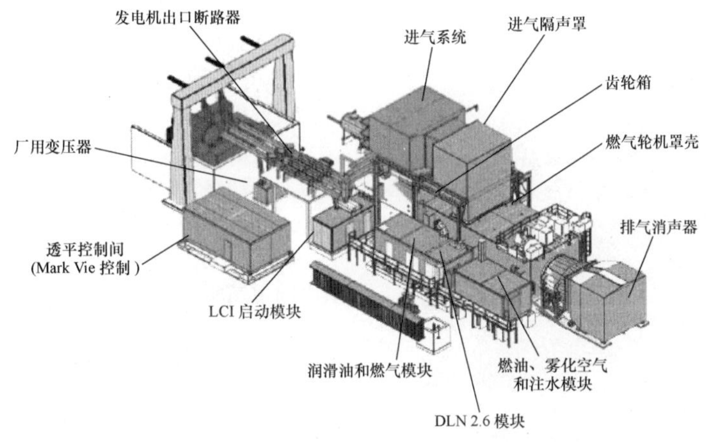

图 2-13　6F.03 型燃气轮机主设备外形图及典型布置方案

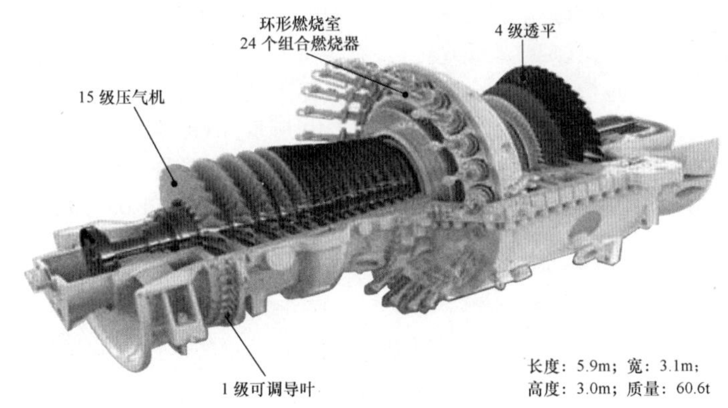

图 2-14　AE64.3A 型燃气轮机纵剖图

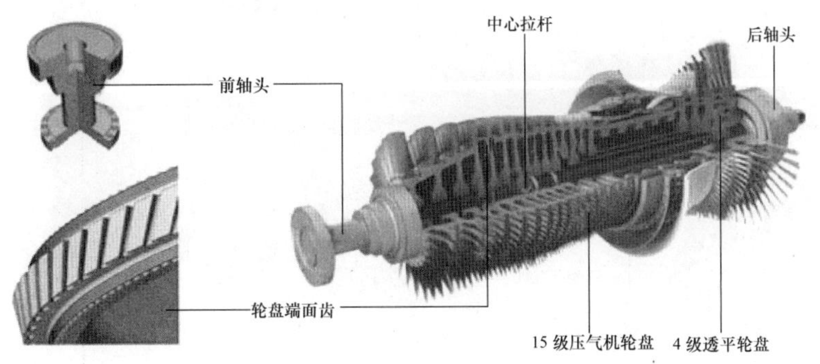

图 2-15　AE64.3A 型燃气轮机中心拉杆转子

在热端通流方面，4 级轴流式透平具有高流量、高效率、合理焓降分配等优势。在兼顾通流特性的同时特别关注透平部件的运行寿命，采用空冷+热障涂层适应超高的透平进口温度，具有优异的可靠性。同时，为合理分布缸体热应力，利用了内层承温、外层承力的先进双层气缸结构设计方案。

3）采用环形燃烧室技术。AE64.3A 型燃气轮机环形燃烧室如图 2-16 所示，其特点包括：

a．均匀的出口温度场分布；

b．经济的运行维护成本；

c．便于内部检修的结构设计。

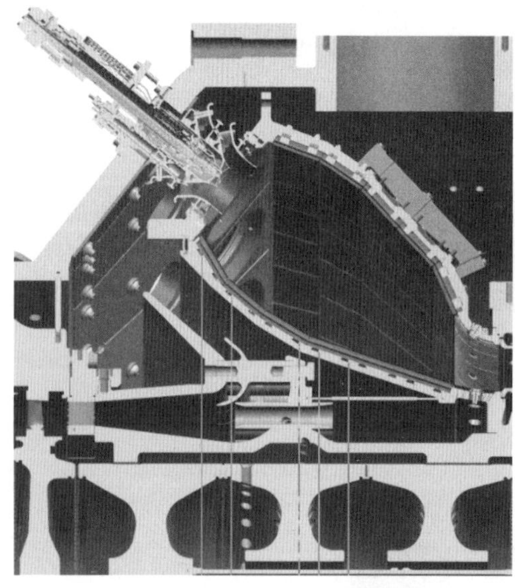

图 2-16　AE64.3A 型燃气轮机环形燃烧室

24 个干式低 NO_x 燃烧器周向均布，具有优异的点火灵敏性。金属瓦块的使用具备优良的隔热能力，从而进一步降低了冷却空气消耗。此外，燃烧器应用高合金钢材料，解决了燃烧器小孔堵塞等问题，材料适应性极强。

（4）西门子 STG-800 型燃气轮机特点。西门子 STG-800 型燃气轮机是又一款单循环出力为 50MW 左右的燃气轮机，采用轴流式压气机，共 15 级，其中 3 级带可调导叶、电子束焊接的转子，可控扩散叶型。燃气轮机透平形式为轴流式，共 3 级，头两级以及静叶片凸缘为空冷第一级，使用单晶材料，第三级使用互锁轮盖。

燃烧室为单个环形燃烧室，采用第 3 代干式低排放（Dry Low Emission，DLE）燃烧系统，可以为单燃料或双燃料。

STG-800 型燃气轮机纵剖图如图 2-17 所示，STG-800 型燃气轮机橇装图如图 2-18 所示。

2. F 级燃气轮机特点

（1）GE 公司 9F.05 型燃气轮机特点。GE 公司针对中国市场的需求推出了改进型 9F.05 型燃气轮机。压气机空气动力叶型设计增加了空气流量，提高了燃气轮机热态性能并减缓了性能衰减，1 级进气可调导叶和 3 级可调导叶可以灵活调节空气流量，提高燃气轮机部分负荷效率和启动可靠性。此外，超精密加工的压气机叶片提高了抗腐蚀能力，确保燃气轮机寿命期内有更好的性能。先进的压气机技术以及优化的水洗程序，赋予了燃气轮机更慢的性能老化特性。在辅机设计上，引用了 H 级上广泛使用的模块化设计。图 2-19 所示为 GE 公司 9F.05 型燃气轮机结构图，其压气机、透平和燃烧室等部件特点如下。

1）压气机。9F.05 型压气机结构如图 2-20 所示。

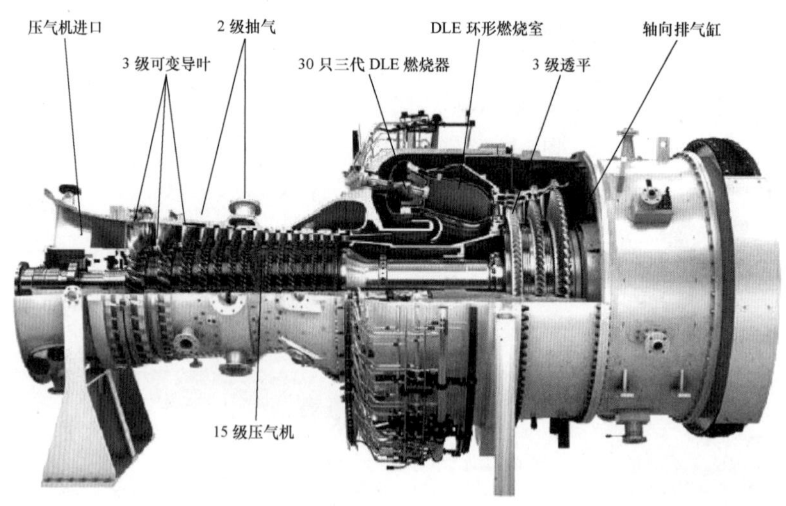

图 2-17　STG-800 型燃气轮机纵剖图

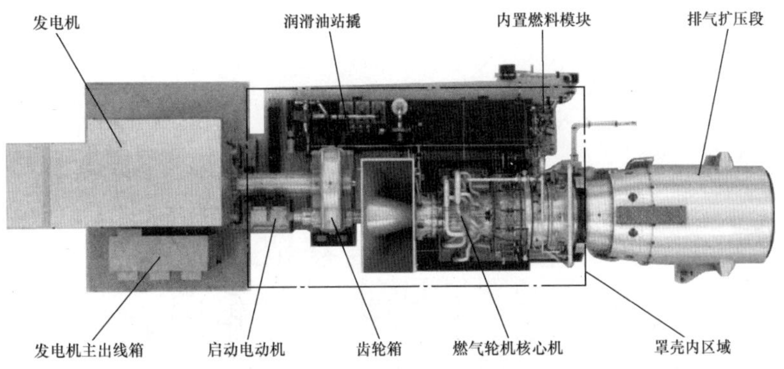

图 2-18 STG-800 型燃气轮机橇装图

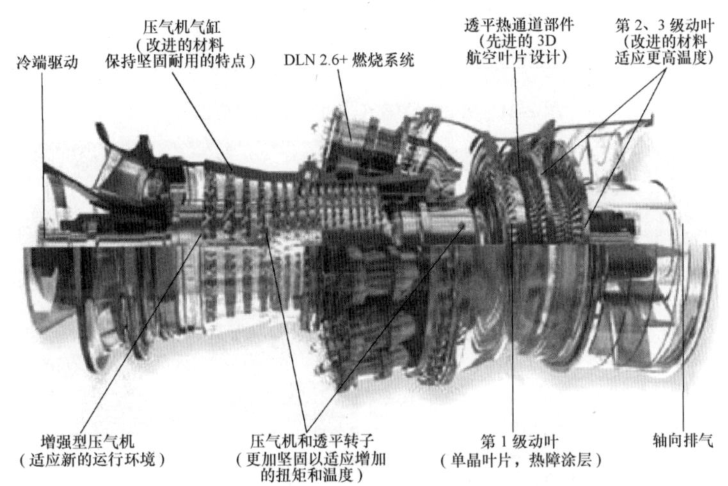

图 2-19 9F.05 型燃气轮机结构图

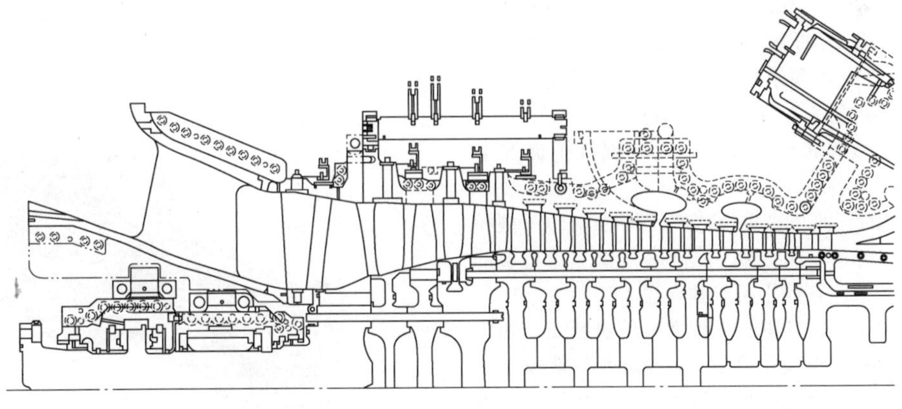

图 2-20 9F.05 型压气机结构图

压气机为 18 级轴流压气机、1 级可调进口导叶（IGV）、2 级出口导叶（EGV）、压比为 18.3、全三维叶片。

2）透平。透平共 3 级，其中 1、2 级动叶和静叶/3 级静叶采用强制对流空气冷却，第 3 级动叶无空冷，采用被动间隙控制系统。透平缸体采用单层设计，这样的设计改进了转子和静子之间的热匹配性能，从而改进了设备的可维护性并且减小了转子与缸体的间隙。透平缸体给复环和喷嘴提供了相对于动叶的轴向和径向位置。采用先进的冷却和涂层技术，透平热通道部件所有三级静止部件都安装在气缸上。检修期间，气缸可以拆卸下来，而转子保持原位，这样可以提高生产率，同时减少检修时间。9F.05 型燃气轮机透平热通道部件如图 2-21 所示，9F.05 型燃气轮机燃烧器如图 2-22 所示。

3）燃烧室。燃烧室为 18 个单体燃烧室，采用

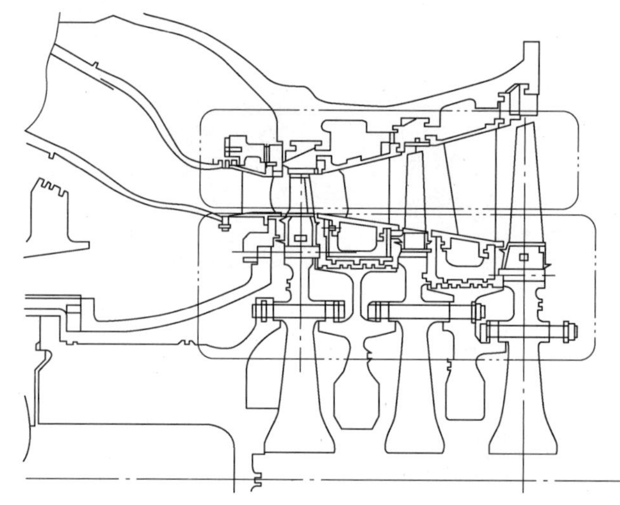

图 2-21　9F.05 型燃气轮机透平热通道部件

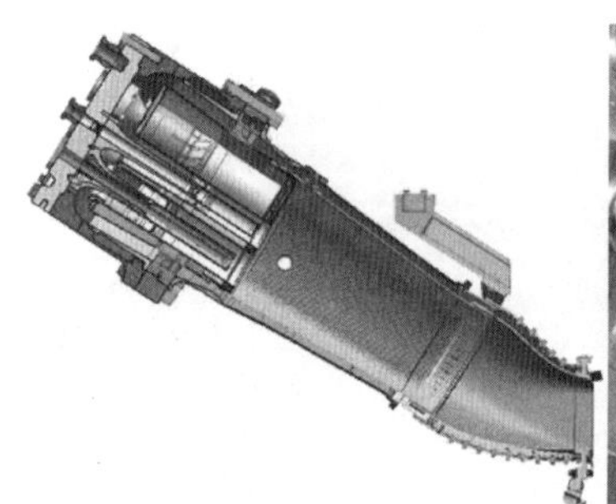

图 2-22　9F.05 型燃气轮机燃烧器

DLN2.6+燃烧技术。DLN2.6+燃烧系统采用逆流、分管式设计，采用预混燃烧模式，燃烧温度达到 1436℃，低氮干式燃烧系统的燃料喷嘴具有多个燃料管道。同时为了降低成本和维护工时，燃烧筒数量为 18 个，燃料回路仍为 4 路。燃烧器筒体采用分体设计，燃烧筒、喷嘴和过渡段均可以根据维护情况单独更换。

GE 公司的其他几款 9F 级燃气轮机如 9F.03 型和 9F.04 型同 9F.05 型的压气机、透平和燃烧室等重要部件特点比较类似，在此不再单独叙述。

（2）西门子 SGT5-4000F 型燃气轮机特点。西门子 SGT5-4000F 型燃气轮机是一款带环形燃烧室，采用单缸设计的单轴燃气轮机。这种燃气轮机适用于以恒定速度驱动基荷、部分负荷和峰荷电厂的发电机。同时，也可用于联合循环机组。可使用气体或液体燃料工作。图 2-23 所示为 SGT5-4000F 型燃气轮机结构图，其转子和燃烧室等重要部件特点如下。

1）转子。转子由一系列轮盘（每个叶盘安装了一排叶片）、两个空心轴（前轴和后轴）以及位于压气机和透平之间的转矩盘构成，采用一个中心螺栓固定在一起。端面齿在轮盘、空心轴和转矩盘之间的接合面处啮合。这些轮齿与邻近部件彼此中心对正，可进行

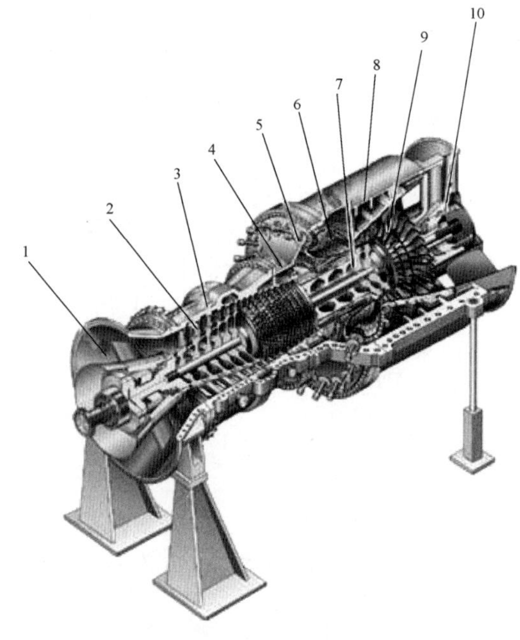

图 2-23　SGT5-4000F 型燃气轮机结构图

1—压气机轴承箱；2—压气机；3—压气机导叶装配体；4—燃烧室外气缸；5—燃烧器；6—燃烧室；7—转子；8—透平气缸；9—透平；10—透平轴承箱

自由径向膨胀，并可传递力矩。这种转子结构能够形成刚度较高的自支撑式鼓状结构。

透平转子为内冷式。一部分压缩空气流从压气机主气流中引出，用于冷却透平叶片。从压气机出口引出的空气通过转矩盘上的孔进入转子并输送到第一排透平叶片。压力及温度更低的空气被输送到透平叶片的下游。

冷却气流通过两个压气机轮盘上的孔进入转子，并径向穿过下游压气机轮盘上的孔，通过最终的压气机轮盘和第一个透平轮盘之间的管道，然后通过透平轮盘上的毂孔到达第2、3、4级透平叶片。

冷却空气随后出现在热风通道处以冷却叶片根部，形成一层膜包裹轮毂。

冷却气流的路径确保了转筒、支撑元件在透平端被冷却空气包裹，从而防止在负荷变化和快速启动时引起轴变形而产生额外的热应力。

2）燃烧室。燃烧系统由配备了24个混合燃烧器的环形燃烧室构成。燃烧室紧靠两个壳体，包含一个整体式内轮毂，轮毂围绕转子和外壳，外壳在水平气缸接缝处轴向分开。

从压气机出口扩压器流出的空气将燃烧室包覆，其中的大部分空气通过燃气轮机24个燃烧器进入燃烧室内。这些燃烧器围绕圆周以相同间距设置。小部分气流则用于冷却金属隔热板，并密封陶瓷隔热板之间的空隙。

（3）日本菱日M701F4型燃气轮机特点。M701F4型燃气轮机主要由17级高效率轴流式压气机、20只绕轴线环形布置的分管式燃烧器，以及4级反动式叶片的透平段组成。M701F4型燃气轮机纵剖图如图2-24所示。其主要部件如气缸、转子、压气机、燃烧系统和透平的特点如下。

1）气缸。全部气缸采用中分面结构，便于维护和转子安装就位。进气缸和压气机缸采用铸铁和铸钢材料。燃烧室气缸、透平缸、排气缸采用合金钢材料。

压气机进气端的2号轴承箱由8根径向支撑支持，透平端1号轴承箱由6根切向支撑支持。流线形状的保护罩将切向支撑与燃气通道隔离并支撑内部排气扩压器和外侧排气扩压器。切向支柱发生热膨胀时，轴承箱转动，从而保持轴承箱中心位置不变。

每一级透平静叶都有独立的内缸（即叶环），易于更换或在转子在位时检修。压气机8～17级也采用类似的静叶环。叶环与外缸的热变形相互独立，保证了叶环和转子同轴，防止叶片发生摩擦，减小动静间隙，并最大限度地提高性能。

2）转子。M701F4型燃气轮机采用单转子，由两个可倾瓦轴承支撑。推力轴承是一种双向作用、多瓦块推力轴承，采用前缘开槽润滑。压气机转子由一定数量的拉杆螺栓将压气机轮盘与压气机轴头固定在一起。透平转子由一定数量的透平拉杆螺栓将各级轮盘固定在一起，透平轮盘之间采用曲齿连接，保证了轮盘的对中并传递扭矩。

透平前两级静叶和动叶喷涂有热障涂层。压气机静叶栅也涂有可以改善空气动力学性能和防腐蚀的涂层。

透平叶片采用枞树形叶根，从轴向装入。任何透平叶片和压气机叶片都可以在不影响其他叶片或不起吊转子的情况下完成检查和替换。

3）压气机。燃气轮机进气系统（包含消声器）为压气机提供空气。以高度成功的M501F型燃气轮机压气机为基础，M701F型燃气轮机轴流式压气机为17级，设计压比为18。M701F型燃气轮机压气机流量及压缩系数与M501F型压气机相近，其模化设计方法增加了各级的平均直径，以满足大约增加50%的流量要求。而且，M501F型燃气轮机压气机后面的级数增加了一级，以满足增加的压比要求。

用于启动和冷却的级间放气位于压气机第6、第11级和第14级。为提高压气机低速抗喘振能力和提高联合循环部分负荷性能，压气机配置了可调进口导叶。

压气机叶片通道采用三维流场分析计算软件设计。在前6级动叶采用多圆弧设计。静叶和其他动叶采用传统的叶型设计。所有的动叶采用改进的叶根设计，接触面为平面接触（如透平叶片根部），允许在现场不起吊转子的情况下拆除动叶。大部分级数都采取了保守设计，以便可以在铬合金标准应力等级情况下连续运行。

压气机前几级采用了17-4PH（也就是17%Cr快速硬化不锈钢）材料，以获得满意的安全系数。

目前，M701F4型压气机每一级静叶由两个180°的隔板构成，以便于拆除，并可以维持M701F4型压气机内部密封系统的高效率。该类型气封靠机械式密封环支撑，可以在检修或维护过程中拆除。出口导叶使气流沿轴向流出压气机。静叶和围带全部使用标准强度的铬合金钢。

4）燃烧系统。燃烧系统由20个燃烧器和燃料喷嘴、1个点火系统和火焰探测器组成。每个燃烧器包括两大主要设备，即燃烧器内筒和燃烧器尾筒（过渡段）。燃用天然气时，燃烧室可以在不喷水的情况下达到低NO_x的排放标准。干式低NO_x主要是通过预混燃烧和旁路机构实现。旁路机构将一部分压气机排气直接引入尾筒，这样可以提高启动时的火焰稳定性，也保证了带负载时所需的燃空比。满负荷时旁路机构全关。

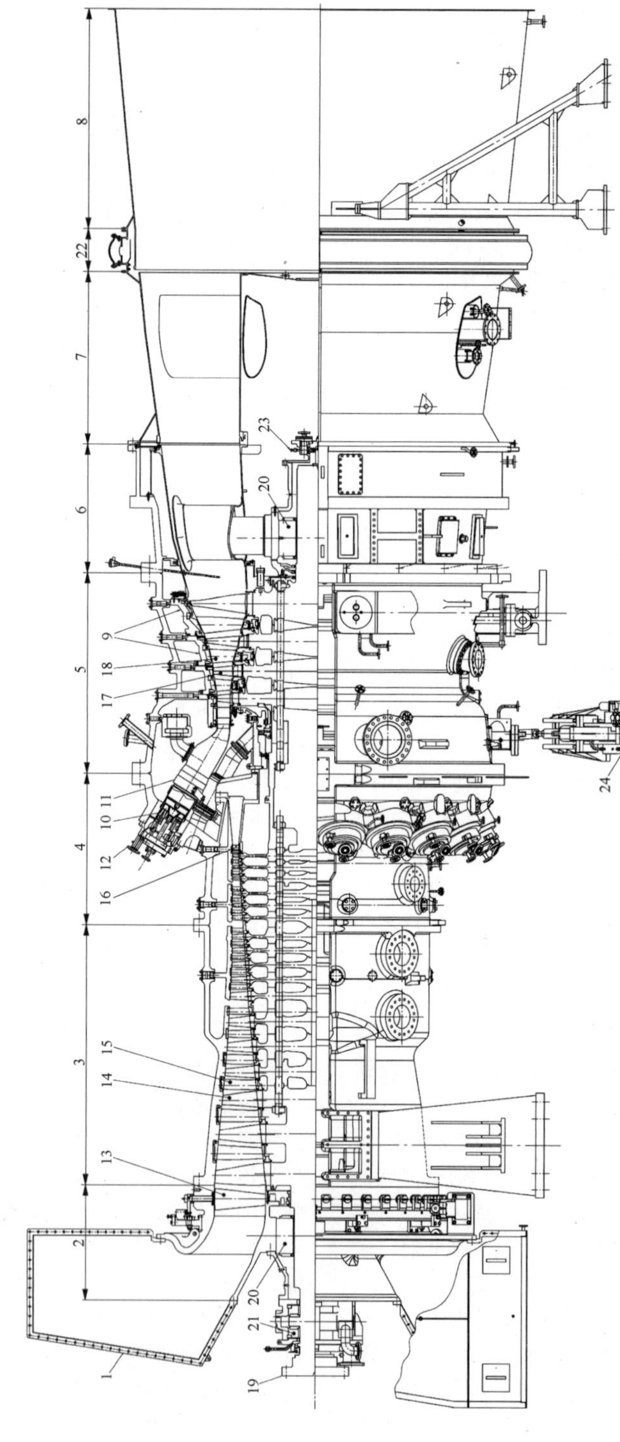

图 2-24　M701F4 型燃气轮机纵剖图

1—进气段；2—进气缸；3—压缩缸；4—压缩燃烧缸；5—透平缸；6—排气缸；7—前排气扩散段；8—后排气扩散段；9—静叶持环；10—火焰筒；11—过渡连接件；12—喷嘴；13—进口导叶；14—压气机动叶；15—压气机静叶；16—出口导叶；17—透平动叶；18—透平静叶；19—转子；20—径向轴承；21—推力轴承；22—补偿器；23—超速保护；24—旁路阀伺服驱动器

燃料在燃烧室中燃烧，为透平提供能量，燃烧室环管布置在压气机和透平之间。每个燃烧器由镍基高温合金制造。燃料通过位于内筒上游的燃料喷嘴进入内筒并与压缩空气混合。内筒上开有小孔，使燃料和空气充分混合。

两个燃烧筒体上安装了钢制扣环用于安装火焰检测器，两个燃烧筒体上安装了钢制扣环用于安装火花塞。联焰管连接所有的燃烧筒，点火时可以传播火焰，运行时可以维持燃烧室间的压力平衡。点火系统的布置是使之能在预定的转速点火，并在点火完成后关闭。

5）透平。M701F4 型燃气轮机透平虽然提高了进口温度，但采用 4 级透平的设计仍然使透平各级保持着中等的气动载荷。此外，利用全三维计算机流场分析使得叶型的空气动力性能改进成为可能。采用这种先进的叶型设计方法，保证透平具有最高的实际气动效率。

燃气透平第 1、2 级动叶采用不带冠叶片，第 3 及第 4 级采用整体 Z 形围带叶片。这种方法解决了因功率和质量流量的增加而引起的非同步振动，这种非同步振动是由于叶片结构和气流之间的气动弹性引起。

透平第一级静叶栅由高温合金精密铸造的单个静叶弧段组成，与以往的 M701D 型燃气轮机设计一样，第一级静叶单叶片不用起吊任何遮盖物，通过人孔进入即可卸下。静叶内围带由中间体支持，以限制柔性应力和变形，从而保证关键的第 1 级静叶安装角。第 2 级静叶栅由精密铸造超级合金的双静叶弧段组成。第 3、4 级静叶栅分别由精密铸造的超级合金的 3 个静叶弧段和 4 个静叶弧段组成。

每一级静叶的叶片组都支撑在单独的静叶环上，采用键固定和支持的方式允许静叶在径向和轴向的热变形不受外缸变形的约束。采用分段的遮热环和动叶上的环形段使 M701F 型燃气轮机静叶环变形进一步减小，遮热环支撑静叶组，动叶上的分割环在气流通道和叶环之间形成热障区。正如以往所有 M701D 型燃气轮机设计，第 2、3、4 级间密封体单独支撑在静叶组内环上，由径向键固定。这种布置允许密封体的热变形和静叶组快速的热变形相互独立。

第 1 级静叶的冷却设计直接由 M701D 型燃气轮机的设计改进而来，使用了冲击冷却、气膜冷却和翅片冷却结合的全新设计理念。冷却空气同样来自压气机排气。

第 2 级静叶的冷却技术是第 1 级静叶冷却技术的简化，使用了冲击冷却、气膜冷却和翅片冷却技术。这一级使用的冷却空气来自压气机第 14 级放气，通过导管直接进入内部冷却系统。

来自压气机第 11 级的空气用来冷却第 3 级叶环腔室，冷却空气直接进入静叶的多通道对流冷却环形腔。第 4 级静叶不用冷却，来自压气机第 6 级的放气用于第 4 级级间气封。

前 3 级动叶片是镍基高温合金材料的精铸件。所有级的叶片有很长的叶根，当负荷在不同大小和形状的截面上传递时可以减小应力集中因子。叶根形状和 M701D 型燃气轮机的设计一样采用枞树形。第 1 级动叶片采用了多通道蛇形通道冷却、气膜冷却和翅片冷却技术，动叶片的冷却空气来自经过冷却和过滤的压气机排气，通过布置于燃烧室壳体内的 4 根供气管回到透平转子。第 2 级动叶片也是精铸件，采用了蛇形通道的对流冷却技术和翅片冷却技术。第 3 级动叶片是带有对流冷却孔的精铸件，冷却系统保证 NiCrMoV 的透平轮盘温度低于轮盘的蠕变温度。

日本菱日 M701F3 型燃气轮机与 M701F4 型燃气轮机特点类似，不再详述。

（4）日本菱日 M701F5 型燃气轮机结构特点。M701F5 型燃气轮机是一款功率更高的 F 级燃气轮机，主要由 17 级的高效率轴流式压气机（压比提高到 21）、20 只绕轴线环形布置的分管式燃烧器，以及 4 级反动式叶片的透平段组成。其主要部件如气缸、转子、压气机、燃烧系统和透平的特点与 M701F4 型燃气轮机类似，在此不再赘述。

（5）安萨尔多 AE94.3A 型燃气轮机特点。安萨尔多 AE94.3A 型燃气轮机是一款 F 级燃气轮机。自完成开发以来，在具备重型可靠、结构紧凑的经典特性的同时，经历多次升级改进，也一直保持了性能优异的技术特点，AE94.3A 型燃气轮机纵剖图如图 2-25 所示，其主要技术特点如下。

1）采用中心拉杆转子技术。采用与 AE64.3A 型燃气轮机类似的中心拉杆转子技术。

2）采用二次空气冷却系统。AE94.3A 型燃气轮机设计了简洁、高效的内部二次空气冷却系统。除了最后一级动叶，其他所有的透平动、静叶都采用空气冷却。为了同时提供尽可能好的冷却效果和最佳的机组热效率，所有的冷却空气都是从压气机侧不同温度和压力的抽气点抽取。为了提高冷却效果，广泛采用了气膜冷却技术。

冷却空气在流经动、静叶之后，汇入热气流。通过转子的冷却空气被内部的转鼓分离，流经两个冷却环路，冷却空气流环确保了转鼓（包括透平部分）被完全包裹在冷却空气中，防止在启动和变负荷过程中产生导致转子变形的额外热应力。

3）采用转子位移优化系统（RDS）。径向推力联合轴承装有 RDS，它由环绕轴承主体一周的一系列液压活塞组成，燃气轮机运行期间，活塞通过作用在每个推力轴承上的瓦块来移动转子。通过这种方式，透平动叶与透平静叶持环间的间隙会被减小，因此透平部分的效率获得提升。

AE94.3A 型燃气轮机转子位移优化系统通过将转子向压气机侧移动约 2.9mm，减少透平端叶顶间隙，透平端减少端部损失，同时会增加压气机端叶顶间隙。总体上，透平端收益大于压气机端损失。AE94.3A 型燃气轮机转子位移优化系统如图 2-26 所示。

4）采用筒形燃烧室。AE94.3A 型燃气轮机环形燃烧室由低合金钢铸造的壳体组成，被压气机排气完全包裹。因此，它们没有暴露在与热燃气接触的表面局部温度变化区；暴露在热燃气中的表面被陶瓷瓦块组成的热防护层保护，弹性地连接到燃烧室的缸体上，从而允许有因温度梯度引起的变形。自由膨胀使得热应力最小化，从而可以很容易地被隔热瓦块吸收。空气通过瓦块之间的缝隙冷却瓦片出口的金属固定物，同时充当密封气阻止热气进入。

AE94.3A 型燃气轮机全环形的结构相较于常见的环管形燃烧室结构，布局更加紧凑，出口温度场分布更加均匀，减少了热疲劳对透平的影响，有效地降低了透平动、静叶片局部烧蚀的风险，保证了透平叶片正常稳定地工作。

在环形燃烧室的头部，周向均布有 24 个燃烧器，火焰传播比环管形燃烧室更加灵敏，点火性能十分优越。因为容积相同的环形燃烧室表面积更小，所以所需的冷却空气量也更少。另外，燃烧室主要采用陶瓷瓦块隔热，因此所需的冷却空气量就更少，提高了整机效率。水平中分的缸体结构，让现场检修维护更加高效。燃烧室上、下有两个人孔门，检修维护人员可以从人孔门进入燃烧室，检修燃烧室内腔和透平部分动、静叶片。

（三）**G 级、H 级燃气轮机的特点**

1. GE 公司 9HA 型燃气轮机特点

GE 公司的 H 级燃气轮机最早于 20 世纪 90 年代开始研发，并于 2003 年首先投入商业运行。前期开发的 H 系列透平采用蒸汽冷却，蒸汽冷却技术的应用增加了维护费用和操作的复杂性，降低了机组的运行灵活性，因此，GE 公司于 2013 年推出了 HA 型采用空气冷却的燃气轮机，这里 H 代表 H 级燃烧温度，A 代表全空气冷却。目前，9HA 型燃气轮机有 9HA.01 型

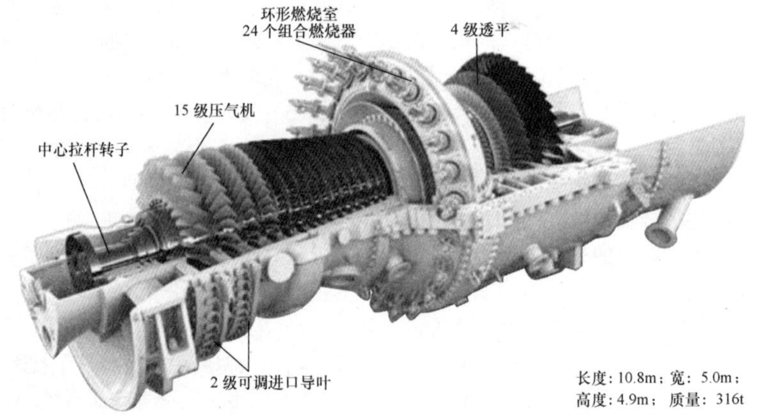

图 2-25　AE94.3A 型燃气轮机纵剖图

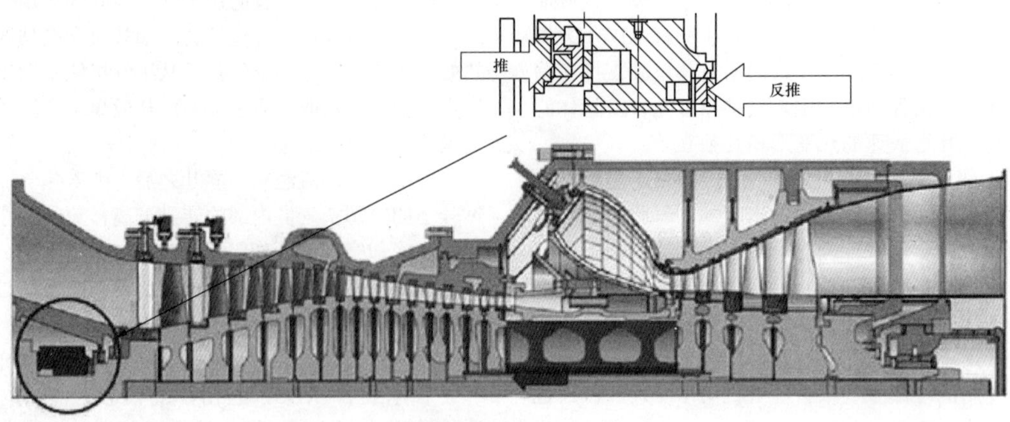

图 2-26　AE94.3A 型燃气轮机转子位移优化系统

和 9HA.02 型，9HA.02 型是在 9HA.01 型的基础上，通过增加压气机和透平通流面积来增加空气流量，从而增加燃气轮机出力，9HA.02 型效率略高，压比较大，出力相比 9HA.01 型增加约 20%。图 2-27 所示为 9HA 型燃气轮机纵剖图，其主要部件如转子、压气机、燃烧系统、冷却和密封空气系统及透平的特点如下。

（1）转子。9HA 型燃气轮机转子采用螺栓压紧刚性转子结构，冷端输出动力，轴向排气。整根转子（压气机和透平）采用两轴承设计，压气机端为径向推力轴承，透平端采用径向轴承，可倾瓦。润滑油采用压力供油、重力回油。

冷端驱动的配置，使轴系对中容易控制，并且轴向排气优化了联合循环的性能。

（2）压气机。压气机共有 14 级，压比为 23。第 1 级静叶为进口可调导叶，第 2、3、4 级静叶为可调静叶（VSV）。进口可调导叶和可调静叶采用独立的电动执行机构。9HA 型燃气轮机压气机剖视图如图 2-28 所示。

压气机动叶采用全三维空气动力学设计，采用高耐腐蚀材料锻造而成，并做粗糙度处理。第 1～3 级采用轴向叶根槽装配，第 4～14 级采用周向槽装配。叶轮间采用螺栓拉紧连接，通过叶轮表面摩擦传递扭矩。

所有 14 级压气机叶片都是现场可更换的，而不需要分解压气机转子。

所有缸体均采用水平中分结构以便于检查和维护。孔探测点确保压气机所有叶片能够检测到。

（3）燃烧系统。DLN2.6EP 燃烧系统采用逆流、分管式设计，采用径向和轴向燃料分级和多种燃烧模式。燃烧系统共有 16 支燃烧器（逆流分管式）、2 个电极点火火花塞，并通过联焰管引燃所有燃烧器。DLN2.6EP 燃烧器引入了先进的预混技术，共装设 4 支火焰探测器。与 DLN2.6+的旋流片（大而慢）相比，DLN2.6EP 预混技术采用微型喷嘴实现快速预混。从而获得更低的排放、更好的燃烧稳定性以及更宽的燃料适应性。

低氮干式燃烧系统的燃料喷嘴具有多个燃料管道。当燃气轮机从点火到满负荷时，所经历的空燃比范围较大，就需要通过利用不同的燃料管道组合来优化性能。

（4）冷却和密封空气系统。冷却和密封空气系统给燃气轮机第 2 级喷嘴和第 3 级喷嘴提供冷却气流，冷却空气分别来自压气机第 8 级和压气机第 11 级。此系统也包括启动时，从压气机第 9 级抽气用于进气加热，然后排至燃气轮机排气管道。

冷却和密封空气管道如图 2-29 所示。

图 2-27 9HA 型燃气轮机纵剖图

图 2-28 9HA 型燃气轮机压气机剖视图

图 2-29 冷却和密封空气管道

（5）透平热通道部件。透平为轴流式，4 级设计。其中第 1、2、3 级叶片采用强制对流空气冷却，第 4 级叶片不需要冷却（9HA.02 型燃气轮机第 4 级叶片也有冷却）。透平缸体采用双层设计，所有 4 级静止部件都安装在内缸上，检修期间，内缸可以拆卸下来，而转子保持原位，这样可以提高生产率，同时减少检修时间。

2. 西门子 SGT5-8000H 重型燃气轮机特点

图 2-30 所示为西门子 SGT5-8000H 重型燃气轮机整体结构示意图，主要由 13 级压气机、16 个环筒形燃烧室和 4 级透平构成。燃气轮机采用整机水平面中分缸结构，双轴承支撑，冷端驱动布置，轴向排气，支架在压气机端固定，在透平端可活动。其主要部件如压气机、燃烧室和透平的特点如下。

图 2-30　SGT5-8000H 重型燃气轮机结构示意图

（1）压气机。SGT5-8000H 重型燃气轮机的压气机共 13 级，压比为 20。包括 1 级进口可调导叶和 3 级独立驱动的可调静叶，其空气流量调节范围为 50%～100%，能快速适应负荷变化，使得燃气轮机在部分负荷运行时，仍保持较高的效率和较低排放。叶片采用三维动力学设计，可提高压气机动力性能，增加输出功率，前 4 级动静叶带有防腐涂层，防止大气中的化学污染物对压气机的腐蚀。压气机在不同的位置有冷却空气抽气口，为透平的动、静叶输送冷却空气。并配有放风口至尾部扩散器，以保护压气机，防止发生喘振。

（2）燃烧室。H 级燃气轮机燃烧室是在原西屋 W501F 的环筒形燃烧室基础上开发而成的，环筒形燃烧室在 W501F 上累计运行了 800 万 h，西门子在 SGT5-8000H 重型燃气轮机上沿径向均布了 16 个独立的环筒形燃烧室。

每个燃烧室采用 5 级燃烧系统。扩散值班气在燃气轮机点火时，投入运行来稳定燃烧（其流量约占总流量的 20%）。当燃气轮机负荷接近额定负荷的 50%时，逐步退出；当燃气轮机负荷达到额定负荷的 50%时，扩散值班气的流量不到总流量的 10%；当燃气轮机负荷接近额定负荷的 65%时，完全退出。这样，既可实现稳定燃烧，又能使燃气轮机 50%～100%额定负荷范围内 NO_x 含量不大于 25mg/m^3。

SGT5-8000H 重型燃气轮机燃烧室结构示意图如图 2-31 所示。

（3）透平。SGT5-8000H 重型燃气轮机采用 4 级透平，动、静叶均采用三维空气动力学设计，透平静叶、动叶为高温合金精铸叶片，前 3 级叶片采用热障涂层，除第 4 级动叶外，其余的透平静叶、动叶片都采用了空气冷却，冷却空气全部来自压气机侧不同温度和压力的抽气点，无需额外设置外部冷却器，冷却系统设计简单、可靠。在冷却方式上，分别采用了气膜、冲击和对流冷却技术对叶片进行冷却，在不增加外部空气冷却系统的情况下提高冷却效果，以应对更

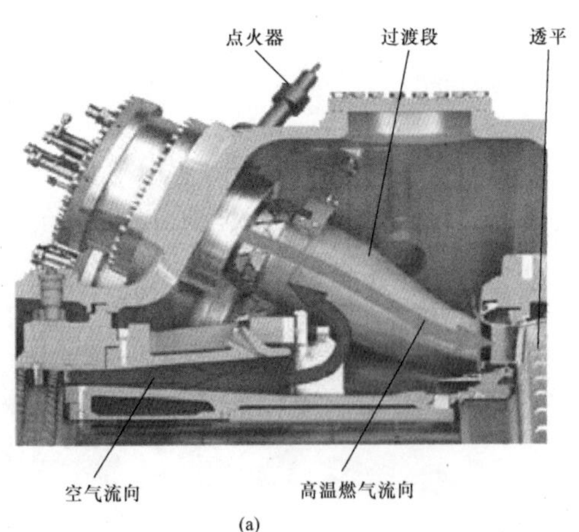

(a)

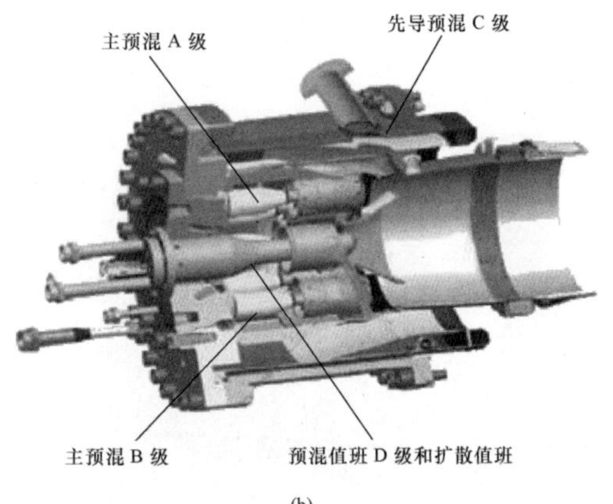

(b)

图 2-31　SGT5-8000H 重型燃气轮机燃烧室结构示意图

（a）断面图；（b）剖面图

高的透平进口温度和延长使用寿命，降低客户的维护和维修成本。由于透平采用双层气缸结构，使得缸体热应力分布更加合理。

（4）转子。转子为内带空气冷却通道的轮盘式中心拉杆结构，由一系列轮盘（每个叶盘安装了一排叶片）、两个空心轴（前轴和后轴）以及位于压气机和透平之间的转矩盘构成。采用一个中心连接杆固定，这使所有转子部件能精确定中心，且转子的轴对称性不受中心拉杆紧固力、温度变化的影响。轮盘端面为端面齿设计，端面齿在轮盘、空心轴和转矩盘之间的接合面处啮合，实现轮齿与邻近部件彼此中心对正，自由径向膨胀，并可精准传递扭矩。转子具有优越的运行维护性，现场可拆装，拆装后无需再做动平衡。所有压气机和透平叶片均可现场单独拆卸、安装，而无需起吊转子。轮盘式结构转子质量轻，启动速度快，并能适应燃气轮机快速的热负荷变化。

3. 安萨尔多 GT36-S5 型燃气轮机特点

安萨尔多GT36-S5型燃气轮机是频率为50Hz的H级重型燃气轮机。从结构来看，GT36-S5型燃气轮机是冷端驱动的单轴机组，并由16个排列成环形的燃烧筒组成环管形燃烧室。外界空气通过配置了多层滤网的进气系统进入压气机，经过15级压气机增压后压比可达25。增压后的主流空气进入环管形燃烧室参与燃烧，每个燃烧筒都由第1级燃烧器、稀释空气混合器、第2级燃烧器组成。经过燃烧室后，高温燃气进入透平部分膨胀做功，透平共有4级叶片，为了能在高温高压工况下长时间运行，采用高压空气作为介质对叶片进行冷却。GT36-S5型燃气轮机纵剖图如图2-32所示，其主要部件如压气机、燃烧室和透平的特点如下。

（1）整体结构。与所有燃气轮机一样，GT36-S5型燃气轮机在功能上可以划分为压气机、燃烧室、透平3大部件。图2-33则是以装配关系来划分GT36-S5型燃气轮机的结构，沿气流方向分别是压气机进气缸、配有4级可调导叶的压气机缸、透平1号缸、透平2号缸、排气扩散器与排气缸，其中压气机静叶持环1和2、16个燃烧筒以及转子护罩都搭载在透平1号缸上，透平静叶持环则搭载在透平2号缸上。

（2）转子。GT36-S5型燃气轮机转子设计继承了GT26型燃气轮机成熟、可靠的焊接转子技术。整根转子由9个锻造成型的轮盘通过焊接工艺连接成一体，该焊接转子具有很强的刚度，通过双轴承支撑。焊接转子设计一旦焊接成型，在日后无须进行解体、更换轮盘，这也就意味着GT36-S5型燃气轮机的大修比传统意义上的燃气轮机大修节省了大量工作。

图2-32　GT36-S5型燃气轮机纵剖图

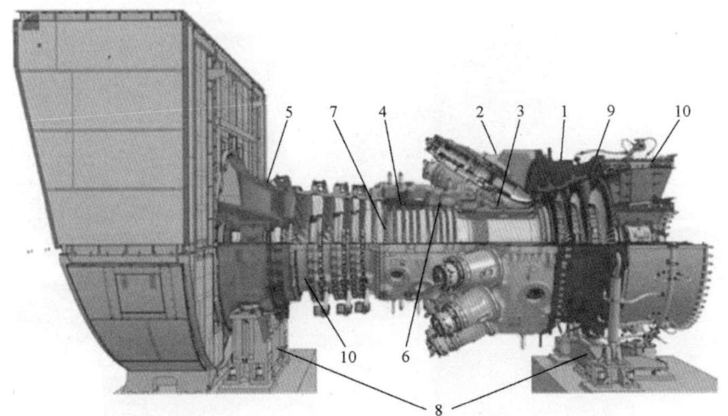

图2-33　GT36-S5型燃气轮机整体结构

1—透平2号缸；2—透平1号缸；3—转子护罩；4—压气机静叶持环1；5—压气机进气缸；6—压气机静叶持环2；7—转子；8—支撑；9—透平静叶持环；10—压气机缸

GT36-S5 型燃气轮机转子如图 2-34 所示。

（3）压气机。GT36-S5 型燃气轮机的压气机是以原 F 级机组压气机为母型进行的优化改进，共有 15 级叶片，通过压气机后的压缩空气压比可达 25。GT36-S5 型燃气轮机的压气机采用了可控扩散叶片，每级叶片都根据具体设计要求和边界条件进行单独优化。这样的设计使得压气机在保持整体高效率的同时，保留更安全的喘振裕度。另外，压气机还配置了 4 级可调导叶，可更灵活地对各种负荷进行运行工况优化。对配合 4 级可调导叶的前 4 级压气机动叶采用了轴向安装的形式（图 2-35 可见纵树形叶根），后 11 级动叶则采用了周向安装，最后一级叶片采用整圈固定的安装形式。

（4）燃烧室。GT36-S5 型燃气轮机燃烧室运用等压顺序燃烧技术，该技术是针对 GT26 型燃气轮机组二次燃烧系统的升级改进，在提高了透平进口温度的同时，机组的 NO_x、CO 排放得到了进一步的降低。GT36-S5 型燃气轮机的环管形燃烧室由 16 个单独燃烧筒组成，每个燃烧筒包含两级燃烧系统，由第一级燃烧器（也称为预混燃烧器）、稀释空气混合器、第二级燃烧器（也称为顺序燃烧器）、燃气过渡段 4 部分组成，燃气过渡段与透平进口连接。GT36-S5 型燃气轮机燃烧器如图 2-36 所示。

压缩空气通过压气机出口进入压气机末端腔室。一部分空气被抽取用于冷却（进入二次空气系统冷却透平部件或进入稀释空气混合器冷却燃气），主流空气则流入筒形燃烧器参与燃烧。在筒形燃烧器中，空气在第 1 级燃烧器中与燃料混合并点燃。在第 1 级燃烧器之后，燃气通过稀释空气混合器进入第 2 级燃烧器，并在稀释空气混合器中被从压气机排气中抽取的空气稀释、冷却；二次燃烧器上的燃料喷嘴向稀释后的燃气喷射燃料，燃料和燃气在第 2 级燃烧器中继续反应，再次加热燃气；再热后的燃气通过过渡段进入透平膨胀做功。

图 2-34　GT36-S5 型燃气轮机转子

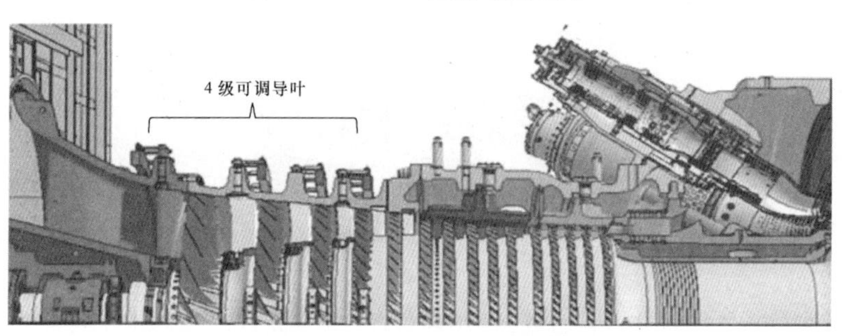

图 2-35　GT36-S5 型燃气轮机压气机

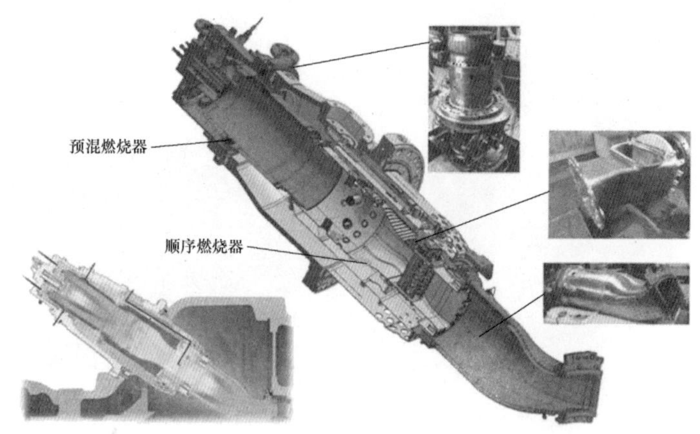

图 2-36　GT36-S5 型燃气轮机燃烧器

（5）透平。GT36-S5 型燃气轮机的 4 级透平动、静叶片设计继承了上一代 F 级 GT26 型燃气轮机的设计经验，采用 4 级全空气冷却设计。对更高效率的追求使得 GT36-S5 型燃气轮机在 F 级机组的基础上进一步提高了透平进口温度，对 GT36-S5 型燃气轮机进行了以下改进来配合更高的透平进口温度：

1）透平第 1 级动叶沿用了单晶叶片设计以应对更高温度下的蠕变，且采用了全三维设计的内冷通道以提高其冷却效果。

2）透平第 1 级动、静叶采用了双层热障涂层技术以适应更高的燃气温度。

3）透平 4 级叶片第 1 级采用大焓降设计，使得后端叶片维持在 GT26 型燃气轮机温度等级，仅第 1 级透平叶片暴露在极高透平进口温度下。

4）透平第 4 级动叶在保持目前燃气轮机最大排气面积之一的同时，采用了业内领先的内冷设计。

通过以上改进，GT36-S5 型燃气轮机透平的各级叶片金属基材温度与 F 级 GT26 型燃气轮机相似，这就意味着代表了更高透平前温度水平的 GT36-S5 型燃气轮机透平部件的寿命和检修周期可以保持与 F 级 GT26 型燃气轮机相同。结构上，透平后两级动叶有叶顶带冠设计以降低叶顶泄漏，减少气动损失，并在动、静叶间设计新型密封条以最小化燃气泄漏。透平第 4 级静叶采用双叶片设计，叶根平台上铸有两片叶片，减少了部件数量以及相应的加工工作量。

三、J 级燃气轮机的特点

J 级燃气轮机透平转子进口温度超过 1500℃，主要是日本菱日的 M701J 和 M701JAC 两个系列，其中 M701J 型燃气轮机在燃烧火焰筒、过渡段和透平第 1 级、第 2 级叶片上采用了蒸汽冷却技术，M701JAC 型燃气轮机全部采用空气冷却。其中 M701J 型燃气轮机采用双轴承、单转子结构、冷端驱动和轴向排气等技术，图 2-37 所示为 M701J 型燃气轮机的纵剖图，其主要部件如压气机、燃烧室、透平的特点如下。

图 2-37　M701J 型燃气轮机纵剖图

1. 压气机

进气系统包括进气过滤器、进气消声器和进气道，将空气送入压气机。M701J 型燃气轮机的前端为 15 级高效轴流式压气机，压比为 23。压气机将大部分压缩空气送入燃烧系统，部分抽气用于冷却和密封透平系统。

压气机由多个主要组件组成，如进口可调导叶、可调叶片、动叶和静叶、转子。图 2-38 所示为 M701J 型燃气轮机压气机断面图。

（1）进口可调导叶和可调叶片。压气机配备进口可调导叶和可调叶片以便在联合循环中改善压气机的低速冲击特性和部分负荷性能。进口可调导叶可通过气流节流（可调节气流）控制流入压气机的空气量，以降低压气机进口的截面积。

（2）动叶和静叶。轴流式压气机包含转子和气缸上安装的多级静叶栅。使用三维流场分析计算程序设计压气机气流通道。对于大多数级，采用相对保守的设计方案可继续使用标准强度铬钢。前 6 级使用铁铬系沉淀硬化不锈钢以将安全系数维持在可接受范围内，第 7 级和第 8 级使用 12%Cr 钢，其余级使用 CrMoW 钢。

对于前 4 级，动叶采用多圆弧设计。静叶和动叶均采用可控扩散叶型设计。所有动叶均采用一体化改良叶根设计，设有平整的接触面，可在不拆除转子的情况下拆除、检查或更换动叶。

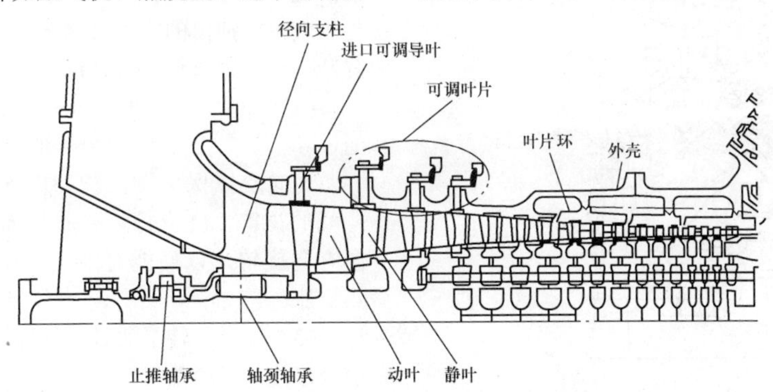

图 2-38　M701J 型燃气轮机压气机断面图

将静叶组装至静叶栅上、下半，以便进行拆除和维修。静叶栅上、下半属于高效内环密封系统的一部分。通过密封环支撑密封，密封环可拆除，以便于检查和维修围带和密封。两级出口导叶用于调整压气机。静叶和围带使用12%铬钢。

（3）转子。在所有M501/701型燃气轮机设计中，单转子包括压气机和透平转子，由两个可倾瓦轴承支撑。M701J型燃气轮机转子结构如图2-39所示。

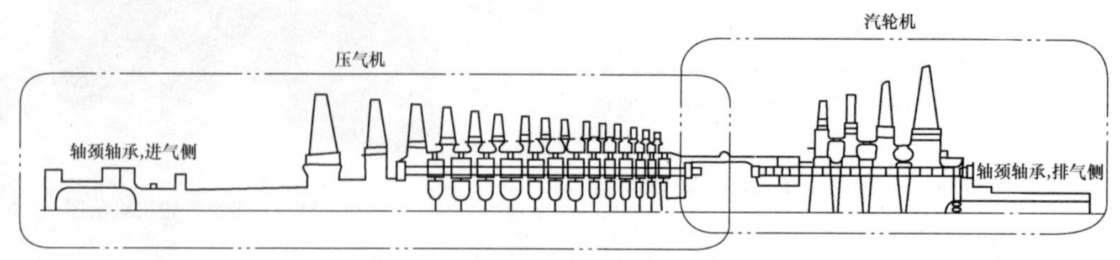

图2-39　M701J型燃气轮机转子结构

透平产生的功率用于驱动压气机和发电机。燃烧室缸抽出的部分压缩空气，经冷却后直接排至转子空心部分并流经冷却的透平转子，密封透平动叶。

压气机转子由多级轮盘组成，通过拉杆螺栓进行预紧和连接。除轮盘面接触处扭矩传输和摩擦外，M701J型燃气轮机在轮盘面接触处设置了一系列扭矩销。这可确保在瞬态工况下实现正接触和对准。转子的设计应满足即使出现正常操作情况下7倍的假设扭矩短期突升事件，也能保持完整性。

2. 燃烧室

对于预混燃烧室，燃料通过位于燃烧区上游的燃料喷嘴进入燃烧室，并与压缩空气混合。该区域有多个小孔，使得燃料与空气充分混合，形成湍流火焰。燃烧室内燃料—空气混合物燃烧可向透平提供能量以驱动压气机。

图2-40所示为M701J型燃气轮机燃烧室结构图。燃烧系统的主要部件为22个燃烧器，具有高温绝热功能，按照一定角度布置在转子周围。燃烧室为低NO_x排放量设计，不需要喷水或喷气来降低燃料燃烧产生的NO_x。

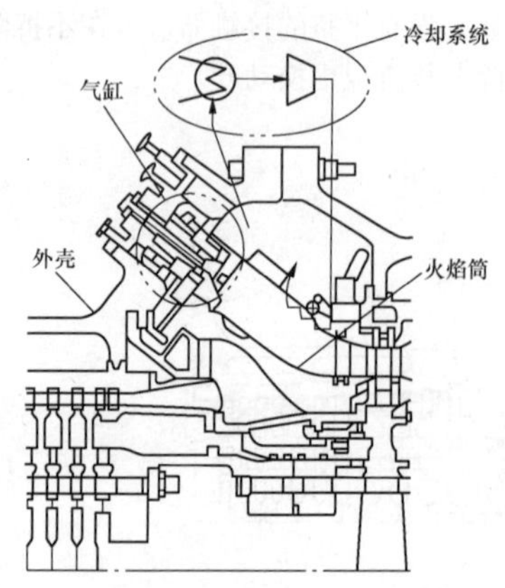

图2-40　M701J型燃气轮机燃烧室结构图

3. 透平

M701J型燃气轮机透平设计满足：随着功率输出的增加，4级透平中的每级均承受中等气动荷载。同时，通过三维流体动力软件改善气动叶形。通过复杂的叶形设计方法，可确保透平的实际气动效率能达到最佳。M701J型燃气轮机透平如图2-41所示，其主要部件包括气缸、轴承、转子、动叶和静叶、透平静叶环、级间气封体、动叶和静叶冷却装置。

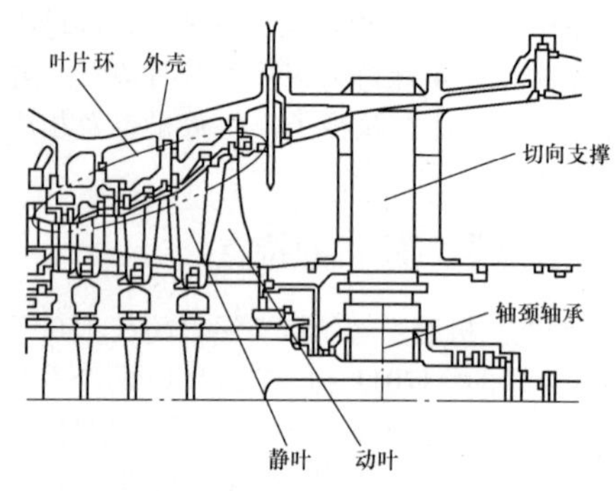

图2-41　M701J型燃气轮机透平

（1）气缸。气缸可水平分离以便在无须拆除转子的情况下进行维护。轴承用于支撑透平转子和动叶。将压气机内抽出的空气输送至气缸，用于密封和冷却静叶。透平缸材料为合金钢。

（2）轴承。可倾瓦轴承位于透平转子的排气端，通过6个切向支撑连接轴承和气缸。

切向支撑保护罩保护切向支撑，避免受到高温排气的损害，并支撑内外扩压器。切向支撑可沿切向方向旋转，以便能对中轴承和气缸，最终可适应热膨胀。

（3）转子。转子通过拉杆螺栓将透平轮盘连接成一个整体，采用曲齿离合器装置，包括齿连接臂，从相邻盘延伸并进行互锁，实现精确校准并具有扭矩承载特性。通过上述配置可精确校准轮盘，并具有足够的灵活性，其设计应确保在各种瞬态工况下均可进行校准，且无须在轮盘之间进行相对移动。在各种类型的燃气轮机中，这种轮盘设计稳定运行时间已经达到几百万小时。轮盘采用 NiCrMoV 合金钢，通过冷却保证低于材料蠕变范围。

（4）动叶和静叶。透平由 4 级叶片组成。透平转子上安装的第 1 级和第 2 级动叶采用独立设计，第 3 级和第 4 级动叶采用整体叶冠设计。

4 级动叶均采用 MGA1400 精密制造而成。动叶均配备较长的叶根延伸部，以便在动叶不同横截面之间传递荷载时可最大限度地降低产生的三维应力集中系数。所有动叶均采用叶根改良设计，具备平整的接触面（透平叶根）。透平动叶配备侧装式枞树形叶根。可在无须干扰其他动叶或抬起转子的情况下拆卸透平动叶进行检查或更换。

第 1 级透平静叶为精密铸造叶片（MGA2400），可在不拆卸气缸的情况下通过燃烧室气缸内的人孔拆卸第 1 级透平静叶。通过扭矩套管支撑内环以限制弯曲应力和变形，可控制第 1 级静叶的临界角。

前 3 级透平动叶和静叶采用陶瓷涂层，以实现过热保护和防腐。

（5）透平静叶环。各级透平静叶均采用独立静叶环；不论是否可能出现外部气缸变形，用于固定和支撑各叶片可承受轴向和径向热膨胀。通过支撑静叶的遮热环和动叶上方的分割环让冷却气流在叶片表面形成气膜层，用于最大限度地降低叶片变形。

（6）级间气封体。级间气封体通过径向支承键由第 2、3、4 级静叶环支撑。上述支撑可承受气封体的热响应，无论静叶是否出现更快速的热响应，气封体与转子同心对齐确保间隙达到最小，不存在摩擦以达到最佳性能。

（7）动叶和静叶冷却装置。采用综合冷却方法以便在高燃烧温度下运行 M701J 型燃气轮机，仍可使用常规材料。透平冷却回路与 F 级、G 级和 J 级燃气轮机所用的冷却回路类似。包括转子冷却回路和 4 条静叶冷却回路。燃烧室气缸抽出的压缩空气用于冷却转子。通过转子冷却器的冷却空气，在返回至扭矩套管之前进行过滤。该空气为密封供气，用于冷却轮盘和第 1、2、3 级透平动叶。经冷却和过滤的空气可提供全面保护，防止动叶受到通道热气体的影响，避免出现过多的污染物，否则会使动叶的主要冷却通道堵塞。冷却系统可使 NiCrMoV 轮盘的温度维持在一定水平，以确保轮盘温度低于蠕变范围而不使其寿命缩短。

第二节 余 热 锅 炉

一、余热锅炉设计特点

燃气－蒸汽联合循环中的余热锅炉，通过热交换产生各种压力的过热蒸汽进入汽轮发电机组做功。因此，余热锅炉处于燃气轮机发电循环和汽轮机发电循环结合点的位置，它是将燃气轮机的排气余热转换为汽轮机的热能，从而实现热能回收的设备。

余热锅炉一般由省煤器、蒸发器、过热器、再热器（有再热蒸汽循环时）以及联箱和汽包等换热管束和容器等组成。由于燃气轮机排气温度比较低，与常规燃煤锅炉不同的是，热回收不能采用辐射传热，主要是依靠对流接触传热。简单地说，余热锅炉是一个热交换器。无补燃的余热锅炉与同容量燃煤锅炉相比，没有燃烧系统及其辅助设备，没有辐射换热及辐射换热相应的结构要求，在系统上相对比较简单。其主要特点如下：

（1）余热锅炉设计受限制排气的条件比燃煤锅炉多。余热锅炉的热源来自燃气轮机，余热锅炉的蒸汽输送给汽轮机，燃气轮机和汽轮机都是定型产品或标准产品。也就是说，燃气轮机排出的烟气参数是确定的，而余热锅炉只能适应其烟气特点；同时，汽轮机接受余热锅炉来的蒸汽参数，也不是余热锅炉设计时可自由选择的。而应经汽轮机厂家和余热锅炉厂家多次计算、研究，以经济性最好以及使汽轮机发电功率最大、热效率最高来确定最佳参数。余热锅炉的设计受制于上游和下游设备的边界条件。

（2）余热锅炉在低温的烟气放热条件下运行。燃气轮机排出的烟气温度，因燃气轮机的型号及容量不同而异，通常在 600℃左右。余热锅炉的传热处于小温差工作环境且余热锅炉烟气侧的阻力损失一般控制在 3.3kPa，阻力损失超过上述范围，每增大 0.98kPa 将影响燃气轮机效率约 0.8%，这要求余热锅炉提供特殊的结构设计。

（3）余热锅炉各受热面的烟气温度与工质温度间的温差比燃煤锅炉小得多，同时，在相同的锅炉出力条件下，余热锅炉的烟气量又比燃煤锅炉大得多。

（4）汽包工作压力是余热锅炉设计的重要参数。

（5）为取得尽可能高的余热利用率，应尽可能降低给水温度。

（6）余热锅炉设计中，既要求余热利用的高效率，又要求工质循环的高效率。

余热锅炉设计必须以达到高效、低损（烟气阻力）和快速启动为目标。

余热锅炉的效率 η_{hr}，即余热锅炉对燃气轮机排气热量的利用率可按式（2-1）进行计算，即

$$\eta_{hr}=\frac{c_{p1}t_{g1}-c_{p2}t_{g2}}{c_{p1}t_{g1}-c_{pa}t_{a}}\times\varphi \tag{2-1}$$

式中 c_{p1}、c_{p2}——余热锅炉燃气进、出口比定压热容，kJ/（kg·℃）；

t_{g1}、t_{g2}——余热锅炉燃气进、出口温度，℃；

c_{pa}——环境空气比定压热容，kJ/（kg·℃）；

t_a——环境空气温度，℃；

φ——余热锅炉的保温系数，可取 0.99。

二、余热锅炉分类

（一）按产生蒸汽压力等级

按所产生的蒸汽压力等级，余热锅炉分为单压无再热循环、双压无再热循环、双压再热循环、三压无再热和三压再热循环 5 种形式。

随着燃气轮机的高效率化和大容量化，燃气轮机的排气流量增大，排气温度提高，伴随而来的余热锅炉产生的蒸汽具有多压化。为了吸收各个阶段的蒸汽，余热锅炉通过增加传热面积，可实现双压或三压的方式。虽然多压余热锅炉的汽水系统稍复杂一些，但由于余热锅炉增加了传热面积，燃气轮机排气热量得到充分回收利用，提高了电厂的热经济性能。

当燃气轮机排气温度高于 538℃时，足够的高温能量使余热锅炉实现再热蒸汽循环成为可能。对于 F 级的联合循环机组来说，三压再热式余热锅炉已成为主流。

随着燃气轮机的高效率化和大容量化，余热锅炉不带整体除氧器的设置被带整体除氧器的设置所取代，这是因为余热锅炉采用带整体除氧器，一方面，不仅减少了除氧器和水箱的设备投资，系统也更为简单化；另一方面，除氧水箱可兼做一个余热锅炉低压汽包。

典型的余热锅炉压力、温度参数如表 2-1～表 2-3 所示。

表 2-1　典型的西门子机组蒸汽压力

蒸汽循环形式	主蒸汽压力（MPa）	再热蒸汽压力（MPa）	低压蒸汽压力（MPa）
单压循环	4.0～7.0		
E 级双压循环	5.5～8.5		0.5～0.8
F 级三压再热循环	11.0～14.0	2.0～3.5	0.4～0.6

表 2-2　典型的 GE 公司机组蒸汽压力

蒸汽循环形式	主蒸汽压力（MPa）	低压蒸汽压力（MPa）
单压无再热循环	4.13	
双压、无再热循环	5.64	0.55
	6.61	0.55
	8.26	0.55
三压有再热循环	9.98	0.28

表 2-3　常用型号的燃气轮机进排气温度及与之匹配的余热锅炉蒸汽温度

燃气轮机排气温度（℃）	518～545	550～597	610～625
余热锅炉主蒸汽温度（℃）	493～513	525～572	566～587

1. 单压无再热

图 2-42 所示为单压无再热循环的余热锅炉汽水系统图，冷凝水被凝结水泵送到余热锅炉的省煤器中加热，使其温度升高到比饱和水温度低一个接近点温度差的水平，随后进到汽包中。通过自然循环，使水在蒸发器中循环加热，达到饱和温度，并产生一部分饱和蒸汽。饱和蒸汽从汽包中引出，在余热锅炉的过热器中加热成为过热蒸汽，然后送到汽轮机中做功。在这个系统中，冷凝水在凝汽器中除氧。

2. 双压无再热

图 2-43 所示为强制循环的余热锅炉中双压无再热循环的汽水系统图，在该系统中低压蒸汽以饱和蒸汽的状态送到汽轮机中做功。也有系统是低压蒸汽经过热后送到汽轮机中做功或只作为除氧器的自用汽，冷凝水在凝汽器中除氧。低压蒸发器和高压蒸发器都采用强制循环。

3. 双压再热

图 2-44 所示为强制循环的余热锅炉双压有再热循环的汽水系统，与图 2-43 相比，多了一个低压过热器和一个再热器。

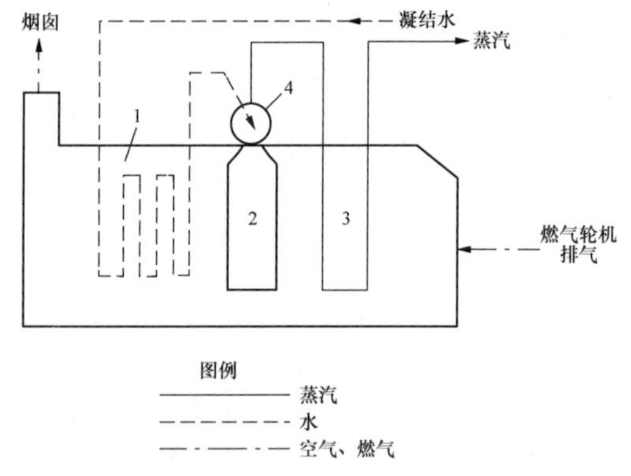

图 2-42　单压无再热的余热锅炉汽水系统

1—省煤器；2—蒸发器；3—过热器；4—汽包

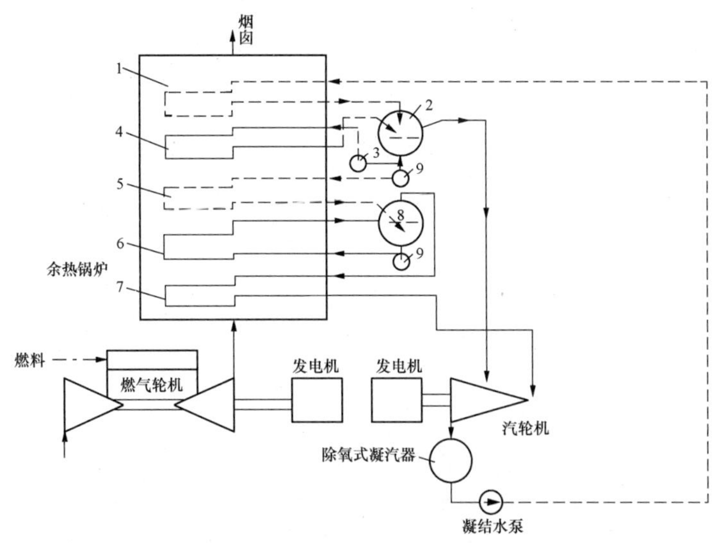

图 2-43 强制循环的余热锅炉中双压无再热循环的汽水系统

1—低压省煤器；2—低压汽包；3—给水泵；4—低压蒸发器；5—高压省煤器；6—高压蒸发器；7—高压过热器；8—高压汽包；9—再循环泵

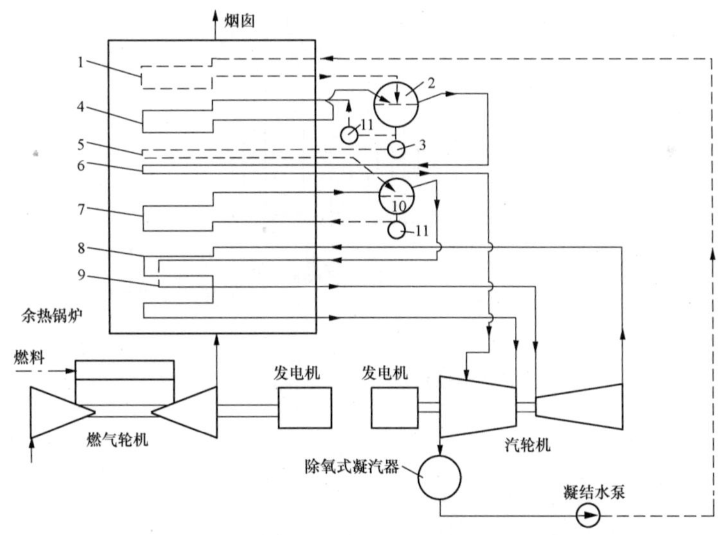

图 2-44 强制循环的余热锅炉双压有再热循环的汽水系统

1—低压省煤器；2—低压汽包；3—给水泵；4—低压蒸发器；5—高压省煤器；6—低压过热器；7—高压蒸发器；8—再热器；9—高压过热器；10—高压汽包；11—再循环泵

4. 三压无再热

图 2-45 所示为三压无再热但带整体除氧器的余热锅炉汽水系统图，在这种余热锅炉中自带一个整体除氧器，它同时也是低压汽包。低压蒸发器、中压蒸发器和高压蒸发器都是自然循环方式。

5. 三压再热

图 2-46 所示为三压有再热但带整体除氧器的余热锅炉汽水系统图，与图 2-45 相比，它在高压蒸发器之后加设一个再热器。显然，上述双压和三压的汽水系统都会较大幅度地提高余热锅炉的受热面积，并使系统复杂化，致使投资费用有相当程度的增加。

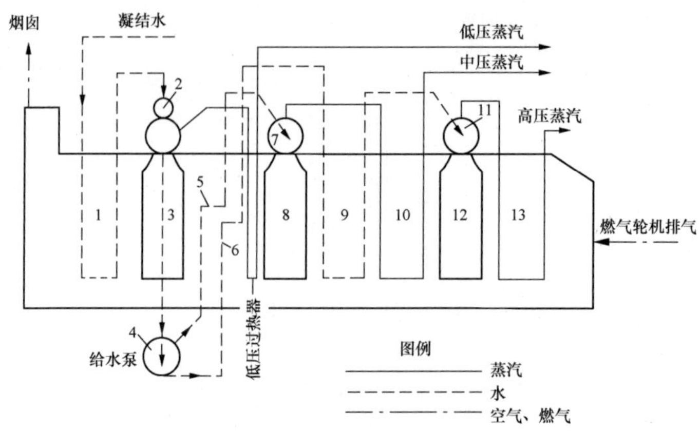

图 2-45　三压无再热但带整体除氧器的余热锅炉汽水系统

1—凝结水加热器；2—整体除氧器；3—低压蒸发器；4—给水泵；5—中压省煤器；6—高压省煤器；7—中压汽包；8—中压蒸发器；9—高压蒸发器；10—中压过热器；11—高压汽包；12—高压蒸发器；13—高压过热器

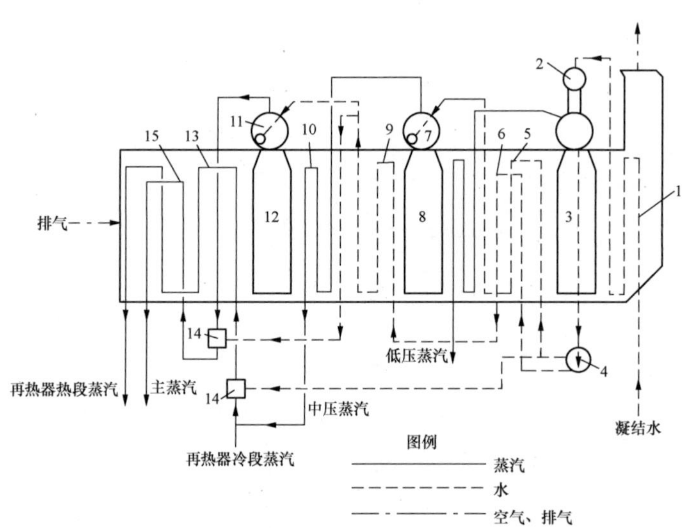

图 2-46　三压有再热但带整体除氧器的余热锅炉汽水系统

1—凝结水加热器；2—整体除氧器；3—低压蒸发器；4—给水泵；5—中压省煤器；6—高压一级省煤器；7—中压汽包；8—中压蒸发器；9—高压二级省煤器；10—中压过热器；11—高压汽包；12—高压蒸发器；13—再热器；14—温度控制器；15—高压过热器

改善单压汽水系统余热锅炉效率的简单方法是增设低压蒸汽加热回路。在原先的单压余热锅炉中，省煤器后的烟气温度较高，显然，这股排气会带走很大一部分热能，致使余热锅炉的效率比较低。为了改善热能的利用程度，可以在省煤器后，增设低压蒸汽加热回路，利用低压给水泵，把除氧器中的饱和水直接送到加热回路的蒸发器中去加热并产生蒸汽，再回送到除氧器中使用。这样就可以使余热锅炉的排气温度降低，从而提高余热锅炉的效率。在该系统中，除氧器是外置式的。

（二）按汽水循环和结构布置方式

按汽水循环方式，余热锅炉可分为自然循环和强制循环两种，其中自然循环是利用锅炉水循环系统内的流体密度差产生的循环力使锅炉水循环，强制循环是利用锅炉强制循环泵使锅炉水循环。自然循环系统简单，厂用电率低，因此，一般采用自然循环余热锅炉。

按结构布置方式的不同，余热锅炉分为立式和卧式。传热管垂直安装，气流水平流动的锅炉为卧式锅炉。传热管水平安装，气流向上流动的锅炉为立式锅炉。一般来说，由于传热管垂直安装，可利用流体密度差产生的循环力，所以自然循环采用卧式锅炉。强制循环一般采用立式锅炉，但现在也有立式锅炉采用自然循环。

立式锅炉三维图如图 2-47 所示，卧式锅炉三维图如图 2-48 所示。立式及卧式余热锅炉对比见表 2-4，自然循环和强制循环对余热锅炉性能等参数的影响对比见表 2-5。

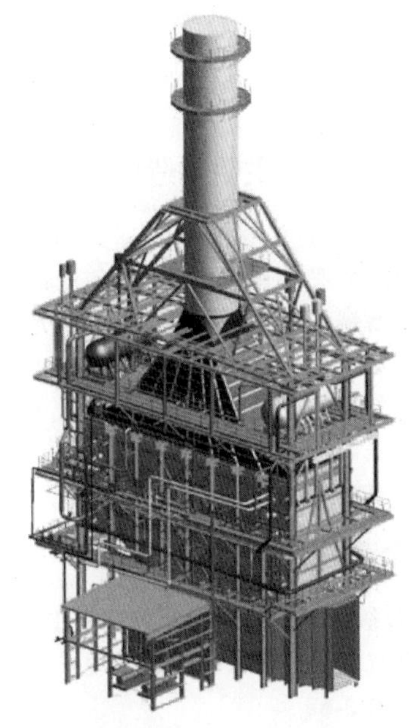

图 2-47 立式锅炉三维图

图 2-48 卧式锅炉三维图

表 2-4 立式及卧式余热锅炉对比表

项目	卧式余热锅炉	立式余热锅炉
燃料适应性	天然气、轻柴油	天然气、柴油、原油及重油
占地面积	较大	较小
补燃位置	安装在进口烟道或两个模块间	安装在进口烟道
脱硝装置	增加锅炉的长度	增加锅炉高度
联箱数量	较多	较少
水循环方式	自然循环	自然循环、强制循环、引射循环
循环倍率	高压约为 10；中低压约为 15	自然循环时高、中、低压为 4～6.5、6～10、8～15；强制循环为 1.9～3
蒸发器内介质流速	管圈数少，流速较高，中低压容易产生 FAC（流动加速腐蚀）	管圈数多，流速较低
过热器热应力	两向自由膨胀，冷态启动时热应力较大	三向自由膨胀，冷态启动时热应力较小
模块组装	工厂焊接工作量小，但需要较多的场地供装配，水压试验后清理倒水较为简单	工厂焊接工作量非常大，需要专门的安装支架和工具，水压试验后清理、倒水较为复杂
钢架	数量少、较轻	数量多、较重
平台	只有汽包一层平台	有多层平台
模块吊装	需要 2 台重型起重机	需要液压吊具
受压件现场焊接长度	较多	较少
安装费用	较高	较低

表 2-5 自然循环和强制循环对余热锅炉性能等参数的影响对比表

项目	自然循环	强制循环
可用率（%）	99.5	97.5
水循环的自平衡性	有	有限
循环泵的设置	无	有
外部耗功	无	有循环泵的耗功
运行维护	较易	较难
启动时间	较快	快
投资	少	大

自然循环和强制循环的对比如下：

（1）强制循环的优点：垂直设计，所需的占地面积小，快速启动，适宜采用较小的“节点温差”，对省煤器中汽化敏感性小。

（2）自然循环的优点：不需要炉水循环泵，运行可靠，厂用电耗相对较小。

总之，强制循环和自然循环各有优缺点，在工程设计中，应根据实际情况，并经过技术经济比较后确定。

（三）按烟气侧的热源形式

按烟气侧的热源形式，余热锅炉可分为无补燃余热锅炉和有补燃余热锅炉。无补燃余热锅炉仅单纯回收燃气轮机的排气余热，以产生蒸汽，蒸汽的压力、温度和流量严格受制于燃气透平排气温度和流量。目前国内绝大多数都为无补燃余热锅炉。有补燃余热锅炉除回收燃气轮机的排气余热外，还喷入一定数量的燃料进行燃烧，以增大蒸汽的产量并提高其压力和温度参数。有补燃的余热锅炉还可分为“部分补燃型”和“完全补燃型”。其中“部分补燃型”是指向余热锅炉加喷的燃料量有限，燃料的燃烧只消耗了部分燃气透平排气中的氧气，使进入余热锅炉的燃气温度提高，余热锅炉中无须设置辐射换热面，只需增设对流受热面即可。而“完全补燃型”是往余热锅炉中喷入大量燃料，把从燃气透平排出高温烟气的氧气几乎完全燃烧掉。在这种余热锅炉中需要设置辐射换热面，蒸汽产量可以达到无补燃余热锅炉的6～7倍。随着燃气轮机初温和循环效率的提高，允许补燃的燃料倍率是随之下降的。有关理论研究表明，当燃气轮机的初温大于900℃后，补燃反而会降低联合循环的效率。对于以纯发电为目的的联合循环机组，采用补燃方式的余热锅炉意义不大。对于热电联产的联合循环机组，需要经过技术经济比较后才能确定是否考虑补燃方式。目前国内很少有采用补燃方式的余热锅炉。

此外，补燃式锅炉按烟道或烟道外补燃，分为内补燃锅炉和外补燃锅炉两种。

（四）按是否有汽包

按是否有汽包，余热锅炉可分为直流式余热锅炉和汽包式余热锅炉。直流式余热锅炉一大优势是能保证余热锅炉快速启动、高度灵活的负荷响应特性，适宜新一代燃气－蒸汽联合循环机组选用。

而汽包式余热锅炉则设有汽包，省煤器和蒸发器为分开设置，可设或不设置循环泵，一般都用于亚临界及以下参数的蒸汽循环系统。目前在役余热锅炉绝大多数都为汽包式。

三、余热锅炉主要制造厂家

国内主要制造厂家有杭州锅炉集团有限公司、东方锅炉（集团）股份有限公司、哈尔滨锅炉厂有限责任公司、上海锅炉厂有限公司、无锡华光锅炉股份有限公司。以上锅炉厂均能制造F级燃气轮机配套的余热锅炉。此外，如中国船舶重工集团公司第七〇三研究所、南京锅炉厂等也制造余热锅炉，一般都在F级以下级别余热锅炉。

四、余热锅炉主要技术特点

（一）B级燃气轮机配套余热锅炉主要技术特点

B级燃气轮机配套余热锅炉常规采用双压方案，锅炉参数见表2-6。

表2-6　B级燃气轮机配套余热锅炉参数表

燃气轮机型号		GE公司			西门子		日本菱日
		6F.01	LM6000	LM2500	SGT-800	SGT-700	H25
烟气温度（℃）		598.3	455	548.8	570.2	536.5	563
烟气流量（t/h）		436.6	473.2	319.7	482.4	344.88	345.4
高压主蒸汽	压力（MPa）	5.82	5.2	5.6	6.2	6	5
	温度（℃）	537	433	475	537	510	482
	流量（t/h）	67.1	43	42.5	67.1	42.1	49
低压蒸汽	压力（MPa）	0.59	0.98	1.2	1.38	1.03	0.7
	温度（℃）	254	280	233.7	269	283.6	207
	流量（t/h）	7.6	12.8	5.6	8.16	8.3	6.7

B级燃气轮机配套余热锅炉见图2-49、图2-50。

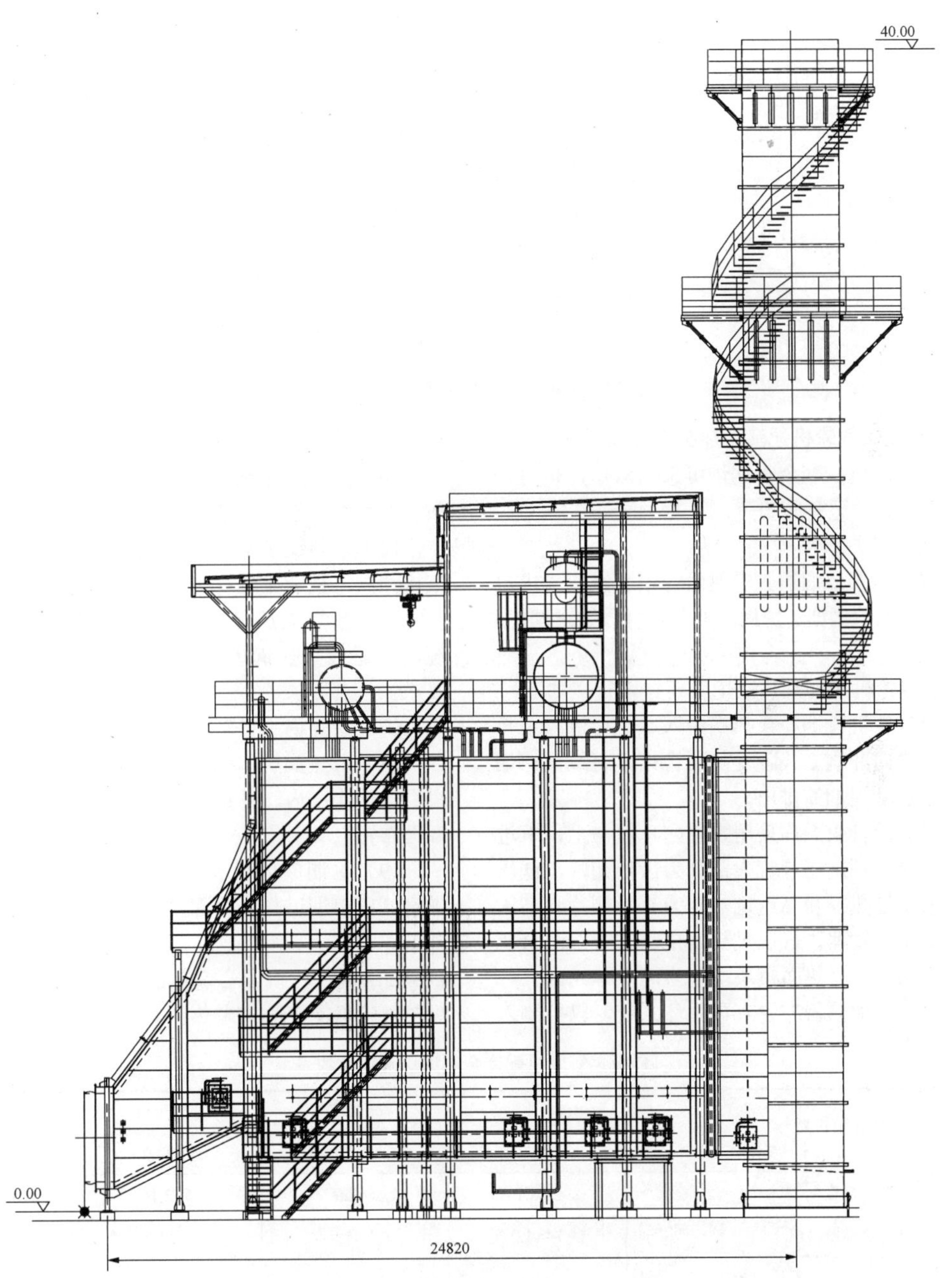

图 2-49　B 级燃气轮机配套余热锅炉断面图

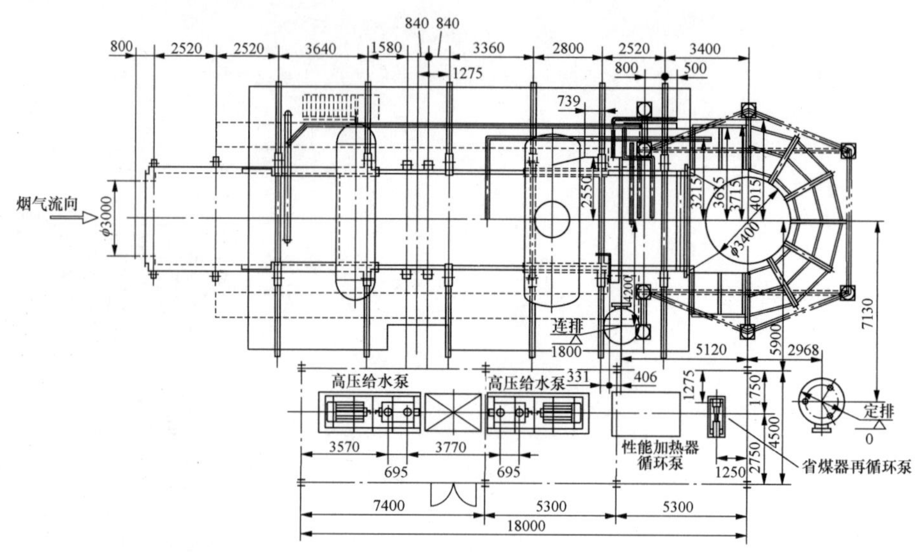

图 2-50　B 级燃气轮机配套余热锅炉平面图

（二）E 级燃气轮机配套余热锅炉主要技术特点

E 级燃气轮机配套余热锅炉可采用双压，也可采用三压、无补燃、无旁通烟筒、卧式（或立式）布置、自然循环余热锅炉。

余热锅炉由入口烟道、受热面管束、汽包、出口烟道、烟囱、锅炉构架、护板、平台楼梯、管道阀门、仪表等组成。

E 级燃气轮机配套余热锅炉主要技术特点如下：

（1）燃气轮机排烟经余热锅炉入口烟道进入余热锅炉，逐次横向冲刷立式各受热面管束，再经出口烟道，烟气最后从主烟筒排出。

（2）受热面管束系均采用螺旋翅片管与上、下进出口联箱组成。螺旋翅片管大部分为齿形翅片，低压省煤器、低压过热器和高压过热器为直形翅片。高压省煤器和低压蒸发器、低压过热器交错布置。沿余热锅炉宽度方向，各受热面模块均分为两个单元。

（3）冷凝水加热器布置有再循环系统，以控制入口水温，防止低温腐蚀。

（4）高压过热蒸汽系统布置喷水减温器，低压过热蒸汽系统不设减温装置。

（5）余热锅炉双压过热蒸汽出口电动关断阀和对空排汽阀，视业主运行需要设置。

（6）余热锅炉设置完善的阀门、仪表和管路系统，以适应余热锅炉及联合循环机组的控制、运行要求。

（7）余热锅炉设辅助钢结构。

（8）余热锅炉本体钢构架与余热锅炉的护板为模块组合结构；内、外护板中间为保温材料。平台楼梯合理布置。

（9）主烟囱内设有烟囱消声器，降低烟囱出口噪声。出口烟道与受热面主体部分之间设有非金属膨胀节。

E 级燃气轮机配套余热锅炉常规参数见表 2-7，E 级燃气轮机配套卧式余热锅炉见图 2-51、图 2-52。

表 2-7　　E 级燃气轮机配套余热锅炉常规参数表

燃气轮机型号		GE 公司	西门子	安萨尔多	日本菱日
		9E	SGT5-2000E	AE94.2	M701D
烟气温度（℃）		548.1	562.9	552.1	547
烟气流量（t/h）		1484.2	1741.9	1934.6	1346.8
高压主蒸汽	表压（MPa）	5.87	7.718	8.1	6.72
	温度（℃）	521	529.9	532	521
	流量（t/h）	190.9	238.5	245.3	161.3
低压蒸汽	表压（MPa）	0.51	0.497	0.51	0.91
	温度（℃）	252.8	215.5	220	277
	流量（t/h）	35.1	46.4	59.1	24.4

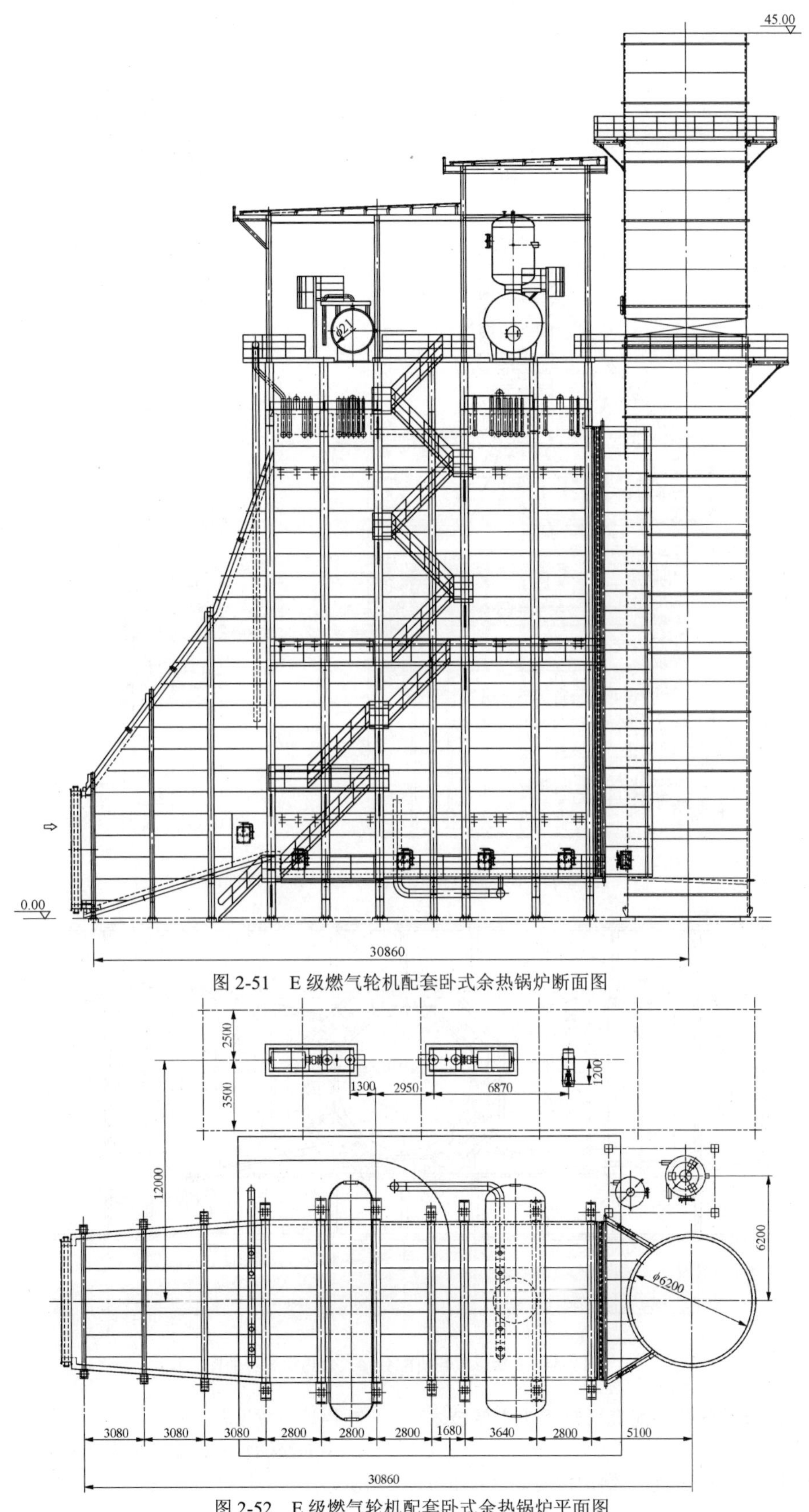

图 2-51 E 级燃气轮机配套卧式余热锅炉断面图

图 2-52 E 级燃气轮机配套卧式余热锅炉平面图

E 级燃气轮机配套立式余热锅炉见图 2-53、图 2-54。

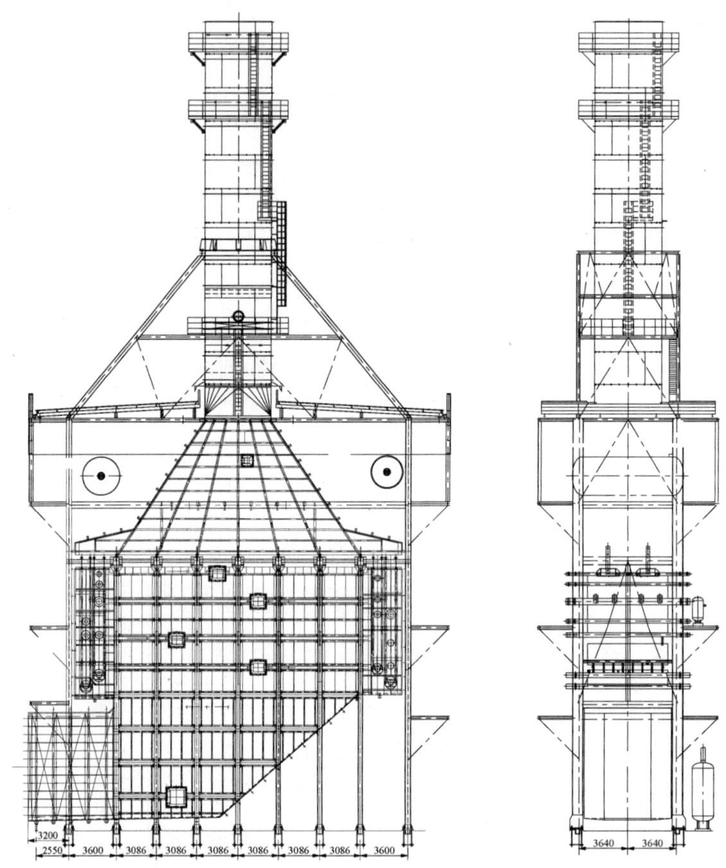

图 2-53　E 级燃气轮机配套立式余热锅炉断面图

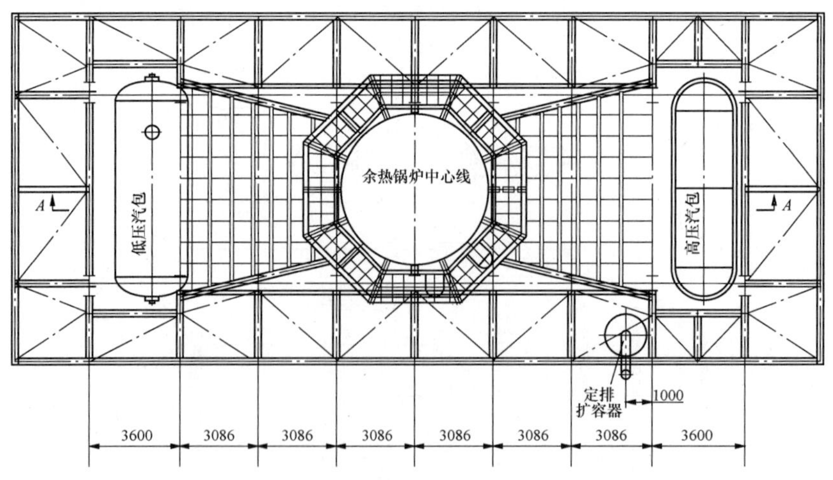

图 2-54　E 级燃气轮机配套立式余热锅炉平面图

（三）小 **F** 级燃气轮机配套余热锅炉主要技术特点

小 F 级燃气轮机配套余热锅炉常规采用双压方案，也可采用三压（或带再热）方案，配套项目中的一些锅炉参数见表 2-8。

小 F 级燃气轮机配套余热锅炉如图 2-55、图 2-56 所示。

表 2-8　　小 F 级燃气轮机配套余热锅炉参数表

燃气轮机型号		GE 公司		西门子	安萨尔多
		6F.01	6F.03		AE64.3
烟气温度（℃）		598.3	601.9	570.2	574
烟气流量（t/h）		436.6	739.4	482.4	741.6
高压主蒸汽	表压（MPa）	5.82	7.14	6.2	5.7
	温度（℃）	537	536	537	522
	流量（t/h）	67.1	111.9	67.1	105.3
低压蒸汽	表压（MPa）	0.59	0.54	1.38	0.64
	温度（℃）	254	233	269	260.3
	流量（t/h）	7.6	14.8	8.16	13.9

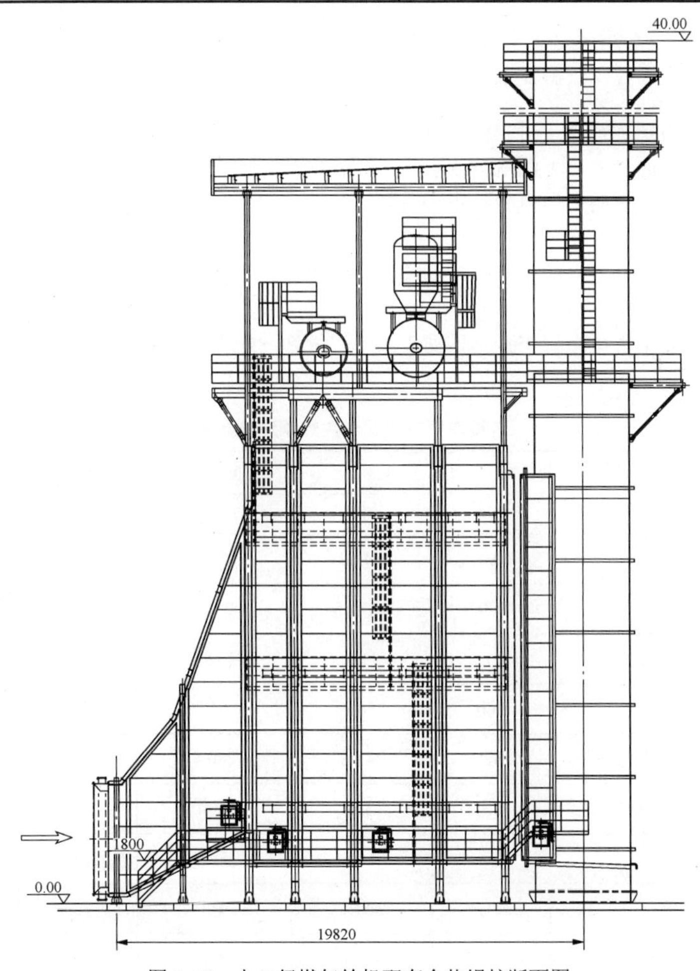

图 2-55　小 F 级燃气轮机配套余热锅炉断面图

（四）F 级燃气轮机配套余热锅炉主要技术特点

（1）余热锅炉为三压、再热、无补燃、卧式、自然循环余热锅炉。锅炉具有高、中、低 3 个压力系统，一次中间再热。过热、再热蒸汽温度采用喷水调节。

（2）锅炉由进口烟道、换热室、出口烟道及烟囱组成，并设有脱硝装置。

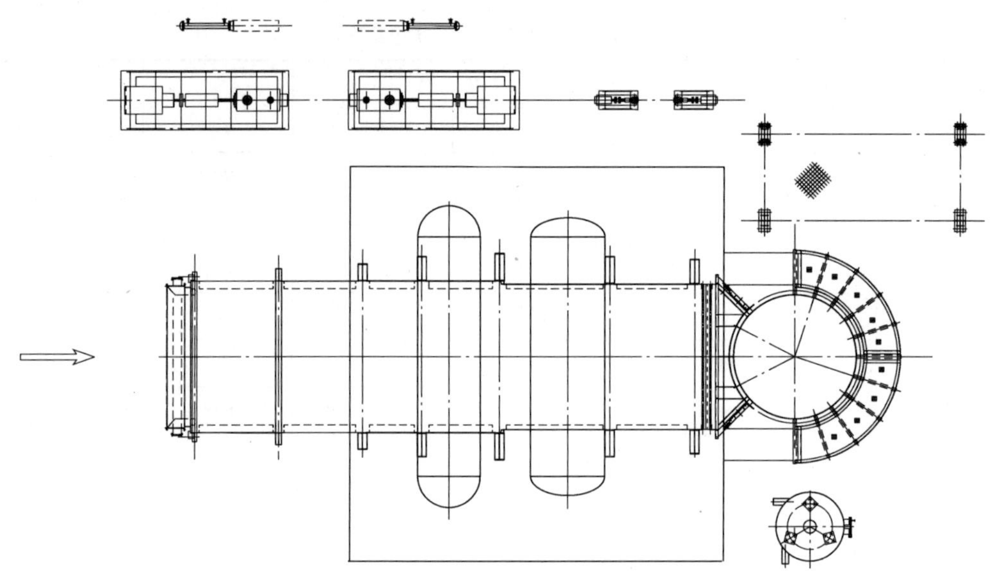

图 2-56　小 F 级燃气轮机配套余热锅炉平面图

（3）所有受热面均为螺旋开齿带折角鳍片管，垂直布置于换热室内，受热面管上、下两端分别设有上联箱和下联箱，每个联箱上有两个吊点将管束的荷载传递到炉顶钢架上。

（4）在各受热面管组与管组之间留有合理的检修空间，并设有检修人门孔。

（5）高、中、低压 3 个汽包布置于炉顶钢架上，采用支撑方式。

（6）整台锅炉为全钢构架、自支撑型钢结构，炉顶设有防雨篷，辅助间为封闭机构。

（7）在本体炉壳的内侧设置了保温层和内护板。

（8）锅炉为微正压运行，凡穿过炉壳的管道都采用良好的密封和膨胀结构。

F 级燃气轮机配套余热锅炉常规采用三压带再热方案，配合项目中的一些锅炉参数见表 2-9（燃气轮机与余热锅炉为“一拖一”方案）。

表 2-9　F 级燃气轮机配套余热锅炉参数表

燃气轮机型号		GE 公司		西门子	安萨尔多	日本菱日	
		9FA	9FB	SGT5-4000F	AE94.3	M701F3	M701F4
烟气温度（℃）		603.7	644.2	576	582	592.2	597
烟气流量（t/h）		2370.2	2471.5	2583	2682	2284.2	2617
高压主蒸汽	表压（MPa）	9.72	11.3	13.26	13.8	10.3	14
	温度（℃）	566	566	557	564	539.3	563
	流量（t/h）	282.8	348.3	280.8	295	278.6	291
再热蒸汽	表压（MPa）	2.1	3.4	3.4	3.17	3.3	3
	温度（℃）	566	566	552	553	567.4	563
	流量（t/h）	311.7	364.3	310.7	333	336.8	353.8
低压蒸汽	表压（MPa）	0.31	0.33	0.4	0.39	0.32	0.38
	温度（℃）	295.4	310.6	243.5	243	351	245
	流量（t/h）	42.1	35.9	56	56	47.1	53

F 级燃气轮机配套卧式余热锅炉见图 2-57、图 2-58。

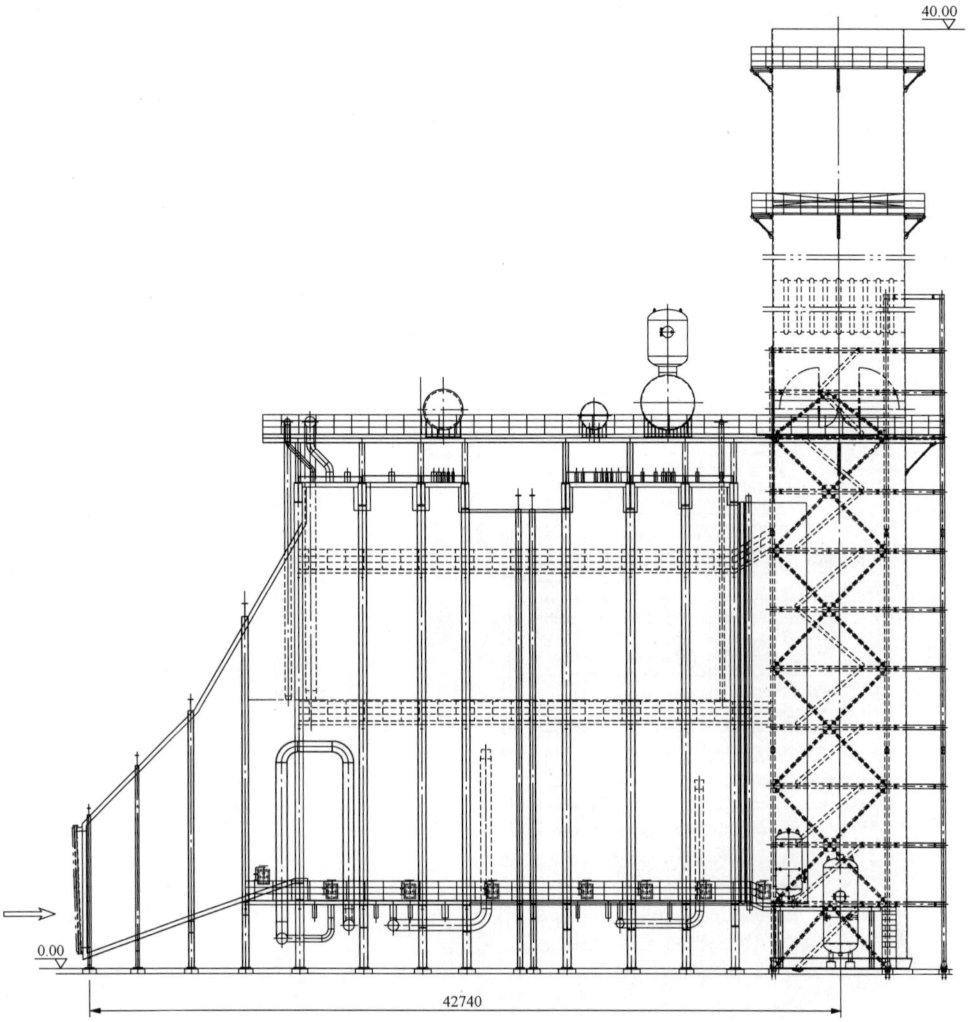

图 2-57 F 级燃气轮机配套卧式余热锅炉断面图

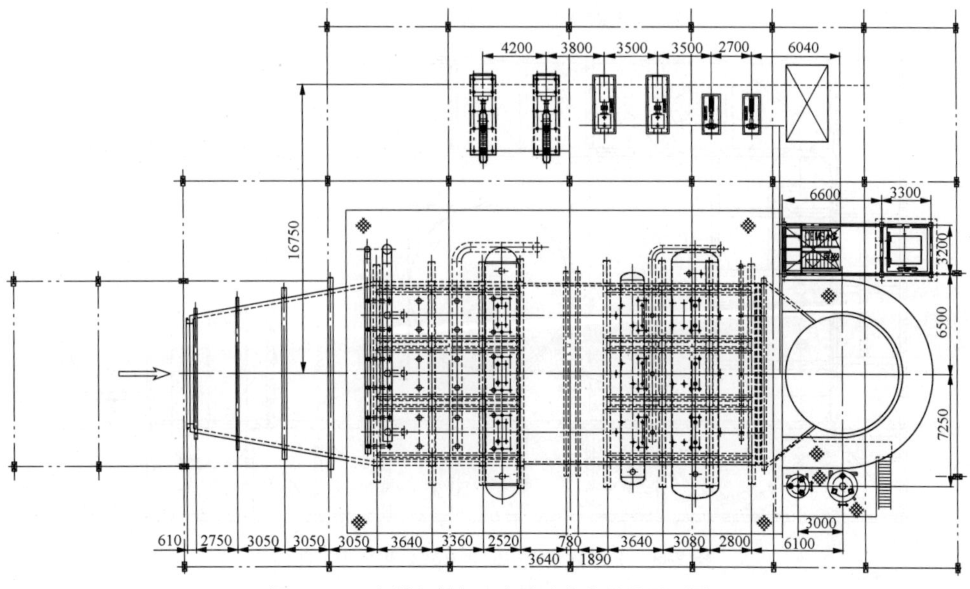

图 2-58 F 级燃气轮机配套卧式余热锅炉平面图

F 级燃气轮机配套立式余热锅炉见图 2-59、图 2-60。

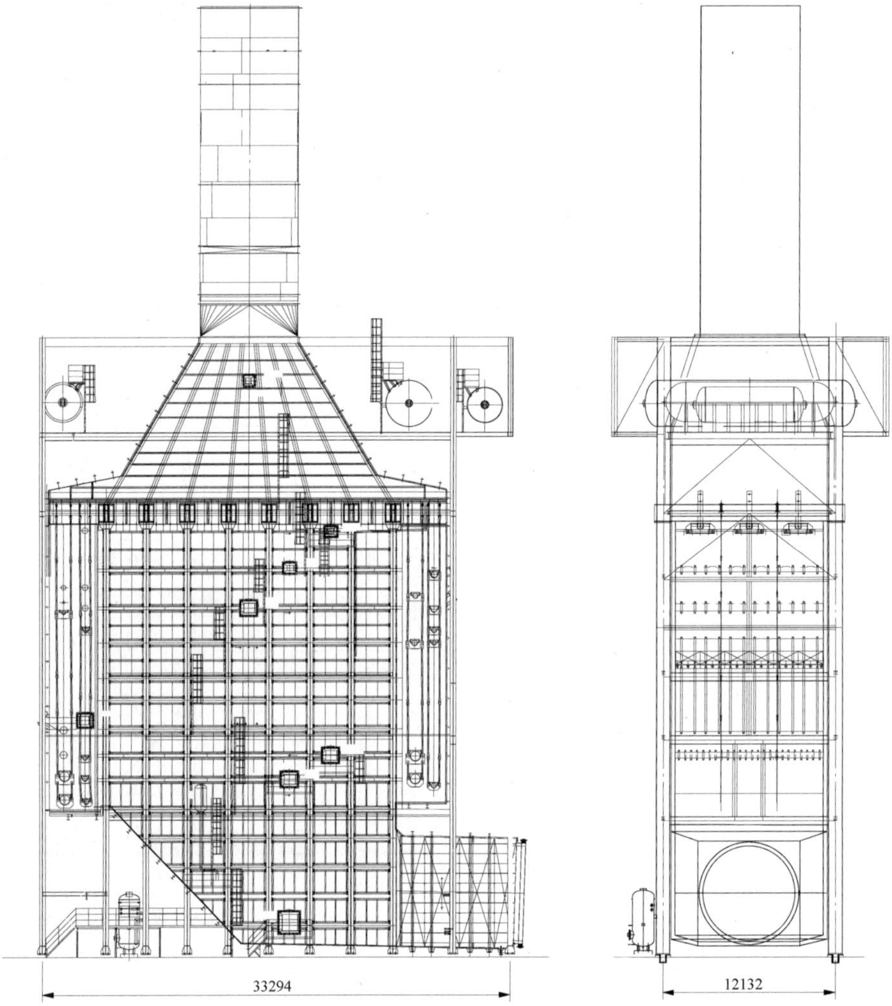

图 2-59　F 级燃气轮机配套立式余热锅炉断面图

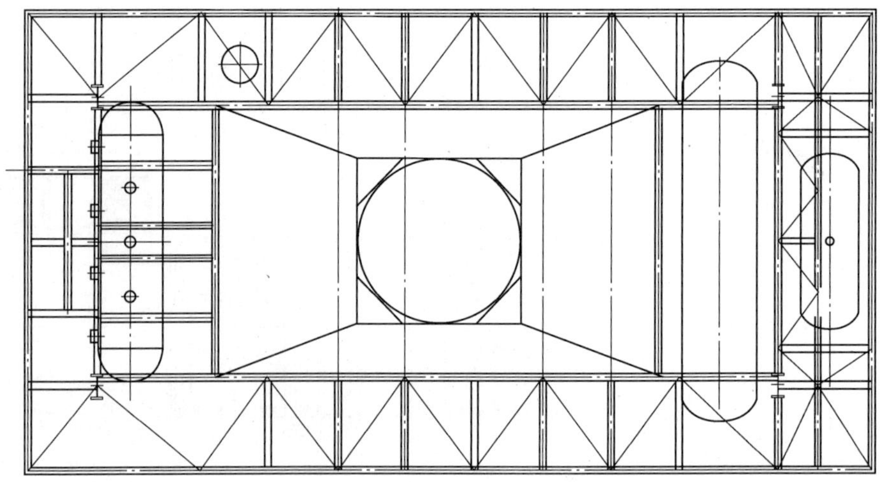

图 2-60　F 级燃气轮机配套立式余热锅炉平面图

（五）H 级燃气轮机配套余热锅炉主要技术特点

H 级燃气轮机配套余热锅炉常规采用三压带再热方案，H 级及以上余热锅炉高压部分也可采用直流方案。H 级燃气轮机配套余热锅炉参数见表 2-10。H 级燃气轮机配套余热锅炉见图 2-61、图 2-62。

表 2-10　H 级燃气轮机配套余热锅炉参数表

燃气轮机型号		GE 公司	西门子公司
		9HA.01	SGT5-8000H
入口烟气温度（℃）		627.5	638.9
烟气流量（t/h）		3157.6	3255.1
高压主蒸汽	表压（MPa）	16.9	16.7
	温度（℃）	589	602.4
高压主蒸汽	流量（t/h）	387.3	438.1
再热器热段蒸汽	表压（MPa）	3.5	3.5
	温度（℃）	588	582.4
	流量（t/h）	440.6	468.1
低压蒸汽	表压（MPa）	0.8	0.46
	温度（℃）	325.3	238
	流量（t/h）	48.6	41.3

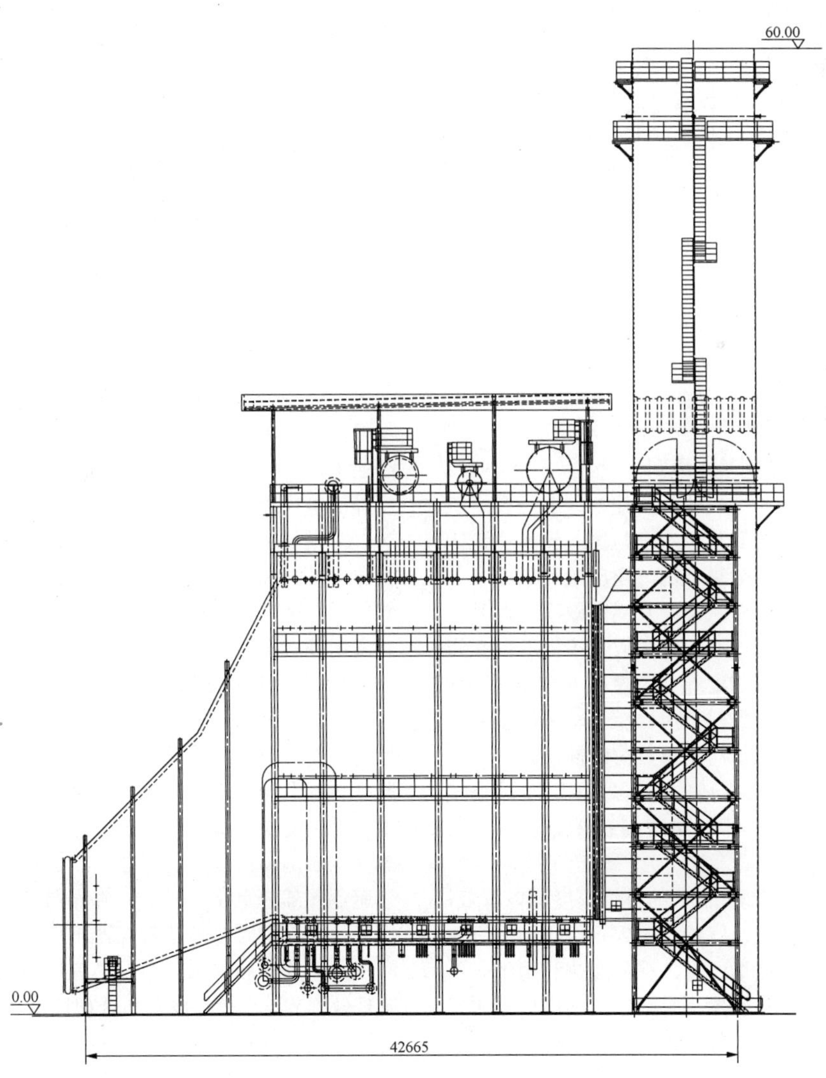

图 2-61　H 级燃气轮机配套余热锅炉断面图

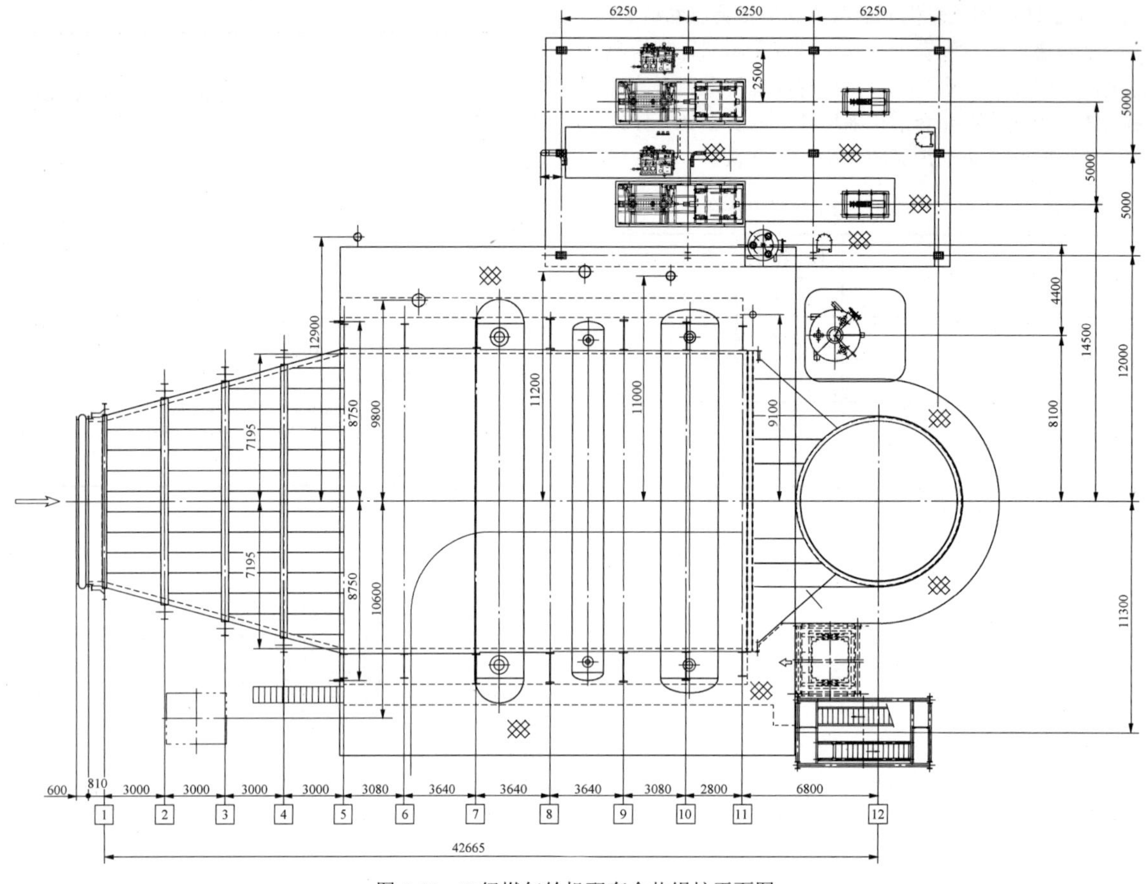

图 2-62　H 级燃气轮机配套余热锅炉平面图

五、余热锅炉选型

（一）余热锅炉选型基本原则

余热锅炉选型需与燃气轮机匹配，一般一台燃气轮机配一台余热锅炉，其额定工况与燃气轮机额定工况相匹配，并处于最佳效果范围，还应检验它在冬、夏季工况下的蒸发量、蒸汽温度及锅炉效率。此外，选择何种蒸汽循环方式的余热锅炉取决于电厂的投资成本和运行成本，一般需要综合考虑以下方面的因素才能决定：燃料品种、燃料费用、燃气轮机的型号、余热锅炉的排烟温度、机组承担负荷的性质。

选用三压再热蒸汽循环的电厂，其初期投资较大，一般配排气量大、排气温度高、废热能量大的燃气轮机。

天然气中几乎不含硫，锅炉的排烟温度可以降低，做到小于 100℃。因此，锅炉宜采用多级压力蒸汽系统，降低余热锅炉的排烟温度，提高废热利用率。

燃料费用较高和年利用小时数较高的电厂采用三压再热余热锅炉，有利于提高机组效率，减少电厂运行费用。

燃气轮机排气温度较低，排烟量不大，或者烧重油等含硫成分多的燃料，余热锅炉的排烟温度不能降得很低；燃料价格低的地区，对联合循环效率要求不高的电厂，可采用单压、双压非再热的蒸汽循环系统，以降低电厂造价。

对燃气轮机燃用重油的机组，由于需要考虑清洗换热面外表面，宜采用立式布置；对燃气轮机燃用天然气、轻柴油的机组，无需考虑清洗换热面外表面，宜采用卧式布置。

（二）余热锅炉选型的重要参数

与余热锅炉选型相关的重要参数是节点温差和接近点温差。节点温差是指烟气在蒸发受热面处的最低温度与蒸发器中工质的饱和温度间的差值，即蒸发器中工质热交换的最小温差点；接近点温差则是指蒸发器处工质饱和温度与省煤器出口的工质温度的差值，为避免在部分负荷工况下，省煤器内发生给水汽化，设计余热锅炉时总是使省煤器出口的水温略低于其相应压力下的饱和水温。在余热锅炉的设计与运行中正确理解“节点温差”概念和合理选用“节点温差”值，是余热锅炉优化设计的重要环节。

节点温差选用将影响余热锅炉的余热利用率、工质循环热效率、投资费用和运行效益，也影响制造商的制造成本。

选定了余热锅炉的蒸汽压力和节点温差，烟气释放给余热锅炉过热器及蒸发器的热量也就确定了，过热蒸汽流量也随之确定。

余热锅炉蒸汽压力和温度选定后，合理的节点温差是设计余热锅炉的关键因素之一。当增大节点温差时，余热锅炉的出力降低，排烟温度上升，余热锅炉的余热利用及工质循环热效率也下降，余热锅炉受热面面积减少。减少节点温差则蒸汽流量提高，蒸汽吸热量增加，但随着平均传热温差减小，受热面积必须增加，则成本增加。当节点温差趋于 0 时，一部分受热面的传热温差也趋于 0，这部分受热面实际上成为无效受热面，这也是必须避免的。考虑到运行时的偏差，应慎重取用节点温差参数。

当余热锅炉采用多压系统时，每级压力的节点温差的选择有较大的灵活性，应在总体布置时予以综合考虑。

接近点温差是防止低负荷下的省煤器出现沸腾、反映省煤器安全裕度的一个指标。当余热锅炉滑压运行时，随着运行压力下降，省煤器相对吸热量（省煤器吸热量占余热锅炉总吸热量的比例）增加。为防止省煤器沸腾，在额定负荷下的省煤器出口水的温度与该压力下的饱和温度有一个差值，即接近点温差。

联合循环设备采购国际标准 ISO 3977《燃气轮机采购》规定，单压（即只产生一种压力等级的蒸汽供汽轮机）余热锅炉的节点温差为 15℃；双压和三压（即产生 2 种或 3 种压力等级的蒸汽供汽轮机）余热锅炉的节点温差为 10℃。省煤器的接近点温差为 5℃。

与余热锅炉选型相关的另一重要参数是烟气侧压力损失。当余热锅炉换热面积增加时，余热锅炉烟气侧压力损失就会提高，从而使燃气轮机排气背压提高，这将导致燃气轮机的功率和效率有所下降。计算表明，1kPa 压降会使燃气轮机的功率和效率下降 0.8%，因此，余热锅炉选型设计时需要综合考虑这一因素。JB/T 8953.1—1999《燃气－蒸汽联合循环设备采购　基本信息》对单压、双压和三压余热锅炉的烟气侧压力损失推荐值为 2.5、3.0、3.3kPa。如果余热锅炉加装烟气脱硝装置，烟气脱硝装置的阻力建议取 0.25～0.4kPa，总之，余热锅炉及烟道的阻力（静压）应能满足燃气轮机排气压损的要求，经整套联合循环机组优化确定。GB/T 51106—2015《火力发电厂节能设计规范》推荐的余热锅炉及烟道的阻力（静压）见表 2-11。

表 2-11　余热锅炉及烟道的阻力（静压）　（kPa）

余热锅炉类型	不设脱硝模块时	设脱硝模块时
单压余热锅炉	不宜大于 2.7	不宜大于 3.1
双压余热锅炉	不宜大于 3.3	不宜大于 3.7
三压余热锅炉	不宜大于 3.6	不宜大于 4.0

第三节　汽　轮　机

一、汽轮机特点

燃气－蒸汽联合循环发电用的汽轮机与燃煤的火力发电装置用汽轮机相比，在原理上是相同的，结构上也几乎类似，但燃气－蒸汽联合循环用汽轮机也有不同于燃煤机组汽轮机的特点，具体如下：

1. 全变压透平

燃气－蒸汽联合循环用汽轮机为了最大限度有效地利用燃气轮机的能量，采用全变压。伴随全变压的采用，汽轮机为全周进汽，正常运行时，蒸汽调节阀处于全开状态，装置的负荷控制由燃气轮机的燃料投入量进行控制。

2. 无回热抽汽

燃气－蒸汽联合循环用汽轮机不设置给水加热器，这是因为当给水温度升高时，余热锅炉的排气温度会随之升高，使得余热回收效率下降，效率得不到提高。因此，透平循环一般是无抽汽的循环。

3. 末级叶片长

因为汽轮机无回热抽汽且增加补汽，所以排汽流量与主蒸汽流量的比值比同容量的燃煤火力发电用汽轮机要大，在同样的出力情况下，末级叶片长度变长。

4. 冷凝器面积大

因为汽轮机无回热抽汽且增加补汽，所以排汽流量与主蒸汽流量的比值比同容量的燃煤火力发电用汽轮机大，在同样的出力情况下，冷凝器面积变大。

5. 能够快速启停

作为调峰的联合循环电站，要求燃气轮机能够快速启停，故要求汽轮机也能够快速启停。汽轮机的结构与系统要适应快速启停的要求，汽轮机通流部件和动静间隙均应适应快速启停的要求。

二、汽轮机分类

燃气－蒸汽联合循环机组中的汽轮机分类跟燃煤火力发电厂的汽轮机类似，按功能分类，可分为凝汽式汽轮机、抽汽式汽轮机、背压式汽轮机、抽汽背压式汽轮机；按汽轮机做功原理分类可分为冲动式和反动式汽轮机。按汽缸数量可分为单缸汽轮机和多缸汽轮机；按蒸汽参数分为低压（2.4MPa 以下）汽轮机、中压（3.5MPa 左右）汽轮机、高压（3.5MPa 左右）汽轮机、超高压（13MPa 左右）汽轮机、亚临界（17MPa

左右）汽轮机，目前，还没有用于燃气－蒸汽联合循环机组的超临界（24MPa 左右）汽轮机。

三、汽轮机主要制造厂家

目前，国外燃气轮机配置的汽轮机主要制造厂家有 GE 公司、西门子（SIEMENS）和日本菱日。

国内燃气轮机配置的汽轮机主要制造厂家有哈尔滨动力设备股份有限公司、东方汽轮机有限公司、上海汽轮机有限公司和南京汽轮电机集团。

四、汽轮机主要结构特点

（一）B 级燃气轮机配套汽轮机结构特点

图 2-63 所示为 B 级燃气轮机配套汽轮机外形图（S206B-LCZZK35-6.77/0.4/0.392/465），外形尺寸（长×宽×高）为 8157mm×5360mm×2841mm，进汽参数如下：

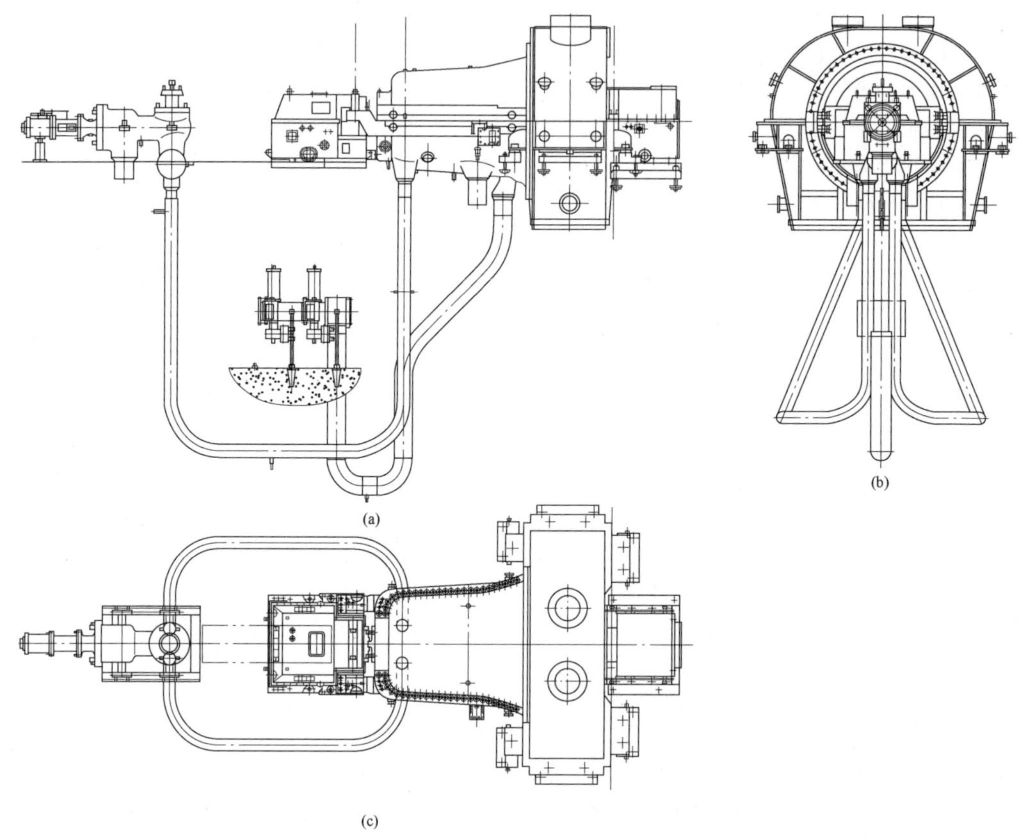

图 2-63　B 级燃气轮机配套汽轮机外形图（S206B-LCZZK35- 6.77/0.4/0.392/465）

（a）主视图；（b）前视图；（c）俯视图

（1）高压参数：6.77MPa/465℃（绝对压力）。

（2）低压参数：0.392MPa/148℃（绝对压力）。

（3）机组出力（额定/最大）：34.92MW/35.77MW。

（二）E 级燃气轮机配套汽轮机结构特点

1. 南京汽轮机厂供 E 级燃气轮机配套汽轮机结构特点

（1）图 2-64 所示为南京汽轮机厂 E 级燃气轮机配套汽轮机外形图（S109E-LZ60-5.7/0.58），外形尺寸（长×宽×高）为 88330mm×7080mm×3310mm，进汽参数如下：

1）高压参数：5.7MPa/515℃（绝对压力）。

2）低压参数：0.58MPa/250℃（绝对压力）。

3）机组出力（额定/最大）：60.55MW/63.06MW。

（2）图 2-65 所示为南京汽轮机厂 E 级燃气轮机配套汽轮机外形图［S109E-LCZZK58-5.6/（1.45）/0.56/515］，外形尺寸（长×宽×高）为 8416mm×6236mm×2941mm，进汽参数如下：

1）高压参数：5.54MPa/515℃（绝对压力）。

2）低压参数：0.7MPa/250℃（绝对压力）。

3）机组出力（额定/最大）：58.16MW/62.20MW。

（3）图 2-66 所示为南京汽轮机厂供 E 级燃气轮机配套汽轮机外形图（S209E-LCZ125-7.07/1.3/0.95），外形尺寸（长×宽×高）为 13114mm×7340mm×5641mm，进汽参数如下：

1）高压参数：7.07MPa/525℃（绝对压力）。

2）低压参数：0.95MPa/297℃（绝对压力）。

3）机组出力（额定/最大）：130.5MW/132.2MW。

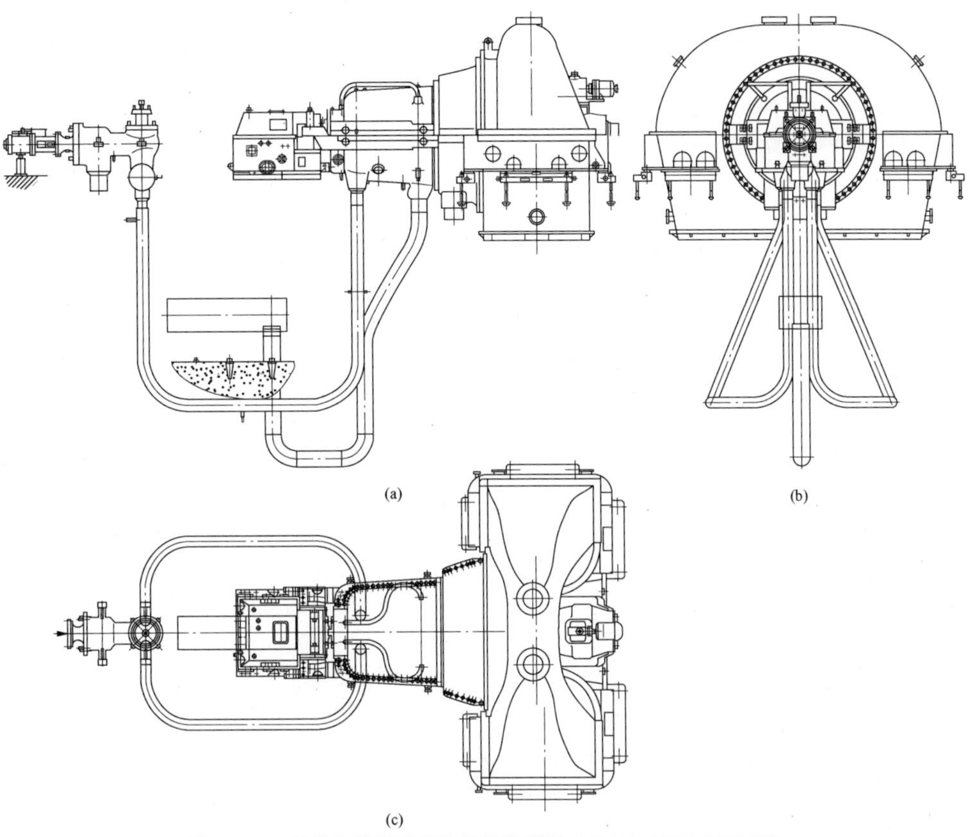

图 2-64 E 级燃气轮机配套汽轮机外形图（S109E-LZ60-5.7/0.58）

（a）主视图；（b）前视图；（c）俯视图

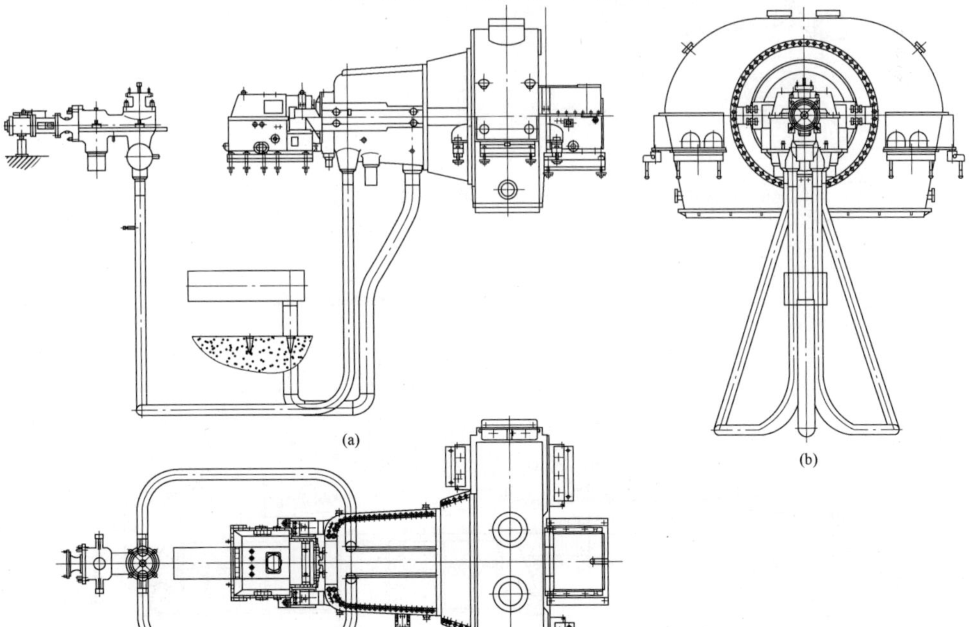

图 2-65 E 级燃气轮机配套汽轮机外形图［S109E-LCZZK58-5.6/（1.45）/0.56/515］

（a）主视图；（b）前视图；（c）俯视图

2. 东方汽轮机厂供 E 级燃气轮机配套汽轮机结构特点

图 2-67 所示为东方汽轮机厂供 E 级燃气轮机 M701DA 配套的汽轮机纵剖面图，该机组为双压、单缸、单轴、单排汽、冲动式、一次可调抽汽供热凝汽式汽轮机。根据联合循环机组的特点，第 1 级高压进汽采用全周节流配汽。

汽缸由前、中、后 3 段组成，每两段间由垂直法兰连接。转子推力盘位于前轴承箱内，前轴承箱为滑动轴承箱。

为了适应机组快速启动、调峰性能要好的特点，使汽缸沿轴向温度分布更具有规律性，汽缸膨胀通畅，

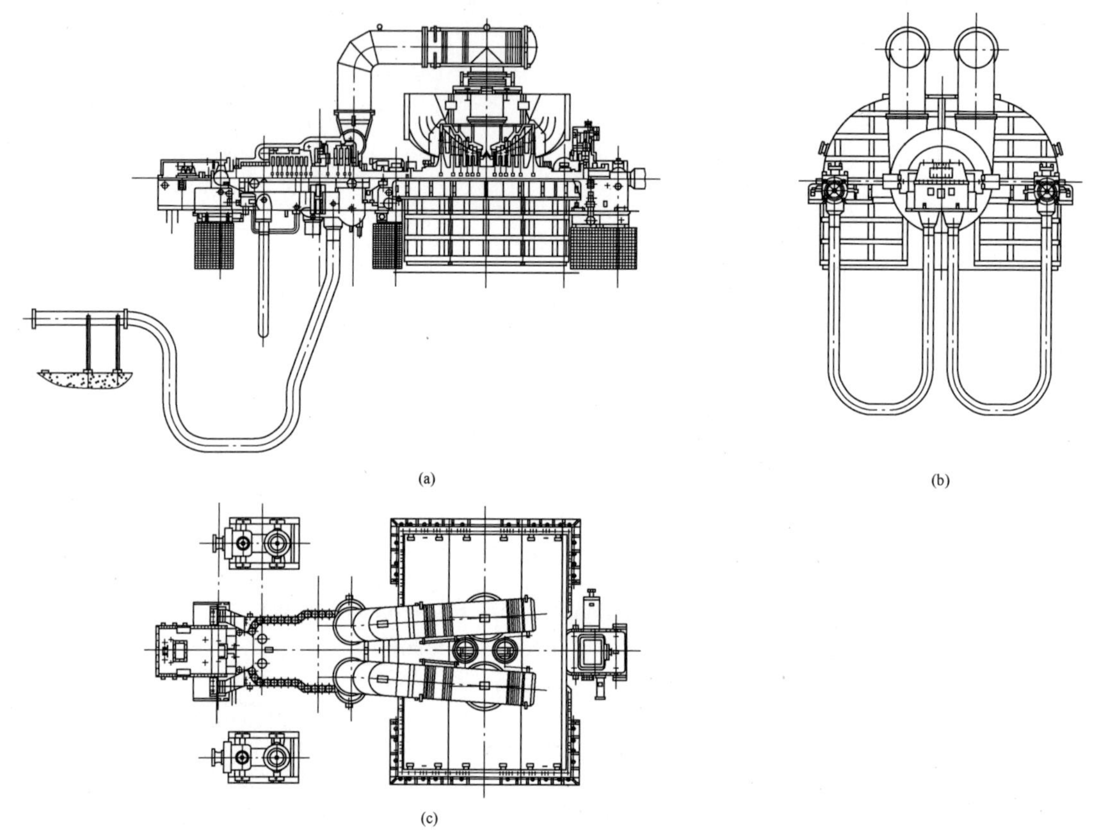

图 2-66　E 级燃气轮机配套汽轮机外形图（S209E-LCZ125-7.07/1.3/0.95）

（a）主视图；（b）前视图；（c）俯视图

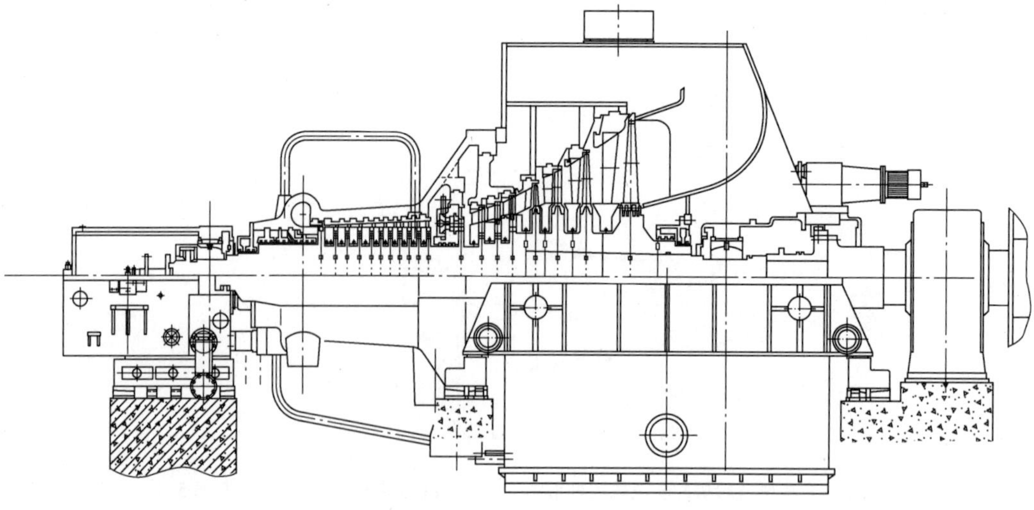

图 2-67　E 级燃气轮机 M701DA 配套的汽轮机纵剖面图

使胀差不成为制约机组快速启动的因素，汽缸采用单层缸设计，不采用带隔板套的设计方法。为改善汽缸中分面螺栓受力，前汽缸猫爪采用下猫爪支撑在前轴承箱的两侧。

高压主汽调节阀位于机头侧，两个调节阀关于汽轮机中心线对称。高压主汽调节阀为“一拖二”结构，即一个主汽阀带两个调节阀，两个调节阀后各有一个主汽管与汽缸相连，将高压蒸汽导入汽缸的进汽室。

低压阀为联合阀形式，即主汽阀及调节阀共用一个阀座，为一进一出结构，出口处连接一导管将汽流引入汽缸的下半进汽口。

机组排汽方式为向下排汽，低压排汽缸与凝汽器刚性连接。

（三）小 F 级燃气轮机配套汽轮机结构特点

1. 6F.01 型燃气轮机配套汽轮机结构特点

6F.01 型燃气轮机配套汽轮机根据连接方式不同，可有多种结构形式，如抽凝式汽轮机、抽背式汽轮机、凝抽背式汽轮机等。

（1）图 2-68 所示为南京汽轮机厂 6F.01 型燃气轮机配套汽轮机外形图（S106F.01-LB6-5.65/1.0/535），外形尺寸（长×宽×高）为 5554mm×2040mm×1790mm；进汽参数为 5.88MPa（绝对压力）/535℃，机组出力（额定/最大）为 6.756MW/7.069MW。

（2）图 2-69 所示为南京汽轮机厂 6F.01 型燃气轮机配套汽轮机外形图（S106F.01-LCZ21-5.65/1.0/0.56，轴排），外形尺寸（长×宽×高）为 7343mm×2544mm×2600mm；进汽参数如下：

1）高压参数：5.65MPa/535℃（绝对压力）。

2）低压参数：0.56MPa/250℃（绝对压力）。

3）机组出力（额定/最大）：21.402MW/22.223MW。

（3）图 2-70 所示为南京汽轮机厂 6F.01 型燃气轮机配套汽轮机外形图（S106F.01-LCZ21-5.8/0.3/0.4），外形尺寸（长×宽×高）为 8437mm×6250mm×3036mm；进汽参数如下：

1）高压参数：5.835MPa/538℃（绝对压力）。

2）低压参数：0.35MPa/231℃（绝对压力）。

3）机组出力：22.92MW。

2. 6F.03 型燃气轮机配套汽轮机结构特点

配套的汽轮机根据连接方式不同，可有多种结构形式，如抽凝式汽轮机、抽背式汽轮机，凝抽背式汽轮机等。

（1）图 2-71 所示为南京汽轮机厂 6F.03 型燃气轮

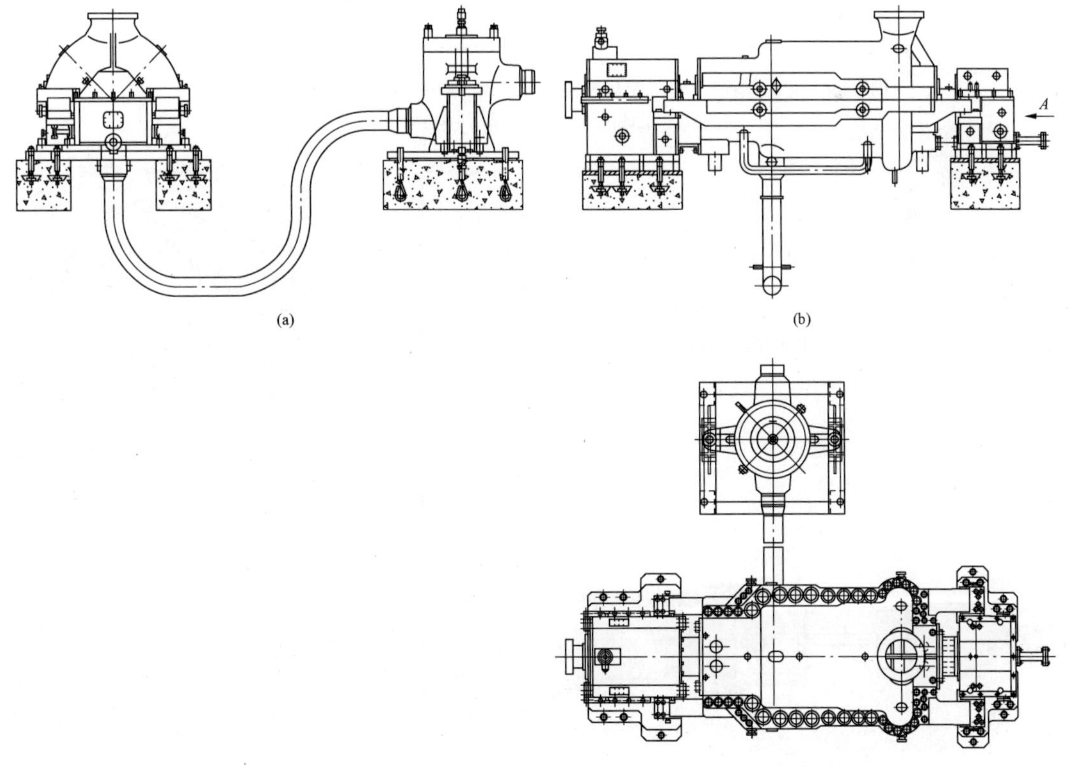

图 2-68　6F.01 型燃气轮机配套汽轮机外形图（S106F.01-LB6-5.65/1.0/535）
（a）A 向视图；（b）主视图（主汽阀未示）；（c）俯视图

机配套汽轮机外形图（S106F.03-LCZ37-4.9/1.2/1.2），外形尺寸（长×宽×高）为 8571mm×7080mm×3310mm；进汽参数如下：

1）高压参数：4.859MPa/470℃（绝对压力）。

2）低压参数：1.2MPa/273.8℃（绝对压力）。

3）机组出力（额定/最大）：36.55MW/38.39MW。

（2）图 2-72 所示为南京汽轮机厂 6F.03 型燃气轮机配套汽轮机外形图（S106F.03-LB10-4.9/1.2），外形尺寸（长×宽×高）为 5618mm×2510mm×2094mm；进汽参数为 4.846MPa/ 470℃（绝对压力），机组出力（额定/最大）为 10.36MW。

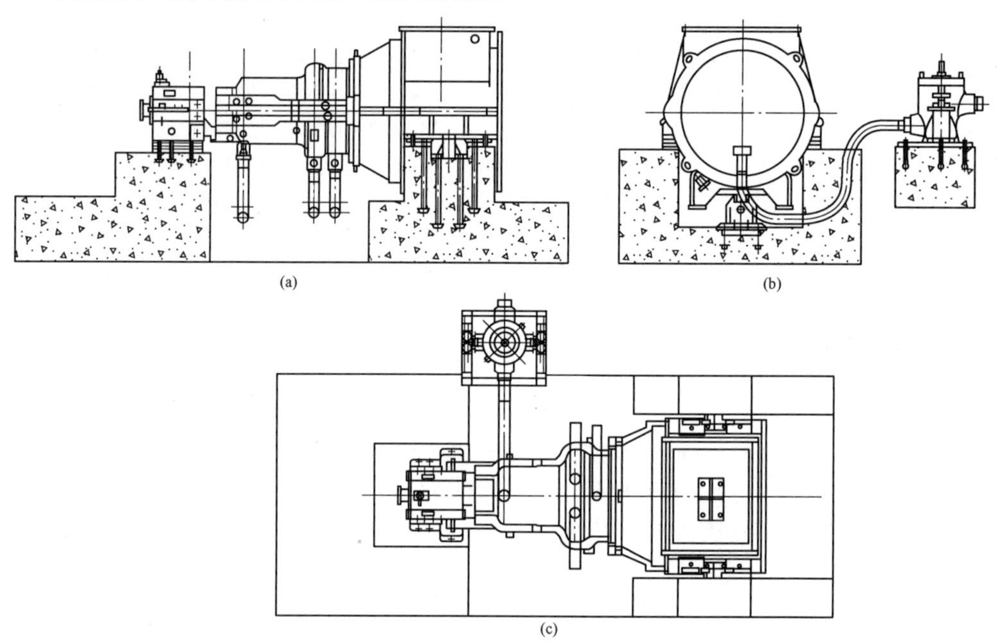

图 2-69　6F.01 型燃气轮机配套汽轮机外形图（S106F.01-LCZ21-5.65/1.0/0.56）
（a）主视图；（b）前视图；（c）俯视图

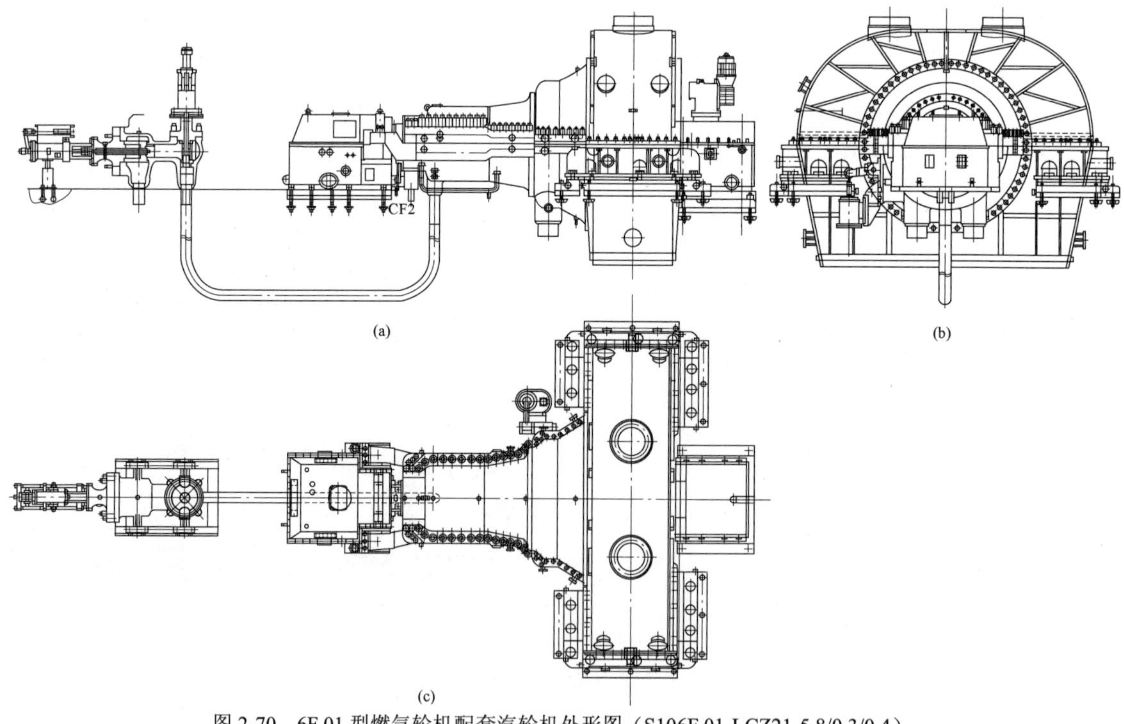

图 2-70　6F.01 型燃气轮机配套汽轮机外形图（S106F.01-LCZ21-5.8/0.3/0.4）
（a）主视图；（b）前视图（主汽门未示）；（c）俯视图

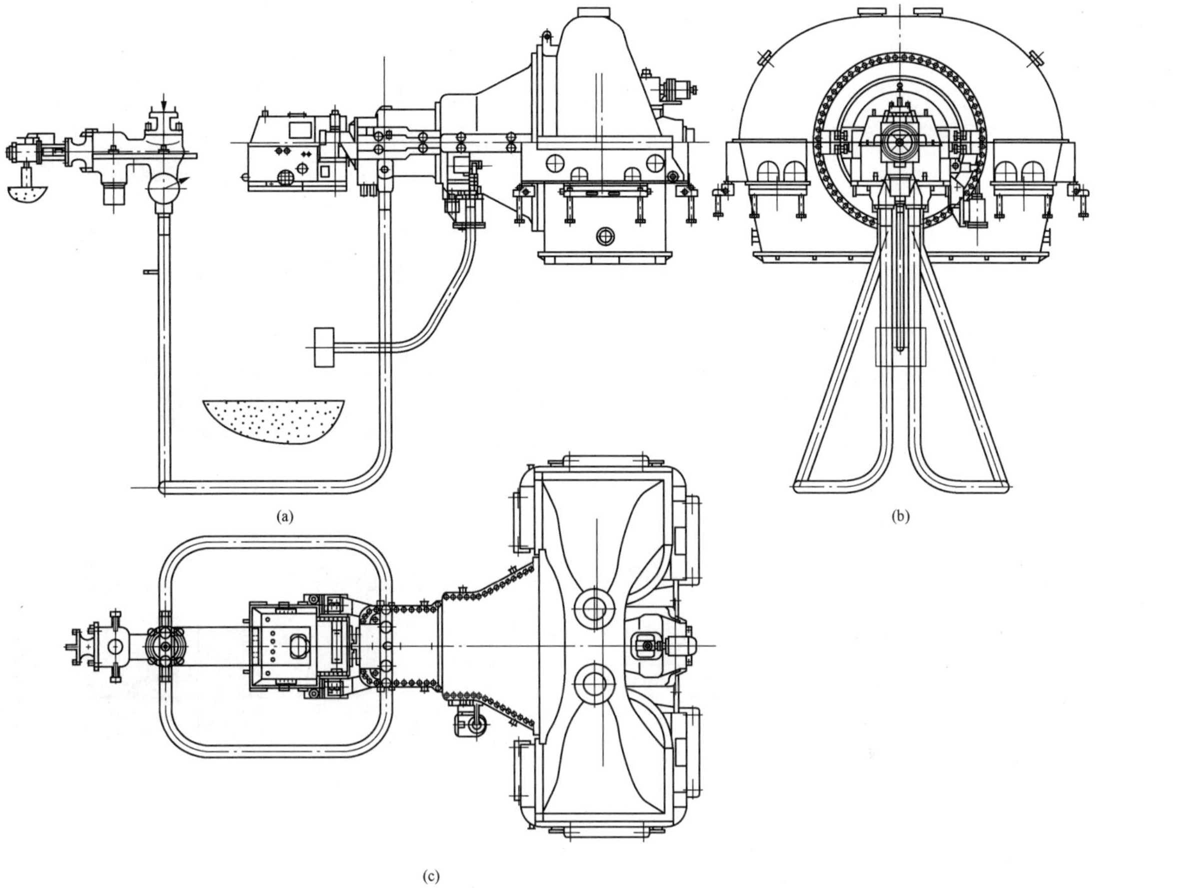

(a)　(b)

(c)

图 2-71　6F.03 型燃气轮机配套汽轮机外形图（S106F.03-LCZ37-4.9/1.2/1.2）

（a）主视图；（b）前视图；（c）俯视图

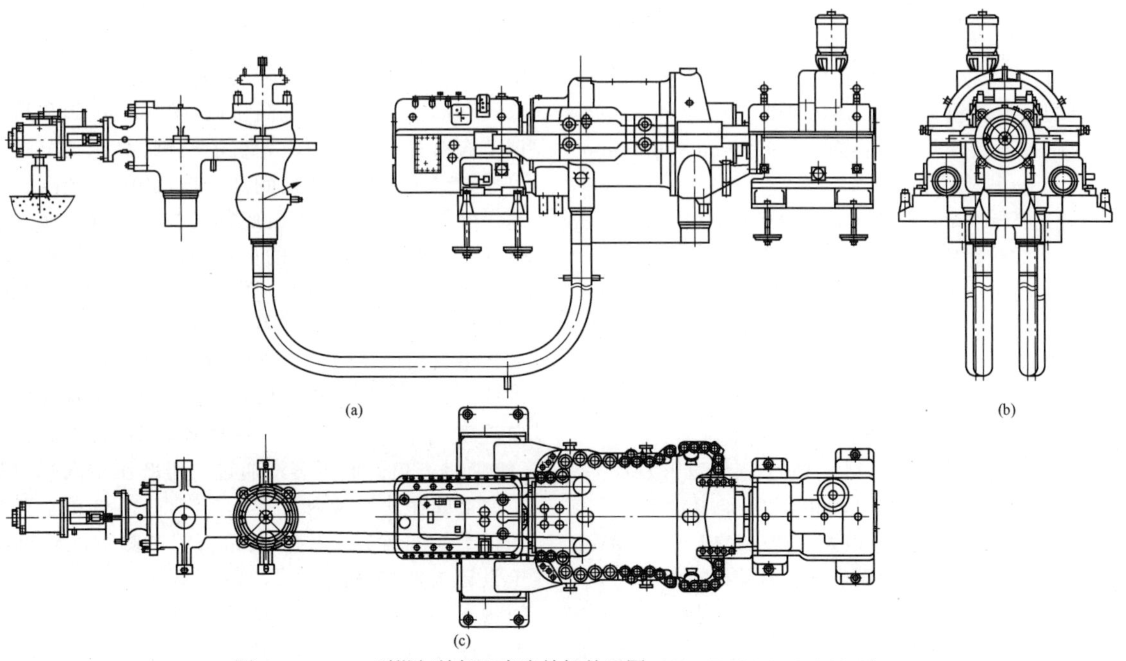

图 2-72　6F.03 型燃气轮机配套汽轮机外形图（S106F.03-LB10-4.9/1.2）

（a）主视图；（b）前视图；（c）俯视图

（3）图 2-73 所示为南京汽轮机厂 6F.03 型燃气轮机配套汽轮机外形图（S106F.03-LZNCB38-8.7/1.0/1.0），外形尺寸（长×宽×高）为 20686mm×6245mm× 3366mm；进汽参数如下：

1）高压参数：8.899MPa/557℃（绝对压力）。

2）低压参数：1.0MPa/286℃（绝对压力）。

3）机组出力（额定/最大）：37.72MW/39.57MW。

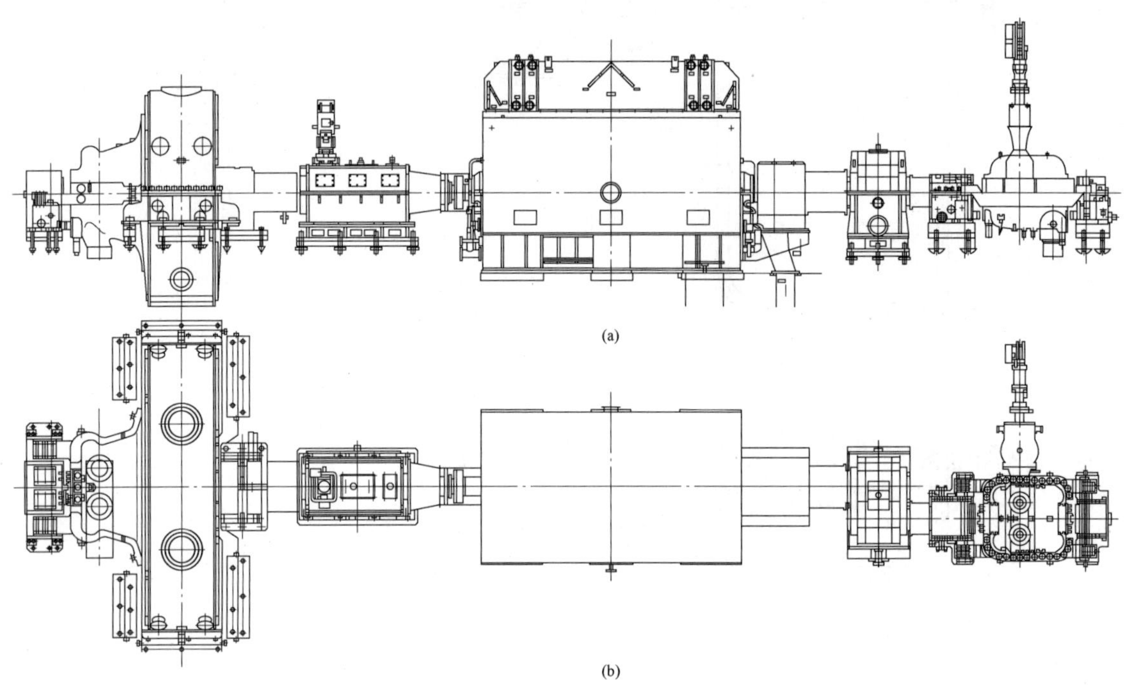

图 2-73　6F.03 型燃气轮机配套汽轮机外形图（S106F.03-LZNCB38-8.7/1.0/1.0）
（a）主视图；（b）俯视图

（4）图 2-74 所示为南京汽轮机厂 6F.03 型燃气轮机配套汽轮机外形图（S106F.03-LCZ40-6.7/0.98/0.45），外形尺寸（长×宽×高）为 9200mm×7080mm×3310mm；进汽参数如下：

1）高压参数：6.818MPa/540℃（绝对压力）。

2）低压参数：0.44MPa/210.8℃（绝对压力）。

3）机组出力（额定/最大）：41.53MW/41.91MW。

（5）图 2-75 为南京汽轮机厂 6F.03 型燃气轮机配套汽轮机外形图（S206F.03-LZC80-8.7/1.0/1.0/566），外形尺寸（长×宽×高）为 8445mm×9230mm×3862mm；进汽参数如下：

1）高压参数：8.637MPa/566℃（绝对压力）。

2）低压参数：1.0MPa/280℃（绝对压力）。

3）机组出力（额定/最大）：79.07MW/82.21MW。

（四）F 级燃气轮机配套汽轮机结构特点

1．M701F3 配套“一拖一”汽轮机结构特点

M701F3 配套“一拖一”汽轮机结构为一台高中压合缸、双排汽、单轴再热凝汽式汽轮机。高、中压汽轮机为冲动式汽轮机。蒸汽通过一组高压主汽阀和高压调节阀进入高压段，高压主汽阀和高压调节阀布置在高中压汽轮机的右侧。高压调节阀出口通过一根主汽管连接到高中压汽缸上。蒸汽经过高压叶片做功后，经汽缸底部的高压排汽口流到余热锅炉。从余热锅炉来的再热蒸汽通过一组中压主汽阀和中压调节阀返回到中压进汽段，中压主汽阀和中压调节阀布置在高中压汽轮机的左侧。中压调节阀出口与中压段的进汽腔室相连接。蒸汽通过中压冲动式叶片做功后，从汽缸上部的中压排汽口排向连通管。排汽口通过一根连通管连接到低压（LP）进汽口。低压蒸汽通过一组低压主汽阀和低压调节阀在连通管内与中压排汽混合，低压主汽阀和调节阀布置在高中压汽轮机的左侧。汽轮机低压设计为双排汽反动式，蒸汽从叶片通流级的中间进入，向两侧排汽，两侧的排汽各自排向凝汽器。图 2-76 所示为 M701F3 配套“一拖一”汽轮机剖面图。

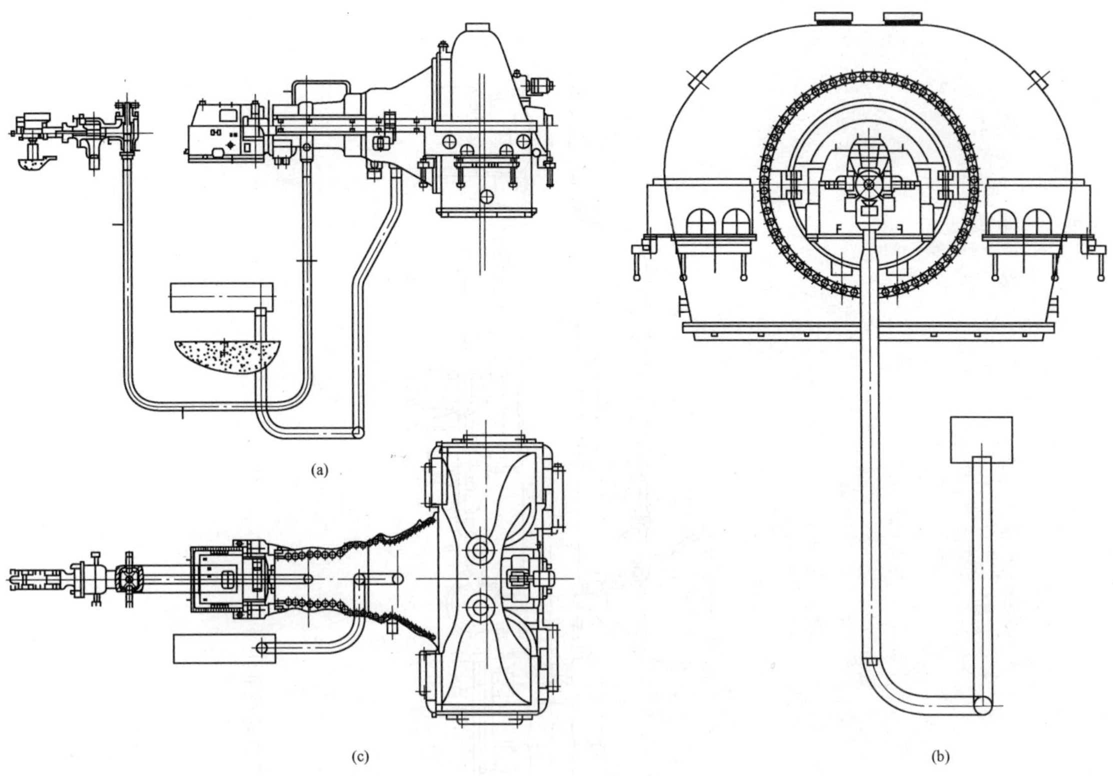

图 2-74 6F.03 型燃气轮机配套汽轮机外形图（S106F.03-LCZ40-6.7/0.98/0.45）

（a）主视图；（b）前视图；（c）俯视图

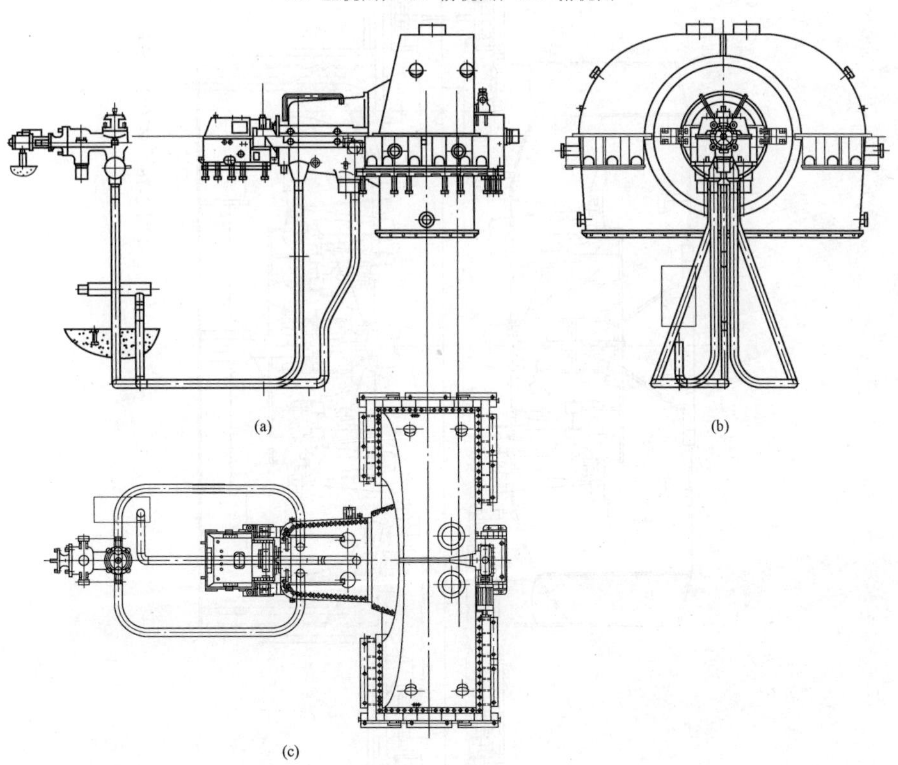

图 2-75 6F.03 型燃气轮机配套汽轮机外形图（S206F.03-LZC80-8.7/1.0/1.0/566）

（a）主视图；（b）前视图；（c）俯视图

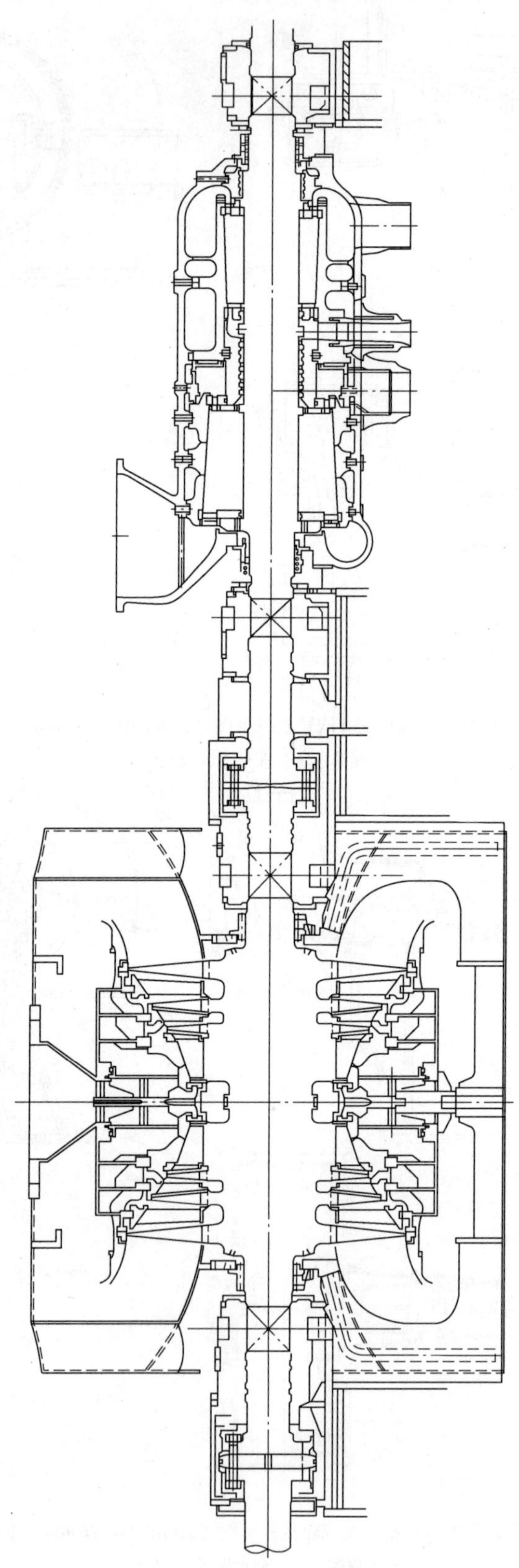

图 2-76 M701F3 配套“一拖一”汽轮机剖面图

2. M701F4 配套汽轮机结构特点

（1）M701F4 配套“二拖一”汽轮机（D260 型）结构特点。其结构特点是三压、再热、单轴、两缸两排汽，高、中压缸为合缸形式，高、中压通流为对置的单流形式，低压缸为双分流结构，机组阀门就近布置于机组两侧，采用进汽管进入汽缸，低压蒸汽补入连通管，中压排汽经过连通管进入低压缸。机组排汽采用下排汽形式，机组高位布置。可纯凝或抽汽运行，可提供采暖抽汽、工业抽汽等，工业抽汽可采用中联门参调、座缸阀、旋转隔板等，采暖抽汽可采用连通管蝶阀、背压供热（带自同步离合器）等方式。图 2-77、图 2-78 所示为 M701F4 配套“二拖一”汽轮机（D260 型）平面图、剖面图。

（2）M701F4 配套“一拖一”汽轮机（D150 型）结构特点。其结构特点是三压、再热、单轴或共轴、两缸单排汽，高压缸采用反动式单流技术方案，中低压合缸采用冲动式单流方案，两缸对称布置，机组高、中压阀门直接与机组连接，切向进汽，不需进汽管，低压蒸汽补入连通管。机组排汽可采用下排汽、轴向排汽、侧排汽形式，机组可高位或低位布置，可纯凝或抽汽运行，抽汽多为工业抽汽，可采用冷段再热抽汽、热段再热抽汽等方式。适用于不需采暖供热的机组。图 2-79、图 2-80 所示为 M701F4 配套“一拖一”汽轮机（D150 型）平面图、剖面图。

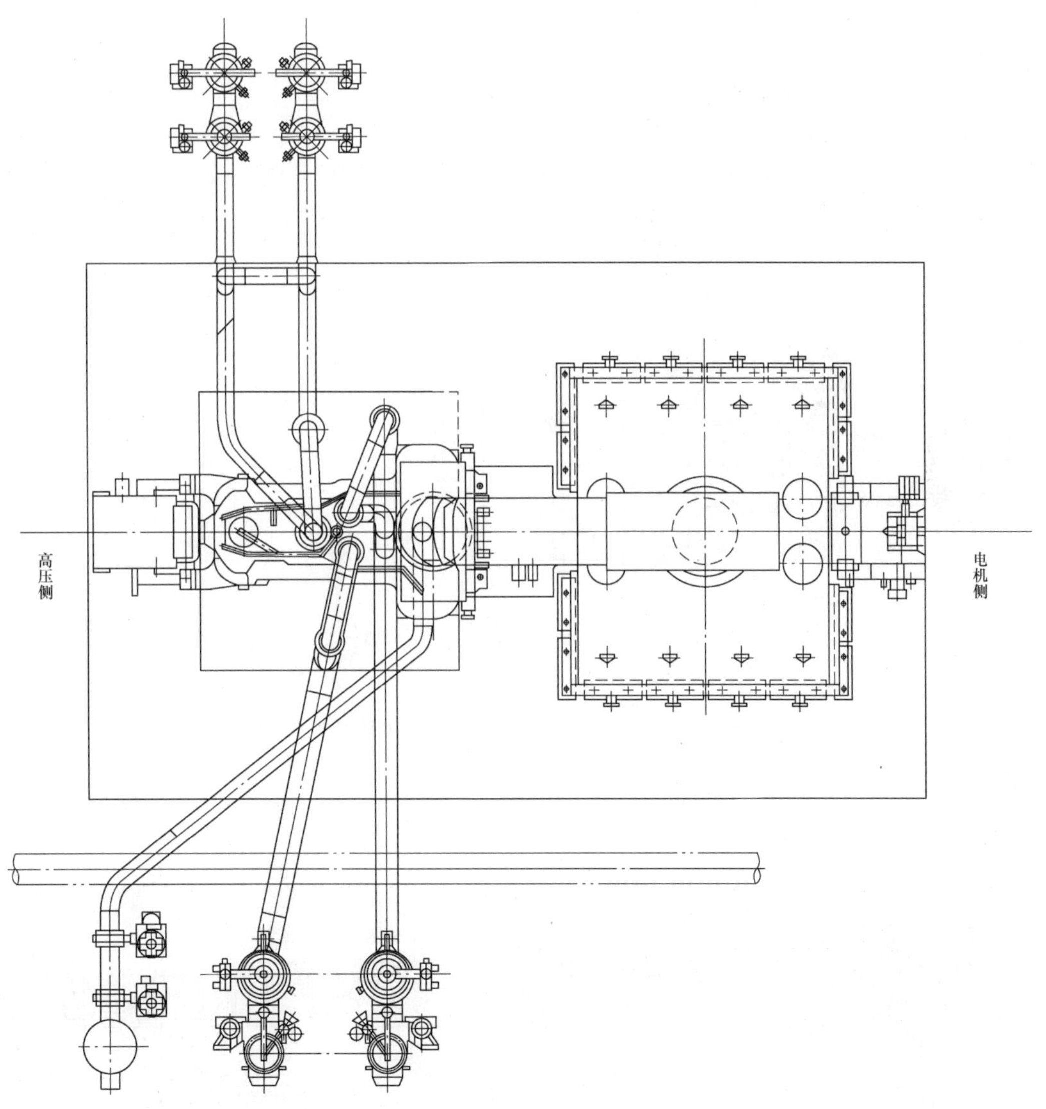

图 2-77　M701F4 配套“二拖一”汽轮机（D206 型）平面图

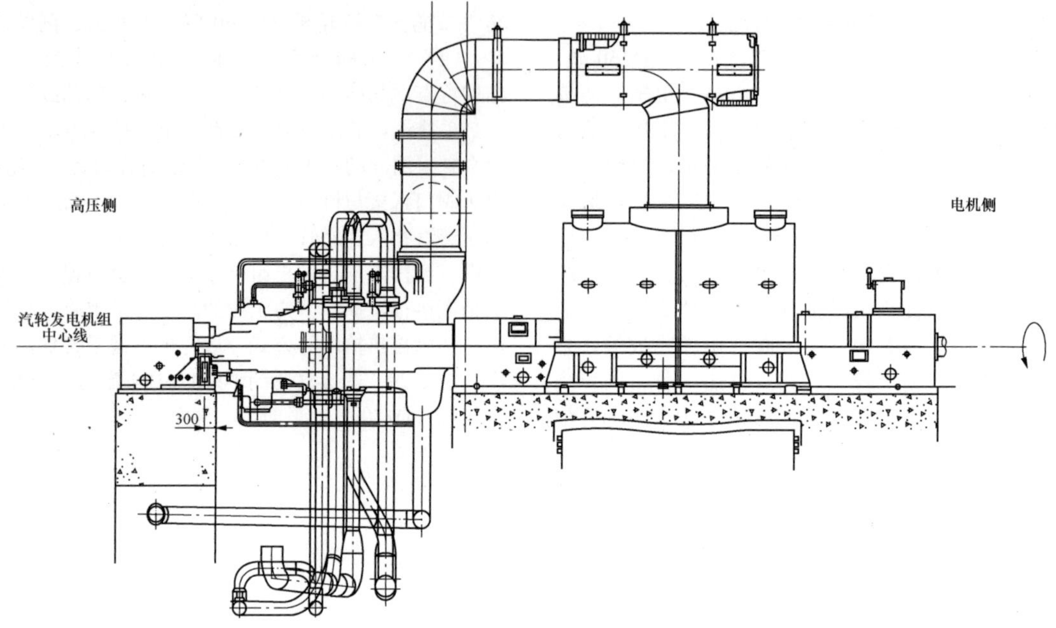

图 2-78　M701F4 配套“二拖一”汽轮机（D260 型）剖面图

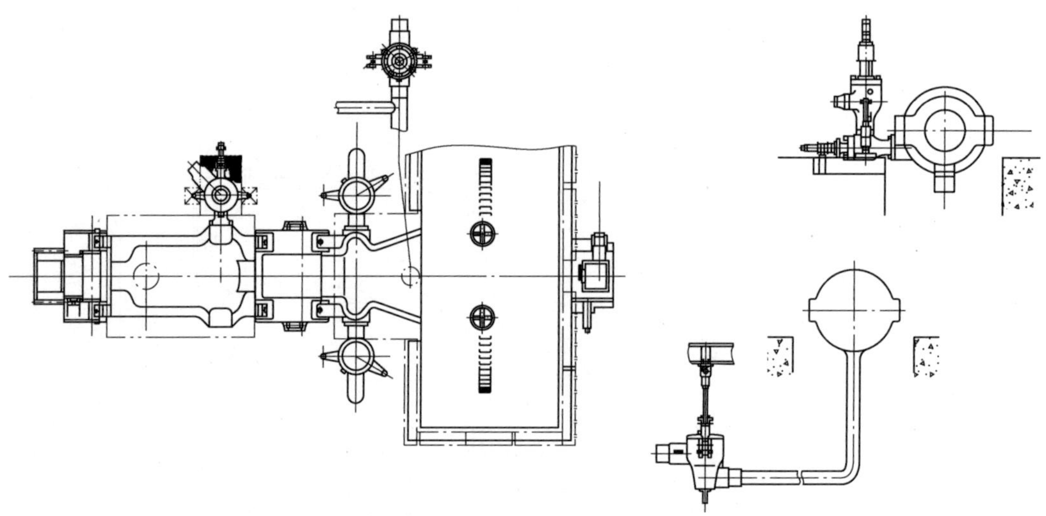

图 2-79　M701F4 配套“一拖一”汽轮机（D150 型）平面图

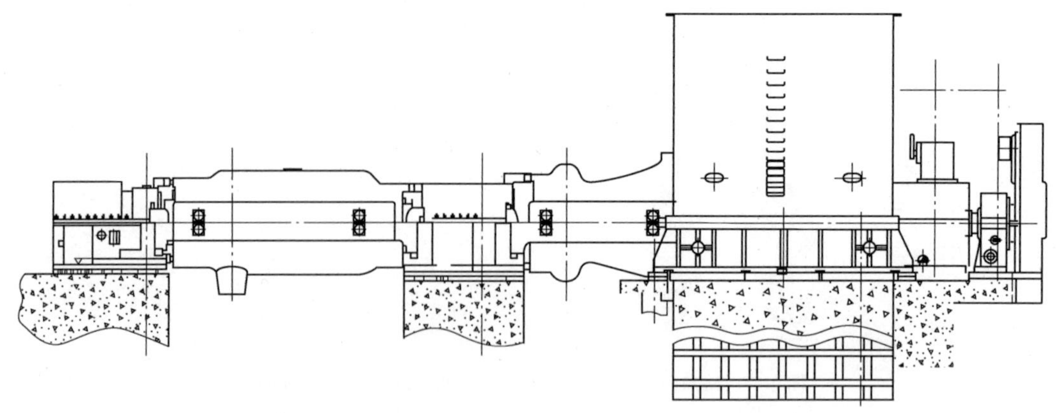

图 2-80　M701F4 配套“一拖一”汽轮机（D150 型）剖面图

（3）M701F4配套“一拖一”汽轮机（D145型）结构特点。其结构特点是三压、再热、单轴或共轴、两缸两排汽，高、中压缸为合缸形式，高、中压通流为对置的单流形式，低压缸为双分流结构，机组阀门就近布置于机组两侧，采用进汽管进入汽缸，中压排汽经过连通管进入低压缸。机组排汽采用下排汽形式，机组高位布置。可纯凝或抽汽运行，可提供采暖抽汽、工业抽汽等，工业抽汽可采用中联门参调、座缸阀、旋转隔板等，采暖抽汽可采用连通管蝶阀、背压供热（带自同步离合器）等方式。现多用于背压供热的机组。图2-81、图2-82所示为M701F4配套“一拖一”汽轮机（D145型）平面图、剖面图。

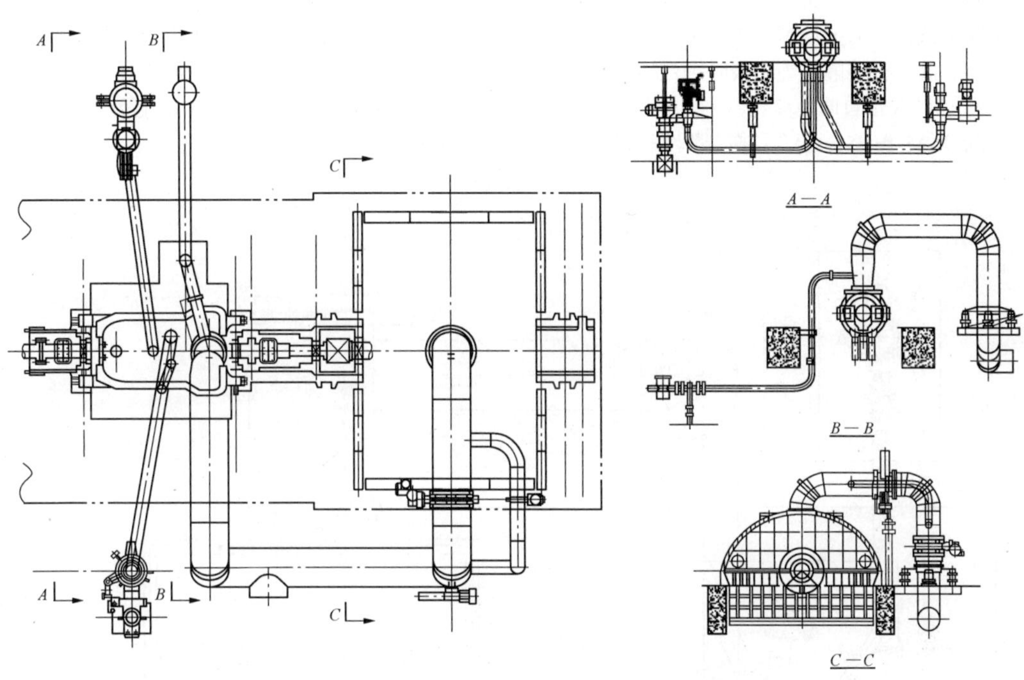

图2-81　M701F4配套“一拖一”汽轮机（D145型）平面图

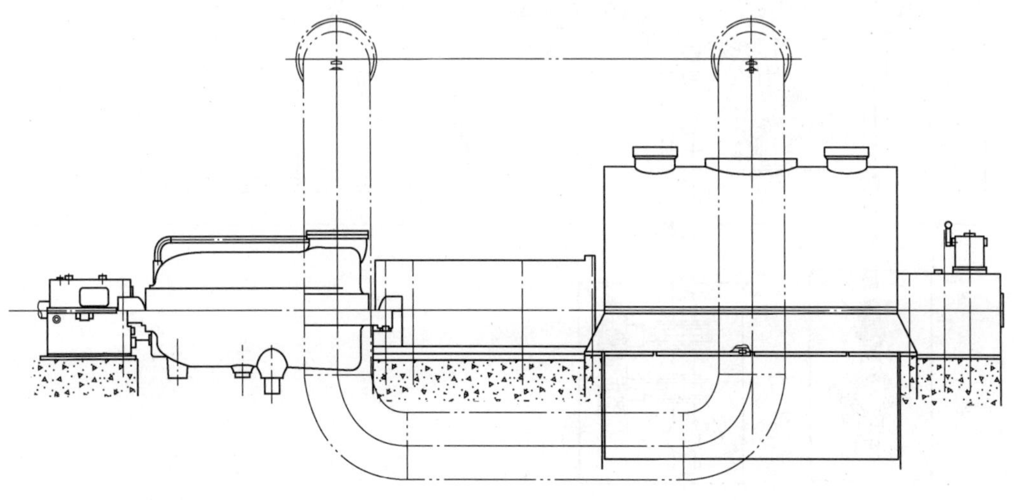

图2-82　M701F4配套“一拖一”汽轮机（D145型）剖面图

3. M701F5 配套汽轮机结构特点

（1）M701F5 配套“二拖一”汽轮机（D350 型）结构特点。M701F5 为 F5 等级燃气轮机配套“二拖一”汽轮机，其结构特点是三压、再热、单轴、两缸两排汽，高、中压缸为合缸形式，高、中压通流为对置的单流形式，低压缸为双分流结构，机组阀门就近布置于机组两侧，采用进汽管进入汽缸，低压蒸汽补入连通管，中压排汽经过连通管进入低压缸。机组排汽采用下排汽形式，机组高位布置。可纯凝或抽汽运行，可提供采暖抽汽、工业抽汽等，工业抽汽可采用中联门参调、座缸阀、旋转隔板等，采暖抽汽可采用连通管蝶阀、背压供热（带自同步离合器）等方式。图 2-83、图 2-84 所示为 M701F5 配套“二拖一”汽轮机（D350 型）平面图、剖面图。

（2）M701F5 配套“一拖一”汽轮机（D350 型）结构特点。其结构特点是三压、再热、单轴或共轴、三缸两排汽，高压缸采用反动式单流技术方案，中压缸为冲动式单流结构，高、中压两缸对置，低压缸冲动式双流方案，机组高、中压阀门直接与机组连接，切向进汽，不需进汽管，低压蒸汽补入连通管。机组排汽采用下排汽，机组可高位布置。可纯凝或抽汽运行，可提供采暖抽汽、工业抽汽等，工业抽汽可采用中联门参调、座缸阀、旋转隔板等，采暖抽汽可采用连通管蝶阀、背压供热（带自同步离合器）等方式。图 2-85、图 2-86 所示为 M701F5 配套“一拖一”汽轮机（D350 型）平面图、剖面图。

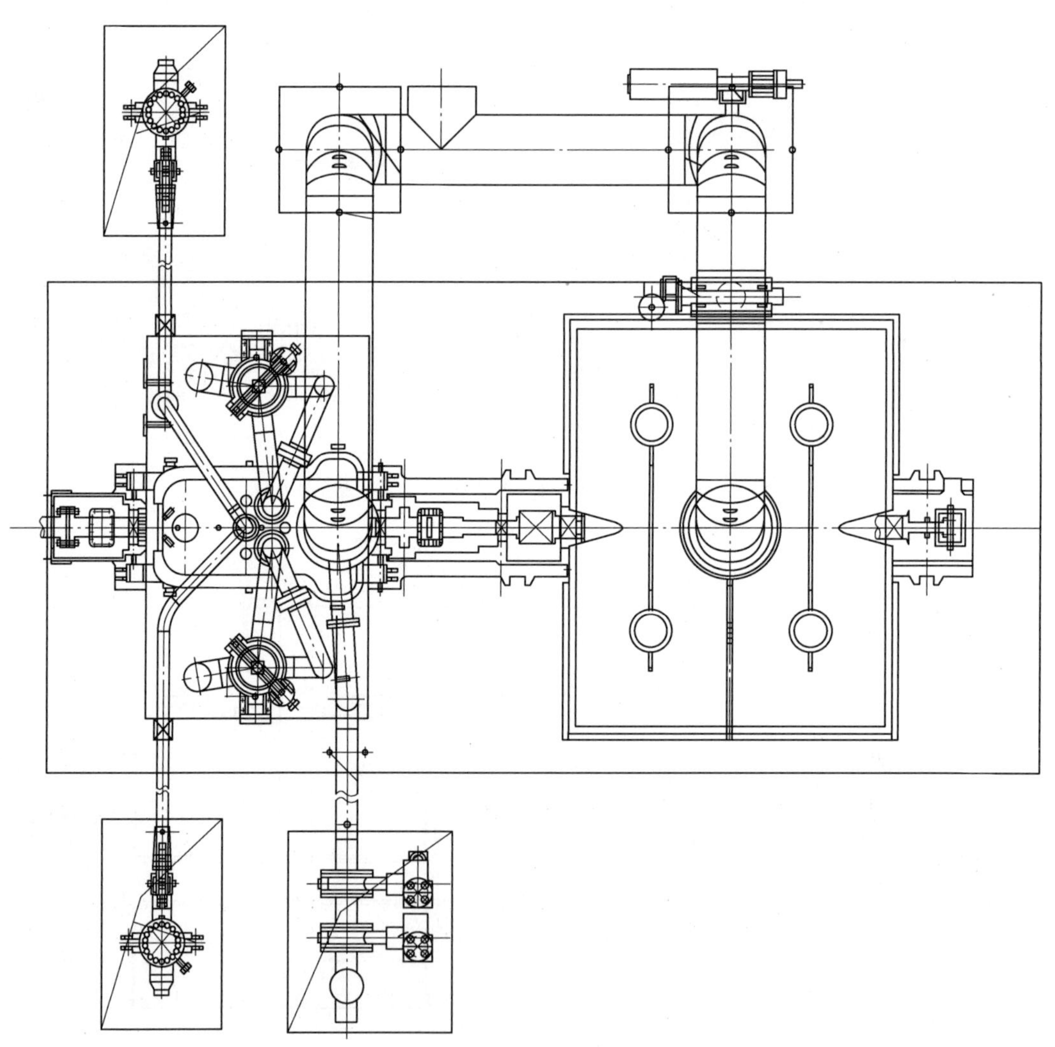

图 2-83　M701F5 配套“二拖一”汽轮机（D350 型）平面图

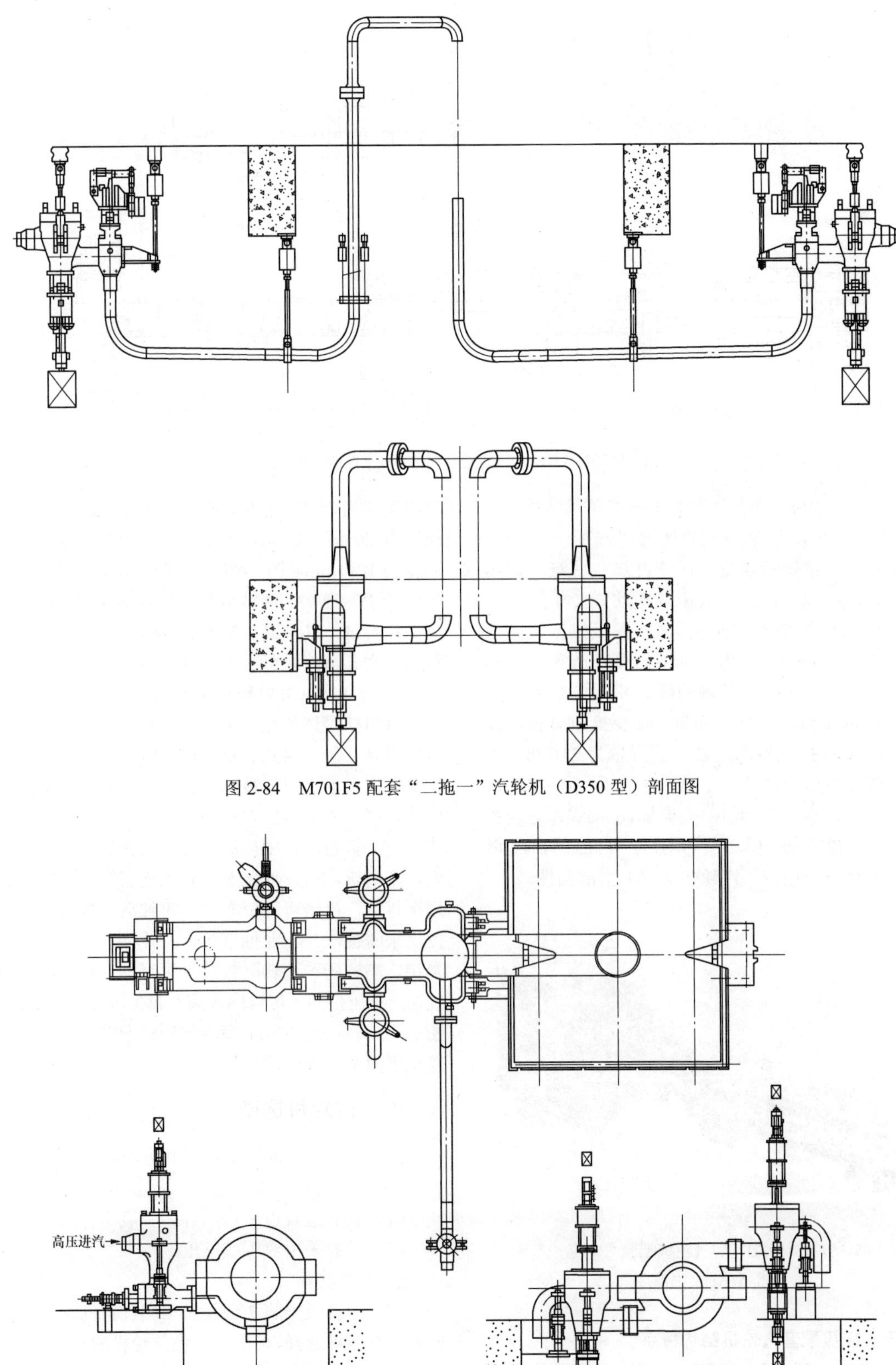

图 2-84 M701F5 配套“二拖一”汽轮机（D350 型）剖面图

图 2-85 M701F5 配套“一拖一”汽轮机（D350 型）平面图

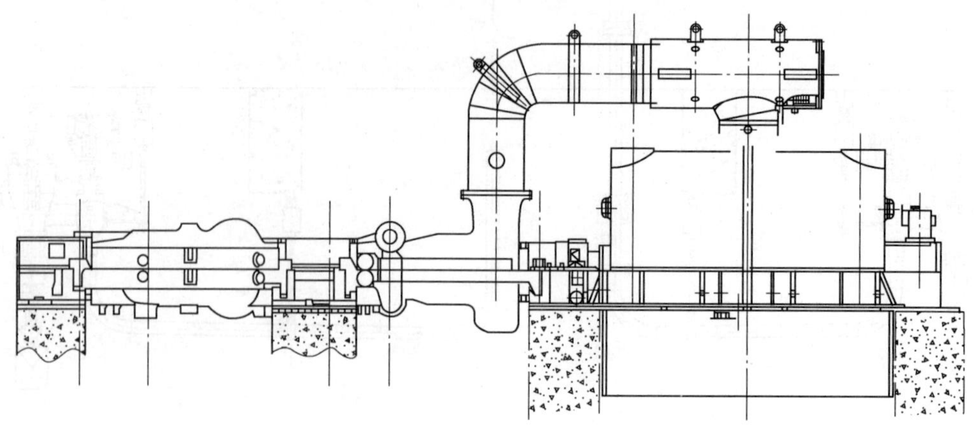

图 2-86　M701F5 配套“一拖一”汽轮机（D350 型）剖面图

4. 9F.05（9FB）型燃气轮机配套汽轮机结构特点

9F.05（9FB）型燃气轮机配套“一拖一”A651 型汽轮机，其结构特点是三压、再热、两缸，高压缸反动式，共 27 级；中低压缸冲动式，中压缸共 12 级，低压缸共 5 级，轴向排汽，低压缸末级叶片的高度为 1225mm，可用于单轴与多轴布置。三轴承设计，结构紧凑。与常规的两缸相比，机组总长度减少约 6m，汽轮机低位布置，减少机组总体标高至 5.5m，高压排汽抽汽，最大抽汽量为 210t/h。中压再热阀参与压力调节，主蒸汽压力为 16.5MPa，主蒸汽温度为 600℃，功率等级为 165MW，适合频繁启动和快速启动。图 2-87 所示为 9F.05（9FB）燃气轮机配套“一拖一”汽轮机 A651 型剖面图。

图 2-87　9F.05（9FB）燃气轮机配套“一拖一”汽轮机 A651 型剖面图

（五）H 级配套汽轮机结构特点

S109HA 型联合循环配套“一拖一”新型汽轮机有三缸机型和两缸机型，图 2-88 所示为 S109HA 型联合循环机组配套“一拖一”三缸机型汽轮机剖面图，该机型为高、中、低压分缸，其中高压缸有 30 级，中压缸有 20 级，低压缸有 2×4 级，低压缸末级叶片的高度为 1041mm。图 2-89 所示为 S109HA 联合循环机组配套“一拖一”两缸机型汽轮机剖面图，该机型为高中压合缸，其中高压缸有 16 级，中压缸有 13 级，低压缸有 2×6 级，低压缸末级叶片的高度为 900mm。

（六）J 级配套汽轮机结构特点

M701J 型燃气轮机配套“一拖一”汽轮机，其结构特点是三压、再热、单轴或共轴、三缸两排汽，高压缸采用反动式单流技术方案，中压缸为冲动式单流结构，高、中压两缸对称布置，低压缸采用冲动式双流方案，机组高、中压阀门直接与机组连接，切向进汽，不需进汽管，低压蒸汽补入连通管。机组排汽采用下排汽，机组可高位布置。可纯凝或抽汽运行，可提供采暖抽汽、工业抽汽等，工业抽汽可采用中联门参调、座缸阀、旋转隔板等，采暖抽汽可采用连通管蝶阀、背压供热（带自同步离合器）等方式。图 2-90、图 2-91 所示为 M701J 型燃气轮机配套“一拖一”汽轮机平面图、剖面图。

五、汽轮机选型

汽轮机选型一般考虑以下几方面：

1. 汽水循环方式

（1）除 F 级及以上机组外，一般不考虑再热。

（2）一般采用双压或三压。

2. 台数选择

（1）当机组安装 2 台及以上燃气轮机时，汽轮机的台数有多种选择，可以一台燃气轮机配一台汽轮机，即“一拖一”的方式；也可以两台燃气轮机配一台汽轮机，即“二拖一”方式；亦或是 3 台及以上燃气轮机只配一台汽轮机。

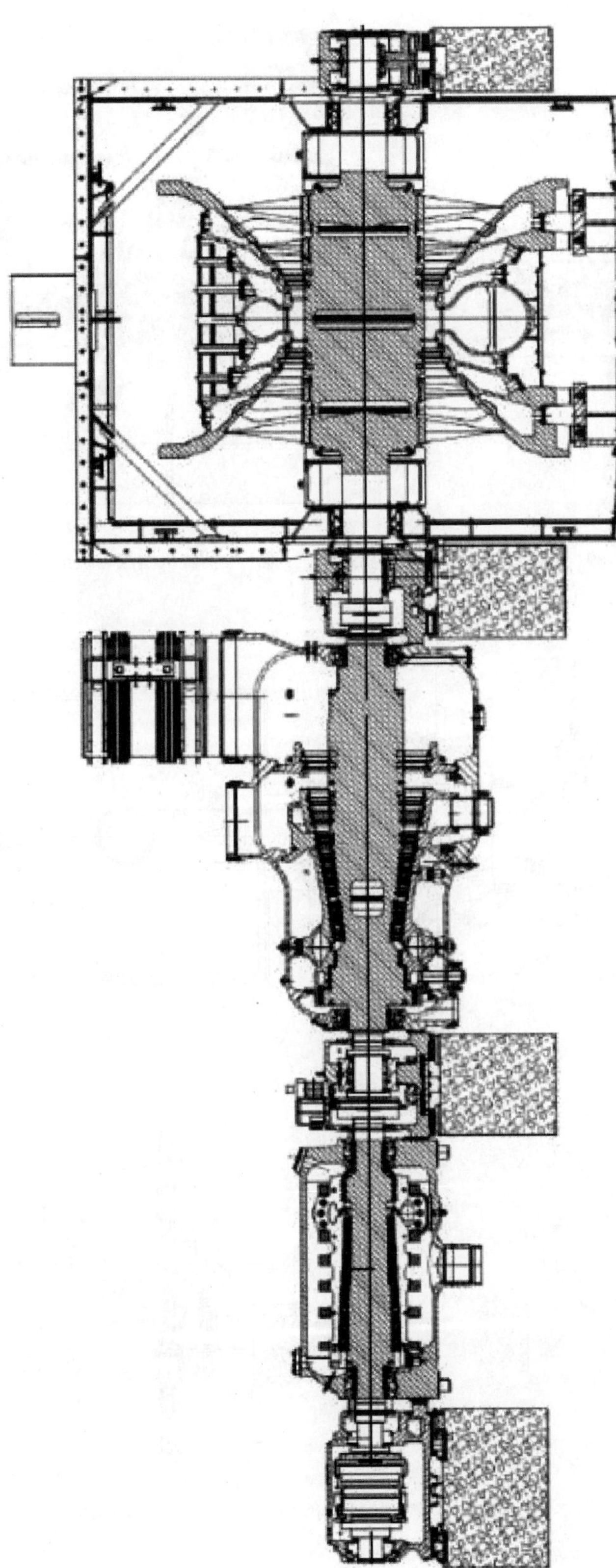

图 2-88 S109HA 型联合循环机组配套“一拖一”三缸机型汽轮机剖面图

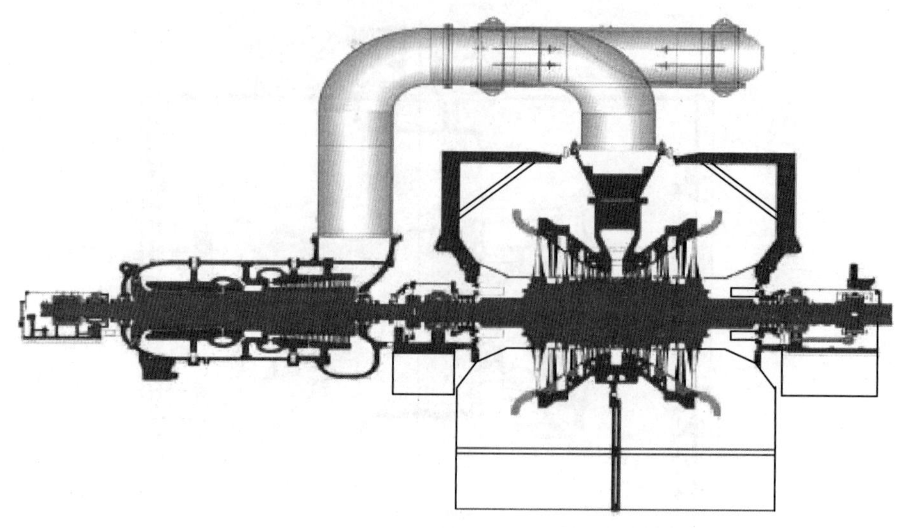

图 2-89　S109HA 联合循环机组配套“一拖一”两缸机型汽轮机剖面图

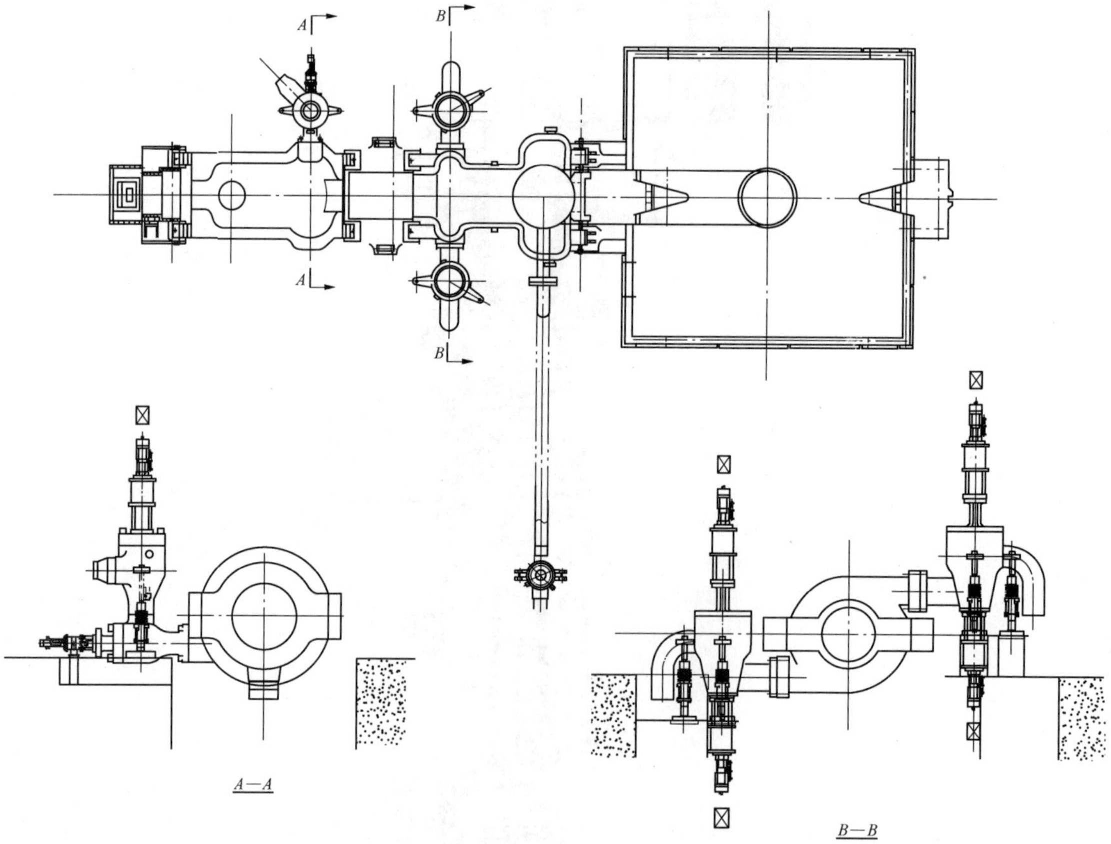

图 2-90　M701J 型燃气轮机配套“一拖一”汽轮机平面图

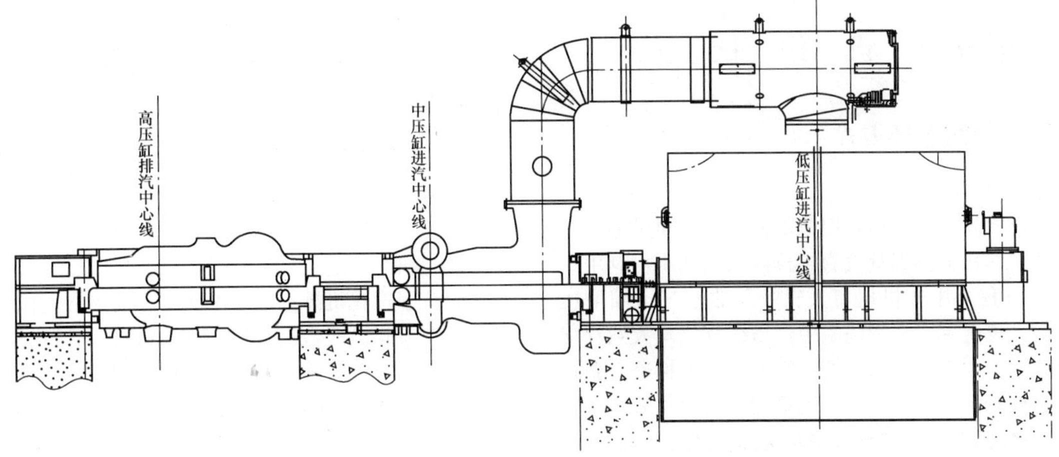

图 2-91 M701J 型燃气轮机配套“一拖一”汽轮机剖面图

（2）对于热电联产机组，汽轮机额定功率越大，内效率越高。当停用 1 台时，可以通过旁路系统，其出力一般为每台余热锅炉最大连续蒸发量的 100%，保证供热的可靠性，宜优先考虑只装 1 台汽轮机的方案，也可采用“一拖一”的配置方式。

（3）当需要采用两种机型，即 1 台供热抽汽机组、1 台背压机组时，可考虑采用“一拖一”，即配 2 台汽轮机的方案。

3. 抽汽或背压

抽汽机组运行灵活，当热负荷小或无热负荷时，可以充分地发电。背压机组无汽轮机冷端损失，热效率最高；但无热负荷时不能发电，有热负荷时“以热定电”，一般不会满发。

因此，选择抽汽还是背压机型应根据机组运行方式和技术经济论证确定。

第四节 发 电 机

一、发电机特点

燃气－蒸汽联合循环机组配置的发电机跟常规火电厂配置的发电机原理上是相同的，结构上也几乎类似。另外，燃气－蒸汽联合循环机组配置的发电机具有以下特点：燃气轮发电机可用作电动机拖动燃气轮机，将同步发电机作为同步电动机运行，通过外加（变频）电源让它将燃气轮机机组升速。燃气轮机开始自己做功后，再退出电动机运行状态，然后又作为发电机并网发电。

二、发电机分类

（一）冷却方式

（1）大型 F 级及以上 H 级、J 级燃气轮机组成的“二拖一”机组汽轮发电机一般采用水氢氢、全氢冷或双水内冷式。“一拖一”分轴机组配套汽轮发电机一般采用空冷式。

（2）中型小 F、E、B 级机组，配套燃气轮发电机和汽轮发电机一般都采用空冷式，以简化冷却系统。

对于不同厂家，配套的汽轮发电机和燃气轮发电机的冷却方式不完全相同。

（二）励磁方式

根据机组容量及厂家成熟技术，发电机一般选用静态励磁或无刷励磁。

三、发电机选型

发电机选型需要考虑台数、容量及额定电压几方面，具体要求如下：

（一）台数

（1）单轴机组。每套燃气－蒸汽联合循环机组只配一台发电机。

（2）多轴机组。每套燃气－蒸汽联合循环机组中，为每台燃气轮机及汽轮机分别配备 1 台发电机。

（二）容量

（1）发电机的额定功率与燃气轮机或汽轮机的额定工况出力相匹配，还应校核冬季工况下的最大发电出力。

（2）当燃气－蒸汽联合循环采用“二拖一”方式时，可考虑 3 台发电机采用同一型号的可能性。

（3）由于发电机容量难以标准化和采用系列化产品，所以通常选用相近系列化产品改型供应。

（三）额定电压

（1）F 级及以上机组，一般选用 15.75kV 或 20kV。

（2）E 级及以下机组，一般选用 10.5kV。

第五节 机 组 配 置

一、机组循环方式

（一）简单循环

由燃气轮机和发电机组成的循环称为简单循环。燃气轮机排出的高温烟气直接排向大气，不再利用。其工作过程为压气机把自大气吸入的空气压缩增压后，送入燃烧室，在燃烧室中，压缩空气与天然气混合燃烧后产生高温高压的烟气推动燃气轮机透平做功发电，做功后的燃气排气（流量大、温度高）排入大气。此循环方式系统简单，初投资也较低，但机组整体效率较低。

（二）联合循环

由燃气轮机、余热锅炉和汽轮机以及发电机及其辅助系统组成的循环称为燃气－蒸汽联合循环。其工作过程为压气机把自大气吸入的空气压缩增压后，送入燃烧室，在燃烧室中，压缩空气与天然气混合燃烧后产生高温高压的烟气推动燃气轮机透平做功发电，做功后的燃气排气（流量大、温度高）通入余热锅炉，通过热交换产生各种压力的蒸汽进入汽轮机组做功。

为了充分利用热量，一般采用燃气－蒸汽联合循环机组。

二、机组配置方式及特点

（一）机组配置方式

联合循环机组配置方式一般可以分为单轴、多轴，“一拖一”“二拖一”和“多拖一”。单轴指燃气轮机与汽轮机、发电机在同一轴上，各自配套发电机，多轴指燃气轮机组与汽轮机组在不同的轴上。“一拖一”指一台燃气轮机配一台汽轮机，“二拖一”指两台燃气轮机配一台汽轮机，“多拖一”指多台燃气轮机配一台汽轮机。

各主要燃气轮机厂家对联合循环机组配置方式都有专门的标识符号，具体如下：

1. GE 公司燃气轮机联合循环机组符号示例

109FA 表示由 9FA 燃气轮机组成的“一拖一”联合循环机组；209E 表示由 2 台 9E 燃气轮机组成的“二拖一”联合循环机组。

2. 西门子燃气轮机联合循环机组符号示例

SCC5-4000F1×1 表示由 SGT5-4000F 燃气轮机组成的“一拖一”联合循环机组；SCC5-2000E2×1 表示由 2 台 SGT5-2000E 燃气轮机组成的“二拖一”联合循环机组。

3. 日本菱日燃气轮机联合循环机组符号示例

MPCP1（M701F4）表示由 M701F4 燃气轮机组成的“一拖一”联合循环机组；MPCP2（M701F5）表示由 2 台 M701F5 燃气轮机组成的“二拖一”联合循环机组。

（二）机组配置的特点

1. 单轴布置

单轴布置的配置方式即燃气轮机、发电机和汽轮机安装在同一轴系上，由燃气轮机和汽轮机共同驱动一台发电机。发电机可以位于燃气轮机和汽轮机之间，也可以位于汽轮机排汽端。不同厂家的燃气轮机所采取的配置方式不同，发电机布置在汽轮机的排汽端时，发电机转子可以从轴向抽出进行检修。图 2-92 所示为单轴联合循环机组的布置方案。

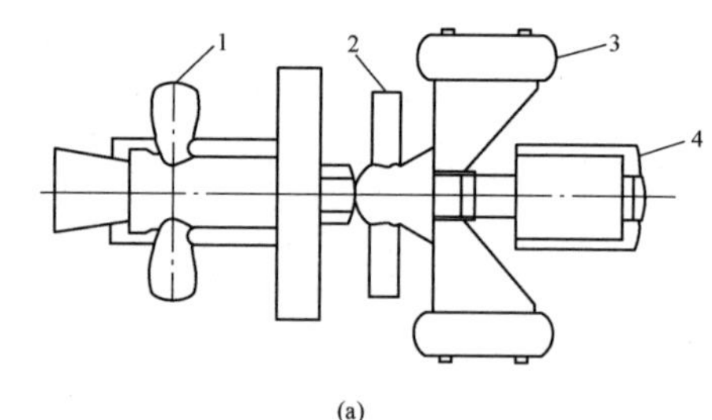

(a)

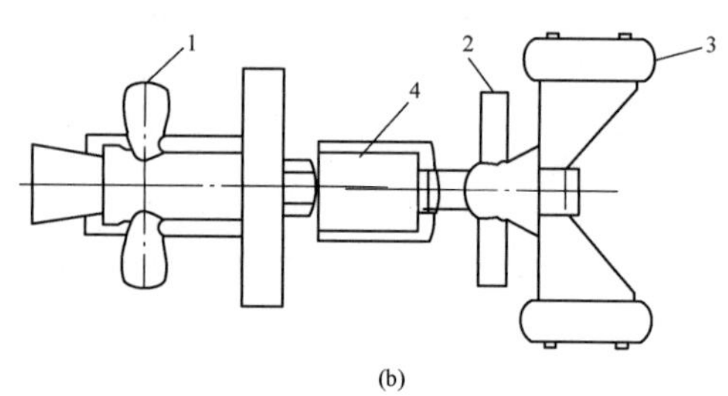

(b)

图 2-92 单轴联合循环机组的布置方案

（a）发电机布置在端部方案；（b）发电机布置在中间方案

1—燃气轮机；2—汽轮机；3—凝汽器；4—发电机

（1）单轴布置的优点：

1）燃气轮机与汽轮机共用一台发电机及配电系统，节省设备费用。

2）给水系统、蒸汽系统以及相关控制系统较简单，便于全厂调节控制。

3）当厂区有现成的汽源时，而且汽轮机布置在燃气轮机和发电机的中间，则可利用汽轮机作为燃气轮机的启动机。

4）节省机组的主厂房面积。单轴布置较多轴布置而言，通常可节省约 10%的主厂房投资费用。

（2）单轴布置的缺点：

1）发电机布置在末段的单轴布置方式无法分阶段投运，这是因为无法越过汽轮机直接驱动发电机而工作，因而全厂只能在汽轮机安装完毕后才能投产运行。

2）如无离合器，则汽轮机故障时燃气轮机无法单独运行，机组不能快速启动。

3）如有离合器，则检修发电机转子较困难，需将发电机整体吊出或设专用的滑轨将发电机移出之后抽发电机转子。

2. 多轴布置

多轴布置的联合循环机组由多台燃气轮机、汽轮机、余热锅炉、发电机组成，燃气轮机、发电机与汽轮机安装在不同的轴系上，燃气轮机、汽轮机分别驱动各自的发电机。多轴布置可分为"一拖一""二拖一""多拖一"等。

图 2-93 所示为多轴联合循环机组的布置方案。

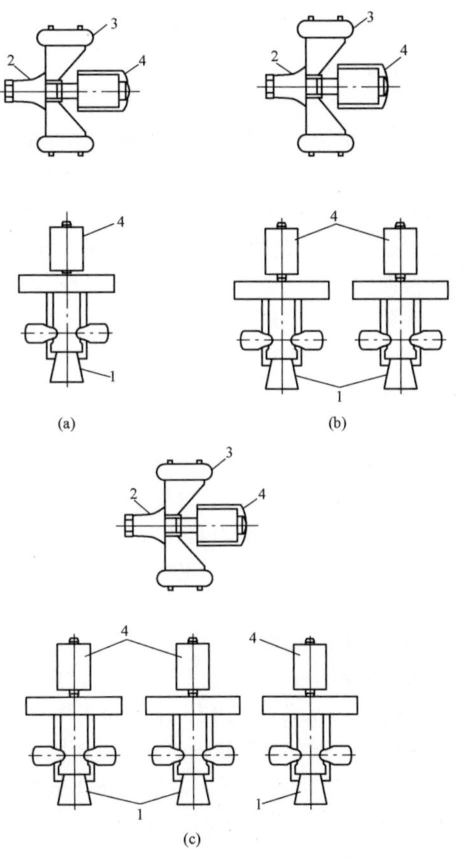

图 2-93 多轴联合循环机组的布置方案

（a）"一拖一"；（b）"二拖一"；（c）"三拖一"

1—燃气轮机；2—汽轮机；3—凝汽器；4—发电机

（1）多轴布置的优点：

1）可以分阶段建设和投运。

2）当汽轮机故障检修时，燃气轮机仍能单独运行，有利于提高电厂的可用率。

3）燃气轮机可单独快速启动，调峰能力更强。

4）多轴布置较单轴布置灵活。

（2）多轴布置的缺点：

1）需要配置多台发电机及配电系统，设备投资费用高。

2）为保证燃气轮机运行台数变化时，供水、供汽的均匀性，"二拖一"或"多拖一"汽水系统及调节控制系统较为复杂。

3）厂房面积比单轴布置略大。

三、热电联产机组选型

燃气－蒸汽联合循环机组根据产品的不同可以分为以下 3 类：产品为电的燃气调峰机组，产品为热和电联供的热电联产机组，产品为冷、热、电三联供的热电联产机组和分布式能源机组。

影响机组选型的因素很多，包括燃料、环境、运行模式、热力特性、可靠性要求、可维护性、轴系方案、余热锅炉形式、蒸汽系统的流程与参数等，对于热电联产机组选型需要注意以下几点：

（1）燃气热电联产机组与燃煤热电联产机组相同，根据国家产业政策，"以热定电"运行。由于燃气机组凝汽发电成本比燃煤机组高，所以更应从严要求，优先选用背压型汽轮机。按照"以热定电"的原则选择合理的机组形式，不但能够满足供热需求，而且可以提高联合循环热效率。以供热量为 260t/h 的工业用汽热电站为例，选用 2 套 E 级联合循环机组，抽汽式汽轮机接近达到最大供热能力，联合循环热效率接近 70%；而选用 2 套 F 级联合循环机组，联合循环热效率仅 64.7%。对于超过 300t/h 的供热量，E 级机型可选一台抽凝机和一台背压机，热效率将更高，最高可达 74%。如热负荷达到 400t/h 以上，2 套 E 级联合循环机组难以满足供热需求，则可选用 2 套效率更高的 F 级燃气轮机。

（2）采用抽汽机组时，应以额定工况进汽量和最小凝汽量计算出最大供汽（热）能力，以此作为机组选型的依据。为了满足供热安全的要求，机组台数一般为 2～3 台；由于容量级差一般成倍增加，所以工业用汽设计热负荷宜在最大供汽能力的 2/3 以上；采暖用热一般宜由汽轮机抽汽与集中供热（尖峰锅炉）联合供应，且在热负荷需求量很大时，抽凝机组设计热负荷宜采用最大供热能力。

（3）为了增加机组供热能力，可以采取下述措施：

1）优先采用背压机组。例如两台工业用汽轮机组可以采取一台抽凝机组和一台背压机组，以背压机组带基本或最小热负荷。

2）采用可以在全转速运行时脱开或者连接的联轴器，即 SSS（Synchro Self Shifting 自动同步）离合器，凝汽采暖两用机组采暖期解列低压缸，机组背压运行，可将最小凝汽量供热网，以增加供热能力；非采暖期联上低压缸，机组凝汽运行，承担电网调峰和气网削峰填谷任务。例如，北京某电厂建设1套F级带SSS离合器的“二拖一”燃气－蒸汽联合循环供热机组，带低压缸运行时，供热能力为592MW；低压缸解列后，最大供热能力可增加至700MW。

3）加装以溴化锂为吸收剂的热泵，以抽汽作为高温热源，回收循环水带走的热量，即低温热源，以增加供热能力，一般可增加20%供热能力（中温热源），并可进一步节能减排。

（4）为了提高1台燃气轮机与相应的余热锅炉停用时对工业用汽或采暖用热的保证率，可以采取下述措施：

1）采用“二拖一”的配置方式以提高机组热效率，可以采用3台相同容量的发电机组，减少投资，利于维护。此时，由于配置了全容量的减压减温器，供热的安全性不受影响，仅在1台抽凝机组、1台背压机组配置的条件下，运行的灵活性才略有降低。以热负荷300t/h为例，配置1台F级燃气轮机或2台E级燃气轮机，正常运行时均可满足供热要求。若仅配置1台大功率F级燃气轮机，出现故障时停机对热用户的影响极大，应急保障供应蒸汽的费用很贵；而使用功率小的2台9E级燃气轮机，1台机组检修或故障时，另1台机组可采用余热锅炉直接减温减压来承担热负荷供应，确保可靠供热。

2）保留原有尖峰锅炉，或收购热负荷区域供热网内尖峰锅炉，或电厂内设置尖峰锅炉并可作为备用。

3）必要时，汽轮机停运，以增加对外供热能力。例如，“一拖一”配置的F级燃气－蒸汽联合循环机组，正常运行时汽轮机的最大抽汽量约为300t/h；在汽轮机停运情况下，余热锅炉产生的高、中、低压蒸汽直接通过100%容量的旁路系统减温减压后对外供热，则最大对外供热量超过450t/h。

4）研究在烟气量不变的条件下，余热锅炉是否增加补燃设施。

（5）热电联产机组一般选用F、E、小F级或B级机组。

四、联合循环机组的性能及优化

（一）联合循环机组的性能

1. 性能工况定义

燃气－蒸汽联合循环的性能包括“高温”循环（燃气轮机部分）和“低温”（蒸汽部分）效率两部分性能。根据燃气－蒸汽联合循环机组类型不同，与纯凝发电机组、工业供热机组和采暖供热机组相比，其性能工况定义不尽相同，具体如下：

（1）纯凝发电机组。

1）额定工况：年平均气象条件，包括环境温度、大气压力、相对湿度和冷却水温。

2）夏季工况：夏季最热月的日最高温度平均气象条件，包括环境温度、大气压力、相对湿度和冷却水温。

3）冬季工况：冬季最冷月的日最低温度平均气象条件，包括环境温度、大气压力、相对湿度和冷却水温。

（2）工业供热机组。

1）额定供热工况：年平均气象条件，包括环境温度、大气压力、相对湿度和冷却水温，额定供热参数和流量。

2）最大供热工况：年平均气象条件，包括环境温度、大气压力、相对湿度和冷却水温度，额定供热参数和最大供热流量。

3）纯凝发电工况同（1）。

（3）采暖供热机组。

1）纯凝发电机组采暖期额定供热工况：采暖期平均气象条件，包括环境温度、大气压力、相对湿度和冷却水温，额定供热参数和流量。

2）采暖期最大供热工况：采暖期平均气象条件，包括环境温度、大气压力、相对湿度和冷却水温，额定供热参数和最大供热流量。

3）非采暖期纯凝发电工况：非采暖期平均气象条件，包括环境温度、大气压力、相对湿度和冷却水温。

4）其他纯凝发电工况同（1）。

（4）在额定工况、规定的凝汽器背压、补水率为0%、发电机额定功率因数和额定氢压等条件下，燃气轮机或联合循环机组100%负荷时的出力称为额定功率。

（5）在冬季工况、规定的凝汽器背压、补水率为0%、发电机额定功率因数和额定氢压等条件下，燃气轮机或联合循环机组100%负荷时的出力称为最大功率。

（6）ISO工况。燃气轮机的出力受环境因素影响很大，通常所说的燃气轮机出力指在ISO条件下的出力。所谓ISO条件是指环境温度为15℃，大气压力为101.3kPa，相对湿度为60%。

2. 联合循环机组的性能参数

目前世界上主要大中型燃气－蒸汽联合循环机组性能参数及配置情况见表2-12。

（二）联合循环机组的性能优化

联合循环“高温”循环部分效率的主要影响因素包括燃气透平的进口温度、压气机进口的空气温度和阻力损失、燃气轮机排气压降及压气机的压比。提高燃气透平的进口温度，控制燃气轮机的进、排气压降，并选择一个合适的压比是提高其效率的主要措施。

表 2-12 燃气—蒸汽联合循环机组性能参数及配置表

燃气轮机级别		B 级	E 级						小 F 级		
机 型		6B.03	M701DA	9E.03	9E.04	SGT5-2000E	AE94.2	AE94.2KS	6F.01	6F.03	AE64.3A
简单循环性能	单循环毛出力（MW）	44.2	147	132.3	145.3	187	185	170	57.3	87.3	78
	单循环净出力（MW）	44	145.5	132	145	N/A	N/A	N/A	57	87	N/A
	单循环效率[%，低位发热量（LHV）]	33.50	35.1	34.60	37.00	36.50	36.20	36.50	38.40	36.50	36.50
	近似质量（kg）	99994	232000	204933	219050	189000	187000	186000	70012	100017	60600
燃气轮机参数	压比（x:1）	12.7	14	13.1	13.3	12.8	约 12	约 12	21.4	16.4	约 18
	发电机（冷却）形式	空冷	空冷	空冷	空冷	空冷	空冷	空冷	空冷	空冷	空冷
	燃烧室个数	10	18	14	14	2 个筒形燃烧室	2（16 个燃烧器）	2（16 个燃烧器）	6	6	1（24 个燃烧器）
	压气机级数	17	19	17	17	16	16	18	12	18	15
	透平级数	3	4	3	4	4	4	4	3	3	4
	排烟温度（℃）	551	547	544	542	536	N/A	N/A	622	620	N/A
	燃气轮机最低排放保证负荷（%）	30	75	35	35	50	50	75	40	35	50
	燃气轮机升负荷率（MW/min）①	20	10	50	16	11（正常）/15（快速）	30	11	12	14	7
	基本负荷下 NO_x 排放（mg/m^3，标准状态，15%O_2）	8.2	51.3	30.8	51.3	50	51.3	51.3	30.8	30.8	30.8

续表

燃气轮机级别		B 级	E 级						小 F 级		
机　型		6B.03	M701DA	9E.03	9E.04	SGT5-2000E	AE94.2	AE94.2KS	6F.01	6F.03	AE64.3A
燃气轮机参数	最低排放保证负荷CO排放（mg/m^3，标准状态，无吸收）	31.25	18.75	31.25	31.25	18.75	18.75	30	11.25	11.25	18.75
	华白指数范围（%）	＞±30	1200±15	±/−30	＞±30	±10	±5	±16	±10	±15	±5
	启动时间，常规/峰值（min）②	12/10	约 35	30/10	30/10	20（正常）/17（快速）	22/13	22/13	12/10	19/11	25/15
典型工况“一拖一”联合循环性能	联合循环毛出力（MW）	69.4	218	208.2	220.4	275	270	250	86.7	136.7	117
	联合循环燃气轮机毛出力（MW）	44.2	147	132.3	145.3	N/A	185	170	57.3	87.3	78
	联合循环汽轮机毛出力（MW）	25.2	71	75.9	75.1	N/A	85	80	29.4	49.4	39
	联合循环毛效率（%，LHV）	51.60	51.9	53.30	54.90	53.3	53.10	54.00	57.90	56.60	54.50
典型工况“一拖一”联合循环配置	汽水循环类型	双压非再热	双压非再热	双压非再热	双压非再热	双压非再热	双压非再热	三压再热	三压非再热	三压非再热	双压非再热
	凝汽器背压（绝对压力，kPa）	4.06	4.9	4.06	4.06	视具体项目边界条件	4.9	5	4.06	4.06	4.9
	高压主蒸汽压力（MPa）	6	7.12	7	7	9.5	8	10.1	12	12	7
	高压主蒸汽温度（℃）	540	515	530	530	520	530	530	566	566	560

续表

燃气轮机级别		B级	E级						小F级		
机　型		6B.03	M701DA	9E.03	9E.04	SGT5-2000E	AE94.2	AE94.2KS	6F.01	6F.03	AE64.3A
典型工况“一拖一”联合循环配置	高压主蒸汽流量（t/h）	54	210	173	184	N/A	235	195	67	119	105
	再热冷段蒸汽温度（℃）	N/A	N/A	N/A	N/A	N/A	N/A	375	N/A	N/A	N/A
	再热蒸汽温度（℃）	N/A	N/A	N/A	N/A	N/A	N/A	522	N/A	N/A	N/A
	中压主蒸汽压力（MPa）	N/A	N/A	N/A	N/A	N/A	N/A	34	N/A	N/A	N/A
	中压主蒸汽温度（℃）	N/A	N/A	N/A	N/A	N/A	N/A	316	N/A	N/A	N/A
	中压主蒸汽流量（t/h）	N/A	N/A	N/A	N/A	N/A	N/A	35.5	N/A	N/A	N/A
	低压主蒸汽压力（MPa）	0.79	0.566	0.72	0.73	0.65	0.6	0.32	0.81	0.8	0.6
	低压主蒸汽温度（℃）	314	272	300	301	280	220	229	316	314	260
	低压主蒸汽流量（t/h）	9	45	45	48	N/A	55	42.6	11	17	17
	抽凝机最大抽汽量（t/h）	50	100	155	N/A	视具体抽汽参数而定	200	120	60	90	80
	背压机最大抽汽量（t/h）	70	255	220	N/A	—	290	270	81	130	120
	汽轮机配置（类型、排汽方向、抽汽/供汽方式）	（1）型号：STF-A100。 （2）排汽方向：轴排/下排。 （3）抽汽/供汽方式：旋转隔板调整抽汽/中低压连通管抽汽/主汽减温减压后供汽/背压机排汽供汽/补汽直接供汽	排汽方向：单缸双压单排下排汽	（1）型号：STF-A200。 （2）排汽方向：轴排/下排。 （3）抽汽方式：旋转隔板调整抽汽/中低压连通管抽汽/主汽减温减压后供汽/背压机排气供汽/补汽直接供汽	（1）型号：STF-A200。 （2）排汽方向：轴排/下排。 （3）抽汽方式：旋转隔板调整抽汽/中低压连通管抽汽/主汽减温减压后供汽/背压机排汽供汽/补汽直接供汽	（1）排汽方向：轴排或下排。 （2）抽汽方式：座缸阀抽汽	（1）排汽方向：单缸单排汽。 （2）抽汽方式：座缸阀抽汽	（1）类型：高中压合缸，低压双流/高压单流，中低压合缸。 （2）排汽方向：向下/轴排/侧排。 （3）抽汽/供汽方式：高排抽汽/中低压连通管抽汽/中压缸缸体抽汽/低压缸解列，中排背压供汽	（1）型号：STF-A100。 （2）抽汽方式：轴排/下排。 （3）抽汽/供汽方式：旋转隔板调整抽汽/中低压连通管抽汽/主汽减温减压后供汽/背压机排汽供汽/补汽直接供汽/双缸方案采用导汽管抽汽	（1）型号：STF-A200。 （2）抽汽方式：轴排/下排。 （3）抽汽/供汽方式：旋转隔板调整抽汽/中低压连通管抽汽/主汽减温减压调整抽汽/背压机排汽供汽/补汽直接供汽/双缸方案采用导汽管抽汽	（1）排汽方向：单缸单排汽。 （2）抽汽方式：座缸阀抽汽

续表

燃气轮机级别		B级	E级						小F级		
机型		6B.03	M701DA	9E.03	9E.04	SGT5-2000E	AE94.2	AE94.2KS	6F.01	6F.03	AE64.3A
典型工况“一拖一”联合循环配置	燃气轮机发电机（冷却）形式	空冷	空冷	空冷	空冷	空冷	空冷	空冷	空冷	空冷	空冷
	汽轮机发电机（冷却）形式	空冷	空冷	空冷	空冷	空冷	空冷	空冷	空冷	空冷	空冷
	燃气轮机启动方式	启动机	启动机	启动机	启动机	变频启动（SFC）	变频启动（SFC）	变频启动（SFC）	变频启动（LCI）	变频启动（LCI）	变频启动（SFC）
典型工况“二拖一”联合循环性能	联合循环毛出力（MW）	139.8	436.8	418.4	444.9	551	541	250	174.5	275.5	234
	联合循环燃气轮机毛出力（MW）	2×44.2	147.0×2	2×132.3	2×145.3	N/A	2×185	2×170	2×57.3	2×87.3	2×78
	联合循环汽轮机毛出力（MW）	51.4	142.8	153.8	154.3	N/A	171	80	59.9	100.9	78
	联合循环毛效率（%，LHV）	52.10	52	53.70	55.20	53.3	53.20	54.00	58.30	57.10	54.50
“二拖一”联合循环配置	汽水循环类型	双压非再热	双压	双压非再热	双压非再热	双压或三压再热	双压非再热	三压再热	三压非再热	三压非再热	双压非再热
	凝汽器背压（绝对压力，kPa）	4.06	4.9	4.06	4.06	视具体项目边界条件	4.9	5	4.06	4.06	4.9
	高压主蒸汽压力（MPa）	7	7.12	7	7	9.5	8	10.1	12	12	7
	高压主蒸汽温度（℃）	540	515	530	530	520	530	530	566	566	560
	高压主蒸汽流量（t/h）	108	420	345	367	N/A	470	390	135	235	210

续表

燃气轮机级别		B级	E级						小F级		
机 型		6B.03	M701DA	9E.03	9E.04	SGT5-2000E	AE94.2	AE94.2KS	6F.01	6F.03	AE64.3A
“二拖一”联合循环配置	再热冷段蒸汽温度（℃）	N/A	N/A	N/A	N/A	N/A	N/A	375	N/A	N/A	N/A
	再热蒸汽温度（℃）	N/A	N/A	N/A	N/A	N/A	N/A	522	N/A	N/A	N/A
	中压主蒸汽压力（MPa）	N/A	N/A	N/A	N/A	N/A	N/A	3.4	N/A	N/A	N/A
	中压主蒸汽温度（℃）	N/A	N/A	N/A	N/A	N/A	N/A	316	N/A	N/A	N/A
	中压主蒸汽流量（t/h）	N/A	N/A	N/A	N/A	N/A	N/A	71	N/A	N/A	N/A
	低压主蒸汽压力（MPa）	0.79	0.566	0.72	0.73	0.65	0.36	0.32	0.81	0.8	0.6
	低压主蒸汽温度（℃）	314	272	300	301	280	220	229	316	306	260
	低压主蒸汽流量（t/h）	17	90	90	95	N/A	110	85	21	31	34
	抽凝机最大抽汽量（t/h）	100	200	300	N/A	视具体抽汽参数而定	400	240	120	180	160
	背压机最大抽汽量（t/h）	140	510	440	N/A	—	580	540	160	260	240
	汽轮机配置（类型、排汽方向、抽汽/供汽方式）	（1）型号：STF-A200。 （2）排汽方向：轴排/下排。 （3）抽汽/供汽方式：旋转隔板调整抽汽/中低压连通管抽汽/主汽减温减压后供汽/背压机排汽供汽/补汽直接供汽	（1）类型：双缸双压/双排。 （2）排汽方向：下排汽	（1）型号：STF-D200。 （2）排汽方向：侧排/下排。 （3）抽汽/供汽方式：旋转隔板调整抽汽/中低压连通管抽汽/主汽减温减压后供汽/背压机排汽供汽/补汽直接供汽	（1）型号：STF-D200。 （2）排汽方向：侧排/下排。 （3）抽汽/供汽方式：旋转隔板调整抽汽/中低压连通管抽汽/主汽减温减压后供汽/背压机排汽供汽/补汽直接供汽	（1）排汽方向：轴排或下排。 （2）抽汽/供汽方式：冷段再热抽汽（推荐工业抽汽）/连通管抽汽（推荐采暖抽汽）	（1）排汽方向：双缸双排汽。 （2）抽汽/供汽方式：连通管蝶阀抽汽	（1）类型：高中压合缸、低压双流/高压单流、中低压合缸。 （2）排汽方向：向下/轴排/侧排。 （3）抽汽/供汽方式：高排抽汽/中低压连通管抽汽/中压缸缸体抽汽/低压缸解列，中排背压供汽	（1）型号：STF-A200。 （2）排汽方向：轴排/下排。 （3）抽汽/供汽方式：旋转隔板调整抽汽/中低压连通管抽汽/主汽减温减压后供汽/背压机抽汽供汽/补汽直接供汽/双缸方案采用导汽管抽汽	（1）型号：STF-A200。 （2）排汽方向：轴排/下排。 （3）抽汽/供汽方式：旋转隔板调整抽汽/中低压连通管抽汽/主汽减温减压后供汽/背压机抽汽供汽/补汽直接供汽/双缸方案采用导汽管抽汽	（1）排汽方向：单缸单排汽。 （2）抽汽方式：座缸阀抽汽
	燃气轮机发电机（冷却）形式	空冷	空冷	空冷	空冷	空冷	空冷	空冷	空冷	空冷	空冷
	汽轮机发电机（冷却）形式	空冷	空冷	空冷	空冷	空冷	空冷	空冷	空冷	空冷	空冷

续表

燃气轮机级别		F 级							H 级			J 级
机型		9F.03	9F.04	9F.05	M701F3	M701F4	M701F5	AE94.3A	9HA.01	9HA.02	GT36-S5	M701J
简单循环性能	单循环毛出力（MW）	265.5	288.5	314.5	270	324	359	325	446.5	557.5	500	493
	单循环净出力（MW）	265	288	314	267.3	321.1	355.4	N/A	446	557	N/A	488.1
	单循环效率（%，LHV）	37.80	38.70	38.20	38.20	39.50	40.00	40.10	43.10	44.00	N/A	42.90
	近似质量（kg）	308375	308375	321642	384000	408500	415000	316000	386257	431729	626430	550000
	近似长×宽×高（m×m×m）	11×5×5	11×5×5	11×5×5	13.73×5.82×5.82	14.3×5.83×5.83	14.3×5.75×6.05	10.8×5.05×4.9	11×5×5	12×5×5	13.6×6.55×6.9	16.7×6.9×6.7
燃气轮机参数	压比（x:1）	16.7	16.9	18.3	17	18	21	约 20	23.5	23.8	约 25	23
	燃气轮机发电机（冷却）形式	全氢冷	全氢冷	全氢冷	全氢冷	全氢冷	全氢冷	水氢冷	氢冷	全氢冷	水氢冷	全氢冷
	燃烧室个数	18	18	18	20	20	20	1（24 个燃烧器）	16	16	16（32 个燃烧器）	22
	压气机级数	18	18	14	17	17	17	15	14	14	15	15
	透平级数	3	3	3	4	4	4	4	4	4	4	4
	排烟温度（℃）	596	621	640	586	592	611	N/A	629	645	N/A	641
	燃气轮机最低排放保证负荷（%）	35%	35%	35%	75	75	50	50	25	25	50	50
	燃气轮机升负荷率（MW/min）①	22	23	24	18	22	24	22～30	65	88	25	33
	基本负荷下 NO_x 排放（mg/m^3，标准状态，15%O_2）	30.8	30.8	51.3	51.3	51.3	51.3	51.3	51.3	51.3	51.3	51.3
	最低排放保证负荷 CO 排放（mg/m^3，标准状态，无吸收）	30	30	30	18.75	18.75	18.75	18.75	11.25	11.25	18.75	18.75
	华白指数范围（%）	±15%	±15%	±10%	±15%	±15%	±15%	±5%	±15%	±15%	±20%	±15%
	启动时间，常规/峰值（min）①	23/20	23/20	23/20	约 35	约 35	约 35	28/19	23	23	30	约 35

续表

燃气轮机级别		F 级							H 级			J 级
机　型		9F.03	9F.04	9F.05	M701F3	M701F4	M701F5	AE94.3A	9HA.01	9HA.02	GT36-S5	M701J
“一拖一”联合循环性能	联合循环毛出力（MW）	417.3	452	503.1	398	478	525	480	673.5	842.9	745	717
	联合循环燃气轮机毛出力（MW）	265.5	288.5	314.5	270	324	359	325	446.5	557.5	500	493
	联合循环汽轮机毛出力（MW）	151.8	163.5	188.6	128	154	166	155	227	285.4	245	224
	联合循环毛效率（%，LHV）	58.90	60.20	60.70	57.7	60	＞61.0	59.50	63.50	64.00	N/A	＞62.5
“一拖一”联合循环配置	汽水循环类型	三压再热	三压再热	三压再热	三压再热	三压再热	三压再热	三压再热	三压再热	三压再热	三压再热	三压再热
	凝汽器背压（绝对压力，kPa）	4.06	4.06	4.06	4.9	4.9	4.9	4.9	4.06	4.06	4.9	4.9
典型工况“一拖一”联合循环配置	高压主蒸汽压力（MPa）	16.5	16.5	18.5	10.2	13.6	13.8	13.5	约 18.6	约 18.6	17.0	16.8
	高压主蒸汽温度（℃）	582	585	600	538	566	585	565	600	600	600	600
	高压主蒸汽流量（t/h）	260	279	312	284	289	336	300	354	470	470	426
	再热冷段蒸汽温度（℃）	320	325	360	394	355	393	355	369	367	365	365
	再热蒸汽温度（℃）	567	585	600	566	566	585	565	585	600	600	600
	中压主蒸汽压力（MPa）	2.83	2.94	3.16	3.44	3.06	3.26	3.4	3.45	3.45	3.7	3.4

续表

燃气轮机级别		F级							H级			J级
机　型		9F.03	9F.04	9F.05	M701F3	M701F4	M701F5	AE94.3A	9HA.01	9HA.02	GT36-S5	M701J
典型工况“一拖一”联合循环配置	中压主蒸汽温度（℃）	566	566	600	566	566	585	335	600	600	310	600
	低压主蒸汽压力（MPa）	0.5	0.52	0.5	0.433	0.461	0.578	0.45	0.52	0.54	0.35	0.425
	低压主蒸汽温度（℃）	313	310	299	249	243	248	240	316	311	270	243
	低压主蒸汽流量（t/h）	45	44	44	50	53	49	50	65	71	70	58
	抽凝机最大抽汽量（t/h）	N/A	280	300	220	280	310	270	350	390	450	400
	背压机最大抽汽量（t/h）	N/A	370	400	376	418	450	400	470	510	600	566
	汽轮机配置（类型、排汽方向、抽汽方式）	（1）型号：STF-D650。（2）排汽方向：侧排/下排。（3）抽汽/供汽方式：旋转隔板调整抽汽/中低压连通管抽汽/主汽减温减压后供汽/背压机排汽供汽/补汽直接供汽/导汽管抽汽/再热管道抽汽	（1）型号：STF-D650。（2）排汽方向：侧排/下排。（3）抽汽/供汽方式：旋转隔板调整抽汽/中低压连通管抽汽/主汽减温减压后供汽/背压机排汽供汽/补汽直接供汽/导汽管抽汽/再热管道抽汽	（1）型号：STF-D650。（2）排汽方向：侧排/下排。（3）抽汽/供汽方式：旋转隔板调整抽汽/中低压连通管抽汽/主汽减温减压后供汽/背压机排汽供汽/补汽直接供汽/导汽管抽汽/再热管道抽汽	（1）类型：双缸三压双排。（2）排汽方向：下排汽	（1）类型：双缸三压单排。（2）排汽方向：轴向排汽	（1）类型：三缸三压双排。（2）排汽方向：下排汽	（1）类型：高中压合缸，低压双流/高压单流，中低压合缸。（2）排汽方向：向下/轴排/侧排。（3）抽汽/供汽方式：高排抽汽/中低压连通管抽汽/中压缸缸体抽汽/低压缸解列中排背压供汽	（1）型号：STF-D650。（2）排汽方向：侧排/下排。（3）抽汽/供汽方式：旋转隔板调整抽汽/中低压连通管抽汽/主汽减温减压后供汽/背压机排汽供汽/补汽直接供汽/导汽管抽汽/再热管道抽汽	（1）型号STF-D650。（2）排汽方向：侧排/下排。（3）抽汽/供汽方式：旋转隔板调整抽汽/中低压连通管抽汽/主汽减温减压后供汽/背压机排汽供汽/补汽直接供汽/导汽管抽汽/再热管道抽汽	（1）类型：高中压合缸/分缸，低压双流。（2）排汽方向：向下/侧排。（3）抽汽/供汽方式：高排抽汽/中低压连通管抽汽/低压缸解列，中排背压供汽	（1）类型：三缸三压双排。（2）排汽方式：下排汽
	燃气轮机发电机（冷却）形式	全氢冷	全氢冷	全氢冷	全氢冷	全氢冷	全氢冷	水氢冷	水冷	水冷	水氢冷	全氢冷
	汽轮机发电机（冷却）形式	空冷	空冷	全氢冷	空冷	空冷	空冷	空冷	水冷	水冷	全氢冷	空冷
	燃气轮机启动方式	变频启动（LCI）	变频启动（LCI）	变频启动（LCI）	变频启动（SFC）	变频启动（SFC）	变频启动（SFC）	变频启动（SFC）	变频启动（LCI）	变频启动（LCI）	变频启动（SFC）	变频启动（SFC）

续表

燃气轮机级别		F 级							H 级			J 级
机 型		9F.03	9F.04	9F.05	M701F3	M701F4	M701F5	AE94.3A	9HA.01	9HA.02	GT36-S5	M701J
典型工况“二拖一”联合循环性能	联合循环毛出力（MW）	835.7	907.1	1009.2	797.4	957.6	1051.8	960	1349	1691.8	1490	1436.2
	联合循环燃气轮机毛出力（MW）	2×265.5	2×288.5	2×314.5	270.0×2	324.0×2	359.0×2	2×325	2×446.5	2×557.5	2×500	493.0×2
	联合循环汽轮机毛出力（MW）	304.7	330.1	380.2	257.4	309.6	333.8	310	456	576.8	490	450.2
	联合循环毛效率（%，LHV）	59.00	60.40	60.90	57.8	60.1	＞61.0	59.50	63.60	64.20	N/A	＞62.6
	启动时间（热态快启，min）③	39	39	39	120	120	120	75	＜30	＜30	85	120
典型工况“二拖一”联合循环配置	汽水循环类型	三压再热	三压再热	三压再热	三压再热	三压再热	三压再热	三压再热	三压再热	三压再热	三压再热	三压再热
	凝汽器背压（绝对压力，kPa）	4.06	4.06	4.06	4.9	4.9	4.9	4.9	4.06	4.06	4.9	4.9
	高压主蒸汽压力（MPa）	165	165	185	102	127.1	159.4	135	～186	～186	170	145.2
	高压主蒸汽温度（℃）	585	585	600	538	538	585	565	600	600	600	600
	高压主蒸汽流量（t/h）	525	561	617	284	584	638	600	703	932	940	782
	再热冷段蒸汽温度（℃）	329	332	353	394	362	374	355	365	362	365	381
	再热蒸汽温度（℃）	574	585	600	566	566	585	565	585	600	600	600
	中压主蒸汽压力（MPa）	3.13	3.25	3.13	3.44	3.35	3.48	3.4	3.45	3.43	3.7	3.24
	中压主蒸汽温度（℃）	566	566	600	566	566	585	335	600	600	310	600
	低压主蒸汽压力（MPa）	4.9	5.1	5	4.33	6.43	5.91	4.5	6	7.6	3.5	5.81

续表

燃气轮机级别		F 级							H 级			J 级
机　型		9F.03	9F.04	9F.05	M701F3	M701F4	M701F5	AE94.3A	9HA.01	9HA.02	GT36-S5	M701J
典型工况“一拖一”联合循环配置	低压主蒸汽温度（℃）	313	310	299	249	244	244	240	317	312	270	243
	低压主蒸汽流量（t/h）	97	94	88	50	96	96	100	124	126	140	96
	抽凝机最大抽汽量（t/h）	N/A	560	600	440	566	630	600	700	780	900	816
	背压机最大抽汽量（t/h）	N/A	740	800	752	836	900	800	940	1000	1200	1232
	汽轮机配置（类型、排汽方向、抽汽/供汽方式）	（1）型号：STF-D650。（2）排汽方向：侧排/下排。（3）抽汽/供汽方式：旋转隔板调整抽汽/中低压连通管抽汽/主汽减温减压后排汽/背压机排汽供汽/补汽直接供汽/导汽管抽汽/再热管道抽汽	（1）型号：STF-D650。（2）排汽方向：侧排/下排。（3）抽汽/供汽方式：旋转隔板调整抽汽/中低压连通管抽汽/主汽减温减压后排汽/背压机排汽供汽/补汽直接供汽/导汽管抽汽/再热管道抽汽	（1）型号：STF-D650。（2）排汽方向：侧排/下排。（3）抽汽/供汽方式：旋转隔板调整抽汽/中低压连通管抽汽/主汽减温减压后排汽/背压机排汽供汽/补汽直接供汽/导汽管抽汽/再热管道抽汽	（1）类型：双缸三压双排。（2）排汽方向：下排汽	（1）类型：双缸三压双排。（2）排汽方向：下排汽	（1）类型：双缸三压双排。（2）排汽方向：下排汽	（1）类型：高中压合缸，低压双流。（2）排汽方向：向下/侧排。（3）抽汽/供汽方式：高排抽汽/中低压连通管抽汽/低压缸解列，中排背压供汽	（1）型号：STF-D650。（2）排汽方向：侧排/下排。（3）抽汽/供汽方式：旋转隔板调整抽汽/中低压连通管抽汽/主汽减温减压后排汽/背压机排汽供汽/补汽直接供汽/导汽管抽汽/再热管道抽汽	（1）型号：STF-D650。（2）排汽方向：侧排/下排。（3）抽汽/供汽方式：旋转隔板调整抽汽/中低压连通管抽汽/主汽减温减压后排汽/背压机排汽供汽/补汽直接供汽/导汽管抽汽/再热管道抽汽	（1）类型：高中压合缸/分缸，1 个或 2 个低压双流。（2）排汽方向：向下/侧排。（3）抽汽/供汽方式：高排抽汽/中低压连通管抽汽/低压缸解列中排背压供汽	（1）类型：双缸三压双排。（2）排汽方向：下排汽
	燃气轮机发电机（冷却）形式	全氢冷	全氢冷	全氢冷	全氢冷	全氢冷	全氢冷	水氢冷	全氢冷	全氢冷	水氢冷	全氢冷
	汽轮机发电机（冷却）形式	全氢冷	全氢冷	全氢冷	全氢冷	全氢冷	全氢冷	水氢冷	全氢冷	全氢冷	水氢冷	全氢冷

注 1. 启动时间是在热态启动下，基于快速启动技术的时间（清吹保证已建立）。
2. 所有的数据基于 ISO 工况和以天然气为燃料。
3. 表中“一拖一”数据按照分轴配置考虑。
4. N/A 表示未提供数据或不适用。
5. 负载整流逆变器（Load Commutated Inverter，LCI）。
6. 静态频率转换装置（Static Frequency Converter，SFC）。

① 数据均由各设备厂商提供。
② 升负荷率是通过电网调节（AGC）控制下的快速升负荷速率。
③ 启动时间是在清吹保证已经建立下，从盘车到并网，再到全速全负荷（FSFL）的时间。

虽然“高温”部分的热效率对总效率影响最大，但并不成正比关系。在燃气轮机透平进口温度一定时，虽然高压比的燃气轮机效率高于低压比的燃气轮机，但因为高压比的燃气轮机排气温度较低，使得汽轮机部分的热力循环效率降低了。所以对于联合循环的燃气轮机而言，应综合比较燃气轮机效率和汽轮机效率后，选取合适的压比，使得联合循环的效率最高。

由于燃气轮机制造厂商一般已将燃气轮机进行优化，制造出标准型的燃气轮机系列产品，故这里对燃气轮机部分的“高温”循环优化不再讨论，而着重于阐述如何优化“低温”即蒸汽循环部分，提高其效率。大量实践表明，在一定的燃气轮机负荷下，联合循环机组蒸汽部分的效率与余热锅炉节点温差及接近点温差、余热锅炉的蒸汽温度、余热锅炉的蒸汽压力、余热锅炉的排烟温度、余热锅炉末端热交换器水的温度有关。

联合循环机组的性能优化必须通过对以上相关影响因素的优化选择实现。

1. 优化余热锅炉蒸汽压力和蒸汽温度

（1）优化余热锅炉蒸汽压力。

1）单压余热锅炉的蒸汽压力。在燃煤火力发电厂，主蒸汽压力及温度越高，汽轮机的焓降增大，机组效率也就越高。然而，在燃气－蒸汽联合循环电厂，高的新蒸汽压力并不意味着高的效率，从联合循环电厂单压余热锅炉的蒸汽压力与联合循环机组蒸汽过程效率的关系曲线（见图 2-94）可知，虽然高主蒸汽压力可在汽轮机内获得大的汽轮机内效率（η_2），但当蒸汽压力超过一定值时，余热锅炉的废热利用率（η_1）却急剧下降，使整个联合循环中的蒸汽过程总体效率（η_3）下降。然而主蒸汽压力也不能过低，否则，余热锅炉的废热利用率（η_1）虽然提高了，但较多热能被用来蒸发和过热，导致汽轮机内效率（η_2）却下降了。

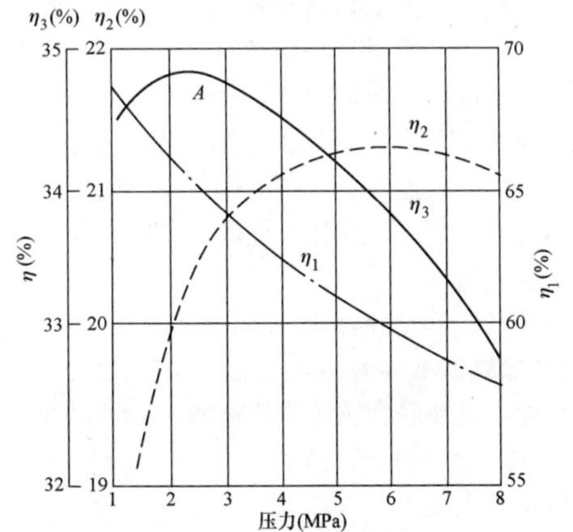

图 2-94 单压余热锅炉的蒸汽压力与联合循环机组蒸汽过程效率的关系曲线

从单压余热锅炉的蒸汽压力与联合循环机组蒸汽过程效率的关系曲线（见图 2-94）可以清楚看到：在低压力区，压力和效率成正比关系，联合循环机组的效率随着余热锅炉蒸汽压力的升高而上升至一个最高值（*A* 点），随着压力再升高，效率反而下降了。因此对于单压余热锅炉，联合循环机组的主蒸汽压力应进行优化，宜选择在 *A* 点的附近区域，以使联合循环机组的整体性能最优。

2）多压余热锅炉的蒸汽压力。多压余热锅炉的主蒸汽压力的确定与单压热锅炉不尽相同，高压部分的蒸汽过程效率与单压余热锅炉类似，开始是随着蒸汽压力的升高而上升，至一个较高的最佳值后，开始下降；低压部分的蒸汽过程效率（η）却相反，其效率随着压力的升高而下降，见图 2-95。因此，低压部分的压力应取一个较低值，但压力也不能过低，否则，汽轮机内的焓降太低，做功能力小，并且使蒸汽的容积流量增大，增加管道的内径。一般压力不应低于 0.3MPa。再有，压力的取值还应考虑到机组所承担的负荷性质，调峰机组被要求具有快速响应的能力，应采用热惯性较低的余热锅炉。一般强制循环余热锅炉热交换器的管径较小，循环倍率低，热惯性低；而自然循环余热锅炉的管径较大，再加上水容积大的汽包，热惯性较大。对于调峰机组来说，一般宜采用强制循环锅炉。从锅炉的蒸汽压力比较来看，与相同型号燃气轮机相配的余热锅炉，其强制循环炉的蒸汽压力要高于自然循环炉的蒸汽压力。且燃气轮机容量与蒸汽压力成正比关系。

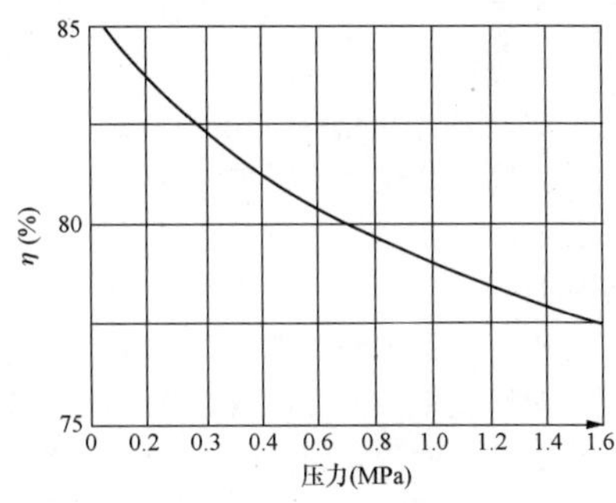

图 2-95 多压余热锅炉的低压部分蒸汽压力与联合循环机组蒸汽过程效率的关系曲线

蒸汽参数的优化应综合考虑高压蒸汽压力对蒸汽的焓降、汽轮机效率、高压蒸汽和低压蒸汽流量及汽轮机末级叶片排汽湿度的影响，优化后高压蒸汽压力不高，通常在次高压到高压范围内，对 150MW 级的汽轮机推荐选择高压蒸汽压力在 10MPa 左右；汽轮机功率更大时，可考虑把高压蒸汽参数向亚临界 16.5MPa/565℃方向发展。

低压蒸汽过程的效率与其压力的关系是随着低压蒸汽压力的升高而下降的，三压低压蒸汽的压力应取有关较低值。但压力过低，汽轮机的焓降过低，并使蒸汽容积流量增大，需增大通流面积，因此，低压蒸汽压力的最佳值一般不应低于 0.3MPa。

总之，应通过技术经济比较确定余热锅炉最佳蒸汽压力。

（2）优化余热锅炉蒸汽温度。余热锅炉出口的最高蒸汽温度受燃气轮机的排气温度限制。现在的 F 级燃气轮机，如 GE 公司的 9FA、西门子的 SGT5-4000F 等系列燃气轮机，其排气温度比较高，在 581～609℃之间，E 级燃气轮机排气温度在 450～545℃之间，根据这些燃气轮机的排气温度，就可以确定余热锅炉的蒸汽温度范围，在这个范围内，主蒸汽温度是否合理，还受锅炉节点温度和材料等因素的制约。

1）单压余热锅炉的蒸汽温度。增加蒸汽温度可改善循环热动力性能，同时使低压段的湿度减少，汽轮机的效率提高，汽轮机末级叶片的腐蚀也减少；但同时余热锅炉的主蒸汽温度受燃气轮机排气温度的制约，一般余热锅炉的主蒸汽出口温度比燃气轮机排气出口温度低 25～40℃。其次，蒸汽温度的增加受余热锅炉节点温差和材料的制约，节点温差如果取得很小，获得的换热效率提高了，然而余热锅炉换热器的面积需增加很多，使初投资不成比例地上升，效率增加有限。材料的制约是受到余热锅炉换热器的管材所允许使用的温度限制的，有时蒸汽温度值取得不合理，只能选用允许使用温度高一档次的材料，余热锅炉、汽轮机、管道等设备就需要采用昂贵的合金材料，设备投资将增加很多。因此对单压余热锅炉，在经济合理的前提下，主蒸汽温度越高越好。

2）多压余热锅炉的蒸汽温度。多压余热锅炉高压部分蒸汽的温度与单压余热锅炉一样，在燃气轮机温度和设备投资经济限定的范围内，应尽可能地提高，以提高循环效率。

提高多压余热锅炉的低压蒸汽温度，虽然只能略微提高蒸汽循环效率，但可以减少蒸汽末端的腐蚀。因此，余热锅炉一般均安装低压过热器。此外，在优化低压蒸汽温度的同时，需要考虑避免高压蒸汽膨胀做功后与低压蒸汽混合时的温度差太大，使汽轮机内的热应力增大。

由燃气轮机的排气温度范围和设计的余热锅炉节点温差，再根据余热锅炉材料的使用等级，基本可以确定余热锅炉的蒸汽侧的温度范围。

在实际电厂设计时，主蒸汽温度的取值应根据电厂所处的当地条件，计算出燃气轮机的排气温度，并根据余热锅炉的布置情况，进行温度修正，然后比较锅炉材料的经济性与电厂锅炉效率的经济性，确定锅炉合理温度差值，最后确定主蒸汽温度。

2. 优化余热锅炉再热蒸汽系统

早期的燃气轮机排气温度较低，大多低于 538℃，所配的蒸汽循环不宜采用再热方案，但它们可以是单压、双压或三压的循环形式。近年来高于 581℃排气温度的大型燃气轮机，具备了为余热锅炉提供足够的高温热量用以实现双压或三压再热循环的可能性。

随着蒸汽循环由单压变为双压和三压、由无再热向再热的发展，联合循环的效率都会有一定程度的提高。一般情况下，采用再热系统后，联合循环效率可比无再热系统提高 0.6～0.7 个百分点。总体上，三压再热联合循环的效率比单压无再热联合循环的效率大约提高 3 个百分点。

同时，三压再热系统所需余热锅炉的换热面积反而比三压无再热小。这是因为再热系统使得通过省煤器和高压蒸发器的水、汽质量流量有所减少，而这两个受热面是余热锅炉中主要受热面。同时再热系统也使循环中凝结水流量减少，使余热锅炉冷端的换热面积也较小。再热方式余热锅炉的排烟温度比无再热时反而有所升高。

F 级及以上燃气轮机均配三压再热循环的汽水系统。

3. 优化蒸汽循环的给水加热和除氧方式

（1）蒸汽循环的给水加热。燃气－蒸汽联合循环电厂与常规燃煤电厂的蒸汽循环显著的不同点在于给水加热。燃煤电厂通过汽轮机多级抽汽加热给水，使给水温度达到较高的水平，以获得较高的蒸汽循环效率。而在联合循环电厂中余热锅炉一般不补燃，其尾部不需要安装常规锅炉的空气预热器。为尽可能地利用燃气轮机排气余热，给水加热在余热锅炉中进行。为尽可能地降低余热锅炉的排烟温度，与燃煤电厂相反，送往余热锅炉的给水温度一般较低。

（2）带整体除氧器的余热锅炉蒸汽系统。对于燃用含硫量较高的重油的联合循环电厂，较低的给水温度有可能引起锅炉受热面的酸腐蚀，采用带整体除氧器的余热锅炉汽水系统是很好的解决办法。即在余热锅炉高压省煤器后增加 1 套压力为 0.226～0.330MPa 的低压蒸发器，产生除氧器所需的加热蒸汽（125～137℃饱和汽），而除氧水箱就作为余热锅炉的低压汽包，两者合二为一。这种带整体除氧器的余热锅炉蒸汽系统优点是：

1）降低了余热锅炉的排烟温度。

2）除氧器不再需要从汽轮机抽汽，增大了汽轮机的做功能力，使联合循环的效率增大 2.5%。

3）除氧给水系统与锅炉一体化，降低了总体投资，布置也更紧凑。

（3）真空除氧。燃用几乎不含硫的天然气时，为了提高余热锅炉的效率，宜进一步降低锅炉排烟温度，为了保证低温给水在余热锅炉尾部的给水预热器不发生低温腐蚀，需要对进余热锅炉的低温的给水进行除氧处理。对于一般的抽凝或纯凝机组，最理想的方案是选用带除氧功能的凝汽器，在凝汽器中进行真空除氧，这就给余热锅炉提供了除过氧、最低温度的给水。但对于背压机组，因为不设凝汽器，所以需设置外置水箱真空除氧器，达到除氧的功能。这些除过氧的低温给水在余热锅炉尾部的省煤器中进一步吸收低温烟气的热量，使锅炉排烟温度降到 80～90℃，甚至更低。

4. 优化余热锅炉的排烟温度

在燃气轮机排气温度和环境温度一定的情况下，降低余热锅炉排烟温度是提高余热锅炉效率的唯一途径。一般降低排烟温度 5℃，可增加余热利用率约一个百分点，比燃煤锅炉的影响要大得多。因此，应尽可能降低排烟温度，以获得最大的余热利用效率。但是，排烟温度降低不能造成低温受热面的金属壁温低于烟气的酸露点。

当燃气轮机燃用重油时，含硫量普遍较高，形成较高的酸露点；当受热面金属壁温低于露点时，会造成严重的低温腐蚀。对受热面结构紧凑、检修困难的余热锅炉装置，特别要注意避免发生此类情况。余热锅炉的排烟温度受到明显限制，影响了余热的充分利用。

当燃气轮机燃用天然气时，烟气不存在酸的低温腐蚀，其露点温度为 43～53℃，一般要求工质温度高于 60℃，就能使金属壁温高于烟气中的水蒸气露点，不会发生由此引起的腐蚀。如采用一定的结构设计，即使使用凝结水作为给水，也能满足要求，其排烟温度可进一步下降。但也不像常规锅炉，借助空气预热器较为自由地选定锅炉排烟温度。在余热锅炉设计中，一旦选定了余热锅炉的单压（或多压）系统高压（及低压）蒸汽的压力和温度及给水温度，余热锅炉的排烟温度也就确定了。

总之，余热锅炉排烟温度受到燃气轮机燃料中含硫量的制约，排烟温度应高于烟气的酸露点和水露点温度，燃料中含硫越多，排烟温度越高。一般，天然气中几乎不含硫，其露点温度为 43～53℃，燃烧天然气的电厂排烟温度可以较低。以重油或原油为燃料的电厂，因燃料中含硫较多，排烟温度相对较高。

5. 优化进入余热锅炉末端热交换器水的温度

根据余热锅炉排烟温度的不同，在锅炉的末端可装设热交换器以进一步降低排烟温度。对允许较低排烟温度的余热锅炉可装低压省煤器；而对要求较高排烟温度的余热锅炉，末端可装低压省煤器或蒸发器。

与燃煤电厂不同，在热交换器内水的温度越低，越有利于提高汽水过程的效率，因此，在联合循环电厂中不需要设置回热系统，而采用带除氧功能的凝汽器，或冷凝水被直接送到除氧器除氧的方式可以降低进入锅炉内水的温度，充分利用燃气轮机的排气余热，提高锅炉效率。最终选定的给水温度应高于酸露点温度，并留有一定的裕度，以防止发生余热锅炉腐蚀现象。

余热锅炉工质吸热由过热段、蒸发段及加热段（省煤段）组成，给水温度越低，增加了省煤段吸热量，越有利于降低排烟温度，因此，在联合循环机组中若无特殊要求，很少采用汽轮机抽汽来加热凝汽器出来的冷凝水，即使为防止低温腐蚀而提高进入余热锅炉的水温，也采用余热锅炉系统内的热交换技术，最终从烟气中吸收热量。因此，余热锅炉的给水用汽轮机凝结水是经济的。人为提高余热锅炉给水温度是没必要，也是不经济的，给水温度提高 10℃，排烟温度提高 4～5℃，由此降低余热效率约一个百分点。

五、典型机组配置案例

下面通过一个典型机组配置案例，阐述联合循环机组的机组配置整个过程及需要注意的问题。

（一）背景

某市为增大供热面积，对拟定项目燃气－蒸汽联合循环机组的要求是：装机规模为 4×350MW 级机组，尽可能增大供热能力。

经过比选，机型宜优先考虑国内已经引进的技术成熟的大容量 F 级燃气－蒸汽联合循环供热机组。E 级燃气轮机组成的联合循环机组供热量较小，故不考虑 E 级。G 级或 H 级联合循环机组出力约为 450MW，超过规划的要求。

（二）燃气轮机设备参数

主机拟采用 4 台 F 级燃气轮机组成的燃气－蒸汽联合循环供热机组，采用“二拖一”，即两台燃气轮机配一台汽轮机的方式，全厂共 2 套 “二拖一”机组。

纯凝工况（年平均气温为 11.8℃）100%负荷机组的出力和热耗率见表 2-13。

表 2-13 纯凝工况（年平均气温为 11.8℃）100% 负荷机组的出力和热耗率表

机组厂家	西门子	哈尔滨电气	东方电气	
燃气轮机型号	SGT5-4000F（4）	9351FA	M701F3	M701F4
机组发电出力（MW）	2×838.2	2×791.3	2×811.7	2×922
机组热耗率［kJ/（kW・h）］	6235	6299.6	6298	6170

（三）机组配置供热方案比较

1. 提高供热能力的措施

可供选择的提高供热能力的措施有以下几种：

（1）措施 1：汽轮机冬季背压机+离合器的方案。

汽轮机为背压机+SSS 离合器方案。采暖期热负荷较大时，汽轮机通过 SSS 离合器，将低压缸脱开，高中压缸背压运行，中压缸排汽全部用于供热。非采暖期汽轮机纯凝运行。

（2）措施 2：汽轮机增大抽汽量的措施。

由于抽凝机组方案，低压缸需要一定的冷却蒸汽，故决定了其供热能力比背压机低，在政府部门强调增大供热能力的情况下，不适合本项目。

（3）措施 3：烟气余热利用方案。

在余热锅炉尾部加装烟气冷却器，通过凝结水吸收烟气的余热，凝结水再将热量传递给热网循环水，实现降低排烟温度、扩大对外供热的目的。简称“扩大省煤器”或“烟冷器”方案。该措施适合本项目。

（4）措施 4：余热锅炉补燃方案。

造价较高，一般约增加整套余热锅炉造价的 20% 左右。不推荐采用。

（5）措施 5：汽轮机全切，余热锅炉蒸汽减温减压供热方案。

供热期内汽轮机全部停运，由余热锅炉再热热段蒸汽经减温减压供热。适宜在供热期间，汽轮机故障时，作为应急状态保证供热的手段，其经济性较差，不适合常态工况运行。

（6）措施 6：热泵余热利用方案。

一般是利用凝汽器循环水中的余热，如有政策性支持，也是增加供热能力的可行方案之一。

2. 本项目可能的供热方案

比较上述措施后，可能的方案是：

方案一（背压机方式+烟气冷却器）：采暖期汽轮机通过 SSS 离合器，将低压缸脱开，高中压缸背压运行，中压缸排汽全部用于供热。非采暖期汽轮机纯凝运行。

方案二（抽汽方式+烟气冷却器）：汽轮机为常规抽汽凝汽式方案，通过提高抽汽参数，达到增大供热能力。

方案三（汽轮机全切方式+烟气冷却器）：冬季汽轮机停运，余热锅炉产生的全部蒸汽经减温减压器后，供给热网加热器加热热网水。

方案四（抽汽方式+汽轮机全切组合方案+烟气冷却器）：在供热负荷达到汽轮机最大抽汽负荷以下时（约 3 个月），汽轮机为常规抽汽凝汽式方案；达到汽轮机最大抽汽量的供热负荷以上时（约 1 个月），采用汽轮机全切方式，汽轮机停运，余热锅炉产生的蒸汽经减温减压器后，供给热网加热器加热热网水。

3. 装机方案供热能力比较

不同方案的供热能力比较见表 2-14。

表 2-14　　不同方案的供热能力比较

汽轮机方案	方案一	方案二	方案三	方案四
	背压机+SSS 离合器	抽汽	汽轮机全切方式	抽汽+汽轮机全切组合方案
供热期联合循环机组发电出力	2×733.2	2×742.4	2×594.4	2×631
总供热出力（含烟气热网加热器换热量）	2×592.4	2×525	2×706	2×660

从表 2-14 可以看出，供热能力按照从大到小顺序排列是汽轮机全切方案→抽汽+汽轮机全切组合方案→背压机→抽凝机组。

各种方案的优、缺点比较见表 2-15。

表 2-15　　各种方案的优、缺点比较

方案一（背压机+SSS 离合器）	方案二（抽凝机方案）	方案三（汽轮机全切方案）	方案四（抽汽运行+汽轮机全切组合方案）
供热量居中、社会效益较好	供热量最小、社会效益最差	供热量最大、社会效益最好	供热量较大、社会效益较好
发电量居中、经济效益较好	发电量最大	发电量最小、经济效益最差	发电量较小、经济效益较好
全年热效率最好、发电效率最大	全年热效率最小	全年热效率居中	全年热效率较好

（四）装机方案

1. 装机方案配置

适合本项目的 4 台 F 级燃气轮机组成的燃气－蒸汽联合循环供热机组有如下方案：

（1）方案 A：“二拖一”多轴背压机方案。即 4 台燃气轮机+4 台余热锅炉+2 台大功率背压机+SSS 离合器汽轮机+6 台发电机+2 台凝汽器。

1）运行方式。采暖初期，供热负荷低于汽轮机最大抽汽量时，汽轮机抽汽运行；当高于汽轮机最大抽汽量时，通过 SSS 离合器，将低压缸脱开，高中压缸背压运行，中压缸排汽全部用于供热。汽轮机出现故障时，切除汽轮机，通过事故减温减压器保证一定的供热量。非采暖期汽轮机纯凝运行。汽轮机出现故障时，通过事故减温减压器保证一定的供热量，非采暖期汽轮机纯凝运行。

2）特点。供热出力较大，社会效益较好；发电热效率最高，总热效率最高，项目公司经济性也较好，是兼顾项目公司经济效益和社会效益的较佳方案。“二拖一”背压方案如图 2-96 所示。

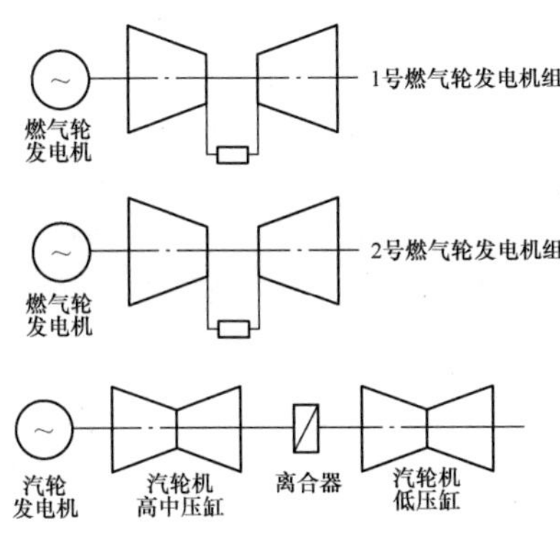

图 2-96 “二拖一”背压方案

（2）方案 B：4 套“一拖一”多轴背压机方案。即 4 台燃气轮机+4 台余热锅炉+4 台背压机+SSS 离合器汽轮机+8 台发电机+4 台凝汽器。

1）运行方式。采暖初期，供热负荷低于汽轮机最大抽汽量时，汽轮机抽汽运行；当高于汽轮机最大抽汽量时，通过 SSS 离合器，将低压缸脱开，高中压缸背压运行，中压缸排汽全部用于供热。汽轮机出现故障时，切除汽轮机，通过事故减温减压器保证一定的供热量。非采暖期汽轮机纯凝运行。

2）特点。供热出力较大，社会效益较好；发电热效率最高，总热效率最高，项目公司经济性也较好，供热可靠性比方案 A 高，设备运行灵活性比方案 A 高，但设备数量较多，工程投资比方案 A 大，占地面积较大、也是经济效益、社会效益较好的方案之一。

2. 装机方案配置比较

装机方案配置比较见表 2-16。

3. 结论

对燃气轮机项目 4×350MW 级燃气－蒸汽联合循环供热机组和最大程度提高供热能力的要求，通过以上比选，可以看出：

（1）应采用条件成熟的 F 级燃气轮机组成的燃气－蒸汽联合循环供热机组。

（2）选用“二拖一”供热或“一拖一”供热机组均是技术上可行的方案。背压机供热能力明显大于抽凝机组，热经济性较好。

（3）装机方案建议采用 2 套“二拖一”背压机+SSS 离合器方案或 4 套“一拖一”背压机+SSS 离合器方案。

（4）本项目的最终装机方案需在招标阶段通过技术、报价、经济性、供货期综合比较后才能确定。

表 2-16 装机方案配置比较

参数	方案 A	方案 B
机组配置	2 套“二拖一”多轴	4 套“一拖一”多轴
汽轮机形式	背压机+SSS 离合器	背压机+SSS 离合器
燃气轮机数量	4	4
汽轮机数量	2	4
余热锅炉数量	4	4
发电机数量	6	8
主变压器数量	6	8
运行灵活性	较高	高
供热量	相当	相当
供热安全性	较高	高
投资	较小	较大
动力岛占地面积	较小	较大

第三章 燃料供应系统

第一节 燃料分类及基本特性

一、燃料分类

燃气轮机的燃料一般采用天然气、重油、轻柴油或者合成气。燃气轮机的燃料可以是单燃料或者多燃料。天然气和轻柴油可以作为单燃料使用，而重油和低热值合成气不能作为单燃料使用，可作为主燃料，辅以天然气或者轻柴油作为启动燃料；根据项目燃料供应情况，有的项目需设置备用燃料，则形成多燃料组合。目前国内在役的燃气轮机组大多是以天然气为单燃料，无备用燃料，也无需启动燃料。如果采用非天然气燃料或者多燃料，燃气轮机及其燃烧系统需要进行特殊设计，并应在项目前期与燃气轮机厂商沟通。常见的燃料形式及组合如下：

（1）单燃料。

1）天然气。

2）轻柴油。

（2）双燃料。

1）天然气、轻柴油。互为备用燃料。

2）重油、轻柴油。重油为主燃料，轻柴油为启动燃料及备用燃料。

3）合成气、轻柴油或天然气。合成气为主燃料，轻柴油或天然气为启动燃料或备用燃料。

（3）多燃料：重油、轻柴油、天然气。以重油、天然气为主燃料，轻柴油为启动燃料。

二、燃料基本特性

（一）天然气

天然气是一种多组分的混合气体。主要成分为烷烃，其中甲烷占绝大多数，另有少量的乙烷、丙烷和丁烷，此外一般还有硫化氢、二氧化碳、氮和水气，以及少量一氧化碳和微量的惰性气体，如氦和氩等。在标准状况下，甲烷至丁烷以气体状态存在，戊烷以上为液体。

天然气为古生物遗骸长期沉积地下，经慢慢转化及变质、裂解而产生的气态碳氢化合物，具有可燃性，多在油田开采原油时伴随而出。

天然气蕴藏在地下多孔隙岩层中，相对密度约为0.65，比空气轻，具有无色、无味、无毒、无腐蚀性，但易燃易爆，且天然气在空气中含量达到一定程度后会使人窒息。因此，天然气公司均需按照规定添加臭剂，使天然气有一种特殊的、令人不愉快的警示性臭味，以利于辨别，及时发现并防止事故发生，确保生命和财产安全。当天然气在空气中浓度为 5%～17%时，遇明火即可发生爆炸，这个浓度范围即为天然气的爆炸极限。爆炸在瞬间产生高压、高温，其破坏力和危险性都是很大的。

与煤炭、石油等能源相比，天然气在燃烧过程中产生的能影响人类呼吸系统健康的物质极少，产生的二氧化碳仅为煤的40%左右，产生的二氧化硫也很少。天然气燃烧后无废渣、废水产生，与煤炭、石油等能源相比具有热值高、洁净等优势。

作为燃气轮机燃料的天然气主要分为管输天然气和液化天然气（简称 LNG）。国内现有的燃气轮机组大都采用管输天然气或液化天然气。

1. 管输天然气

（1）来源。管输天然气主要来源于常规天然气、非常规天然气和进口天然气等。常规天然气主要来源于塔里木、鄂尔多斯、四川和海域四大天然气生产基地；非常规天然气指页岩气、煤层气、煤制气等。目前，我国天然气主干管网架构逐步完善，连通国内外天然气资源和主要消费区域，逐步形成联系畅通、运行灵活、安全可靠的主干管网系统。

“西气东输”工程是我国距离最长的输气通道，西起新疆，东至上海，供气范围覆盖中原、华东、长江三角洲地区。“川气东送”工程是我国又一项天然气远距离输送工程，西起四川，跨越重庆、湖北、江西、安徽、江苏、浙江，终点上海。“陕京线”由陕京一线、二线、三线和四线组成。我国已初步形成以西气东输、川气东送、陕京线和沿海主干道为大动脉，连接四大进口战略通道、主要生产区、消费区和储气库的全国主工管网，形成多气源供应，多方式调峰供气格局。

我国从2006年开始进口天然气，目前四大进口天然气战略通道格局基本形成：西北战略通道逐步完善，中亚A、B、C线建成投产；西南战略通道初具规模；东北战略通道开工建设；海上进口通道发挥重要作用。“十三五”期间西北战略通道重点建设西气东输三线（中段）、四线、五线和中亚D线；西南战略通道重点建设中缅天然气管道向云南、贵州、广西、四川等地供气支线；东北战略通道重点建设中俄东线天然气管道；海上进口通道重点加快LNG接收站配套管网建设。

为保障天然气安全、稳定供应，国家还将依据全国天然气管网布局建设储气设施，储气库和LNG接收站与全国天然气管网相连通，加强城市燃气应急调峰能力。

（2）质量要求。为充分利用天然气矿产资源的自然属性，GB 17820—2019《天然气》依照不同要求，按天然气的发热量，总硫、硫化氢和二氧化碳含量，将天然气分为一类和二类，其质量要求应符合表3-1。

表3-1 天然气质量要求

项目	一类	二类
高位发热量（MJ/m^3）	>34	≥31.4
总硫（以硫计，mg/m^3）	≤20	≤100
硫化氢（mg/m^3）	≤6	≤20
二氧化碳（%，体积分数）	≤3.0	≤4.0

注 1. 气体体积的标准参比条件：101.325kPa、20℃。
2. 高位发热量以干基计。

为保证城市天然气系统和用户的安全，减少腐蚀、堵塞和损失，减少对环境的污染和保障系统的经济合理性，天然气应具备一定的品质指标，并保持品质的相对稳定性，其发热量和组分偏离基准气的波动范围应符合GB/T 13611《城镇燃气分类和基本特性》的规定。

GB 50028《城镇燃气设计规范》对城市天然气的品质指标有以下几点规定：

1）在交接点（上游来气分界点）的压力和温度下，天然气的烃露点比最低环境温度低5℃。

2）在交接点的压力和温度下，天然气不应有固态、液态或胶状物质。

3）天然气发热量、总硫和硫化氢含量、水露点指标符合GB 17820《天然气》一类气或二类气的规定。

2. 液化天然气（LNG）

液化天然气通常来源于海上进口天然气通道。LNG是通过在常压下将气态的天然气冷却至−162℃，使之凝结成液体。天然气液化后体积缩小为气态的1/600，可以大大节约储运空间，且便于运输。

此外，LNG在转变为常温气态的过程中，可产生大量的冷能，将这些冷能回收，可以用于制作液态氧、液态氮、液化二氧化碳、干冰，制作冷冻食品或用于冷冻仓库，橡胶、塑料、铁屑等产业废弃物的低温破碎处理，海水淡化等。

LNG不能直接供至燃气轮机燃烧，需要设置接收站，在接收站将天然气汽化后供给燃气轮机燃烧。LNG汽化后压力较高，一般不需要设置增压机。

（二）燃油

石油是燃油的主要来源，石油中各类烃类的沸点是不同的，利用这个特性，可以在常压下将石油加热，使各类烃在不同的温度下蒸发，将蒸发的气体冷凝下来，便得到各种轻质液体燃料。首先蒸馏出来的是汽油，其次是煤油，再其次是柴油与粗柴油，这个过程叫做“分馏”，又叫“常压直馏”，这些产品叫做“馏分”。在常压和一定温度范围内不能蒸馏的残留物叫做“常压重油”或“直馏重油”。常压重油再进一步裂化，得到裂化汽油、裂化煤油等产品，裂化过程的残余物叫“裂化渣油”。以重油为原料，在降低压力的情况下进行分馏的过程叫“重油减压蒸馏”，减压蒸馏取得的产品有粗柴油、汽缸油等，剩余物叫“减压渣油”。

燃油的主要性质指标为黏度、密度、比热、凝点、闪点、导热系数、发热量、硫分、机械杂质和水分等。燃油主要有重油和柴油。

1. 重油

从广义上说，密度较大的油都可以称为重油。重油是一种呈暗黑色的液体，是以原油加工过程中的常压重油、减压渣油、裂化渣油等为原料按不同比例调合而成的。

从元素分析成分上看，重油与煤基本一样，也是由碳、氢、氧、氮、硫、水分和灰分等组成，其特点是重油含碳、氢量较高，灰分、水分含量少，因此发热量较高。

重油加热到一定温度即可流动，运输和控制都较方便。由于重油含有硫分和灰分对锅炉受热面的腐蚀和积灰较严重，所以一般采用重油燃料的燃气轮机，其后部的余热锅炉，多采用立式炉，以便于除灰。此外，重油含微量元素钒，重油在进入燃气轮机之前，要考虑加抑钒剂，以避免对燃气轮机叶片的腐蚀。

2. 柴油

柴油分普通柴油和重柴油2种。普通柴油按凝点高低分为5号、0号、−10号、−20号、−35号和−50号6个等级，重柴油按凝点高低分为10号、20号、

30 号 3 个等级，其中的数字表示柴油的凝固点温度。

柴油一般通过轮船、车辆运至电厂内，在电厂内设置柴油卸油设施和柴油储罐。柴油同样含微量元素钒，因此，在进入燃气轮机之前，柴油要考虑加抑钒剂，以避免对燃气轮机叶片的腐蚀。

普通柴油的技术要求和试验方法见表 3-2。

表 3-2　　普通柴油的技术要求和试验方法

项　目	5 号	0 号	−10 号	−20 号	−35 号	−50 号	试　验　方　法
色度/号 不大于	3.5						GB 6540《石油产品颜色测定法》
氧化安定性（以总不溶物计，mg/100mL） 不大于	2.5						SH/T 0175《馏分燃料油氧化安定性测定法（加速法）》
硫含量[①]（mg/kg） 不大于	350（2017 年 6 月 30 日以前） 50（2017 年 7 月 1 日开始） 10（2018 年 1 月 1 日开始）						SH/T 0689《轻质烃及发动机燃料和其他油品的总硫含量测定法（紫外荧光法）》
酸度（以 KOH 计，mg/100mL） 不大于	7						GB/T 258《轻质石油产品酸度测定法》
10%蒸余物残炭[②]（质量分数，%） 不大于	0.3						GB 268《石油产品残炭测定法（康氏法）》
灰分（质量分数，%） 不大于	0.01						GB 508《石油产品灰分测定法》
铜片腐蚀（50℃，3h，级） 不大于	1						GB/T 5096《石油产品铜片腐蚀试验法》
水分[③]（体积分数，%） 不大于	痕迹						GB/T 260《石油产品水含量的测定　蒸馏法》
机械杂质[③]	无						GB/T 511《石油和石油产品及添加剂机械杂质测定法》
运动黏度（20℃，mm^2/s）	3.0～8.0			2.5～8.0	1.8～7.0		GB/T 265《石油产品运动黏度测定法和动力黏度计算法》
凝点（℃） 不高于	5	0	−10	−20	−35	−50	GB 510《石油产品凝点测定法》
冷滤点（℃） 不高于	8	4	−5	−14	−29	−44	SH/T 0248《柴油和民用取暖油冷滤点测定法》
闪点（闭口，℃）不低于	55				45		GB/T 261《闪点的测定　宾斯基-马丁闭口杯法》
着火性[④]（应满足下列要求之一）十六烷值不小于 十六烷指数不小于	45 43						GB/T 386《柴油十六烷值测定法》 SH/T 0694《中间馏分燃料十六烷指数计算法（四变量公式法）》
馏程： 50%回收温度（℃）不高于 90%回收温度（℃）不高于 95%回收温度（℃）不高于	 300 355 363						GB/T 6536《石油产品常压蒸馏特性测定法》
润滑性 校正磨痕直径（60℃，μm） 不大于	460						SH/T 0765《柴油润滑性评定法（高频往复试验机法）》
密度（20℃[⑤]，kg/m^3）	报告						GB/T 1884《原油和液体石油产品密度实验室测定法（密度计法）》 GB/T 1885《石油计量表》

续表

项 目	5号	0号	−10号	−20号	−35号	−50号	试 验 方 法
脂肪酸甲酯（体积分数，%）不大于	1.0						GB/T 23801《中间馏分油中脂肪酸甲酯含量的测定 红外光谱法》

注 本表摘自 GB 252—2015《普通柴油》。

① 可用 GB/T 380《石油产品硫含量测定法（燃灯法）》、GB/T 11140《石油产品硫含量的测定 波长色散 X 射线荧光光谱法》、GB/T 17040《石油和石油产品硫含量的测定 能量色散 X 射线荧光光谱法》、ASTM D7039《标准试验方法硫在汽油、柴油、喷气燃料、煤油、柴油、生物柴油混合燃料和汽油、乙醇单色波长色散 X 射线荧光光谱法融合》的方法测定。结果有争议时，以 SH/T 0689 方法为准。

② 若普通柴油中含有硝酸酯型十六烷值改进剂，10%蒸余物残炭的测定，应用不加硝酸酯的基础燃料进行。可用 GB/T 17144《石油产品残炭测定法（微量法）》方法测定。结果有争议时，以 GB 268 方法为准。

③ 可用目测法，即将试样注入 100mL 玻璃量筒中，在室温（20℃±5℃）下观察，应当透明，没有悬浮和沉降的水分及机械杂质。结果有争议时，按 GB/T 260 或 GB/T 511 测定。

④ 由中间基或环烷基原油生产的各号普通柴油的十六烷值或十六烷指数允许不小于 40（有特殊要求者由供需双方确定）；十六烷指数的计算也可用 GB/T 11139《馏分燃料十六烷指数计算法》。结果有争议时，以 GB/T 386 方法为准。

⑤ 也可采用 SH/T 0604《原油和石油产品密度测定法（U 形振动管法）》方法，结果有争议时，以 GB/T 1884 和 GB/T 1885 方法为准。

（三）合成气

合成气是一种化工产品，以一氧化碳和氢气为主要组分。合成气的原料范围很广，可由煤或焦炭等固体燃料气化产生，也可由天然气和石脑油（化工轻油）等轻质烃类制取，还可由重油经部分氧化生成。

与天然气相比，合成气热值较低，密度大，泄漏时不易扩散。

以合成气为燃料的燃气轮机组主要用于整体煤气化联合循环（IGCC）电厂或煤液化项目废气利用电厂等。

由于合成气热值较低，机组启停时需采用油或天然气作为启动燃料，当大于一定负荷（约为 75%额定负荷）时才可以切换到合成气燃料。

某工程的合成气成分及低位发热量见表 3-3。

表 3-3 某工程的合成气成分及低位发热量（摩尔百分比）

成分	单位	数值
CH_4	%	0.06
H_2	%	29.5353
CO	%	61.8
N_2	%	8.2
CO_2	%	0.3
AR	%	0.06
H_2S	%	0.0347
COS	%	0.01
低位发热量（标准状态）	kJ/m^3	10104
温度	℃	150

第二节 天然气供应系统

一、系统功能及范围

（一）系统功能

天然气供应系统的功能主要是将上游来的天然气经过过滤、调压或增压、加热等，提供满足燃气轮机或燃气锅炉工作要求的天然气。其还包括天然气的计量系统，用于天然气的贸易结算。

（二）系统范围

天然气供应系统设计范围包括从上游来天然气分界点经入口单元、厂内天然气过滤、计量、加热、调压或增压模块至燃气轮机前置模块入口分界点，和从厂内天然气过滤模块出口经计量、调压模块至天然气燃气锅炉燃烧系统入口分界点的所有设备、管道、阀门的设计，以及上述管道的放散、排污、充氮系统的设计。

（1）燃气轮机用天然气系统的大致流程如下：燃气公司来天然气→入口单元→过滤单元→预热单元→计量单元→调压或增压单元→燃气轮机前置模块→燃气轮机燃烧系统。

预热单元在燃气公司来气温度较低时设置，增压单元中一般还有出口冷却器和回流冷却器，燃气轮机前置模块中根据燃气轮机需要会设有性能加热器等。

燃气锅炉用天然气系统的大致流程如下：燃气公司来天然气→入口单元→过滤单元→预热单元→计量单元→调压单元→锅炉燃烧系统。

锅炉用天然气的燃烧系统所需压力一般较低，上游来气均能满足其压力要求，因此只需设置调压单元即可，不需要设置增压单元。

（2）如果燃气锅炉和燃气轮机属于同一项目，如燃气－蒸汽联合循环机组配套燃气启动锅炉，则入口单元、过滤单元、计量单元等可根据工程实际情况进行合并。

除上述主管道系统外，各个单元根据需要设置充氮、放散和排污系统。

二、系统设计

（一）天然气管道系统

1. 入口单元

入口单元由绝缘接头、入口火警阀、气动执行机构、压力温度就地仪表和远传仪表、放散阀、安全阀和充氮阀等工艺阀门组成，其主要功能是能在必要时通过远程、就地等多种方式实现天热气的迅速隔断，从而避免全厂火灾等意外发生时造成二次灾害，避免灾情扩大，保证电厂安全。火警阀的驱动气源可以采用仪用压缩空气，也可以采用天然气。如采用天然气作为阀门操作的动力源，其执行机构气源管路需设减压阀；如采用仪用压缩空气作为阀门操作的动力源，需设置足够一次开关气动执行器的压缩空气储能装置，作为全厂失电或失气时，驱动火警阀关闭的动力源。与采用天然气相比，采用压缩空气的优势在于可以避免气动执行机构在动作时出现排放天然气的情况。

如果燃气轮机和燃气锅炉气源相同，至燃气锅炉用气一般从入口单元后或者过滤单元后接出。

2. 过滤单元

过滤单元通常由 2×120%或者 3×60%流量的双级过滤分离装置组成，一台运行、一台备用或两台运行、一台备用，过滤分离装置前后设置隔断阀，从而保证需要更换滤芯时不间断燃料供应，保证燃气轮机的连续稳定运行。

3. 计量单元

计量单元分为贸易计量和监督计量。贸易计量是买卖双方结算天然气流量的装置，采用双方均认可品牌的流量计，通常由燃气公司设计并供货。监督计量模块由建设单位确定是否设置，其目的是为了校验燃气公司流量计是否准确，业主同时设置一组同型号的流量计。贸易计量一般采用涡轮流量计，通常流量计的管径超过 DN300 时，其初始投资和校验成本会增加很多，则设置多路分别计量再进行合计。

通常燃气公司对燃气－蒸汽联合循环机组和燃气锅炉会实行不同的气价，而且燃气锅炉每小时耗气量较燃气－蒸汽联合循环机组相差较多，因此至燃气锅炉支路上再设置一套贸易计量装置。

4. 调压单元

调压单元一般指上游来气压力较高，通过调节阀调节到满足燃气轮机运行要求的压力调节系统。

天然气调压站的压力控制部分应能在燃气轮机各种运行工况下，将来自上游的天然气降压或稳压，使天然气在所要求的压力和流量下连续输入下游的配气管道中，供燃气轮机燃烧。调压单元还应保护其下游配气管道及燃气轮机的调节系统设备和燃烧器，即使在调节阀发生故障的情况下，也不会使上游过高压力的天然气危害到下游的设备和管道。

调压系统通常采用单元制，一般一条调压管路对应一台燃气轮机，有几台燃气轮机就有几台调压管路，同时 2～3 台机组设置 1 条公共备用调压管路。如果采用母管制，任何一台燃气轮机甩负荷或者跳机时，由于母管在短时间内流量骤减，调压器不能及时关小，会造成调压阀后管道压力瞬时升高，从而对其他燃气轮机产生较大的压力冲击。若调压站后天然气供气管道较长或规格较大，经过计算后管道容量能够缓冲供气管道瞬间流量增加或减少带来的压力波动，也可以采用母管供气方式。

每条调压管路顺序设置紧急切断阀、监控器、调压器。正常情况下，紧急切断阀和监控器处于全开位置，由调压器对下游压力进行控制。当调压器出现故障，无法控制下游压力时，调压器全开，监控器开始工作，以维持下游压力的安全范围。当监控器也出现故障，不能控制下游压力时，紧急切断阀自动切断气源，以保证下游管道和设备的安全。当工作调压管路切断时，自动切换至备用调压管路，备用调压管路上的调压器自动投入工作。

监控器和调压器应选用高可靠性的自力式调压阀，气源取自调压器出口管道。

5. 增压单元

如果上游来气压力较低，不满足燃气轮机运行要求，则需要设置增压单元。增压单元可以与调压单元串联设置；若气源压力满足燃气轮机要求、增压机可停用时，增压单元也可以与调压单元并联设置，调压单元作为增压机的旁路。

离心式增压机靠叶轮增压，易损件少，运行比较稳定，检修、维护间隔时间比较长，对于 E、F 级燃气轮机，通常选用电驱动离心式增压机，每台燃气轮机配备 1 台天然气增压机，可不设备用。一般在增压机入口设置压力调节阀。

天然气在增压机压缩过程中，一方面由于从外界接受了压缩轴功率，其压力、温度和焓值都得到提高；另一方面，因流体和旋转的叶轮发生摩擦而产生能量损失，其中一部分转化为热能存储到高压气体中，因此，经压缩后的天然气温度会升高。为了避免增压机出口天然气温度过高，在天然气出口和（或）回流管路上设置冷却器，降低增压机出口或者回流至增压机入口的天然气温度。

如果增压机出口管道、阀门、设备等能承受该部分温度升高，可不设出口冷却器，但回流冷却器必须设置。回流冷却器保证在增压机启动过程中入口天然气温度不超过允许值。

6. 加热单元

（1）预加热单元。设置预加热单元的主要目的是防止燃气公司来天然气温度过低而结露，进而影响调压器的使用寿命，或满足启动工况燃气轮机点火要求。

一般设在过滤单元或者计量单元后、调压单元前。

预加热单元出口天然气温度不需要太高，一般低于 50℃。预加热单元可采用水浴加热、电加热或者热水换热器加热等。

水浴加热一般是指通过燃烧天然气加热热水，热水再加热天然气的加热系统，系统较为复杂，通常在没有其他热源可用的长输管线或者 LNG 站采用。

电加热系统较为简单，电加热器需要采用防爆型，但运行成本较高。

热水换热器加热热源可以采用循环水、闭式水、热网循环水等，所利用热量为电厂的废热或者余热，运行成本较低。通常换热器水侧的压力高于天然气压力，以防止换热管泄漏后天然气进入水侧或者设置相应的检漏措施。

（2）性能加热单元。性能加热单元的设置主要是为了提高联合循环机组热效率。根据部分燃气轮机厂的要求，性能加热出口天然气温度一般在 200℃左右，性能加热单元的加热热源一般采用余热锅炉省煤器出口热水。

性能加热单元通常设置在燃气轮机入口的前置模块内，并靠近燃气轮机和余热锅炉布置。性能加热单元一般由燃气轮机供货厂商成套供应。

（二）放散系统

1. 放散系统功能和设置

天然气的放散系统主要是排放天然气设备和管道中渗漏和残留的天然气，确保整个天然气系统的安全。

放散系统分为手动放散、安全阀放散和紧急放散。

手动放散主要用于停机检修的正常排放，安全阀放散主要用于系统正常运行时的超压自动排放，紧急放散主要用于设置增压机的天然气供应系统，在增压机故障时避免其入口管道超压放散。紧急放散应采用气动执行机构，以满足快速排放的要求。

应在调压站进站关断阀之前的管道和出调压站关断阀之后的管道设置手动放散。两个关断阀（同时关闭）之间的管道应设手动放散管。

放散系统应设置放散竖管。根据布置或安全要求，放散竖管可单独，也可部分集中后引至放散竖管。放散的天然气排入大气应符合环保和防火要求，防止被吸入通风系统、窗口或相邻建筑。一般情况下主厂房区域设置一个天然气的集中放散竖管；天然气调压站区域设置一个天然气的集中放散竖管。放散竖管出口应设置阻火设备和消声设备。

2. 放散管道的排放布置要求

（1）天然气放散管道的布置和排放执行 GB 50251《输气管道工程设计规范》和 GB 50183《石油天然气工程设计防火规范》的规定。

（2）天然气管道安全阀出口排放管管口应高出建筑物 2m 以上，且距地面不应小于 5m。

（3）天然气放散管管口高度应高出距其25m内的建构筑物 2m 以上，且不得小于 10m。且排放口应设置阻火器。

（4）天然气放散管位于10m以外的平台或建筑物顶时，应满足图 3-1 的要求，并应高出所在地面 5m。

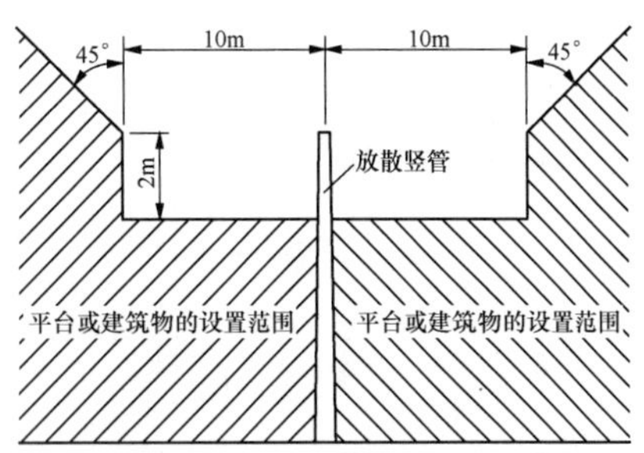

图 3-1 天然气放散口布置要求

（三）氮气系统

氮气系统主要用于天然气系统停机检修时的充氮吹扫和置换，吹扫和置换用氮气一般由氮气瓶供应。

平时氮气系统和天然气系统的管道连接是断开的，只有当需要充氮时，再采用连接软管和快速接头将氮气系统和天然气系统连通，进行充氮吹扫和置换。

在设有增压机的天然气供应系统中，还需要氮气为增压机提供密封气。由于需要连续供气，所以可采用单独的制氮机进行制备。压缩空气通过制氮机中吸附式分子筛，将压缩空气中的 O_2 等过滤出去，留下清洁的 N_2 被送入制氮机出口缓冲罐中，再送至各压缩机密封系统入口。

（四）排污系统

排污系统一般设置凝液罐，以收集过滤装置来的凝液。凝液罐一般设置在便于维护和废液装车处。

三、常见系统设计方案

（一）带增压机的天然气供气系统（2 台燃气轮机）

带增压机的天然气供气系统设有火警关断阀、2 台粗精一体分离过滤器（1 台运行、1 台备用）、3 套监督计量装置（2 台运行、1 台备用）、3 套调压器（两台运行、1 台备用）、2 台离心式增压机，详见图 3-2。

（二）不带增压机的天然气供气系统（2 台燃气轮机）

不带增压机的天然气供气系统设有火警关断阀、2 台粗精一体分离过滤器（1 台运行、1 台备用）、3 套监督计量装置（两台运行、1 台备用）、3 套调压器（两台运行、1 台备用），详见图 3-3。每条调压管路上设有工作调压器、监控调压器和紧急关断阀。

（三）燃气锅炉的天然气供气系统

燃气锅炉的天然气供气系统设有电加热器、一级调压器、二级调压器、紧急切断阀等，详见图 3-4。

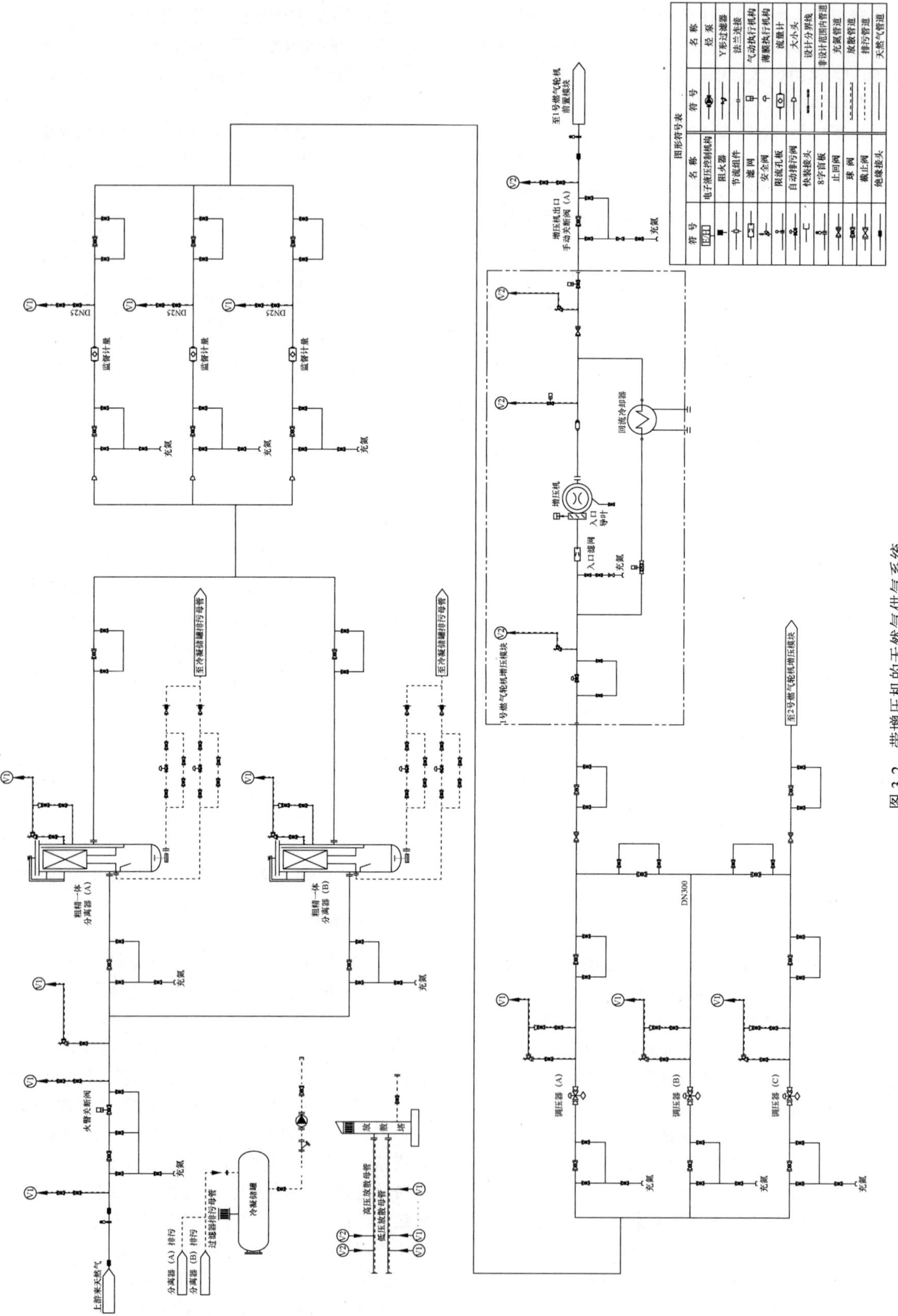

图 3-2 带增压机的天然气供气系统

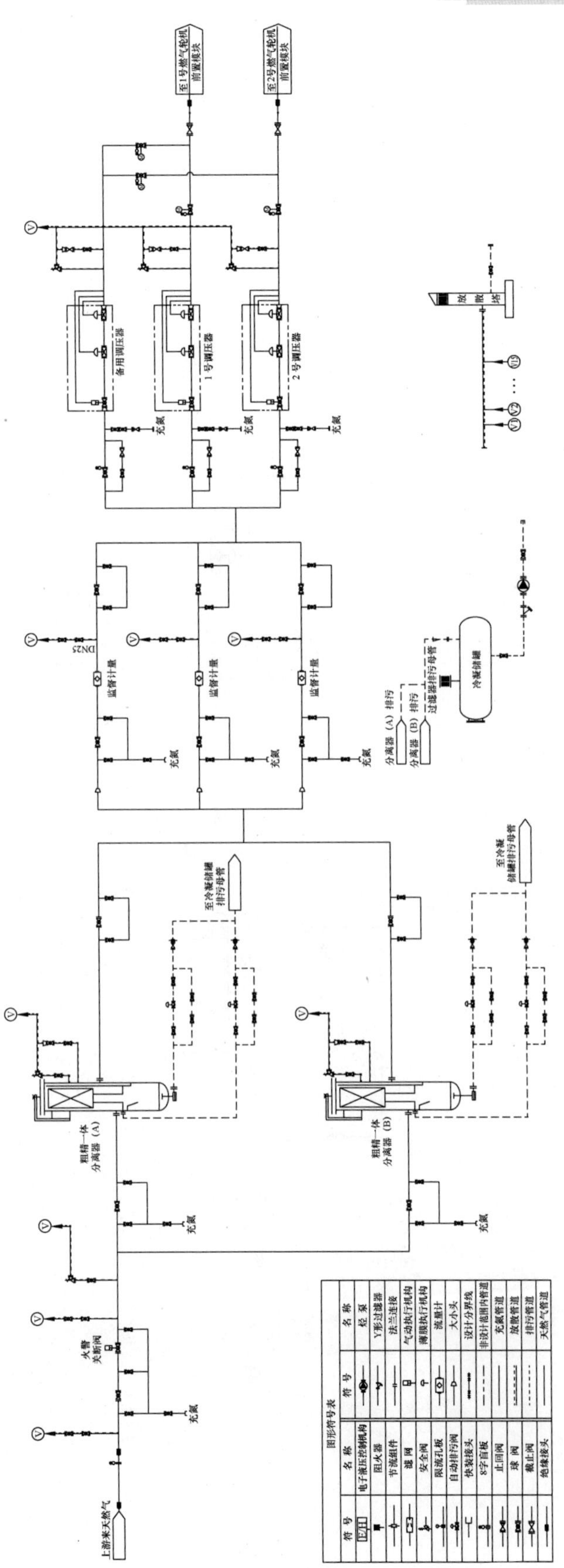

图 3-3 不带增压机的天然气供气系统

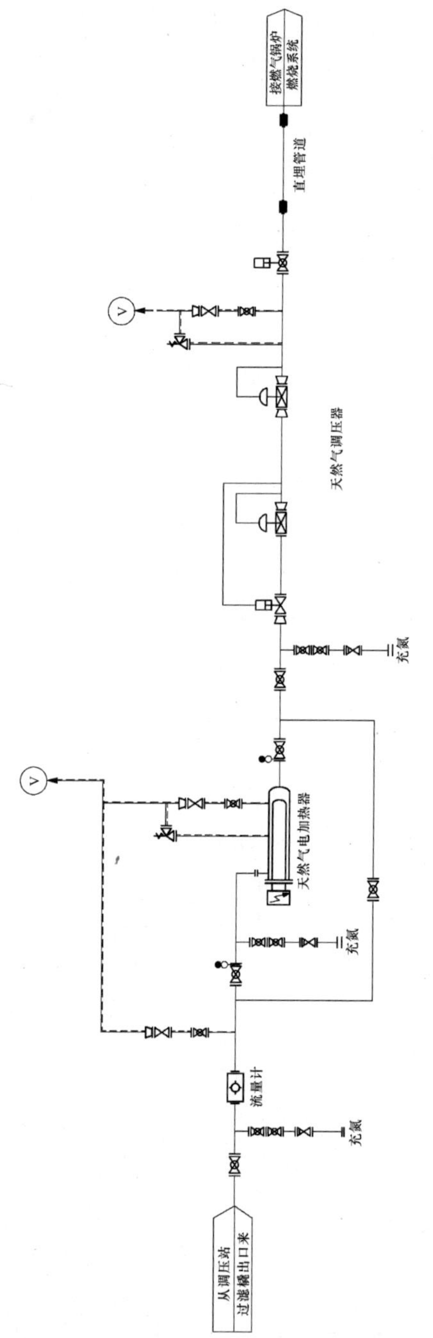

图 3-4　燃气锅炉的天然气供气系统

四、管道设计参数选取

天然气管道设计参数的确定应遵循 GB 50764《电厂动力管道设计规范》和 DL/T 5174《燃气—蒸汽联合循环电厂设计规定》、DL/T 5204《发电厂油气管道设计规程》。

天然气管道设计压力和温度应按各段管内天然气可能出现的最高工作压力和最高工作温度确定。

对于上游天然气压力较低，需要设置增压机的天然气供应系统，各段管道设计参数如下：

（一）调压站入口至增压机入口

（1）设计压力按上游天然气管道设计压力选取。

（2）设计温度按上游天然气管道设计温度选取。

（二）调压站入口至启动锅炉房入口

（1）调压装置前管道设计压力按上游天然气管道设计压力选取，调压装置后管道设计压力按安全阀整定压力选取。

（2）加热器前设计温度按上游来气管道设计温度选取，加热器后设计温度按可能出现的最高温度选取。

（三）增压机出口至燃气轮机（或前置模块）入口

（1）设计压力按增压机出口安全阀开启压力选取。

（2）设计温度按 100%回流时增压机出口天然气温度选取，如果增压机出口设有冷却器，可以取用冷却器出口最高温度。

五、设备选型

（一）天然气增压机

1. 增压机形式

增压机种类繁多，一般分为往复式、螺杆式、离心式和活塞式。

往复式增压机驱动方式多采用电动机驱动，对供电系统配置较弱且电力供应紧张的偏远地区，也有采用燃气轮机驱动。往复式增压机适用于工况不稳定、压力较高或超高、流量较小等场合。优点为排出压力稳定，能适应广泛的压力变化范围和超宽的流量调节范围；热效率高；压比较高，适应性强。缺点为结构复杂，运动和易损部件多；外形尺寸和质量大，运转有振动且噪声大；需要频繁维护、保养和更换。

螺杆式增压机优点是体积较小、结构简易、振动较小、容积效率高、使用年限长、养护管理的流程简单及易损件较少。由于采用喷油冷却的方式，天然气接近于等温压缩，即便在高压比时也能采用单级压缩，排气的温度通常不大于 90℃，且由于喷入大量的润滑油，齿顶和机壳的间隙、转子啮合的间隙以及转子端平面和端平面间的间隙都产生了油膜，因此减少了机器内部的渗漏，有效地提高了增压机的工作效率和性能。螺杆式增压机对基础的要求较简易。其缺点在于润滑油系统相对繁琐、庞大，增加了耗油量，不利于控制噪声，转子加工的精密度要求苛刻，通常而言，其电能损耗较大。相较于活塞式压缩机，螺杆式压缩机不具备应有的活塞、活塞环、气缸套及气阀等易损零部件，也没有离心式压缩机所具备的较完整的自动防护系统。

离心式增压机的驱动方式也多为电动机驱动，对供电系统配置较弱且电力供应紧张的偏远地区，也有采用燃气轮机驱动。离心式增压机的单机功率较大，压比低，适用于气量较大，且气量波动幅度不大（变化范围为 70%～120%）的工况。优点为无往复式运行部件，振动小，使用期限长、可靠，运行管理和维护保养简单；转速高、排量大、平稳，可直接与驱动级联动，便于调节流量和节能，占地面积小。缺点为压比低，对输气量和压力波动适应范围小；低输气量下易发生喘振；热效率低。

典型的橇装式螺杆压缩机组见图 3-5，典型的电驱动离心式增压机组外形图见图 3-6。

活塞式增压机采用活塞和气缸增压，磨损件较多，需要定期检修、维护，且出口压力不稳定，需要增压机出口设置储气罐以及压力调节系统。如果采用活塞式增压机，还需要设置备用增压机。电厂中很少采用活塞式增压机。

2. 增压机选型主要原则

（1）燃气轮机电厂的增压机宜选用离心式，每套燃气轮机配置一台，可不设备用，容量可按该套燃气轮机最大耗气量的 1.1 倍选取。

（2）增压机宜选用电动机驱动。

（3）增压机如选用活塞式或者螺杆式，宜设备用增压机和增压机出口稳压罐。

（4）离心式增压机入口稳压阀可与调压支路合并设置。

（5）增压机入口管道上应设置手动和电动（或气动）控制阀。增压机出口管道上应设置紧急放散阀、安全阀、止回阀和手动切断阀。出口安全阀的泄放能力不应小于压缩机的安全泄放量。

3. 增压机选型计算实例

（1）天然气组分。某工程天然气成分见表 3-4。

（2）天然气参数。

1）上游来气参数。

a. 根据燃气公司供气协议，厂界处供气压力不低于 2.8MPa。

b. 上游天然气分界点温度：冬季最高温度为 14～18℃，最低温度为 6～8℃；夏季最高温度为 18～24℃，最低温度为 12～15℃。

2）燃气轮机要求参数。

a. 设计工作点压力：（4.05±0.15）MPa。

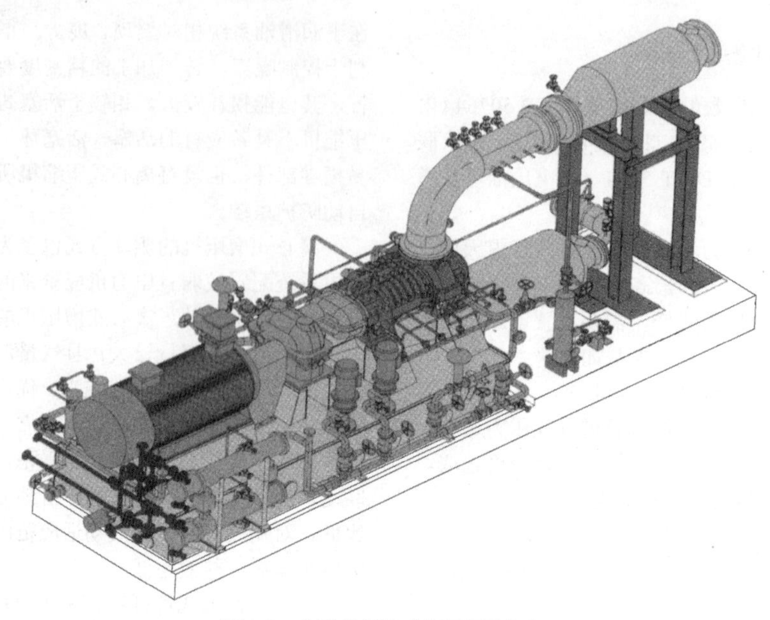

图 3-5　典型的橇装式螺杆压缩机组

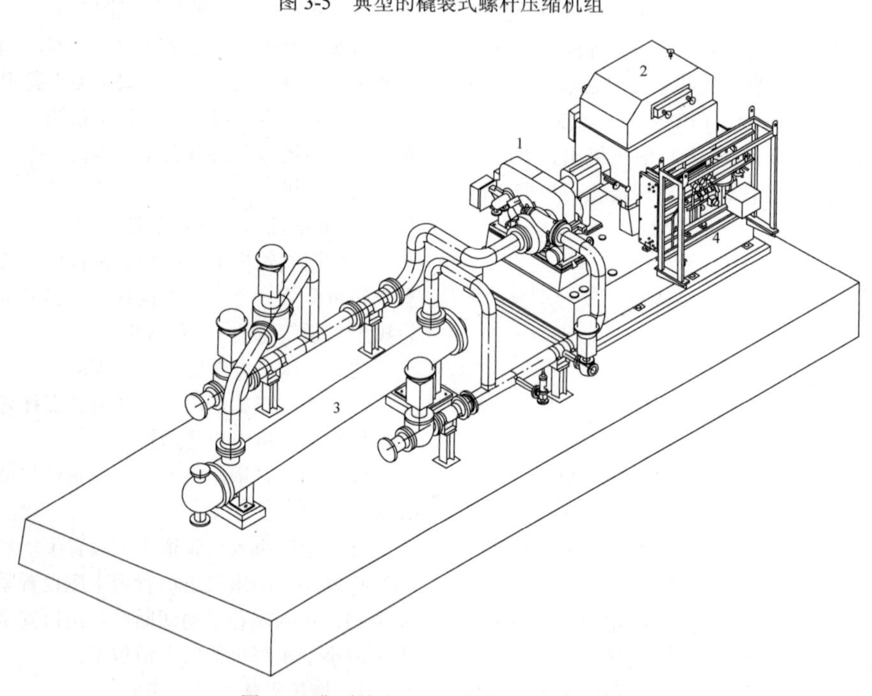

图 3-6　典型的电驱动离心式增压机外形图

1—增压机；2—电动机；3—回流冷却器；4—干气密封系统

表 3-4　　**某工程天然气成分表（摩尔百分比）**

成分	CH_4（%）	C_2H_6（%）	C_3H_8（%）	C_4H_{10}（%）	C_5H_{12}（%）	CO_2（%）	N_2（%）	He（%）	H_2S（mg/m^3）
数值	96.12	0.501	0.118	0.033	0.012	2.6	0.147	0.469	6.13

注　主要物性参数（指在压力为 101.32kPa、温度为 20℃条件下），低位发热量为 32.72MJ/m^3（标准状态）。

b．压力波动范围应限制在±0.15MPa。

c．压力变化速度不超过 0.08MPa/s。

d．温度：燃料温度最低不小于 15℃，最高不大于 80℃。

e．每台燃气轮机点火时最小燃料消耗量为 0.9kg/s。

（3）天然气耗量。某型号燃气轮机在各种工况、不同负荷下的天然气进气量见表 3-5。

表 3-5　某型号燃气轮机在各种工况、不同负荷下的天然气进气量

参数	冬季工况				纯凝工况				夏季工况			
燃气轮机负荷	100%	75%	50%	30%	100%	75%	50%	30%	100%	75%	50%	30%
供热负荷（MW）	655	541	411	321	0	0	0	0	0	0	0	0
环境温度（℃）	–4.4	–4.4	–4.4	–4.4	12.1	12.1	12.1	12.1	26.3	26.3	26.3	26.3
相对湿度（%）	56.7	56.7	56.7	56.7	63.7	63.7	63.7	63.7	78.3	78.3	78.3	78.3
天然气进气量（t/h）	66.69	51.99	37.76	29.28	61.74	47.42	34.31	26.61	58.02	44.92	32.73	25.34

（4）增压机选型。

1）增压机形式。采用电驱动离心式增压机，每台燃气轮机设置 1 台。

2）增压机进、出口压力。由于厂界至增压机入口设有过滤、计量、调压等模块，从厂界至天然气增压机入口需要考虑一定的阻力，阻力的大小和调压站系统的配置有关，一般情况下阻力降可按 0.2MPa 考虑。从天然气压缩机出口至燃气轮机前置模块的天然气管道通常要经过厂区走较长的距离，因此也需要考虑管阻力，该阻力降一般可按每 100m 管道 0.1MPa 考虑。

另外，燃气轮机入口要求的压力为（4.05±0.15）MPa，在天然气增压机选型时可取其中间值 4.05MPa。

综上，增压机入口压力为厂界外供气压力减去沿程阻力，即

$$2.8-0.2=2.6\text{（MPa）}$$

增压机出口压力为燃气轮机入口要求压力加上沿程阻力，即

$$4.05+0.1=4.15\text{（MPa）}$$

3）额定流量。根据天然气耗量表，每台燃气轮机的最大耗气量为 66.69t/h，天然气压缩机流量取 1.1 倍裕量，为

$$66.69\text{t/h}\times1.1=73.359\text{t/h}$$

（二）天然气过滤装置

过滤器过滤精度应根据供气条件和燃气轮机要求选取。过滤器宜采用母管制，且宜采取多组并联的方式。

过滤分离装置有卧式和立式，过滤分离器的作用是对接收的上游天然气进行净化，消除水、燃气凝液以及机械杂质等，以减少对系统的腐蚀和磨损，保护仪表和调压装置等。过滤设备根据压差计显示的压差值进行过滤器滤芯的清洗或更换。过滤分离的原理如下：

第 1 级为重力分离。气流从进口导管进入筒体，在其入口处天然气与挡板撞击，较大的固、液体颗粒由于重力沉降作用被分离出来。

第 2 级为滤网过滤。由若干只可更换和可清洗的过滤元件组成，过滤元件的类型和精度等级根据工作条件确定。天然气进入带有凝聚式滤芯的过滤段，从其内侧向外侧穿过滤芯，将较小的固体颗粒和液滴分离出来。过滤分离装置配备两路排液系统，一路为气动，运行时通过液位控制实现自动排液，另外还设一路手动排液系统，气动排液系统故障时或检修时用。为了可靠排放，还配备了手动排污系统。

第 3 级为叶片分离。这一级是一组由折流叶片组成的分离元件，利用折流过程凝聚天然气中的雾状分子（高阶烃类），从而凝结燃料中的重烃液滴。

一般过滤元件材料选用聚酯纤维，叶片材料选用不锈钢。

卧式过滤分离装置示意图如图 3-7 所示，立式旋风分离过滤器示意图如图 3-8 所示。

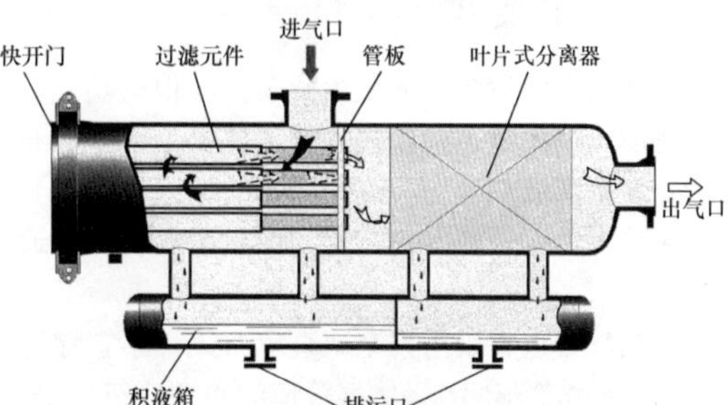

图 3-7　卧式过滤分离装置示意图

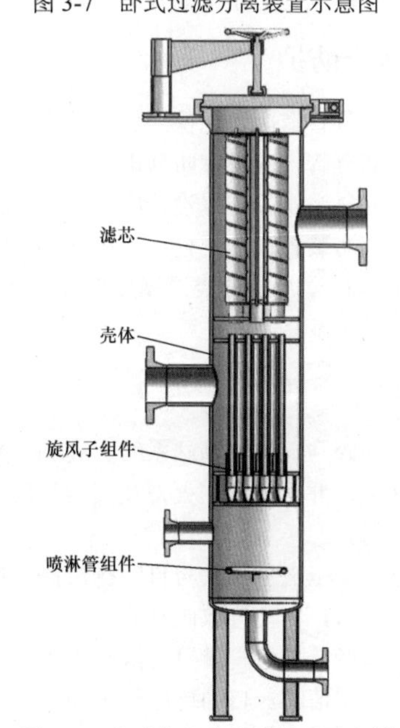

图 3-8　立式旋风分离过滤器示意图

（三）绝缘接头

绝缘接头主要用于燃气输配系统和燃气调压站中，其作用是将上、下游管线间或调压站与外部管线间相互绝缘隔离，保护其不受电化学腐蚀，延长使用寿命。由于厂区直埋天然气管道需要设置阴极保护，在直埋天然气管道进、出地面处均应设置绝缘接头。

绝缘接头须采用将绝缘和密封材料固定于整体结构内的形式。接头内部的所有空腔应充填绝缘密封物质。环形空间的外侧应采用合适的绝缘密封材料密封，以阻止土壤内潮气渗入接头内部。

六、管道规格及材料选取

天然气管道管径、壁厚与材料的选择应遵循 GB 50251《输气管道工程设计规范》、GB/T 20801.2《压力管道规范　工业管道　第 2 部分：材料》、DL/T 5204《发电厂油气管道设计规程》和 GB 50028《城镇燃气设计规范》的规定。管道材料一般采用 20 号钢、20G 或不锈钢，管道内天然气的流速不宜超过 30m/s，根据允许的压降、投资、布置等因素确定。

七、布置要求

天然气系统设备一般采用橇装式，根据功能可分为过滤橇、调压橇、计量橇、增压橇等，宜露天布置在室外安全区域。考虑防冻或降噪的原因，天然气系统设备也可半露天或室内布置，但应设有良好的通风措施。

天然气管道宜采用架空或直埋布置，不宜穿过与其无关的厂房、车间。天然气管道的布置应符合 DL/T 5204《发电厂油气管道设计规程》的规定。

八、安全防护

（1）天然气管道应考虑保温、油漆和防腐。

（2）天然气管道应设置防静电接地。

（3）天然气系统的防爆设计应符合 GB 50058《爆炸危险环境电力装置设计规范》、GB 3836.14《爆炸性环境　第 14 部分：场所分类　爆炸性气体环境》的相关规定。

九、联锁条件

火警关断阀与天然气场站系统火灾和天然气泄漏报警系统联锁，并且在发生火警及其他紧急状态时可快速切断阀门。

过滤分离器上液位开关与自动排污阀联锁，当液位达到设定值时，自动排放阀打开，分离出的污液通过自动排污阀经排放总管排至污液收集罐，当液位降低到低液位设定值时，自动排放阀关闭。

紧急切断阀在正常工作状态下为常开，一旦系统的压力达到设定值的上限或下限，它将自动切断供气管路。

增压机及其附属系统联锁详见厂家相关资料。

第三节　燃油供应系统

一、系统功能及范围

（一）系统功能

燃油供应系统为燃气—蒸汽联合循环机组的辅助配套系统，其主要功能是为燃油燃气轮机或双燃料燃气轮机提供满足启动、升降负荷和停机等安全运行要求的燃料油，一般可分为卸油系统、储油系统、供（回）油系统、燃油辅助系统。

卸油系统的系统功能是在合理的时间内将燃油从运载燃油的设备卸至燃油储存区的油罐中。

储油系统的系统功能是满足燃气轮机电厂用油的储存要求。

供（回）油系统的系统功能是形成燃油投运或热备用状态下的供、回油系统循环。

燃油辅助系统是指辅助卸油系统、储油系统、供（回）油系统运行的伴热、吹扫等辅助系统。

（二）系统范围

（1）卸油系统：从燃油运载设备的卸油口或输油管道的分界线至储油罐的进油口的设备与管道，主要包括卸油设施、过滤器、抽真空辅助系统（若有）、卸油泵、流量计、卸油管道及阀门等。

（2）储油系统：从储油罐的进油口至供油泵进口的设备与管道，主要包括储油罐、供油泵入口管道等。

（3）供、回油系统：从供油泵进口至用油设备本体油系统供油管道的分界线的管道与设备；从用油设备本体油系统回油管道分界线至储油罐的回油口的设备与管道，主要包括供油泵、过滤器、流量计、供油管道、回油管道及阀门等。

（4）燃油辅助系统：主要包括加热蒸汽系统、燃油管道和设备的伴热系统、燃油管道吹扫系统、含油污水收集及处理系统等。

二、系统设计

（一）卸油系统

燃气轮机发电厂燃料油可采用公路、铁路、水路和管道运输，卸油系统的设计方法与燃煤电厂相似，需根据燃油运输方式和油品特性进行拟定。采用铁路运输卸油时，对重质油品宜采用强制下部卸油方式；对轻质油品宜采用鹤管上部卸油方式。当采用下部卸油时宜在栈台的端头设置事故罐车上部卸油设施，事故罐车车位数宜为 1～2 个。采用公路运输卸油时，宜采用强制下部卸油方式。采用水路运输卸油时，宜采用船载卸油泵进行卸油。船载卸油泵出力不足时，应设置中转卸油泵。

1. 卸油系统工艺流程

（1）卸油系统工艺流程需根据燃油运输方式进行拟定。铁路来油时的工艺流程通常为铁路油罐车→下卸软管或卸油鹤管→集油母管→过滤器→卸油泵→油罐。

（2）公路来油时通常为公路油罐车→软管及快速接头→卸油支管→集油母管→过滤器→卸油泵→油罐。

（3）水路来油时通常为运油船舶→船载卸油泵→装卸臂或软管及快速接头→过滤器→中转卸油泵（若需要）→油罐。

（4）管道来油时通常为外部输油管线→过滤器→中转卸油泵（若需要）→油罐。

2. 不同来油条件下的净卸油时间

（1）铁路来油时，卸重油或原油宜采用下卸式并设低位油槽；卸轻油宜采用上卸式。卸油站台的长度宜能容纳12～24节油槽车，卸车时间为6～12h。

（2）公路来油时，宜采用集油管的卸油方法，单台汽车油罐车卸油时间为0.5～1h。

（3）水路来油时，需根据运油船舶的容量和同类泊位的营运条件综合考虑。无实际资料时，油船净卸油时间可按表3-6选取。

表3-6　　油船净卸油时间

油船容量（t）	净卸油时间（h）
500	4～6
1000	6～8
2000	8～10
3000	9～11
5000	11～13
10000	12～15
20000	12～15
30000	15～18
50000	17～18
80000	22～25
100000	24～27
120000	24～27
150000	26～30
200000	30～35
250000	35～40
300000	35～40

3. 卸油泵的配置

卸油泵一般不少于2台，当最大1台泵停用时，其余泵的总流量应满足在所要求的卸油时间内卸完车、船的燃油装载量。当水路或管道来油需设置中转卸油泵时，其台数不宜少于2台。

当燃油为轻质油品时，卸油泵宜选用离心泵或齿轮泵；燃油为重质油品时，卸油泵宜选用螺杆泵或齿轮泵。

4. 卸油辅助系统配置

（1）铁路轻质油品上卸时，可采用电动鹤管潜油泵方式。铁路来油采用下卸方式时应配备快速接头，每支快速接头对应1辆油罐车，接口规格宜采用DN100，卸油软管应采用导静电耐油软管。

（2）对于5000t级及以下油船根据所卸油品和作业量等条件可采用软管进行卸油作业。对于5000t级以上大中型油船卸油，码头宜装设装卸臂，臂端设置快速接头与油船的输油管相接。

（3）汽车卸油时，卸油区域可按不少于3支卸油支管配置，并用软管和快速接头与下卸口连接。连接软管长度宜大于8m，快速接头接口规格宜采用DN100。

（4）卸油泵入口管道上需设置过滤器，每台卸油泵入口设置1台，不设备用。对于燃油电厂，宜采用双联过滤器。过滤器的通流量不应小于卸油泵的出力，过滤精度应根据卸油泵的功能、形式和油泵制造厂的要求确定。

（5）油船卸油管道需在水陆域分界处设置紧急关断阀，该阀门应具有远程控制和现场手动操作功能。

（6）油船卸油管道在与装卸臂或软管连接的工艺管段上需串联装设两个关断阀；汽车或火车来油方式的卸油管道在与快速接头或鹤管连接的支管上装设一个关断阀；卸油泵出口需装设止回阀和关断阀。

（7）卸油泵出口管道上宜装设燃油流量计量装置和油质分析取样管。

（8）对于有伴热的卸油管道，在进入油罐前的管段上应设安全阀。

（二）储油系统

燃气轮机储油系统的设计方法与燃煤机组相似，除油罐区总储油量、油罐形式和台数选择外，系统设计与燃煤机组相同。

对于采用多种燃油油品的燃气轮机发电厂，其储油系统应按燃油的油品分开设置。

1. 系统设计

燃气轮机发电以普通柴油作为主燃料且不采用管道输送时，储油罐数量不宜少于2个。当燃油采用管道输送且油源稳定时，可不设置储油系统中的储油罐。燃气轮机发电厂以普通柴油作为点火燃料及冲洗燃料时，全厂宜设置2个储油罐，储油罐的容量宜根据油源条件、机组的负荷性质确定。

储油罐应采用钢制储油罐，并宜地上布置。大型原油储油罐应采用浮顶式储油罐，并应根据使用条件选用外浮顶储油罐或内浮顶储油罐。普通柴油及重油储油罐宜采用固定顶储油罐，容量不大于 100m^3 时可选用卧式储油罐。

外浮顶储油罐、无密闭要求的内浮顶储油罐、卧式储油罐的设计压力为常压，固定顶储油罐的设计参数需符合 GB 50341《立式圆筒形钢制焊接油罐设计规范》的相关规定。

2. 储油罐的设计存储高液位

储油罐的设计储存高液位（如图 3-9 所示）应符合下列规定：

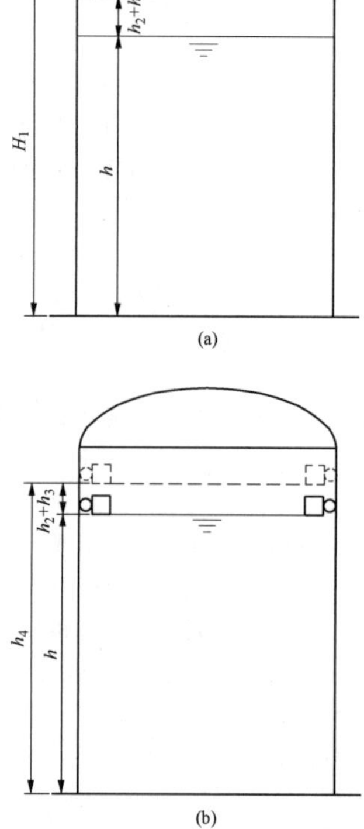

图 3-9 储油罐设计储存高液位示意图

（a）固定顶储油罐设计储存高液位示意；（b）外浮顶、内浮顶储油罐设计储存高液位示意

（1）固定顶储油罐的设计储存高液位按式（3-1）计算，即

$$h=H_g-(h_1+h_2+h_3) \tag{3-1}$$

式中 h——储油罐的设计储存高液位，m；

H_g——罐壁高度，m；

h_1——泡沫产生器下缘至罐壁顶端的高度，m；

h_2——10～15min 储油罐最大进液量折算高度，m；

h_3——安全裕量，宜取 0.3m，且不应小于地震作用下储油罐内液面的晃动波高，晃动波高可按 GB 50341—2014《立式圆筒形钢制焊接油罐设计规范》的附录 D 计算。

（2）外浮顶储油罐、内浮顶储油罐的设计储存高液位按式（3-2）计算，即

$$h=h_4-(h_2+h_3) \tag{3-2}$$

式中 h_4——浮顶设计最大高度，m。

3. 储油罐的设计储存低液位

储油罐的设计储存低液位需满足从低液位报警开始 10～15min 内油泵不会发生汽蚀的要求，且不低于储油罐的罐壁出油管的上缘及储油罐加热器的最高点。外浮顶及内浮顶储油罐的设计储存低液位宜高出浮顶落底高度 0.2m 以上。

4. 储油罐内的储存温度

燃油在储油罐内的最低储存温度为燃油的凝点温度加 5℃；最高储存温度为燃油的闪点温度减 10℃，且不高于 90℃。设计储存温度可按式（3-3）确定，即

$$t=t_1-\Delta t \tag{3-3}$$

式中 t——储油罐内燃油设计储存温度，℃；

t_1——满足油泵输送所需的燃油温度，℃；

Δt——油罐局部加热器最大温升，宜为 10℃。

当 t 不小于 t_1 时，无需设置油罐局部加热器；当 t 小于 t_1 时，需设置油罐局部加热器。

当历年最冷月平均气温低于燃油在储油罐内的最低储存温度时，应设置油罐加热器。重油、原油需要加热脱水时，可设置油罐加热器。当燃油在储油罐内的储存温度不能满足燃油转运所需要的黏度时，可在储油罐出口罐壁处设置局部加热器。油罐加热器宜选用排管式或蛇形管式加热器。重油及原油储油罐需要设置局部加热器时，每个储油罐宜设置一台 100%容量的局部蒸汽加热器，将储油罐内的油品加热到可输送的温度要求。

历年最冷月平均气温低于燃油在储油罐内的最低储存温度时或燃油需要在储油罐内加热升温时，应设置罐壁保温。储存石蜡基原油的浮顶储油罐应设置罐壁保温。储油罐的罐顶可以不保温。外浮顶储油罐的罐壁保温高度应与顶部抗风圈的高度一致，固定顶或内浮顶储油罐罐壁保温高度宜与罐壁高度一致且储油罐顶部应设置防水檐。

当燃油在储油罐内温度可能超过最高储存温度时，储油罐可采用喷淋降温设施、热反射隔热防腐蚀涂层、隔热型罐壁保温、设置回油冷却器等降温设施。防腐涂层及隔热涂层的设计应符合 GB/T 50393《钢质石油储罐防腐蚀工程技术标准》的相关规定。

5. 储油罐的阴极保护设计

储油罐的阴极保护设计应符合 GB/T 50393《钢质石油储罐防腐蚀工程技术标准》、SY/T 0088《钢质储罐罐底外壁阴极保护技术标准》的相关规定。采用钢

筋混凝土整板式基础的储油罐的罐底板下表面可不设置阴极保护系统，其他形式的储油罐基础应根据建罐地区的土壤特性、地下水的水位、附近建筑物及附近储油罐的电流干扰等因素确定是否采用阴极保护系统。原油储油罐的罐底内表面及油水分界线的壁板内表面应采用牺牲阳极和绝缘型防腐蚀涂层相结合的保护形式。采用阴极保护的储油罐连接管道的第一个靠近储油罐的法兰，应采用绝缘法兰或绝缘接头。

6. 漏油及事故污水收集系统

油罐区内应设置漏油及事故污水收集系统，漏油及事故污水收集池的容量应按照 GB 50074—2014《石油库设计规范》的 13.4.2 确定，燃煤发电厂储油罐的计算总容量不大于 4000m^3 时，漏油及事故污水收集池可与含油废水处理装置入口的调节池合并设置。

(三) 供、回油系统

火力发电厂燃用两种及以上燃油油品时，其供、回油系统应按油品分开设置。燃气轮机发电厂供油系统的设计出力应能满足对应燃气轮机最大连续出力运行的要求。供油泵、输油泵形式应根据油品特性和供油参数要求确定，宜选用离心泵或螺杆泵。

燃气轮机发电厂的供、回油系统应包括储油罐至油处理装置，油处理装置至日用油罐，日用油罐至燃气轮机的前置模块或柴油机的燃油模块等。

当处理前油品品质不能满足燃气轮机制造厂对液体燃料的技术要求时，应设置油处理装置。

1. 供油系统相关储罐设计

当燃油品质较差时，宜在储油罐和油处理装置之间设置沉淀罐。沉淀罐宜不少于 2 个，每个沉淀罐的容量应能满足全厂机组 1 天的总耗油量。当燃油品质较好时，也可不设沉淀罐。

在油处理装置之后应设置日用油罐，燃气轮机发电厂的日用油罐与燃煤发电厂的日用油罐在功能上有所不同，主要用于储存经过油处理装置处理后的净化燃油，设置在油处理装置之后。日用油罐宜设置 3 台，其中 1 台用于油处理后进油，1 台用于沉淀 24h，1 台用于向燃气轮机供油。每台日用油罐的容量应能满足全厂机组 1 天的总耗油量。

2. 储油罐至油处理装置之间的系统设计

油处理装置通常成套配带供油泵模块，当设置沉淀罐时，沉淀罐一般距离油处理装置距离较短，油罐来油通过自流供油至油处理装置供油泵入口，保持一定的静压头即可以。储油罐至沉淀罐之间设置输油泵。

当不设置沉淀罐时，是否需要在储油罐至油处理装置之间设置输油泵，应根据储油罐至油处理装置之间的距离和管道的阻力确定，如不满足油处理装置供油泵的最小入口压力的要求，仍需要设置输油泵。

输油泵宜由油处理装置厂商成套供货。根据油处理装置厂商提供的资料，成套供货的离心式油处理装置通常包括燃油输油泵送模块（含双联过滤器、燃油输油泵）、燃油处理模块（含离心分离机、水洗系统、含水率监测装置）、废水处理模块、控制盘等。处理重油时，还设置有换热器模块。

当燃料为重油或原油时，输油泵宜采用螺杆泵；当燃料为轻柴油时，输油泵宜为离心泵。输油泵不宜少于 2 台，其中 1 台备用。除备用泵以外，输油泵的总出力应不低于所有油处理装置总处理量。

当采用螺杆泵时，可增设 1 台检修备用泵。

输油泵入口宜设置双联过滤器。过滤器宜采用篮式过滤器，过滤器的过滤精度应根据油泵的功能、形式和油泵制造厂的要求确定。

3. 机前油处理装置

燃气轮机对于液体燃料的技术要求高于燃煤电厂锅炉。当处理前油品品质不能满足燃气轮机制造厂对液体燃料的技术要求时，需设置机前油处理装置，处理后的燃油质量标准应满足燃气轮机对液体燃料的技术要求。

机前油处理装置可采用离心式或静电式。当采用离心式时，机前油处理装置应不少于 2 条线，当最大处理容量的一条线停用时，其余处理线总的日处理量应不小于全厂 1 天耗油量；当采用静电式时，油处理装置宜为 1 条处理线，不设备用，处理线总的日处理量不应小于全厂 1 天耗油量。除备用处理线以外，油处理装置的裕量不宜小于 10%。

4. 日用油罐与燃气轮机本体燃油模块之间的系统设计

日用油罐与燃气轮机本体燃油模块之间应设置供油泵，供油泵配置宜采用单元制。当燃用轻柴油时，每台燃气轮机应设置 2 台供油泵，其中 1 台运行，1 台备用；当燃用重油时，每台燃气轮机应设置 2 台重油供油泵，其中 1 台运行，1 台备用，同时另设置 2 台用于启动和停机时置换用的轻柴油供油泵，其中 1 台运行，1 台备用。

当日用油罐距离燃气轮机距离较近，经燃气轮机制造商认可，也可以不设供油泵。

供油泵入口宜设置双联过滤器。过滤器宜采用篮式过滤器，过滤器的过滤精度应根据油泵的功能、形式和油泵制造厂的要求确定。

5. 典型设计方案

燃气轮机发电厂的储油罐出口宜采用母管制系统（见图 3-10）；供油泵出口至燃气轮机前置模块的供油泵宜采用单元制系统（见图 3-11）。当至燃气轮机前置模块的管道受空间限制布置困难时，也可按工程分期采用分段母管制。

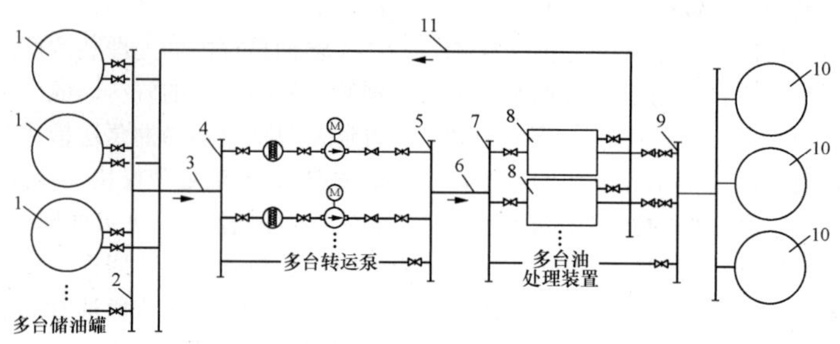

图 3-10　燃油储油罐至日用油罐的母管制系统示意图

1—储油罐；2—储油罐出油母管；3—输油管道；4—输油泵进口母管；5—输油泵出口母管；6—输油管道；7—油处理装置进口母管；8—油处理装置；9—油处理装置出口母管；10—日用油罐；11—回油管道

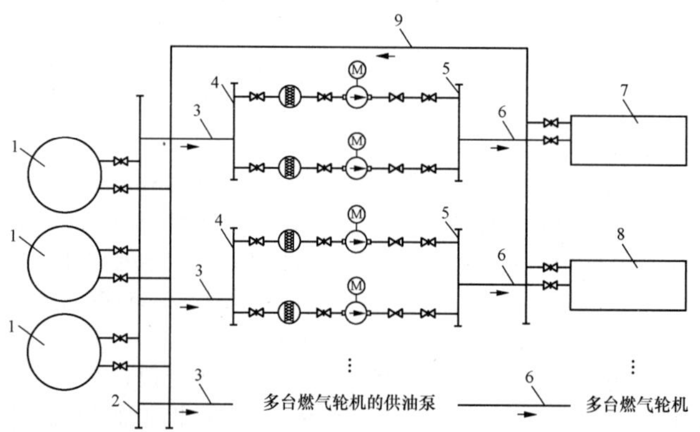

图 3-11　日用油罐至燃气轮机前置模块的单元制系统示意图

1—日用油罐；2—日用油罐出油母管；3—供油管道；4—供油泵进口母管；5—供油泵出口母管；6—供油管道；7—电厂 1 号燃气轮机前置模块；8—电厂 2 号燃气轮机前置模块；9—回油管道

（四）燃油辅助系统

燃油辅助系统含燃油系统的加热蒸汽系统、燃油管道吹扫系统、伴热系统（如有）、含油污水收集及处理系统等，设计方法与燃煤机组基本相同。

1. 燃油系统加热蒸汽系统

燃油系统应根据燃油特性、环境温度、燃油使用设备的要求设计加热蒸汽系统。对黏度大、凝固点高于冬季最低日平均环境温度的燃油，其卸油、储油、含油污水收集和处理装置应设有加热蒸汽系统。当油罐内或管道来燃油的黏度不能满足燃油使用设备要求时，应在供油管道上设置燃油蒸汽加热器。当燃油系统需采用蒸汽伴热和吹扫时，其伴热和吹扫蒸汽应由加热蒸汽系统提供。

燃油加热蒸汽系统的蒸汽参数应根据燃油系统所需的燃油参数和运行要求确定。当主要的、经常性的用汽点的蒸汽参数差别较大时，可设置高、低压两级加热蒸汽系统。

燃油加热蒸汽的温度应高于燃油所需加热或维持的温度 30℃以上，燃油加热蒸汽应为过热蒸汽，其压力应根据蒸汽系统阻力进行确定。

燃油加热蒸汽温度应低于油品的自燃点，且不应超过 250℃，并应保证燃油不发生碳化变质。

燃油加热蒸汽的汽源应满足全厂燃油加热蒸汽参数及系统正常运行时最大蒸汽消耗量的要求。

设有加热蒸汽的卸油、储油及供油设施可通过在蒸汽管道上设置调节阀对燃油加热温度进行控制。

2. 燃油管道吹扫系统

需设置吹扫系统的燃油系统管道和设备有油罐关断阀前的卸油管道；油燃烧器与其入口快关阀之间的管道；燃油系统停运之后，管道和设备内会长期积存燃油的部位；需要检修的管段和设备。

燃油操作台和油燃烧器之间的燃油管道和设备内的残油，应吹入燃油使用设备内燃烧；其他燃油管道和设备内的残油应吹入油罐或含油污水处理装置。

燃油管道和设备的吹扫介质应按 GB 13348《液体石油产品静电安全规程》的规定选择。

燃油管道采用蒸汽吹扫时，蒸汽温度应低于油品的自燃点，且不应超过 250℃，并应保证管内燃油不发生碳化变质。蒸汽压力宜为 0.6～1.3MPa。

燃油管道的吹扫点宜每隔 80～100m 设置一个。

蒸汽吹扫管的管径应根据被吹扫燃油管道的管径确定，可按表 3-7 选用。固定式吹扫接头不应安装在燃油设备或管道的低点。

表 3-7 蒸汽吹扫管的管径选用

燃油管道公称直径 DN	蒸汽吹扫管公称直径 DN
≤80	20
100～200	25
≥250	40

当蒸汽管道设计压力小于燃油管道设计压力时，吹扫管的材质和压力等级应与燃油管道相同；当蒸汽管道压力大于燃油管道设计压力时，吹扫管的材质和压力等级应与蒸汽管道相同。

燃油管道和设备宜采用固定式吹扫，对于不经常吹扫或事故备用时吹扫的管道和设备可采用半固定式吹扫。

吹扫管的蒸汽接入端应串联两个关断阀、一个止回阀及检查放油管，止回阀应安装在关断阀之间，在止回阀前应设检查放油管（见图 3-12）。当蒸汽压力大于燃油管道和设备设计压力时，吹扫管上还应串联一个节流装置。

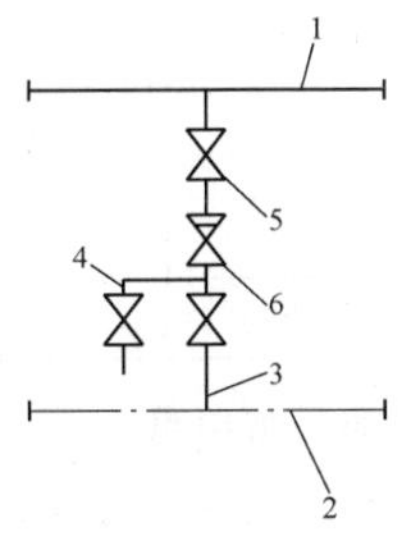

图 3-12 吹扫管典型连接示意图

1—燃油管道；2—蒸汽管道；3—吹扫管；4—检查放油管；5—关断阀；6—止回阀

吹扫管应从蒸汽管道上部引出，并应从燃油管道上部与燃油管道成 30°~-45°夹角，且朝残油吹扫方向接入。

燃油管道的最高点应设置放空管，最低点和死点应设置放净管。

燃油管道放净管的管径可按表 3-8 选用。燃油管道放空管的管径可按 DN20 设计。

表 3-8 燃油管道放净管的管径选用

燃油管道公称直径 DN	放净管公称直径 DN
80	40
100～150	50
200～250	80
300～350	100
400～450	150

燃油管道的放空和放净管上应设置关断阀，当根据油系统设计压力所选用的关断阀公称压力小于 PN40 时，放空和放净管上装设一个关断阀（见图 3-13）；当根据油系统设计压力所选用的关断阀公称压力大于或等于 PN40 时，放空和放净管上应串联装设两个关断阀（见图 3-14）。

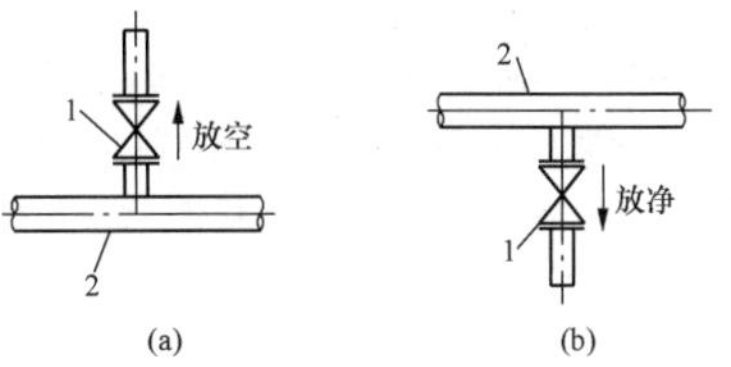

图 3-13 PN340 放空、放净管阀门设置的典型示意图

（a）放空管；（b）放净管

1—关断阀；2—燃油管道

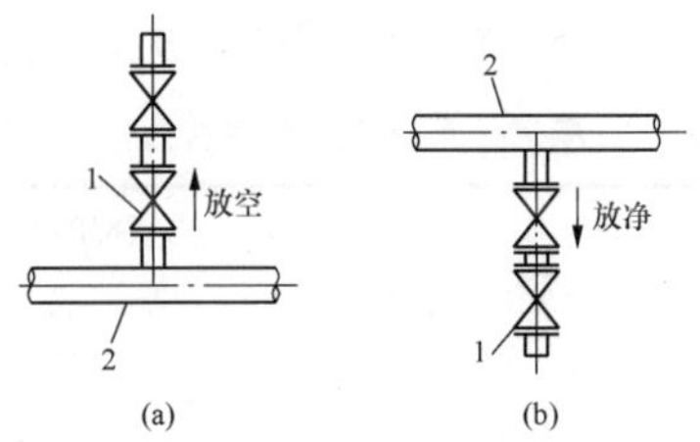

图 3-14 PN≥40 放空、放净管阀门设置的典型示意图

（a）放空管；（b）放净管

1—关断阀；2—燃油管道

3. 燃油伴热系统

燃油为重油、原油的管道和设备，以及燃油的凝点等于或高于电厂历年最冷月平均气温的管道和设备应设置伴热系统。伴热系统应按弥补燃油系统管道或设备向环境的散热损失以维持燃油介质工作温度的原则进行设计。

燃油管道的伴热方式可选用伴管伴热或电伴热。伴管伴热宜选用外伴管方式，伴管介质可采用蒸汽，也可采用热水。

当采用外伴管伴热时，被伴管的保温可选用硬质或半硬质保温材料制品及圆形保温结构（见图 3-15），也可选用软质保温材料及非圆形保温结构(见图 3-16)。

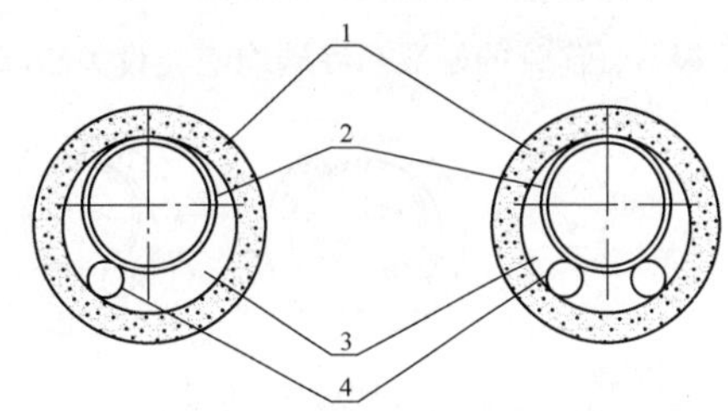

图 3-15 硬质或半硬质保温材料及圆形保温结构

1—保温层；2—被伴管；3—加热空间；4—伴管

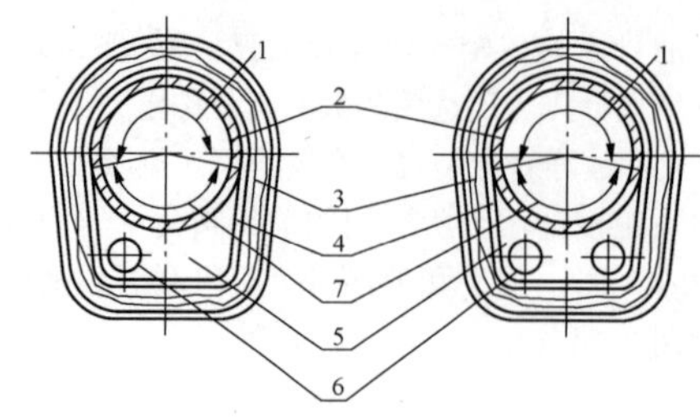

图 3-16 软质保温材料及非圆形保温结构

1—散热角 α；2—被伴管；3—软质保温材料；4—铁丝网；5—加热空间；6—伴管；7—加热角 β

对于蒸汽伴管，当伴管长度超过其最大允许有效伴热长度时，伴管应分段设置，每段伴管的始端均应从蒸汽汽源引入新蒸汽，末端接疏水。伴管最大允许有效伴热长度应按下列原则确定：

（1）当伴热蒸汽的疏水需回收时，蒸汽伴管的最大允许有效伴热长度可按表 3-9 选用。

表 3-9 蒸汽伴管的最大允许有效伴热长度

伴管公称直径 DN	蒸汽压力（MPa）	
	$0.3 \leqslant p \leqslant 0.6$	$0.6 < p \leqslant 1.0$
	最大允许有效伴热长度（m）	
15	50	60
20	60	70
25	70	80

（2）当伴热蒸汽的疏水不回收时，表 3-9 中最大允许有效伴热长度可延长 20%。

（3）当伴管在最大允许伴热长度内出现 U 形弯时，累计上升高度不宜大于表 3-10 中规定的数值。

表 3-10 蒸汽伴管允许 U 形弯累计上升高度

蒸汽压力（MPa）	累计上升高度（m）
$0.3 \leqslant p \leqslant 0.6$	4
$0.6 < p \leqslant 1.0$	6

伴热蒸汽的疏水可分区域设置疏水扩容器进行收集后复用。使用频率较低或水量较少的疏水，也可接入含油污水收集坑或经冷却后就近接入排水管线。

每根蒸汽伴管的始端和终端均应装设关断阀，每根伴管宜单独设疏水装置（见图 3-17）。当数根伴管在长度、管径、蒸汽参数基本一致以及疏水位置在同一地方时，可共用一个疏水装置。

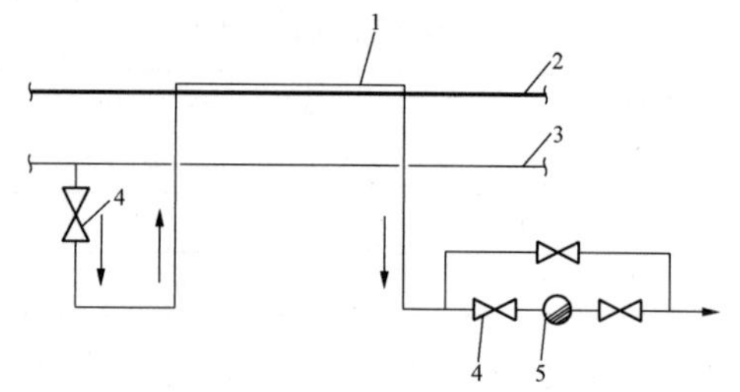

图 3-17 伴管的典型系统图

1—伴管；2—被伴管；3—蒸汽母管；4—关断阀；5—疏水器

伴热蒸汽应从蒸汽母管顶部引出，并在靠近引出处设关断阀，关断阀宜布置在水平管道上。

对于热水伴管，当伴管长度超过其最大允许有效伴热长度时，伴管应分段设置。热水伴管最大允许有效伴热长度可按表 3-11 选用。

表 3-11 热水伴管最大允许有效伴热长度

伴管公称直径 DN	热水压力（MPa）		
	$0.3 \leqslant p \leqslant 0.5$	$0.5 < p \leqslant 0.7$	$0.7 < p \leqslant 1.0$
	最大允许有效伴热长度（m）		
15	60	70	80
20	60	70	80
25	70	80	90

热水伴管伴热时，每根热水伴管宜从被伴管管道的最低位点开始伴至最高位点，然后返回至热水系统。每根热水伴管的始端和终端均应装设关断阀，最高点宜设放气阀。

对于伴管的敷设，当被伴管为水平敷设时，伴管应安装在被伴管下方的左、右一侧或左、右两侧（见图 3-18）；垂直敷设时，伴管等于或多于两根时宜围绕被伴管均匀敷设（见图 3-19）。

当伴管经过阀门或管件时，伴管应沿其外形敷设，且宜避免 U 形弯。被伴管上的取样阀、放净阀、放空阀和扫线阀等应伴热。伴管宜采用焊接连接方式，在被伴管的阀门、法兰等处伴管可采用法兰或活接头连接。

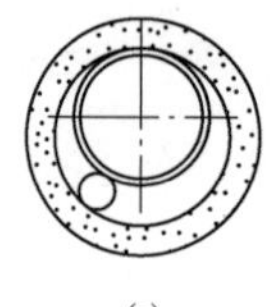

(b)

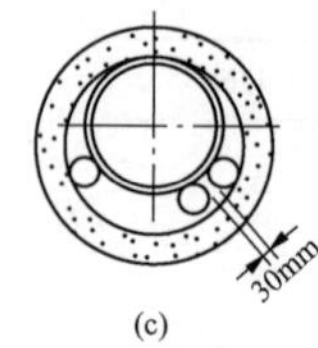

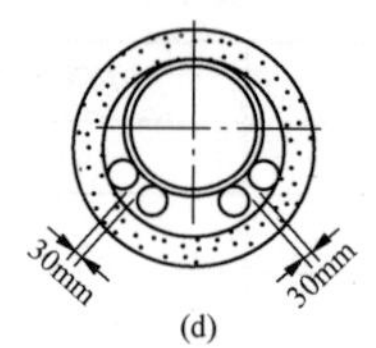

图 3-18 被伴管水平敷设

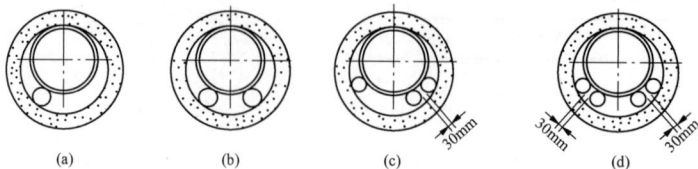

（a）单根伴管；（b）双根伴管；（c）3 根伴管；（d）4 根伴管

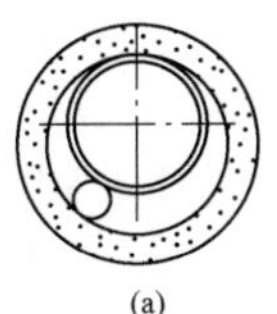
(a)

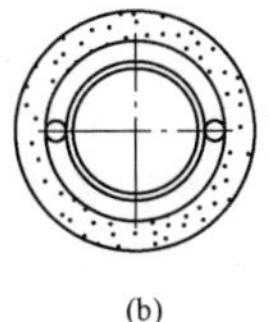
(b)

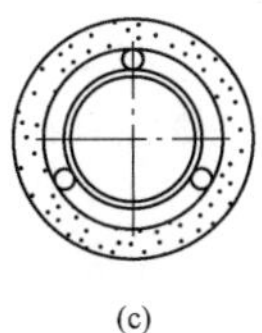
(c)

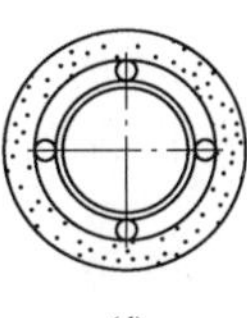
(d)

图 3-19 被伴管垂直敷设

（a）单根伴管；（b）双根伴管；（c）3 根伴管；（d）4 根伴管

伴管应利用管道本身柔性来补偿管道的热膨胀，并应按设计温度计算布置 π 形自然补偿的距离。伴管不应直接焊在被伴管上，宜用金属扎带或镀锌铁丝捆绑，捆绑间距为 1.0～1.5m。

燃油管道采用电伴热方式时，可选用恒功率电伴热带或自限温电伴热带。

电伴热带工作的最高承受温度应高于被伴管或设备内介质可能出现的最高运行温度。

电伴热带的结构特征应根据燃油管道或设备所处区域的爆炸危险性分类、管道或设备材质和电伴热带的耐化学特性确定。

电伴热带的选型应根据被伴管的工艺条件、环境温度、工作电压、被伴管需补偿的热量、被伴管需维持的温度、电伴热带最高承受温度和电伴热带的结构特征确定。

燃油系统管系所需电伴热带的总长度应通过分别计算管道、设备、阀门、法兰及管件所需的长度并累加进行确定。

当电伴热带最大使用长度不能满足计算出的电伴热带总长度时，应分段设置电伴热带。

电伴热带可采用平行敷设方式（见图 3-20）或缠绕敷设方式（见图 3-21），并应与被伴管或设备贴紧安装，同时采用扎带进行固定，扎带材料应根据管道的温度选用。

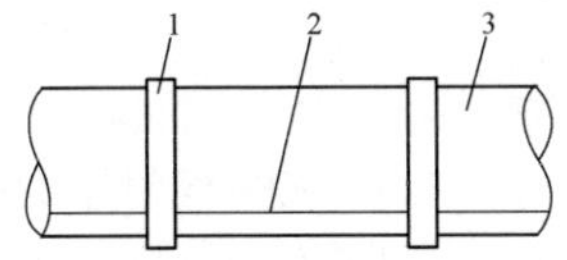

图 3-20 平行敷设方式

1—扎带；2—电伴热带；3—被伴管

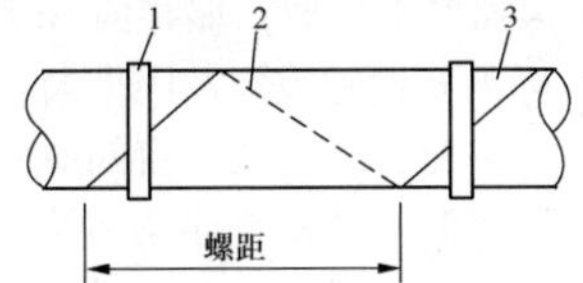

图 3-21 缠绕敷设方式

1—扎带；2—电伴热带；3—被伴管

电伴热带的安装、调试和运行应满足 GB 50254《电气装置安装工程 低压电器施工及验收规范》和 GB 50257《电气装置安装工程 爆炸和火灾危险环境电气装置施工及验收规范》的要求。

4. 含油污水收集及处理系统

（1）含油污水宜设置独立的收集及处理装置，不应与火力发电厂的其他废水混合处理。

（2）含油污水收集及处理装置宜布置在油罐区、油泵房等用油设施区域附近，采用集中处理方式。当含油污水来源间距较远时，也可采用分散处理的方式。

（3）当火力发电厂内需处理多种燃料油的含油污水且不同油品混合会影响再利用时，应分别设置含油污水收集及处理装置。

（4）含油污水收集及处理系统的设计方案应在收集工程建设条件、含油污水来源、处理水量、水质、含油污水中的油品种类及排放标准等资料后进行确定。

（5）以下含油污水应接入含油污水收集及处理系统中进行处理：燃油储罐脱水、含燃油场所的冲洗水和排水、含燃油场所的初期雨水、使用频率较低或事故工况时的加热蒸汽疏水、吹扫系统产生且未进入燃油使用设备的含油污水等。

（6）含油污水收集及处理系统的设计容量可按式（3-4）计算，即

$$Q = a\sum Q_{\rm i} + \frac{\sum(Q_{\rm j}t_{\rm j})}{t_{\rm s}} \tag{3-4}$$

式中 Q——设计容量，m^3/h；

a——不可预见系数，取 1.1～1.2；

$Q_{\rm i}$——各项连续污水量，m^3/h；

$Q_{\rm j}$——调节时间内的各项间断污水量，m^3/h；

$t_{\rm j}$——调节时间内出现的各项间断污水量的连续排水时间，h；

$t_{\rm s}$——间断水量的处理时间，可取调节时间的 2～3 倍，h。

（7）新建发电厂的含油污水的进水含油浓度可参照类似发电厂的运行数据确定。扩建、改建发电厂宜根据现有燃油系统运行数据确定。

（8）含油污水收集及处理系统处理后排水的含油

浓度应满足国家标准和地方标准的要求。

（9）含油污水处理系统处理后所收集的燃油宜在脱水处理后进行回收。

（10）含油污水处理工艺应根据污水中含油种类及成分确定，对于分散油、乳化油含量较高的污水宜设有气浮工艺。系统主体工艺如下：

1）对于含有轻油的污水：含油污水→调节池→隔油池→聚结油水分离器→过滤器→回收利用或排放。

2）对于含有重油、原油以及含有分散油和乳化油较高的污水：含油污水→调节池→隔油池→聚结油水分离器（可选择采用）→气浮装置→过滤器→回收利用或排放。

3）当污水中的含油浓度超过含油污水处理系统的处理上限值时，在调节池前端还应设置缓冲罐，在罐内依靠重力对油、水进行初次分离。

4）当采用上述工艺处理后，其他污染物指标仍不符合污水环保排放标准，需经化学处理时，可送至全厂废水集中处理车间进一步处理。

（11）含油污水处理设施宜设置调节池，调节池可与隔油池合并设计。调节池容积应根据逐次进水量、进水时间间隔、处理水量综合确定，一般可按调节时间为8～12h进行设计。

（12）含油污水处理系统的隔油池可采用平流式隔油池或斜板式隔油池。

（13）聚结油水分离器的选型应根据燃油品种、污水中油的成分、处理水量和水质确定。聚结油水分离器的聚结材料应耐腐蚀、疏水亲油，并应具有机械强度高、不易磨损、不易板结、冲洗方便等特性。油水分离器内应设置反冲洗设施，反冲洗强度应根据填料种类确定。

（14）气浮处理工艺宜采用溶气气浮，也可组合采用散气气浮和溶气气浮。气浮池前应设置药剂混合和絮凝设施。

（15）过滤设施的滤料应具有足够的机械强度和抗腐蚀性。过滤设施不宜少于2台。

（16）含油污水收集与处理系统应设置油泥、浮渣收集装置，该装置宜靠近调节池、隔油、气浮处理设施等布置。

（17）含油污水收集与处理装置的出口应设置在线油分检测仪。

三、设备选型

（一）储油罐及附件

立式储油罐及附件的设计、施工及验收应符合GB 50341《立式圆筒形钢制焊接油罐设计规范》、GB/T 50761《石油化工钢制设备抗震设计标准》、GB 50128《立式圆筒形钢制焊接储罐施工及验收规范》、GB/T 50393《钢质石油储罐防腐蚀工程技术标准》、GB 5908《石油储罐阻火器》及SY/T 0088《钢质储罐罐底外壁阴极保护技术标准》、SY/T 0511《石油储罐附件》（所有部分）的规定。

固定顶储油罐、外浮顶储油罐、内浮顶储油罐的罐壁高度与罐体直径比宜为0.16～1.6，大型储油罐宜取较小值，中小型储油罐可取较大值。

自支撑式拱顶带肋球壳的固定顶及内浮顶的储油罐直径不宜大于40m，钢制单层球面网壳的固定顶及内浮顶的储油罐直径不宜大于80m，设置有固定式和半固定式泡沫灭火系统的固定顶储油罐直径不应大于48m。

外浮顶储油罐根据使用条件可采用钢制单盘式或钢制双盘式浮顶。

外浮顶应设置转动浮梯及轨道、浮顶排水管、自动通气阀、导向及限位装置、浮顶密封装置、静电导出装置、浮顶人孔及隔舱人孔。有暴雨的地区，双盘式外浮顶应设置紧急排水装置，紧急排水装置的规格及数量应根据建罐地区的降雨强度确定。对罐壁上可能产生凝油的储油罐应装设刮蜡装置，刮蜡装置可采用机械刮蜡方式。

内浮顶储油罐的内浮顶应采用金属材质，可采用钢制单盘式、钢制双盘式、浮筒式，不应采用浅盘式或敞口隔舱式内浮顶；当储存原油并直径大于40m时，内浮顶不应采用易熔性材质；直径大于48m时，应选用钢制单盘式或钢制双盘式内浮顶。

内浮顶应设置自动通气阀、导向及限位装置、浮顶密封装置、静电导出装置、浮顶人孔及隔舱人孔。内浮顶可不设置排水装置。对罐壁上可能产生凝油的储油罐应装设刮蜡装置，刮蜡装置可采用机械刮蜡方式。

对于固定顶储油罐附件，当油罐储存普通柴油时，应装设阻火器及呼吸阀。呼吸阀的排气压力应小于储油罐的设计正压，呼吸阀的进气压力应高于储油罐的设计负压力，当呼吸阀所处的环境温度可能小于或等于0℃时，应采用全天候式呼吸阀。储存丙A类重油时，应装设阻火器及通气管；储存丙B类重油时，应设置通气管，可不装设呼吸阀及阻火器。通气管上应设置防雨雪罩，并配备2目或3目的耐腐蚀钢丝网。重油储油罐宜设置清扫孔，普通柴油储油罐宜设置排污孔。普通柴油储油罐设有带排水槽的排水管时，可不设置排污孔。固定顶储油罐的通气管/呼吸阀、量油孔、透光孔、罐壁人孔、排污孔/清扫孔、排水管的数量和规格按表3-12确定。

表 3-12 固定顶储油罐附件配置

储罐容量（m^3）	设有阻火器的通气管/呼吸阀			未设阻火器的通气管		量油孔（个）	透光孔（个）	罐壁人孔DN600（个）	排污孔/清扫孔（个）		排水管个数×公称直径DN
	进、出储罐的最大液体量（m^3/h）	个数×公称直径DN		进、出储罐的最大液体量（m^3/h）	个数×公称直径DN				排污孔	清扫孔	
		通气管	呼吸阀								
100	≤60	1×50	1×80	≤60	1×50	1	1	1	1	1	1×50
200	≤50	1×50	1×80	≤50	1×50	1	1	1	1	1	1×50
300	≤150	1×80	1×100	≤160	1×80	1	1	1	1	1	1×50
400	≤135	1×80	1×100	≤140	1×80	1	1	1	1	1	1×50
500	≤260	1×100	1×150	≤130	1×80	1	1	1	1	1	1×50
700	≤220	1×100	1×150	≤270	1×100	1	1	1	1	1	1×80
1000	≤520	1×150	1×200	≤220	1×100	1	2	1	1	1	1×80
2000	≤330	1×150	2×150	≤750	1×150	1	2	1	1	1	1×80
3000	≤690	1×200	2×200	≤550	1×150	1	2	2	1	1	1×100
4000	≤660	2×150	2×200	≤1500	2×150	1	2	2	1	1	1×100
5000	≤1600	2×200	2×250	≤1400	2×150	1	2	2	1	1	1×100
10000	≤2600	2×250	2×300	≤3400	2×200	1	3	2	2	2	1×100
20000	≤3500	2×300	3×300	≤2700	2×200	1	3	2	3	3	2×100
30000	≤5500	3×300	4×300	≤5200	2×250	1	3	2	3	3	2×100
50000	≤6400	3×300	4×350	≤8500	2×300	1	3	3	3	3	2×100

对于外浮顶储油罐附件，油罐储存原油和重油时宜设置清扫孔，储存普通柴油储油罐宜设置排污孔，当普通柴油储油罐设有带排水槽的排水管时，可不设置排污孔。外浮顶储油罐的量油孔、罐壁人孔、排污孔/清扫孔、排水管的数量和规格按表确定 3-13。

表 3-13 外浮顶储油罐的附件配置

储罐容量（m^3）	量油孔（个）	罐壁DN600人孔（个）	排污孔/清扫孔（个）		排水管个数×公称直径DN
			排污孔	清扫孔	
≤2000	1	1	1	1	1×80
3000～5000	1	2	1	1	1×100
10000	1	2	1	2	1×100
20000～30000	1	2	2	2	2×100
50000	1	3	2	2	2×100
＞50000	1	3	—	—	3×100

对于内浮顶储油罐附件，对无密闭要求的内浮顶储油罐应设置环向通气孔，固定顶中心最高位置应设置罐顶通气孔，通气孔应设置防雨雪罩，通气孔及防雨雪罩的设置应符合 GB 50341—2014《立式圆筒形钢制焊接油罐设计规范》9.7 的要求。内浮顶储油罐的固定顶上宜设置目视检查孔，当环向通气孔设置在罐顶上时可兼做检查孔，检查孔的设置应符合 GB 50341—2014《立式圆筒形钢制焊接油罐设计规范》9.10.3 的要求。原油和重油储油罐宜设置清扫孔，普通柴油储油罐宜设置排污孔，普通柴油储油罐设有带排水槽的排水管时，可不设置排污孔。内浮顶储油罐的量油孔、罐壁人孔、罐壁高位带芯人孔、排污孔/清扫孔、排水管的数量和规格宜符合表 3-14 的规定。

表 3-14 内浮顶储油罐的附件配置

储罐容量（m^3）	量油孔（个）	罐壁DN600人孔（个）	罐壁高位DN600带芯人孔（个）	排污孔/清扫孔（个）		排水管个数×公称直径DN
				排污孔	清扫孔	
≤2000	1	1	1	1	1	1×80
3000～5000	1	2	1	1	1	1×100
10000	1	2	1	1	2	1×100
20000～30000	1	2	1	2	2	2×100
50000	1	3	1	2	2	2×100

对于常压地上卧式储油罐附件，当储存原油或普通柴油时，应装设阻火器及呼吸阀。储存丙A类重油时，应装设阻火器及通气管；储存丙B类重油时，应设置通气管，可不装设呼吸阀及阻火器，通气管上应设置防雨雪罩，并配备2目或3目的耐腐蚀钢丝网。通气管/呼吸阀的规格应按储油罐的最大进、出流量确定，但不应小于50mm；当同种油品的多个储油罐共用一根通气母管时，通气母管的直径不应小于80mm。常压地上卧式储油罐的人孔内径应不小于600mm，筒体长度大于6m时应至少设2个人孔，其中一个人孔应设置内斜梯。常压地上卧式储罐排水管的公称直径不应小于40mm。

储存原油、重油的储油罐宜设置罐顶扫线管，其公称直径可按表3-15确定。

表3-15　　罐顶扫线管公称直径表

罐壁进、出口管道公称直径DN	罐顶扫线管公称直径DN
≤150	50
200～350	80
400～500	100
550～600	150
＞600	200

储油罐的脱水系统可采用人工判断排水或设置自动切水装置。燃气轮机发电厂对燃油中的水分和有害杂质有较高要求时，日用油罐可采用浮动式出油装置。

（二）油泵

油泵形式的选择主要取决于油品性质和供油参数。当输送的油品黏度小、压力较低且流量较大时，一般采用离心泵；当油品黏度大，压头较高且流量较小时，一般采用往复泵；如流量均匀且油品不含固体颗粒时，也可采用螺杆泵和齿轮泵。

1. 多级离心供油泵

离心泵的特点是压力稳定、调节性能好、能直接由电动机带动、运行维护简单、易损零件少、对杂质不敏感、价格低廉；缺点是吸入管须预先充油方可启动，吸入头低（一般为3～5.5m），油品黏度增加时，流量、效率和扬程降低较大。离心泵可用于卸油、供油和输油。

2. 往复泵

往复泵的特点是干吸能力强、启动简单、运行方便，黏度对出力及效率的影响较小；缺点是体积大、价格贵，汽动泵运行费用高且蒸汽不能回收。由于活塞往复运动，油压波动，对油喷嘴的雾化质量有影响，使火焰脉动，油风混合较差，而且易损零件多，维护、检修均不方便。往复泵多用于卸油或长距离输油，作供油泵时，需加稳压器。

3. 螺杆泵

螺杆泵的特点是结构简单、质量轻、效率高、流量均匀（随压力改变很小），可适应较高的黏度，工作时噪声小；缺点是压力不够稳定，调节性能较离心泵差，不宜输送含杂质的油品。此外，制造精度要求高，较难检修。螺杆泵多作为供油泵用。螺杆油泵的容积损失随输送油品的黏度值的平方根成反比，泵的流量在油品黏度大于20°E时几乎为常数；但输油功率随油品黏度增大而增加。

4. 齿轮泵

齿轮泵的特点是体积小、质量轻、流量均匀。但调节性能不佳，负荷变化时压力波动较大。此外，因轴承构造不良，磨损较严重，而容易卡住。齿轮泵容量较小，用于小容量燃油系统。

四、设计参数选取

（一）燃油管道设计压力

燃油管道设计压力（表压）必须高于在运行中管内介质可能出现的最大内压力或外压力，且不得小于介质静止或脉动条件下管内的最大内压力。当燃油管道设有清扫管道时，管道设计压力不得低于清扫介质最高工作压力。

燃油管道的设计压力按下列规定选用。

1. 卸油管道设计压力

（1）对于单级强制卸油管道，卸油泵进口侧管道可按全真空设计，卸油泵出口侧管道设计压力按卸油泵出口阀关闭情况下泵的关闭扬程取值。当卸油泵出口设有安全阀时，管道的设计压力不得低于安全阀的开启压力。

（2）对于两级强制卸油的中转卸油泵进、出口管道，中转卸油泵进口侧管道设计正压按第一级卸油泵出口阀关闭情况下泵的关闭扬程与进口侧压力之和取值，设计负压可按全真空设计；中转卸油泵出口侧管道设计压力应按中转卸油泵出口阀关闭情况下第一级卸油泵与中转卸油泵两级泵的闭门扬程与第一级卸油泵进口侧压力之和取值。当中转卸油泵出口设有安全阀时，管道的设计压力不得低于安全阀的开启压力。

（3）对管道来油的管道，其设计压力与上游管道设计参数相同。

（4）当卸油管道设有清扫管道时，管道设计压力不得低于清扫介质最高工作压力。

2. 供油管道设计压力

供油泵进口侧管道，设计压力取泵吸入口中心线至油罐最高液面的静压柱，且不小于0.2MPa，也不得低于油罐的设计压力。

供油泵出口侧管道，设计压力取泵出口阀关闭情况下泵的扬程与进口侧压力之和。当供油母管上设有安全阀时，母管的设计压力不得低于安全阀的开启压力。

对二级泵供油系统，管道的设计压力应以泵分段确定。

3. 回油管道设计压力

回油管道设计压力应与2.供油管道相同。

4. 伴热蒸汽管道设计压力

伴热蒸汽管道按汽源处管道的设计压力选用。

（二）燃油管道设计温度

（1）燃油管道设计温度应高于管内介质最高工作温度。

（2）当配置伴热管道时，还应与热力计算确定的伴热时管壁的温度比较，取温度高者作为设计温度。

（3）对有燃油加热器的管道，加热后的燃油温度应高于凝点温度5℃以上，并低于闪点温度减10℃。

（4）对不加热输油的情况应根据环境条件和燃油特性确定最高温度或最低温度，同时应考虑管道是否有保温。

五、管道规格及材料选取

燃油管道的材料选择应遵循GB/T 20801.2《压力管道规范　工业管道　第2部分：材料》和《发电厂油气管道设计规程》DL/T 5204《发电厂油气管道设计规程》的规定。管道材料一般采用20号钢或不锈钢。

六、布置要求

燃油管道的布置应符合DL/T 5204《发电厂油气管道设计规程》的规定。

七、消防及安全防护

（1）燃油的火灾危险性分类、油罐区内油罐之间的防火间距、建（构）筑物以及设施之间的防火间距应符合GB 50074《石油库设计规范》的有关规定。

（2）燃油系统设备宜露天或半露天布置。爆炸危险区域的范围划分和设备选型，应按GB 50058《爆炸危险环境电力装置设计规范》执行。

（3）油泵不应采用皮带传动。在爆炸危险区范围内的其他转动设备若必须使用皮带传动时，应采用防静电皮带。

（4）油管道应架空敷设。当需要采用管沟敷设时，应采用防止燃油和燃油蒸汽在管沟内聚集的措施，并在进、出泵房及厂房处设密封隔断；管沟内的污水应经过水封井或其他截断设施排到含油污水收集及处理装置。

（5）蒸汽管道不应与甲、乙、丙A类燃油管道敷设在同一条管沟内。

（6）油罐、燃油系统的卸油设施、工艺设备和管道等的防雷和静电接地措施，应符合GB 50074《石油库设计规范》的有关规定。

（7）泵房的门外、油罐的上罐入口扶梯处、卸油作业区内操作平台的扶梯入口处、码头上下船的入口处应设人体静电消除装置。

（8）封闭式泵房应采取强制机械通风措施，通风能力在工作期间不宜小于10次/h，非工作期间不宜小于3次/h。

（9）卸油栈台、卸油码头、汽车卸油平台的设计应满足消防要求，照明灯应采用防爆型产品。

（10）油罐区、油泵房以及其他燃油设施的消防设施设置要求应符合GB 50660《大中型火力发电厂设计规范》、GB 50074《石油库设计规范》、GB 50229《火力发电厂与变电站设计防火规范》的有关规定。

八、联锁条件

（1）储油罐的油温应能自动调节。

（2）当储油罐液位低于最低液位时，宜在控制室报警。

（3）当一台供油泵事故跳闸或者供油母管压力低时备用泵应能自动投入。

第四章

进气和烟气系统

第一节　进　气　系　统

一、系统功能及范围

（一）系统功能

（1）燃气轮机进气系统主要向燃气轮机压气机提供气流均匀分布的清洁空气，具有过滤、防水及防杂质进入燃气轮机的功能。

（2）在严寒地区进气系统应有防结冰功能，在炎热地区宜进行进气冷却，提高燃气轮机效率。

（3）对进气采取消声措施，使噪声满足规定的要求。

（二）系统范围

燃气轮机进气系统范围为从主厂房外的大气吸入口至燃气轮机压气机入口法兰，主要包括进气过滤装置、进气消声器、进气风道及其运行和维护所需的辅助设备。根据需要还可以配置进气防冰、进气冷却等系统。

燃气轮机进气系统通常由燃气轮机供货厂商配套供货。

二、常见系统方案

常见燃气轮机进气系统方案见图 4-1。进口空气经防雨罩、防鸟网、除冰装置、除湿百叶窗、除湿过滤模块、反吹过滤系统、消声器、膨胀节、进气挡板门进入压气机入口。

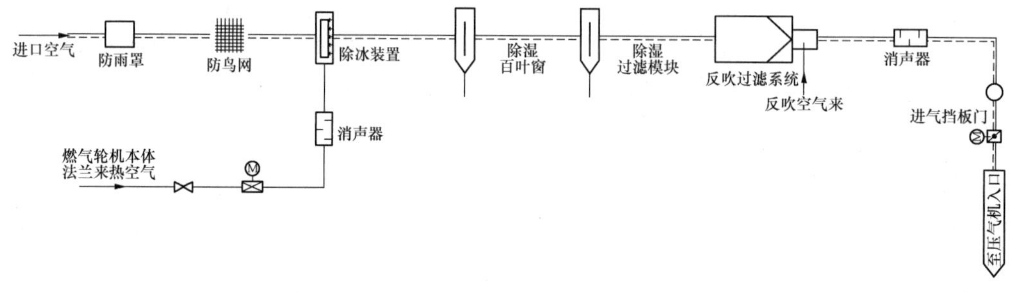

图 4-1　常见燃气轮机进气系统图

该方案中燃气轮机地处北方寒冷地区，因此设置除冰装置，当除冰报警时，除冰阀开启，从燃气轮机法兰处抽取的热空气与进气混合提高进气温度，防止结冰。此外，除冰方式还有以中间介质换热的非接触式加热方式，通常选用乙二醇水溶液为中间介质，其系统图见图 4-2。乙二醇水溶液被水泵驱动在系统中循环流动，在换热器内被热网水加热，送至吸风口处通过散热器将热量传递给冷空气，防止空气在进风口处结冰。

安装在较高环境温度地区的燃气轮机，经技术经济比较合理时，燃气轮机可安装进气冷却装置，以降低进气温度，改善机组出力。吸入空气通过非接触式换热器，与低温介质换热，降低温度，低温水来自制冷机。制冷机可以采用电制冷或者吸收式制冷。燃气轮机进气冷却系统见图 4-3。

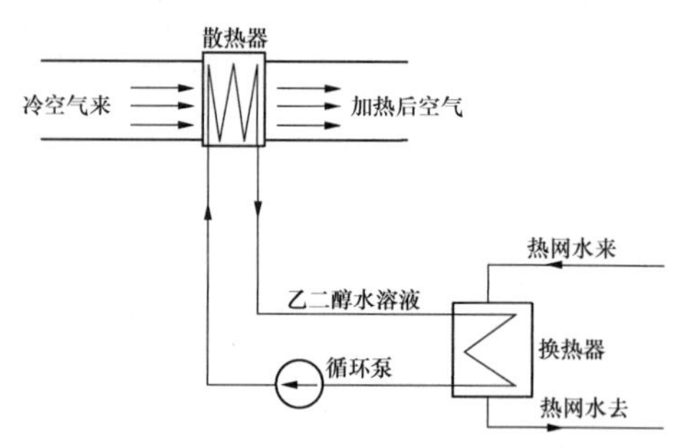

图 4-2　燃气轮机进气非接触加热系统

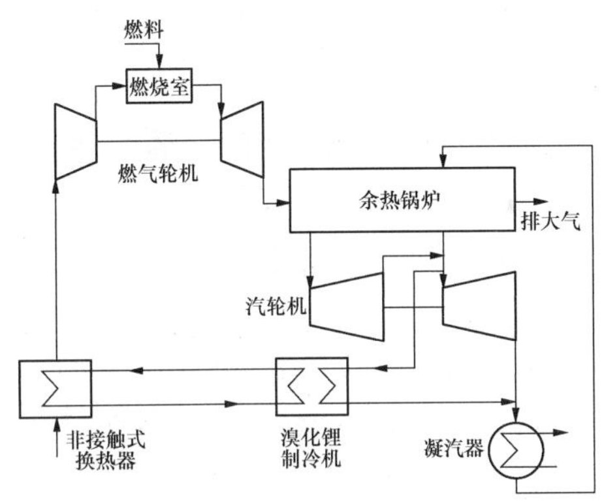

图 4-3 燃气轮机进气冷却系统

三、设备选型

（一）进气过滤装置

1. 进气系统过滤装置的形式

进气系统过滤装置的形式主要有静态三级过滤装置和脉冲空气自清洁过滤装置两种方式。过滤装置的进、出口应设置差压报警装置和停机保护装置。

（1）静态三级过滤装置。静态三级过滤装置包括惯性分离器、粗过滤器、精过滤器 3 部分。

1）惯性分离器形式为蜂窝状结构或百叶窗式。

2）粗过滤器位于惯性分离器和精过滤器之间，为可拆卸的玻璃纤维衬垫。

3）精过滤器（高效介质过滤器）在惯性分离器和粗过滤器的下游。过滤器介质可分为两大类：一种为高效木浆纤维滤纸，为了增加防潮性能，一般在制造过程中浸渍了含量小于或等于 20%的树脂；另一种由超细的玻璃纤维组成。在同等的过滤面积下，超细玻璃纤维的透气度比高效木浆纤维滤纸大 3～4 倍。

静态三级过滤装置一般采用立式 V 形两面迎风进气方式，其进口空气的流速一般为 2～2.5m/s，过滤器的压力损失，运行初期为 100～500Pa，而污脏后则可能达到 1500Pa 以上，这时则需清洁或更换。

（2）脉冲空气自清洁过滤装置。脉冲空气自清洁过滤装置为带有脉冲反吹系统的过滤装置，也称为“自洁式过滤器”。滤材一般采用高效木浆纤维滤纸，由于其耐破度较好，系统可采用一级过滤装置。当采用这种高强度、高密实的滤材时，大量粉尘在滤材表面结痂，这种痂状物俗称“滤饼”。过滤装置的反向脉冲气流可使“滤饼”脱落，较高的气流阻力则随之回落。

2. 过滤装置效率

过滤装置效率要满足各燃气轮机制造厂的要求。一般而言，对于大于 2μm 颗粒，过滤效率要求在 99%以上；大于 5μm 的颗粒，过滤效率要求在 99.9%或 99.5%以上。

3. 进气过滤装置形式选择

对于不同地区和环境，进气过滤装置形式选择见表 4-1。

表 4-1 过滤装置形式选择

工作环境	工业地区	沿海地区	沙漠地区	多雨、潮湿地区
颗粒类型	工业粉尘、油性烟粒	盐粒、盐雾、粉尘	硬质细尘、细粒	丝状物、粉尘、细粒
浓度（mg/kg）	0.008～0.77	0.008～0.77	0.023～7.73	0.08～5
颗粒直径（μm）	0.05～50	0.3～30	0.5～100	0.5～50
推荐装置	静态、脉冲	静态、脉冲	脉冲	静态

（二）进气消声装置

吸风口处的噪声是燃气轮机的主要噪声源之一，进气道消声装置属于燃气轮机制造厂配套提供的设备，进气装置的噪声应限制在当地环保部门许可的噪声范围内，通常要求燃气轮机吸风口处噪声限制在 85dB 以下，必要时，需要设置隔声墙降低进气处的噪声。

（三）旁通门装置

风道系统中的旁通门，使得在过滤器过度压差的情况下空气过滤器可以旁通。一般在过滤器压差高时启动报警，压差进一步增高时启动二次报警并自动开启旁通门。但旁通门开启后，空气不经过滤便进入进气系统，造成运行隐患，因此，目前大多燃气轮机机组不设旁通门，过滤装置停机检修或更换。

（四）进气冷却装置

燃气轮机进气冷却技术可以分为两大类：蒸发式冷却和制冷式冷却。蒸发式冷却根据冷却器的结构形式分为介质式蒸发冷却和喷雾冷却；制冷式冷却根据冷源的获取方式不同分为压缩制冷冷却、吸收制冷冷却、蓄冷冷却和液化天然气（LNG）冷能利用。

1. 蒸发冷却原理

蒸发冷却原理是利用水在空气中蒸发时吸收潜热来降低空气温度。

（1）介质式蒸发冷却又称为水洗式冷却。将水膜式蒸发冷却器置于空气过滤器后，燃气轮机进气与水膜接触从而达到水洗降温加湿的目的。经冷却后的空气，相对湿度可达 95%，但该方式对进气阻力影响较大。

（2）喷雾冷却。燃气轮机进气用的雾化式蒸发冷却器将水高细度雾化后，喷入空气流中，利用水雾化后表面积急剧增大的特点来强化蒸发冷却效果，可以将空气冷却至饱和点附近，具有很高的冷却效率，并且阻力损失较小。

2. 制冷式冷却

在燃气轮机压气机进口处设置一翅片式表面换热器，空气在管外翅片侧流动，冷源在管内流动。随着空气通过表面式换热器把显热传给冷源，空气温度逐渐降低到露点温度及露点温度以下。

（1）压缩制冷。压缩制冷采用压缩制冷循环。压缩制冷系统简单，初投资较低，可以获得较低的制冷温度，但最大的缺点是需要消耗电力。

（2）吸收制冷。吸收制冷利用电厂余热驱动制冷机，向燃气轮机进气提供冷源，通过表面式热交换器降低燃气轮机进气温度，达到增加出力，提高燃气轮机效率（联合循环效率基本保持不变）的目的。吸收制冷利用低品位的热能，且可以充分利用电站余热，可利用的电厂余热通常有低压省煤器的低温给水或汽轮机的低压抽汽蒸汽。

1）吸收制冷根据其结构有单级和双级之分。

2）根据所采用的制冷剂不同分为氨吸收制冷和溴化锂吸收制冷两种形式。

氨吸收制冷虽然可以获得较低的制冷温度，但设备庞大、占地面积大、造价较高且防爆等级要求较高，故采用溴化锂吸收制冷应用较多。

3. 蓄冷冷却

蓄冷冷却在本质上也是压缩机制冷冷却。其主要是利用电网的峰谷差电价，即在电网低谷时期，利用低价电驱动压缩制冷机制冷，冷量储藏在蓄冷装置中，到电网高峰期，制冷装置停止运行，再把蓄冷装置储藏的冷量释放出来，用以冷却燃气轮机进气，降低进气温度，增加出力，提高燃气轮机效率。取得电的差价利润，达到双重效果。

4. LNG 冷能利用

LNG 的温度是−160℃，处于超低温状态，使用前必须在 LNG 接收站再汽化为天然气，在汽化过程中释放的大量冷能是可以回收利用的。利用中间传热介质通过 2 级换热器将 LNG 冷能传递给燃气轮机入口处空气，中间传热工质通常是乙二醇水溶液。

上述几种冷却方式，应根据当地气象参数、峰谷电价差以及具体工程实际条件优化选择合适的冷却方式。

四、联锁条件

（1）过滤装置压差超过设定值，反吹清洁过滤装置。

（2）环境温度低于设定值或压气机入口温度低于设定值，入口加热（防结冰）系统投入。

第二节　烟　气　系　统

一、系统功能及范围

（一）系统功能

将烟气从燃气轮机出口排至余热锅炉，在余热锅炉中与水和蒸汽进行热交换，对燃气中的氮氧化物处理达到排放标准后，通过烟囱排至大气。

（二）系统范围

从燃气轮机出口经排气扩散段、余热锅炉，至烟囱出口。包括燃气轮机出口烟气系统、余热锅炉烟气系统及辅助系统。

燃气轮机出口烟气系统包括燃气轮机出口至余热锅炉烟道入口之间的排气扩散段及其支架、排气膨胀节、余热锅炉本体进口烟道过渡段及其支架、膨胀节以及旁路烟囱和烟气挡板（若有）等。通常，燃气轮机排气扩散段及其支架、排气膨胀节由燃气轮机厂家配套供货，扩散段与余热锅炉之间的过渡段及其支架、膨胀节由余热锅炉供货厂商配套供货。燃气轮机排气扩散段的设计应使气流的阻力最小，并能在各种工作条件下避免产生噪声、变形和振动。

余热锅炉部分烟气系统包括余热锅炉入口烟道、本体烟道、出口至烟囱的烟道、补偿器、烟囱、烟气挡板和消声器等，通常均由余热锅炉供货厂商配套供货。

二、常见系统方案

三压余热锅炉联合循环机组烟气系统见图 4-4。燃气轮机出口烟气经排气扩散段进入余热锅炉，经高压过热器 3、再热器 2、高压过热器 2、再热器 1、高压过热器 1、高压蒸汽器后，经烟气脱硝，经过高压省煤器 3、中压过热器、高压省煤器 2、中压蒸发器、低压过热器、中压省煤器、高压省煤器、低压蒸发器，低压省煤器，完成换热后，经消声器，进入烟囱，排入大气。

双压余热锅炉联合循环机组烟气系统见图 4-5。燃气轮机出口烟气经排气扩散段进入余热锅炉，经高压过热器 3、高压过热器 2、高压过热器 1、高压蒸汽器后，经烟气脱硝，再经过高压省煤器、低压过热器、低压蒸发器，低压省煤器，完成换热后，进入烟囱，经消声器，排入大气。

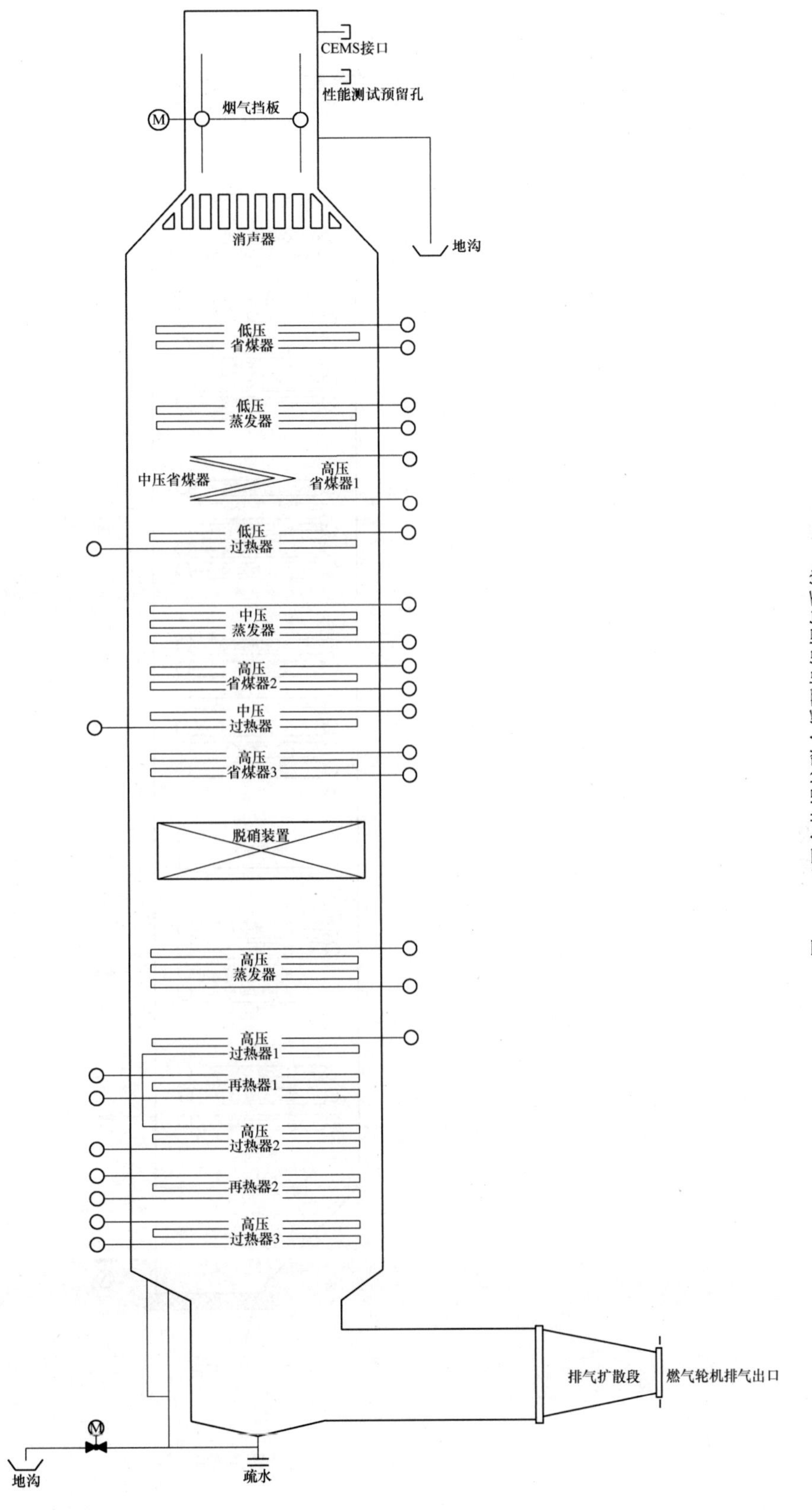

图 4-4 三压余热锅炉联合循环机组烟气系统

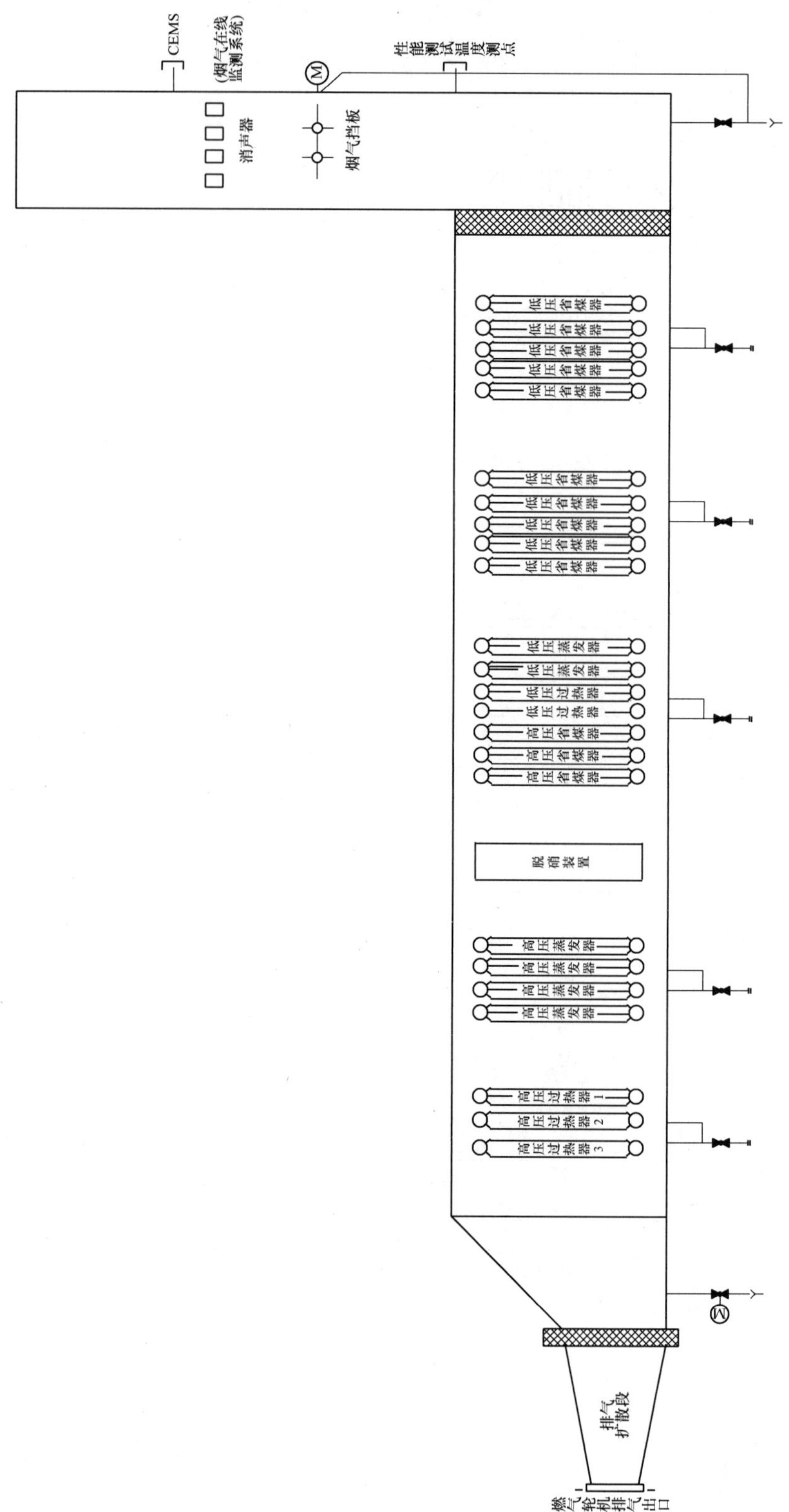

图 4-5 双压余热锅炉联合循环机组烟气系统

三、膨胀节

烟气系统设计要考虑与燃气轮机接口处的燃气轮机侧的位移与余热锅炉自身烟道的热膨胀问题，通常设有膨胀节。应满足以下要求：

（1）在燃气轮机排气过渡段出口与锅炉入口的膨胀节，应吸收机组在各种工况下运行时来自燃气轮机排气过渡段及余热锅炉自身的热膨胀。

（2）膨胀节材料应能满足最高运行温度下热应力循环和连续运行的要求，能承受机组在各个运行工况下时产生的振动。材料为金属或织物型。

（3）膨胀节的使用寿命要求为不小于 30000 运行小时。

（4）膨胀节配有导流板以防遭受燃气气流中的流体动态作用力的作用和防粉尘的沉降。

（5）膨胀节的保温应是分节式的，以便于膨胀节的就地拆除。

四、烟囱

（一）烟囱设置要求

（1）余热锅炉的烟囱通常采用低合金高强度钢制造，并考虑一定的腐蚀余量，保证 25 年的使用寿命。在特殊的场合，如旧电厂改造项目，也有采用电厂原有旧混凝土烟囱的情况。

（2）补偿器通常为织物型膨胀节，由余热锅炉制造商配套提供。

（3）烟囱内设置烟气挡板，烟气挡板的作用为在机组停止运行后，防止热烟气排到大气中，保持余热锅炉内温度，保存炉内热量以便随时快速热启动余热锅炉，以加快余热锅炉启动时间。挡板设计应考虑在挡板开启过程中，缓慢打开，以便于挡板开启的速度与余热锅炉的升温、升压速度相协调，避免对余热锅炉产生较大的热冲击或受热面变形；另外，应该考虑在故障时，如烟道中有超压的趋势可自动打开；当余热锅炉停运时，可保护受热面免受雨水冲袭。烟气挡板为两个半圆形挡板，由电动执行器驱动，整套烟气挡板通常由余热锅炉制造商配套提供。

（4）烟囱中通常设有消声器，消声器的作用是消除烟囱出口处的噪声，通常要求烟囱出口噪声为 60～85dB，在噪声标准要求高的区域，采用较高的噪声限制标准，消声器由余热锅炉制造商配套提供。

（5）对于燃气－蒸汽联合循环机组，通常不考虑燃气轮机单独运行，因此不设置旁通烟囱。但某些燃料价格较低或建设进度要求较快的项目有单循环运行需求，要设置旁通烟囱和旁通挡板，常见于机组容量E 级及以下机组。

（二）旁路烟囱

对于设置旁路烟囱的机组，从燃气轮机排出的高温烟气有两路出口：一路进入余热锅炉，流过各级受热面，从主烟囱排入大气；另一路进入旁通烟囱，排入大气。在余热锅炉的入口烟道及旁路烟道上均装设有挡板，以便于切换运行。通常采用液压传动，能耐燃气轮机排烟高温、防泄漏，为双挡板、双密封面形式。

旁通挡板在全关位置上时密封性要好，避免烟气漏泄。通常，烟气挡板为双层挡板，在挡板每一边上装有不锈钢弹性板组成密封装置，中间由两台密封风机（1 台运行、1 台备用）供给密封空气，其压力高于燃气轮机排气压力，以防止高温烟气泄漏。一般设计的最大泄漏率为 0.2%～0.5%，否则影响汽轮机的做功，致使联合循环的效率下降。

旁通烟囱和旁通挡板可以由余热锅炉制造商配套提供，也可单独采购。

（三）烟囱高度和直径

主烟囱和旁路烟囱的高度由当地环保部门的环评批复意见确定，通常为 60～80m。烟囱直径 E 级机组一般为 5.5m 左右，F 级机组一般为 7m 左右。

（四）烟囱保温

主烟囱采用外保温方式的钢结构烟囱，外保温材料防止运行或检修人员烫伤。在特殊情况，也采用混凝土烟囱，如老电厂新建燃气轮机，利用老厂混凝土烟囱作为燃气轮机的排放烟囱。

旁通烟囱由于排烟温度较高，通常采用内保温方式的钢结构烟囱。

（五）其他

主烟囱和旁通烟囱外侧通常设置有旋转扶梯、顶部设置有检修平台、航标灯、环保排放监测仪器（CEMS）等。

五、烟气系统阻力

余热锅炉烟气侧阻力值（从余热锅炉入口至烟囱出口）E 级别及以上机组一般为 3～3.2kPa，考虑脱硝阻力后一般为 3.3～3.6kPa。

六、排烟温度

燃气－蒸汽联合循环机组余热锅炉排烟温度通常为 100℃左右，若考虑烟气余热利用，排烟温度可降低到 80～90℃或更低。

七、联锁条件

烟道中有超压的趋势，出口挡板自动快速打开（出口挡板未完全开启时）。

第三节 辅 助 系 统

一、脱硝系统

（一）系统功能

为降低烟气氮氧化物的排放浓度，达到排放要求。联合循环机组烟气脱硝技术通常采用选择性催化还原技术（SCR），利用还原剂将 NO_x 还原为 N_2。

（二）设计原则

1. 一般要求

（1）余热锅炉的烟气脱硝宜选用选择性催化还原烟气脱硝工艺。催化剂应根据机组特点、烟气特性、烟气含尘量、阻力要求等各种因素，合理选择。

（2）脱硝效率应根据国家环保排放控制标准、工程环境影响评价批复意见的要求，经技术经济比较确定。

（3）还原剂储存和供应系统应符合 DL/T 5480《火力发电厂烟气脱硝设计技术规程》的有关规定。

（4）应能适应余热锅炉的任何负荷，并能适应机组的负荷变化和机组启停次数的要求。装置和所有辅助设备能投入运行而对锅炉负荷和锅炉运行方式没有任何干扰。而且脱硝装置能够在烟气排放浓度为最小值和最大值之间任何点运行。

（5）脱硝系统不设置烟气旁路系统。

（6）脱硝装置可用率不小于 98%。

（7）脱硝剂的储存容量满足余热锅炉性能保证工况连续满负荷运行 7 天的要求。

（8）氨的逃逸率不大于 3×10^{-6}mol/mol。

（9）催化剂寿命。化学寿命，从首次注还原剂开始到更换或加装新的催化剂之前，运行小时数应（在 NO_x 脱除率不低于 85%，氨的逃逸率不高于 3×10^{-6}mol/mol 的条件下）在 3 年内不低于 24000h。催化剂的机械寿命不少于 10 年。

（10）氨/空气混合及喷射系统应符合下列规定：

1）氨气稀释空气的来源宜采用稀释风机提供。

2）稀释风机宜选用离心式风机。

3）每台锅炉宜设置 2 台 100%容量的稀释风机。

4）稀释风机的风量裕量不宜小于 10%，压头裕量不宜小于 20%。

2. 还原剂选择

SCR 脱硝通常选择氨水、氨气、液氨、尿素等为还原剂。

（1）氨水法。系统较为简单，浓度为 10%～35% 的氨水是第 8 类碱性腐蚀品，没有毒性，只要用常规大气式箱罐储存即可，缺点是反应剂耗量大。

（2）氨气法。

1）优点：系统简单、成熟，物料耗量小。

2）缺点：氨气属于有毒、易燃、危害性很强的化学危险品，国家和各个行业标准对危险品的储存和使用都有明确的规定和要求。布置及存储要求较高。

（3）液氨制氨。

1）优点：系统简单、成熟，造价低，还原剂耗量小。

2）缺点：同上述（2）2）氨气法，对于液氨存储、卸车、制备区域以及采购及运输路线国家有一系列的法律法规对其有严格的要求。为防泄漏，须放置在承压容器中。此外，按照 GB 50016《建筑设计防火规范》的规定，液氨储罐与周围的道路、工业厂房、工业建筑等的防火间距最小不少于 15m，这对场地的布置要求较高。

（4）尿素制氨。

1）优点：由于采用原料为尿素，不存在爆炸危险、毒性危害、重大危险源等因素，安全距离也大大降低，在运输、储存中也无危险性。

2）缺点：

a. 尿素法的成本高，系统复杂，尿素储存过程中容易板结；

b. 尿素溶液为饱和溶液，为防止结晶，须进行伴热、维持循环等，运行费用高；

c. 尿素溶液热解过程耗用燃油或者天然气、高温烟气、电加热（电加热器功率高）作为热解热源，运行费用高。

综合考虑安全性、经济性、还原剂耗量、工程具体情况等，联合循环机组 SCR 还原剂通常采用氨水或尿素。

（三）常见系统方案

以氨为还原剂的联合循环机组 SCR 脱硝采用余热锅炉烟气稀释氨水，脱硝稀释风管道系统见图 4-6。余热锅炉来烟气经 2 台 100%稀释风机，送入氨水蒸发器与氨水系统来氨水混合送入 SCR 反应器。氨水卸料储存系统与燃煤锅炉类似，不再赘述。

若采用尿素为还原剂，系统与燃煤机组大体一致，不再赘述。

二、燃气轮机压气机叶片清洗系统

燃气轮机压气机叶片通常配有自清洗系统。自清洗系统分为在线清洗和离线清洗两种。离线清洗装置可单台燃气轮机设置单元，也可几台燃气轮机共用一个移动式离线清洗装置。离线清洗的效果比在线清洗的效果好。通常，燃气轮机出力降低 5%左右或进气装置出现进、出口压力差较大时，即需要进行清洗。典型的清洗装置系统图见图 4-7。

清洗介质有除盐水和除盐水+洗涤剂的混合剂两种清洗介质。

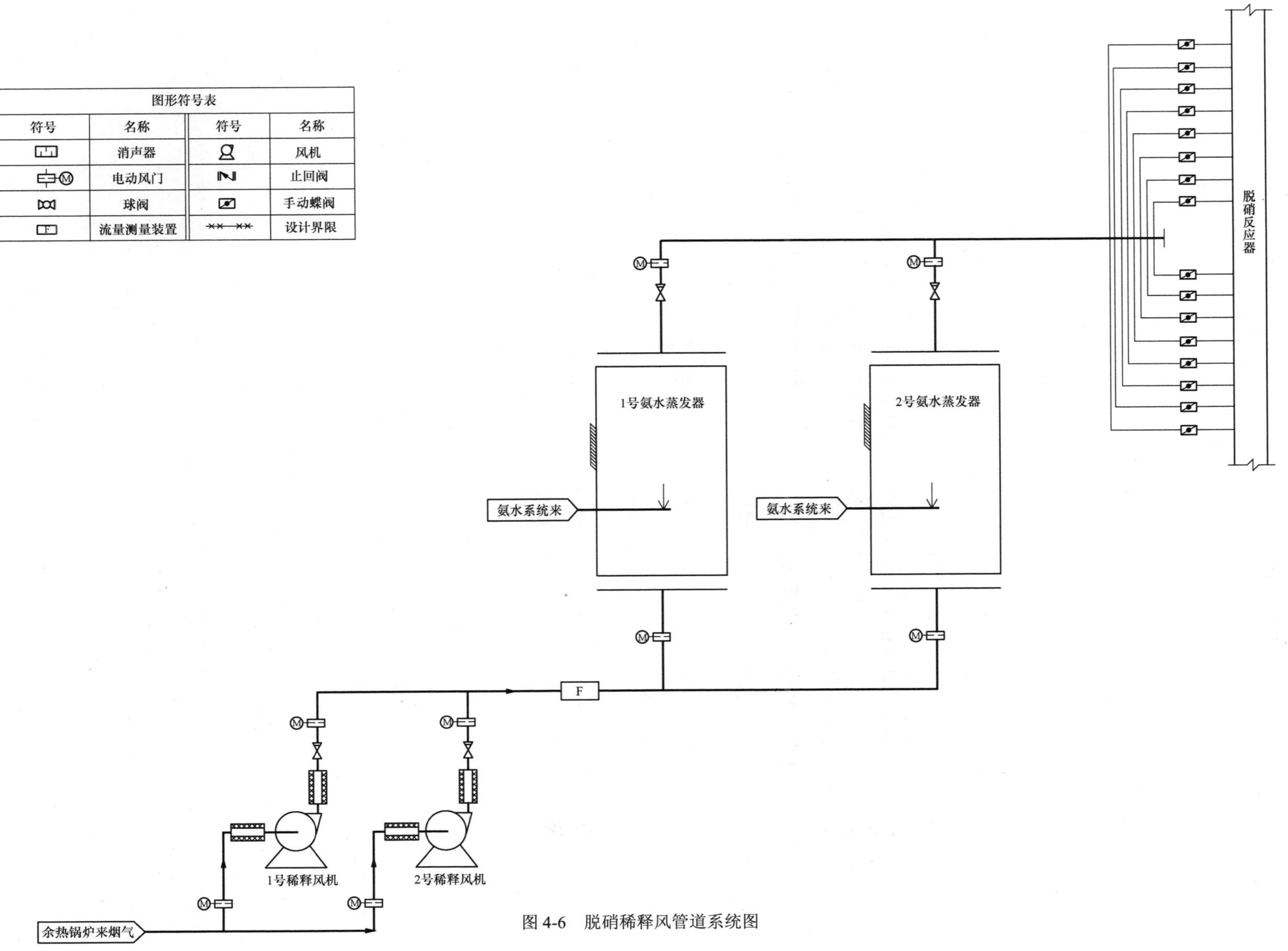

图 4-6　脱硝稀释风管道系统图

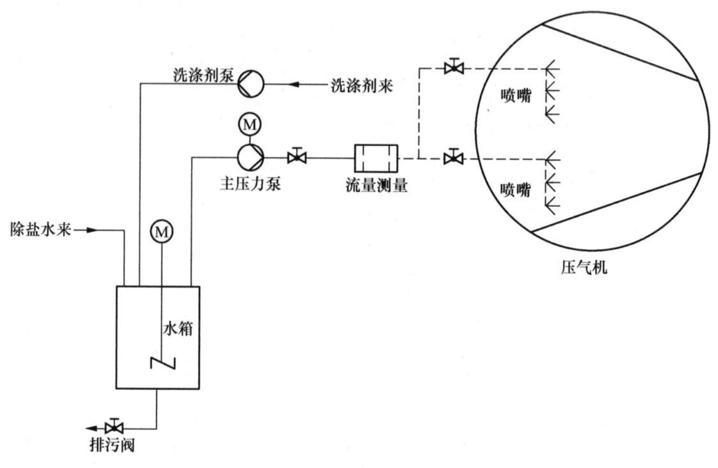

图 4-7　典型的清洗装置系统图

燃气轮机采用的自清洗方式（在线或离线）由燃气轮机供货厂商确定，清洗介质由燃气轮机供货厂商选取，但清洗剂应适宜在电厂所在地采购。

三、燃气轮机的注水或注蒸汽系统

当燃气轮机的燃料为液体燃料时，为了保证燃气轮机排气中氮氧化物的含量满足环保要求，需要向燃气轮机燃烧室内注水（除盐水）或注蒸汽。向高温火焰区注入水或蒸汽后，通过水或蒸汽吸收热量，降低火焰温度，减少热力型 NO_x 的形成。典型的燃气轮机燃烧室注水系统见图 4-8。

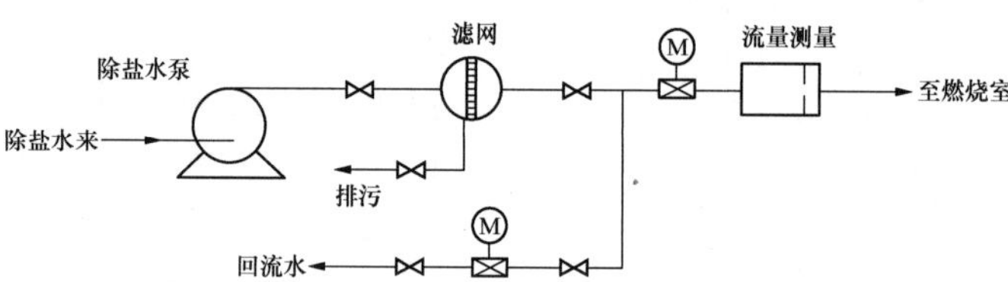

图 4-8　典型的燃气轮机燃烧室注水系统

第五章

主蒸汽、再热蒸汽和旁路系统

燃气－蒸汽联合循环机组的汽水系统一般分为双压无再热系统和三压再热系统。对于双压无再热系统，汽水系统有高压主蒸汽系统、低压主蒸汽系统和高、低压并联旁路系统。对于三压再热系统，汽水系统有高压主蒸汽系统、中压主蒸汽系统、低压主蒸汽系统、再热蒸汽系统和高、中压串联旁路系统以及低压旁路系统。

第一节　高压主蒸汽系统

一、系统功能及范围

（一）系统功能

高压主蒸汽功能是将余热锅炉高压过热器出口的高温高压蒸汽送至汽轮机高压缸做功。双压无再热机组高压主蒸汽系统还为轴封系统提供内部汽源。

（二）系统范围

高压主蒸汽系统管道设计范围包括：

（1）从余热锅炉高压过热器出口联箱母管接口至主厂房内汽轮机高压主汽门前的蒸汽管道。

（2）从每台余热锅炉高压主蒸汽管道至高压旁路入口的蒸汽接口。

（3）从高压主蒸汽至汽轮机轴封供汽的管道接口。

（4）主蒸汽管道的预暖管道。

（5）主蒸汽管道的疏水、放气管道。

过热器出口管道上的安全阀、PCV 阀及其排汽管道、水压试验堵板（或关断阀）和阻尼装置等在余热锅炉供货厂商的设计范围内。

二、系统设计

（一）一般要求

1. 主管道系统

高压主蒸汽管道系统方案拟定与燃气－蒸汽联合循环机组的机组配置方案、机组热平衡图、汽轮机高压主汽阀数量、汽轮机本体轴封系统要求、余热锅炉高压主蒸汽系统要求等有关。

高压主蒸汽管道上应留有至高压旁路入口管道、汽轮机轴封供汽管道的接口。

高压主蒸汽管道需要输入的原始数据主要有：

（1）燃气－蒸汽联合循环机组热平衡图。

（2）余热锅炉和汽轮机技术协议中对高压主蒸汽系统的要求。

（3）余热锅炉汽水管道系统图。

（4）汽轮机本体汽水管道系统图。

（5）余热锅炉厂提供的相关阀门和附件的资料。

（6）汽轮机厂提供的高压主汽阀、导汽管及附件资料。

（7）高压旁路阀及其附件资料。

对于“一拖一”配置的机组，高压主蒸汽系统应为单元制。

对于“二拖一”配置的机组，高压主蒸汽系统为母管制。每台余热锅炉的高压过热蒸汽从高压过热器出口联箱引出，与另一台余热锅炉来的高压过热蒸汽汇合后，经母管接至汽轮机高压缸前，再分别接至汽轮机的各个高压主汽阀，经过高压调节汽阀，进入汽轮机高压缸做功。从两台余热锅炉来高压过热蒸汽应先汇合至母管中混合后，再分别进入高压主汽阀，以降低两台余热锅炉来高压过热蒸汽温度偏差的影响。

2. 疏水系统

从余热锅炉出口至汽轮机主汽门前的主蒸汽管道疏水系统的设置应满足 DL/T 834《火力发电厂汽轮机防进水和冷蒸汽导则》的要求。每个低位点均应设置疏水点，如果没有明显的低位点，应在靠近汽轮机主汽阀前的每段支管上设置疏水点。每一疏水应单独接入凝汽器或疏水扩容器集管，不得采用疏水转注或合并的方式。

对于“二拖一”机组，并汽止回阀前后还应设置疏水点。

高压主蒸汽管道上每路疏水应串联装设两只阀门，其中至少一只由主控室内控制装置进行动力操作，并装有阀门的开关位置指示，以供运行人员掌握每只动力驱动疏水阀的开闭状态。动力操作阀门宜靠近疏水扩容器布置，根据主蒸汽管道的上、下壁面温差或负荷率控制开关，另一只阀门宜靠近主蒸汽管道布置，正常情况下保持开启状态，一般采用手动。

高压主蒸汽的疏水管道内径一般选用 50mm，不得小于 25mm。

每一根疏水管道应斜 45°接入疏水扩容器疏水集管。

高压主蒸汽管道的坡度方向应与汽流方向一致，水平管道的坡度应考虑管道冷、热态位移的影响进行坡切计算确定，在设计压力的饱和温度下，其最小疏水坡度不应小于 0.005。管道坡切可通过改变与立管连接的弯头角度，并缩短水平管道前后的立管的长度来实现。

3. 暖管系统

对于燃气－蒸汽联合循环机组，一般均设置 100% 高压旁路，且高压旁路都靠近汽轮机布置，主蒸汽管道的暖管可通过旁路管道和主汽门前疏水实现。对于“二拖一”配置的机组，考虑汽轮机高压旁路阀设置在并汽三通前，主汽门前疏水管规格应适当放大或在主汽门前设置暖管。

对于不设汽轮机旁路的小容量机组，主汽门前的疏水管道即凝疏管，宜适当放大，兼作疏水和暖管用。

4. 金属监督及蠕胀测点

介质温度为 450℃及以上的主蒸汽和再热（热段）蒸汽管道应在直管段上设置监督段，用于金相和硬度跟踪检验，监督段应选择该管系中实际壁厚最薄的同规格钢管，其长度约为 1000mm，监督段上不允许开孔和安装仪表管座，也不应该设支吊点，监督段同时应包括锅炉蒸汽出口第一道焊缝后的管段。

对于新建机组的主蒸汽和高温再热蒸汽管道，可不安装蠕变变形测点；对于已安装蠕变测点的蒸汽管道，则应继续按照 DL/T 441《火力发电厂高温高压蒸汽管道蠕变监督规程》进行检验。

5. 位移指示器

在安装和运行中，支吊架实际荷载、位移可能会与设计值产生偏差，管道的整体膨胀状态和设计值不一致，一方面管道可能会出现超应力运行的情况；另一方面，管道对汽轮机接口的推力、力矩也可能会超出设备允许范围，影响汽轮机安全运行。

为判断主蒸汽管道实际热位移和设计值是否一致，通常在高压主蒸汽管道位移较大、观测比较方便的位置设置三向位移指示器，通过记录管道在冷、热态三个方向的位移变化来分析整个管道的位移状况。

三相位移指示器一般采用机械式，随着电厂自动化水平的不断提高，有条件的电厂也可采用数字化、智能化的位移传感器来替代传统的机械式三相位移指示器，自动记录管道的三相位移并实时显示。

6. 阀门及其他

对于燃气－蒸汽联合循环机组，每台余热锅炉过热器出口蒸汽系统通常设有流量测量装置直接测量主蒸汽流量，流量测量装置一般选用流量喷嘴。

对于“二拖一”机组，每台余热锅炉出口、高压旁路管道接口之后应设有用于并汽的止回阀和电动闸阀。电动闸阀应装设旁通阀，旁通阀通径取用 DN25～DN50，宜采用电动执行机构。

当汽轮机主汽门不能承受管线水压试验压力时，为满足余热锅炉水压试验要求，每台余热锅炉的高压过热蒸汽出口应设置用于水压试验的关断阀或其他隔离措施。建议由锅炉厂在锅炉出口设置水压试验阀，以避免汽轮机主汽阀承受锅炉水压试验的压力的损害过程。

管道安装完毕后，应对管道系统进行严密性检验，严密性试验通常采用水压试验，水压试验的压力为设计压力的 1.5 倍，且不应小于 0.2MPa。水压试验应符合 DL 5190.5《电力建设施工技术规范　第 5 部分：管道及系统》的规定。主蒸汽管道的所有焊缝应进行 100%无损检测，无损检测的检验要求应满足 DL/T 869《火力发电厂焊接技术规程》的规定。

（二）常见系统设计方案

1. “一拖一”机组主蒸汽系统方案

（1）B 级燃气－蒸汽联合循环机组典型主蒸汽系统如图 5-1 所示。

（2）E 级燃气－蒸汽联合循环机组典型主蒸汽系统如图 5-2 所示。

（3）F 级燃气－蒸汽联合循环机组典型主蒸汽系统如图 5-3 所示。

2. “二拖一”机组系统方案

（1）B 级燃气轮机组成的“二拖一”燃气－蒸汽联合循环机组典型主蒸汽系统如图 5-4 所示。

（2）E 级燃气－蒸汽联合循环机组。E 级燃气－蒸汽联合循环机组与 B 级燃气－蒸汽联合循环机组一样，锅炉采用双压无再热形式，“二拖一”机组高压主蒸汽及其旁路系统配置可参考 B 级燃气－蒸汽联合循环机组高压主蒸汽及其旁路系统。

（3）F 级燃气－蒸汽联合循环机组。某工程 F 级燃气轮机组成的“二拖一”燃气－蒸汽联合循环机组高压主蒸汽系统流程图见图 5-5。

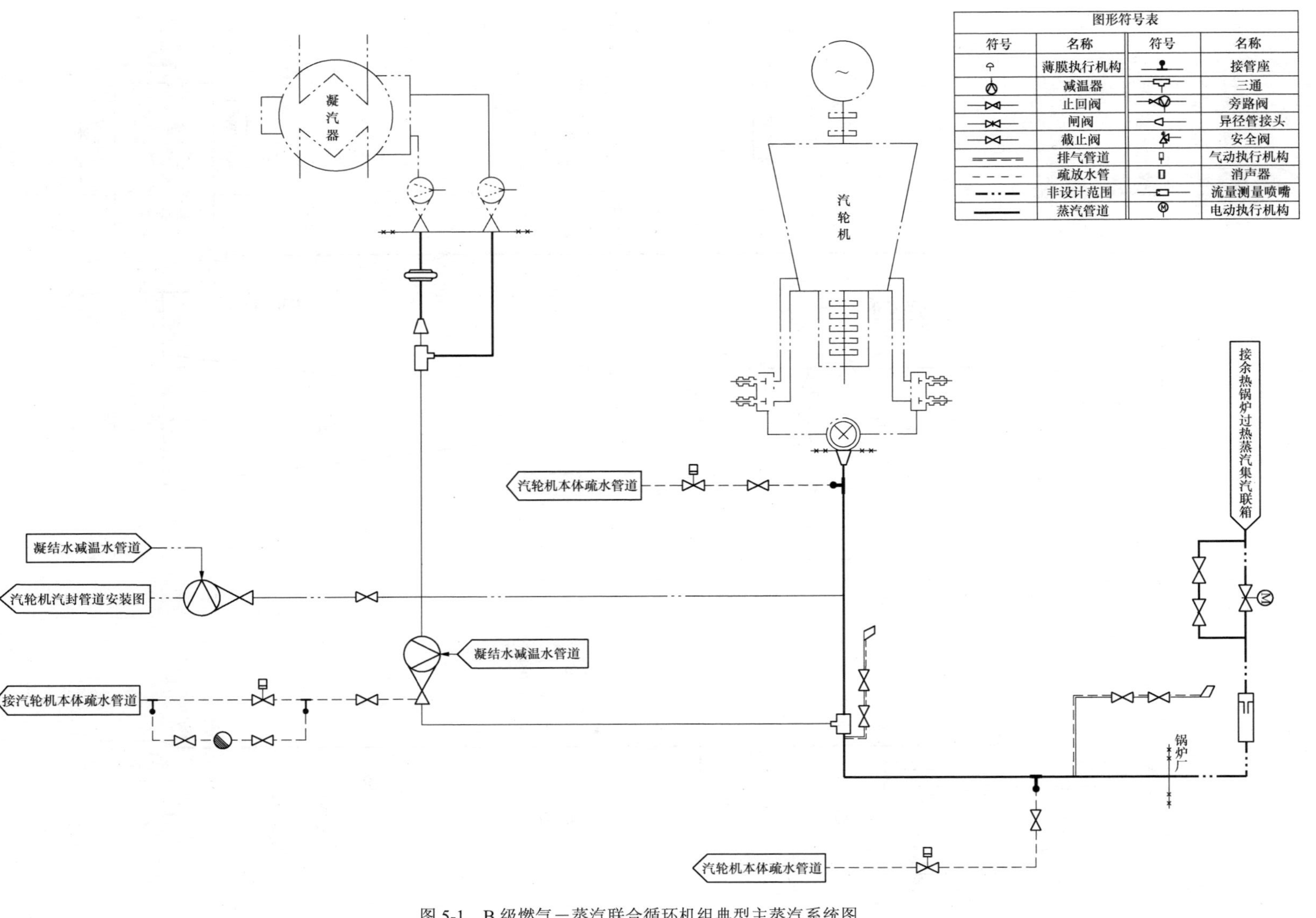

图 5-1　B级燃气—蒸汽联合循环机组典型主蒸汽系统图

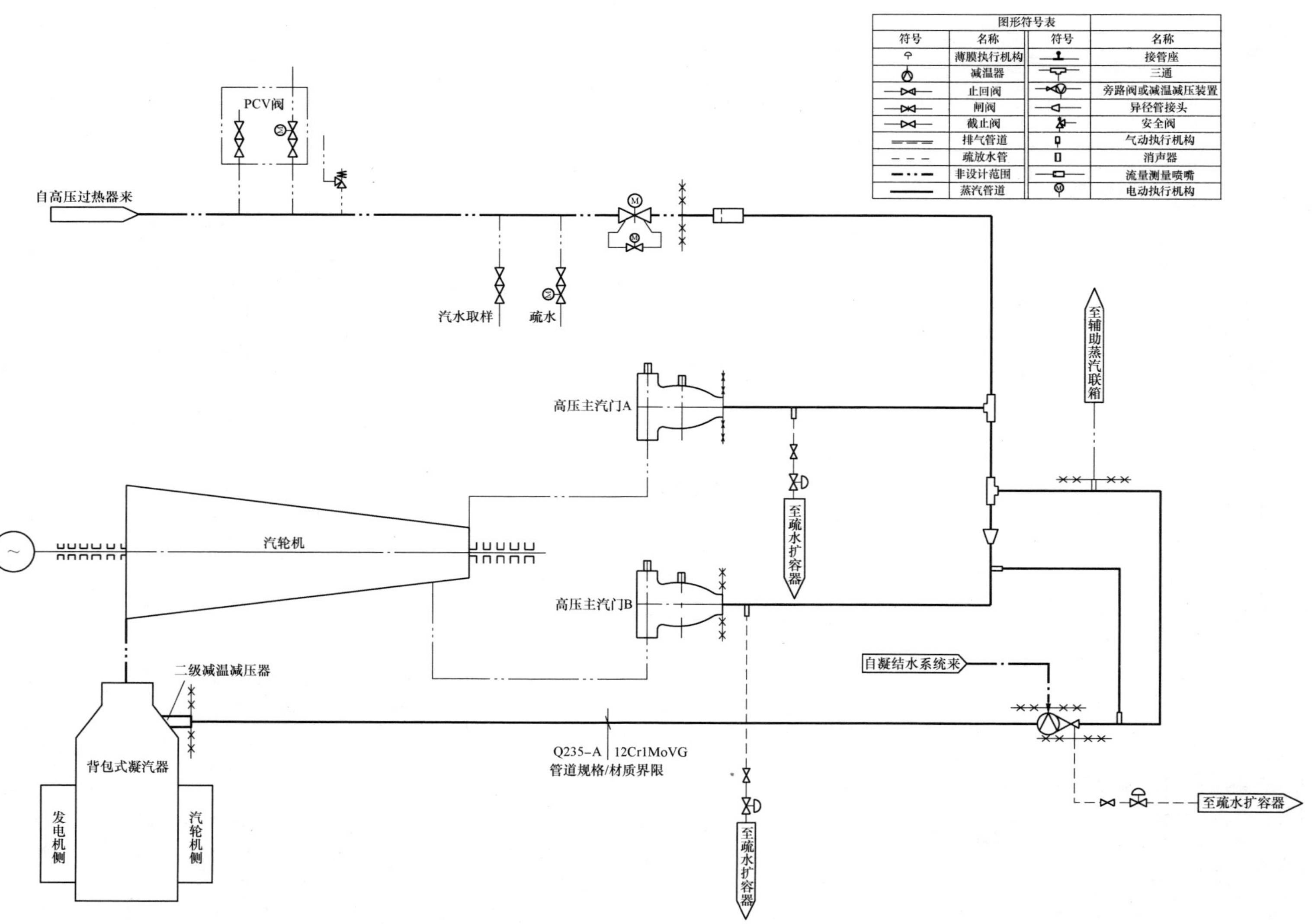

图 5-2 E级燃气一蒸汽联合循环机组典型主蒸汽系统图

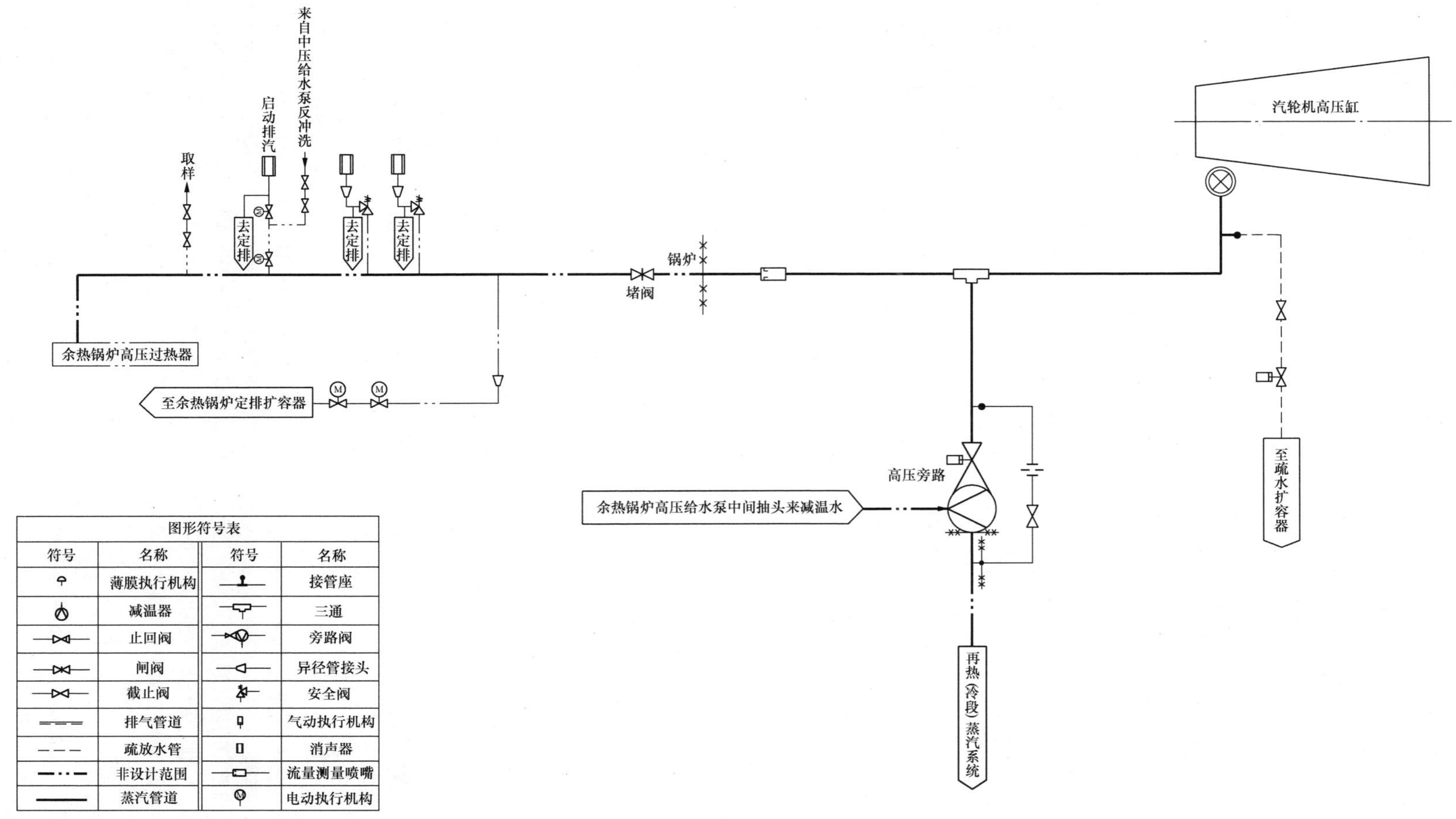

图 5-3　F 级燃气一蒸汽联合循环机组典型主蒸汽系统图

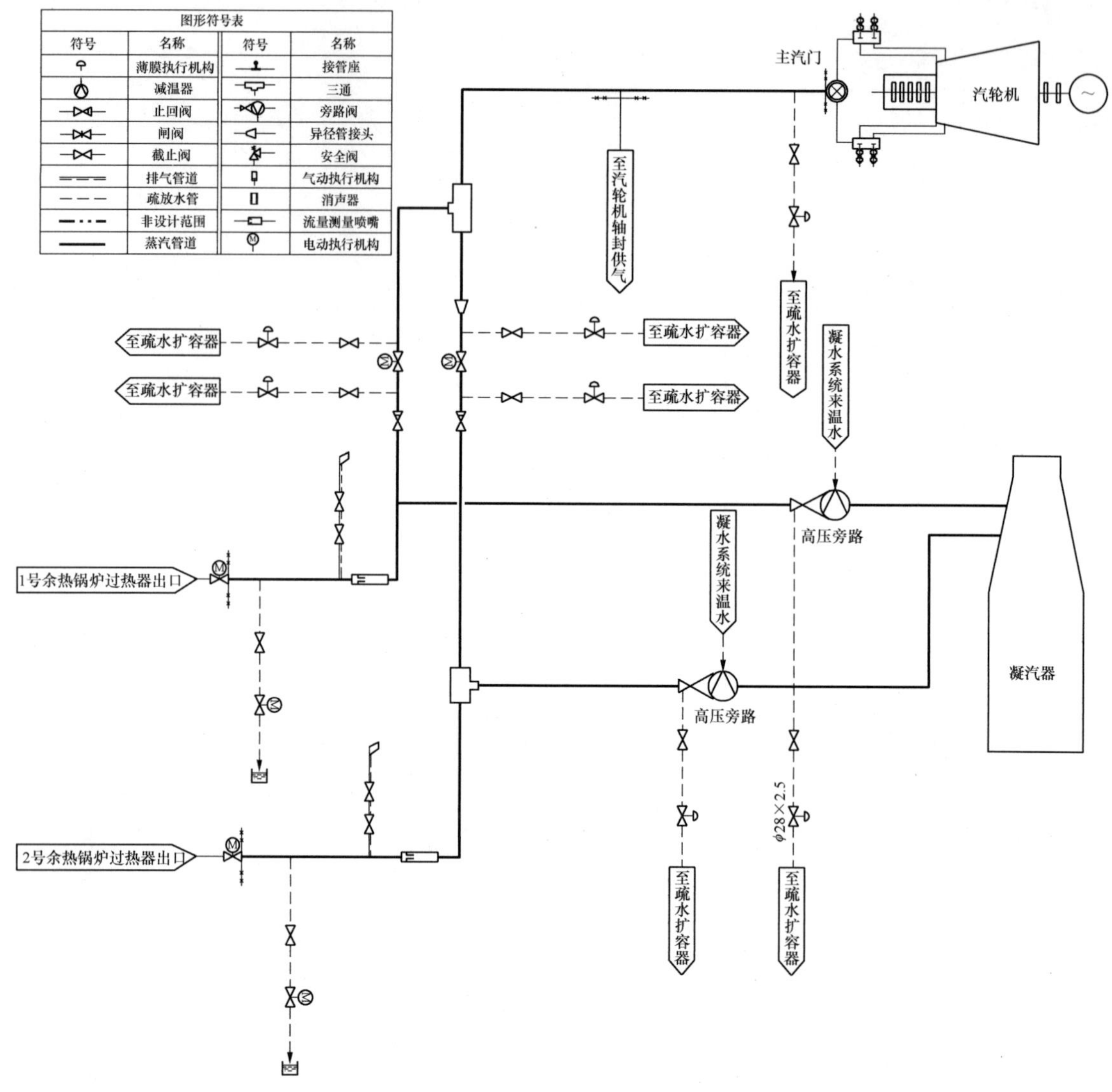

图 5-4 B 级燃气轮机组成的"二拖一"燃气—蒸汽联合循环机组典型主蒸汽系统图

三、设计参数选取

主蒸汽管道设计压力和设计温度的取用应符合 GB 50764《电厂动力管道设计规范》、DL/T 5054《火力发电厂汽水管道设计规范》的有关规定。

（一）设计温度

高压主蒸汽管道的设计温度宜取用余热锅炉最不利工况过热器出口额定蒸汽温度加上余热锅炉正常运行时运行的温度偏差值，当锅炉厂未提供温度偏差时，温度偏差值可取 5℃。

（二）设计压力

高压主蒸汽管道的设计压力取用余热锅炉最大连续蒸发量工况时过热器出口的额定工作压力。

四、管道规格及材料选取

（一）选取原则

高压主蒸汽所用规格和钢材应符合相关国际标准、国家标准或行业标准。选用钢材经常采用的标准有 GB 3087《低中压锅炉用无缝钢管》、GB/T 5310《高压锅炉用无缝钢管》、美国材料与试验协会（ASTM）A335、欧盟标准 EN10216-2《承压用无缝钢管　交货条件　第 2 部分：规定高温性能的非合金与合金钢管》等。

（二）管道流速范围的确定

主蒸汽管道的推荐流速为 40～60m/s。

（三）系统压降和温降的选择

"一拖一"机组三压再热余热锅炉高压过热器出口

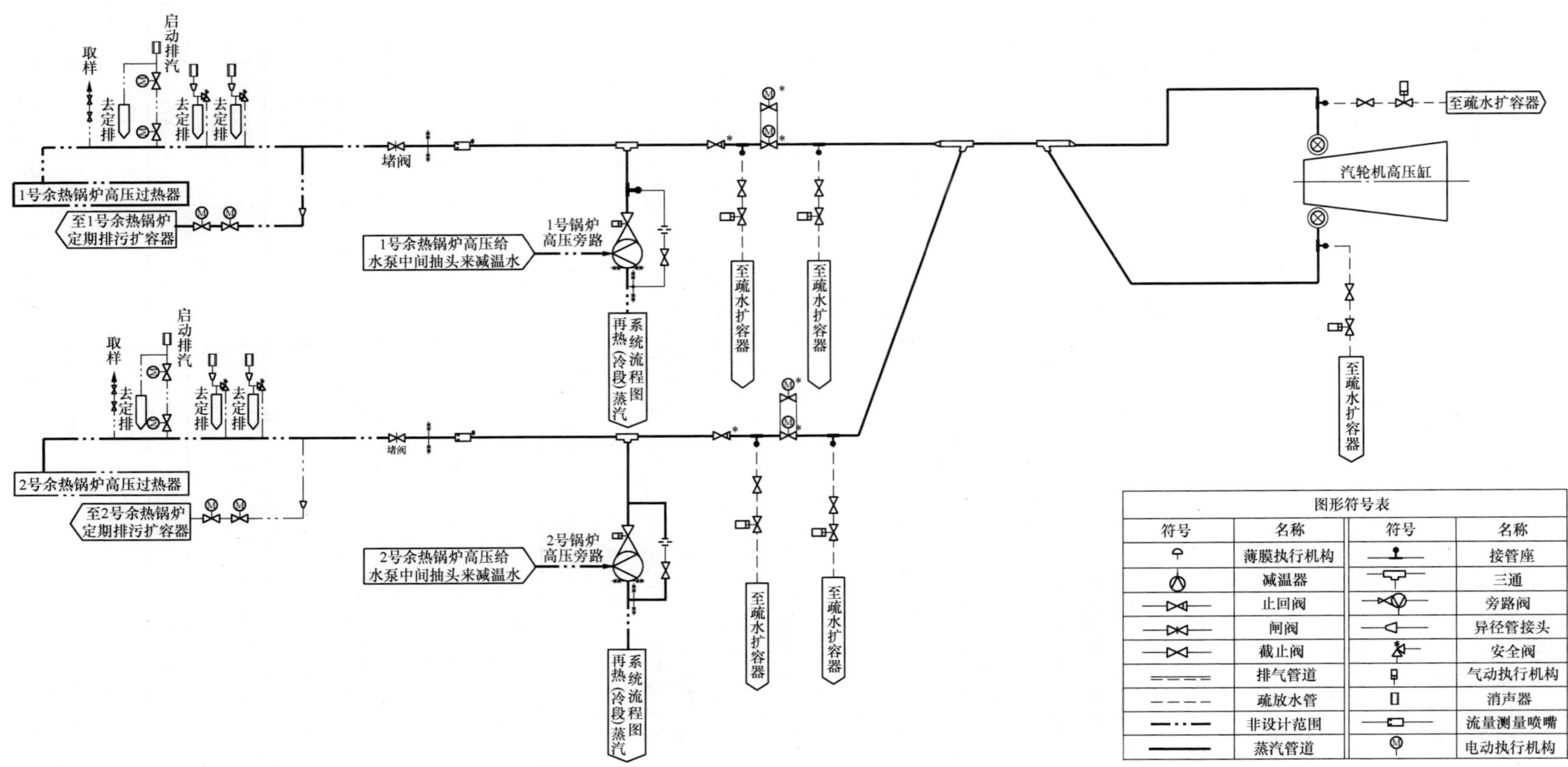

图 5-5　某工程 F 级燃气轮机组成的“二拖一”燃气—蒸汽联合循环机组高压主蒸汽系统流程图

的高压蒸汽额定压力一般为汽轮机高压主汽门前额定进汽压力的 103%，余热锅炉高压过热器出口至汽轮机高压主汽阀前的温降为 2℃。“二拖一”机组可适当增加。

“一拖一”机组双压无再热余热锅炉高压过热器出口的高压蒸汽额定压力一般为汽轮机高压主汽阀前额定进汽压力的 104%～106%，余热锅炉高压过热器出口至汽轮机高压主汽阀前的温降为 2～3℃。“二拖一”机组可适当增加。

（四）管径及壁厚的选择

高压主蒸汽管道的管子规格、壁厚宜通过优化技术确定，并符合 DL/T 5054《火力发电厂汽水管道设计规范》的规定。

管道的管径可根据推荐的流速进行初步计算，然后根据允许的主蒸汽系统压降值，对系统阻力进行核算，直到管道内径值满足压降值为止。

管道内径和壁厚可按式（13-1）、式（13-3）进行计算，对于设计温度在 600℃以上的高压主蒸汽管道，壁厚计算时应考虑氧化腐蚀厚度，取值不宜小于 1.6mm。

（五）管道材料的确定

主蒸汽管道设计温度不超过 540℃可选用 12Cr1MoVG 或 A335P22 材料，设计温度不超过 600℃可选用 A335P91 材料。对于设计温度超过 600℃的主蒸汽管道，管材可选用 X10CrWMoVNb9-2（A335P92）。高压主蒸汽管道应选用无缝钢管，常用材料的推荐使用温度范围见表 5-1。

相对超临界或超超临界燃煤机组来说，联合循环机组参数较低，高压主蒸汽管道壁厚较薄，可按外径管订货，也可按内径管订货，通常采用外径管订货。

表 5-1　主要管道常用材料的推荐使用温度范围

钢材类别	钢号	推荐使用温度范围	标准
低、中压锅炉用无缝钢管——碳钢	20	−20～425℃	GB 3087《低中压锅炉用无缝钢管》
高压锅炉用无缝钢管——碳钢	20G	−20～425℃	GB/T 5310《高压锅炉用无缝钢管》
高压锅炉用无缝钢管——合金钢	15CrMoG	不大于 510℃	
	12Cr1MoVG	不大于 555℃	
合金钢无缝钢管	A335P91	不大于 600℃	ASTM A335
	X10CrWMoV Nb9-2（P92）	不大于 625℃	EN10216-2《承压用无缝钢管　交货条件　第 2 部分：规定高温性能的非合金与合金钢管》
碳钢电熔焊焊接钢管	A672B70CL32	−29～427℃	ASTM A672
合金钢电熔焊焊接钢管	A691 Cr2-1/4CL22	450℃以下	ASTM A691
	A691 Cr1-1/4CL22	450℃以下	ASTM A691

（六）计算实例

某工程“二拖一”燃气—蒸汽联合循环机组高压主蒸汽管道按外径管选型，管径、壁厚选型数据见表 5-2。

表 5-2　高压主蒸汽管道管径、壁厚计算表

序号	项　目	符号	单位	数据	备注
一、原始数据					
1	高压主蒸汽流量	D	t/h	321	热平衡图
2	过热器出口蒸汽压力（绝对压力）	p_1	MPa	16.51	热平衡图
3	过热器出口蒸汽温度	t_1	℃	587	热平衡图
4	过热蒸汽管材			A335P91	
5	管道规格	$D_0 \times S$	mm	323.9×42	
6	管道最小内径	D_i	mm	239.9	
7	锅炉出口主蒸汽比体积	v	m^3/kg	0.0220	焓熵表
8	管内流速①	v	m/s	41.287	$353668.09 \times D \times v/D_i^2$
9	允许流速		m/s	40～60	规范
二、设计参数					
1	设计压力	p	MPa	17.5	安全阀整定压力
2	设计温度	t	℃	592	温度偏差：+5℃

续表

序号	项　　目	符号	单位	数据	备注
三、直管壁厚计算结果					
1	设计温度下的许用应力	$[\sigma]^t$	MPa	70.90	
2	温度对壁厚的修正系数	Y		0.7	
3	许用应力修正系数	η		1	
4	附加厚度：腐蚀余量	C	mm	1.6②	
5	取用外径	D_q	mm	323.90	
6	管径正偏差	$1\%D_q$	mm	3.239	管子技术条件
7	考虑管径正偏差的最大外径	D_o	mm	327.14	$D_q+1\%D_q$
8	按外径计算最小壁厚	S_m	mm	36.03	式（13-3）
9	壁厚允许负偏差	m	%	10	管子技术条件
10	直管壁厚负偏差系数	A		0.111	$A=m/(100-m)$
11	管子壁厚负偏差的附加值	C_1	mm	4.003	$C_1=AS_m$
12	计算壁厚	S_c	mm	40.033	$S_c=S_m+C_1$
13	对口加工裕量		%	1.62	0.5 倍外径正偏差值
14	考虑对口偏差后的计算壁厚		mm	41.66	S_c+对口加工裕量
15	实际取用壁厚	S_q	mm	42	
16	取用直管规格		mm	D_o323.9×42	

① 对于“二拖一”燃气－蒸汽联合循环机组，由于存在“二拖一”运行和“一拖一”运行工况，按“二拖一”工况热平衡图数据进行管道规格选型时，管内流速宜选用允许流速下限，以避免机组“一拖一”运行时高压主蒸汽管内流速过高。

② 此处腐蚀裕量按 DL/T 5054《火力发电厂汽水管道设计规范》也可取 0mm。

五、联锁条件

机组启动期间，开启气动疏水阀，排除主蒸汽管道暖管过程产生的蒸汽凝结水；当汽轮机入口为两个主汽阀时，要控制左右主蒸汽管道的温差不超过 10℃（汽轮机厂推荐）。机组负荷达到 10%～20%（汽轮机厂推荐）时，自动关闭疏水阀。

机组负荷降到 10%～20%（汽轮机厂推荐）或汽轮机跳闸时，自动开启疏水阀。

第二节　中压主蒸汽系统

对于双压无再热联合循环机组，汽水系统无中压主蒸汽系统。对于三压再热联合循环机组，中压主蒸汽系统功能是将余热锅炉中压过热器出口的蒸汽引至再热（冷段）系统，与再热（冷段）蒸汽合并后进入余热锅炉再热器。中压主蒸汽系统范围包括：

（1）从余热锅炉中压过热器出口至再热（冷段）蒸汽管道接口的中压主蒸汽管道。

（2）中压主蒸汽管道上的安全阀及其排汽管道。

（3）预留中压主蒸汽系统至辅助蒸汽系统管道接口。

（4）上述管道的疏水管道。

中压主蒸汽管道通常包含在余热锅炉本体内，由余热锅炉厂设计及供货。中压主蒸汽的设计参数、管道规格及材料确定可参照再热蒸汽系统和主蒸汽系统。

第三节　再热蒸汽系统

一、系统功能及范围

（一）系统功能

对于 F 级及以上燃气轮机组成的燃气－蒸汽联合循环机组，余热锅炉为三压再热形式，汽轮机设高、中、低压缸，其中高、中压缸为合缸或中、低压合缸。对于 E 级及以下燃气轮机组成的联合循环机组，所配套汽轮机为双压无再热型，系统中不设再热蒸汽系统，因此，再热蒸汽系统主要针对 F 级及以上燃气轮机组成的三压、再热燃气－蒸汽联合循环机组。

再热系统分为再热冷段蒸汽系统和再热热段蒸汽系统。

再热冷段蒸汽系统的功能是将汽轮机高压缸排汽

口排出的蒸汽送至余热锅炉再热器入口联箱。再热冷段蒸汽系统还为轴封系统（如有）、辅助蒸汽系统和热网（如有）等用户提供汽源。

再热热段蒸汽系统的功能是将在余热锅炉再热器加热后的再热蒸汽从锅炉再热器出口联箱送至汽轮机中压缸做功。

（二）系统范围

1．再热冷段蒸汽系统管道设计范围

（1）从汽轮机高压缸排汽口至余热锅炉再热器入口联箱的蒸汽管道。

（2）预留高压旁路阀出口至再热冷段蒸汽管道的高压旁路出口管道接口。

（3）汽轮机高压缸排汽通风管道。

（4）预留再热冷段蒸汽管道至辅助蒸汽系统等的管道接口。

（5）上述管道的疏水管道。

2．再热热段蒸汽管道系统设计范围

（1）从余热锅炉再热器出口联箱母管至汽轮机再热主汽门前的蒸汽管道。

（2）预留余热锅炉再热热段至中压旁路阀的蒸汽管道接口。

（3）上述管道的疏水管道。

再热器进口联箱入口管道和出口联箱出口管道上的安全阀及其排汽管道、水压试验堵阀（或关断阀）和阻尼装置等在锅炉厂的设计范围内。

二、系统设计

（一）一般要求

1. 主管道系统

再热蒸汽管道系统方案拟定与联合循环机组的机组配置方案、机组热平衡图、汽轮机高压排汽口数量、再热主汽阀数量、汽轮机本体轴封系统要求、余热锅炉中压主蒸汽和再热系统要求等有关。

再热冷段蒸汽管道上应留有高压排气通风管道，高压旁路出口蒸汽管道至辅助蒸汽系统、汽轮机轴封供汽管道以及与中压主蒸汽管道汇合的接口。

再热热段蒸汽管道上应留有至中压旁路管道的接口。

再热蒸汽管道需要输入的原始数据主要有：

（1）联合循环机组热平衡图。

（2）余热锅炉和汽轮机技术协议中对再热蒸汽的要求。

（3）余热锅炉汽水管道系统图。

（4）汽轮机本体汽水管道系统图。

（5）余热锅炉厂提供的相关阀门和附件的资料。

（6）汽轮机厂提供的再热主汽阀、高压排汽通风阀、导汽管（如有）及附件资料。

（7）高、中压旁路阀及其附件资料。

对于“一拖一”配置的机组，再热冷段和再热热段蒸汽系统应为单元制。

对于“二拖一”配置的机组，再热蒸汽系统为母管制。

高压缸排汽经过高排止回阀后分两路，分别经每台余热锅炉的分汽调节阀、关断阀后，与来自余热锅炉中压过热器出口的中压过热蒸汽混合后进入余热锅炉再热器入口联箱。

余热锅炉来的再热热段蒸汽从再热器出口联箱引出，与另一台余热锅炉来的再热热段蒸汽混合后，经母管接至汽轮机中压缸前，以降低两台余热锅炉来再热热段蒸汽温度偏差的影响，再分别接至汽轮机的各个再热主汽阀和调节汽阀，进入汽轮机中压缸做功。

2. 疏水系统

再热蒸汽管道的疏水系统的设置应满足 DL/T 834《火力发电厂汽轮机防进水和冷蒸汽导则》的要求。再热蒸汽管道的每个低位点均应设置疏水点。如果没有明显的低位点，应在靠近汽轮机再热主汽阀前的每根支管上设置便于重力疏水的疏水罐（可不设水位调节装置），疏水罐直径应不小于 DN150。每一疏水管应单独接入凝汽器或疏水扩容器集管，不得采用疏水转注或合并的方式。

再热冷段管道可能因为喷水减温装置误操作或泄漏引起汽轮机进水，每个低位疏水点应设置疏水罐。疏水罐直径应不小于 DN150，并安装有水位测点。每个疏水罐至少设 2 组水位开关。

对于“二拖一”机组，并汽阀和分汽阀前后应根据需要设置疏水点，以满足并汽或“一拖一”运行需要。

再热蒸汽管道上每路疏水应串联装设两只阀门，其中至少一只由主控室内控制装置进行动力操作，并装有阀门的开关位置指示，以供运行人员掌握每只动力驱动疏水阀的开闭状态。动力操作阀门宜靠近疏水扩容器布置，根据再热蒸汽管道的上、下壁面温差或负荷率控制开关，另一只阀门宜靠近主管道布置，正常情况下保持开状态，一般采用手动。

再热冷段蒸汽管道疏水阀应能在疏水罐出现高水位或者再热冷段管道上、下壁温出现温差时能自动打开，并在主控室内有疏水阀开、关阀位指示。

再热热段蒸汽的疏水管道内径一般选用 50mm，不得小于 25mm。

再热冷段蒸汽的疏水管道内径不宜小于 50mm。

每一根疏水管道应斜 45°接入疏水扩容器疏水集管。

再热蒸汽管道的坡度方向应与汽流方向一致，水平管道的坡度应考虑管道冷、热态位移的影响进行坡切计算确定，在设计压力的饱和温度下，其最小疏水坡度不应小于0.005。管道坡切可通过改变与立管连接的弯头角度，并缩短水平管道前后的立管的长度来实现。

3. 暖管系统

由于中压旁路靠近汽轮机布置，再热热段蒸汽管道的暖管可通过中压旁路和再热汽门前疏水实现。对于“二拖一”配置的机组，考虑汽轮机中压旁路阀设置在并汽三通前，建议中压主汽门前疏水管适当放大或中压主汽门前设置疏暖管。

4. 金属监督及蠕胀测点

再热热段蒸汽管道金属监督及蠕胀测点的设置同高压主蒸汽管道。

5. 位移指示器

同高压主蒸汽管道一样，再热热段蒸汽管道还应在适当位置设置三向位移指示器。指示器应安装在蒸汽管道位移较大、测量方便的位置。

再热冷段蒸汽管道可不设位移指示器。

6. 阀门及其他

对于三压再热燃气－蒸汽联合循环机组，至每台余热锅炉再热器入口再热（冷段）管道支管通常设有流量测量装置，流量测量装置一般选用流量喷嘴。

对于“一拖一”机组，再热冷段蒸汽管道从高压旁路出口管道接口至余热锅炉再热器入口母管之间不应设置电动闸阀；从余热锅炉出口至汽轮机再热汽阀之间再热热段蒸汽管道可不设电动关断阀。

对于“二拖一”机组，每台余热锅炉出口、中压旁路管道接口之后应设有用于并汽的止回阀和电动闸阀。电动闸阀应装设旁通阀，旁通阀通径取用DN25～DN50，宜采用电动执行机构。再热冷段至每台余热锅炉蒸汽支管应设置用于调节两台炉汽量的电动调节蝶阀和/或电动关断阀。

为满足余热锅炉水压试验要求，每台余热锅炉的再热器蒸汽进、出口应设置用于水压试验的堵阀或其他隔离措施。

汽轮机出口至水压试验堵阀前的再热冷段蒸汽管道、水压试验堵阀后至汽轮机中压缸进口的再热热段蒸汽管道，由于管径较大，一般不进行水压试验，支吊架荷载中不考虑水重，管道可进行100%无损检测，检验要求应满足DL/T 869《火力发电厂焊接技术规程》的规定。锅炉侧范围内的水压试验堵阀前再热热段蒸汽管道和水压试验堵阀后再热冷段蒸汽管道随锅炉一起做水压试验。

疏水管道安装完毕后应进行水压试验，水压试验压力为设计压力的1.5倍。水压试验要求应符合DL 5190.5《电力建设施工技术规范　第5部分：管道及系统》的规定。

（二）常见系统设计方案

对于B或E型燃气轮机组成的燃气－蒸汽联合循环机组，由于燃气轮机排气温度较低，一般余热锅炉和汽轮机采用双压无再热型，汽水流程中不设再热蒸汽系统，因此，本节再热蒸汽常见系统设计方案主要针对F级及以上燃气轮机组成的三压再热燃气－蒸汽联合循环机组。

1. “一拖一”机组系统方案

某型号燃气轮机组成的“一拖一”分轴再热冷段蒸汽管道及高压旁路出口管道系统流程见图5-6。

某型号燃气轮机组成的“一拖一”分轴燃气－蒸汽联合循环机组的再热热段蒸汽管道中压旁路进、出口管道系统流程见图5-7。

从图5-7来看，“一拖一”机组的再热冷段与再热热段蒸汽管道系统相对比较简单，再热冷段蒸汽管道上连接有高排通风和高压旁路出口管道并预留至辅汽系统接口，再热热段蒸汽管道上仅连接有中压旁路系统。

2. “二拖一”机组系统方案

某型号燃气轮机组成的“二拖一”分轴再热冷段蒸汽管道系统流程见图5-8，由于1台汽轮机对应两台余热锅炉，汽轮机高压缸排汽止回阀后再热冷段蒸汽管道需分两路分别进入两台余热锅炉，比“一拖一”机组系统复杂许多。

某型号燃气轮机组成的“二拖一”机组再热热段蒸汽管道系统流程见图5-9。

三、设计参数选取

再热蒸汽管道设计压力和设计温度的取用应符合GB 50764《电厂动力管道设计规范》、DL/T 5054《火力发电厂汽水管道设计规范》的有关规定。

（一）设计温度

再热热段蒸汽管道的设计温度可取用最不利工况再热器出口额定蒸汽温度加上余热锅炉正常运行时运行的温度偏差值，当锅炉厂未提供温度偏差时，温度偏差值可取5℃。

再热冷段蒸汽管道宜取用汽轮机最大出力工况高压缸排汽参数，等熵求取在管道设计压力下的相应温度并校核其他工况。再热冷段管道材料选择应考虑可能出现的最高工作温度。

（二）设计压力

再热系统的设计压力宜取用汽轮机最大出力工况下热平衡图中高压缸排汽压力的1.15倍，并校核其他工况。

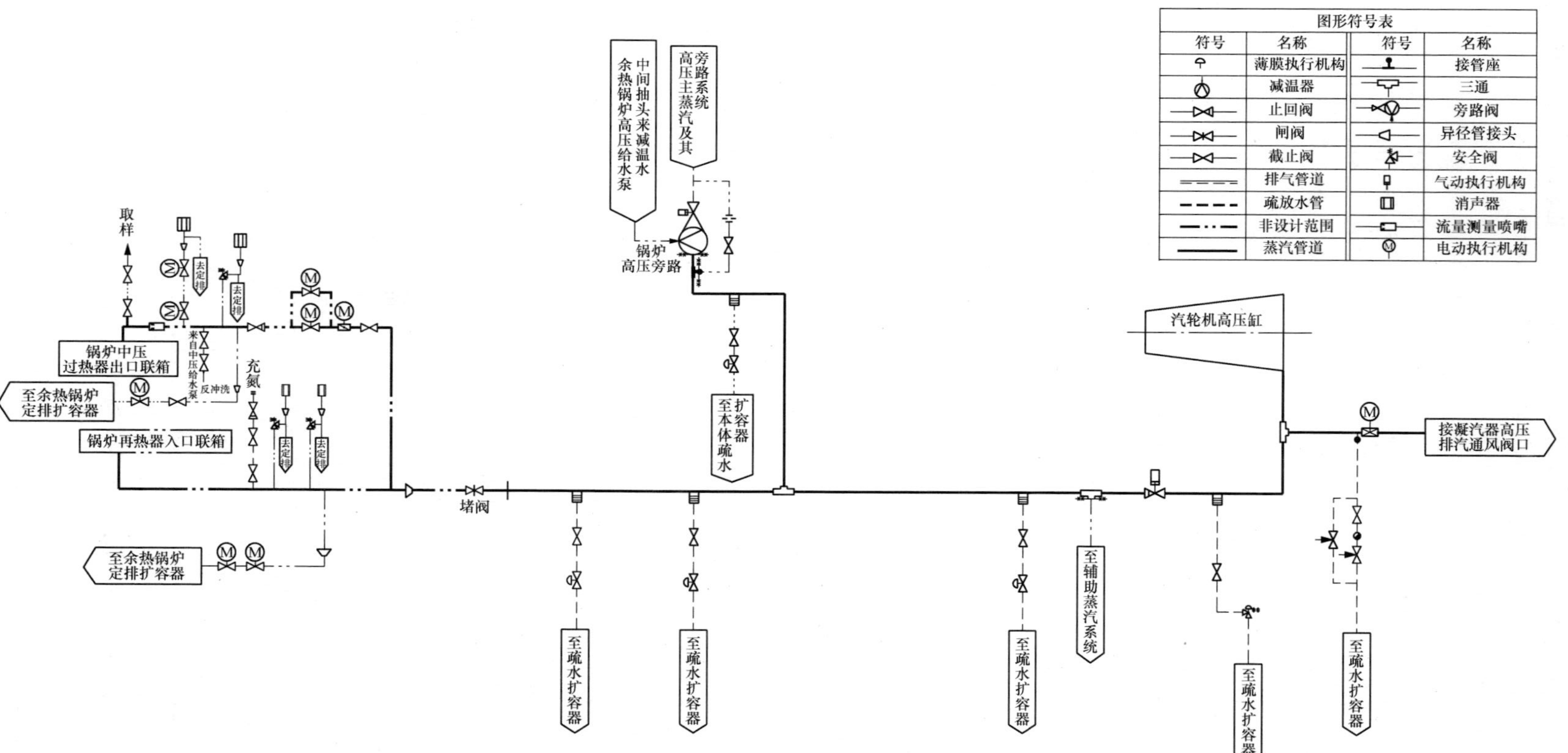

图 5-6 某型号燃气轮机组成的“一拖一”分轴再热冷段蒸汽管道及高压旁路出口管道系统流程图

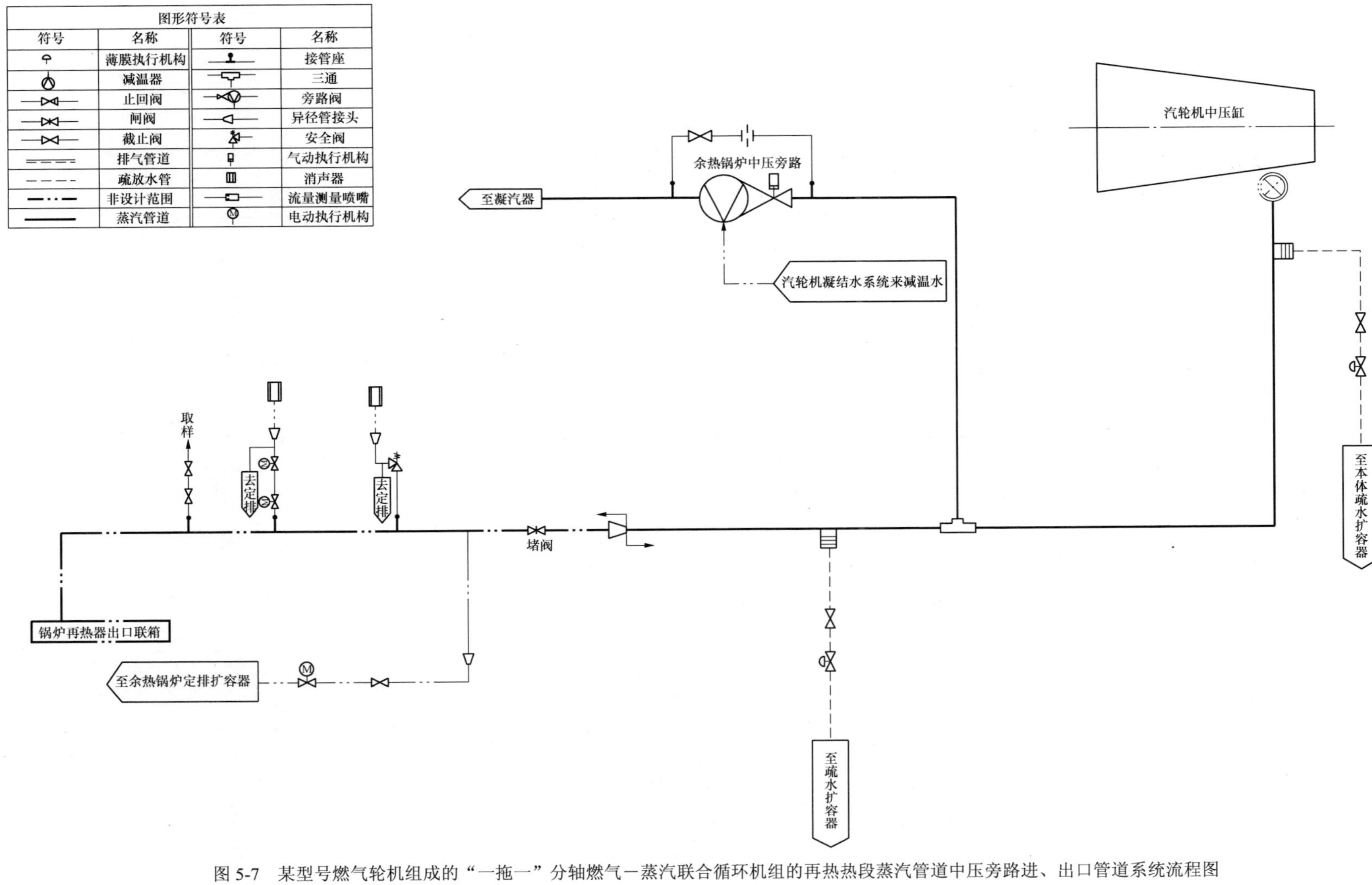

图 5-7　某型号燃气轮机组成的“一拖一”分轴燃气一蒸汽联合循环机组的再热热段蒸汽管道中压旁路进、出口管道系统流程图

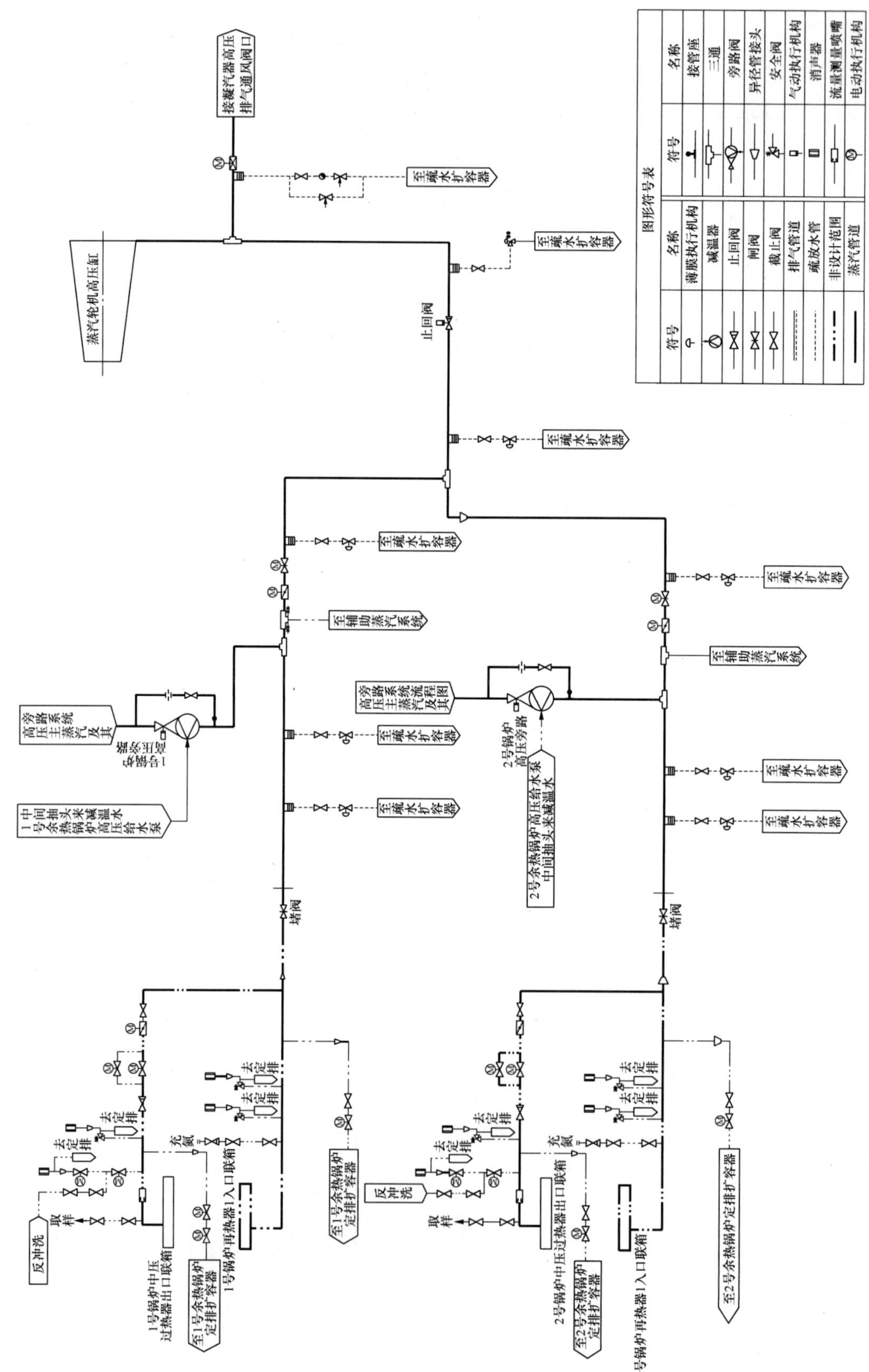

图 5-8 某型号燃气轮机组成的“二拖一”分轴再热冷段蒸汽管道系统流程图

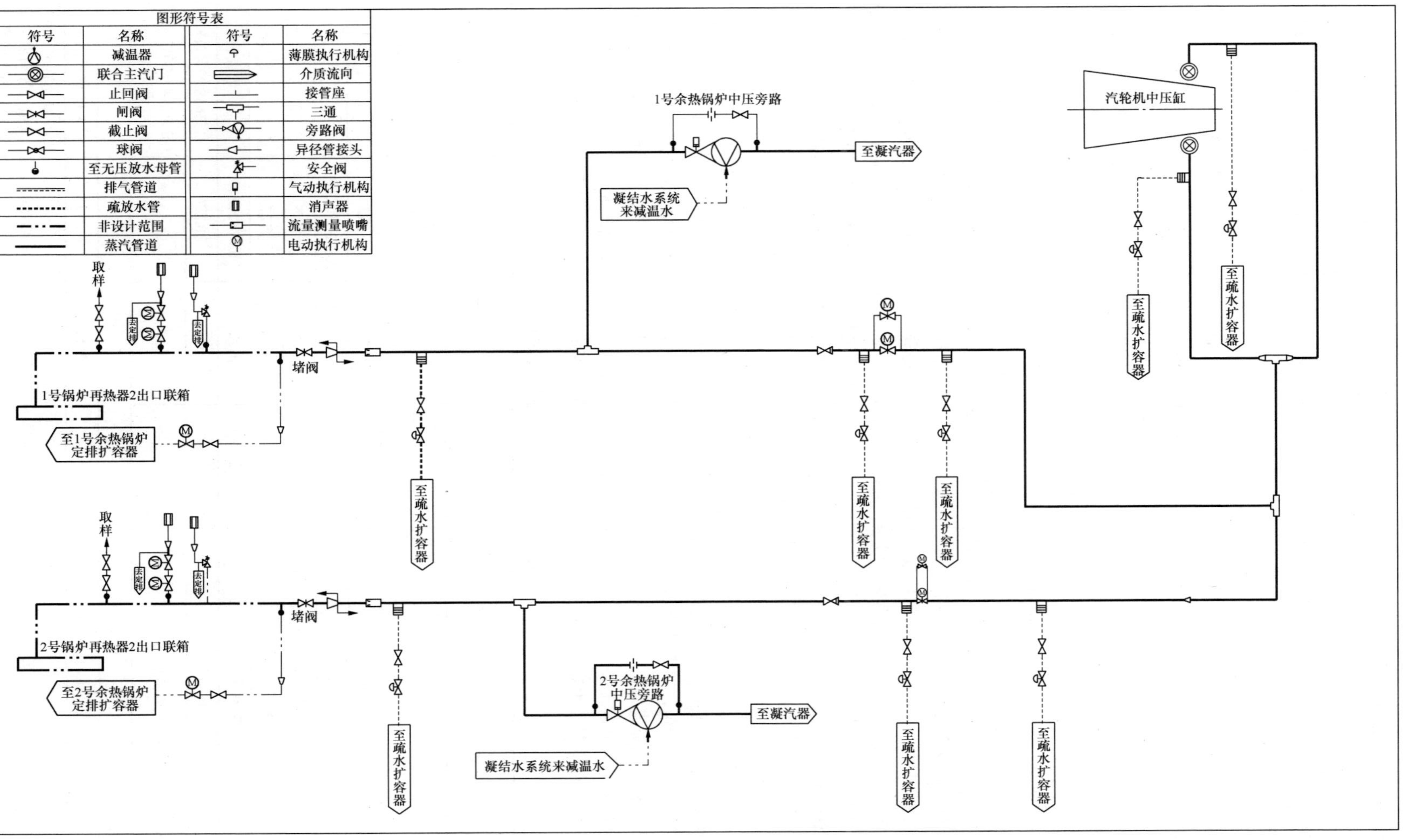

图 5-9　某型号燃气轮机组成的“二拖一”机组再热热段蒸汽管道系统流程图

四、管道规格及材料选取

（一）选取原则

再热蒸汽管道选用钢材和规格应符合相关国际标准、国家标准或行业标准。选用钢材经常采用的标准有 GB 3087《低中压锅炉用无缝钢管》，GB/T 5310《高压锅炉用无缝钢管》，美国材料与试验协会（ASTM）A335、A691、A672，欧盟标准 EN10216-2《承压用无缝钢管　交货条件　第 2 部分：规定高温性能的非合金与合金钢管》等。

（二）管道流速范围的确定

再热冷段蒸汽管道的推荐流速为 30～45m/s，再热热段蒸汽管道的推荐流速为 45～65m/s。

（三）系统压降和温降的选择

“一拖一”机组再热系统总阻力（从汽轮机高压缸排汽经余热锅炉再热器至汽轮机再热主汽门止）为高压缸排汽压力的 10%，余热锅炉出口的再热（热段）蒸汽温降为 2℃，汽轮机高压缸排汽的再热冷段蒸汽温降为 1.5℃。“二拖一”机组可适当加大。

（四）管径及壁厚的选择

再热蒸汽管道的管子规格、壁厚宜通过优化技术确定，并符合 DL/T 5054《火力发电厂汽水管道设计规范》的规定。

管道的管径可根据推荐的流速进行初步计算，然后根据允许的系统压降值，对系统阻力进行核算，直到管道内径值满足压降值为止。

管道内径和壁厚可按式（13-1）、式（13-3）进行计算，对于设计温度在 600℃以上的再热（热段）蒸汽管道，壁厚计算时的氧化腐蚀厚度可取 1.6mm。

对于焊接钢管，譬如再热冷段蒸汽管道选用符合美国材料与试验协会（ASTM）标准的 A672B70CL32、A691 Cr2-1/4CL22 电熔焊钢管，在蠕变温度内运行时，管道最小壁厚计算时应考虑蠕变影响。

（五）管道材料的确定

再热（热段）蒸汽设计温度不超过 540℃可选用 12Cr1MoVG 或 A335P22 材料，设计温度不超过 600℃选用美国材料与试验协会（ASTM）A335 P91 材料。对于设计温度超过 600℃的主蒸汽管道，管材可选用 X10CrWMoVNb9-2（P92）。

再热热段蒸汽管道应选用无缝钢管，可按内径管或外径管订货。

再热冷段蒸汽管道的材料选择应结合其设计温度和高压缸最高运行排汽温度来确定。通常再热冷段蒸汽管道选用材料有 A106B 无缝钢管或 A672B70CL32 电熔焊钢管等碳钢材料，碳钢材料的最高使用温度为 427℃。如果汽轮机制造厂提供的高压缸排汽最高允许温度较高，高压缸排汽止回阀前再热冷段蒸汽管道材料可选用 A691 Cr1-1/4CL22 或者 A691 Cr2-1/4CL22 合金钢电熔焊钢管。常用材料的推荐使用温度详见表 5-1。

（六）计算实例

1．再热冷段蒸汽管道壁厚计算

某工程“二拖一”燃气一蒸汽联合循环机组再热冷段管道支管采用 ASTM A672B70CL32 电熔焊焊接钢管，设计温度为 395℃，该材料的蠕变起始温度为 371℃，在管道壁厚计算时应考虑蠕变的影响。再热冷段蒸汽管道管径、壁厚选型数据见表 5-3。

表 5-3　　再热冷段蒸汽管道管径、壁厚选型数据表

序号	项　目	符号	单位	数据	依据
一、原始数据					
1	蒸汽流量	D	t/h	320	热平衡图
2	蒸汽压力	p_1（绝对压力）	MPa	3.77	热平衡图
3	蒸汽温度	t_1	℃	373	热平衡图
4	管道管材			A672B70CL32	
5	管道规格	ϕ	mm	ϕ559×16	
6	管道最小内径	D_i	mm	527	
7	蒸汽比容	v	m^3/kg	0.07429845	焓熵表
8	管内流速	v	m/s	30.276	$353668.09 \times D \times v / D_i^2$
9	允许流速		m/s	30～45	GB 50764—2012《电厂动力管道设计规范》中 7.2.4
二、设计参数					
1	设计压力	p	MPa	4.2355	1.15 倍排汽压力
2	设计温度	t	℃	395	根据高压缸出口蒸汽的熵值，等熵求取设计压力下温度

续表

序号	项　　目	符号	单位	数据	依据
三、直管壁厚计算结果					
1	设计温度下的许用应力	$[\sigma]^t$	MPa	105.157	
2	温度对壁厚的修正系数	Y		0.4	
3	许用应力修正系数	η		1	
4	附加厚度：腐蚀余量	C	mm	0	
5	取用外径	D_q	mm	559	
6	管径正偏差	$1\%D_q$	mm	5.59	管子技术条件
7	考虑管径正偏差的最大外径	D_o	mm		$D_q+1\%D_q$
8	蠕变条件下纵向焊缝钢管焊接强度降低系数	W		0.957	
9	按外径计算最小壁厚	S_m	mm	11.67	式（13-4）
10	壁厚负偏差值	C	mm	0.5	管子技术条件
11	计算壁厚	S_c	mm	12.17	$S_c=S_m+C$
12	对口加工裕量		%	2.8	0.5 倍外径正偏差值
13	考虑对口偏差后的计算壁厚		mm	14.97	S_c+对口加工裕量
14	取用壁厚	S_q	mm	16	
15	取用直管规格		mm	ϕ559×16	

2．再热热段蒸汽管道壁厚计算

某工程“二拖一”燃气蒸汽联合循环机组再热热段管道按外径管选型。再热热段蒸汽管道管径、壁厚选型数据见表 5-4。

表 5-4　　再热热段蒸汽管道管径、壁厚选型数据表

序号	项　　目	符号	单位	数据	依据
一、原始数据					
1	蒸汽流量	D	t/h	391	热平衡图
2	蒸汽压力（绝对压力）	p_1	MPa	3.59	热平衡图
3	蒸汽温度	t_1	℃	587	热平衡图
4	过热蒸汽管材			A335P91	
5	管道规格		mm	ϕ610×24	
6	管道最小内径	D_i	mm	562	
7	主蒸汽比体积	v	m^3/kg	0.1086	焓熵表
8	管内流速	v	m/s	47.55	$353668.09\times D\times v/D_i^2$
9	允许流速		m/s	45～65	GB 50764—2012《电厂动力管道设计规范》中 7.2.4
二、设计参数					
1	设计压力	p	MPa	4.13	安全阀整定压力
2	设计温度	t	℃	592	温度偏差：+5℃
三、直管壁厚计算结果					
1	设计温度下的许用应力	$[\sigma]^t$	MPa	70.9	
2	温度对壁厚的修正系数	Y		0.7	
3	许用应力修正系数	η		1	

续表

序号	项　　目	符号	单位	数据	依据
4	附加厚度：腐蚀余量	Ç	mm	1.6	
5	取用外径	D_q	mm	610	
6	管径正偏差	$1\%D_q$	mm	6.1	管子技术条件
7	考虑管径正偏差的最大外径	D_o	mm	616.1	$D_q+1\%D_q$
8	按外径计算最小壁厚	S_m	mm	19.17	式（13-3）
9	壁厚允许负偏差	m	%	10	管子技术条件
10	直管壁厚负偏差系数	A		0.111	$A=m/（100-m）$
11	壁厚负偏差值	C	mm	2.13	$C=AS_m$
12	计算壁厚	S_c	mm	21.3	$S_c=S_m+C$
13	对口加工裕量		%	3.05	0.5 倍外径正偏差值
14	考虑对口偏差后的计算壁厚		mm	24.38	S_c+对口加工裕量
15	取用壁厚	S_q	mm	25	
16	取用直管规格		mm	$\phi610\times25$	

五、联锁条件

机组启动期间，开启气动疏水阀，排除再热蒸汽管道暖管过程中产生的蒸汽凝结水；当机组中压缸进口为两个再热进汽阀时，要控制左右高温再热蒸汽管道的温差不超过 10℃（汽轮机厂推荐值）。机组负荷达 10%～20%（汽轮机厂推荐）时，自动关闭疏水阀。

机组启动期间，应控制高压缸排汽温度，当高压排汽温度大于 530°C（汽轮机厂推荐）时，汽轮机跳闸。

机组正常运行期间，当低温再热蒸汽管道的疏水系统设置的疏水罐高Ⅰ水位时，报警；高Ⅱ水位时，自动开启疏水阀。当低温再热蒸汽管道主管管壁上、下温差大于 20℃时，自动开启疏水阀。

机组负荷降到 10%～20%（汽轮机厂推荐）或汽轮机跳闸时，自动开启疏水阀。

第四节　低压蒸汽系统

一、系统功能及范围

（一）系统功能

三压再热系统低压主蒸汽系统的功能为将余热锅炉低压过热器出口的蒸汽送入汽轮机低压缸做功。

双压无再热系统低压主蒸汽的功能主要是为除氧器提供除氧汽源，多余的蒸汽可以作为汽轮机的补汽，推动汽轮机做功。

对于供热机组，低压主蒸汽可以直接作为供热汽源，或者用于厂内采暖汽源。

（二）系统范围

低压主蒸汽管道系统设计范围包括：

（1）从余热锅炉低压过热器出口联箱母管接口至汽轮机低压补汽门前的蒸汽管道。

（2）每台余热锅炉预留低压主蒸汽至低压旁路阀入口的蒸汽管道接口。

（3）预留低压主蒸汽至热网抽汽母管的蒸汽管道接口。

（4）预留至辅助蒸汽系统的接口。

（5）上述管道的疏水、放气管道。

低压过热器出口管道上的安全阀及其排汽管道、水压试验堵板（或关断阀）和阻尼装置等在锅炉厂的设计范围内。

二、系统设计

（一）一般要求

1. 主管道系统

低压主蒸汽管道系统方案拟定与联合循环机组的机组配置方案、机组热平衡图、汽轮机低压蒸汽需求、汽轮机本体轴封系统、余热锅炉低压主蒸汽系统要求等有关。

低压主蒸汽管道上应留有至低压旁路管道、至辅助蒸汽系统、热网抽汽系统的接口。

低压主蒸汽管道需要输入的原始数据主要有：

（1）联合循环机组热平衡图。

（2）余热锅炉和汽轮机技术协议中对低压主蒸汽的要求。

（3）余热锅炉汽水管道系统图。

（4）汽轮机本体汽水管道系统图。

（5）余热锅炉厂提供的相关阀门和附件的资料。

（6）汽轮机厂提供的低压补汽阀、导汽管及附件资料。

（7）低压旁路阀及其附件资料。

对于“一拖一”机组，低压主蒸汽系统应为单元制。

对于“二拖一”机组，低压主蒸汽系统为母管制。余热锅炉来低压主蒸汽从低压过热器出口联箱引出，与另一台余热锅炉来低压主蒸汽汇合后，经母管接至汽轮机低压补汽阀，进入汽轮机做功。

对于F级及以上燃气轮机组成的三压再热燃气－蒸汽联合循环机组，汽轮机设有高、中、低压3个汽缸，低压主蒸汽通过低压主汽阀补入汽轮机中低压缸联络管，从而进入汽轮机低压缸做功。对于E级燃气轮机组成的双压无再热燃气－蒸汽联合循环机组，如汽轮机为单缸结构，低压主蒸汽通过低压补汽阀从汽轮机的补汽口进入汽轮机继续做功。对于B级及以下燃气轮机组成的双压燃气－蒸汽联合循环机组，低压主蒸汽主要用于除氧器自除氧，汽轮机不设低压补汽系统。

2. 疏水系统

每个低位点均应设置疏水点，如果没有明显的低位点，应在靠近汽轮机低压补汽阀前设置疏水点。每一疏水应单独接入凝汽器或疏水扩容器集管，不得采用疏水转注或合并的方式。

对于“二拖一”机组，并汽关断阀前后还应设置疏水点。

低压主蒸汽管道上每路疏水应串联装设两只阀门，其中至少一只由主控室内控制装置进行动力操作，并装有阀门的开关位置指示，以供运行人员掌握每只动力驱动疏水阀的开闭状态。动力操作阀门宜靠近疏水扩容器布置，根据主蒸汽的过热度或负荷率控制开关，另一只阀门宜靠近主蒸汽管道布置，正常情况下保持开状态，一般采用手动。

低压主蒸汽的疏水管道内径一般选用50mm，不得小于25mm。

每一根疏水管道应斜45°接入疏水扩容器疏水集管。

低压主蒸汽管道疏水系统应顺汽流方向坡，低压主蒸汽的最小疏水坡度取0.005。

3. 暖管系统

对于燃气－蒸汽联合循环机组，由于低压旁路靠近汽轮机布置，低压主蒸汽管道的暖管可通过低压旁路和汽轮机补汽门前疏水实现。

4. 阀门及其他

对于燃气－蒸汽联合循环机组，每台余热锅炉低压过热器出口蒸汽系统通常设有流量测量装置直接测量主蒸汽流量，流量测量装置一般选用流量喷嘴。

对于“一拖一”机组，从余热锅炉低压过热器出口至汽轮机低压补汽阀之间的低压主蒸汽管道可不设电动关断阀。

对于“二拖一”机组，每台余热锅炉出口、低压旁路阀接口之后应设置用于并汽的止回阀和电动闸阀。

为满足余热锅炉水压试验要求，每台余热锅炉的低压过热器出口可设置用于水压试验的堵阀。由于低压主蒸汽运行压力较低，且管道规格较小，也可不必专门设置水压试验堵阀，采用电动闸阀代替水压试验堵阀或低压主蒸汽管道同余热锅炉一起进行水压试验。

低压主蒸汽管道及其疏水管道安装完毕后应进行严密性检验，严密性试验通常采用水压试验，水压试验压力为设计压力的1.5倍，且不应小于0.2MPa。水压试验要求应符合DL 5190.5《电力建设施工技术规范　第5部分：管道及系统》的规定。

（二）常见系统设计方案

B级燃气轮机组成的联合循环机组低压主蒸汽主要用作除氧器的自除氧，属于余热锅炉本体的范围，不进入汽轮机做功，因此，低压主蒸汽常见系统设计方案中仅给出E及F级的典型设计方案。

1. “一拖一”机组系统方案

（1）E级燃气蒸汽联合循环机组。某型号E级燃气轮机组成的燃气－蒸汽联合循环机组低压主蒸汽及其旁路管道系统流程见图5-10。汽轮机为单缸形式，低压主蒸汽通过低压补汽阀进入汽轮机做功。汽轮机设有低压补汽口。低压主蒸汽管道还留有至辅助蒸汽系统接口。

（2）F级燃气－蒸汽联合循环机组。某型号F级燃气轮机组成的“一拖一”多轴燃气－蒸汽联合循环机组低压主蒸汽及其旁路管道系统流程见图5-11。汽轮机设高、中、低压缸，其中高、中压合缸。低压主蒸汽通过补汽阀后接至汽轮机中、低压缸联通管，通过联通管进入汽轮机低压缸做功。

2. “二拖一”机组系统方案

B、E级燃气轮机选用“二拖一”装机方案可参考F级系统设置。

某型号F级燃气轮机组成的“二拖一”燃气－蒸汽联合循环机组低压主蒸汽及其旁路管道系统流程见图5-12。低压主蒸汽通过补汽阀后接至汽轮机中、低压缸联通管，通过联通管进入汽轮机低压缸做功。

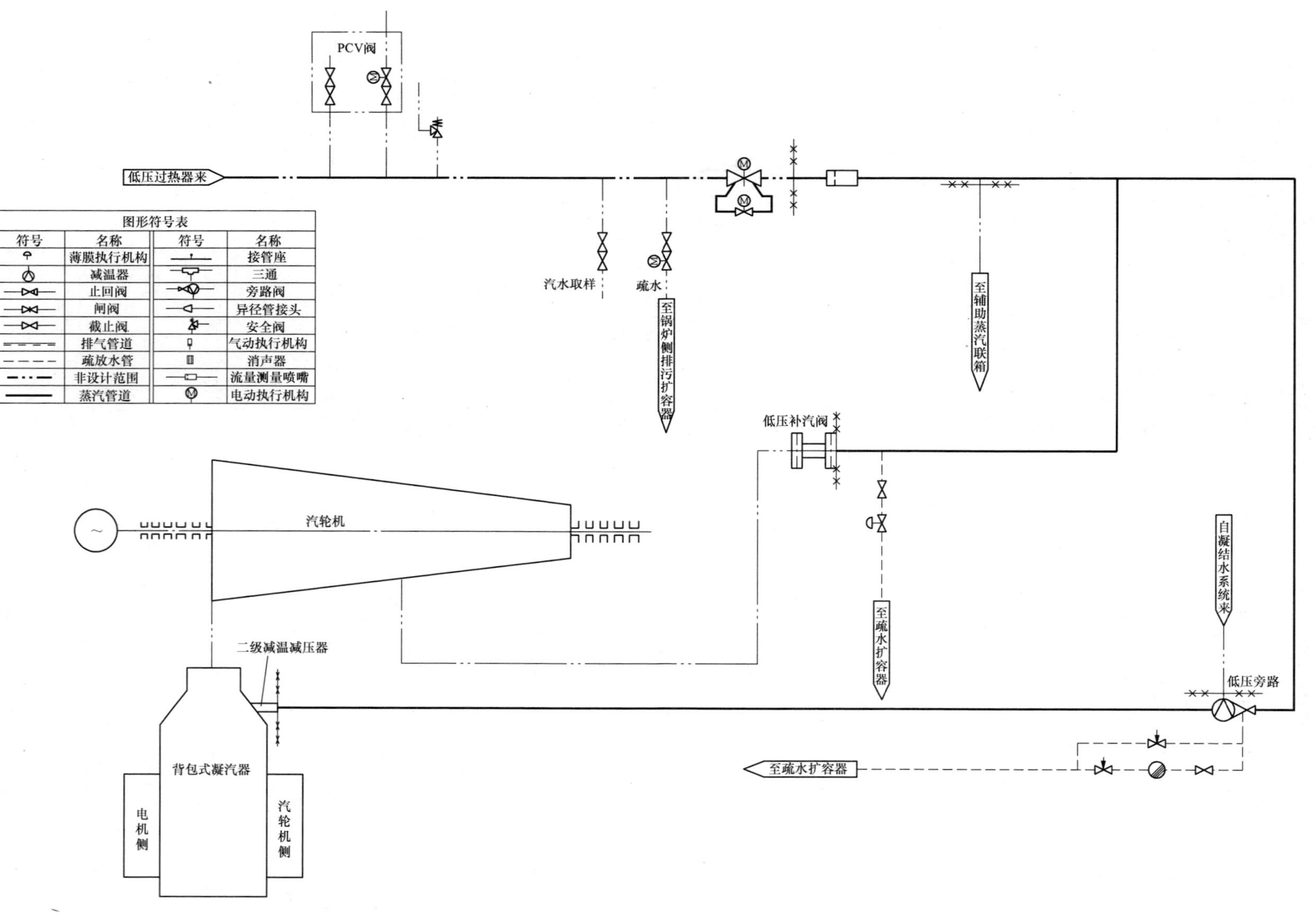

图 5-10　某型号 E 级燃气轮机机组的燃气—蒸汽联合循环机组低压主蒸汽及其旁路管道系统流程图

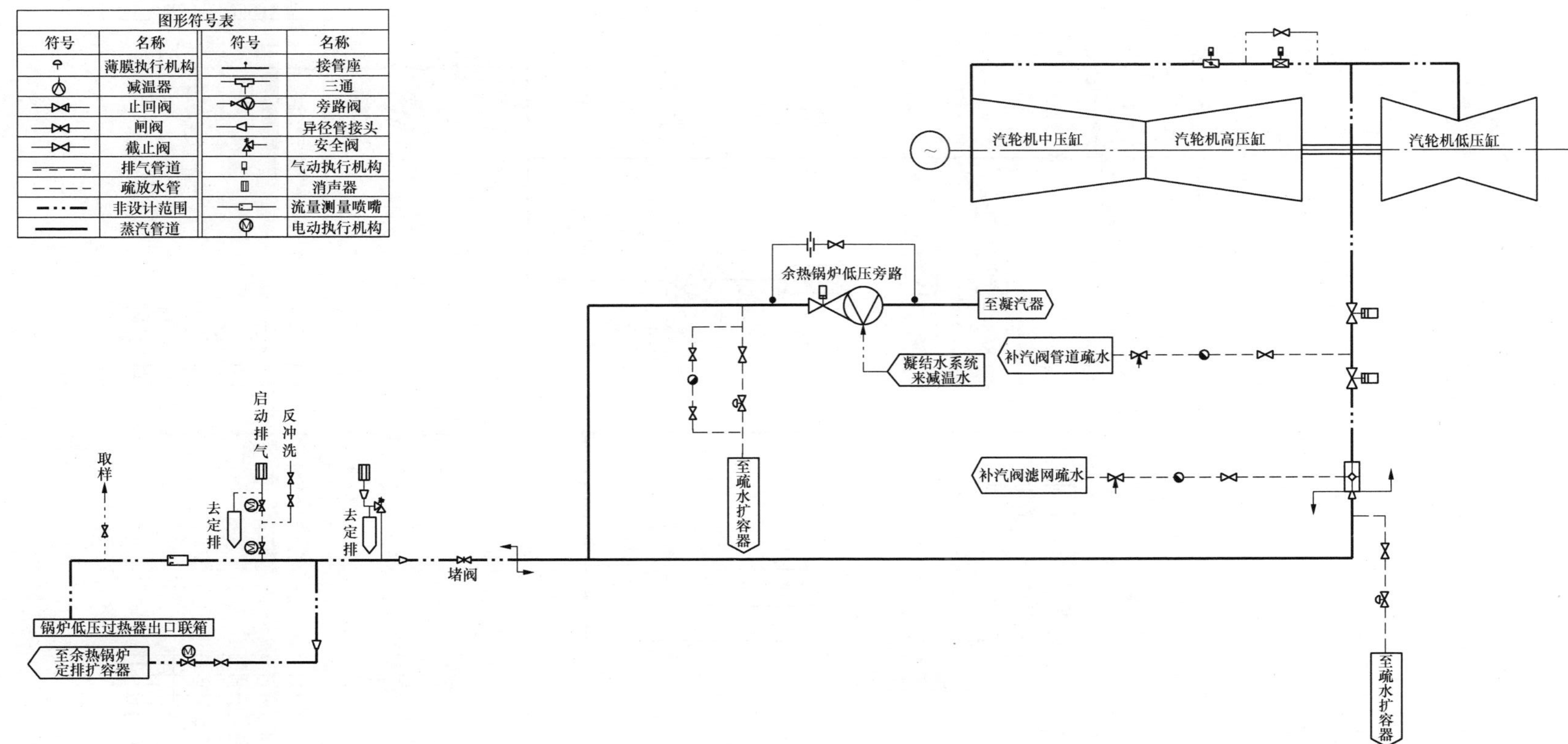

图 5-11 某型号F级燃气轮机组成的“一拖一”多轴燃气－蒸汽联合循环机组低压主蒸汽及其旁路管道系统流程图

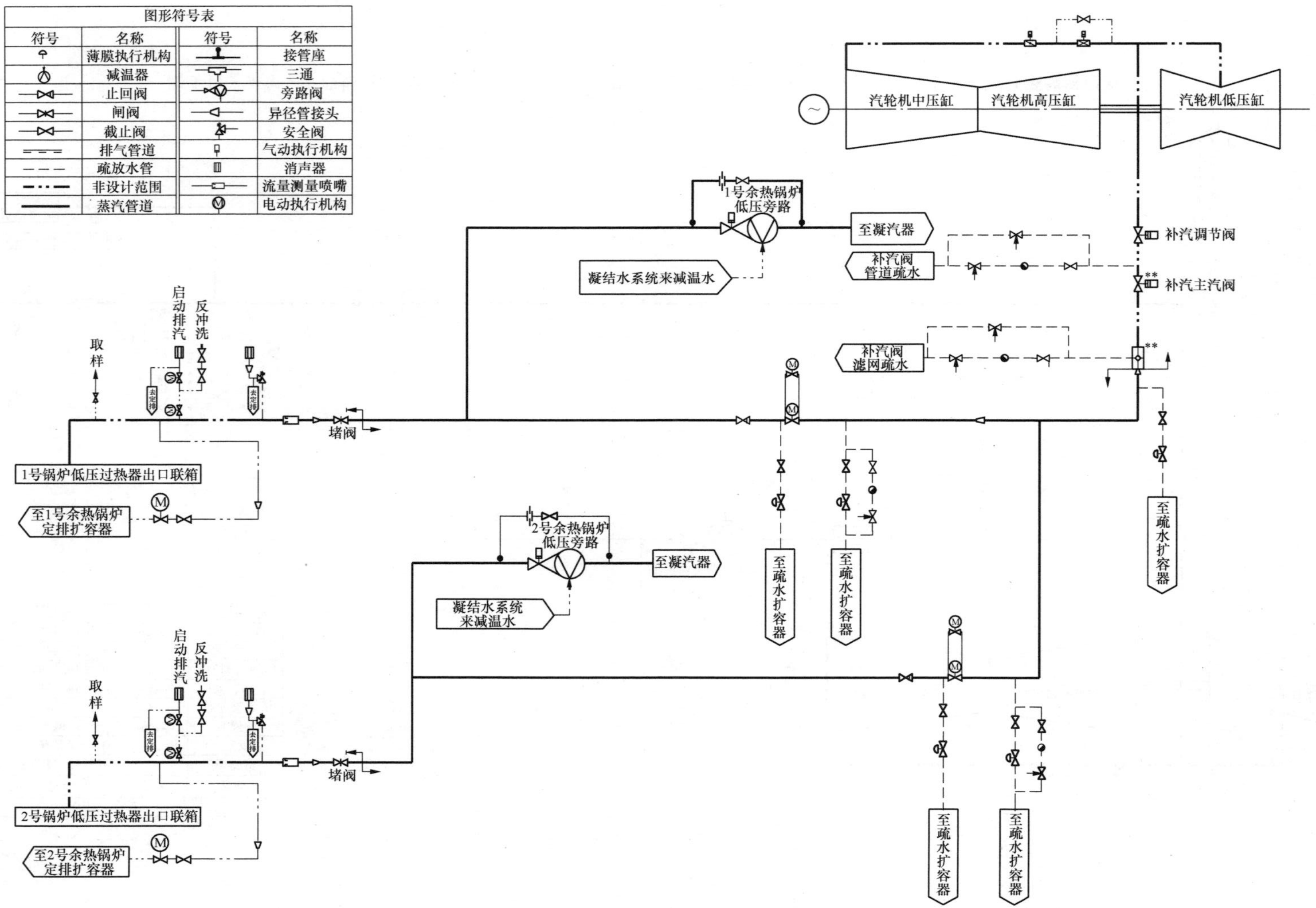

图 5-12　某型号 F 级燃气轮机组成的“二拖一”燃气－蒸汽联合循环机组低压主蒸汽及其旁路管道系统流程图

低压主蒸汽也可以不进入汽轮机低压缸做功，通过管道接至机组的热网抽汽母管、热网除氧器或厂内采暖加热器，作为厂外或厂内采暖用蒸汽。

三、设计参数选取

低压主蒸汽管道设计压力和设计温度的取用应符合 GB 50764《电厂动力管道设计规范》、DL/T 5054《火力发电厂汽水管道设计规范》的有关规定。

（一）设计温度

低压主蒸汽管道的设计温度可取用最不利工况锅炉过热器出口额定工况温度加上 5℃的温度偏差。

（二）设计压力

低压主蒸汽管道的设计压力可取用余热锅炉最大连续蒸发量时低压过热器出口的额定工作压力。

四、管道规格及材料选取

（一）选取原则

低压主蒸汽所用规格和钢材应符合相关国际标准、国家标准或行业标准。选用钢材经常采用的标准有 GB 3087《低中压锅炉用无缝钢管》、GB/T 3091《低压流体输送用焊接钢管》。

（二）管道的流速范围的确定

主蒸汽管道的推荐流速为 40～60m/s。

（三）系统压降和温降的选择

由于低压主蒸汽压力较低，“一拖一”机组余热锅炉低压过热器出口的低压蒸汽额定压力为汽轮机低压主汽门前的额定进汽压力的 106%，低压蒸汽温降为 2～3℃。“二拖一”机组可适当加大。

（四）管径及壁厚的选择

（1）低压主蒸汽管道的管子规格、壁厚宜通过优化技术确定。

（2）管道的管径可根据推荐的流速计算，然后根据允许的主蒸汽系统压降值，对系统阻力进行核算，直到管道内径值满足压降值为止。

（3）低压主蒸汽的设计压力、温度较低，其管径、壁厚可按 GD 2016《火力发电厂汽水管道零件及部件典型设计》直接选用。一般应选用无缝钢管。

（五）管道材料的确定

低压主蒸汽管道设计温度一般在 300℃左右，选用 20 钢或者 Q235 即可满足要求。

（六）计算实例

某工程 F 级燃气轮机组成的“二拖一”燃气－蒸汽联合循环机组低压主蒸汽管道管径、壁厚选型数据见表 5-5。由于机组存在“一拖一”运行和“二拖一”运行工况，在进行低压主蒸汽管道管径选择时，蒸汽流速建议选用允许流速下限。

五、联锁条件

机组启动时开启气动疏水阀，排除低压主蒸汽管道暖管过程中产生的蒸汽凝结水，机组负荷达到 10%～20%（汽轮机厂推荐）时，自动关闭疏水阀。

机组负荷降到 10%～20%（汽轮机厂推荐）或汽轮机跳闸时，自动开启疏水阀。

表 5-5　某工程 F 级燃气轮机组成的“二拖一”燃气－蒸汽联合循环机组低压主蒸汽管道管径、壁厚选型数据表

序号	项　目	符号	单位	数值	依据
一、原始数据					
1	主蒸汽流量	D	t/h	48.3	热平衡图
2	蒸汽压力（绝对压力）	p_1	MPa	0.629	热平衡图
3	蒸汽温度	t_1	℃	246.1	热平衡图
4	过热蒸汽管材			20	
5	管道规格	$D_o \times \delta$	mm	377×9	
6	管道最小内径	D_i	mm	359	
7	主蒸汽比体积	v	m³/kg	0.3723	焓熵表
8	管内流速	v	m/s	49.34	$353668.09Dv/D_i^2$
9	允许流速		m/s	40～60	GB 50764—2012《电厂动力管道设计规范》中 7.2.4
二、设计参数					
1	设计压力	p	MPa	0.7	额定工作压力
2	设计温度	t	℃	251.1	温度偏差：+5℃
3	取用直管规格		mm	ϕ377×9	

第五节　蒸汽旁路系统

一、系统功能及范围

（一）系统功能

燃气－蒸汽联合循环机组的蒸汽旁路系统应能在汽轮机启动或甩负荷时，及时向凝汽器排出多余的蒸汽，以回收工质并保证余热锅炉及汽轮机的安全。

蒸汽旁路系统应根据余热锅炉的各种不同压力等级相应设置对应的高、中、低压旁路。

蒸汽旁路应采用单元制，每台余热锅炉分别设置各自对应的蒸汽旁路系统。

燃气－蒸汽联合循环机组蒸汽旁路系统的功能除满足基本的机组启动功能外，通常还考虑汽轮机故障停机、燃气轮机和余热锅炉独立运行的工况，因此，对于不设旁路烟囱的联合循环机组，通常选择容量为100%余热锅炉最大蒸发量的旁路系统；对于设有旁路烟囱的小容量双压无再热联合循环机组，由于燃气轮机可单循环独立运行，所以是否设置旁路及旁路容量的大小需根据工程的具体情况而定。

100%容量的蒸汽旁路及其减温水系统具有以下功能，可在工程中选择应用。

1. 启动功能

机组在各种工况下（冷态、温态、热态和极热态）启动时，通过旁路系统，提高余热锅炉的升温升压速度，使主蒸汽和再热蒸汽压力、温度维持到预定的水平，以满足汽轮机各种启动工况参数的要求，缩短机组启动时间，减少汽轮机循环寿命损耗；防止再热器干烧；回收工质，减少蒸汽向空排放，改善对环境的噪声的污染。

2. 快开功能

当汽轮发电机组故障时，实现停汽轮机不停燃气轮机、不停余热锅炉的运行方式。

3. 超压保护和溢流功能

机组正常运行时，旁路处于热备用状态，设定为自动跟踪运行方式，控制系统同时实现跟踪主蒸汽压力或再热器压力，实现旁路系统的超压保护和溢流排汽功能。当主蒸汽压力超过旁路装置动作的设定值时，旁路控制系统自动开启旁路装置，进行溢流排汽，以调整稳定蒸汽压力，减少安全阀的动作次数。

4. 防止硬粒侵蚀

机组启动时，使蒸汽中的固体小颗粒通过旁路进入凝汽器，从而防止汽轮机调速汽门、进汽口及叶片的硬粒侵蚀。

（二）系统范围

（1）对于双压余热锅炉，若低压主蒸汽仅用作除氧器自除氧用汽，汽轮机不设低压进汽口，则系统仅设置一级高压旁路系统，其设计范围如下：

1)从主蒸汽管道旁路三通接口经高压旁路阀至凝汽器旁路接口的管道和阀门。

2）管道和阀门系统的暖管、疏水、放气系统（如需要）。

（2）对于双压余热锅炉，若汽轮机设有低压补汽口，低压主蒸汽同时用作汽轮机低压补汽时，系统设置高、低压两级并联旁路系统，其设计范围如下：

1）从高压主蒸汽管道旁路三通接口经高压旁路阀至凝汽器高压旁路接口的高压旁路管道和阀门。

2）从低压主蒸汽管道旁路三通接口经低压旁路阀至凝汽器低压旁路接口的低压旁路管道和阀门。

3）管道和阀门系统的暖管、疏水、放气系统（如需要）。

（3）对于三压再热余热锅炉，系统一般设置高、中、低压三级旁路系统，其中，高、中压为串联旁路系统，低压旁路出口直接接至凝汽器，其设计范围如下：

1)从高压主蒸汽管道旁路三通接口经高压旁路阀至再热冷段管道旁路三通接口处的高压旁路管道和阀门。

2)从再热热段蒸汽管道旁路三通接口经中压旁路阀至凝汽器中压旁路接口的中压旁路管道和阀门。

3)从低压蒸汽管道旁路三通接口经低压旁路阀至凝汽器低压旁路接口的低压旁路管道和阀门。

4）管道和阀门系统的暖管、疏水、放气系统（如需要）。

（4）对于三压再热余热锅炉，也可设置高、中、低压三级并联旁路系统，其设计范围如下：

1)从高压主蒸汽管道旁路三通接口经高压旁路阀至凝汽器高压旁路接口的高压旁路管道和阀门。

2)从再热热段蒸汽管道旁路三通接口经中压旁路阀至凝汽器中压旁路接口的中压旁路管道和阀门。

3)从低压主蒸汽管道旁路三通接口经低压旁路阀至凝汽器低压旁路接口的低压旁路管道和阀门。

4）管道和阀门系统的暖管、疏水、放气系统（如需要）。

二、系统设计

（一）一般要求

蒸汽旁路系统应采用单元制，每台余热锅炉设置各自对应的旁路系统。

各蒸汽旁路的容量宜为 100%余热锅炉出口最大蒸发量。对于高、中压串联旁路系统，中压旁路的流量为高压旁路出口蒸汽流量和余热锅炉中压过热器出口蒸汽流量之和。

对于B或E级燃气轮机组成的双压无再热汽水系

统，若汽轮机设有低压进汽口，则通常设有高、低压两级并联旁路系统。若汽轮机无低压进汽口（如B级机组），则设一级旁路系统。

在旁路阀关闭期间，为确保阀体的充分预热，将高、中、低压旁路阀各自的进、出口管道（或旁路阀本体）通过小管道连通，小管道上设节流孔板和手动关断阀，作为旁路装置的暖管系统。

为保证减温水与蒸汽的充分混合，旁路出口的管路布置应有一定的直管段。

一般的旁路入口管道宜短，并坡向上游蒸汽主管道。

（二）设计输入

（1）联合循环机组热平衡图。

（2）余热锅炉和汽轮机厂提出的蒸汽旁路相关要求。

（3）汽轮机厂提供的汽轮机的启停方式的说明和要求。

（4）燃气轮机、汽轮机、余热锅炉配合后的联合循环机组启停曲线。

（三）常见系统设计方案

（1）B级燃气轮机组成的“一拖一”机组主蒸汽及其旁路系统流程图（见图5-1）。

（2）B级燃气轮机组成的“二拖一”机组主蒸汽及其旁路系统流程图（见图5-4）。

（3）E级燃气轮机组成的“一拖一”机组高、低压主蒸汽及其旁路系统流程图（见图5-2、图5-10）。

（4）F级燃气轮机组成的“一拖一”“二拖一”机组高、低压主蒸汽及其旁路系统流程图、再热冷段及其旁路系统流程图、再热热段及其旁路系统流程图（见图5-3、图5-5～图5-9、图5-11、图5-12）。

三、设计参数选取

（1）旁路阀前管道和旁路阀的设计参数与上游蒸汽主管道设计参数一致。

（2）对于高压旁路接至凝汽器的旁路系统，高压旁路阀后的蒸汽管道设计参数需根据凝汽器厂的要求确定。

（3）对于高、中压串联旁路系统，高压旁路阀后的设计参数与再热冷段蒸汽管道的设计参数一致。中压旁路阀后的设计参数需根据凝汽器厂家要求及热网加热蒸汽参数（如有）确定，一般为0.6MPa、160～180℃。如果旁路有快开功能，旁路出口温度应按等焓选取。

低压旁路出口参数需根据凝汽器厂家要求确定，一般为0.2～0.4MPa、125～150℃。

四、旁路阀设备选型

（一）旁路阀形式

蒸汽旁路阀阀体形式分为角式、Z形和直通形，其中角式又分为下进、水平出或者水平进、下出方式，不宜采用水平进、上出方式。蒸汽旁路阀阀体形式如图5-13所示。

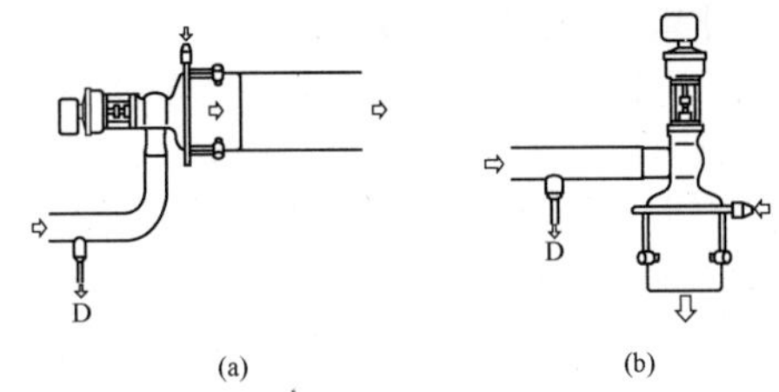

图5-13　蒸汽旁路阀阀体形式

（a）下进水、平出；（b）水平进、下出

对于高、中压串联旁路系统，高、中压旁路结构形式宜采用角式结构，蒸汽进口水平布置，出口向下。

低压旁路阀由于参数较低，可选用直通式结构。

（二）旁路执行机构确定

蒸汽旁路阀的执行机构有液动、气动和电动3种形式。液动旁路执行机构推力大、动作迅速，快速关闭时间可以达到1.5s，但需要设置油站，系统复杂且初投资高，多应用于“一拖一”单轴且没有旁路烟囱的联合循环机组，以满足机组跳闸或甩负荷要求。对于“一拖一”多轴或“二拖一”机组，旁路阀多选用动作快且系统简单的气动执行机构。当旁路功能不考虑快开或甩负荷功能时，也可采用电动执行机构。减温水调节阀和关断阀的执行机构形式应与蒸汽旁路阀一致。

目前无论是液动、气动或电动旁路，控制机构都能保证旁路阀10s左右全开，如用快开电磁阀则可以达到2s左右全开。

（三）旁路选型参数

旁路选型时应考虑机组冷态、温态、热态、极热态启动和正常运行时各工况运行参数的影响。

（四）旁路阀布置

旁路阀布置要求高压旁路阀宜靠近主蒸汽管道布置，以缩短高温高压段旁路入口管道长度；高压旁路阀出口管道接入低温再热蒸汽管道，从布置上要求一般高于低温再热蒸汽管道，且坡向低温再热蒸汽管道，因而高压旁路阀后可不设疏水点，启动时形成的凝结水进入低温再热蒸汽管道上低位点疏水装置，排至凝汽器。

如果低压旁路入口管道较长，在旁路阀关闭期间，为确保阀体的充分预热，需考虑设置暖管系统。

五、管道规格及材料选取

（一）选取原则

蒸汽旁路系统管道选用钢材和规格应符合相关国

际标准、国家标准和行业标准，如 GB 50764《电厂动力管道设计规范》、DL/T 5054《火力发电厂汽水管道设计规范》。

（二）管道流速范围的确定

蒸汽旁路管道的流速可按相连接管系的推荐流速选取或适当提高，入口管道的推荐流速可提高到 60～90m/s。对于旁路阀出口管道，蒸汽流速可适当提高。

（三）管径及壁厚的选择

由于是 100%容量旁路，蒸汽旁路入口管道管径和壁厚可同上游蒸汽管道管径、壁厚一致。旁路出口管道的管径可根据推荐的流速按式（13-1）或式（13-2）计算，直管的壁厚可按式（13-3）计算。

对于焊接钢管，在蠕变温度内运行时，进行管道最小壁厚计算时应考虑蠕变影响。

（四）材料的确定

高、中压旁路阀入口管道材料的选择应与相连的上游主管道一致，旁路阀出口管道材料应根据设计参数选择，其中，与旁路阀出口直接连接的直管段（混温段）及第一只弯头应考虑旁路阀混温不均匀的影响，可根据可能出现的最高温度选择合金钢或碳钢材料，并适当提高材料等级。

中、低压旁路阀混合段后管道可采用碳钢材料，考虑旁路出口存在汽流冲击的现象，不宜采用 Q235A 材料。

低压旁路阀进口管道可采用碳钢材料。

六、联锁条件

（1）旁路系统对主蒸汽管道的超压保护功能。当机组在运行中有下列情况之一发生时，高、中、低压旁路能在小于或等于 3s（具体工程应根据机组实际情况调整）内自动快速开启。

1）汽轮机跳闸，自动主汽门关闭。

2）发电机出口开关跳闸。

3）锅炉保护动作。

4）汽轮发电机甩负荷时。

（2）当高、中、低压旁路阀后温度过高时，快速关闭高、中、低压旁路阀。

（3）旁路对凝汽器的保护功能。当机组在启动或运行中有下列情况之一发生时，中、低压旁路能在小于或等于 3s 自动快速关闭。

1）凝汽器真空下降到设定值。

2）凝汽器温度高于设定值。

3）凝汽器热水井水位高于设定值。

4）中、低压旁路出口压力或温度高于设定值。

5）中、低压旁路减温水压力低于设定值。

（4）旁路装置的自控系统应保证当高、低压主汽运行压力、温度超过设定范围时，旁路装置能自动打开或关闭，并按机组运行情况进行压力、温度自动调节，直至恢复至正常值。具体的调节功能要求为：

1）高压旁路压力设定值调节。

2）高压旁路蒸汽压力调节。

3）高压旁路阀后蒸汽温度调节。

4）低压旁路压力设定值调节。

5）低压旁路蒸汽压力调节。

6）低压旁路阀后蒸汽温度调节。

（5）旁路控制系统应具有下列联锁功能：

1）旁路减温水隔离阀不能超前旁路阀开启，应稍滞后开启。

2）旁路减温水调节阀打不开，则旁路阀应关闭。

3）当旁路阀快速关闭时，其减温水调节阀则应同时或超前关闭。

4）旁路减温水调节阀打开或关闭同时，旁路减温水隔离阀自动打开和关闭。

5）低压旁路阀快速打开时，其减温水隔离阀应稍超前开启。

联合循环机组主蒸汽、再热蒸汽及旁路管道常用规格见表 5-6。

表 5-6　　联合循环机组主蒸汽、再热蒸汽及旁路管道常用规格表

项目	设计压力（MPa）	设计温度（℃）	材料	材料标准	外径×壁厚	备注
高压主蒸汽	3.82	455	12Cr1MoVG	GB/T 5310《高压锅炉用无缝钢管》	ϕ219×9	B 级“一拖一”
	5.43	520	12Cr1MoVG		ϕ219×9 ϕ273×10	B 级“二拖一”
	8.315	537	12Cr1MoVG		ϕ219×20 ϕ325×28	E 级“一拖一”
	13.024	555	A335P91	ASTM A335	ϕ323.9×25	F 级“一拖一”
	13.52	555	A335P91	ASTM A335	ϕ323.9×25 ϕ406.4×32	F 级“二拖一”

续表

项目	设计压力（MPa）	设计温度（℃）	材料	材料标准	外径×壁厚	备注
高压主蒸汽	17.5	592	A335P91	ASTM A335	ϕ323.9×42 ϕ406.4×52	F 级“二拖一”
再热冷段	4.24	395	A672b70CL32	ASTM A672	ϕ559×16 ϕ660×20	F 级“二拖一”
再热热段	4.13	592	A335P91	ASTM A335	ϕ610×24 ϕ762×31	F 级“二拖一”
低压主蒸汽	0.6	227	20	GB 3087《中低压锅炉用无缝钢管》	ϕ377×9	E 级“一拖一”
	0.7	380	20		ϕ426×9	F 级“一拖一”
	0.7	388	20		ϕ377×9 ϕ457×9	F 级“二拖一”
高压旁路出口直管段	4.24	395	A335P91	ASTM A335	ϕ457×15.88	F 级高中压串联旁路
中压旁路出口直管段	0.6	180	A691 Cr2-1/4CL22	ASTM A691	ϕ1020×10	F 级高中压串联旁路

第六章

凝结水、给水系统

第一节 凝结水系统

一、系统功能及范围

（一）系统功能

（1）将凝结水从凝汽器热井出口输送到余热锅炉低压汽包（兼除氧器）或除氧器。

（2）向需要减温的设备，如汽轮机旁路阀、轴封供汽减温器、疏水扩容器等提供减温水。

（3）提供部分设备的密封水以及杂项系统的补充水。

（二）系统范围

（1）设独立除氧器的余热锅炉：系统范围从凝汽器热井出口经滤网、凝结水泵、轴封加热器、除铁过滤器（或凝结水精处理装置）、低压省煤器至除氧器进口。

低压汽包与除氧器合并的余热锅炉：系统范围从凝汽器热井出口经滤网、凝结水泵、轴封加热器、除铁过滤器（或凝结水精处理装置）、低压省煤器至低压汽包进口。

余热锅炉范围内凝结水管道经低压省煤器至低压汽包部分由余热锅炉供货厂商设计并供货。

（2）从凝结水泵出口母管至各设备的减温水管道，包括旁路减温水、凝汽器水幕保护喷水减温水、凝汽器扩容器喷水减温水、凝汽器减温减压器减温水、汽轮机轴封系统减温水、低压缸喷水的减温水等。

（3）凝结水泵最小流量再循环管道。

（4）凝结水泵进口安全阀泄放管道。

二、系统设计

（一）一般要求

（1）凝结水系统设计需要的原始数据包括汽轮机供货厂商提供的热平衡图，主机对补水系统的要求，各减温水用户的减温水参数、流量、水质要求，其他杂项用户的用水参数、流量、水质要求，系统相关的设备资料（凝汽器、凝结水泵、轴封冷却器、除氧器及水箱、低压汽包等）。

（2）对于“一拖一”机组凝结水系统一般为单元制，对于“多拖一”机组的凝结水系统可采用母管制，凝结水经升压、化学除铁、轴封加热后，分别进入每台余热锅炉。

（3）与燃煤机组不同，燃气－蒸汽联合循环机组的蒸汽动力循环通常无抽汽回热，系统无低压加热器。对于燃用重油的燃气轮机，为了提高排烟温度，防止低温腐蚀，也可设置低压加热器。

（4）除氧器或低压汽包前的凝结水管路上设置有调节阀，控制水位。

（5）轴封加热器出口的凝结水管路上设置最小流量再循环管路，经最小流量再循环阀回到凝汽器。

（6）进余热锅炉之前的凝结水管道上设置排水管道，满足机组安装或检修后再启动系统冲洗需要。排水可排至锅炉定期排污、启动疏水扩容器、循环水回水管道或集水坑等。

（7）凝结水泵后管道上设置减温水母管，为各减温水用户、密封水用户及杂项用户提供用水。

（8）对于供热机组，热网疏水可进入凝结水系统，也可进入凝汽器，具体可经技术经济比较确定。热网疏水如果进入凝结水系统，需设置热网疏水泵。热网疏水泵的出口压力与凝结水泵的出口压力需要匹配一致。

（二）常见系统设计方案

某F级“二拖一”纯凝机组凝结水系统见图6-1（见文后插页）。热井出口来凝结水经凝结水泵、轴封加热器、化学除铁过滤器后，分两路经两台余热锅炉低压省煤器进入低压汽包（兼除氧器）。系统设3台50%容量凝结水泵，以适应“二拖一”机组运行。

凝结水再循环管道从轴封加热器后接到凝汽器。减温水从化学除铁过滤器后接出，供至轴封减温器、凝汽器减温减压器、中压旁路、低压旁路、凝汽器水幕喷水、疏水扩容器、低压缸喷水减温水等用户。进余热锅炉前管道设有启动排污管道，接至排水坑。

F 级“二拖一”抽凝背压供热机组凝结水系统见图 6-2（见文后插页）。热井来的凝结水经凝结水泵、轴封加热器、化学除铁过滤器后，分两路分别进入两台余热锅炉低压省煤器后进低压汽包（兼除氧器）。在供热期抽汽运行情况下，热网疏水经热网疏水泵升压后，在轴封加热器后余热锅炉前，汇入凝结水系统，热网疏水和凝结水的压力需匹配一致。机组在供热期间背压运行情况下，虽然没有低压缸排汽，尚有小部分系统疏水和系统补水进入凝汽器，同时为保证轴封加热器的最小冷却流量，需要一台凝结水泵长期运行。

凝结水再循环管道从泵后的管道接到凝汽器。减温水从凝结水泵、化学除铁过滤器后接出，供至轴封减温器、凝汽器减温减压器、中压旁路、低压旁路、凝汽器水幕喷水、疏水扩容器、低压缸喷水减温水等用户。进余热锅炉前管道设有启动排污管道至排水坑。

“一拖一”机组凝结水系统与“二拖一”机组类似，凝结水管路接入配套的余热锅炉即可，凝结水泵通常配置为 2×100%容量。

三、设计参数选取

（一）设计压力

凝结水泵进口侧管道，取泵吸入口中心线至汽轮机排汽缸接口平面处的水柱静压，且应不小于 0.35MPa，此时凝汽器压力为大气压力。凝结水泵出口管道，取泵出口阀关断情况下泵的提升压力与进水侧压力之和，进水侧压力取凝汽器热井最高水位与泵吸入口中心线的水柱静压力。

（二）设计温度

取设计范围内锅炉低压省煤器接口前的凝结水管道最高工作温度。对于供热机组，若热网疏水接入凝结水系统，则取凝结水和热网疏水两者的最高工作温度。

四、设备选型

（一）凝结水泵配置方式

（1）“一拖一”的纯凝机组：凝结水泵的数量和容量配置通常为 2×100%或 3×50%。

（2）“一拖一”的采暖供热机组。

1）热网疏水返回凝汽器的系统，凝结水泵的数量和容量可采用 2×100%或 3×50%。

2）热网疏水接入凝结水泵出口的凝结水系统，热网疏水泵出口压力与凝结水泵出口压力相匹配，两股水合并后，进入余热锅炉。凝结水泵数量和容量的确定，要考虑供暖期间凝结水流量较低的工况，可采用 3×50%或 2×50%+1×30%的配置方式。

（3）“二拖一”的纯凝机组：存在“一拖一”（即一台燃气轮发电机组与一台汽轮发电机组运行）的运行方式，可根据其运行方式的特点，凝结水泵的数量和容量配置建议采用 3×50%。

（4）“二拖一”的采暖供热机组：要考虑供暖期间凝结水流量较低的工况，可采用 3×50%或 2×50%+1×30%的配置方式。

（5）对于“三拖一”机组：存在“一拖一”（即一台燃气轮发电机组、一台余热锅炉与一台汽轮发电机组运行）或“二拖一”（即两台燃气轮发电机组、两台余热锅炉与一台汽轮发电机组运行）的运行方式，可根据其运行方式的特点，凝结水泵的数量和容量配置建议采用 4×33%，也可经技术经济比较后采用其他配置方式。

（6）仅带工业抽汽的供热机组：凝结水泵数量和容量的配置与纯凝机组相同。

（7）根据机组运行方式（基本负荷或调峰）的要求，通过技术经济比较确定采用定速或调速凝结水泵。

对于定速泵，出口管道需设置调节阀，通过改变进入余热锅炉的凝结水流量，控制低压汽包（除氧器）水位；对于调速泵，通过变转速方式，改变进入余热锅炉的凝结水流量，控制低压汽包（除氧器）水位。

无论定速凝结水泵还是变频凝结水泵，均设置最小流量再循环调节阀，满足凝结水泵启动初期凝结水泵最小流量和轴封加热器最小冷却流量的要求。

（二）凝结水泵流量和扬程的选取

1. 凝结水泵的流量计算

凝结水泵的流量应按下列各项之和计算：

（1）对于凝汽式机组，最大凝结水量应为下列各项之和：

1）汽轮机最大进汽工况时的凝汽量。

2）进入凝汽器的经常疏水量。

3）进入凝汽器的正常补给水量。

4）其他杂用水。

当备用泵短期投入运行时，应满足旁路系统投入运行时凝结水量输送的要求。

（2）对于供热机组，最大凝结水量应为：

1）当热网加热器疏水或工业供汽的返回水（补给水）不进入凝汽器时，按纯凝工况计算，其计算方法与凝汽式机组相同。

2）当热网疏水或工业供汽的返回水（补给水）进入凝汽器时，还应按最大抽汽供热工况计算，与纯凝汽工况计算值比较，取较大值。

（3）对于供热机组，最大抽汽供热工况下的凝结水量应为下列之和：

1）机组在最大抽汽供热工况下运行时的凝汽量。

2）进入凝汽器的经常疏水量。

3）工业供汽的返回水（补给水）量或热网加热器

正常疏水量。

2. 凝结水泵的扬程计算

凝结水泵的扬程应按下列各项之和计算：

（1）凝汽器出口到低压省煤器进口介质流动总阻力（按余热锅炉最大连续蒸发量时的给水量计算），并加 20%的裕量。

（2）余热锅炉低压省煤器进口联箱处的正常水位与凝汽器正常水位间的水柱静压差。

（3）余热锅炉最大连续蒸发量时，低压省煤器入口凝结水压力。

（4）凝汽器额定工作压力（取负值）。

（三）凝汽器

对于燃气－蒸汽联合循环机组的凝汽器，需要考虑对汽轮机各级旁路出口排入的蒸汽量的冷却，其凝结能力应满足能凝结汽轮机最大排汽量和各级旁路同时排入的蒸汽量的较大值。

五、管道规格及材料选取

（一）设计流速

（1）凝结水泵入口管道流速为 0.5～1m/s。

（2）凝结水泵出口管道流速为 2～3.5m/s。

（二）管道规格与材质

（1）管径、壁厚按照 DL/T 5054《火力发电厂汽水管道设计规范》进行计算。

（2）出口管道材质通常选用 20 钢，泵入口管道材质通常选用 Q235。

六、联锁要求

（1）凝结水泵：当运行泵故障时，备用泵自启动，同时出口电动闸阀与泵电动机联锁，随泵的启动自动打开。

（2）凝结水母管压力低于设定值，自动投备用凝结水泵。

（3）凝结水泵入口滤网差压大报警，同时切至备用凝结水泵，停运、隔离原运行凝结水泵，联系检修清洗滤网，清洗完毕后投入备用。

（4）凝汽器热井水位达到“低低”时，凝结水泵跳闸。

第二节 给 水 系 统

一、系统功能及范围

（一）系统功能

（1）将水从除氧器或低压汽包（兼除氧器）升压输送到中压或高压省煤器。

（2）向锅炉再热器、锅炉过热器、汽轮机高压旁路等设备提供满足要求的减温水。

（3）向燃气性能加热器（如有）提供加热热源。

（二）系统范围

（1）从除氧器到省煤器入口的给水系统设备及主管道。

（2）给水泵再循环管道。

（3）锅炉再热器减温水、锅炉过热器减温水、高压旁路减温水等管道。

（4）至燃气性能加热器（如有）的供回水管道。

除高压旁路减温水管道外，给水系统及设备通常由余热锅炉供货厂商设计和供货。

二、系统设计

（一）一般要求

（1）给水系统设计需要的原始数据包括汽轮机热平衡图，锅炉本体汽水管道系统图，锅炉对给水参数的要求，各减温水用户的减温水量、压力、温度要求等系统设备资料。给水系统方案取决于上述资料及给水泵配置、给水泵的安装位置等。

（2）设独立除氧器的余热锅炉：单压锅炉的主给水管道为从除氧器出口至省煤器入口；双压或三压锅炉，给水主管道分别为除氧器各给水出口经给水泵送至对应汽包的省煤器入口。

低压汽包与除氧器合并的余热锅炉：双压余热锅炉的给水系统，从低压汽包出口经给水泵至高压省煤器；三压锅炉设有中压、高压两路给水系统，中压给水系统从低压汽包中压给水出口经中压给水泵至中压省煤器，高压给水系统从低压汽包高压给水出口经高压给水泵至高压省煤器。

（3）给水减温水系统向过热器、再热器、高压旁路提供减温水，减温水参数应满足减温水用户在各种工况下的需求，减温水接出位置根据减温水用户要求参数确定。

（4）给水泵进出口管道应设置隔离阀，给水泵组出口与隔离阀间应设置止回阀。

（5）给水泵组应配置最小流量阀再循环管系用于保护给水泵，使给水泵的给水流量不低于要求的最小流量。

（二）常见系统设计方案

1. 单压余热锅炉给水系统方案

典型单压余热锅炉给水系统见图 6-3。除氧器给水出口设 2 台 100%容量给水泵（1 台运行、1 台备用），经升压后送至中压省煤器入口。泵后设有再循环管道至除氧器再循环接口。泵后有一路减温水至过热器减温器。

2. 双压余热锅炉给水系统方案

图 6-4 所示为典型双压余热锅炉给水系统。低压汽包兼做除氧器，除氧用汽来自低压汽包自身蒸汽。给水主管道为一路，低压汽包出口经高压给水泵至省

煤器。设置 2 台 100%容量高压液力耦合调速电动水泵（1 台运行、1 台备用）。过热器减温水管道从高压给水泵后接出。

3. 三压余热锅炉给水系统方案

图 6-5 所示为典型三压余热锅炉给水系统。低压汽包与除氧器合并，三压余热锅炉的给水系统由高、中压两部分组成。来自低压汽包的给水进入高压给水泵入口，经 2 台 100%容量的高压给水泵（1 台运行、1 台备用）升压后，进入高压省煤器，高压给水泵后管路提供高压过热器反冲洗用水、高压过热蒸汽的减温水。同样，来自低压汽包给水进入中压给水泵入口，经 2 台 100%容量的中压给水泵（1 台运行、1 台备用），中压给水进入中压省煤器，中压给水泵后管路提供再热器反冲洗用水、再热蒸汽的减温水。高压给水泵中间抽头提供高压旁路所需的减温水。在低负荷时，从高、中压给水泵出口的再循环水进入低压汽包。

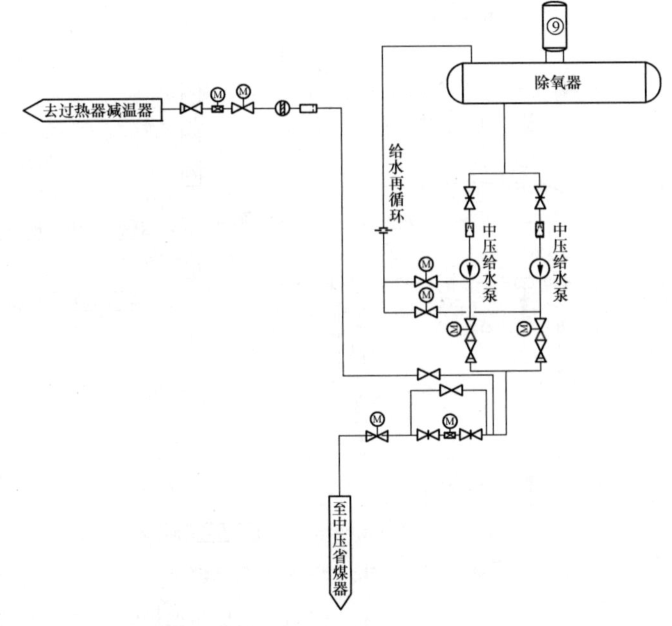

图 6-3　典型单压余热锅炉给水系统

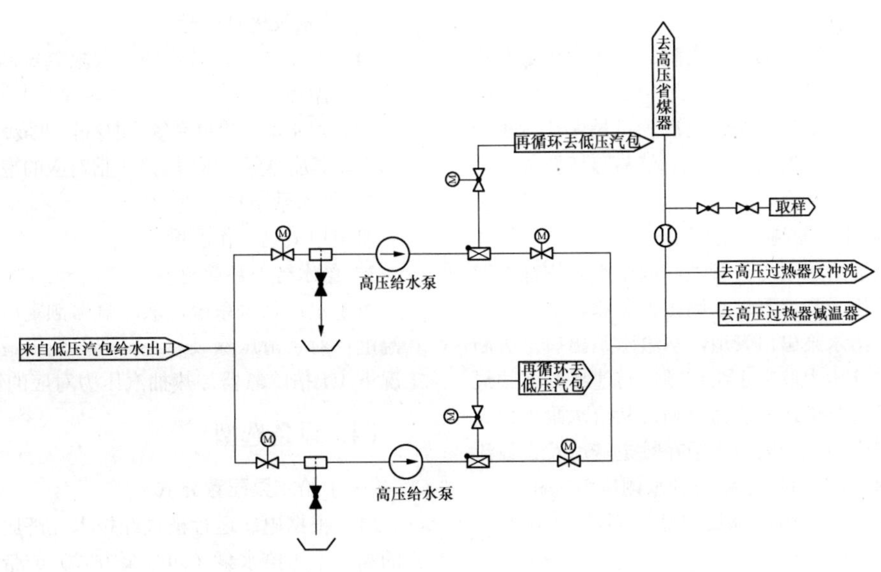

图 6-4　典型双压余热锅炉给水系统

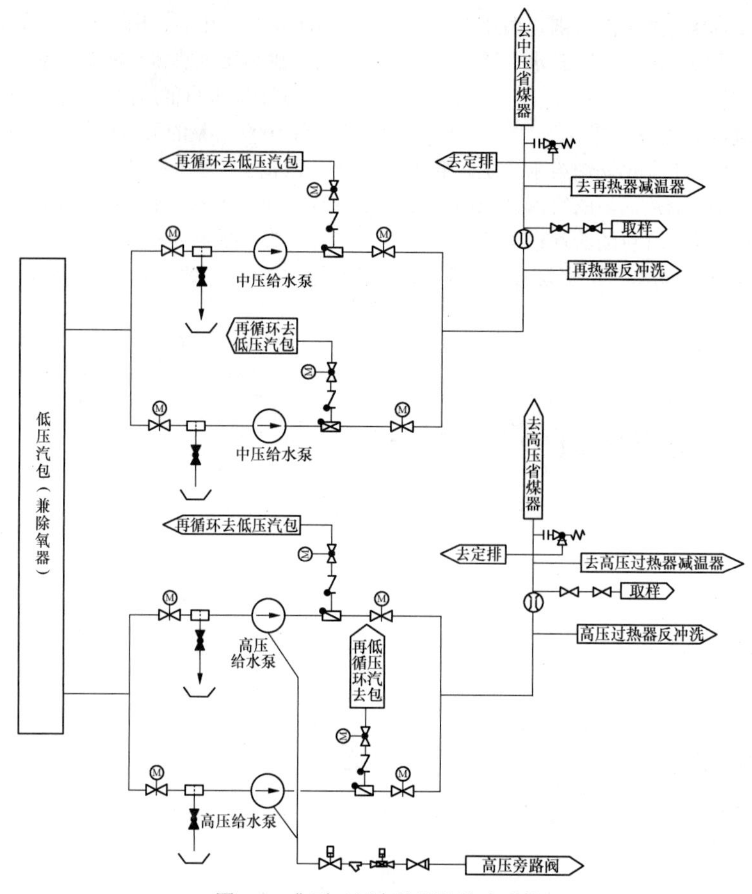

图 6-5　典型三压余热锅炉给水系统

三、设计参数选取

（一）设计压力

1. 给水泵进口管道

（1）对于定压除氧系统，取除氧器额定压力与最高水位时水柱静压之和。

（2）对于滑压除氧系统，取汽轮机最大计算出力工况下除氧器加热抽汽压力的 1.1 倍与除氧器最高水位时，水柱静压之和。

2. 给水泵出口管道

（1）非调速给水泵出口管道，取给水泵特性曲线最高点对应的压力与该泵进水侧压力之和。

（2）调速给水泵出口管道，从给水泵出口至关断阀的管道，设计压力取给水泵在额定转速特性曲线最高点对应的压力与进水侧压力之和，从给水泵出口关断阀至省煤器进口管段取给水泵在额定转速及设计流量下给水泵提升压力的 1.1 倍与进水侧压力之和。

（3）给水管道设计应考虑进水温度对压力的修正。

3. 给水再循环管道

进除氧器的最后一道关断阀及其前的管道，取相应的高压给水管道设计压力。其后的管道，对于定压除氧系统，取除氧器额定压力；对于滑压除氧系统，取汽轮机最大计算出力工况下除氧器加热抽汽压力的 1.1 倍。

（二）设计温度

1. 给水泵进口管道

（1）对于定压除氧系统，取除氧器额定压力对应的饱和水温度。

（2）对于滑压除氧系统，取汽轮机最大计算出力工况下除氧器加热蒸汽压力的 1.1 倍对应的饱和水温度。

2. 给水泵出口管道

取出口最高工作温度。

3. 给水再循环管道

对于定压除氧系统，取除氧器额定压力对应的饱和温度；对于滑压除氧系统，取汽轮机最大计算出力工况下 1.1 倍除氧器加热抽汽压力对应的饱和温度。

四、设备选型

（一）给水泵配置方式

（1）根据电厂运行模式经技术经济比较可采用独立的高、中压给水泵（即分泵方式）或带中间抽头的高、中压合并给水泵（即合泵方式）。

（2）当 1 台余热锅炉配 1 台除氧器时，可按余热锅炉的给水量配两台 100%容量的电动给水泵；当 2 台余热锅炉配 1 台除氧器时，可配 3 台同容量（100%余热锅炉容量）电动给水泵，其中 1 台泵备用。

（3）根据机组调峰的要求，通过技术经济比较确定采用定速或调速给水泵。

对于定速泵，出口管道需设置调节阀通过改变进入余热锅炉的给水流量，控制对应汽包的水位；对于调速泵，通过变转速方式改变进入余热锅炉的给水流量，控制对应汽包的水位。

无论定速给水泵还是调速给水泵，均设置最小流量再循环调节阀，满足水泵启动初期给水泵最小流量的要求。

（二）给水泵流量和扬程的选取

1. 给水泵的流量确定

在每一个给水系统中，给水泵出口的总流量（不包括备用给水泵）应不小于系统所连接的全部余热锅炉最大给水量及高压旁路减温喷水量之和的 110%。

2. 给水泵的扬程选取

给水泵的扬程选取应按下列各项之和计算：

（1）除氧器给水箱出口到省煤器进口介质流动总阻力（按余热锅炉最大连续蒸发量时的给水量计算），并加 20%的裕量。

（2）余热锅炉省煤器进口联箱处的正常水位与除氧器给水泵正常水位间的水柱净压差。

（3）余热锅炉最大连续蒸发量时，省煤器入口的给水压力。

（4）除氧器额定工作压力（取负值）。

（三）除氧器

（1）优先采用余热锅炉低压汽包除氧，也可以配置低压蒸汽加热除氧的独立除氧器，当凝汽器真空除氧满足余热锅炉给水品质要求时，可不设除氧器。

（2）除氧器总容量应根据最大给水消耗量选择，优先采用 1 台炉配 1 台除氧器，低压汽包兼做给水箱，也可以选择 2 台锅炉配置 1 台除氧器。

（3）除氧器的启动汽源可采用锅炉自身蒸汽，为加快启动速度也可以采用启动锅炉蒸汽或者厂用辅助蒸汽系统。

（4）给水箱有效容积为 5～10min 锅炉最大连续蒸发量下的给水消耗量。

五、管道规格及材料选取

（1）推荐的流速。

1）给水泵进口管道流速为 0.5～3.0m/s。

2）给水泵出口管道流速为 2～6m/s。

3）减温水管道流速为 2～3m/s。

（2）管道规格。给水管道的管径确定后可根据压力等级和材料，按 GD 2016《火力发电厂汽水管道零件及部件典型设计》选取。泵出口管道的壁厚也可按照 DL/T 5054《火力发电厂汽水管道设计规范》通过优化计算确定。

（3）管材所用钢材应符合国家或者有关部门钢材标准的规定。管道材质通常选用碳钢材料。

六、联锁条件

（1）除氧器（或兼做除氧器的汽包）水位处于“低低”水位，给水泵跳闸。

（2）给水泵入口压力处于低值，跳闸。

（3）进口阀关闭时，跳闸。

（4）给水泵流量低值，跳闸。

（5）燃气轮机跳闸或汽轮机跳闸来信号，给水泵跳闸。

（6）给水泵入口滤网差压超限值报警，同时切至备用水泵，停运、隔离原运行泵。

（7）当运行泵故障或给水泵出口母管压力低时，投运备用泵。

第三节　除盐水系统

一、系统功能及范围

（一）系统功能

（1）向凝汽器补水、补充热力循环中的汽水损失，向闭式循环冷却水等系统提供启动和运行补水。

（2）启动前向凝结水系统、锅炉注水（若需要）。

（3）向压气机叶片清洗系统提供水源。

（4）向燃气轮机燃烧室注除盐水以降低排气中的氮氧化物的含量（当燃用燃油时）。

（二）系统范围

联合循环机组通常不设凝结水补充水箱，从化学专业除盐水管道接口直接接至主厂房内除盐水母管，母管接至各用户，包括除盐水至凝汽器、闭式水膨胀水箱、燃气轮机压气机叶片清洗装置、凝结水泵机械密封水、真空泵补水、发电机定子冷却水箱补充水、化学加药间、启动锅炉房等。

二、系统设计

（一）一般要求

（1）通常不设凝结水补充水箱和补给水泵，化学补水系统应能满足机组启动和运行的补水要求。

（2）除盐水泵出力及除盐水系统至主厂房的补给水管道应能同时输送最大 1 台机组启动补给水量或余热锅炉化学清洗用水量和其余机组正常补给水量。

（3）补给水管道宜选用不锈钢管。

（二）常见系统设计方案

不同容量机组除盐水系统设计基本相同。以 F 型联合循环机组除盐水系统为例，见图 6-6。

化学来除盐水管道

至7号余热锅炉脱硝氨水系统

至7号燃气轮机压气机水洗管路

至8号余热锅炉脱硝氨水系统

至8号燃气轮机压气机水洗管路

至9号汽轮机凝汽器补水

至9号汽轮机除铁过滤器后凝结水系统补水

至9号汽轮机和10号汽轮机凝结水泵机械密封冲洗水

至9号汽轮机真空泵A上水和补充水

至9号汽轮机真空泵B上水和补充水

至9号汽轮机凝结水前置泵机械密封冲洗水

至10号汽轮机真空泵A上水和补充水

至闭式水膨胀水箱上水和补水

至10号汽轮机真空泵B上水和补充水

至10号汽轮机凝结水前置泵机械密封冲洗水

至热网加热器检修冲洗水

至11号燃气轮机压气机水洗管路

至11号余热锅炉脱硝氨水系统

至化学加药系统

至10号汽轮机凝汽器补水

至10号汽轮机除铁过滤器后凝结水系统补水

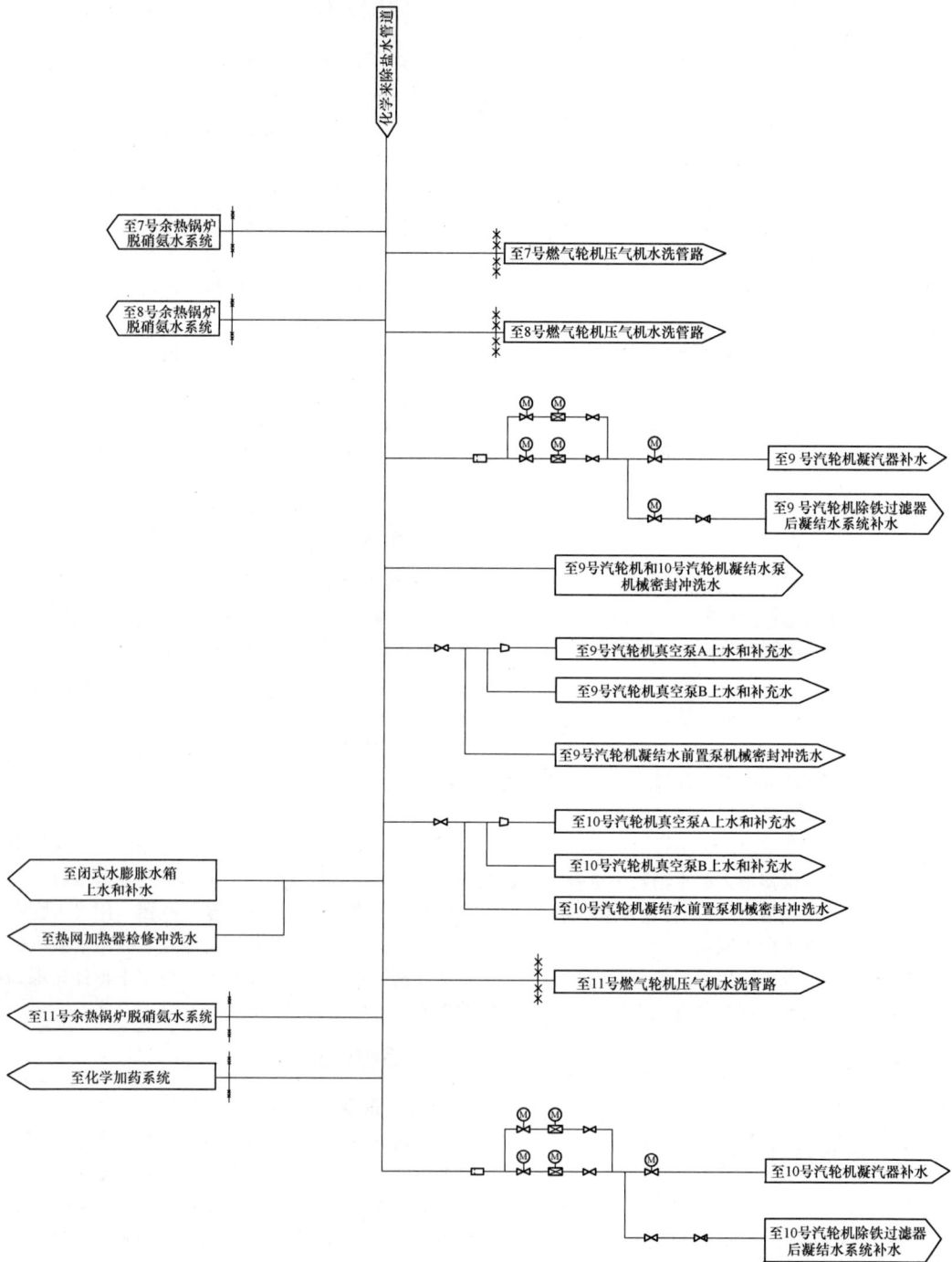

图 6-6 F 型联合循环机组除盐水系统

系统不设凝结水补充水箱及补水泵，化学除盐水直接补充到凝汽器。系统还为燃气轮机压气机水洗管路、余热锅炉脱硝氨水系统、凝结水泵机械密封、真空泵等用户提供冷却水或补水。

三、设计参数选取

（一）设计压力

从水处理系统来的除盐水管道设计压力与上游管道一致。

（二）设计温度

除盐水设计温度取最高工作温度。

四、管道规格及材料选取

1. 推荐管道流速

（1）泵入口管道流速为 0.5～1.5m/s。

（2）泵出口管道流速为 1.5～3.0m/s。

2. 管道规格与材质

（1）管道为常规中低压管道，管径确定后，可根据压力等级和材料，按 GD 2016《火力发电厂汽水管道零件及部件典型设计》选取管道规格。

（2）除盐水管道材料通常选用不锈钢管材 06Cr19Ni10。

第七章

燃气轮机及发电机、汽轮机及发电机本体系统

第一节　汽轮机轴封及本体疏水系统

一、系统功能及范围

（一）功能

汽轮机轴封系统的功能是在机组启动、运行及停机阶段，为汽轮机轴端汽封提供密封汽源，防止蒸汽从轴端漏出，同时防止空气进入汽缸。轴封蒸汽系统还抽出轴端汽封中的蒸汽－空气混合物以及高、中压主汽门和调节汽门阀杆的泄漏蒸汽，以便于回收工质。

汽轮机本体疏水系统的功能是在机组启动及停机过程中排出设备内部的疏水。

（二）范围

汽轮机轴封系统、本体疏水系统通常由汽轮机厂负责系统设计并根据布置设计供货，设计院负责管道的布置设计。轴封系统、本体疏水系统通常包括以下几项：

（1）主蒸汽、辅助蒸汽或再热冷段蒸汽汽源经供汽站至轴封供汽母管的管道。

（2）轴封供汽母管至汽轮机轴封的管道。

（3）轴封溢流至凝汽器管道。

（4）轴封漏汽至轴封冷却器管道。

（5）轴封冷却器疏水至凝汽器管道。

（6）轴封风机排气管道。

（7）轴封供汽母管安全阀排汽管道。

（8）高、中压主汽门和调节汽门的阀杆漏汽至轴封冷却器管道。

（9）汽轮机本体疏水至疏水扩容器管道。

二、常见系统设计方案

为完成上述功能，需将轴封蒸汽从母管接至各轴封。在任何运行条件下，轴封蒸汽母管以及轴封内的蒸汽压力由密封蒸汽溢流阀和密封蒸汽供汽阀来控制。

轴封系统通常分为自密封和非自密封两种形式，自密封系统在机组正常运行时，不需要向高、中压缸轴封供汽，高、中压缸轴封漏汽接至轴封供汽母管，经减温减压后向低压缸轴封供汽。自密封系统在大、中型机组中普遍采用。非自密封系统在机组正常运行时，高、中、低压缸轴封均需从外界提供密封蒸汽，通常应用于小机组。

对于采用自密封系统的汽轮机，启动汽源通常包括辅助蒸汽、再热冷段蒸汽或高压主蒸汽。冷态启动时通常采用低压供汽，供汽压力、温度由低压供汽站的调节阀及溢流站的调节阀控制。机组热态启动时通常采用高压蒸汽（如高压主蒸汽）供汽，供汽压力、温度由高压供汽站的调节阀及溢流站的调节阀控制。

密封汽源中如果使用喷水减温器，则减温水系统采用动力操作的截止阀，以防止轴封系统不投入时水进入轴封联箱。如在辅助汽源上设有喷水减温器，则需设置汽水分离器，并在减温器上设疏水装置。

低压轴封的供汽管道上若设有喷水减温器，则管道的布置需保证喷水不能进入轴封管道，并在喷水减温器之后应设有连续疏水装置。连续疏水装置应能排除减温水喷水阀全开时喷入轴封管道的全部减温水流量。

汽轮机典型轴封系统（自密封）及汽轮机本体疏水系统图见图 7-1，汽轮机典型轴封系统（非自密封）及汽轮机本体疏水系统图见图 7-2。

三、设计接口

（1）主蒸汽、辅助蒸汽或再热冷段蒸汽供汽系统与汽轮机本体轴封系统的设计分界一般设在主蒸汽、辅助蒸汽或再热冷段蒸汽供汽站的进口第一个关断阀处。

（2）轴封冷却器疏水、轴封蒸汽管道疏水设计供货界限可与汽轮机厂协商确定。

四、联锁要求

汽轮机轴封系统联锁要求详见汽轮机厂相关技术文件，以下内容仅供参考。

（1）对于采用自密封的汽轮机，正常运行时轴封系统的蒸汽由系统内自平衡，但压力调节装置仍然进行跟踪监视和调节。

（2）机组启动阶段，轴封供汽来自辅助汽源，由辅助汽源供汽调节阀控制供汽压力。当辅助汽源参数不能满足机组要求时，再热冷段蒸汽或主蒸汽供汽调

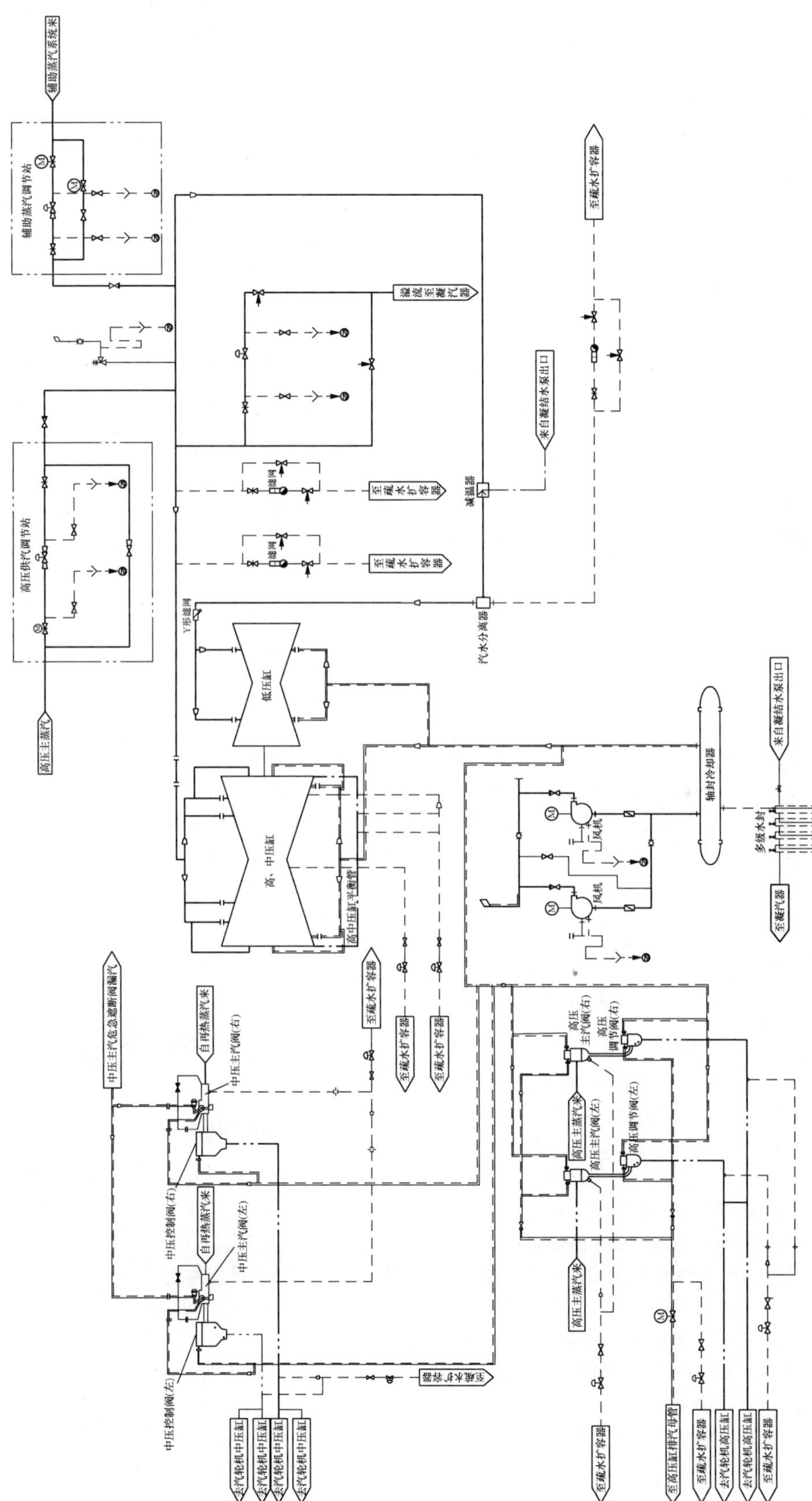

图 7-1　汽轮机典型轴封系统（自密封）及汽轮机本体疏水系统图

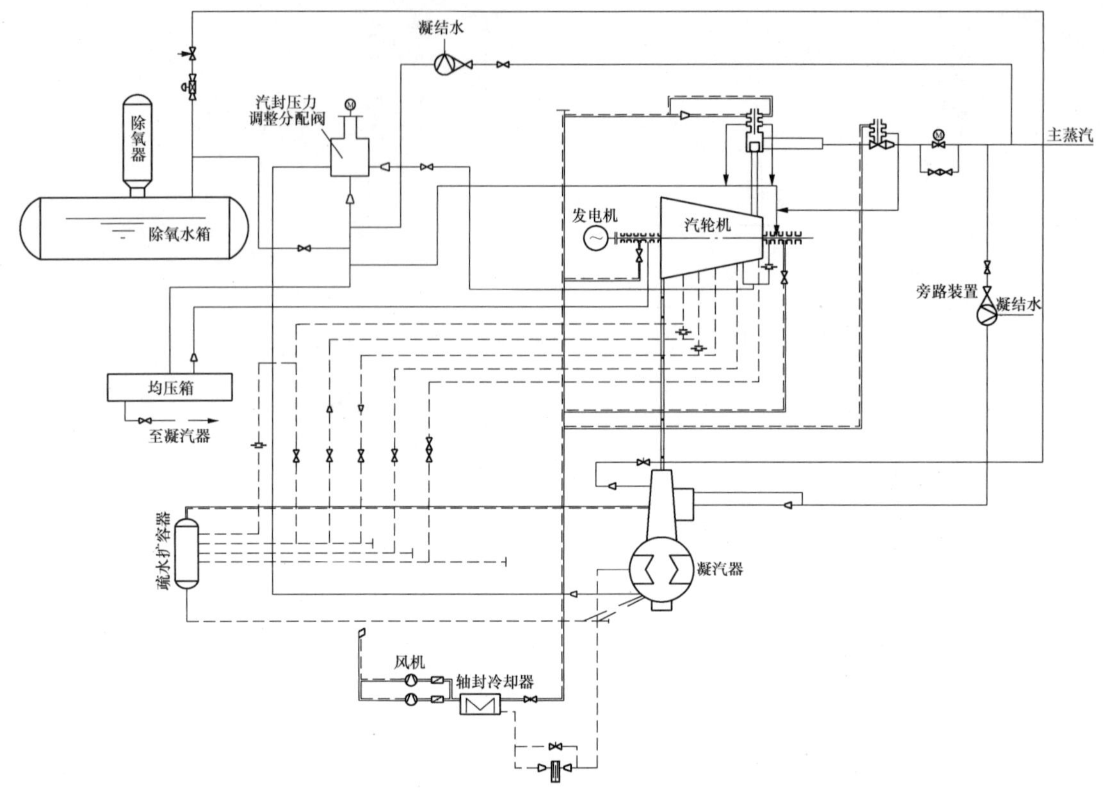

图 7-2　汽轮机典型轴封系统（非自密封）及汽轮机本体疏水系统图

节阀自动打开。随着机组负荷增加，高、中压缸轴端漏汽进入轴封供汽母管，蒸汽量逐渐增多，直至超过低压缸轴端密封所需的供汽量。当轴封供汽母管的压力升高至设定值时，供汽站的调节阀自动关闭，溢流站的调节阀自动打开。

（3）机组停机阶段，轴封供汽来自辅助汽源，溢流调节阀关闭。

五、设备、管道布置与安装设计

轴封系统、本体疏水系统的设备、管道布置与安装设计应遵循DL/T 5054《火力发电厂汽水管道设计规范》、DL/T 834《火力发电厂汽轮机防进水和冷蒸汽导则》。

（1）轴封系统的供汽管道朝汽源（主蒸汽、辅助蒸汽或再热冷段蒸汽）方向以一定的坡度倾斜布置，每种汽源阀门的入口侧均设有连续疏水系统。

（2）汽轮机和轴封供汽联箱之间的轴封系统管道向联箱倾斜布置（最小坡度为 0.02），以便重力疏水至联箱。如果在此段管道上存在低位点，则每个低位点需设置连续疏水，将疏水排至疏水扩容器。轴封联箱的最低点处需设置一路连续疏水排至疏水扩容器。

（3）汽轮机到轴封冷却器的排汽管道向轴封冷却器倾斜布置（最小坡度为 0.02），以便重力疏水至轴封冷却器。如果排汽管道上存在低位点，则在低位点设疏水管接至排汽管的较低标高处，或者通过 U 形密封管疏水至集水箱或大气中。

（4）至低压缸轴封的供汽管道上若设有喷水减温器，则管道的布置需保证喷水不进入轴封管道，并在喷水减温器之后应设有连续疏水装置。

（5）轴封供汽管道应在汽源管道的垂直管上接出或自管道水平段的顶部接出。

（6）汽轮机本体疏水管道的坡度需顺流向坡至疏水扩容集管。

第二节　润滑油系统

一、系统功能及范围

润滑油系统设计范围通常包括汽轮发电机组本体润滑油系统、燃气轮发电机组本体润滑油系统、汽轮发电机组润滑油储存与净化系统，以及燃气轮发电机组润滑油储存与净化系统。

（一）汽轮发电机组本体润滑油系统

1. 功能

（1）为汽轮机、发电机径向轴承提供润滑油和顶轴油。

（2）为汽轮机推力轴承提供润滑油。

（3）为汽轮机盘车装置提供润滑油。

（4）为机械超速脱扣及手动脱扣装置提供控制用

压力油（如需要）。

（5）为发电机氢密封系统提供备用油（如需要）。

（6）除去汽轮机润滑油系统、主油箱中的水蒸气和其他残留的气体，维持油箱内的微真空，以保证回油通畅。

2．范围

汽轮发电机组本体润滑油系统通常包括供油系统、回油系统、顶轴油系统、排油烟系统等。

润滑油储存在主油箱内。不同汽轮机厂，润滑油系统的配置略有不同，主要设备包括 1 台主油箱、1 台主轴驱动或电动机驱动的主油泵、1 台电动启动油泵、1 台交流润滑油泵、1 台直流事故油泵、2 台 100%容量冷油器、1 台油烟分离器、2 台 100%容量排油烟风机、2 台顶轴油泵、1 套双联滤油器等。

（二）燃气轮发电机组本体润滑油系统

1．功能

（1）为燃气轮机、发电机径向轴承提供润滑油和顶轴油。

（2）为燃气轮机推力轴承提供润滑油。

（3）为燃气轮机盘车装置提供润滑油。

（4）为机械超速脱扣及手动脱扣装置提供控制用压力油（如需要）。

（5）为发电机氢密封系统提供备用油（如需要）。

（6）除去燃气轮机润滑油系统、主油箱中的水蒸气和其他残留的气体，维持油箱内的微真空，以保证回油通畅。

2．范围

燃气轮发电机组本体润滑油系统通常包括供油系统、回油系统、顶轴油系统、排油烟系统等。

润滑油储存在主油箱内。不同的燃气轮机厂，润滑油系统的配置略有不同，主要设备包括 2 台交流电动主油泵、1 台直流事故油泵、2 台 100%容量冷油器、1 台油烟分离器、2 台 100%容量排油烟风机、1 套顶轴装置、1 套双联滤油器和 1 套润滑油温度控制阀。

（三）汽轮发电机组润滑油储存与净化系统

1．功能

（1）净化润滑油。在汽轮发电机组润滑油系统运行中，油净化装置连续地对润滑油进行部分处理，有效地脱去油中的水分和机械杂质，使润滑油品质处于合格状态，保证机组的正常运行。在新装机组或机组检修时，将油净化装置接入系统，可以对储油箱、汽轮机润滑油主油箱的润滑油进行净化。

汽轮发电机润滑油系统运行中的油质要求按照 GB/T 7596《电厂运行中矿物涡轮机油质量》执行。运行中矿物汽轮机油质量见表 7-1。

（2）输送润滑油。汽轮发电机组启动前需在要求的时间范围内完成对汽轮机润滑油主油箱的上油。汽轮发电机组润滑油系统停机检修时，需在要求的时间范围内完成对汽轮机润滑油主油箱的放油。

（3）储存润滑油。汽轮发电机组润滑油系统停机检修时，储存系统内的放油；同时储存用于运行时补油的备用油。

（4）事故时放油。在油系统着火或汽机房内其他地方着火威胁油系统安全时，需把汽轮机润滑油主油箱、储油箱及油系统内的润滑油通过事故放油管排至厂房外事故放油箱（坑），以防止火灾事故扩大。

（5）排除储油箱油烟。储油箱的排油烟系统（如果有）可除去储油箱中的水蒸气和其他残留的气体。

2．范围

汽轮发电机组润滑油储存与净化系统包括汽轮机润滑油主油箱与储油箱之间的输送系统，主油箱与油净化装置之间的净化系统，主油箱、储油箱的事故放油系统，储油箱的排油烟系统（如果有）。

（四）燃气轮发电机组润滑油储存与净化系统

1．功能

燃气轮发电机组润滑油储存与净化系统的功能与汽轮发电机组润滑油储存与净化系统的功能基本相同。

燃气轮发电机组润滑油系统运行中的油质要求按照 GB/T 7596《电厂运行中矿物涡轮机油质量》执行。运行中燃气轮机油质量见表 7-1。

2．范围

燃气轮发电机组润滑油储存与净化系统包括燃气轮机润滑油主油箱与储油箱之间的输送系统，主油箱与油净化装置之间的净化系统，主油箱、储油箱的事故放油系统，储油箱排油烟系统（如果有）。

表 7-1　运行中矿物汽轮机油和燃气轮机油质量

序号	项　目		质量指标	检验方法
1	外观		透明，无杂质或悬浮物	DL/T 429.1《电力用油透明度测定法》
2	色度		≤5.5	GB 6540《石油产品颜色测定法》
3	运动黏度（40℃，mm^2/s）	32①	不超过新油测定值±5%	GB/T 265《石油产品运动粘度测定法和动力粘度计算法》
		46①		
		68①		
4	闪点（开口杯，℃）		≥180，且比前次测定值不低10	GB/T 3536《石油产品闪点和燃点的测定　克利夫兰开口杯法》
5	颗粒污染等级②（SAE AS4059F，级）		≤8	DL/T 432《电力用油中颗粒污染度测量方法》

续表

序号	项目		质量指标	检验方法
6	酸值（以 KOH 计，mg/g）		≤0.3	GB/T 264《石油产品酸值测定法》
7	液相锈蚀[③]		无锈	GB/T 11143《加抑制剂矿物油在水存在下防锈性能试验法》
8	抗乳化性[③]（54℃，min）		≤30	GB/T 7605《运行中汽轮机油破乳化度测定法》
9	水分[③]（mg/L）		≤100	GB/T 7600《运行中变压器油和汽轮机油水分含量测定法（库仑法）》
10	泡沫性（泡沫倾向/泡沫稳定性，mL/m/L）不大于	24℃	500/10	GB/T 12579《润滑油泡沫特性测定法》
		93.5℃	100/10	
		后 24℃	500/10	
11	空气释放值（50℃，min）		≤10	SH/T 0308《润滑油空气释放值测定法》
12	旋转氧弹值（150℃，min）		不低于新油原始测定值的25%，且汽轮机用油、水轮机用油≥100，燃气轮机用油≥200	SH/T 0193《润滑油氧化安定性的测定 旋转氧弹法》
13	抗氧剂含量	T501 抗氧剂	不低于新油原始测定值的25%	GB/T 7602.4《变压器油、涡轮机油中 T501 抗氧化剂含量测定法 第 4 部分：气质联用法》
		受阻酚类或芳香胺类抗氧剂		ASTM D6971《用线性扫描伏安法测量无锌涡轮机油中受阻酚和芳香胺抗氧化剂含量的标准试验方法》

① 32、46、68 为 GB/T 3141《工业液体润滑剂 ISO 粘度分类》中规定的 ISO 黏度等级。

② 对于 100MW 及以上机组检测颗粒度，对于 100M 以下机组目视检查机械杂质。
对于调速系统或润滑系统和调速系统共用油箱使用矿物涡轮机油的设备，油中颗粒污染等级指标应参考设备制造厂提出的指标执行，SAE AS4059F 颗粒污染分级标准参见 GB/T 7596—2017《电厂运行中矿物涡轮机油质量》附录 A。

③ 对于单一燃气轮机用矿物涡轮机油，该项指标可不用检测。

二、常见系统设计方案

（一）汽轮发电机组本体润滑油系统

汽轮发电机组本体润滑油系统通常由汽轮机厂负责系统设计并提供设备，设计院配合汽轮机厂家完成设备和管道的安装设计。

典型汽轮发电机组本体润滑油系统见图 7-3。

汽轮发电机组本体润滑油系统主要设备配置如下：

1. 润滑油箱

润滑油箱的容量应不小于油循环 5min 的容量，且应满足当冷却水系统故障，确保润滑油能带走转子惰走轴承发热量且油箱油温不超标所需的油量。润滑油箱的容量应能容纳停机时所有回油量。

为了简化布置润滑油箱通常采用集装装置。润滑油箱顶部安装有高压油泵、轴承润滑油泵、事故油泵、两台排烟风机和除雾器、就地观察的油位计、油位控制器等。

2. 高压油泵与轴承润滑油泵

每台机组安装两套高压油泵和轴承润滑油泵，一台运行，另一台备用。电动机装在油箱顶部，油泵浸没在油箱内的润滑油中。

3. 事故润滑油泵

事故润滑油泵为直流电动机带动的立式离心泵。电动机装在油箱顶部，泵浸沉在油中。事故润滑油泵作为轴承润滑油泵的备用泵，如交流电源中断，则启动事故润滑油泵向各轴承供油。

4. 排烟风机、除油器

油箱顶盖上装有两台排烟风机，吸取润滑油箱内的油气，再通过风机排出，以防止油气漏入汽机房。为保证可靠性，两台风机互为备用，若一台停止运行，则另一台会自动投入运行。两台风机出口处分别装有止回阀，然后合并通入除油器，经油气分离，气体排到室外，油滴排入污水箱。

5. 冷油器

润滑油系统中装设两台冷油器以满足轴承进油温度的需要，为保证可靠性，两台冷油器一台运行，另一台备用。两台冷油器之间装有一只换向阀，控制设备在运行与备用状态间切换。

6. 润滑油蓄能器（如果有）

蓄能器为充氮、囊式结构，位于润滑油供油管线上。使用蓄能器可以减少主油泵切换或泵启动期间系统的油压波动，避免造成机组跳闸。

（二）燃气轮发电机组本体润滑油系统

燃气轮发电机组本体润滑油系统由燃气轮机厂负责系统设计并提供设备，设计院配合燃气轮机厂家完成燃气轮机本体润滑油设备和管道的安装设计。

典型燃气轮发电机组本体润滑油系统见图 7-4～图 7-7。

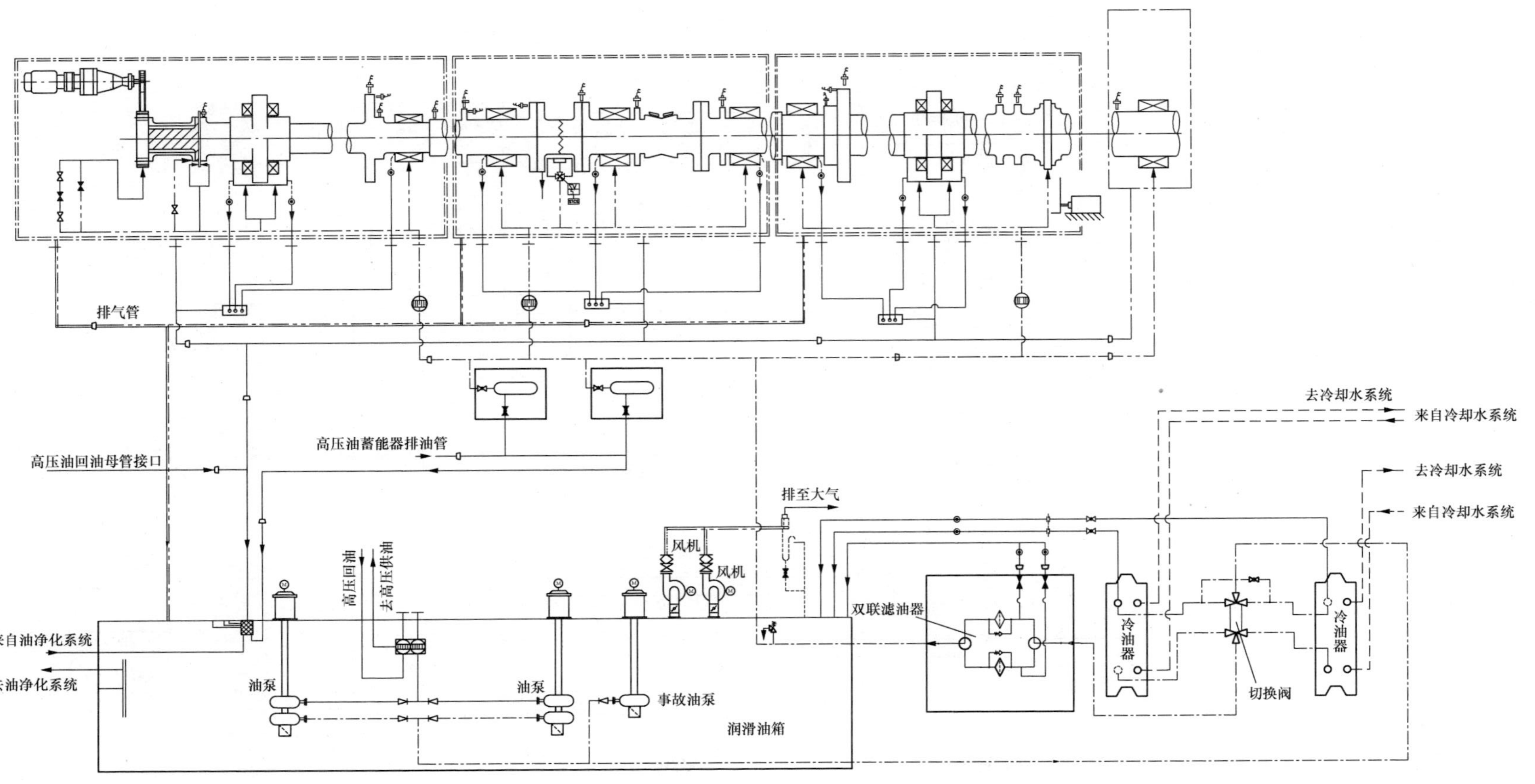

图 7-3 典型汽轮发电机组本体润滑油系统图

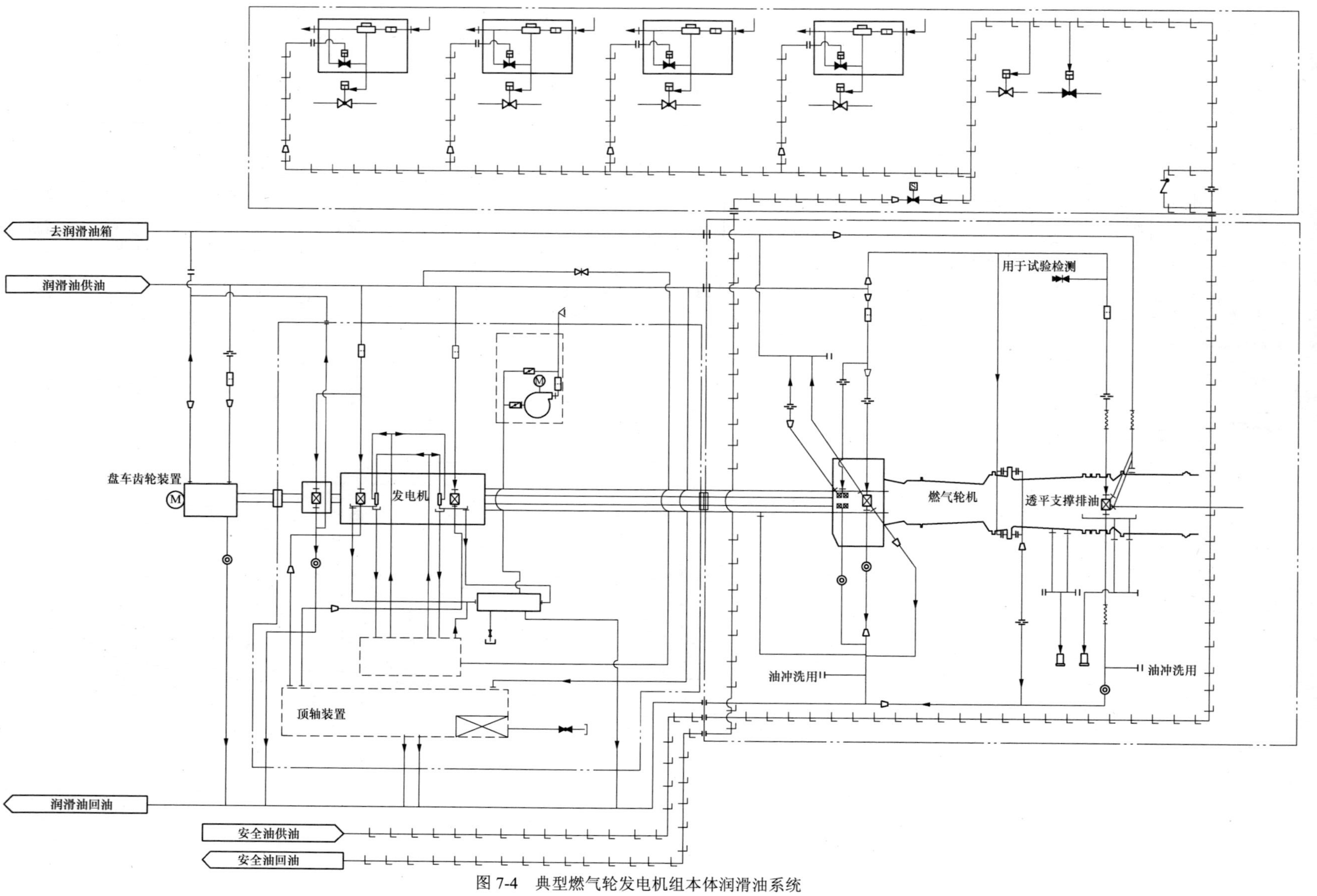

图 7-4 典型燃气轮发电机组本体润滑油系统

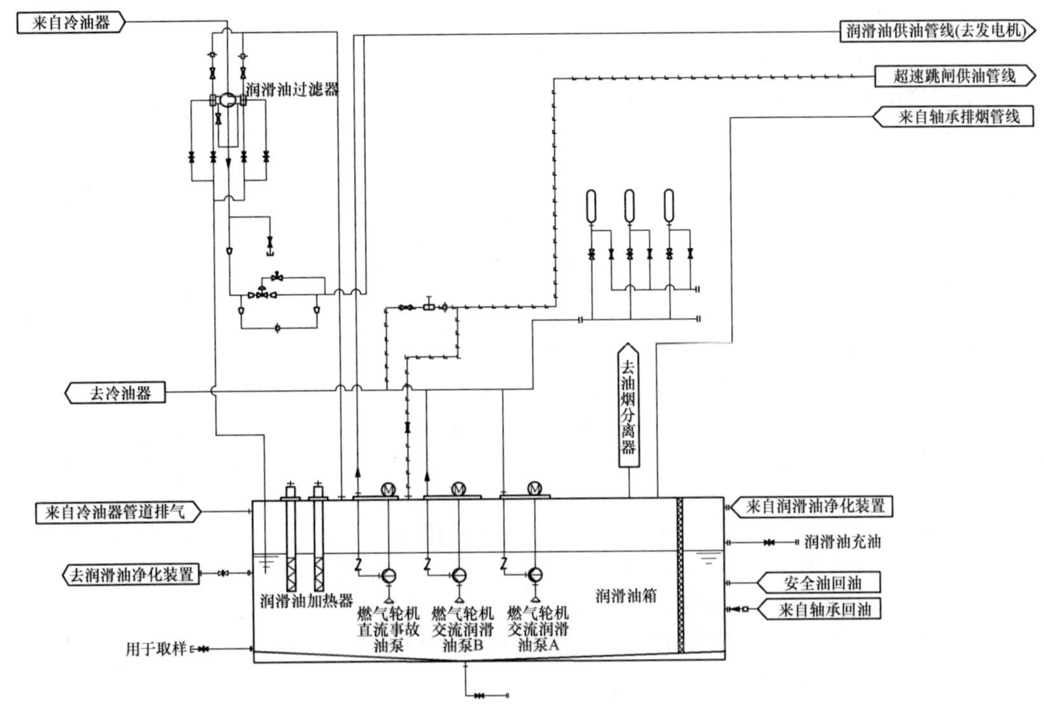

图 7-5 典型燃气轮发电机组本体润滑油油箱系统图

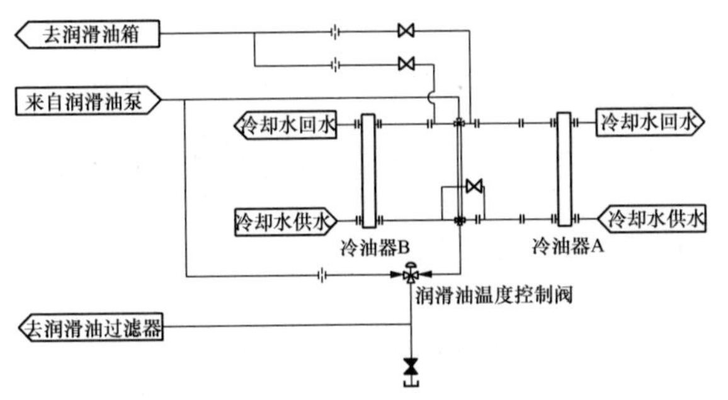

图 7-6 典型燃气轮发电机组本体润滑油冷却系统图

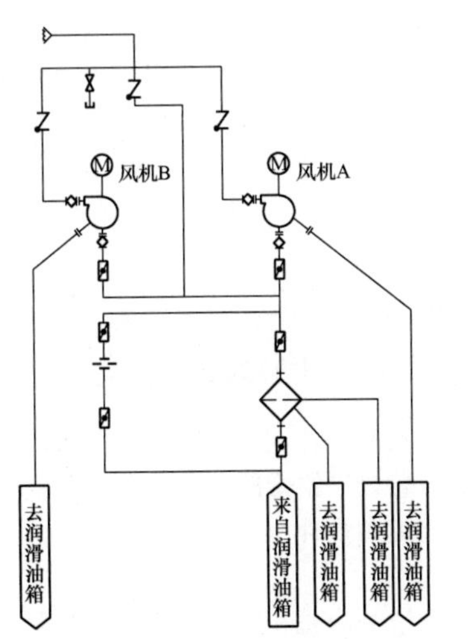

图 7-7 典型燃气轮发电机组本体润滑油油烟分离装置系统图

燃气轮发电机组本体润滑油系统主要设备配置如下：

1. 主润滑油泵

交流电动机驱动的离心泵向润滑油系统和发电机密封油系统供油以满足机组在整个运行期间的需求，主润滑油泵也用于维持超速跳闸系统的压力。当主润滑油泵发生运行故障时，同规格的备用油泵投入使用，两台润滑油泵的任何一台都可以作为主泵使用，两者间的切换通过电动机控制中心上的选择器开关实现。

2. 事故润滑油泵

当轴承供油压力不足时（两台润滑油泵运行故障或交流电力故障引起），直流电动机驱动的事故润滑油泵向轴承、盘车装置和发电机密封油系统供油。

3. 润滑油箱

润滑油箱内装有供燃气轮机、发电机机组运行所需的充足的润滑油。润滑油箱内部保持一定的负压，可将轴承的油烟吸入，再通过油烟分离器排到大气。

润滑油箱的容量应不小于油循环 5min 的容量，且应满足当冷却水系统故障，确保润滑油能带走转子惰走轴承发热量且油箱油温不超标所需的油量。润滑油箱的容量应能容纳停机时所有回油量。

4. 润滑油加热器

润滑油箱内安装有两台浸没式电加热器，根据润滑油箱内的温度情况自动运行并保证润滑油温度值满足燃气轮机启动的要求。

5. 油烟分离器

油烟分离器可分离出润滑油系统中的大部分油雾。分离出的油从分离器回流至润滑油箱。为不给润滑油排烟系统造成压力波动，油烟分离器的状态切换应当在燃气轮机停机期间完成。

6. 排烟装置

每台机组有两台排烟装置，一台运行，另一台备用。它们是安装在油烟分离器后的电动机驱动离心式风机。排烟装置可保持润滑油箱和轴承箱内的局部真空。风机进口上设置有蝶阀，用于将真空度调节到符合要求的值。

7. 润滑油冷却器

润滑油系统中装设两台冷油器以满足轴承进油温度的需要，为保证可靠性，两台冷油器一台运行，另一台备用。两台冷油器之间装有一只换向阀，控制设备在运行与备用状态间切换。

8. 润滑油蓄能器

蓄能器为充氮、囊式结构，位于润滑油系统的供油管线上。使用蓄能器可以减少主油泵切换或泵启动期间系统的油压波动，避免造成机组跳闸。

9. 润滑油过滤器

润滑油过滤器为双联式，运行期间一台过滤器运行，另一台备用。

（三）润滑油储存与净化系统

润滑油储存与净化系统主要包括主油箱与储油箱之间润滑油的储存和转移系统，以及润滑油的净化系统，包括系统内的全部设备、管道、阀门和管道组成件。

润滑油储存与净化系统通常由汽轮机厂、燃气轮机厂提供参考系统方案，设计院负责最终系统设计和设备管道的安装设计。

汽轮机润滑油储存系统与燃气轮机润滑油储存系统可分别设置，也可合并设置。

汽轮机润滑油净化系统与燃气轮机润滑油净化系统通常独立设置。

1. 润滑油储存与净化系统方案拟定

（1）根据汽轮机主油箱与储油箱布置的高度差确定是否设置润滑油输送泵。

（2）储油箱的出油和进油管道上，应设置临时滤油接口、充油接口和取样接口。

（3）汽轮机、燃气轮机主油箱和储油箱应设置到事故放油池的事故放油管道。

（4）油净化装置宜采用旁路循环方式。

（5）每台储油箱的出口配置 1 台润滑油输送泵。当主油箱放出口没有足够的高度保证由重力放油到储油箱或主油箱到储油箱距离较远时，应在主油箱放油到储油箱的管道上设润滑油输送泵。

2. 常见设计方案

（1）方案一：储油箱采用汽轮机与燃气轮机分开设置方案。整个系统采用单元制，具体设计方案内容如下：

1）从汽轮机主油箱到油净化装置，并把处理后的油再回到汽轮机主油箱连续循环的管道。

2）从汽轮机润滑油箱、燃气轮机润滑油箱排油到储油箱的污油室或净油室（根据取样结果确定）的管道。

3）主油箱和储油箱合用油净化装置时，从储油箱的污油室到油净化装置，再返回到储油箱的污油室或净油室（根据处理后的油质结果确定）的管道。

4）从储油箱的净油室通过输油泵到汽轮机主油箱的管道。

5）从储油箱的净油室和污油室，事故放油到事故油池的管道。

6）从主油箱事故放油到事故油池的管道。

7）从主油箱、储油箱的排烟风机（如果有）出口排油烟到汽机房外的管道。

（2）方案二：储油箱采用汽轮机与燃气轮机合并设置方案。除储油箱及其输油泵汽轮机与燃气轮机合用外，其他部分与方案一相同。

3. 系统设计应注意的问题

（1）不同功能润滑油管道的汇合点之前的管段上应设止回阀。

（2）事故放油管道上应设置 2 只钢制截止阀。操作手轮与油箱的距离应大于 5m，并有两条通道可到达操作手轮。操作手轮不允许上锁，宜加铅封，并挂有明显的禁止操作标志牌。

（3）主油箱事故放油管道管径应根据允许放油的时间和放油距离进行计算，保证汽轮机转子在惰走时的润滑油用油量。

（4）如果输油泵采用容积式，输油泵出口需要装设安全阀，安全阀出口油管道可接至油箱或泵进口。

（5）事故油池应设在汽机房外，其布置标高和排油管道的设计，应满足事故发生时排油畅通的需要。事故油池的容积应大于一台最大机组油系统的总油量。

润滑油储存与净化典型系统见图 7-8。

三、管道设计参数选取

（1）汽轮机本体润滑油系统管道的设计压力和温度应按照汽轮机厂给定的参数选取。燃气轮机本体润滑油系统管道的设计压力和温度应按照燃气轮机厂给定的参数选取。

（2）润滑油净化和储存系统管道的设计压力和温度应选取系统内最高运行压力和温度。

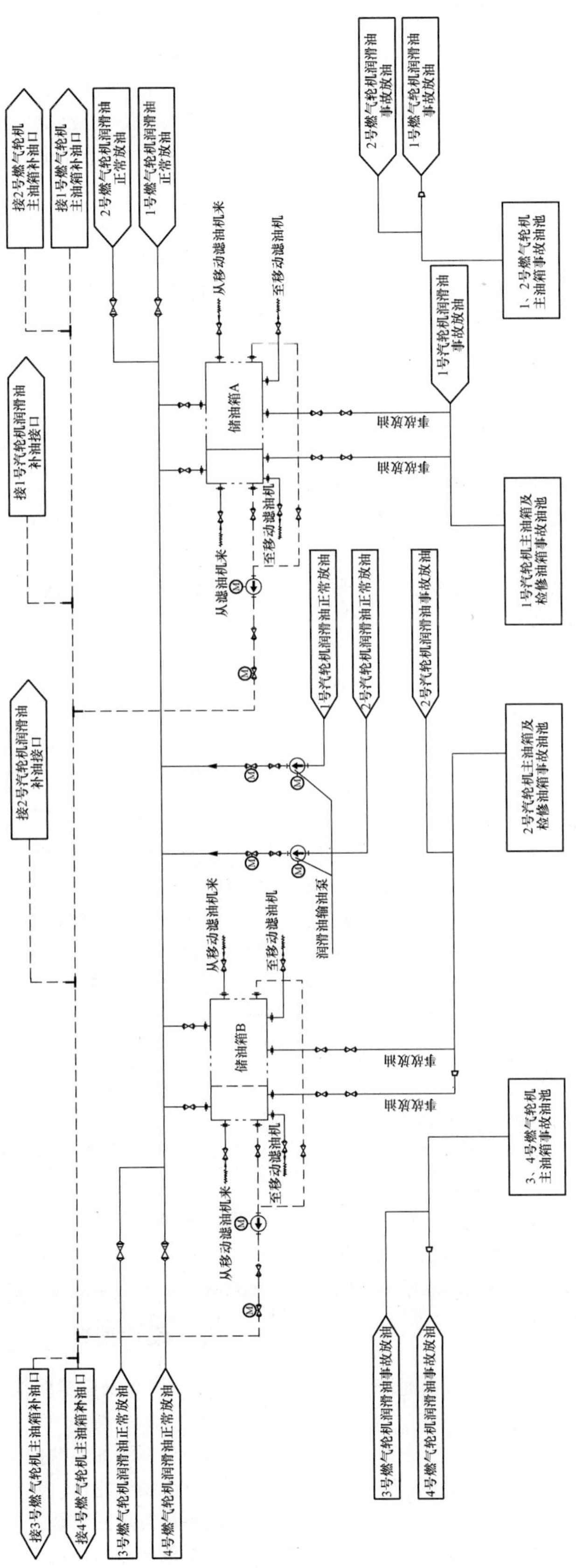

图 7-8　润滑油储存与净化典型系统

四、润滑油储存与净化系统设备及管道组成件选择

（一）设备选择

1．油净化装置

油净化装置类型主要有聚结分离式、离心式、真空式。油净化装置能够在线连续运行。

每台汽轮机组、燃气轮机组分别设置1套油净化装置。油净化装置的出力（每小时净油能力）宜按该台机组润滑油系统总油量的10%～20%选取。经润滑油净化装置处理后的油质指标应符合相关标准和制造厂的要求。

2．储油箱

汽轮机、燃气轮机可每台机组设置1台储油箱，也可几台机组共用1台储油箱。储油箱应分设污油室和净油室，储油箱的形状可为矩形，也可为卧式圆柱形。

储油箱每个油室的有效容积不应小于最大1台机组润滑油系统油量的110%。

储油箱设备配置及选择的要求：

（1）矩形油箱底部应倾斜，油箱底部还应设置放水阀门，能在运行中进行放水和供化学取样。

（2）油箱为密闭式，应设置人孔，在顶部设呼吸孔并加装阻火器。

（3）对于寒冷地区室外布置的储油箱应考虑冬季环境温度对润滑油黏度的影响，可加保温和电加热装置降低润滑油的黏度。若设置加热器，每个油室（净油室和污油室）宜各设置一套加热装置。油箱内的电加热器应能在8h以内从最低环境温度加热到油流动性好的40℃；油箱内的电加热器布置位置应比最低油位低100mm。

（4）矩形油箱外形比例宜为长∶宽∶高=2∶1∶1。

3．润滑油输送泵

（1）设备类型选择。润滑油输送泵的类型可以选择容积式泵或离心泵，容积式泵对油的黏度适应能力强，比较适合各种条件下输油。主油箱的出口若需配套输送泵，宜采用离心泵。储油箱出口配置的润滑油输送泵推荐采用容积式泵。润滑油输送泵的电动机应选用防爆电动机。同一工程润滑油输送泵的类型宜一致。对以下情况也可以选用离心泵。

1）储油箱布置在室内。

2）布置在室外，但环境温度较高或储油箱内设有加热装置。

（2）设备数量选择。储油箱的出口应设置1台润滑油输送泵；主油箱的出口是否设置输送泵应根据到储油箱的距离和油箱间的高差确定。

（3）设备参数选择。

1）润滑油输送泵的流量按2～3h内向主油箱注满油选取。

2）润滑油输送泵的扬程应根据主油箱与储油箱之间油位静压差、润滑油通过输送管道的流动阻力选取。

（二）管道组成件的选择

1．管道的选择要求

（1）管道的选择。润滑油管道应采用无缝钢管，套装油管道的回油管道可采用焊接钢管。润滑油管道应采用不锈钢材料，润滑油处理管道宜采用不锈钢材料。

（2）管道的管径选择。根据推荐的介质流速按式（7-1）计算，即

$$D_{\mathrm{i}}=18.81\sqrt{\frac{Q}{w}} \tag{7-1}$$

式中 D_{i}——管道内径，mm；

Q——介质容积流量，m^3/h；

w——介质流速，m/s。

润滑油管道的介质流速应满足汽轮机和发电机、燃气轮机和发电机的要求。润滑油管道的介质流速见表7-2。

表7-2　润滑油管道的介质流速表　（m/s）

介质类别	管道名称	推荐流速
润滑油	汽轮机和发电机供油管道	1.5～2.0
	汽轮机和发电机回油管道	0.5～1.5

2．管道组成件的选择要求

（1）阀门应采用钢制阀门，阀门应选用明杆阀门；事故放油阀门形式应采用截止阀。

（2）主油箱进口滤网（如有）应采用钢制Y形滤网，滤网的滤芯采用耐腐蚀不锈钢材料。

（3）法兰应采用对焊法兰；除必须用法兰与设备和部件连接外，宜采用焊接连接。

（4）油管道法兰接合面应采用质密、耐油和耐热的垫片，不应采用塑料或橡胶垫片。

（5）润滑油储存与净化系统管道组成件压力等级不低于1.6MPa。

（6）调节阀选型应根据输送泵形式、流量及油净化装置处理能力来选型。调节阀可选用自力式调节阀。

五、设计接口

（一）汽轮发电机组润滑油系统及储存净化系统设计接口

汽轮机润滑油系统内部的连接以及与发电机之间的连接一般由汽轮机厂负责系统设计和供货，设计院负责设备和管道的安装设计，汽轮机厂配合。

润滑油储存与净化系统设计通常由设计院负责，

主要包括：

（1）润滑油箱与油净化装置之间的管道系统。

（2）润滑油箱与储油箱之间的管道系统。

（3）排油烟风机出口管道系统。

（4）油箱事故放油管道系统。

（二）燃气轮发电机组润滑油及储存净化系统设计接口

燃气轮机润滑油系统设计接口与汽轮机润滑油系统设计接口基本相同。

六、联锁要求

（一）汽轮机润滑油系统联锁要求

汽轮机润滑油联锁要求详见汽轮机供货厂商提供的相关文件。汽轮机润滑油系统联锁主要有油泵联锁、低润滑油压联锁、油箱低油位的联锁等。

（二）燃气轮机润滑油系统联锁要求

燃气轮机润滑油联锁要求详见燃气轮机供货厂商提供的相关文件。燃气轮机润滑油系统联锁主要有油泵联锁、低润滑油压联锁、油箱低油位的联锁等。

（三）润滑油储存与净化系统联锁要求

1. 润滑油输油泵

（1）被输送油箱的油位高于最低设定值、接收油箱的油位低于最高设定值时可以启动输油泵，否则不应启动输油泵。

（2）被输送油箱的油位低于设定值、接收油箱的油位高于设定值时应停输油泵。

2. 润滑油净化系统

润滑油净化系统联锁要求常见相应工程润滑油净化装置供货厂商提供的相关文件。

七、设备、管道布置与安装设计

（一）汽轮机润滑油设备、管道布置与安装设计

（1）主油箱、冷油器的安装要满足汽轮机厂的设备要求，油净化装置、储油箱、润滑油输送泵根据厂房的整体布局和主油箱的位置考虑。

（2）汽轮机主油箱、油泵及冷油器设备，宜集中布置在汽机房靠外墙一侧。

（3）润滑油管道阀门和法兰应避开高温管道，或将其布置在高温管道的下方。若布置在高温管道的上方时，高温管道应保温良好，且采用密闭的金属保护层，并在油管阀门和法兰的下方设收油盘，把漏油及时排到安全的地方。

（4）润滑油管道与汽轮机前轴承箱如采用法兰连接，应设置防护槽，并应设置排油管道，将漏油及时排到安全的地方。

（5）润滑油管道应设置坡度，汽轮机供油和回油管道应坡向主油箱，供油管道坡度宜为 0.003～0.005，回油管道坡度宜为 0.02～0.03。事故放油管道布置应短而直，且设有坡度，放油管应坡向事故油池，坡度不宜小于 0.01，满足放油要求。润滑油输送、净化、储存系统管道的坡度不宜小于 0.005。

（6）润滑油管道的支吊架管部宜采用管夹式结构，不宜采用焊接吊板。

（7）润滑油管道上的闸阀门杆应平放或向下布置。

（8）管道放油接口、取样接口宜设双道阀门。

（9）润滑油区应设置防泄漏和防火隔离措施，以防意外火灾蔓延。

（二）燃气轮机润滑油设备、管道布置与安装设计

燃气轮机润滑油设备、管道布置与安装设计的要求与汽轮发电机组基本相同。

第三节 发电机氢、油、水系统

一、系统功能及范围

发电机氢、油、水系统主要包括发电机氢气和二氧化碳系统、发电机密封和润滑油系统以及发电机定子冷却水系统。

发电机采用空气冷却时无氢气和密封油系统，发电机空气冷却器为空气－水换热器，其冷却水介质采用主厂房的闭式冷却水或开式冷却水，系统相对较为简单，本书不做详细介绍，以下针对水－氢－氢冷却系统进行介绍。

（一）发电机氢气和二氧化碳系统功能及范围

1. 汽轮发电机氢气系统功能及范围

（1）对于采用水－氢－氢冷却方式或全氢冷的汽轮发电机，设有氢气系统，用来控制发电机内氢气压力、纯度、温度、湿度、流量，满足设备运行要求，以确保发电机安全运行，并实现停机时发电机内的气体置换。

（2）发电机氢气系统主要包括氢气冷却器、氢气干燥器、氢气纯度检测装置、循环风机等主要设备及相互连接的管道系统。

（3）从氢气双母管至汽轮发电机氢气供气装置入口的氢气管道属于设计院设计范围。

（4）从气体控制装置至发电机本体的氢气管道属于发电机厂设计范围，设计院只负责排气管道的设计。

2. 燃气轮发电机氢气系统功能及范围

燃气轮发电机氢气系统功能及范围与汽轮发电机氢气系统功能及范围相同。

（二）发电机密封和润滑油系统功能及范围

1. 汽轮发电机密封油系统功能及范围

（1）对于采用水－氢－氢冷却方式或全氢冷的汽轮发电机，密封油系统向发电机轴封装置提供连续不断

的密封油。

（2）发电机密封油系统主要包括氢侧密封油泵、空侧密封油泵、排烟风机、密封油箱等主要设备及相互连接的管道系统，发电机密封油系统设备及内部连接管道通常采用集装形式。

（3）密封油系统通常由发电机厂设计和供货。设计院只负责密封油管道的布置设计以及排烟管道、冷却水管道的设计。

2. 燃气轮发电机密封油系统功能及范围

燃气轮发电机密封油系统功能及范围与汽轮发电机密封油系统功能及范围相同。

（三）发电机定子冷却水系统功能及范围

1. 汽轮发电机定子冷却水系统功能及范围

（1）对于汽轮发电机采用水－氢－氢冷却方式的发电机，发电机定子冷却水系统向发电机定子绕组提供连续不断的冷却水。

（2）发电机定子冷却水系统主要包括冷却水泵、冷水器、水箱等主要设备及相互连接的管道系统，发电机定子冷却水系统设备及内部连接管道通常采用集装形式。

（3）定子冷却水系统通常由发电机厂设计和供货。设计院只负责定子冷却水管道的布置设计以及冷却器外部冷却水管道、补充水管道的设计。发电机定子所需冷却水的水质、水量、水压、水温等均由该系统来控制。

2. 燃气轮发电机定子冷却水系统功能及范围

燃气轮发电机定子冷却水系统功能及范围与汽轮发电机定子冷却水系统功能及范围相同。

二、常见系统方案

（一）发电机氢气系统方案

燃气轮发电机、汽轮发电机氢气系统通常由发电机厂负责系统设计并提供设备，设计院配合发电机厂家完成氢气管道和设备的安装设计以及排氢管道的设计。

1. 汽轮发电机氢气系统

目前大型汽轮发电机组多采用水－氢－氢冷却系统，汽轮发电机典型氢气系统图见图 7-9。

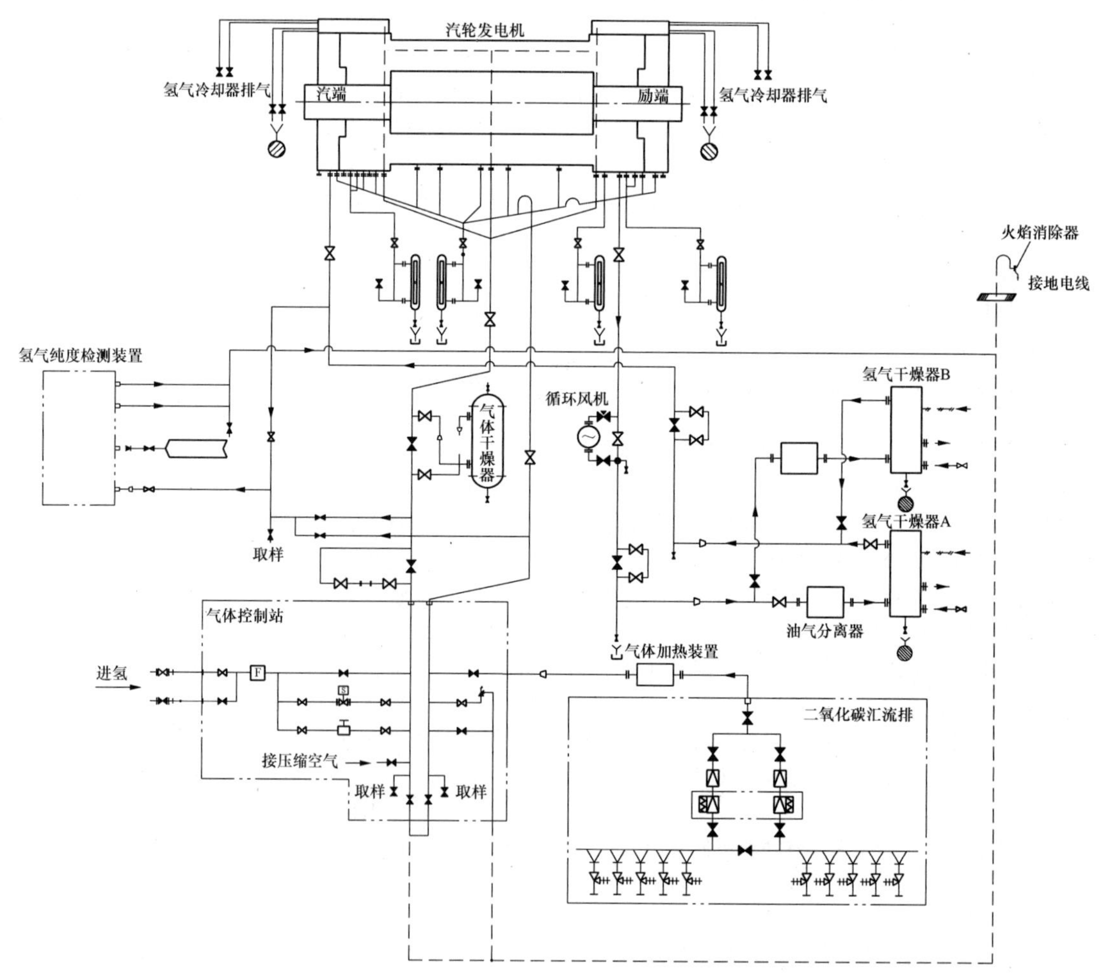

图 7-9 汽轮发电机典型氢气系统图

2. 发电机气体置换采用中间介质置换法

充氢前先用中间介质（二氧化碳或氮气）排除发电机及系统管路内的空气，当中间气体的含量超过 95%（CO_2）或 95%（N_2）后，才可充入氢气，排除中间气体，最后置换到氢气状态。这一过程所需的中间气体为发电机和管道容积的 2～2.5 倍，发电机由充氢状态置换到空气状态时，其过程与上述类似，先向发电机引入中间气体排除氢气，使中间气体含量超过 95%（CO_2）或 97%（N_2）后，方可引进空气，排除中间气体。当中间气体含量低于 15%以后，可停止排气。此过程所需气体为发电机和管道容积的 1.5～2 倍。

3. 发电机正常运行的补氢和排氢

正常运行时，由于下述原因发电机需补充氢气：

（1）由于存在氢气泄漏，故必须补充氢气以保持压力。

（2）由于密封油中溶解有空气，致使发电机内氢气污染纯度下降，故需排出旧的氢气并补充新的氢气，以保证氢气纯度。

4. 发电机氢气系统主要设备

（1）氢气干燥器。氢气干燥器是一个装有活性氧化铝干燥剂的容器，吸满水的干燥剂可以利用电加热器烘干，以除去水分。

（2）氢气减压器。在氢气控制站中装有氢气减压器，保持发电机内氢气压力恒定，氢气减压器设置在供氢管路上，相当于减压阀，使用时将氢气减压器出口压力整定到设定值。

（3）氢气过滤器。滤除氢气中的杂质，由于过滤元件是多孔粉末冶金材料，强度较低，故在运行时要求过滤元件两端压差值不超过设定值，否则对过滤元件有破坏作用。

（4）纯度分析器。纯度分析器由特殊设计的风机、压差变送器及压差计组成，只要测出风机压差就等于测出了气体密度，实际上两只压差计是直接按密度和纯度标注的。

（5）液体探测器。其装在发电机机壳和出线盒下面，有浮子控制开关，指示出发电机里是否有液体漏出。

（6）氢气露点仪。氢气露点仪装在发电机氢气进口管路上，对发电机内氢气的温度和湿度进行在线监测。

5. 燃气轮发电机氢气系统

燃气轮发电机氢气系统与汽轮发电机氢气系统相同。

（二）发电机密封油系统方案

氢冷发电机两端的密封瓦有盘式、单流环式、双流环式和三流环式等形式，以下针对双流环式密封油系统进行介绍。

汽轮发电机典型密封油系统（双流环）图见图 7-10。

汽轮发电机密封油系统为集装式，与发电机的双流环式轴封（密封瓦）装置相对应。汽轮发电机双流环式轴封瓦内有两个环形供油槽，供油槽内的油压始终高于发电机内的氢气压力，从而防止氢气从发电机内部漏出。在密封瓦内的两个供密封用的油槽，形成了两道油流，这两道密封油流之间由独立的两套油源分别供给。靠近电机内部氢气侧的油流称为氢侧密封油，简称氢侧油。靠近大气和空气接触的油流称为空侧密封油，简称空侧油。密封油除了供密封瓦起密封作用外，对密封瓦还可以起到润滑降温作用。当这两股密封油的供油压力趋于平衡时，油流将不在两个供油槽之间的空隙中串动。密封油系统的氢侧供油将沿着轴朝发电机内侧流动，而密封油系统的空侧供油将沿着轴朝外部轴承一侧流动。由于这两个系统之间油的压力在理论上保持相等，油流在这两条供油槽之间的空间内将保持相对平衡，不发生相互串油现象。密封瓦供油槽之间的油压通过外部不间断的调节，保证其提供的油源之间相对平衡，且维持油压高于发电机内部氢气一个固定的压力值。

（1）密封油泵。空侧油路设置了两台交流泵、一台直流泵，其中交、直流泵各一台作为备用泵。氢侧油路设置两台交流油泵，互为备用。

（2）密封油冷却器。氢侧设两台密封油冷却器，一台工作，一台备用。

（3）密封油箱。它是氢侧油路的独立油箱，又称为油封箱。氢侧回油包含氢气，回到油封箱后必然会有部分氢气分离，分离出来的氢气可以通过油封箱上部的回气管回到发电机内，也可以顺着氢侧回油管回到发电机内。密封油箱上装有液位信号器和补、排油电磁阀。当油位低时，液位信号器发信号并通过电气控制回路操作补油电磁阀开启，从而向箱内补油；反之排油电磁阀开启，油从油箱内排出。空侧油路的压力油是补油油源。排油管路接到润滑油回油管上，从而使油中含的氢气在隔氢装置中分离出来。

（4）隔氢装置。它是为防止空侧回油中可能含有的氢气进入汽轮机主油箱而设置的。当密封瓦内氢侧油窜入空侧或密封油箱排油时，含有氢气的氢侧密封油和轴承润滑油一起流入隔氢装置，氢气在此分离出来由排风机抽出，排至厂房外大气中。

（5）密封油压调节站。它将压差阀、平衡阀及有关表计集装在一个底盘上。

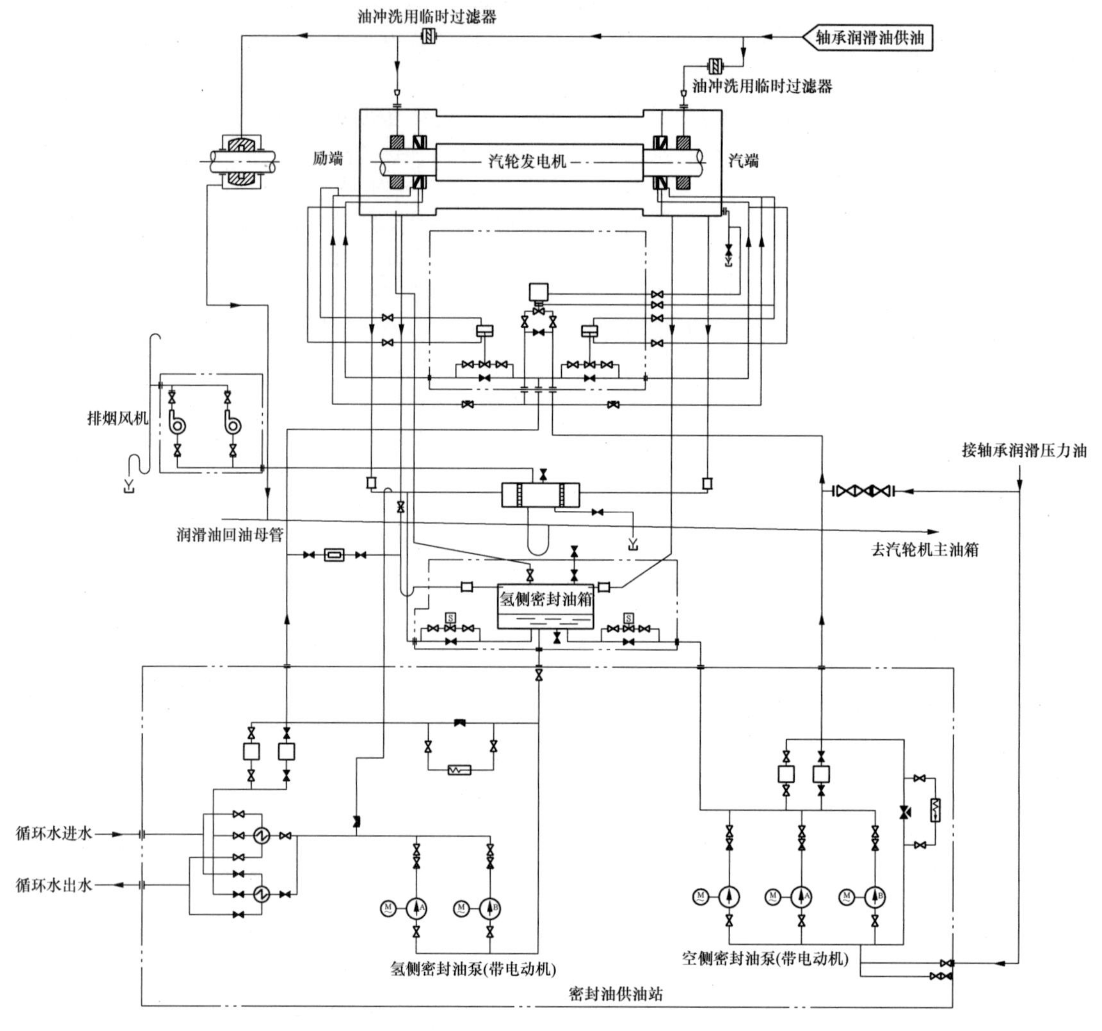

图 7-10　汽轮发电机典型密封油系统（双流环）图

1）压差阀。它根据发电机内气压的变化自动调节密封瓦空侧密封油压，使其始终高于机内气压 0.06MPa 左右，从而密封发电机内气体。

2）平衡阀。它根据密封瓦内空侧密封油压自动调节密封瓦氢侧油压，使其始终和空侧油压相等。但由于各种原因所致，油压平衡不可能做到使空、氢两侧密封油压完全相等，制造厂规定最大允许压差为 1.5kPa（约 150mm 水柱）。

（三）发电机定子冷却水系统方案

燃气轮机发电机、汽轮机发电机定子冷却水系统通常由发电机厂负责系统设计并提供设备，设计院配合发电机厂家完成定子冷却水管道和设备的安装设计以及管道配合设计，包括补充水管道的设计。

发电机典型定子冷却水系统图见图 7-11。

（1）冷却水系统采用闭式循环方式，纯水流通过定子绕组空心导线，带走绕组中产生的热量。进入发电机定子的冷却水使用化学车间出口的除盐水。除盐水通过电磁阀、过滤器，补入水箱。开机前系统的所有设备和元件要经过多次冲洗排污，直至水质取样化验合格后方可向发电机定子绕组充化学除盐水。水箱内的除盐水通过耐酸水泵升压后送入管式冷却器、过滤器，然后再进入发电机定子绕组的汇流管，将发电机定子绕组的热量带出来再回到水箱，完成一个闭式循环。

为了改善进入发电机定子绕组的水质，将进入发电机总水量的 5%～10%的水不断经过离子交换器进行处理，然后回到水箱。

（2）定子冷却水系统的主要设备。

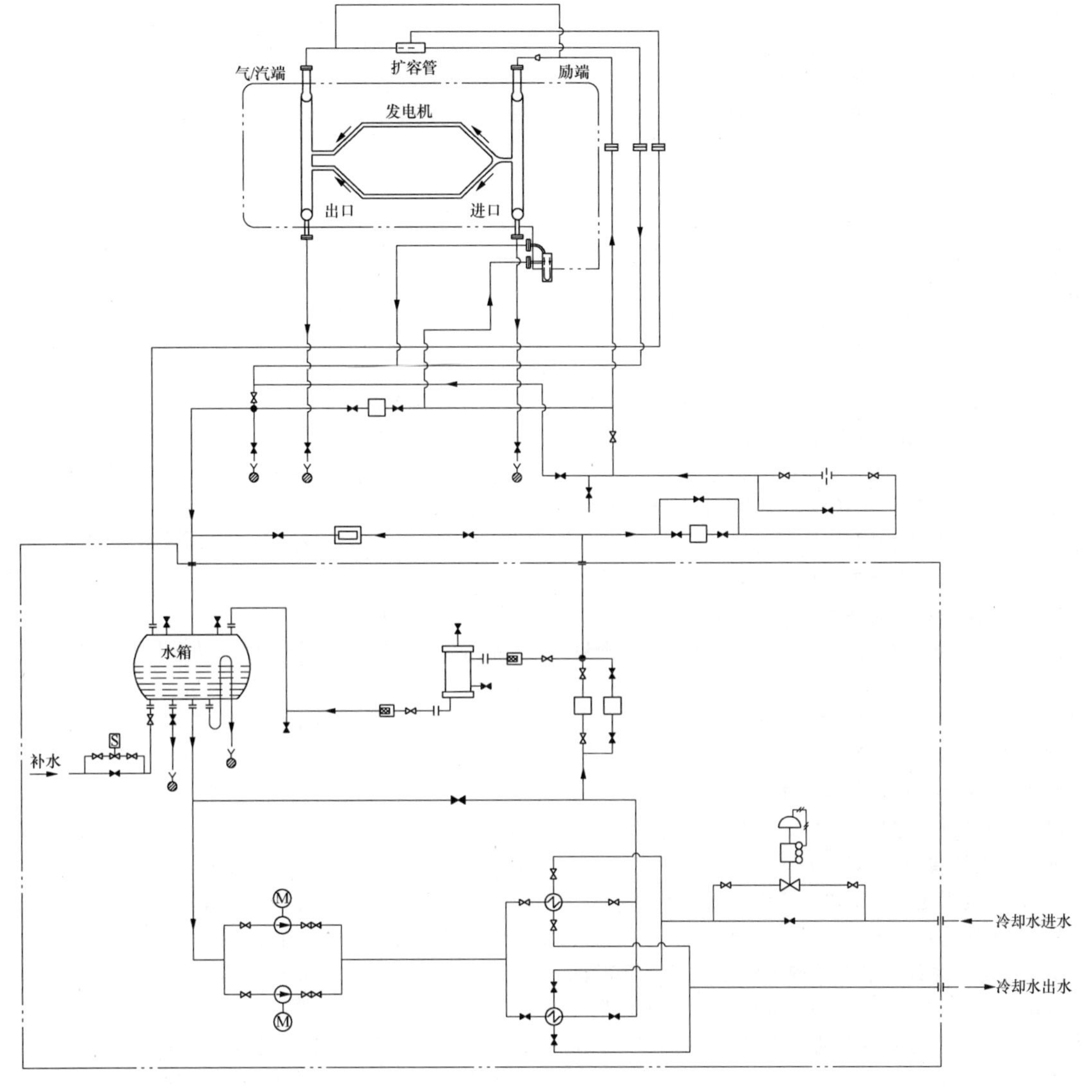

图 7-11　发电机典型定子冷却水系统图

1）水泵。为两台不锈钢交流电动离心水泵，一台运行，一台备用，在每台泵的进、出口管路上装有压差开关，当工作泵故障时通过压差开关将备用泵自动投入运行，两台泵互为联锁。每台泵的出口装有止回阀、截止阀。

2）水箱。材质为不锈钢，补水水源由化学车间引来除盐水，通过电磁阀自动或手动补水。水箱内充有氮气，通过减压器自动补入水箱，水箱上设有安全阀，当氮气压力增至设定值时，自动开启放气，防止水箱超压。当氮气压力高于设定值时，水箱上的压力开关动作并报警。水箱上装有水位信号器，当水位低或高时发出报警信号。水箱底部装有排污阀，上部装有排气阀。

3）水冷却器材质为不锈钢，形式为管式冷却器或板式换热器，一台运行，一台备用。单台冷却器运行可保证发电机安全运行。

4）水过滤器材质为不锈钢，装在主管路上，一台运行，一台备用，当过滤器进、出口压力差高于正常压力差设定值时，跨接于过滤器进、出口处的压差开关发出报警信号，手动投入备用过滤器，切除原使用的过滤器，并清洗干净作为备用。

5）离子交换器：材质为不锈钢，处理后水电导率为 0.1～0.5μS/cm。阳、阴树脂体积比为 1:1，当监测离子交换器出口水质的电导率计显示其电导率高于 0.5μS/cm 时，表明离子交换器中的树脂已失效，此时应从系统中切除离子交换器，更新树脂，再投入系统运行。

6）水温调节器。它用于调节和控制定子冷却水进水温度，保证进水温度达到设定值。当定子绕组中水流量降低时，水系统中备用泵必须在 5s 内投入正常运行。

三、设计接口

（一）发电机氢气系统设计接口

1. 汽轮发电机氢气系统设计接口

氢气控制站系统内部的连接以及与发电机之间的连接管道通常由发电机厂负责设计和供货，设计院只进行布置设计。以下管道由设计院负责设计。

（1）由氢站来至主厂房内氢气控制站接口的氢气管道。

（2）氢气控制站、氢气纯度分析仪等排气接口至室外的排气管道。

（3）氢气干燥器、油水探测报警器等的排污和放水接口至污油桶、无压放水母管的排污和放水管道。

2. 燃气轮发电机氢气系统设计接口

燃气轮发电机氢气系统设计接口与汽轮发电机氢气系统设计接口基本相同。

（二）发电机密封油系统设计接口

1. 汽轮发电机密封油系统设计接口

密封油系统集装装置内部的连接以及发电机密封油装置与发电机之间的供回油管道通常由发电机厂负责设计和供货，设计院只进行布置设计，排烟装置出口至室外的排烟管道由设计院负责设计。

2. 燃气轮发电机密封油系统设计接口

燃气轮发电机密封油系统设计接口与汽轮发电机密封油系统设计接口基本相同。

（三）发电机定子冷却水系统设计接口

1. 汽轮发电机定子冷却水系统设计接口

定子冷却水系统集装装置内部的连接以及集装装置与发电机之间的冷却水供回水管道通常由发电机厂负责设计和供货，设计院只进行布置设计，以下管道由设计院负责设计。

（1）由主厂房冷却水系统至集装装置的供、回水管道。

（2）水箱补充水由主厂房冷却水系统至集装装置的管道。

（3）集装装置接口接出的水箱排气管道。

2. 燃气轮发电机定子冷却水系统设计接口

燃气轮发电机定子冷却水系统设计接口与汽轮发电机定子冷却水系统设计接口基本相同。

四、联锁要求

（一）发电机氢气系统联锁要求

1. 汽轮发电机氢气系统联锁要求

汽轮发电机氢气联锁要求详见汽轮发电机供货厂商提供的相关文件。以下有关联锁内容仅供参考。

（1）发电机内氢气压力低、发电机内氢气纯度低、发电机补氢供给压力低、发电机内冷氢区温度高发出发电机氢气系统故障联锁信号。

（2）发电机运行时，当机内氢气压力下降到低于设定值时，补氢电磁阀自动打开补氢。当机内氢压升至设定值时，补氢电磁阀自动关闭，停止补氢。

（3）当氢气温度高时，开大氢冷却水调节阀，增加进入氢气冷却器的冷却水量。当氢气温度低时，减少氢气冷却水调节阀开放，降低进入氢气冷却器的冷却水量。

（4）根据可编程序控制器中预定的时间间隔，控制两位四通阀旋转切换，使氢气干燥器一台运行、一台再生，交替运行。

2. 燃气轮发电机氢气系统联锁要求

燃气轮发电机氢气系统联锁要求与汽轮发电机氢气系统联锁要求相同。

（二）发电机密封油系统联锁要求

1. 汽轮发电机密封油系统联锁要求

汽轮发电机密封油系统联锁要求详见汽轮发电机供货厂商提供的相关文件。以下有关联锁内容仅供参考。

（1）空侧密封油泵：空侧密封油泵出口母管压力低时，联锁启动另外一台备用空侧密封油泵。

（2）空侧直流密封油泵：空侧密封油泵出口母管压力低，两台空侧密封油泵均未运行，则联锁启动空侧直流密封油泵。

（3）氢侧密封油泵：氢侧密封油泵出口母管压力低时，联锁启动另外一台备用氢侧密封油泵。

（4）氢侧密封油箱供油阀（空侧）：氢侧密封油箱液位低于设定值时，开启空侧补油电磁阀；氢侧密封油箱液位正常时，关闭空侧补油电磁阀。

（5）氢侧密封油箱供油阀（氢侧）：氢侧密封油箱液位高于设定值时，开启空、氢侧排油电磁阀；氢侧密封油箱液位正常时，关闭氢侧排油电磁阀。

（6）密封油电加热器：当氢侧密封油供油温度高于定值时，密封油电加热器停止运行。

（7）隔氢装置排风机：运行隔氢装置排风机故障时，联锁启动另一台备用隔氢装置排风机。

2. 燃气轮发电机密封油系统联锁要求

燃气轮发电机密封油系统联锁要求与汽轮发电机密封油系统联锁要求相同。

（三）发电机定子冷却水系统联锁要求

1. 汽轮发电机定子冷却水系统联锁要求

汽轮发电机定子冷却水系统联锁要求详见汽轮发电机供货厂商提供的相关文件。以下有关联锁内容仅供参考。

（1）定子冷却水泵：当定子冷却水泵出口母管压力低时，联锁启动另一台备用定子冷却水泵。

（2）定子冷却水箱补水电磁阀：当定子冷却水箱液位低于设定值时，开启补水电磁阀；当定子冷却水箱液位正常时，关闭补水电磁阀。

2. 燃气轮发电机定子冷却水系统联锁要求

燃气轮发电机定子冷却水系统联锁要求与汽轮发电机定子冷却水系统联锁要求相同。

五、设备、管道布置与安装设计

（一）发电机氢气设备、管道布置与安装设计

1. 汽轮发电机氢气设备、管道布置与安装设计

（1）供氢系统采用双母管向主厂房供气。

（2）氢气管道应采用无缝钢管，对氢气纯度高要求的管道宜采用不锈钢管。

（3）氢气最大输送流速应符合表 7-3 的规定。

表 7-3 氢气管道最大流速

设计压力（MPa）	最大流速（m/s）	
	碳素钢管	不锈钢管
＞3.0	10	10
0.1～3.0	15	25
＜0.1	按允许压降确定	按允许压降确定

（4）氢气管道上的阀门和附件应保证其严密性，宜采用球阀、截止阀，严禁使用闸阀，不应采用铜基合金材料制作阀门部件。

（5）氢气管道穿过墙壁或楼板时，应采用套管敷设，套管内的管段不应有焊缝，并且在管道与套管之间的缝隙采用不燃材料填塞。

（6）氢气管道与其他管道平行敷设时，氢气管道应布置在外侧并在上层。架空敷设时，与其他热力管道的净空应不小于 250mm。

（7）氢气干燥器、氢气纯度分析仪、油水探测报警器宜布置在汽机房发电机侧中间层。氢气系统中的气体控制站、CO_2 汇流排一般布置在汽机房发电机侧零米层。

（8）氢气系统的排空管应排至厂房外，排气管口应设置火焰消除装置和接地装置。

2. 燃气轮发电机氢气设备、管道布置与安装设计

燃气轮发电机氢气设备、管道布置与安装设计与汽轮发电机氢气设备、管道布置与安装设计的要求基本相同。

（二）发电机密封油设备、管道布置与安装设计

1. 汽轮发电机密封油设备、管道布置与安装设计

（1）发电机密封油供油装置优先考虑布置在发电机壳正下方零米层。

（2）单流环式密封油系统中的空气抽出槽、扩大槽和浮子油箱均为回油管路设备，其布置位置和高差要求应满足发电机厂的要求。

（3）排烟风机必须高于隔氢装置或者空气抽出槽。已投运的电厂通常将该设备布置在运行层。

（4）所有油管在安装时要注意坡度，尽量避免有起伏和死弯，防止形成气封，使回油、回气不畅。坡度应从发电机向集装装置接口倾斜。平衡阀、压差阀所有信号管，除上述要求外，还应注意对称性及考虑为最大限度减小信号沿管程损失，安装时尽量减少弯角。

2. 燃气轮发电机密封油设备、管道布置与安装设计

燃气轮发电机密封油设备、管道布置与安装设计与汽轮发电机密封油设备、管道布置与安装设计要求基本相同。

（三）发电机定子冷却水设备、管道布置与安装设计

1. 汽轮发电机定子冷却水设备、管道布置与安装设计

（1）发电机定子冷却水系统集装设备一般安装在发电机下部的零米层。

（2）发电机与冷却水系统之间的所有水平管路应按发电机厂要求的坡度安装。

2. 燃气轮发电机定子冷却水设备、管道布置与安装设计

燃气轮发电机定子冷却水设备、管道布置与安装设计与汽轮发电机的要求基本相同。

第八章

辅 助 系 统

第一节　辅助蒸汽系统

一、系统功能及范围

（一）系统功能

辅助蒸汽系统的功能主要是在机组启动、正常运行和停机情况下向各辅助蒸汽用户提供用汽，保证相应蒸汽用户的正常运行。辅助蒸汽系统的设计需满足不同运行工况下各蒸汽用户的参数要求，并遵循经济合理的原则。

（二）系统范围

辅助蒸汽系统的范围包括从各辅助蒸汽汽源至辅助蒸汽联箱的汽源管道，辅助蒸汽联箱之间的联络母管、从辅助蒸汽联箱或母管到各辅助蒸汽用户之间的管道系统，以及辅助蒸汽联箱及其疏水和安全阀排汽管道系统等。

二、系统设计

（一）主要原则

（1）辅助蒸汽系统的设计原则与燃煤机组类似，应满足机组启动、正常运行、低负荷、甩负荷和停机等各种工况下，各蒸汽用户所需要蒸汽的压力、温度和流量要求，汽源的供应量与用户的消耗量应保持平衡。

（2）辅助蒸汽系统宜设置可靠的汽源，保证在任何工况下都能满足蒸汽用户的需要。为保证合理的热经济性，选取与用户参数接近的蒸汽作为正常工作汽源。

（3）辅助蒸汽联箱或母管的参数高于用户所需参数时，应设置减温减压装置，将蒸汽参数调整到用户所需参数。

（4）辅助蒸汽系统的最大供汽能力应同时满足本机正常运行和邻机（如果有）启动的需要。

（5）辅助蒸汽系统应根据工程的汽源和用户情况，选择合理的级数。考虑燃气—蒸汽联合循环机组的辅助蒸汽用户较少，且汽轮机组通常没有回热抽汽，机组可用的内部汽源也不多，大多情况下，辅助蒸汽系统采用一级辅助蒸汽系统。

（6）每台机组设置一套辅助蒸汽系统，两台及以上机组之间应设置辅助蒸汽联络管道，相互供汽。

（7）辅助蒸汽联箱上应设置安全阀，以防止辅助蒸汽联箱及管道超压。安全阀采用全启式，其最大释放量不小于辅助蒸汽系统的最大供汽量。当供给用户的辅助蒸汽需经过减温减压器时，减温减压器后的管道上应设置全启式安全阀，防止蒸汽超压。

（8）辅助蒸汽系统的管道应根据管道布置及可能出现的运行工况设置管道疏放水系统。对于经常处于热备用状态的辅助蒸汽管道，应设置带自动疏水器的经常疏水系统。由于辅助蒸汽管道的疏放水点比较分散，可设置疏水母管，将疏水汇集到疏水母管。两台汽轮发电机组可共用一根疏水母管，疏水母管分别接至两台机组的本体疏水扩容器，同时设置至余热锅炉定期排污扩容器的启动疏水母管，以避免启动期间的不洁净疏水进入热力系统。

（二）系统拟定

辅助蒸汽系统分为用户和汽源两部分。系统拟定前需整理出所有需要提供蒸汽的用户和可提供蒸汽的汽源，然后按照设计原则确定合理的系统。

1. 用户

燃气—蒸汽联合循环机组的辅助蒸汽用户通常包括以下各项：

（1）汽轮机轴封用汽。对采用自密封轴封系统的汽轮机，一般在机组负荷超过30%或50%时，汽轮机轴封系统可自行供汽；在机组启、停及低负荷运行期间，需由辅助蒸汽系统向轴封系统供汽。对于采用非自密封轴封系统的机组，需由辅助蒸汽系统连续不断地向轴封系统供汽。

E 级及以上大中型燃气—蒸汽联合循环机组多采用自密封轴封系统，B 级及以下小型机组多采用非自密封轴封系统。

（2）余热锅炉除氧器用汽。余热锅炉的低压汽包可兼作除氧器，在机组启动初期，需由辅助蒸汽系统向余热锅炉低压汽包（即除氧器）供汽，将给水加热至余热锅炉要求的入口给水温度。当机组负荷上升、余热锅炉的低压汽包产生的蒸汽满足除氧要求时，辅助蒸汽停止供汽。

对于“二拖一”机组，1台汽轮机对应2台余热锅炉，每个去余热锅炉低压汽包（即除氧器）的供汽支管上均需设调节阀，以控制进入低压汽包的蒸汽压力。

（3）低压缸冷却用汽。对于单轴燃气－蒸汽联合循环机组，其燃气轮机、汽轮机和发电机连接在一根轴上，燃气轮机启动时会带动汽轮机转子转动，为避免汽轮机低压叶片由于鼓风加热而超温，启动前需要由辅助蒸汽系统提供冷却蒸汽，通过低压进汽阀进入低压缸进行冷却。对于配置SSS离合器的单轴燃气－蒸汽联合循环机组，其发电机在燃气轮机和汽轮机之间。在燃气轮机启动时，汽轮机可以通过SSS离合器与燃气轮机和发电机脱开，则可不用外供冷却蒸汽。

（4）厂内采暖、空调、浴室用汽。对于北方寒冷地区，机组启动期间，厂内建筑物冬季采暖用汽一般由全厂的辅助蒸汽联络母管提供。机组正常运行期间，可切换为低压主蒸汽供汽。在厂内采暖加热器的供汽管道上装有调节阀，控制加热器出口供水温度。

另外，全厂空调、浴室等也可采用辅助蒸汽供汽。

（5）生水加热器用汽。对于寒冷地区，一般设置有生水加热器，将生水在进入除盐设备之前加热到适当的温度，加热蒸汽来自辅助蒸汽系统。在生水加热器的供汽管道上装有调节阀，控制加热器出口生水温度。

以上列出了常见的辅助蒸汽用户，在工程设计中需要逐项确认和落实，尤其是其他专业需要的辅助蒸汽，应由其他专业提供详细的用汽要求。

为使用户数据清晰明了，建议按表8-1对各用户参数进行汇总。

表8-1　　辅助蒸汽用户统计表

序号	蒸汽名称	蒸汽量（t/h）	用户或需求方	蒸汽参数	用汽时段
1	汽轮机轴封用汽	8	汽轮机厂	p≈0.7MPa； t<300℃（冷态启动）； t>300℃（热态启动）	启动期间
2	余热锅炉除氧器用汽	12	余热锅炉厂	p>0.2MPa（绝对压力）的饱和蒸汽	启动及停机期间
3	低压缸冷却用汽	25	汽轮机厂	p=0.25～0.4MPa（绝对压力）； t=160～190℃	
4	厂内采暖用汽	15	暖通专业	p≥0.25MPa（绝对压力），t≥200℃	冬季使用
5	生水加热器用汽	5	化学专业	p≥0.30MPa（绝对压力），t≥200℃	冬季使用

注　表中数据以某F级燃气－蒸汽联合循环机组为例。

2. 汽源

燃气－蒸汽联合循环机组的辅助蒸汽汽源通常有以下各项：

（1）启动锅炉来的启动蒸汽。对于E级及以上的新建机组，建议设置启动锅炉。对于B级及以下的新建机组，可根据机组启动方式和用户需求，确定是否设置启动锅炉。

（2）老厂或邻机来的辅助蒸汽。对于扩建机组，都由老厂的辅助蒸汽系统提供扩建机组的第一套机组的启动汽源（扩建机组的第二套机组可由邻机或老厂提供启动汽源）。

（3）机组自身提供的蒸汽。燃气轮机的型号较多，不同型号机组在蒸汽系统上均有差异，因此，辅助蒸汽系统的汽源也存在多样性。

B级和E级通常为双压系统，即余热锅炉中无再热系统，只有高压主蒸汽和低压主蒸汽两个系统；F级及以上通常为三压系统，即余热锅炉中包含高压、中压、低压主蒸汽和冷段、热段再热蒸汽系统。

B级和E级燃气－蒸汽联合循环机组，因为低压主蒸汽压力偏低，通常可采用高压主蒸汽作为辅助蒸汽的工作汽源。

F级及以上燃气－蒸汽联合循环机组，通常采用再热冷段蒸汽减温减压后作为辅助蒸汽的正常工作汽源；当低压主蒸汽参数适合时，低压主蒸汽也可作为辅助蒸汽的正常工作汽源，再热冷段作为备用汽源。

（三）常见系统设计方案

常见燃气－蒸汽联合循环机组的辅助蒸汽系统见图8-1。

1. 辅助蒸汽母管或辅助蒸汽联箱

为了使接入辅助蒸汽母管各个汽源或从辅助蒸汽母管引出的各个用户等支路上的阀门便于检修、维护或操作，通常每台机组设置辅助蒸汽联箱，两台或多台机组的辅助蒸汽联箱，采用联络母管连接，并在每个联箱出口设置电动关断阀。如果辅助蒸汽汽源或用户较少，每台或多台机组也可采用辅助蒸汽母管的连接方式。

2. 启动锅炉来蒸汽管道

供汽管道上设置电动关断阀，当辅助汽源切换至由运行机组供汽时，该阀门要及时关断。

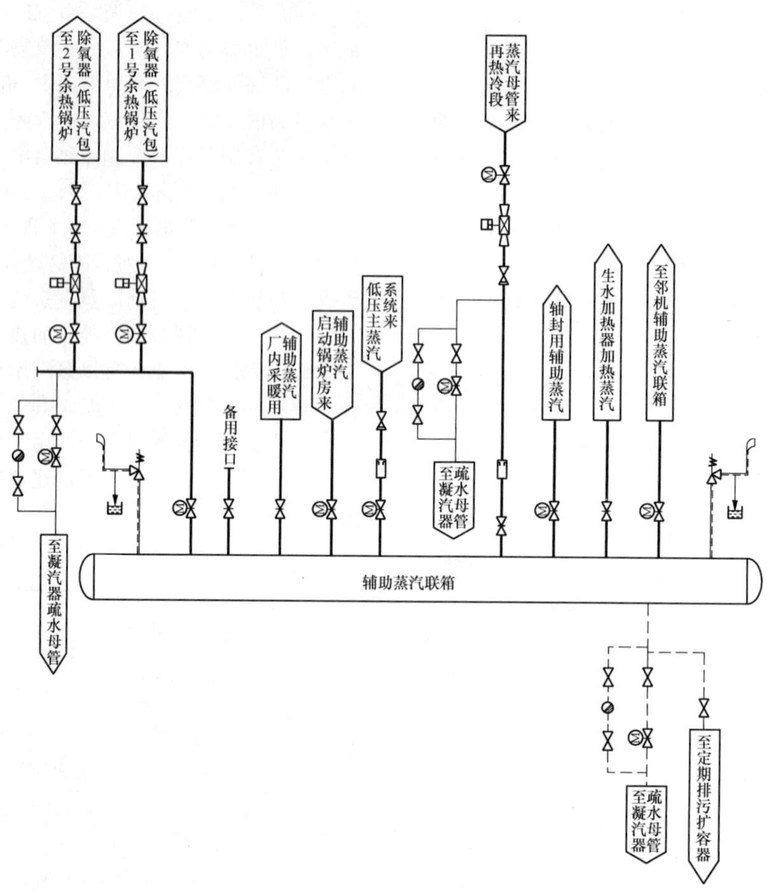

图 8-1　常见燃气—蒸汽联合循环机组的辅助蒸汽系统

3. 低压主蒸汽来蒸汽管道

机组正常运行时，由低压主蒸汽作为工作汽源。

4. 再热冷段来蒸汽管道

通常再热冷段蒸汽作为工作汽源的备用汽源，当低压主蒸汽压力较低不能满足设定的压力时投入运行，F 级及以上的机组也有再热冷段蒸汽作为机组正常运行时的工作汽源。因其压力高于辅助蒸汽系统所需压力，故需要减压，按介质流向在再热冷段蒸汽供汽管道上依次设置电动关断阀、调节阀、止回阀、手动关断阀、流量测量装置等。

5. 至余热锅炉除氧器蒸汽管道

至余热锅炉除氧器供汽管道在机组启动时向余热锅炉除氧器提供蒸汽，在管道上依次设置电动关断阀、调节阀、手动关断阀、止回阀。

6. 至汽轮机轴封系统的蒸汽管道

至汽轮机轴封系统的蒸汽管道在辅助蒸汽联箱设置 1 只关断阀，其他所有阀门（阀门站）通常由汽轮机厂商提供，布置在靠近汽轮机处，辅助蒸汽管道供至阀门站入口，一般阀门站出口管道也由汽轮机厂商提供。

7. 至厂内采暖加热器的蒸汽管道

在至厂内采暖加热器供汽管道上需设置关断阀和调节阀，调节阀根据采暖热负荷的需求调节供汽量。蒸汽阀门站可由厂内采暖加热器的供货厂商一起提供，布置在厂内采暖加热器附近。如厂内采暖蒸汽管道较长，可考虑在辅助蒸汽联箱出口设置一只关断阀，以减少非采暖期的管道疏水量。

8. 至生水加热器的蒸汽管道

在至生水加热器的供汽管道上需设置关断阀和调节阀，调节阀用于控制生水加热器出口生水的温度。蒸汽阀门站可由生水加热器供货厂商一起提供，布置在生水加热器附近。如至生水加热器的蒸汽管道较长，可考虑在辅助蒸汽联箱出口设置 1 只关断阀，以减少非加热季节的管道疏水量。

9. 辅助蒸汽联箱安全阀排汽管道

考虑辅助蒸汽联箱（或母管）上有多路汽源引入，为了防止其超压，在辅助蒸汽联箱（或母管）上需设置安全阀。安全阀通常随辅助蒸汽联箱供货，安全阀排汽管道应接至厂房外。

10. 辅助蒸汽联箱备用接口

为方便工程以后增加用户，通常在辅助蒸汽联箱上设置1～2个备用接口。

三、设计参数选取

(一) 辅助蒸汽联箱

辅助蒸汽联箱的设计压力取辅助蒸汽联箱可能出现的最高工作压力，设计温度取辅助蒸汽所有汽源的最高工作温度。

(二) 至辅助蒸汽联箱的汽源管道

至辅助蒸汽联箱汽源管道的设计参数分为两段，从汽源引出点至本路管道调节阀后最后一道关断阀(含)的管道的设计压力和设计温度取用汽源管道的设计压力和设计温度；从最后一道关断阀出口至辅助蒸汽联箱入口的管道的设计压力和设计温度取用辅助蒸汽联箱的设计压力和设计温度。

(三) 辅助蒸汽联箱至各用户的管道

从辅助蒸汽联箱出口至各用户的管道的设计参数分为两种情况，无减压或减温装置的管道以及减压(调节）阀和减温器前的管道均取辅助蒸汽联箱的设计压力和设计温度；减压（调节）阀后管道上设有安全阀的，则阀后管道的设计压力取安全阀的最低整定压力，减温器后管道的设计温度取减温器出口的最高工作温度。

四、设备选型

(一) 启动锅炉

启动锅炉容量应根据不同容量燃气轮机、不同机组配置形式、不同地区和不同的机组启动方式等确定，由于燃气轮机组的配置较为复杂，启动锅炉容量和台数的选择也很多样，满足启动期间的必需汽量为主要考虑因素。

典型的燃气－蒸汽联合循环机组配置形式和启动锅炉设置情况见表8-2。

表8-2　典型的燃气－蒸汽联合循环机组配置形式和启动锅炉设置情况

项目名称	燃气轮机型号	机组配置形式	启动锅炉设置情况
A电厂	M701F	3套“一拖一”、单轴	燃气蒸汽锅炉，1×25t/h，压力为1.0MPa，温度为310℃
B电厂	SGT5-2000E	2套“一拖一”、多轴	燃气蒸汽锅炉，1×8t/h，压力为1.25MPa，温度为310℃
C电厂	PG9351	1套“二拖一”、多轴	燃气蒸汽锅炉，1×10t/h，压力为1.0MPa，温度为285℃
D电厂	SGT5-4000F（4）	1套“二拖一”、多轴	燃气蒸汽锅炉，1×15t/h，压力为1.3MPa，温度为320℃
E电厂	M701F4	2套“二拖一”、多轴	燃气蒸汽锅炉，2×10t/h，压力为1.3MPa，温度为310℃
F电厂	SGT5-4000F（4+）	1套“二拖一”、多轴+1套“一拖一”、多轴	燃气蒸汽锅炉，1×20t/h，压力为1.3MPa，温度为320℃

(二) 辅助蒸汽联箱

辅助蒸汽联箱属于压力容器，需要由有压力容器设计、制造资质的供货厂商提供。辅助蒸汽联箱的选型主要考虑联箱的设计参数、容量和外形尺寸，联箱直径应按照各接口的流向确定的每个截面的最大流量确定，并留有一定的裕量。联箱长度根据各汽源和各用户接口以及联箱支座的布置要求确定。

(三) 安全阀

为避免辅助蒸汽系统超压，在辅助蒸汽联箱上一般应设置至少两个安全阀。安全阀的总容量按辅助蒸汽联箱设计容量的200%考虑。

(四) 减温减压装置

当辅助蒸汽联箱的蒸汽参数高于用户的参数要求时，则需设置减温减压装置。减温减压装置按设备采购，提出装置前后的蒸汽参数要求，由设备制造厂商设计并供货，同时需配置安全阀和减温水系统，并随减温减压装置配套供货。

五、管道规格及材料选取

(1) 辅助蒸汽系统中至各管道的设计流量按各管道在所有工况下的最大流量确定。

(2) 辅助蒸汽管道的流速按照DL/T 5054《火力发电厂汽水管道设计规范》取35～60m/s，管径及管道壁厚按照DL/T 5054《火力发电厂汽水管道设计规范》进行计算。

(3) 辅助蒸汽系统管道的设计温度一般小于425℃，管道材料一般采用20号钢即可。

六、布置要求

(1) 管道布置应满足系统流程的要求，阀门应布置在便于操作、安装和维修的地方。

（2）辅助蒸汽管道水平安装时，当工作温度大于和等于430℃时，疏水坡度不小于0.004；当工作温度小于430℃时，疏水坡度不小于0.002。管道长度超过100m时需增加设置疏水点。

（3）至各蒸汽用户管道上的关断阀宜靠近辅助蒸汽联箱布置，一方面减少处于热备用状态的管道长度，从而减少疏水量和热量浪费，另一方面阀门集中布置便于管理维护。两台机组的辅助蒸汽联络母管较长时，管道布置应考虑自然补偿以满足膨胀要求，并合理设置固定支架和限位支架。

（4）辅助蒸汽系统处于热备用状态的管道比较多，应合理设计管道疏水系统。经常性疏水要采用质量可靠的自动疏水器。

（5）辅助蒸汽联箱上应设置固定支架和滑动支架，并布置在方便操作的地方。

（6）减温减压装置应设置固定支架，并靠近减温减压装置的安全阀布置。安全阀出口的排汽管道应沿减温减压装置的轴向布置。

（7）减温器后应考虑足够的直管段长度，满足供货厂商的要求，并在出口管道的低位点设置经常疏水点。

七、联锁条件

机组正常运行时，辅助蒸汽联箱压力低于设定压力，备用汽源启动。

第二节 冷却水系统

燃气-蒸汽联合循环机组的冷却水系统包括汽轮机循环冷却水系统和辅机循环冷却水系统两部分。

一、汽轮机循环冷却水系统

燃气-蒸汽联合循环机组一般建在天然气资源丰富、冷却水资源充足的城市周边，因此，大多采用湿冷机组，即汽轮机排汽采用循环水冷却，设有汽轮机循环冷却水系统。对于水资源缺乏地区的联合循环机组，汽轮机也可采用直接或间接空冷方式。

汽轮机循环冷却水系统一般分为厂区循环冷却水和主厂房内循环冷却水两部分，分别由水工专业和热机专业负责。

燃气-蒸汽联合循环机组的汽轮机循环冷却水系统设计与燃煤机组类似，本节不做介绍。

二、辅机循环冷却水系统

（一）设计原则

辅机循环冷却水系统主要向全厂辅助设备提供冷却水，通常分为开式循环冷却水系统和闭式循环冷却水系统两部分，应根据冷却水源、水质情况和被冷却设备对冷却水水量、水温和水质的不同要求，合理划分开、闭式循环冷却水系统的范围，可采用开式循环冷却水的设备应优先使用开式循环冷却水。

循环冷却水系统可采用单元制也可采用母管制，可按每套“一拖一”或“多拖一”机组，设置一套单元制辅机冷却水系统，同时每套冷却水系统向全厂公用冷却设备，如增压机、空气压缩机等提供冷却水；也可全厂多套“一拖一”或“多拖一”机组，设置一套母管制冷却水系统，满足全厂用水设备的要求。

开、闭式循环冷却水系统的划分主要依据以下原则：

（1）以淡水作为辅机冷却水源，且不需要处理即可作为辅机冷却用水时，宜采用全开式循环冷却水系统；以淡水作为辅机冷却水源，但需处理时，多采用开式循环水与闭式循环水相结合的辅机冷却水系统。

（2）以海水或再生水作为辅机冷却水源，多采用开式循环冷却水与闭式循环冷却水相结合的辅机冷却水系统，其中对冷却水水质要求较高的辅机设备采用闭式循环冷却水冷却。

（3）为了保持凝汽器真空，其真空泵的冷却水需与凝汽器采用同一冷却水。

（4）湿冷机组的开式循环冷却水通常取自汽轮机循环冷却水系统，闭式循环冷却水宜采用除盐水。

（5）空冷机组辅机冷却水采用单独的间接空冷塔冷却时，辅机冷却水为全闭式循环冷却水系统，水质为除盐水，主厂房不再设闭式水换热器；空冷机组辅机冷却水采用单独湿冷塔冷却时，考虑辅机冷却水水质的情况，辅机冷却水可采用开式循环冷却水与闭式循环冷却水相结合的系统。

（6）转动机械轴承冷却水的水质应达到GB 50660—2011《大中型火力发电厂设计规程》12.7.2 的规定，如开式循环冷却水水质不能满足规定的要求，则应使用闭式循环冷却水。

（二）开式循环冷却水系统

1. 系统功能及范围

（1）开式循环冷却水系统主要为用水量大、冷却水温度有要求且对水质要求不高的设备提供冷却水。

（2）湿冷机组的开式循环冷却水系统的设计范围为从厂内循环冷却水供水管道引出，经开式循环冷却水滤水器和开式循环冷却水泵（如需要）及各被冷却设备后至厂内循环冷却水回水管道之间的系统的设计。

（3）空冷机组的开式循环冷却水供、回水管道直接与主厂房外水工专业的辅机冷却水供、回水管道引接，主厂房内的部分基本与湿冷机组相同。

2. 系统设计

（1）主要原则。

1）开式循环冷却水系统的工艺流程如下：

开式循环冷却水供水管→开式循环冷却水滤水器→开式循环冷却水泵（如果有）→闭式循环冷却水热交换器（如果有）及各个冷却设备→开式循环冷却水回水管。

开式循环冷却水供水管通常从汽轮机循环冷却水二次滤网（如果有）后管道上引接。

2）开式循环冷却水滤水器的设置。开式循环冷却水系统一般设置具有自动反冲洗功能的电动滤水器。电动滤水器的容量按 100%开水循环冷却水量设置，滤水器数量依据开式循环冷却水的水质来确定，如水质较差，特别是海水冷却的电厂，可设置两个并列运行的 100%容量的电动滤水器，一台运行，一台使用，如水质尚可，可设置单台 100%容量的电动滤水器，同时设置旁路管道，用于在滤水器检修时短时使用。

3）开式循环冷却水泵的设置。开式循环冷却水泵的设置应根据系统阻力计算后确定，因开式循环冷却水一般由汽轮机循环冷却水来，与汽轮机凝汽器并联运行，如开式循环冷却水系统最高阻力小于凝汽器系统阻力，可不设置开式循环冷却水泵；如开式循环冷却水系统最高阻力大于凝汽器系统阻力时需设置开式循环水冷却水泵或者对部分位置较高或阻力较大的设备设置升压泵。

开式循环冷却水泵通常设置两台 100%容量的离心泵，一台运行，一台备用。另外，可设置100%容量旁路管道。若全厂设一套辅机冷却水系统时，冷却水泵的台数和容量选择应优化后确定。

采用单独辅机冷却水塔的机组，开式循环冷却水泵可与水工专业辅机冷却水泵合并设置。

（2）常见系统设计方案。典型方案为国内某燃气一蒸汽联合循环机组，冷却水源为城市中水，辅机冷却水采用开、闭式水相结合的系统，其中，开式循环水冷却水源来自汽轮机循环冷却水，向闭式水换热器和真空泵提供冷却水。开式循环冷却水系统流程图见图 8-2。

1）电动滤水器的设置。该典型方案的汽轮机循环冷却水系统采用机力冷却塔二次循环系统，循环水质较好，可设置一个电动滤水器，同时设置旁路管道，在滤水器检修时可以短时走旁路管道。

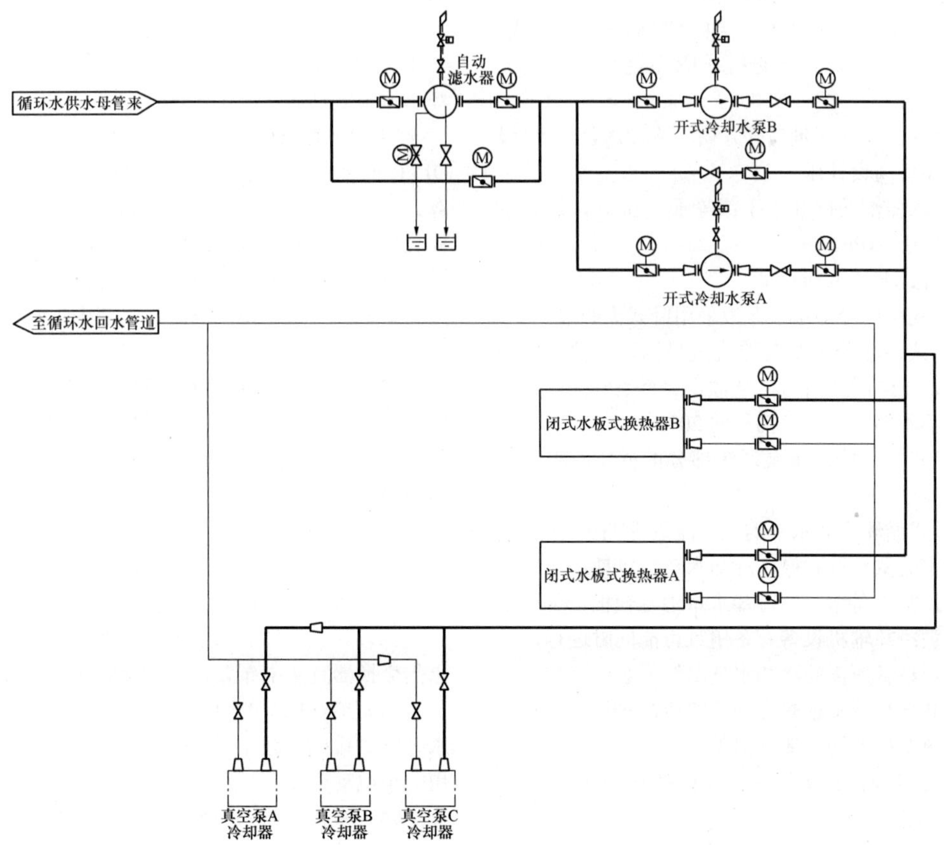

图 8-2　开式循环冷却水系统流程图

2）开式循环冷却水泵的设置。该典型方案的闭式循环冷却水热交换器为板式换热器，阻力较大，加上开式水系统其他设备和管道阻力后，开式循环冷却水系统的总阻力大于汽轮机循环冷却水进出管道之间的阻力，需设置 2 台 100%容量的开式循环冷却水泵，一台运行，一台备用。为增加运行灵活性、节约厂用电，设置旁路系统。

3）闭式循环冷却水热交换器的设置。该典型方案的闭式循环冷却水热交换器设置 2 台，具体选择见下述（三）闭式循环冷却水系统。

4）真空泵冷却器的设置。真空泵冷却器可采用管式或板式换热器，对于冷却水为海水或水质较差的淡水，通常采用管式换热器，由真空泵供货厂商配套供货。

3. 设计参数选取

开式循环冷却水系统的设计压力取开式循环冷却水泵出口阀关断情况下泵的提升压力与进水侧压力之和。进水侧压力取水工专业供水管道设计压力。

设计温度取系统介质的最高工作温度。

4. 设备选型

（1）开式循环冷却水滤水器。

1）滤水器的形式为立式、电动自动反冲洗形式。

2）滤水器通流部分的材质应满足水质特性的要求。

3）滤水器设计流量与开式循环冷却水泵一致，设计压力取用管道设计压力。

4）滤水器滤芯网孔小于或等于 5.0mm，运行水阻小于或等于 5kPa。

（2）开式循环冷却水泵。

1）开式循环冷却水泵一般采用卧式离心泵。

2）开式循环冷却水泵的流量与扬程的性能曲线（*Q-H* 曲线）应当变化平缓，从额定运行点到关闭点的扬程升高值不超过设计点扬程的 20%。

3）开式循环冷却水泵通流部分的材质应满足水质特性的要求。

4）开式循环冷却水泵的设计流量为 110%的开式循环冷却水流量，开式循环冷却水量应包括：

a. 被冷却设备所需的冷却水量由各辅机设备制造厂提供，被冷却辅机设备有备用且可能同时运行，还需考虑备用设备所需的冷却水量。

b. 闭式循环冷却水热交换器的冷却水量由闭式循环冷却水热交换器的制造厂提供。

5）开式循环冷却水泵的设计扬程为下列各项之和：

a. 按最大冷却水量计算的系统管道最大阻力，另加 20%的裕量；

b. 开式循环冷却水滤水器阻力；

c. 被冷却设备中阻力最大的设备阻力；

d. 最高用水点和开式循环冷却水泵中心线间的静压差；

e. 开式循环冷却水取水点与开式循环冷却水排水点间压差，取负值。

5. 管道规格及材料的选择

（1）管道的类别应根据管内介质的性质、参数及在各种工况下运行的安全性和经济性进行选择。因开式循环冷却水母管压力和温度较低，且规格较大，一般采用焊接钢管；各分支管道视管道规格大小，可选择焊接钢管或无缝钢管。管道可按照 GB 3087《低中压锅炉用无缝钢管》和 GB/T 3091《低压流体输送用焊接钢管》的要求选择。

（2）当开式循环冷却水的水质较好、无腐蚀性时，管道可采用普通碳钢材料，如 Q235 或 20 钢。若水源为海水或其他有腐蚀性的水质时，管道应进行防腐处理。管道的防腐处理可在内部涂环氧树脂或聚乙烯等防腐材料，或者装设“阴极保护”设施进行管道的保护，管道的防腐处理也可与水工专业在全厂循环水管道采取的方法一致。对于 DN600 以下的管道，可采用内侧带防腐层的复合碳钢管道。

（3）开式循环冷却水系统中各管道的设计流量按各用户所有工况下冷却水取最高温度时所需的最大冷却水流量统计，一般由各设备制造厂提供。

（4）管道流速及阻力、管径及管道壁厚等按照 DL/T 5054《火力发电厂汽水管道设计规范》进行计算。母管及至用户支管的选择和匹配还应通过水力计算优化确定。对于远端或者位置较高的设备冷却水管道，可适当降低流速，以减少管道阻力；离泵较近的分支管道，可适当提高流速，以减少不同设备之间流量分配的不均匀性。

（5）由于开式水管道为常规中低压管道，管径确定后，可根据压力等级和材料，直接按 GD 2016《火力发电厂汽水管道零件及部件典型设计》选取管道规格。

6. 设备及管道的布置要求

（1）设备及管道布置需满足系统流程及工艺的要求，同时考虑运行操作、检修维护的方便。

（2）开式循环冷却水泵与滤水器、闭式循环冷却水热交换器宜集中布置，降低管道的沿程阻力。

（3）单台机组的两台或两台以上的开式循环冷却水泵宜并排或顺列布置，便于水泵电动机检修时可共用一个电动葫芦。

（4）开式循环冷却水滤水器布置应考虑检修抽芯空间。

（5）开式循环冷却水系统的设备通常布置在汽机房零米层。开式循环冷却水的供回水母管进、出厂房部分的管道宜布置在汽机房零米以下，采用直埋或管沟的方式，便于与厂房外水工专业的直埋管道连接。电动滤水器通常布置在开式循环冷却水取水口后，设置开式循环冷却水泵的系统应设置在水泵的入口侧。

7. 联锁条件

（1）泵出口压力低时，联锁启动备用泵。

（2）泵出口关断阀突然关闭时，开式循环冷却水泵联锁跳闸。

（三）闭式循环冷却水系统

1. 系统功能及范围

闭式循环冷却水采用除盐水作为冷却介质，其功能主要是向对水质要求较高的设备提供冷却水。闭式循环冷却水回水通过闭式循环冷却水泵升压后，经闭式循环冷却水热交换器冷却后送至各个被冷却设备，循环使用。

闭式循环冷却水系统的设计范围包括闭式循环冷却水泵、闭式循环冷却水热交换器、膨胀水箱、被冷却的辅机设备及相关管道组成件组成的闭式循环系统。闭式循环冷却水系统需化学专业提供系统补水，与化学专业分界为膨胀水箱补水管道接口处。

2. 系统设计

（1）主要原则。

1）闭式循环冷却水系统的工艺流程如下：

闭式循环冷却水泵→闭式循环冷却水热交换器→各个辅机冷却设备→闭式循环冷却水泵。

2）闭式循环冷却水泵的设置。闭式循环冷却水系统通常设置两台 100%容量的闭式循环冷却水泵，一台运行，一台备用。若全厂设一套闭式循环冷却水系统时，冷却水泵的台数和容量选择应优化后确定。

为了避免系统循环中有杂物进入循环水，在闭式循环冷却水泵入口一般设置机械式滤网。

3）闭式循环冷却水热交换器的设置。闭式循环冷却水系统通常设置两台 65%容量的闭式循环冷却水热交换器。若全厂设一套闭式循环冷却水系统时，闭式循环冷却水热交换器的台数和容量选择应优化后确定。

4）闭式循环冷却水膨胀水箱的设置。每套闭式循环冷却水系统通常设置 1 台闭式循环冷却水膨胀水箱，用于稳定压力，容量按照闭式循环冷却水的总容积考虑。

5）闭式循环冷却水系统被冷却设备的选择。原则上对水温要求不高、水质要求较高的设备，如转动设备的轴承冷却，均可采用闭式循环冷却水来冷却，应收集所有辅机设备的资料，对需要冷却的设备进行汇总。

6）水量的调节。部分辅机的冷却设备需控制被冷却介质的温度，可通过在冷却水管道上设置调节阀控制冷却水量，进而控制被冷却介质的温度，如汽轮机润滑油冷油器、发电机定子水冷却器、发电机氢冷却器、发电机密封油冷却器等。调节阀宜设置在冷却水回水管道上。当辅机厂家要求冷却水压力不能高于被冷却介质压力时，调节阀可布置在辅机设备冷却水进水管侧。

7）水流指示器。转动机械的轴承冷却水回水管道上宜设置水流指示器，以便于观察轴承冷却水。

（2）常见系统设计方案。闭式循环冷却水冷却的设备较多，需统计各用户的冷却水量，并按照设备安装的位置和流程拟定系统。

某燃气－蒸汽联合循环机组的闭式循环冷却水系统图如图 8-3 所示（见文后插页），闭式循环各用户冷却水量汇总表见表 8-3。

表 8-3　　闭式循环各用户冷却水量汇总表

编号	用 户 名 称	数量		水量（t/h）	
		安装	运行	单台	运行台
1	热网补水泵轴承	2	1	1	1
2	启动锅炉	1	1	3	3
3	增压机冷却器	2	2	225	450
4	压缩空气干燥机	3	3	9.2	27.6
5	空气压缩机冷却器	4	4	25	100
6	热网循环水泵电动机冷却器	4	3	40	120
7	热网循环水泵机封冲洗	4	3	3	9
8	热网循环水泵轴承	4	3	3	9
9	热网循环水泵润滑油冷却器	4	3	8	24
10	热网循环水泵工作油冷却器	4	3	60	180
11	凝结水前置泵轴承	3	3	1	3
12	凝结水泵电动机冷却器	3	3	11	33

续表

编号	用　户　名　称	数量		水量（t/h）	
		安装	运行	单台	运行台
13	凝结水泵轴承	3	3	2	6
14	汽水取样冷却器	2	2	36	72
15	低压省煤器再循环泵轴承	4	2	2.4	4.8
16	中压给水泵冷却器	4	2	4	8
17	高压给水泵冷却器	4	2	90	180
18	汽轮机密封油真空净油装置冷却器	1	1	2	2
19	汽轮机氢气干燥器	1	1	2	2
20	汽轮发电机密封油氢侧冷却器	2	1	16	16
21	汽轮发电机氢气冷却器	1	1	340	340
22	汽轮机润滑油冷油器	2	1	460	460
23	燃气轮机密封油真空泵冷却器	2	2	2	4
24	燃气轮机氢气干燥器	2	2	2	4
25	燃气轮机控制油冷油器	4	2	5	10
26	燃气轮发电机密封油氢侧冷却器	4	2	16	32
27	燃气轮发电机氢气冷却器	2	2	360	720
28	燃气轮机润滑油冷油器	4	2	340	680
运行设备水量总计		3500.4			

3. 设计参数选取

闭式循环冷却水系统的设计压力取闭式循环冷却水泵出口阀关断情况下泵的提升压力与进水侧压力之和，进水侧压力取闭式水膨胀水箱正常水位与泵入口中心线之间的静压差。

设计温度取用闭式水系统介质的最高工作温度，一般取 50℃。

4. 设备选型

（1）闭式循环冷却水泵及入口滤网。

1）闭式循环冷却水泵采用卧式离心泵。

2）闭式循环冷却水泵的流量与扬程的性能曲线（Q-H 曲线）应当变化平缓，从额定运行点到关闭点的扬程升高值不超过设计点扬程的 25%。

3）闭式循环冷却水泵的设计流量为 110%的闭式循环冷却水流量，闭式循环冷却水量应包括：

a. 被冷却设备在闭式循环冷却水最高水温时所需的最大冷却水量，由各设备制造厂提供。

b. 被冷却设备有备用且设计考虑可能同时运行的，还需考虑备用设备所需的冷却水量。

4）闭式循环冷却水泵的设计扬程为下列各项之和：

a. 按最大冷却水量计算的系统管道最大阻力，另加 20%的裕量；

b. 闭式循环冷却水热交换器及闭式循环冷却水泵入口滤网的阻力；

c. 系统中被冷却设备中阻力最大的设备阻力；

d. 最高用水点和闭式循环冷却水泵中心线间的静压差。

5）闭式循环泵入口滤网采用定期人工清洗方式，滤水器的滤芯一般采用不锈钢材料，滤水器滤芯网孔小于或等于 1.5mm，运行水阻小于或等于 5kPa。

（2）闭式循环冷却水热交换器。

1）闭式循环冷却水热交换器可采用管壳式或板式。板式热交换器具有结构紧凑、占地面积和空间小、设备基础简单、检修拆装方便且不需要大型起吊设施、传热效率高等优点，一般优先选用。当开式循环冷却水中的悬浮物较多且粒度较大时，可采用管壳式。

2）闭式循环冷却水热交换器通常设置两台，每台的换热面积为需要的总换热面积的 65%。总换热面积以开式循环冷却水进口的最高计算温度和最大闭式循环冷却水流量、要求的闭式循环冷却水出口温度（通常为 38℃）进行计算，并考虑一定的裕量。热交换器的设计温度端差一般取 5℃。经各换热设备后闭式循环冷却水的温度升高，具体的温升值可根据较大冷却水用户的温升要求确定，一般可取 6～10℃，设备阻力及换热器清洁系数可按：

a．板式换热器：开式水侧小于或等于 0.05～0.1MPa，闭式水侧小于或等于 0.1MPa，清洁系数取 0.85～0.9。

b．管式换热器：开式水侧小于或等于 0.05MPa，闭式水侧小于或等于 0.05MPa，清洁系数取 0.85。

3）当开式循环冷却水为海水、再生水或其他具有腐蚀性水质时，热交换器通流部分应采用可防止腐蚀的材料，开式循环冷却水取用汽轮机循环冷却水时，其材质可与汽轮机凝汽器的冷却管一致。

（3）闭式循环冷却水膨胀水箱

1）膨胀水箱按常压容器设计，可采用立式或卧式、方形或圆形结构。

2）膨胀水箱的容积根据闭式水系统水容积随温度变化的大小来确定，避免在系统运行时发生溢流及高、低水位报警或者自动补水调节阀频繁动作。E 级及以上的燃气－蒸汽联合循环机组的闭式循环冷却水膨胀水箱大多采用 $10m^3$ 左右的水箱，其他小容量机组的容积可适当减小。

5. 管道规格及材料的选择

（1）管道的类别应根据管内介质的性质、参数及在各种工况下运行的安全性和经济性进行选择。闭式循环冷却水管道设计压力较低，管道可按照 GB 3087《低中压锅炉用无缝钢管》和 GB/T 3091《低压流体输送用焊接钢管》的要求选择。

（2）闭式循环冷却水系统中各管道的设计流量按各用户所有工况下所需的最大冷却水流量统计，一般由各设备制造厂提供。

（3）管道流速及阻力、管径及管道壁厚等按照 DL/T 5054《火力发电厂汽水管道设计规范》进行计算。在管径计算中，《火力发电厂汽水管道设计规范》对供、回水管道推荐的流速分别为 0.5～1.5、1.5～3.0m/s，则回水管道管径的计算结果有可能大于供水管道管径，考虑回水管道的介质也为有压介质，同时在工程设计中考虑备料及加工方便，也可将供、回水管道管径取为一致。建议均按进口管道的流速上限（1.5m/s）选取。

另外，对于远端设备的冷却水管道，可适当降低流速，以减少管道阻力；离泵较近或者布置位置较高的分支管道，可适当提高流速，以减少不同设备之间流量分配的不均匀性。

（4）由于闭式水管道为常规中低压管道，管径确定后，可根据压力等级和材料，直接按 GD 2016《火力发电厂汽水管道零件及部件典型设计》选取管道规格。

6. 设备及管道的布置要求

（1）管道布置需满足系统流程及工艺的要求，设备及管道布置需满足操作、维护的要求。

（2）闭式循环冷却水系统通常与开式循环冷却水泵集中布置，以降低管道的沿程阻力。

（3）单台机组的两台或两台以上的闭式循环冷却水泵宜并排或顺列布置，方便冷却水泵电动机检修时共用一个电动葫芦。

（4）闭式循环冷却水膨胀水箱一般高位布置，其安装标高宜高于系统中最高冷却设备的标高，并且应该安装在便于维护、观察水位的地方。

（5）闭式循环冷却水系统的设备通常布置在汽机房零米。闭式循环冷却水管道一般架空布置，空间受限时，也可埋地或管沟布置。

（6）闭式循环冷却水泵及入口滤网、闭式水换热器等设备和阀门的布置应满足设备维护检修的空间要求。闭式循环冷却水管道的阀门应布置在人员可以操作的地方。

7. 联锁条件

膨胀水箱水位达到“超低水位”或闭式循环冷却水泵出口关断阀突然关闭时，闭式循环冷却水泵跳闸并报警。

第三节　凝汽器抽真空系统及真空破坏系统

一、系统功能及范围

抽真空系统包括凝汽器汽侧抽真空系统、凝汽器水室抽真空系统、凝汽器真空破坏系统。

（一）系统功能

（1）凝汽器汽侧抽真空系统的功能是在机组启动以及各种运行工况下将凝汽器汽侧的不凝结气体抽出并维持凝汽器的真空度。

（2）凝汽器水室抽真空系统用于凝汽器直流供水系统，抽吸凝汽器水室上部聚集的空气，使凝汽器水侧在机组启动前充满水，以维持循环水排水管的虹吸作用，降低循环水泵的扬程，并保证凝汽器上部管束充满水，具有良好的换热效果。

（3）凝汽器真空破坏阀及相连的管道系统组成凝汽器真空破坏系统，用于在汽轮机紧急跳闸时破坏凝汽器真空，以缩短汽轮机转子的惰走时间。

（二）系统范围

（1）凝汽器汽侧抽真空系统的设计范围为从凝汽器抽真空接口至抽真空设备的排大气管道排出口，包括抽真空设备以及设备之间的连接管道、阀门及附件等。

（2）凝汽器水室抽真空系统的设计范围为从凝汽器水室抽真空接口至抽真空设备的排大气管道排出

口，包括抽真空设备以及设备之间的连接管道、阀门及附件等。

（3）凝汽器真空破坏系统的设计范围为从大气吸入口至凝汽器真空破坏系统的接口。包括真空破坏阀、水封、滤网、补充水管等。

二、系统设计

（一）主要原则

1. 凝汽器汽侧抽真空系统

（1）凝汽器汽侧抽真空系统通常采用单元制，即每台机组配置一套抽真空系统。条件许可时，也可采用母管制。

（2）凝汽器汽侧抽真空系统每台机组配置 2×100%容量或 3 台 50%容量的水环式机械真空泵，正常运行时一台或两台运行，一台备用，启动时两台或 3 台真空泵同时运行。

（3）凝汽器汽侧除配置水环真空泵及其配套电动机外，还需配置汽水分离器、热交换器等附属设备及阀门、管道等，整套设备及内部连接系统通常采用集装方式，占地少、投资小。

2. 凝汽器水室抽真空系统

（1）凝汽器水室抽真空系统通常采用单元制，即每台机组配置一套抽真空系统。

（2）凝汽器水室抽真空系统每台机组配置 1×100%容量的水环式机械真空泵。

（3）凝汽器水室除配置水环真空泵及其配套电动机外，还需配置汽水分离器、热交换器等附属设备及阀门、管道等，整套设备及内部连接系统通常采用集装方式，占地少、投资小。

3. 凝汽器真空破坏系统

凝汽器真空破坏系统一般由汽轮机（凝汽器）厂设计选型供货。

（二）系统拟定

1. 凝汽器汽侧抽真空系统

（1）设计输入。设计输入包括（但不限于）汽轮机供货厂商提供的热平衡图，汽轮机结构形式，凝汽器设计资料及循环冷却水水温、水质资料，机组各种运行工况所对应的背压值及相应的真空泵的冷却水温度、冷却水水质资料等。

（2）系统方案设计。

1）凝汽器汽侧抽真空系统。典型的凝汽器汽侧抽真空系统图见图 8-4。

2）凝汽器水室抽真空系统。水室抽真空系统方案按照有无阻水排气阀，可分为以下两种：

a. 带阻水排气阀。凝汽器水室高位点设有抽空气接口，分别通过阻水排气阀后合并成一根母管接往真空泵入口。真空泵上宜设置气水分离器，气水分离器的液位由自动排水器来调节，以防止水滴对真空泵的破坏。

b. 不带阻水排气阀。为防止抽真空过程中大量的循环水进入真空泵，当没有阻水排气阀时，真空管道宜采用倒 U 形布置，倒 U 形管顶部距凝汽器水室抽气点以上大约 12m 高，以防止真空泵进水。

典型的凝汽器水室抽真空系统图见图 8-5。

2. 凝汽器抽真空系统设计应注意的问题

（1）凝汽器抽真空系统中，与凝汽器抽气口连接的抽真空管道口径应不小于凝汽器接口口径和真空泵汽－气混合物入口口径的较大值。

（2）凝汽器抽真空系统真空泵补水应采用除盐水或凝结水。

（3）真空管道安装完毕后应进行水压试验，水压试验的压力不小于 0.2MPa。

（4）真空泵的冷却水水温对真空泵的出力有较大影响，选择冷却水源时应注意考虑。根据预期的机组运行背压，以及真空泵冷却水温度，与真空泵制造厂家配合，确定是否采用大气喷射器或前置蒸汽喷射器。

3. 凝汽器真空破坏系统

真空破坏阀一般采用电动、气动或液动真空隔离阀门，由运行人员在控制室操作。真空破坏阀入口装有水封系统和滤网，水封系统由水封管、补充水管、溢流管组成。密封水来自凝结水系统。水封管用来防止真空破坏阀泄漏时影响凝汽器真空，并可用来监视真空破坏阀是否严密。若水位不断下降，表示真空破坏门已泄漏，应向水封管不断补水，以防止空气漏入凝汽器。凝汽器真空破坏系统如图 8-6 所示。

三、设计参数选取

（1）凝汽器汽侧抽真空系统的设计压力为全真空。

（2）设计温度取 120℃。

（3）凝汽器小室抽真空系统的设计压力、设计温度与冷却水系统的设计压力、设计温度相同。

四、设备选型

（一）汽侧真空泵

真空泵的选型应执行 HEI《Standards for Steam Surface Condendsers》。

1. 选型条件

凝汽器的抽干空气量是凝汽器抽气真空泵的主要选型依据。凝汽器的抽干空气量通过计算得到或取用凝汽器厂商提供的数据。选型还应考虑以下条件：

（1）凝汽器设计背压及预期的背压运行范围。

（2）真空泵冷却水水质及温度（设计温度、冬季、夏季的冷却水温）。

（3）启动抽真空容积。

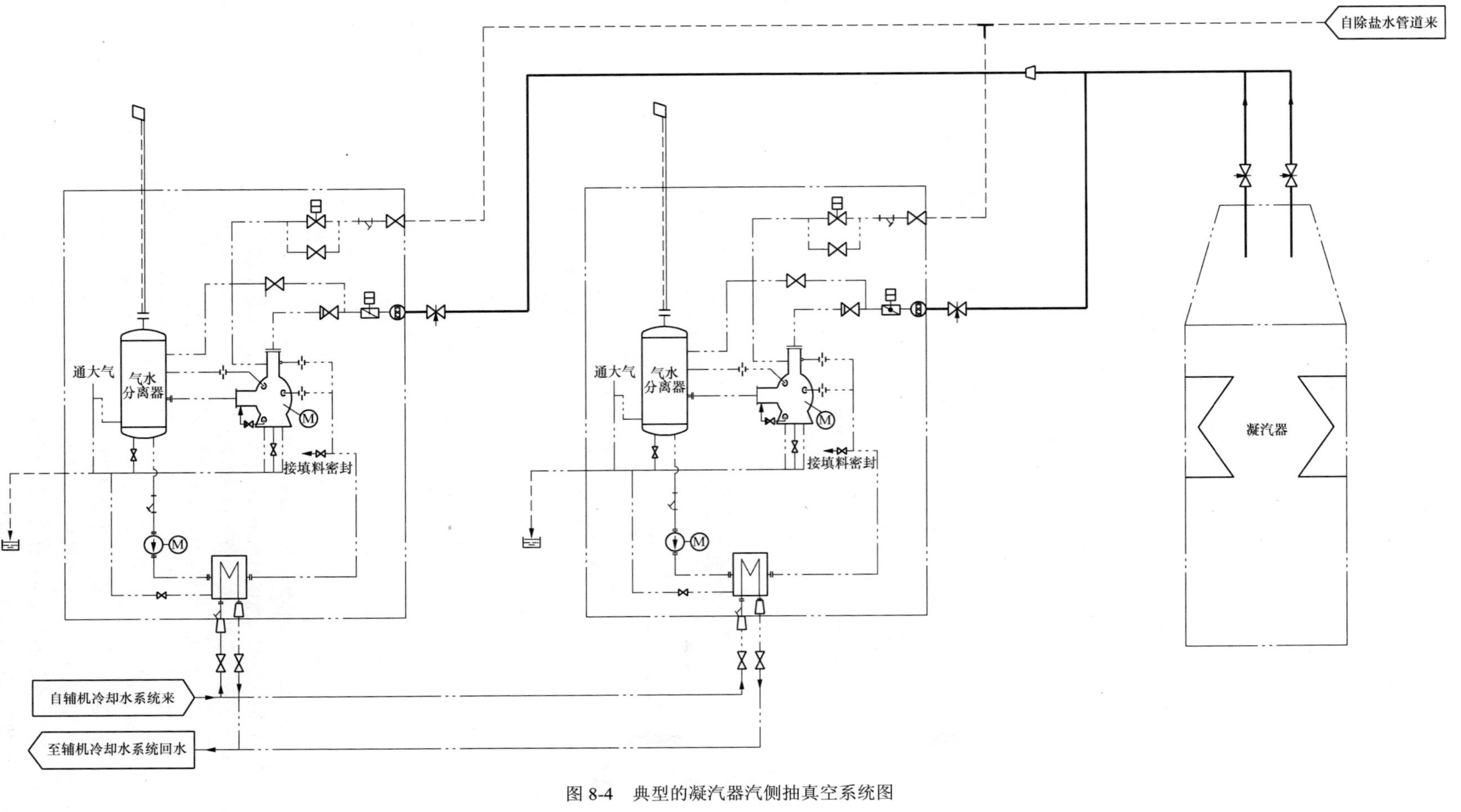

图 8-4 典型的凝汽器汽侧抽真空系统图

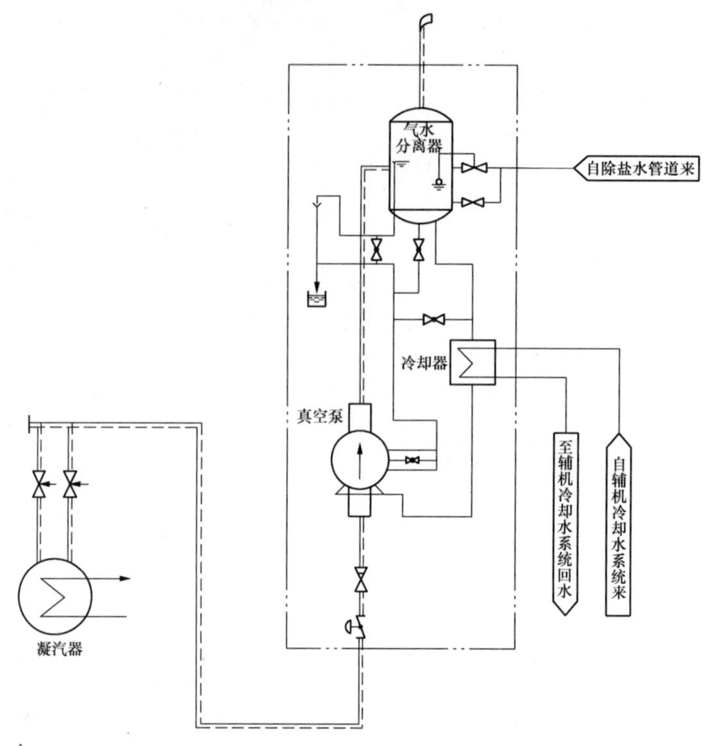

图 8-5　典型的凝汽器水室抽真空系统图

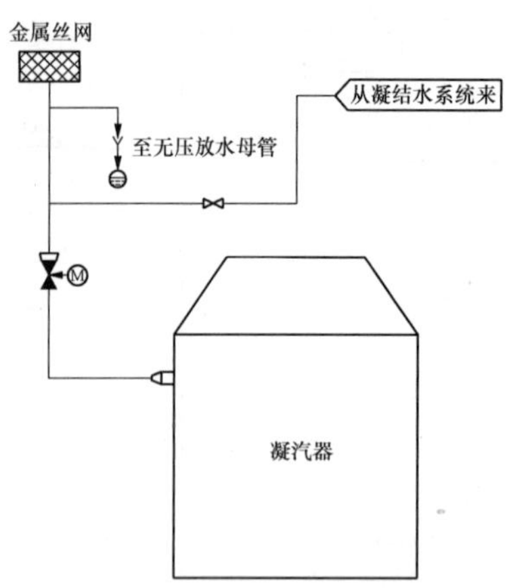

图 8-6　凝汽器真空破坏系统图

2. 真空泵的形式选择

真空泵可分为平面泵、锥体泵。按级数可分为单级泵和双级泵。它们工作的高效区有所不同，上述形式的真空泵均可在工程中选用。对于背压相对较低的湿冷机组，基于提高效率和防汽蚀考虑，双级锥体泵较优。

3. 真空泵参数选择

（1）确定凝汽器的抽干空气量。抽干空气量取值是一个经验值，与机组的容量、汽轮机真空系统的大小、机组运行维护及管理水平等因素有关。抽干空气量应根据凝汽器数量、汽轮机排汽量、排汽口数量等，按照 HEI《Standards for Steam Surface Condendsers》选取，不得小于 HEI《Standards for Steam Surface Condendsers》中给定的数值。

（2）确定真空泵的设计抽气压力。真空泵的设计抽气绝对压力为 3.386kPa 或凝汽器设计压力，取两者中的较小值。

（3）确定真空泵的设计抽气温度。机组正常运行时真空泵的抽气是气—汽混合物，按饱和空气考虑。真空泵的设计抽气温度等于真空泵设计抽气压力对应的饱和蒸汽温度与设计抽气过冷度之差值。设计抽气过冷度等于 0.25ITD 与 4.16℃之大者。对于大容量湿冷机组，凝汽器的 ITD 值不超过 16.64℃，其设计抽气过冷度等于 4.16℃。

（二）水室真空泵

水室真空泵的选型以运行期间凝汽器循环水中析出的不凝结气体量（干空气量）作为选择凝汽器水室真空泵容量的基础。

1. 选型条件

（1）凝汽器循环水量。

（2）预期的凝汽器水室顶部压力。

（3）凝汽器循环冷却水设计进水温度。

（4）以凝汽器循环水温升为基础，计算凝汽器循环水中析出的不凝结气体量。

2. 水室真空泵的形式选择

平面真空泵和锥体真空泵均可用于水室真空泵。

3. 水室真空泵参数选择

凝汽器循环水中析出的不凝结气体量(干空气量)参考值见表8-4。

表8-4 凝汽器循环水中析出的不凝结气体量(干空气量)参考值

机组容量(MW)	125～200	300	600
干空气量(m^3/h)	150	200	400

注 表中不凝结气体量(干空气量)是基于凝汽器水室顶部绝对压力为30kPa时计算的，水室真空泵选型时，还需考虑抽真空管道阻力对真空泵出力的影响。水室抽真空管道沿程阻力约按6.77kPa考虑。

(三)真空泵选型应注意的问题

(1)对于凝汽器抽真空系统，应注意核算冷却水温度对真空泵出力的影响，并视情况采取必要的措施，如增设大气喷射器等。

(2)按照预期的机组夏季和冬季背压核算真空泵的出力，以便确定不同季节真空泵的运行台数。

(3)考虑凝汽器汽阻的影响，并适当考虑真空泵的实际布置位置及抽气管道阻力的影响。

(四)真空泵选型计算

凝汽器真空泵主要选型计算内容有抽干空气量计算和启动抽真空时间计算。

1. 凝汽器抽干空气量

凝汽器抽干空气量的计算步骤如下:

(1)计算凝汽器的总凝汽量。其值为汽轮机至凝汽器排汽总和。

(2)确定汽轮机排汽至凝汽器壳体的开口数(简称凝汽器排汽开口数)。此开口数是与凝汽器壳体连接的汽轮机低压缸排汽接口总数，较大容量汽轮机低压缸如果为双排汽，双排汽合并后再与凝汽器对接，这样一个低压缸对应的凝汽器主排汽开口数应为1。

(3)计算每台凝汽器主排汽口的有效蒸汽流量。其值等于凝汽器的总凝汽量除以凝汽器主排汽口数。

(4)确定凝汽器壳体的总排汽口数。凝汽器壳体的总排汽开口数等于与凝汽器壳体连接的主汽轮机低压缸排汽接口总数。

(5)根据凝汽器的壳体数(即每台机组所对应的凝汽器的台数)、每台凝汽器排汽开口的有效蒸汽流量和凝汽器壳体的总排汽开口数，查凝汽器抽气设备容量表可求得凝汽器总的抽干空气量。

抽气设备容量(单壳体凝汽器)见表8-5。

表8-5 抽气设备容量(单壳体凝汽器)

每个排汽开口有效的蒸汽流量(kg/h)	项目	总排汽开口数								
		1	2	3	4	5	6	7	8	9
11340	抽吸干空气量(m^3/min)	0.085	0.113	0.142	0.142	0.212	0.212	0.212	0.283	0.283
	干空气量(kg/h)	6.12	8.16	10.21	10.21	15.33	15.33	15.33	20.41	20.41
	水蒸气量(kg/h)	13.47	17.96	22.45	22.45	33.75	33.75	33.75	44.91	44.91
	汽一气混合物量(kg/h)	19.60	26.13	32.66	32.66	49.08	49.08	49.08	65.32	65.32
11340～22680	抽吸干空气量(m^3/min)	0.113	0.142	0.212	0.212	0.283	0.283	0.283	0.354	0.354
	干空气量(kg/h)	8.16	10.21	15.33	15.33	20.41	20.41	20.41	25.49	25.49
	水蒸气量(kg/h)	17.96	22.45	33.75	33.75	44.91	44.91	44.91	56.06	56.06
	汽一气混合物量(kg/h)	26.13	32.66	49.08	49.08	65.32	65.32	65.32	81.56	81.56
22680～45360	抽吸干空气量(m^3/min)	0.142	0.212	0.283	0.283	0.354	0.354	0.425	0.425	0.425
	干空气量(kg/h)	10.21	15.33	20.41	20.41	25.49	25.49	30.62	30.62	30.62
	水蒸气量(kg/h)	22.45	33.75	44.91	44.91	56.06	56.06	67.36	67.36	67.36
	汽一气混合物量(kg/h)	32.66	49.08	65.32	65.32	81.56	81.56	97.98	97.98	97.98
45360～113400	抽吸干空气量(m^3/min)	0.212	0.354	0.354	0.425	0.496	0.566	0.566	0.708	0.708
	干空气量(kg/h)	15.33	25.49	25.49	30.62	35.7	40.82	40.82	51.03	51.03
	水蒸气量(kg/h)	33.75	56.06	56.06	67.36	78.52	89.81	89.81	112.26	112.26
	汽一气混合物量(kg/h)	49.08	81.56	81.56	97.98	114.21	130.63	130.63	163.29	163.29
113400～226800	抽吸干空气量(m^3/min)	0.283	0.425	0.496	0.566	0.708	0.708	0.85	0.85	0.991
	干空气量(kg/h)	20.41	30.62	35.7	40.82	51.03	51.03	61.23	61.23	71.44

续表

每个排汽口有效的蒸汽流量（kg/h）	项　　目	总排汽开口数								
		1	2	3	4	5	6	7	8	9
113400～226800	水蒸气量（kg/h）	44.91	67.36	78.52	89.81	112.26	112.26	134.72	134.72	157.17
	汽－气混合物量（kg/h）	65.32	97.98	114.21	130.63	163.29	163.29	195.95	195.95	228.61
226800～453600	抽吸干空气量（m^3/min）	0.354	0.566	0.566	0.708	0.85	0.85	0.991	1.133	1.133
	干空气量（kg/h）	25.49	40.82	40.82	51.03	61.23	61.23	71.44	81.65	81.65
	水蒸气量（kg/h）	56.06	89.81	89.81	112.26	134.72	134.72	157.17	179.62	179.62
	汽－气混合物量（kg/h）	81.56	130.63	130.63	163.29	195.95	195.95	228.61	261.27	261.27
453600～907200	抽吸干空气量（m^3/min）	0.425	0.708	0.708	0.85	0.991	1.133	1.133	1.274	1.416
	干空气量（kg/h）	30.62	51.03	51.03	61.23	71.41	81.65	81.65	91.85	102.06
	水蒸气量（kg/h）	67.36	112.26	112.26	134.72	157.17	179.62	179.62	202.08	224.53
	汽－气混合物量（kg/h）	97.98	163.29	163.29	195.95	228.61	261.27	261.27	293.93	326.59
907200～1360800	抽吸干空气量（m^3/min）	0.496	0.708	0.85	0.991	1.133	1.274	1.416	1.557	1.699
	干空气量（kg/h）	35.7	51.03	61.23	71.44	81.65	91.85	102.06	112.26	122.47
	水蒸气量（kg/h）	78.52	112.26	134.72	157.17	179.62	202.08	224.53	246.98	269.43
	汽－气混合物量（kg/h）	114.21	163.29	195.95	228.61	261.27	293.93	326.59	359.95	391.90
1360800～1814400	抽吸干空气量（m^3/min）	0.566	0.85	0.991	1.133	1.274	1.416	1.557	1.699	1.841
	干空气量（kg/h）	40.82	61.23	71.44	81.65	91.85	102.06	112.26	122.41	132.68
	水蒸气量（kg/h）	89.81	134.72	157.17	179.62	202.08	224.53	246.98	269.43	291.89
	汽－气混合物量（kg/h）	130.63	195.95	228.61	261.27	293.93	326.59	359.25	391.90	424.56

注　1．表中数据只考虑空气泄漏，汽－气混合物量是在吸入压力为3.386kPa（绝对）、温度为22℃条件下确定。

2．表中抽吸干空气量是指在绝对压力为0.1013MPa、温度为21℃情况下的干空气量。

2．启动抽真空时间

机组启动抽真空时，真空泵全部投入运行，机组的真空系统由大气压降至绝对压力 34kPa 的时间为30min。

鉴于真空泵抽干空气的容积流量与真空泵的转速、抽气压力有关，且真空泵的转速一定时容积流量是一条与抽气压力相关的上凸曲线，计算启动抽真空时间时需要压力分段，各压力段的真空泵抽干空气容积流量宜按常量（如取平均值）考虑。

3．真空泵抽吸能力验算

厂商所选真空泵的设计参数通常与凝汽器的设计抽干空气量及设计抽气压力不相吻合；真空泵的实际工作水（或称密封水）温度也不是真空泵规定的15℃，工作水温度越高，蒸汽分压力越高，工作水对真空泵进口蒸汽的冷凝效果越差，真空泵的抽气容积流量越小。因此，编制真空泵招标书时，宜提供汽轮机设计背压和冬、夏两季代表性的运行背压及3个背压值对应的真空泵冷却水温度，要求厂商对这3个工况点做真空泵抽吸能力验算，以确保真空泵在预计的机组运行背压范围内能及时抽走凝汽器内不凝结气体。

4．真空泵选型计算案例

（1）基本数据。以燃气－蒸汽联合循环机组配套300MW级汽轮机组，所配凝汽器采用单背压、单壳体、湿冷凝汽器为例，进行水环真空泵选型计算。

单背压湿冷机组水环式真空泵选型计算有关案例的数据取自A电厂新建的4台M701F4型燃气轮机组成的2套“二拖一”燃气－蒸汽联合循环机组，2台燃气轮机配1台汽轮发电机组，汽轮发电机组可背压、可纯凝运行。

该燃气－蒸汽联合循环机组配置的供热抽汽式汽轮机容量为320MW，汽轮机配1台单背压、单壳体、双流程凝汽器，由汽轮机厂配套供货。凝汽器的冷却采用机力通风冷却塔的二次循环供水系统冷却，冷却水水质为城市再生水，设计冷却水进口温度为20℃，额定排汽绝对压力为4.9kPa，夏季冷却水温度为33℃，汽轮机背压为11.8kPa。冬季冷却水温度为13.5℃，冬季背压为3.4 kPa。

真空泵的配置：每套“二拖一”机组配水环真空

泵 2 台，机组启动时投入 2 台运行，正常运行时 1 台运行，1 台备用。真空泵的密封水补水来自除盐水，密封水换热器的冷却水为辅机冷却水，水源为汽轮机凝汽器循环冷却水。

（2）凝汽器的抽干空气量。

1）凝汽器的总凝汽量见表 8-6。

表 8-6　　凝汽器的总凝汽量

名称	单位	夏季工况	年平均工况	冬季抽凝工况	冬季纯凝工况
汽轮机排汽量	t/h	804.4	816.8	161.2	850.8

2）凝汽器的主排汽开口数：该机组的汽轮机只有一个低压缸，双排汽合一后排入单壳体凝汽器，凝汽器主排汽开口数是 1。

3）凝汽器排汽开口的有效蒸汽流量：凝汽器只有 1 个主排汽口，凝汽器主排汽口的有效蒸汽流量等于凝汽器的总凝汽量 850.8t/h。

4）凝汽器的总排汽开口数：由于燃气轮机项目没有汽动给水泵，因此，凝汽器的总排汽开口数与主排汽开口数相同，为 1。

5）凝汽器的抽干空气量：该机组配 1 台凝汽器，即单壳体凝汽器，根据凝汽器的总排汽开口数 1 与主排汽开口的有效蒸汽流量 850.8t/h 查抽气设备容量（单壳体凝汽器），得知凝汽器的抽干空气量为 30.62kg/h。

可见，A 电厂凝汽器的设计抽干空气量值至少为 30.62kg/h，即在机组的各运行工况下真空泵必须从凝汽器中抽走的不凝结气体不少于 30.62kg/h，此值是真空泵招标书的必要数据。

（3）真空泵的设计抽气压力。真空泵的设计抽气压力为 3.386kPa（绝对压力）与凝汽器设计压力 4.5kPa（绝对压力）的小者，是 3.386kPa（绝对压力）。取整后，A 电厂真空泵的设计抽气压力为 3.39Pa（绝对压力）。

（4）真空泵的设计抽气温度。真空泵设计抽气压力下的抽气过冷度为 0.25ITD 与 4.16℃之大者，取值 4.2℃；3.39kPa（绝对压力）的饱和蒸汽温度为 26.15℃，真空泵的设计抽气温度为

26.15℃−4.2℃=21.95℃

（5）系统设计抽气容积流量。凝汽器抽真空系统的设计抽气容积流量是在真空泵的设计抽气压力与设计抽气温度下凝汽器的设计抽干空气量相应的气—汽混合物的总容积流量。当真空泵的设计抽气压力为 3.39kPa（绝对压力）、设计抽气温度为 21.95℃时，对应的抽气的蒸汽分压力为 2.634kPa（绝对压力），不凝结气体的分压力为

3.39−2.634=0.756（kPa，绝对压力）

按理想气体考虑，在 0.756kPa（绝对压力）分压力下不凝结气体（近似地视为空气）的比体积为

0.287×（273.15+21.95）÷0.756=112（m^3/kg）

在 0.756kPa（绝对压力）的不凝结气体分压力下，30.62kg/h 的抽干空气量对应的容积流量为

30.62×112=3429（m^3/h）=57.15（m^3/min）

此容积流量也是凝汽器 30.62kg/h 的抽干空气量相应的气—汽混合物的总容积流量。因此，当真空泵的设计抽气压力为 3.39kPa（绝对压力）、设计抽气温度为 21.95℃（过冷度为 4.2℃）时，单背压湿冷机组凝汽器抽真空系统的设计抽气总容积流量至少为 3429m^3/h。

由工程热力学可知，抽气所带蒸汽的质量流量等于抽气容积流量与所带蒸汽分压力对应的饱和蒸汽比容之比。当抽气压力为 3.39kPa（绝对压力）、过冷度为 4.2℃、容积流量为 3429m^3/h 时，蒸汽的分压力为 2.634kPa（绝对压力）、比容为 51.63m^3/kg，抽气所带蒸汽的质量流量为

3429÷51.63=66.415（kg/h）

（6）真空泵的台数与设计抽气容积流量。单背压湿冷机组凝汽器抽真空系统的常规设计是每机配两台 100%容量的真空泵或 3 台 50%容量的真空泵，且机组正常运行时其中一台真空泵为备用。A 电厂每台机组拟配两台 100%容量的真空泵，在 3.39kPa（绝对压力）的设计抽气压力下，单台真空泵的设计抽气容积流量应不小于 3429m^3/h。

该工程每台机组配两台 200EVA 型水环式真空泵，水环式真空泵的参数见表 8-7。

表 8-7　　水环式真空泵的参数表

名称	单位	夏季工况	年平均工况	冬季抽凝工况	冬季纯凝工况
汽轮机背压（绝对压力）	kPa	11.8	4.9	3.4	4.5
真空泵入口压力（绝对压力）	kPa	11.7	4.8	3.3	4.4
真空泵抽干空气量	kg/h	106	58	51	68
真空泵抽蒸汽量	kg/h	277.96	132.8	110	153.7
混合气体容积流量	m^3/h	4278	4796	5702	6031
泵入口过冷度	℃	4.2	4.2	4.2	4.2
饱和温度	℃	49.11	32.53	26.2	31.03
泵入口温度	℃	44.91	28.33	22	26.83

该工程真空泵各工况的抽干空气量均大于选型计算的 30.62kg/h，满足工程要求。

五、管道规格及材料选取

（一）凝汽器汽侧抽真空系统

凝汽器汽侧抽真空系统管道管径选择按空气与饱和蒸汽混合气体进行计算。管内流速范围为 10～30m/s。管道材料采用 20 钢。

（二）凝汽器水室抽真空系统

凝汽器水室抽真空系统管道规格通常根据凝汽器水室的接口、真空泵进口的公称直径确定，管道材料根据凝汽器水室内水质腐蚀情况确定。

（三）凝汽器真空破坏系统

凝汽器真空破坏系统的管道规格通常根据真空破坏阀的公称直径确定，管道材料采用 20 钢。

六、布置要求

（一）凝汽器汽侧抽真空系统

（1）凝汽器汽侧抽真空系统的水环式真空泵宜布置在汽轮机基座侧靠近凝汽器的零米区域。抽真空管道应布置简捷，以降低管道阻力。

（2）条件许可时，真空泵宜一列式布置。真空泵并排时，电动机宜同侧布置，以便设置检修单轨。

（二）凝汽器水室抽真空系统

凝汽器水室抽真空系统的水环式真空泵宜布置在汽轮机基座侧靠近凝汽器的零米区域。抽真空管道应布置简捷，以降低管道阻力。

（三）凝汽器真空破坏系统

凝汽器真空破坏系统的管道及阀门尽量靠近凝汽器布置，以降低管道阻力。水封的充水阀应便于操作，水位高度应便于观察。

七、联锁条件

（一）凝汽器汽侧抽真空系统

凝汽器汽侧抽真空系统联锁条件详见真空泵厂相关文件。以下有关联锁内容仅供参考。

（1）机组正常运行时，真空泵一台运行，一台备用，启动时两台真空泵同时运行。

（2）凝汽器内运行压力高于设计值时，启动备用真空泵；凝汽器内运行压力低于设计值时，停备用真空泵。

（3）运行真空泵跳闸，备用真空泵自动投入。

（二）凝汽器水室抽真空系统

凝汽器水室抽真空系统联锁条件详见真空泵厂相关文件。以下有关联锁内容仅供参考。

凝汽器水室内运行压力高于设计值时，启动真空泵；凝汽器水室内运行压力低于设计值时，停真空泵。

（三）凝汽器真空破坏系统

当机组需要紧急停机时，由运行人员在控制室操作，打开真空破坏阀，破坏凝汽器内的真空，使汽轮机尽快降低转速、停机。

第四节　压缩空气系统

一、系统功能及范围

压缩空气系统包括仪用压缩空气系统和厂用压缩空气系统两部分。

仪用压缩空气系统的功能是从大气吸入空气，经压缩与净化干燥处理，输送至仪表及控制用气点区域母管接口，提供符合用气点品质需求的压缩空气；在气源系统故障时能提供能够满足安全停机所需的用气量。

厂用压缩空气系统的功能是从大气吸入空气，经压缩与净化干燥处理，输送至厂用压缩空气的用气点，为机械设备、气动工具等提供工作用压缩空气；为设备和管道在检修时的吹扫提供压缩空气；在气源系统故障时提供用气点一定时间的用气量。

当燃气－蒸汽联合循环机组单独设置制氮装置时，厂用压缩空气系统还为制氮装置提供压缩空气。

压缩空气系统的设计范围为从空气压缩机吸气口至各仪用和厂用用气点的所有设备及管道。

二、系统设计

（一）主要原则

（1）仪用、厂用压缩空气系统设计应做到安全可靠、经济合理、技术先进、节能环保。

（2）仪用、厂用压缩空气系统设计应符合 GB 50660《大中型火力发电厂设计规范》有关规定的要求，同时还应符合现行的有关国家标准和行业标准的规定。

（3）压缩空气系统的设计应遵循确保气源流量、压力以及品质稳定可靠的原则。

（4）主要性能指标。仪用、厂用压缩空气系统设计需要达到的主要性能指标包括压缩空气温度、压力、流量和品质，以及在气源系统设备故障时能保证用户的使用时间。

1）仪用压缩空气的供气质量至少应符合 GB/T 4830《工业自动化仪表气源压力范围和质量》中的有关规定，主要性能指标参考如下：

a．仪用压缩空气温度：不大于 45℃。

b．仪用压缩空气压力露点：比工作环境最低温度低 10℃。

c．仪用压缩空气含尘粒径：小于 3μm。

d．仪用压缩空气油分含量：小于 10mg/m^3，1 个大气压状态下。

2）厂用压缩空气对品质一般无特殊要求，主要性能指标参考如下：

a．厂用压缩空气温度：不大于 45℃。

b．厂用压缩空气含尘量：小于 1mg/m^3。

c．厂用压缩空气油分含量：小于 12mg/m^3，1 个大气压状态下。

（5）全厂仪用压缩空气系统与厂用压缩系统宜统一规划设计，仪用检修备用的空气压缩机可与厂用空气压缩机合并设置。

（6）压缩空气系统宜全厂设一个供气单元。

（7）压缩空气系统宜采用同形式、同容量的空气压缩机。

（8）仪用压缩空气系统应设有含除尘、除油和空气干燥等功能的干燥净化装置，以使供气质量满足上述规定。运行的干燥净化装置的总容量应与运行空气压缩机的容量相匹配。厂用压缩空气系统可不设干燥净化装置。

（9）仪用、厂用压缩空气系统的储气罐和供气系统应分开设置。

（10）用气集中且远离空气压缩机房的用气点，宜采取稳压措施。

（11）压缩空气管道上的隔离阀宜为全通径式，其形式可根据通径的大小选择闸阀、截止阀或球阀。当通径小于或等于 DN150 时，宜选择截止阀；当通径大于 DN150 时，宜选择闸阀；当要求迅速开启或关闭时，可选用球阀。

（12）压缩空气管道上的止回阀形式应根据布置位置，选择升降式或旋启式。

（13）压缩空气管道上的疏水阀形式宜选用适用于空气介质的自动疏水阀。

（14）厂用压缩空气管道上宜采用碳钢阀门，仪用压缩空气管道上多采用不锈钢阀门。

（二）系统拟定

（1）压缩空气系统方案的拟定，应根据仪用、厂用压缩空气系统的设计输入数据综合确定。设计输入数据应包括电厂所在地的环境气象条件（包括环境温度、湿度、大气压）；各用气点的空气参数需求（包括用气压力、温度、用气量、空气品质等）；各用气点的用气时间、用气过程特点（包括对供气的稳定性和调节性要求）；电厂辅机冷却水系统条件（包括冷却水系统的水温、供水距离和冷却水水质）。

（2）压缩空气系统的基本流程宜按照大气→空气压缩机→干燥净化装置→储气罐→空气管道→缓冲稳压装置→用户。

（3）每个供气单元宜设一台正常运行仪用空气压缩机，空气压缩机的容量应能满足全部仪用压缩空气用户的最大连续用气量；每个供气单元宜设置 1 台运行、1 台检修备用的空气压缩机。当最大连续用气量较大（≥40m^3/min，标准状态）时，如采用单台空气压缩机，空气压缩机的功率较大可能引起电压等级的变化，可考虑设置两台正常运行的仪用空气压缩机。

（4）系统内所有空气压缩机均并联布置，在每台空气压缩机的出口设有止回阀和关断阀，用于避免空气回流及检修时隔离。仪用空气压缩机与厂用空气压缩机出口均设有母管，两根母管联通，并在联通管上设置关断阀，以满足切换空气压缩机分别承担仪用检修备用与厂用功能的需要。空气压缩机出口联通母管后的仪用、厂用压缩空气系统分开设置，仪用压缩空气系统包括干燥净化装置、仪用储气罐、仪用管路系统。厂用压缩空气系统包括厂用储气罐、供气管路系统，通常不需设置干燥净化装置。若厂用压缩空气系统也设置干燥净化装置时，可每台空气压缩机“一对一”接至对应的干燥净化装置，干燥净化装置出口母管再分仪用和厂用系统。

（5）仪用空气在空气压缩机中被压缩后进入干燥净化装置，进行空气的除油、除尘过滤以及干燥。干燥净化装置数量宜至少 1 台备用，运行的干燥净化装置总容量与运行空气压缩机总容量相匹配，形式可采用吸附式或冷冻吸附式组合。

（6）每套干燥净化装置的入口设手动关断阀，出口设电动关断阀以及止回阀，满足检修隔离和防止下游储气罐空气倒回。

（7）干燥净化装置出口设仪用压缩空气母管，再进入仪用压缩空气储气罐。储气罐一般采用立式，进、出口设隔离阀，罐体底部设疏水阀，上部设安全阀。

（8）仪用储气罐出口后采用母管（单母管或双母管）联通，然后通过管道输送至仪用用气点区域母管接口，对瞬时用气量较大或对用气稳定性有较高要求的用户，在接口前设置缓冲稳压装置，可采用设置小储气罐或布置大母管的方式。

（9）厂用压缩空气母管由空气压缩机出口母管进入储气罐后，相关内容的设计方案和仪用气基本相同。厂用储气罐一个供气单元内一般配置一台，体积和形式可与单台仪用储气罐相同。

（10）当一个供气单元内机组数量为 1 台、3 台或更多时，可根据机组数量相应增减运行空气压缩机、干燥净化装置以及储气罐的台数，设计方案的其他内容可基本保持不变。

（11）系统运行控制要求如下［如仪用（3 台）、厂用（兼作仪用检修备用）空气压缩机（1 台），不考虑制氮机用压缩空气］。

1）仪用空气压缩机两台正常运行，一台备用。当运行中的仪用空气压缩机故障或仪用储气罐出口母管压力低时，启动仪用备用空气压缩机。启动仪用备用空气压缩机后，储气罐出口母管压力仍低，则启动厂用（仪用检修备用）空气压缩机，通过系统间的隔离阀，由厂用（仪用检修备用）空气压缩机向仪用系统供气。

2）仪用与厂用连通管电动隔离门（1个）及厂用储气罐入口电动隔离门（1个)。两个电动隔离门用作厂用（仪用检修备用）空气压缩机向厂用供气或向仪用供气的切换。正常运行时前者关闭，后者开启，向杂用供气；当仪用空气压缩机故障或仪用储气罐出口母管压力低，厂用（仪用检修备用）空气压缩机启动时，则前者开启，同时后者关闭。

（三）常见系统设计方案

压缩空气系统一般按本期工程建设规模设计仪用、厂用压缩空气系统，如某工程建设“二拖一”及“一拖一”各1套，则供气单元的设计以所有设备用户的需求来设置,压缩空气供气单元系统示例如图8-7所示，可供参考。

三、设计参数选取

（1）压缩空气系统的设计压力取空气压缩机出口的最高排气压力，一般取1.0MPa。

（2）压缩空气系统设计温度取空气压缩机出口的最高排气温度，一般取50℃。

四、设备选型

（一）空气压缩机

（1）压缩空气系统在同一供气单元内，宜采用同类型、同容量的空气压缩机。

（2）空气压缩机一般选用少油螺杆式，当单台空气压缩机配置容量较大时，经技术经济比较也可选用离心式。

（3）运行仪用空气压缩机的总排气量应满足机组最大连续用气量的要求，其出口压力应不小于系统工作压力的1.05倍。

（4）螺杆式空气压缩机宜选用水冷，在缺水地区或供水距离较远时，可选用风冷。离心式空气压缩机的冷却器的冷却水源应设两路，一路运行，一路备用。

（5）离心式空气压缩机的工作点应靠近设计工况点，多台离心式空气压缩机并联运行时应考虑机组之间性能协调，避免出现喘振。

（6）空气压缩机的吸气口应设置消声过滤装置，过滤后的空气中含尘量应小于1mg/m^3。

（7）振动值应满足GB/T 7777《容积式压缩机机械振动测量与评价》及JB/T 6430《一般用喷油螺杆空气压缩机》的相关要求。

（8）单台空气压缩机容量可按总气量需求选择10、20、30、40m^3/min 4种等级。

（二）空气干燥净化装置

（1）运行仪用压缩空气干燥净化装置的容量应与运行空气压缩机的容量相匹配，一台空气压缩机宜配一套压缩空气干燥净化装置，也可两台空气压缩机配一套压缩空气干燥净化装置。

（2）压缩空气干燥净化装置出口后的压缩空气压力露点，应比工作环境最低温度至少低10℃，干燥净化装置的选型参数应按极端最大湿度条件下能满足出口露点温度的要求来确定。干燥净化装置的出口可设置湿度监视仪表（湿度计或露点仪）。

（3）压缩空气干燥净化装置可选择冷冻式干燥机、无热再生吸附式干燥机、微热再生吸附式干燥机或组合式干燥机（如冷冻式与微热再生吸附式干燥机的组合）。当压缩空气的压力露点要求在10℃以上时，可选择冷冻式干燥机，当压力露点要求在 10℃以下时，可选用吸附式或组合式干燥机。

（4）当少数用气点对空气品质要求较高时，可单独设置相应过滤精度的终端过滤器。

（5）压缩空气进入干燥装置前，其含油量应符合干燥装置的要求。

（6）压缩空气系统的干燥及净化装置均配置自动排水器。

（三）储气罐

（1）仪用、厂用储气罐应分开设置，储气罐的设计参数，应取用空气压缩机出口的最高排气压力和最高排气温度。

（2）仪用压缩空气系统的储气罐不应少于2个。储气罐的容量应能维持在全部空气压缩机停用时不小于5min机组最大连续用气量。储气罐的容积可按下式计算，即

$$V=tQ_i(273+T)/[273\times(p_1-p_2)]$$

式中 V——仪用储气罐总容积，m^3；

t——维持运行耗气量的时间，应取不小于5min；

Q_i——仪用各用气设备、用气点单位时间内的最大连续用气量总量（标准状态），m^3/min；

T——环境最高温度，℃；

p_1——仪用压缩空气的正常工作压力，MPa；

p_2——仪用压缩空气的最小工作压力，MPa。

（3）储气罐的设计、制造应符合GB 150《压力容器》（所有部分）的有关规定，仪用压缩空气储罐的罐体材质宜选用不锈钢，厂用压缩空气储罐的罐体材质宜选用碳钢，罐体上应装设安全阀。储气罐应设置人孔，底部应设自动排水设施。

五、管道规格及材料选取

（1）厂用压缩空气管道宜采用碳钢管，公称尺寸小于DN50时可采用水煤气输送钢管。

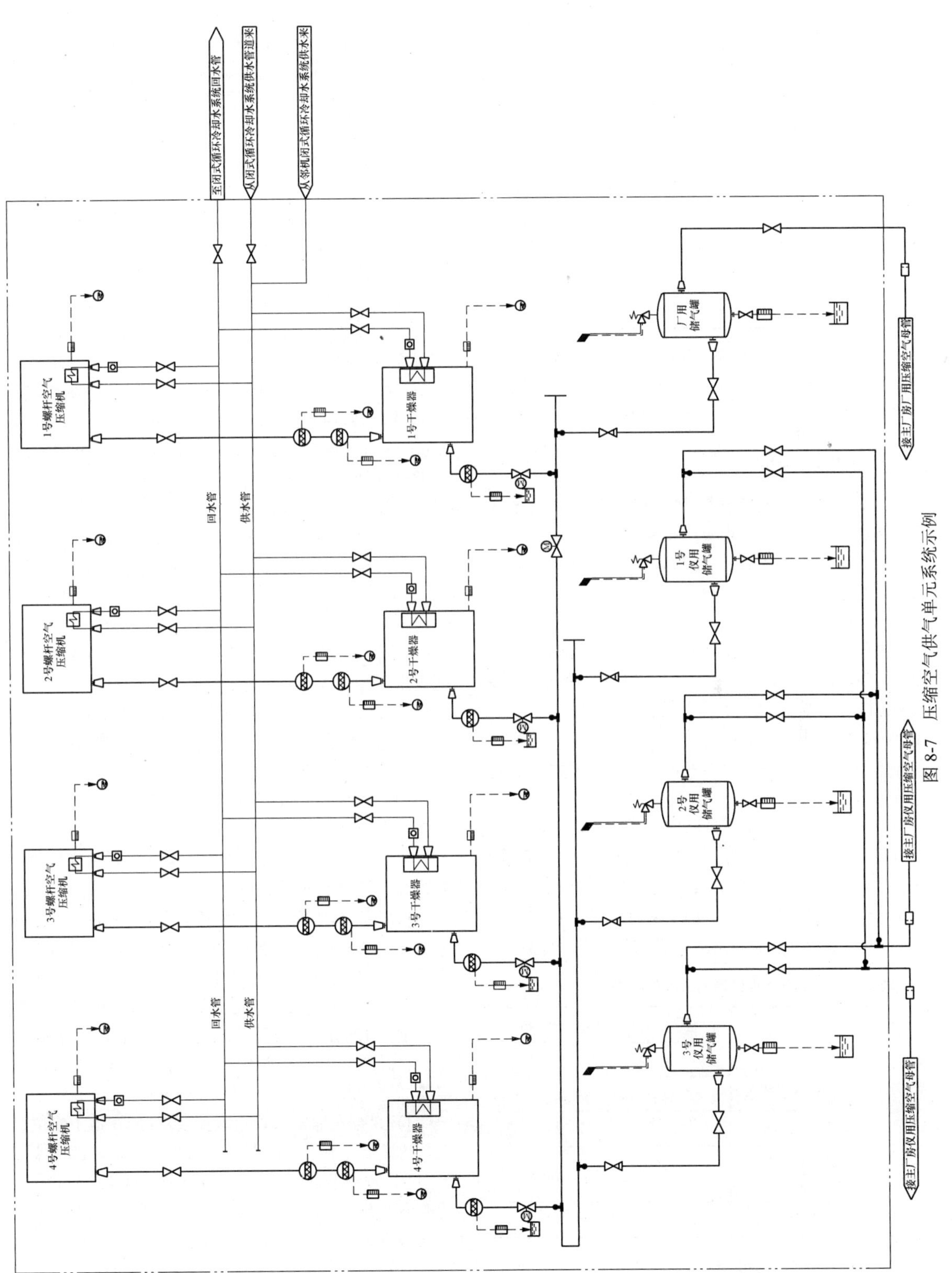

图 8-7 压缩空气供气单元系统示例

（2）仪用压缩空气管道应采用不锈钢管或紫铜管，管道上的附件宜采用不锈钢材料制作，软管接头应选用标准接头。

（3）管道流速及阻力、管径及管道壁厚等按照 DL/T 5204《发电厂油气管道设计规程》进行计算。介质流速可按表 8-8 取用。

表 8-8　压缩空气管道介质流速　(m/s)

工作场所	介质流速	
	仪表与控制用压缩空气	检修用压缩空气
主厂房、车间	10～15	8～15
厂区	10～12	8～10

（4）空气压缩机的吸气管道管壁厚度应不小于 5mm，介质流速不高于 6m/s，吸气管应有防振措施，避开共振区，并在穿墙处设防振套管。

六、布置要求

（1）压缩空气系统设备宜集中布置在主厂房区域适当位置，并应采取防止噪声和振动的措施。

（2）设备的布置与安装应满足设备安全稳定运行需要，且便于运行操作和检修维护。

（3）管道布置应满足工艺流程要求，阀门布置应便于操作、安装及维修，管道布置与安装设计满足 DL/T 5204《发电厂油气管道设计规程》，保温油漆设计可参照 DL/T 5072《火力发电厂保温油漆设计规程》。

（4）空气压缩机房内的空气压缩机宜为单排顺列布置，当空气压缩机台数为 6 台以上时可采用双排对称布置。

（5）空气压缩机组布置时应满足运行通道、检修拆卸和设备转运空间。检修场地可部分利用运行通道，在机旁就地检修。对多台机组，应在站内扩建端或中部设专门检修场地，其大小可为 1 台机组安装占地和运行所需面积。空气压缩机房内通道的净距按表 8-9 确定。

表 8-9　空气压缩机房内通道的净距

通道		空气压缩机排气量 Q (m^3/min)	
		10≤Q<40	Q≥40
机组主要通道	单排布置	1.5	2.0
	双排布置	2.0	2.0
机组之间或机组与辅助设备之间的通道（m）		1.5	2.0
机组与墙壁之间的通道（m）		1.5	1.5

（6）压缩空气干燥净化装置应集中布置，并便于运行操作，满足设备零部件抽出、检修所需距离的要求，干燥、净化装置之间净距不小于 1.5m，设备与建筑内墙壁净距不小于 1m。当双排布置时，两排装置之间的净距不小于 2m。

（7）螺杆式空气压缩机的吸气口宜设在室外，并应考虑设防雨措施；当采暖通风条件适宜时，也可设在室内。空气压缩机入口的消声过滤装置若高位布置，应有方便拆卸的措施。

（8）储气罐宜布置在室外。储气罐与空气压缩机房外墙的净距不小于 1m，且不影响空气压缩机房的采光和通风。炎热地区的储气罐可设置遮阳篷。

（9）仪用和厂用压缩空气系统的供气管道应分开设置，两系统的供气管道可采用单树枝状平行布置。仪用压缩空气管道可采用双母管或单母管供气，主厂房区域供气母管宜采用环状管网。厂用压缩空气管道可采用单母管供气。

（10）主厂房内压缩空气管道宜沿墙壁或柱子架空布置，其高度不应妨碍通行和开窗，高度不低于 2.5m，阀门应布置在便于操作的地方或设置操作平台。压缩空气管道应设置坡度，其坡度不宜小于 0.002，在最低点设自动放水阀。

（11）厂区压缩空气管道宜利用综合管架架空布置。若没有管架的地方可采用地沟敷设或直埋。回填土、湿陷性黄土、终年冰冻以及八级及以上地震地区，不得采用直接埋地敷设，应采用架空敷设。

（12）地沟敷设或直埋的压缩空气管道应符合下列规定：

1）严寒地区宜与热力管道共沟敷设或直埋敷设。

2）直埋管道应尽量减少与公路、铁路和地下管道的交叉。

3）地沟敷设时宜设带人孔的检查井，直埋的压缩空气管道应设排水器和阀门井。

（13）压缩空气管道与周围其他管道或建筑的净空距离应符合下列规定：

1）架空压缩空气管道与其他热力管道的水平净距不小于 250mm，交叉净距不小于 150mm；与电缆的净距不小于 500mm；与道路的水平净距不小于 1000mm。

2）直埋压缩空气管道与其他热力管道的水平净距不小于 1200mm，交叉净距不小于 200 mm；与氧气、乙炔、天然气等管道的水平净距不小于 1500mm；与电缆沟道的水平净距不小于 1000mm。

3）直埋压缩空气管道埋深要求：应在地下水位以上，且管底离地下水位不小于 500mm；应在冰冻线以下，管顶埋深不小于 700mm；穿越铁路或道路时其交叉角度不小于 45℃，且管顶距铁路轨面不小于 1200mm；距道路路面不小于 700mm。

（14）仪用压缩空气管道支吊架设计时，不锈钢管道不应直接与碳钢管部焊接或接触，宜在不锈钢管道与管部之间设不锈钢垫板或非金属材料隔板。

（15）从压缩空气母管至各用气区域的压缩空气支管上应设关断阀，至各用气点接管应设关断阀。软管接头应选用标准接头，接口布置宜朝下。

（16）风冷式空气压缩机的吸气风道应有防振措施，避开共振区，风道壁厚度不应小于 5mm，风速不应高于 6m/s，并应在穿墙处设防振套管。

七、联锁条件

（1）当运行中的仪用空气压缩机故障或仪用储气罐出口母管压力低时，启动仪用备用空气压缩机；启动仪用备用空气压缩机后，储气罐出口母管压力仍低，则启动厂用（仪用检修备用）空气压缩机，通过系统间的隔离阀，由厂用（仪用检修备用）空气压缩机向仪用系统供气。

（2）干燥净化装置入口电动门的运行控制根据干燥净化装置运行与否联锁启闭。

第五节 氮 气 系 统

一、系统功能及范围

燃气－蒸汽联合循环机组的氮气系统主要功能是为天然气系统提供置换用氮气；为机组停运后需进行防腐保护的设备和管道提供保护用氮气。

考虑安全性，天然气调压站通常距主厂房位置较远，因此，燃气－蒸汽联合循环机组的氮气系统通常分为主厂房区域氮气系统和天然气调压站氮气系统。

主厂房区域氮气系统主要是为主厂房区域和启动锅炉区域（如需要时）的天然气系统提供置换用氮气；为需要停机防腐保护的设备和管道提供氮气，如余热锅炉的汽包和省煤器、热网加热器、启动锅炉汽水循环换热设备等，其设计范围主要包括氮气储存站、充氮管路以及阀门附件等。

天然气调压站的氮气系统主要是为天然气调压站内的氮气置换系统和天然气增压机密封系统（若参数匹配时）提供氮气，增压机密封氮气系统和设施也可由调压站供货厂商配套设计和供货。

二、系统设计

（一）主要原则

（1）氮气系统设计应做到安全可靠、经济合理、技术先进、节能环保。

（2）天然气调压站氮气系统可根据天然气调压站位置及调压站对氮气系统的具体要求，确定与主厂房区域氮气系统合并配置或独立配置。

（3）燃气启动锅炉的天然气置换用氮气和汽水设备的停炉充氮保护用氮气，视布置位置的远近，可采用主厂房或天然气调压站内的氮气系统供汽。若距离太远时，也可单独设置氮气系统。

（4）对高压汽水系统充氮，靠近设备侧的充氮管道上必须串联两个截止阀。对天然气系统充氮，靠近天然气侧的充氮管道上通常设有 1 或 2 只关断阀和 1 只止回阀，保证天然气系统正常运行时的严密性。

（5）充氮管路上的阀门仅在设备充氮时打开，其余时间常闭，充氮完成后需将阀门关闭严密，保证不漏。

（6）充氮管道上需设置金属软管，仅在设备充氮时联通，充氮完成后需将金属软管拆下。

（7）氮气系统在机组停运时向有关设备和管道充氮，并保持压力在 0.132MPa 以上。需充氮的设备可按 DL/T 956《火力发电厂停（备）用热力设备防锈蚀导则》中的相关规定执行。

（8）氮气气源通常采用 15MPa（22℃）的压力氮气储存罐，主厂房区域一般设置氮气汇流排来集中布置氮气储存罐，1 组氮气汇流排一般可放置 10 个氮气储存罐，每个氮气储存罐一般可容纳 6m^3 的氮气（标准状态）。氮气储存罐应设置安全阀和减压阀。罐内氮气经出口的压力调节阀后，以 0.2～0.5MPa 的压力向主厂房氮气系统供汽。

（9）使用的氮气纯度以大于 99.5%为宜，最低不应小于 98%。

（10）充氮需在设备完全停运后，保证设备内部处于常压状态下进行。

（二）系统拟定

氮气系统的拟定主要是收集需要氮气的用户，主要有置换用气和保护用气两类。

（1）置换用气主要用于天然气相关系统的置换和吹扫，其中，天然气调压站内主要包括增压机、调压站相关设备和系统的用气，通常由天然气调压站厂家负责；主厂房内需置换的设备和系统，燃气轮机厂家通常预留接口，主要的接口包括燃气终端过滤器氮气接口、燃气轮机前置模块氮气接口、燃气轮机罩壳接口等；启动锅炉天然气置换系统通常由启动锅炉厂家预留接口或单独设置氮气系统。

（2）保护用气主要用于换热器类设备的停机充氮保护，以避免换热面被氧化。其主要的用户包括余热锅炉的省煤器和汽包、热网加热器、低压除氧器等。

（3）确定用户以后，按用户的布置位置，就近接入即可。

（三）常见系统设计方案

主厂房氮气系统通常按本期建设规模统一设置系统，以某一套 F 级“二拖一”机组的工程为例，主厂房区域共设置 4 组氮气汇流排，调压站共设置 1 组氮气汇流排。主厂房氮气系统示意见图 8-8，调压站氮气系统示例见图 8-9。

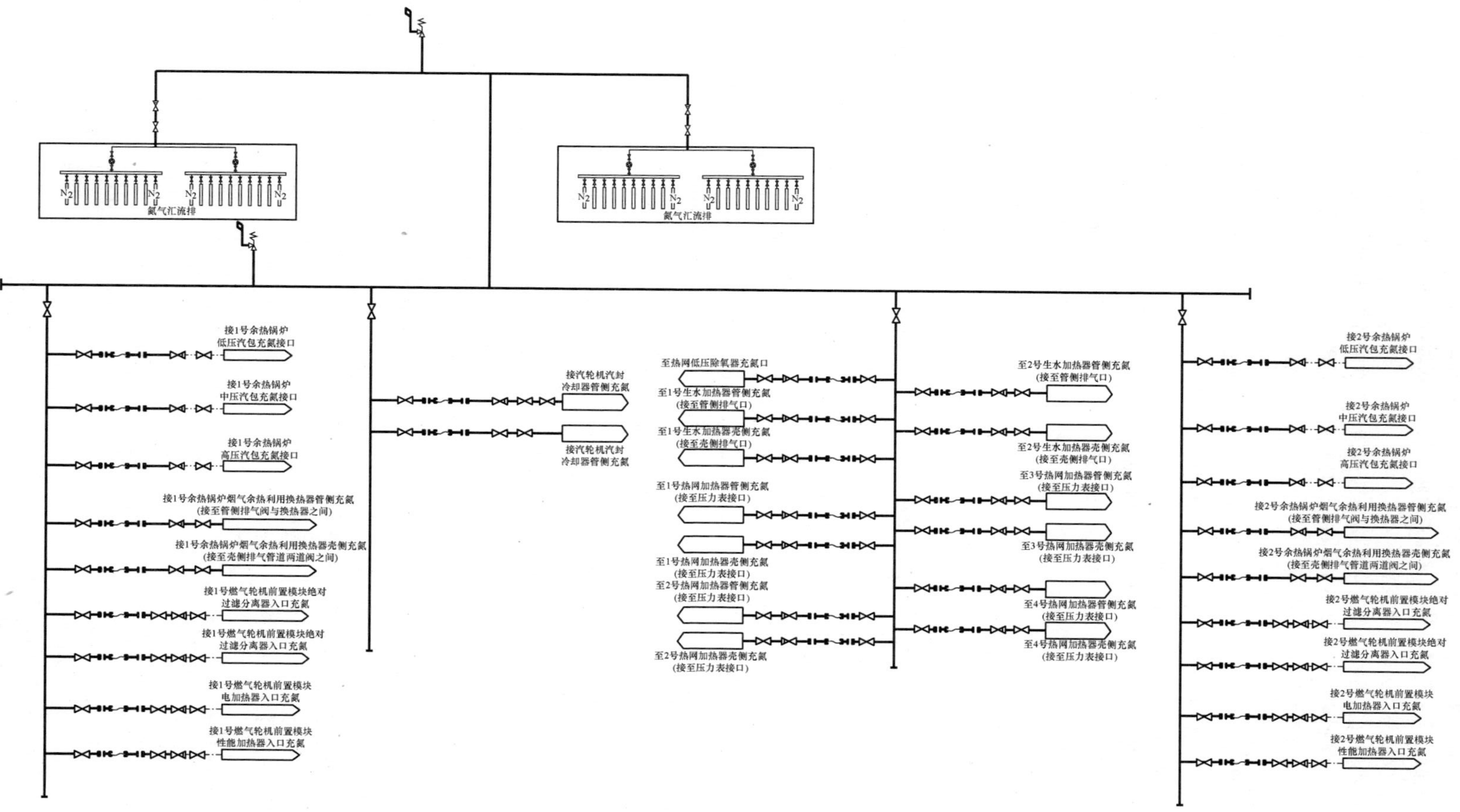

图 8-8　主厂房氮气系统示例

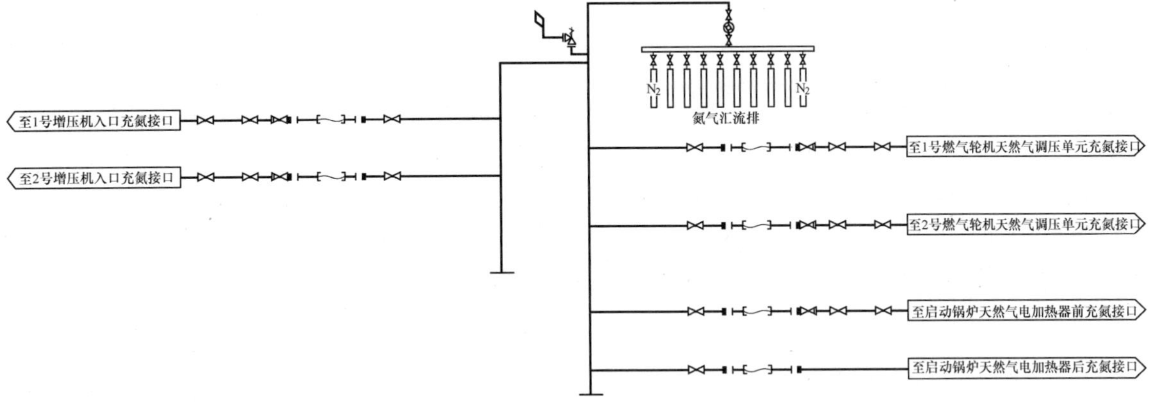

图 8-9 调压站氮气系统示例

三、设计参数选取

（1）氮气系统母管的设计压力取汇流排出口的最高排气压力，一般取 1.0MPa。与设备或管道充氮接入点相连的分支管道设计压力取相连的汽水系统或天然气系统的设计压力。

（2）氮气系统母管的设计温度一般取 60℃。与设备或管道充氮接入点相连的分支管道设计温度取相连的汽水系统或天然气系统的设计温度。

四、设备选型

（1）氮气系统的主要设备为氮气汇流排，氮气汇流排是储存氮气的地方，也是氮气系统的调节站，通过氮气汇流排将储气罐里的高压氮气减压成 0.2～0.5MPa 的氮气，氮气汇流排出口设有氮气母管，再由分支管道供气至各用气点，因此，氮气汇流排必须选择经过认证的合格厂家的产品。

（2）氮气汇流排上还需设置安全阀，以防止氮气系统超压。另外，氮气母管上应设置安全阀。

五、管道规格及材料选取

氮气系统中可根据设备的用气量大小选用 DN20～DN50 的管道规格，管材采用碳钢材料。

六、布置要求

（1）氮气系统设备主要是氮气汇流排，通常放置在柱子或墙边的零米层，方便固定且不影响运输、检修通道的地方即可。

（2）管道充氮系统由氮气汇流排供气，再由分支管道供气至各用气点。

（3）因氮气管道一般管径较小，可根据现场情况布置，不影响通道即可。

第六节 全厂疏放水系统

一、系统功能及范围

燃气－蒸汽联合循环机组的全厂疏放水系统主要分为无压放水系统和辅助蒸汽疏水系统两部分。

（一）系统功能

无压放水系统的主要功能是满足机组停运、检修或水压试验时放水的要求，将汽水管道及设备中的存水，经过排水漏斗至无压放水母管排至汽机房集水坑或主厂房外。

辅助蒸汽疏水系统的主要功能是回收辅助蒸汽系统启动暖管和运行时蒸汽在设备或管道内停滞所形成的凝结水，各疏水点的疏水直接汇集至辅助蒸汽疏水母管或辅助蒸汽疏水扩容器。根据水质的不同，可接至凝汽器回收或排至余热锅炉定排水池。

（二）系统范围

全厂疏放水系统的范围包括：

（1）水管道和设备的放水、放气点以及蒸汽管道的放气点至主厂房内无压放水母管。

（2）从辅助蒸汽管道的疏放水点至辅助蒸汽疏水母管或疏水扩容器。

（3）无压放水母管接至与水工专业在主厂房的设计分界处。

（4）辅助蒸汽疏水母管至接收疏水的设备接口处。

二、系统设计

（一）主要原则

1. 无压放水系统

（1）无压放水系统宜采用单元制。

（2）各放水、放气管道应通过排水漏斗接入无压放水母管。

（3）无压放水系统宜采用集中大型漏斗分区域汇集放水。

（4）可在主厂房各层需要处集中设置高位漏斗，其排水接入零米层处设置的排水漏斗，再接入无压放水母管。

（5）无压放水母管根据主厂房布置情况，宜设置1个或多个排出点，接至汽机房集水坑或主厂房外。

（6）排水漏斗后的管道规格应比进入漏斗的管道总流通面积对应的管道规格大1～2级。

2. 辅助蒸汽疏水系统

（1）辅助蒸汽疏水母管宜采用单元制，也可采用母管制。

（2）辅助蒸汽疏水系统有以下两种设计方案：

1）设置辅助蒸汽疏水扩容器。不设辅助蒸汽疏水母管，辅助蒸汽管道的各疏水点分别接至辅助蒸汽疏水扩容器的集管，进入扩容器产生的蒸汽排入大气，疏水在水质合格时接至凝汽器，水质不合格时接至余热锅炉定排水池或其他容器。

2）设置辅助蒸汽疏水母管。不设置疏水扩容器，设置辅助蒸汽疏水母管。辅助蒸汽管道的各疏水点分别接在疏水母管。疏水在水质合格时接至凝汽器，水质不合格时接至余热锅炉定排水池或其他容器。

3. 其他要求

（1）对于大于或等于PN40的管道，放水和放气点应串联装设两个截止阀；对于小于或等于PN25的管道放水和放气点装设一个截止阀。

（2）用于水压试验的放气管道，可经关断阀后通过漏斗接入无压放水母管；对于蒸汽管道也可在水压试验后将放气管道以及阀门割除，用堵头封堵。

（3）辅助蒸汽的经常疏水、启动疏水和放水点应联合设置。可不单独设启动疏水，启动疏水和经常疏水的旁路合并，放水仍通过漏斗排出。

（4）辅助蒸汽的经常疏水器宜采用热动力式或机械式，不宜采用孔板式疏水装置。

（5）疏水器前后宜安装关断阀，便于疏水阀检修。

（二）系统拟定

（1）全厂疏放水系统的拟定主要是收集疏水、放水和放气点的设置及要求。

（2）疏水、放水和放气管道的公称通径应按DL/T 5054《火力发电厂汽水管道设计规范》中的要求选取。

三、设计参数选取

（一）无压放水母管

无压放水母管的设计压力取0.6MPa，设计温度取60℃。

（二）辅助蒸汽疏水母管

不设置辅助蒸汽疏水扩容器时，辅助蒸汽疏水母管的设计压力取辅助蒸汽的设计压力，设计温度取设计压力对应的饱和温度；设置辅助蒸汽疏水扩容器时，辅助蒸汽疏水扩容器前的辅助蒸汽疏水母管的设计压力取辅助蒸汽的设计压力，设计温度取设计压力对应的饱和温度，辅助蒸汽疏水扩容器后的辅助蒸汽疏水母管的设计压力取0.4MPa，设计温度取120℃。

（三）疏水、放水和放气点

最后一个隔离阀及其以前的管道，按所连接管道相同的设计参数选取；最后一个隔离阀以后的管道按接收母管的设计参数选取。

四、设备选型

全厂疏放水系统中除少数工程设置辅助蒸汽疏水扩容器外，一般没有其他设备。

辅助蒸汽疏水扩容器形式宜为立式大气式扩容器。扩容器上方设排汽接口，下方设疏水接口；与筒壁成切线方向连接有疏水集管。1台汽轮发电机组宜设置1台辅助蒸汽疏水扩容器，容积应不小于1.5m^3。

五、管道规格及材料选取

（1）无压放水母管和辅助蒸汽疏水母管管径主要根据机组容量进行选取，典型管道规格见表8-10。

表8-10　　典型管道规格

机组容量	无压放水母管	辅助蒸汽疏水母管
E级及以下机组	DN200	DN65
F级及以上机组	DN250	DN80

（2）无压放水母管的流速通常按0.5～0.85m/s选取，管径及管道壁厚等按照DL/T 5054《火力发电厂汽水管道设计规范》进行计算，采取直埋布置时，其管道壁厚宜考虑2mm的腐蚀余量。

（3）不设置辅助蒸汽扩容器时，辅助蒸汽疏水母管的流速通常按2～3m/s选取；设置辅助蒸汽扩容器时，辅助蒸汽扩容器前的辅助蒸汽疏水母管的流速通常按2～3m/s选取，辅助蒸汽疏水扩容器后的辅助蒸汽疏水母管的流速通常按小于1m/s选取，管径及管道壁厚等按照DL/T 5054《火力发电厂汽水管道设计规范》进行计算。

（4）全厂疏放水系统管道材质按照其设计参数，一般采用普通碳钢即可。

六、布置要求

（1）管道布置应满足系统流程的要求，母管布置应简短顺畅，避免出现π形及U形布置。

（2）疏水、放水、放气小管道及阀门应统一规划布置，既整齐、美观，又便于观察，同时方便维修操作。

（3）全厂漏斗布置应统一规划，布置在易于观察处，且不应妨碍检修维护通道。

（4）连接在同一无压放水母管上的排水漏斗应布置在同一标高位置。漏斗出口离地面高度约为300mm。

（5）辅助蒸汽疏水母管沿水流方向宜保证 0.002 的坡度；无压放水母管沿水流方向的坡度应按 DL/T 5054《火力发电厂汽水管道设计规范》中自流管道的坡度计算公式确定。

（6）疏水、放水、放气小口径管道布置宜形成管排。管道支吊架设置应统一考虑，支吊架形式宜统一，对于相对位移量较小的管道可选用联合支吊架。

（7）放水、放气阀门宜集中错列布置，保证足够的阀门手轮空间。

（8）辅助蒸汽疏水阀宜靠近疏水集管布置，辅助蒸汽疏水阀出水管应从上方接入辅助蒸汽疏水母管。

（9）排水漏斗的进水管中心线应与出水管中心线适当偏装。

（10）设备放水应就近设置排水漏斗，便于检查设备排水状况。

（11）对于无法接入无压放水零米漏斗的放水点，其漏斗出口单独接到汽机房集水坑。

第九章

热　网　系　统

燃气—蒸汽联合循环机组热网系统分为两类：热水供暖系统与工业供汽系统。其中，热水供暖系统主要向外部热网提供合格品质的热网循环水，工业供汽系统主要向外部热用户提供合格品质的蒸汽。

热水供暖系统通常采用抽汽式汽轮机的抽汽或背压式汽轮机的排汽作为热源，在电厂内设置汽水换热器（称为热网加热器），将热网循环水回水通过热网循环水泵升压和热网加热器升温后，连续向热用户提供合格品质的热水，热网水在系统中闭式循环。

工业供汽系统与燃煤机组类似，由抽汽式汽轮机的抽汽或背压式汽轮机的排汽直接供给用户，厂内系统较为简单，与热水供暖系统中的加热蒸汽系统相似，可参照执行。

本章热网系统主要针对的是热水供暖系统的设计，由热网加热蒸汽系统、热网循环水系统、热网加热器疏水系统和热网补水系统组成。

燃气—蒸汽联合循环机组与燃煤机组的热网系统在功能和配置方面基本相同，但联合循环机组又有其自身的特点，如余热锅炉仅为换热设备，锅炉低压汽包可兼除氧功能；汽轮机无回热抽汽系统；较多联合循环供热机组的汽轮机设置了SSS离合器，可纯凝、抽凝或背压运行，背压排汽可用做热网加热蒸汽，以提高供热能力和机组效率。另外，汽轮机故障时，燃气轮机和余热锅炉可独立运行，实现对外供热等，因此，联合循环机组热网系统的设计应与其机组配置方式和特点相适应。

第一节　热网加热蒸汽系统

一、系统功能及范围

（一）系统功能

（1）热网加热蒸汽系统的主要功能是为热网首站的热网加热器提供加热蒸汽，将热网循环水回水加热至一定的温度后连续向热用户提供合格品质的热水。

（2）热网加热蒸汽还为热网低压除氧器提供加热汽源，用于热网循环水补水的加热除氧，以除去氧气和其他不凝结气体。

（3）如热网循环水泵采用背压式汽轮机驱动，热网加热蒸汽还可作为其驱动汽源，做功后的排汽再用于加热热网循环水回水。

（二）系统范围

热网加热蒸汽系统的设计范围通常指从汽轮机抽汽口或余热锅炉出口至热网加热器的蒸汽管道、抽汽止回阀前至凝汽器的排汽通风管道（如有）、热网加热器汽平衡管道、热网加热蒸汽管道上的安全阀排汽管道，以及热网加热蒸汽至厂内采暖系统、生水加热系统和热网补水除氧器等的蒸汽管道。

热网加热蒸汽汽源通常来自汽轮机调整抽汽。对于要求汽轮机全切后仍继续保证供热的机组，余热锅炉出口蒸汽经减温减压后可作为热网加热器的备用汽源。

二、系统设计

（一）主要原则

（1）热网加热蒸汽系统的设计应满足防止汽轮机进水、进冷汽的要求，确保汽轮机的安全、稳定运行。

（2）热网加热蒸汽系统的设计取决于热负荷需求量、加热蒸汽汽源和蒸汽参数、供热运行调节方式和加热器配置方式等，并结合布置条件和工程投资等综合确定。

（3）若热网系统仅满足基本热负荷的需求时，热网加热蒸汽可采用一级抽汽系统；若热网系统需满足基本热负荷和尖峰热负荷的需求时，可采用两级抽汽系统。

（4）不同机组之间的热网加热蒸汽系统可采用单元制、切换母管制或母管制。通常采用单元制系统，当机组之间负荷不同时，热网系统可单独进行运行调节。单元制系统也是实际工程中应用最多的配置方案。

（5）对于采用切换母管制或母管制的热网加热蒸汽系统，应按机组汽水平衡原则设置热网加热器疏水系统。

（6）热网蒸汽管道的疏水、放水均应予以回收利用，以节约工质。

（二）系统拟定

1. 热网加热蒸汽系统

（1）系统连接方式。

1）两级热网加热蒸汽系统。当热网系统需满足基本热负荷和尖峰热负荷的需求时，热网加热蒸汽可考虑采用两级加热方式。低压汽源供至基本热网加热器，高压汽源供至尖峰热网加热器，以满足外网不同季节对热网循环水温度的需求。

热网循环水先经过基本热网加热器，被低压热网加热蒸汽加热，若基本热网加热器出口循环水水温满足外网需求时可直接对外供热，若冬季气温较低，基本热网加热器出口水温不能满足外网要求的温度时，基本热网加热器出口的热网循环水，再经尖峰热网加热器，被高压加热蒸汽加热达到外网所需温度后，对外供出。

2）单级热网加热蒸汽系统。采用单级热网加热蒸汽的系统，汽轮机设置一级热网抽汽口，且不同机组之间的热网加热器蒸汽参数相同，热网加热器的循环水进、出口温度相同。热网加热蒸汽系统可采用单元制、切换母管制或母管制运行。

a. 单元制热网加热蒸汽系统。单元制热网加热蒸汽系统以机组为单元，不同机组之间热网加热蒸汽系统及疏水系统等完全独立，热网加热器与汽轮机完全一一对应，相互不能切换。各机组独立运行，相互间无连接和干扰，运行灵活，调节方便，机组运行安全、可靠，实际工程中应用最多。

典型的单元制热网加热蒸汽系统示意见图 9-1。

b. 切换母管制热网加热蒸汽系统。切换母管制是指各机组热网加热蒸汽系统相互独立，但在蒸汽母管间设置联络管道，联络管道的容量取单台机组加热蒸汽总量，即其规格与单台机组加热蒸汽母管规格相同。如果两台机组容量不同，联络母管容量取较小机组供汽量。正常运行时联络管道阀门关闭，热网加热蒸汽按单元制运行；当一台机组运行、一台机组停运，且运行机组某台热网加热器出现故障时，联络管道阀门打开，将运行机组的蒸汽切换到停运机组正常热网加热器上运行。这种连接方式，供热可靠性高，运行较为灵活，但系统较单元制复杂。

切换母管制热网加热蒸汽系统也是较常规的连接方案。

典型的切换母管制热网加热蒸汽系统示意见图 9-2。

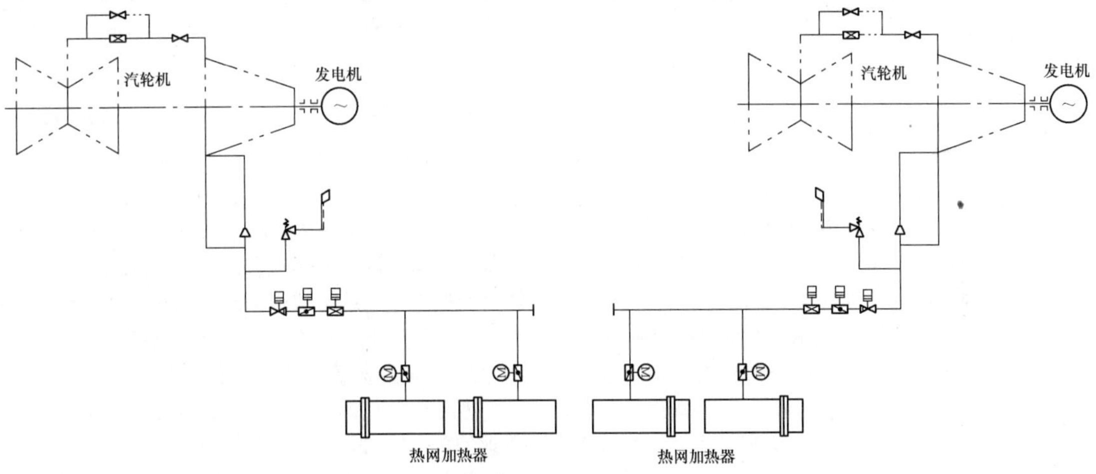

图 9-1 单元制热网加热蒸汽系统示意图

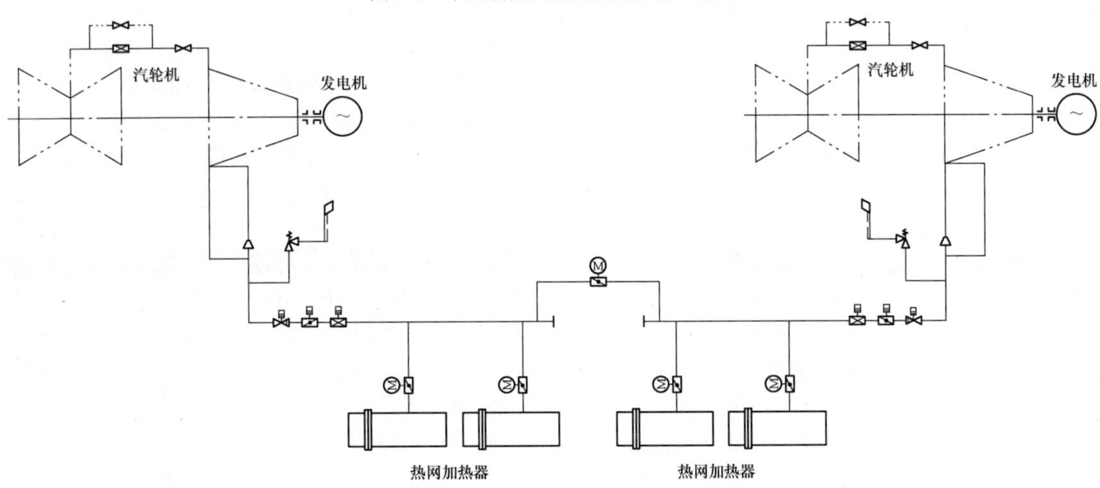

图 9-2 典型的切换母管制热网加热蒸汽系统示意图

c. 母管制热网加热蒸汽系统。母管制热网加热蒸汽系统是指各机组热网加热蒸汽先汇总到母管，然后各台加热器再从母管上分别引接。回至各机组的热网疏水量需通过工艺及控制系统采取措施，精确控制，确保分配至各机组的加热器疏水量与各自的抽汽量基本一致。母管制方案系统复杂，且要求多台机组之间的运行负荷相对接近，抽汽参数基本相同，对运行和控制要求高，实际工程中应用较少。

典型的母管制热网加热蒸汽系统示意见图 9-3。

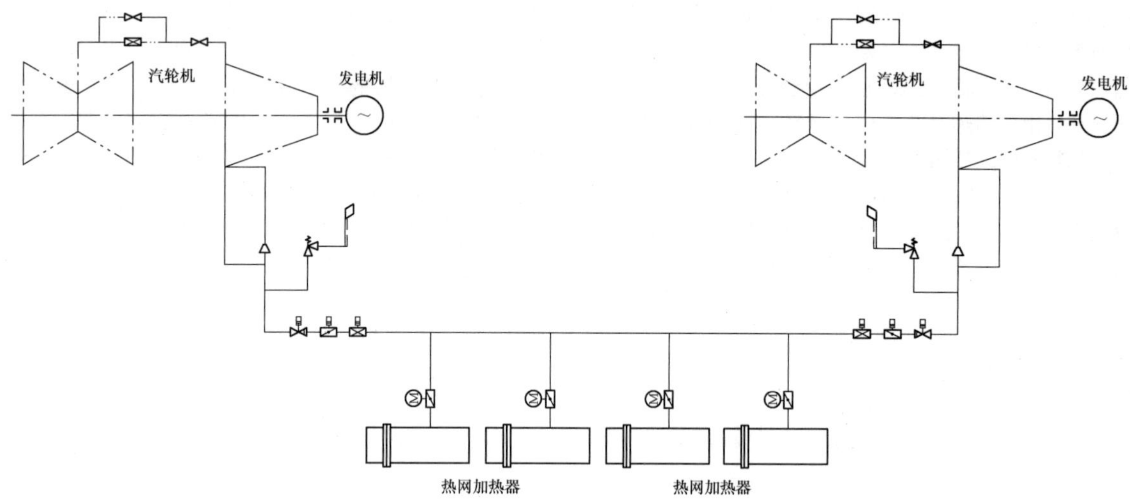

图 9-3　典型的母管制热网加热蒸汽系统示意图

（2）阀门配置。

1）汽轮机调整抽（排）汽管道阀门配置。如热网加热蒸汽来自中压缸排汽，且为调整抽汽时，中低压缸联通管上应设调节蝶阀，配合抽汽管道上的调节阀动作，以调节供热抽汽量。

汽轮机调整抽（排）汽管道上，应设置具备止回、调节和隔离功能的阀门，可采用止回阀+调节阀+快速隔离阀的配置方案，也可采用止回阀+快速隔离调节阀（同时具备快速隔离和调节功能）两道阀门的配置方案，这些阀门通常由汽轮机厂配套供货，最终以汽轮机厂的配置方案为准。

隔离阀和止回阀要求能够快速动作，止回阀的关闭时间以汽轮机厂要求为准，通常全关时间不大于 1s。加热蒸汽管道规格通常较大，为确保阀门动作时间，隔离阀和止回阀执行机构通常为液动或气动形式。

当采暖热负荷较大时，每台热网加热器蒸汽入口的关断阀可采用调节式。

2）汽轮机非调整抽（排）汽管道阀门配置。汽轮机非调整抽（排）汽管道上，阀门配置只要求止回和隔离功能，不设置调节阀。隔离阀和止回阀的功能和配置要求与调整抽（排）汽管道基本一致。

3）汽轮机抽（排）汽管道安全阀。热网加热蒸汽引接自汽轮机抽汽口或排汽口，在汽轮机出口处管路上应设置安全阀，安全阀排放容量应满足当连通管上调节蝶阀开度与采暖抽汽管上各阀门开度不匹配，或者抽汽管道上的阀门快速关闭时，汽缸排汽不超压。

4）余热锅炉出口蒸汽管道。对于汽轮机切除后仍然要求维持供热的燃气－蒸汽联合循环机组，热网加热蒸汽在此工况下将由余热锅炉出口直接引接。相对于热网系统加热的需求，余热锅炉出口蒸汽参数较高，可通过汽轮机原有的蒸汽旁路系统减温减压后，引至热网加热蒸汽系统，或根据热网加热蒸汽和余热锅炉蒸汽的参数情况，设置单独的减温减压器。

2. 热网加热蒸汽管道疏水系统

热网蒸汽管道的启动或正常疏水，水质合格时通常排至汽轮机本体疏水扩容器予以回收，水质不合格时引至厂房排水沟、井或池予以收集回收。如疏、放水点距离太远，引接和回收难以实现，也可就地或就近排放，此时需注意疏、放水排放点的合理选择和排放的安全，特别是寒冷地区的室外排放，还需注意解决防冻的问题。

根据 GB 50764—2012《电厂动力管道设计规范》：“汽轮机抽汽管道最靠近汽轮机的动力止回阀或电动关断阀前应设自动疏水，管道上所有低位点应设置自动疏水。蒸汽管道的疏水应单独接至疏水扩容器或凝汽器，不得采用疏水转注或合并。疏水坡度必须顺汽流方向，坡度不得小于 0.005”。

根据 DL/T 834—2003《火力发电厂汽轮机防进水和冷蒸汽导则》：汽轮机抽汽管道关断阀前、止回阀后以及关断阀和止回阀之间均设置疏水点，疏水管道需串联一个手动隔离阀和一个动力操作隔离阀，手动隔离阀作为动力操作隔离阀故障时的备用阀。

由汽轮机本体直接引出的热网加热蒸汽即为汽轮

机抽汽，按上述要求，通常在止回阀前、止回阀和关断阀之间、关断阀之后，以及热网加热蒸汽管道上的所有低位点设置自动启动疏水，疏水回收至疏水扩容器或凝汽器。疏水管路上设置动力关断阀和手动关断阀两道阀门，动力关断阀宜为气动阀门，失气故障时阀门打开。

需要注意的是，热网加热蒸汽引至热网加热器，有可能管路很长。管路展开长度每超过 100m，即使无低位点，也需设置启动疏水。

此外，根据系统设置和布置情况，热网加热蒸汽管路上还应考虑经常疏水。在设置经常疏水装置处，同时应装设启动疏水和放水装置。

为保证疏水畅通，加快启动过程，热网蒸汽管道的疏水管路规格可适当放大，建议取 DN50 或更大。

（三）典型设计方案

以国内某电厂建设一套 E 级燃气－蒸汽联合循环机组的热电联产项目为例，冬季供热，夏季制冷。采用“一拖一”双轴配置方案，其中汽轮机为次高压、双缸、双压、无再热、单轴、凝汽式汽轮机，同时汽轮机设置 SSS 离合器，随热负荷需求可抽凝也可背压运行。该工程设置两台卧式 U 形管式热网加热器。

冬季工况，汽轮机背压方式运行，低压缸退出运行，高压缸排汽全部供热，换热站容量按照汽轮机背压方式运行时的最大供热量选取。

典型热网加热蒸汽系统（单元制）示意图如图 9-4 所示。

三、设备选型

本系统主要设备为热网加热器。

（一）热网加热器形式选择

（1）根据热网加热蒸汽参数和设备容量，热网加热器通常选用卧式固定管板管壳式或卧式 U 形管管壳式。

近来也有项目考虑热网加热器选用板式换热器，由于热网加热蒸汽温度较高，普通软密封板式换热器不能适用，需采用全焊接板式换热器。全焊接板式换热器占地小、效率高，但初投资增加较多，且对热网循环水水质要求高。相比而言，管壳式换热器比全焊接板式换热器容易检修或堵漏。

（2）当热网加热器疏水回收到凝汽器时，热网加热器应设置疏水冷却段或外置式疏水冷却器。

（3）热网加热器换热管材料可选用耐腐蚀的不锈钢材料。

（4）卧式 U 形管管壳式热网加热器典型外形见图 9-5，实际工程热网加热器形式和外形会随制造厂家不同而有所差别。

（二）热网加热器台数选择

根据 GB 50660—2011《大中型火力发电厂设计规范》：“当任何一台基本热网加热器停止运行时，其余设备应满足 60%～75%热负荷的需要”，严寒地区取上限。实际工程设计时，热网加热器的容量和台数需考虑热负荷需求以及供热可靠性共同确定，一般不设台数备用。

考虑到供热可靠性，供热首站内热网加热器的台数不应少于 2 台，不设台数备用，设置容量备用。对于单套联合循环机组项目，为保证供热可靠性，建议至少设置两台热网加热器。对于两套或多套联合循环机组项目，建议每套机组至少设置一台热网加热器。

（三）热网加热器容量选择

（1）热网加热器总设计热负荷应不小于供热首站设计热负荷。

（2）通过热网加热器的热网循环水设计总流量不应小于供热首站热网循环水设计流量。

（3）热网加热器的设计选用面积通常在计算面积的基础上，考虑 10%的裕量。

（4）当一台热网加热器故障停运时，其余热网加热器出力仍能保证 60%～75%设计热负荷的需要，严寒地区取上限。

（四）热网加热器容量和台数选取方法

（1）当热网首站设计热负荷小于汽轮机最大抽汽量时，采用设计热负荷，进行热网加热器选型和汽轮机抽汽量计算。

热网首站设计热负荷确定后，通过选定合适的热网加热器数量，即可得出每台热网加热器的计算换热量，根据汽轮机供热抽汽参数和疏水参数，可进行热网加热器的蒸汽耗量计算和设备选型（换热面积）计算，换热量及抽汽量具体计算方法如下：

1）单台热网加热器额定换热量为

$$Q_1=Q/k_1$$

式中　Q_1——单台热网加热器额定换热量，MW；

Q——热网首站设计热负荷，MW；

k_1——热网加热器台数，台，≥2。

2）单台热网加热器最大换热量为

$$Q_{max}=Qk_2/(k_1-1)$$

式中　Q_{max}——单台热网加热器最大换热量，MW；

k_2——热网加热器容量可靠性系数，取 0.6～0.75，严寒地区取上限。

3）单台热网加热器所需额定抽汽量为

$$D_1=Q_1\times1000/[(h_{zq}-h_{ss})\eta_{rw}]$$

式中　D_1——单台热网加热器所需额定抽汽量，kg/s；

h_{zq}——热网加热蒸汽焓值，kJ/kg；

h_{ss}——热网加热器疏水或疏水冷却器出口疏水焓值，kJ/kg；

η_{rw}——热网加热器换热效率，通常取 98%～99%。

4）单台热网加热器所需最大抽汽量为

$$D_{max}=Q_{max}\times1000/[(h_{zq}-h_{ss})\eta_{rw}]$$

式中　D_{max}——单台热网加热器所需最大抽汽量，kg/s。

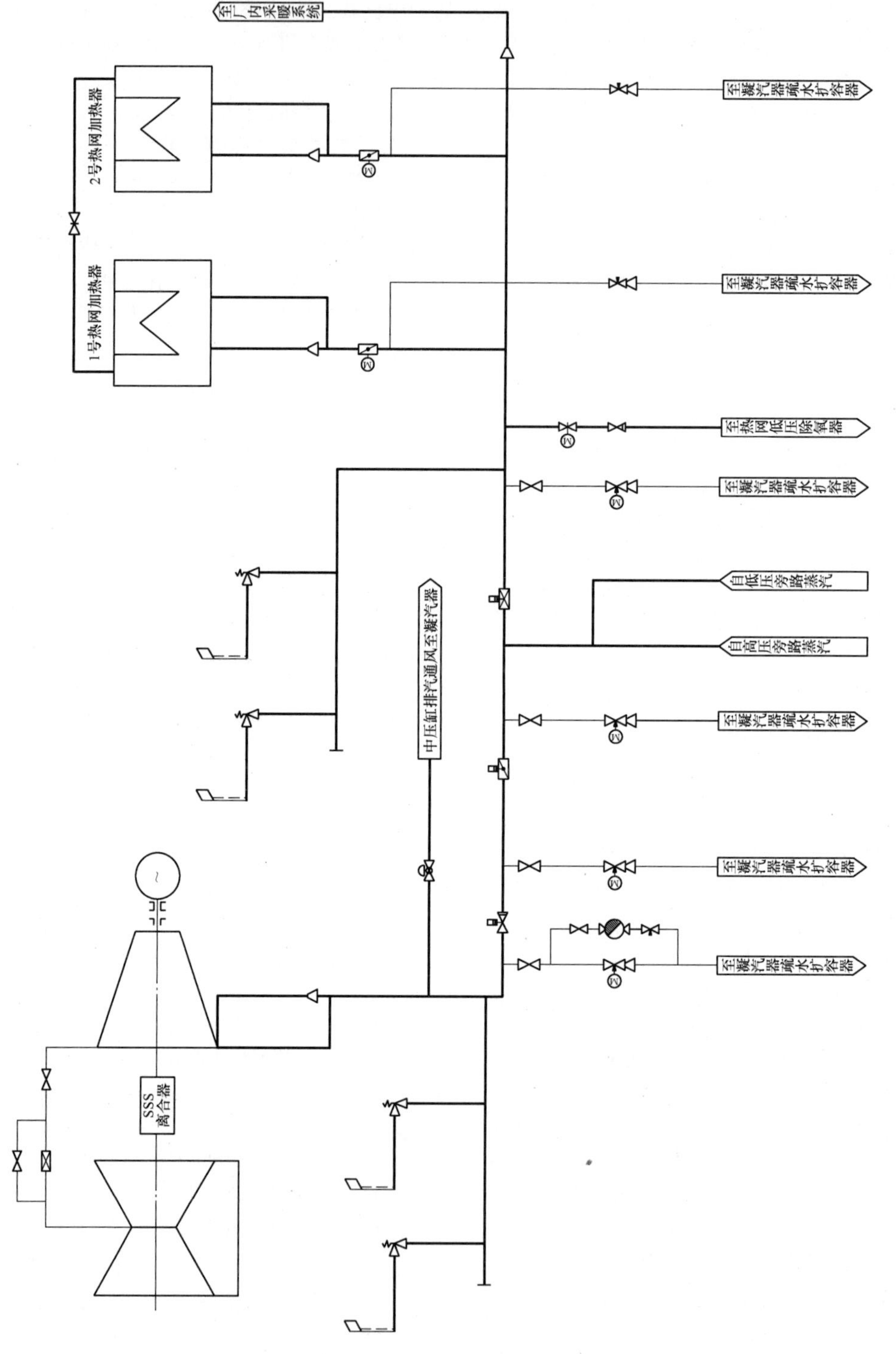

图 9-4 典型热网加热蒸汽系统（单元制）示意图

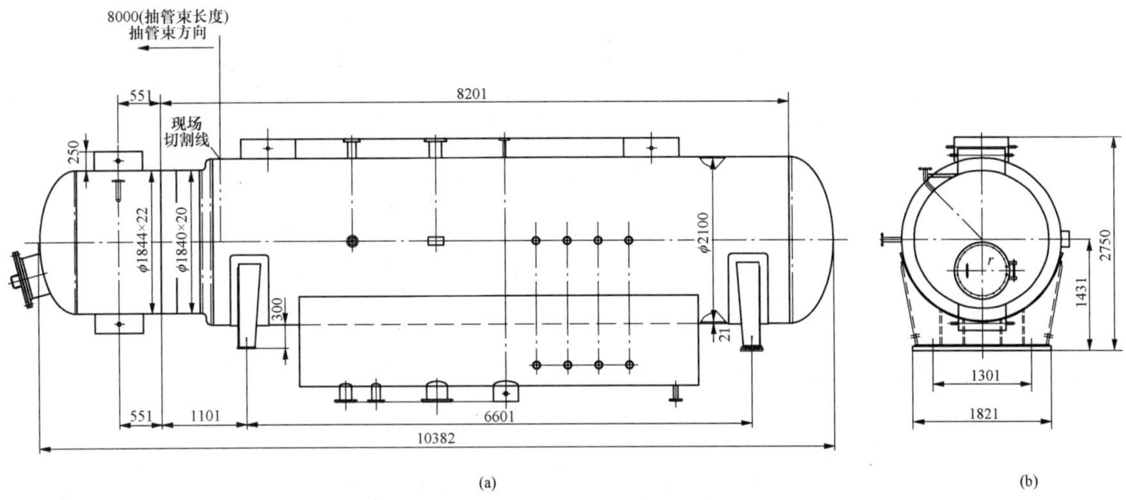

图 9-5　卧式 U 形管管壳式热网加热器典型外形图

（a）主视图；（b）左视图

（2）当汽轮机最大抽汽能力小于外网所需热负荷时，按最大抽汽能力确定热网首站设计热负荷（不足热负荷采用其他热源补充），此时，采用汽轮机最大抽汽量，进行热网加热器选型和设计热负荷计算，计算方法采用上述公式反推即可。

四、设计参数选取

设计参数选取依据 GB 50764《电厂动力管道设计规范》及 DL/T 5054《火力发电厂汽水管道设计规范》。

（一）汽轮机抽汽管道

1. 非调整抽汽管道

（1）设计压力：取汽轮机调节汽门全开工况下该抽汽压力的 1.1 倍，且不应小于 0.1MPa。

（2）设计温度：取汽轮机调节汽门全开工况下的抽汽参数，等熵求取管道设计压力下的相应温度。

2. 调整抽汽管道

（1）设计压力：取抽汽最高工作压力。

（2）设计温度：取抽汽最高工作温度。

（二）背压式汽轮机排汽管道

（1）设计压力：取排汽最高工作压力，且不应小于 0.1MPa。

（2）设计温度：取排汽最高工作温度。

（三）锅炉出口减温减压器后蒸汽管道

减温减压器后蒸汽管道设计参数如下：

1. 设计压力

（1）减压装置后没有安全阀保护且流体可能被关断或堵塞的管道，其设计压力不应低于减压装置前流体可能达到的最高压力。

（2）减压装置后装有安全阀的管道，其设计压力不应小于安全阀的最低整定压力，可取减温减压器安全阀起跳压力或减温减压器出口最高工作压力。

2. 设计温度

设计温度取减温减压器出口蒸汽的最高工作温度。

五、管道规格及材料选取

热网加热蒸汽管道的管径、壁厚及材料等按照 DL/T 5054《火力发电厂汽水管道设计规范》进行计算和选取。

热网加热蒸汽的经济流速范围是 35～60m/s，结合加热蒸汽压力、允许压降、投资、布置等因素后综合确定蒸汽管道流速值。

热网加热蒸汽参数不高，根据设计温度，管道材料通常采用 Q235B 或 20 钢。

通常 DN600 及以上管道，选用螺旋缝电焊钢管或直缝焊接钢管，DN600 以下管道可选用无缝钢管。

六、布置要求

（1）汽轮机出口抽（排）汽管道上的阀门应尽量靠近汽轮机本体布置。

（2）汽轮机出口止回阀可以布置在关断阀的任意一侧，建议靠近汽轮机布置。

（3）热网加热蒸汽通常压力较低、流量大、管径规格大。如空间受限管道布置困难，也可采用双管路的布置方式，以降低热网蒸汽管道规格；安全阀可以设置两个或多个，以减小安全阀和泄放管道规格。

（4）热网加热器通常布置在热网首站顶层或中间层，注意预留抽芯等检修维护及管道布置所需空间。

七、联锁要求

热网加热蒸汽系统的联锁，首要是要保证汽轮机的安全稳定，其次是保证热网加热系统安全、稳定和可靠运行。不同的热网加热蒸汽系统，联锁要求略有不同。

（1）汽轮机中压缸排汽压力及低压缸进汽压力应

通过中低压缸连通管道上调节蝶阀开度控制，并满足下列联锁控制要求：

1）当调节蝶阀开度关闭到汽轮机厂设定的最小开度，中压缸排汽压力仍低于汽轮机厂设定值时，应优先开大主蒸汽调节阀，增加主蒸汽流量，当主蒸汽调节阀开度受电网负荷限制或主蒸汽调节阀开度已达95%时，应联锁关小供热抽汽管道上快关调节阀开度。

2）当中压缸排汽温度高于汽轮机厂设定值时，应优先开大主蒸汽调节阀，增加主蒸汽流量，当主蒸汽调节阀开度受电网负荷限制或主蒸汽调节阀开度已达95%时，应联锁开大中低压缸连通管道上蝶阀开度。

3）当低压缸进汽压力低于汽轮机厂设定的允许范围值时，应优先开大主蒸汽调节阀，增加主蒸汽流量，当主蒸汽调节阀开度受电网负荷限制或主蒸汽调节阀开度已达95%时，应联锁开大中低压缸连通管道上调节蝶阀的开度，同时联锁关小供热抽汽管道上快关调节阀开度。

（2）当机组甩电负荷时，应执行下列联锁要求：

1）联锁快速关闭供热抽汽管道上快关调节阀及气动止回阀，并联锁快速打开供热抽汽管道上疏水阀。

2）联锁关小中低压缸连通管道上调节蝶阀开度，当机组转速降低到汽轮机厂设定值时，联锁全开中低压缸连通管道上调节蝶阀。

（3）当机组甩热负荷时，应联锁快速关闭供热抽汽管道上快关调节阀及气动止回阀，同时联锁全开中低压缸连通管道上调节蝶阀。

（4）当机组甩热负荷或电负荷时，应同时联锁关闭非调整供热抽汽管道上气动止回阀、调节阀及电动关断阀；当汽轮机非调整供热抽汽口处压力低于汽轮机厂允许值时，应联锁关小供热抽汽管道上调节阀开度。

（5）当背压机组甩热负荷或电负荷时，应同时联锁关闭排汽供热管道上电动关断阀和气动止回阀。

第二节　热网循环水系统

一、系统功能及范围

（一）系统功能

本手册中热网循环水系统是指建设在热电联产电厂热网首站的一级热网循环水系统，其主要功能是将外网的热网回水在电厂的热网首站中升温、升压后，提供压力、温度、流量满足要求的热网循环水。

（二）系统范围

热网循环水系统与外网的分界点通常以联合循环电厂围墙外1m为界。

热网循环水系统主要包括热网循环水泵、热网加热器、热网疏水冷却器、过滤器、流量计等设备和管道、阀门等，设计范围主要包括：

（1）热网循环水回水管道：从与外网接口分界处至热网循环水泵入口管道，含放水、放气和安全阀泄放管道（若有）。

（2）热网循环水供水管道：从热网循环水泵出口经热网疏水冷却器、热网加热器至与外网接口分界处管道，含放水、放气管道。

（3）供回水管道之间的旁路管道、回水超压保护装置及附属管道等。

二、系统设计

（一）主要原则

（1）热网循环水系统需统筹热网规划、燃气－蒸汽联合循环机组配置、供热可靠性措施、热网供回水参数等综合确定。

（2）与外网接口分界处参数由外网提出，热网首站的热网循环水系统的设计需满足接口处的参数要求。

（3）联合循环机组热网首站通常集中布置，多台机组之间的热网循环水系统通常采用母管制并联加热系统，以减少热网循环水泵备用台数。

（4）对于采用不同压力等级的两级抽汽的热网加热蒸汽系统，热网循环水也可采用串联加热系统。

（5）热网加热器进、出口母管之间可设置旁路。

（6）热网供、回水母管上可装设组合式热量计量装置。

（7）热网循环水泵进口母管上需要时应装设安全阀。

（二）系统拟定

热网循环水系统分为并联式和串联式。对于并联式系统，热网循环水回水经过热网循环水泵升压后，进入每台热网加热器加热至外网所需的温度后对外供出。对于串联式系统，热网循环水先经过基本热网加热器，温升未达到外网所需温度；然后再经尖峰热网加热器，加热至外网所需的温度后对外供出。

热网加热器进、出口母管之间可设置旁路管道，便于热网系统正式投运前，热网系统的调试和循环过滤，避免热网循环水中残存悬浮物堵塞热网加热器。旁路容量可取单台最大热网循环水泵设计流量。

另外，在大容量的热网循环水泵的供回水母管间可设置带止回阀的泄压旁路，防止热网循环水泵突然停止等原因造成的水锤现象。泄压旁路设计流量可取单台最大热网循环水泵设计流量；大容量的热网循环水泵出口宜设置缓闭式止回阀。

热网循环水泵前回水母管上通常设置滤网，滤网形式建议采用自动清洗型滤水器，若布置空间允许，滤网建议设置旁路管道。如本地区热网管道管理和运行情况良好，污物很少，回水母管也可不设自动清洗型滤水器，此时各热网循环水泵入口应安装过滤器。

（三）典型设计方案

以国内某电厂建设一套 E 级燃气－蒸汽联合循环机组的热电联产项目为例，冬季供热，夏季制冷。机组采用“一拖一”双轴配置方案，其中汽轮机为次高压、双缸、双压、无再热、单轴、凝汽式汽轮机。同时汽轮机设置 SSS 离合器，随热负荷需求可抽凝也可背压运行。

热网循环水供水温度为 130℃，回水温度为 70℃。

为兼顾冬季和夏季工况，热网首站设置 4 台热网循环水泵，不设备用，变频调速。热网循环水采用并联系统。

典型热网循环水系统图如图 9-6 所示。

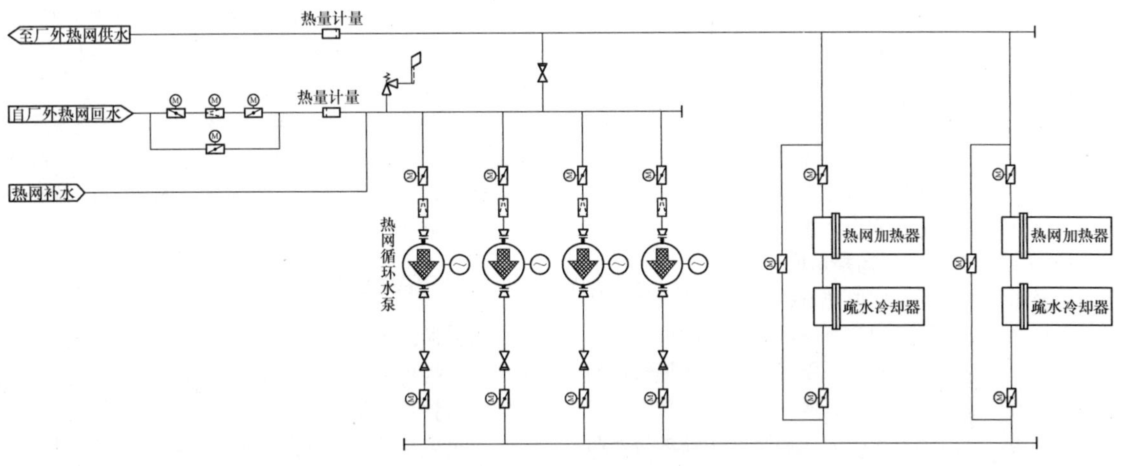

图 9-6 典型热网循环水系统图

三、设备选型

本系统主要设备为热网循环水泵。

（一）热网循环水泵选型和配置

热网循环水泵宜采用卧式离心泵，其容量和台数应根据供热系统和机组的运行调节方式，结合热网循环水量、供热可靠性要求等因素综合确定，需兼顾采暖季初期和供热高峰期泵的运行效率，尽量保持均在高效区运行。对于热网循环水量，部分项目一个采暖季期间现状热负荷和近、远期规划的热网循环水量可能差别很大，可通过热网循环水泵容量和台数等的配置尽量予以兼顾。考虑单台热网循环水泵容量不宜太大，且需兼顾供热可靠性，热网循环水泵数量不应少于 2 台，其中 1 台应为备用；热网循环水泵台数大于或等于 4 时，可不设备用泵。单台热网循环水泵的设计流量不宜大于 4000m^3/h。

多热源联网或采用质－量联合调节的单一热源供热系统，热网首站建议采用调速热网循环水泵，调速方式可以采用变频调节或液力耦合器调节。大型供热机组，热网循环水泵电动机容量一般较大，考虑投资和占地等因素，液力耦合器调速方式最为常用。如热网循环水泵电动机容量较小，为低压电动机，进行经济技术对比分析后，也可以考虑采用变频调速方式。

热网循环水泵通常为电动机驱动。当具备合适的驱动汽源和排汽去向时，还可采用背压式汽轮机驱动热网循环水泵，并宜另设 1 台电动热网循环水泵。电动热网循环水泵运行灵活，可用于热网循环水系统调试启动等运行工况。

并联运行的同容量水泵特性曲线宜相同。

图 9-7 所示为典型的液力耦合器调速的热网循环水泵组装图，其中，热网循环水泵采用卧式水平中开式离心泵。

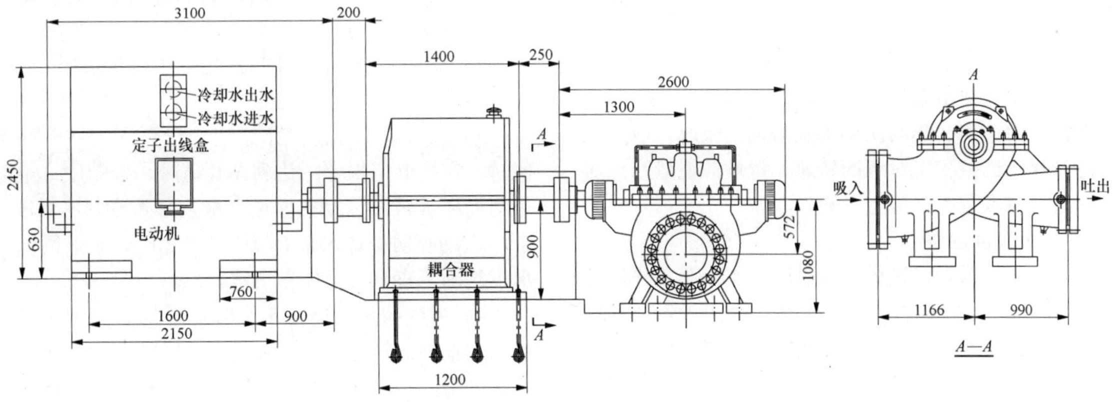

图 9-7 典型的液力耦合器调速的热网循环水泵组装图

（二）热网循环水泵流量选取

不计备用泵，热网循环水泵的总流量取 110%热网循环水设计流量，可由如下公式计算，即

$$G=1000Q/(h_{gs}-h_{hs})$$

$$G_1=1.1G/(k-1)\text{（设有一台备用泵）}$$

$$G_1=1.1G/k\text{（}k\geq4\text{ 时，如不设备用泵）}$$

式中 G——热网循环水流量，kg/s；

Q——热网首站设计供热能力，MW；

h_{gs}——热网循环水供水焓值，kJ/kg；

h_{hs}——热网循环水回水焓值，kJ/kg；

G_1——每台热网循环水泵流量，kg/s；

k——热网循环水泵台数。

（三）热网循环水泵扬程选取

热网循环水泵扬程应取热网循环水设计流量条件下，由热网首站到最远用户管路的供水及回水管道中的阻力之和，包括热网外网系统阻力，以及热网首站热网加热器、过滤器、管道、阀门等阻力。其中外网管道、设备、阀门等系统阻力，由热网循环水与外网接口分界处的供、回水压力确定。

热网首站热网循环水泵的扬程按下列各项之和计算：

（1）厂区围墙分界处热网循环水供水压力和回水压力之差。

（2）电厂设计范围内热网循环水系统设备阻力。

（3）电厂设计范围内热网循环水管系（含阀门）阻力，另加 20%裕量。

四、设计参数选取

热网循环水管道设计参数根据热网运行方式、热网循环水泵特性曲线，以及与外网接口分界处的热网循环水参数要求确定。与外网接口分界处的热网循环水参数由外网设计建设方提出。

（一）设计压力

热网循环水管道的设计参数应按 DL/T 5054《火力发电厂汽水管道设计规范》及 GB 50764《电厂动力管道设计规范》选取。

热网循环水泵为定速泵时，热网循环水管道设计压力取热网循环水泵特性曲线最高点对应的压力与水泵入口压力之和；热网循环水泵为调速泵时，取水泵额定转速（选型工况对应的转速）特性曲线最高点对应的压力与水泵入口压力之和。

（二）设计温度

热网加热器入口管道，取热网回水最高工作温度与热网回水和热网补水混合后温度两者中的较高温度。

热网加热器出口管道，取热网加热器出口最高工作温度。

五、管道规格及材料选取

热网循环水供水管与回水管通常取相同管径，流速按 1.5～3m/s 考虑，结合压降、布置和初投资等统筹确定。

管道壁厚及材料等按照 DL/T 5054《火力发电厂汽水管道设计规范》进行计算和选取。管道材料一般采用 Q235B 或 20 号钢。

热网循环水一般流量大、管径大。管道规格在 DN600 及以上且设计压力不高于 1.6MPa 时，可选用螺旋缝电焊钢管或直缝焊接钢管；DN600 以下管道选用无缝钢管。

六、布置要求

热网循环水管道尽量采用自补偿，布置困难无法实现时，也可采用补偿器。补偿器的选型应充分考虑盲板力对管系支吊架的影响。

无论电动驱动还是蒸汽驱动，热网循环水泵组宜布置在热网首站底层，包括驱动汽轮机及其轴封、疏水、润滑油等辅助系统。

七、联锁要求

（1）电动热网循环水泵宜设置下列主要联锁要求：

1）当热网循环水泵出口压力低于设定值时，联锁开启备用泵。

2）当热网循环水泵启动，联锁开启泵出口门失败时，延时跳闸水泵电动机。

3）当热网循环水供水母管压力达到高 I 值时，在控制室报警；达到高 II 值时，按顺序（A-B-C-D 等）依次延时联锁热网循环水泵电动机跳闸，直至压力恢复正常。

4）当运行热网循环水泵出口电动门关闭时，联锁对应泵电动机延时跳闸。

（2）汽动热网循环水泵宜设置下列主要联锁要求：

1）汽动热网循环水泵投自动转速范围为转速 I 到汽轮机额定转速。

2）当热网循环水泵出口压力低于设定值时，联锁开启备用泵。

3）当汽动热网循环水泵出口母管压力达到高 I 值时，在控制室报警；达到高 II 值时，按顺序（电动热网循环水泵 A-汽动热网循环水泵 B-汽动热网循环水泵 C-汽动热网循环水泵 D 等）依次延时联锁热网循环水泵跳闸，直至压力恢复正常。

4）当汽动热网循环水泵转速升到高 I 值时，在控制室报警；转速达到高 II 值时，联锁驱动汽轮机电超速跳闸，转速继续升到高 III 值时，机械超速跳闸。

5）当汽动热网循环水泵进、出口电动阀门全关时，联锁关闭驱动汽轮机进汽主汽门，运行泵联锁跳闸。

6）驱动汽轮机背压值达到高Ⅰ或低Ⅰ值时，在控制室报警；当驱动汽轮机背压值达到高Ⅱ或低Ⅱ值时，联锁关闭背压汽轮机主汽阀；当背压汽轮机转速超过额定值 11%，且危急遮断器不动作时，应联锁关闭背压汽轮机主汽阀。

7）当背压汽轮机汽源来自供热抽汽时，如果供热汽源切断，联锁关闭相应的背压汽轮机主汽阀。

第三节 热网加热器疏水系统

一、系统功能及范围

（一）系统功能

热网加热器疏水系统的主要功能为控制热网加热器水位，回收热网加热蒸汽换热后的凝结水，并为热网加热器和疏水冷却器提供超压保护、放水放气等。

（二）系统范围

热网加热器疏水系统设计范围包括热网加热器正常疏水和事故疏水管道、热网加热器壳侧和管侧放水放气管道及安全阀泄放管道、热网疏水冷却器壳侧和管侧放水放气及安全阀泄放管道等。

二、系统设计

（一）主要原则

（1）热网疏水系统的设计应满足防止汽轮机进水、进冷汽的要求，确保汽轮机的安全运行。

（2）热网疏水系统的拟定，应根据热网加热蒸汽系统的配置，并结合联合循环机组的特点统筹确定。

（3）热网加热器疏水系统分为正常疏水和事故疏水系统。

（二）系统拟定

1. 正常疏水系统

为保证机组汽水平衡，热网加热器正常疏水系统的设置应与热网加热蒸汽系统的设置保持一致。热网加热蒸汽采用单元制系统，正常疏水也采用单元制系统；热网加热蒸汽采用切换母管制系统，正常疏水也采用切换母管制系统；热网加热蒸汽采用母管制系统，正常疏水也采用母管制系统。

热网加热器正常疏水可引至凝结水管道、除氧器或凝汽器等。联合循环机组一般不设置独立除氧器，通常余热锅炉汽包兼作除氧器，其热网正常疏水可引接至凝结水管道或凝汽器，一般不引接至除氧器。

热网加热蒸汽压力较低，热网疏水如直接引接至凝结水管道，通常需要设置热网疏水泵。热网疏水如引接至凝汽器，可直接利用热网疏水和凝汽器的压差，不需设置热网疏水泵，热网疏水先进行降温换热，如加热凝结水或热网循环水后，引至凝汽器，以回收热量，节约能源。

热网加热器正常疏水管路，设有至锅炉定期排污扩容器或循环水排水管道等的分支管线，用于热网系统启动初期或系统故障等水质不合格期间的临时排放。

正常疏水系统上应设置动力疏水调节阀，或利用调速疏水泵控制加热器水位。虽然每台机组各热网加热器结构、进汽参数、布置标高均相同，但热网加热器数量较多时，如果按多台加热器水位取平均值进行控制，实际运行水位波动比较大，控制难度较大。建议 1～2 台热网加热器采用一套调节阀或变速疏水泵进行水位控制。

当热网加热器设置内置式疏水冷却段时，疏水冷却段出口疏水温度可按一级热网循环水入口温度加热网加热器端差设计，该端差可取 5℃。

热网疏水的水质应满足机组参数、热力系统配置要求，不能影响凝结水品质。每台热网加热器疏水宜设置导电度和 pH 在线仪表监测水质。

2. 事故疏水系统

热网加热器事故疏水用于加热器换热管破裂等故障情况下的紧急泄放。

热网加热器事故疏水可排至锅炉定期排污扩容器，或排至独立的事故疏水扩容器。

目前多数工程热网加热器设置了事故疏水，也有部分工程未设置，建议有条件的工程热网加热器尽量设置事故疏水。由于热网事故疏水量一般都较大，温度又高，接收困难，引接不便，如不设热网事故疏水系统，需在实际运行中监测水质，制定相关运行维护规定，采用有效措施及时排查和清除故障，避免故障情况下汽轮机进水。

事故疏水系统应设置动力关断阀。

单台热网加热器的事故疏水量，取单台热网加热器热网循环水设计流量的 10%或一根加热器管子破裂流出的水量之较大值，且不小于其正常疏水量。事故疏水母管不考虑叠加，其通流能力按设计热负荷最大的热网加热器的事故疏水量进行设计。

若余热锅炉定期排污扩容器不能接受热网加热器事故疏水量时，供热首站内宜设置独立的热网事故疏水扩容器和事故疏水母管。

热网事故疏水扩容器的排水应设置掺混降温水系统。

3. 放水放气系统

（1）热网加热器壳侧应设置启动放气和正常运行连续放气，启动放气应排至大气，连续排汽应经节流减压后排至凝汽器（排汽装置）或热网补水除氧器。

（2）热网加热器、热网疏水冷却器壳侧应设置安全阀，安全阀排汽应各自独立对空排放。

（3）热网加热器、热网疏水冷却器壳侧放水宜通过放水漏斗，接入无压放水母管。

（4）热网加热器、热网疏水冷却器管侧放水和放气及安全阀排放管道，应经漏斗收集后排至无压放水母管。

（三）典型设计方案

以国内某电厂建设一套E级燃气—蒸汽联合循环机组的热电联产项目为例，冬季供热，夏季制冷。联合循环机组采用“一拖一”双轴配置方案，其中汽轮机为次高压、双缸、双压、无再热、单轴、凝汽式汽轮机。同时汽轮机设置SSS离合器，随热负荷需求可抽凝也可背压运行。

热网疏水系统采用单元制，与热网加热蒸汽系统相同。

一套机组配置3台热网疏水泵，变频调速。

典型热网疏水系统图如图9-8所示。

三、设备选型

本系统设备主要包括热网疏水泵、热网疏水冷却器、热网疏水箱和事故疏水扩容器。

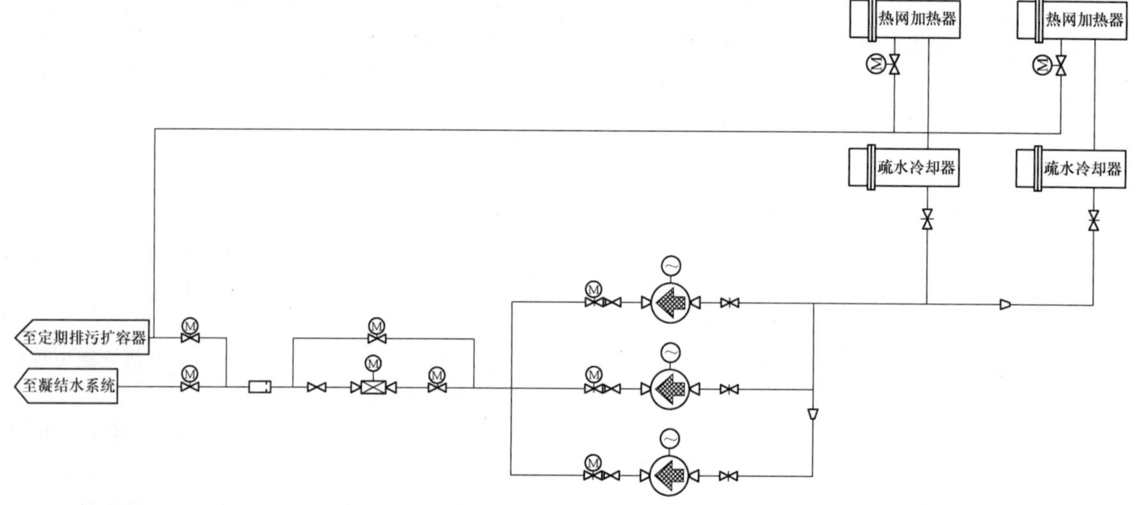

图9-8　典型热网疏水系统图

（一）热网疏水泵

热网疏水泵形式、台数及容量应根据疏水量大小、机组配置方式确定，兼顾不同运行工况和负荷的运行经济性，通常采用卧式离心泵。

热网疏水泵台数不应少于2台，其中1台备用。

热网系统运行期间负荷和热网疏水量变动较大时，热网疏水泵宜选用变频调速泵。

典型热网疏水泵组装图见图9-9。

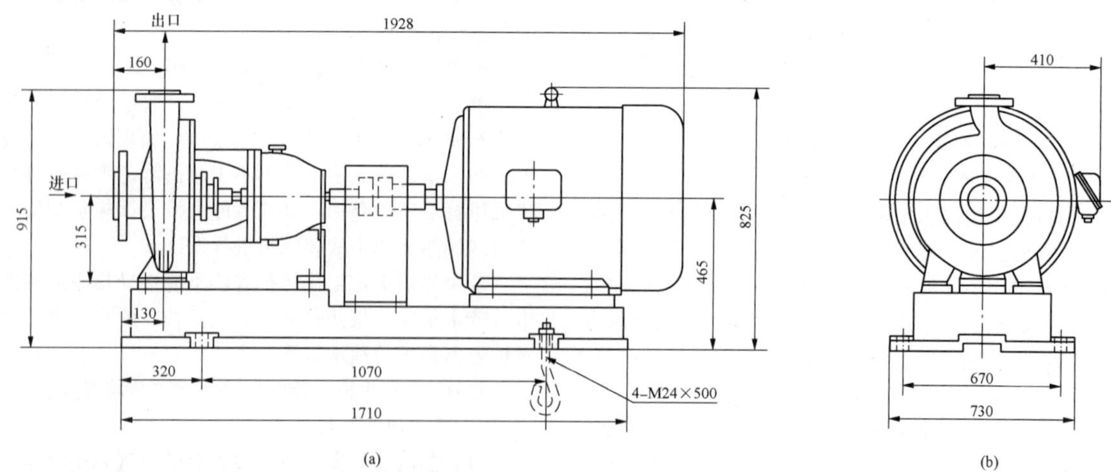

图9-9　典型热网疏水泵组装图

（a）主视图；（b）左视图

1. 疏水泵流量选取

不计备用泵，热网疏水泵的设计总流量宜为供热首站设计热负荷对应的设计疏水流量的110%。

2. 疏水泵扬程选取

热网疏水泵扬程应在热网疏水设计流量条件下，按下列各项之和计算。

（1）从热网加热器正常疏水出口至凝结水系统接入口的疏水管系（含阀门）阻力，另加20%裕量。

（2）正常疏水系统设备阻力（如有）。

（3）凝结水系统接入口处最高工作压力。

（4）热网加热器（疏水箱）汽侧工作压力，如压力高于当地大气压，取负值。

（5）正常疏水在凝结水系统接入点与热网加热器（疏水箱）最低水位间的水柱静压差。

（二）热网疏水冷却器

为了降低热网加热器出口疏水温度，热网加热器可设置内置式疏水冷却段或外置式疏水冷却器。

热网疏水冷却器是热网加热器的外置式疏水冷却器，每台热网疏水冷却器与热网加热器疏水侧采用串联布置方式，从热网加热器出来的疏水进入疏水冷却器进一步冷却，其冷却介质为热网回水或者凝结水。

热网加热器设置内置式疏水冷却段时，宜设置一级外置式热网疏水冷却器，与主凝结水换热；当热网加热器设置外置式疏水冷却器时，可设置二级，分别与热网回水及主凝结水换热。

热网疏水冷却器采用凝结水冷却时，由于联合循环机组凝结水系统压力较低，热网疏水冷却器可选用立式或卧式、管壳式或板式换热器，通过经济技术比较，并考虑布置条件后，综合考虑确定。

热网疏水冷却器可每台热网加热器设1台，也可几台热网加热器设1台，不设备用。

图9-10所示为立式热网疏水冷却器外形图。

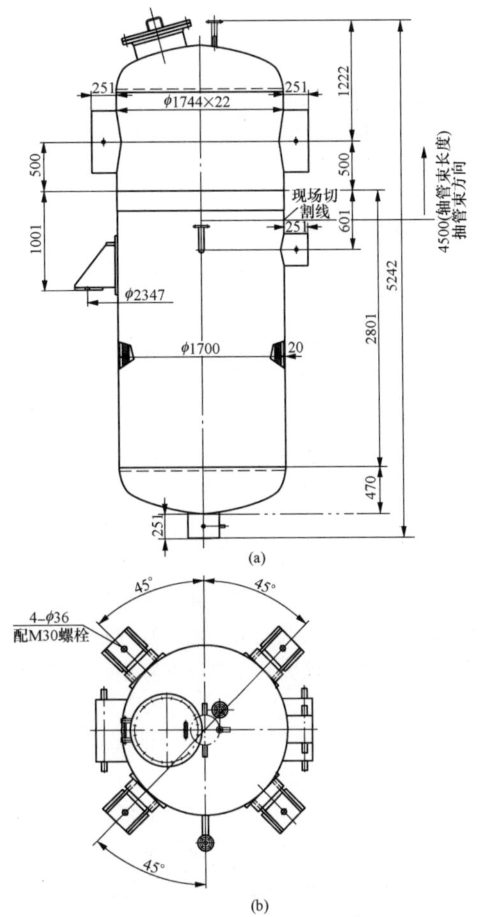

图9-10　立式热网疏水冷却器外形图

（a）主视图；（b）俯视图

（三）热网疏水箱

热网疏水回收至凝汽器时，热网疏水系统不设疏水箱；当回收至凝结水系统，疏水系统设有疏水泵时，若热网加热器汽侧允许水位以下疏水容积与疏水泵进口全部疏水管道的水容积不能满足3～5min以上热网疏水泵额定流量运行时，疏水系统宜设置疏水箱，疏水箱有效容积宜按3～5min设计疏水流量确定。

（四）热网事故疏水扩容器

供热首站可设1台大气式热网事故疏水扩容器。

热网事故疏水扩容器容积应按设计热负荷最大的一台热网加热器事故疏水量进行计算。

四、设计参数选取

热网疏水管道的设计参数应按DL/T 5054《火力发电厂汽水管道设计规范》及GB 50764《电厂动力管道设计规范》选取。

（一）设计压力

（1）热网疏水泵入口的疏水管道设计压力：取热网抽汽管道设计压力，且不小于0.1MPa。当管道中疏水静压引起压力升高值大于抽汽压力的3%时，应计及静压的影响。

（2）热网疏水泵出口的疏水管道设计压力：疏水泵采用定速泵时，疏水泵出口管道设计压力取水泵特性曲线最高点对应的扬程（关闭扬程）与水泵入口压力之和；疏水泵采用调速泵时，疏水泵出口管道设计压力取泵额定转速（水泵选型工况对应的转速）特性曲线最高点对应的扬程（关闭扬程）与水泵入口压力之和。

（二）设计温度

取用加热器抽汽管道设计压力对应的饱和温度。

五、管道规格及材料选取

热网疏水管道的管径、壁厚及材料等按照DL/T 5054《火力发电厂汽水管道设计规范》进行计算和选取。

疏水泵入口疏水管道推荐流速为0.5～1.0m/s，疏水泵出口疏水管道推荐流速为1.5～3m/s。

热网疏水参数低，管道规格较小，一般采用无缝钢管，材料为20号钢。

六、布置要求

（1）热网疏水泵应布置在热网首站底层，并尽量靠近热网疏水箱或热网加热器布置。

（2）热网疏水箱的布置高度应满足热网疏水泵入口必须汽蚀余量的要求。

（3）热网事故疏水扩容器宜布置在热网首站底层，并靠近外墙布置。

七、联锁要求

（1）热网加热器壳侧通常设正常水位、高Ⅰ水位、高Ⅱ水位、高Ⅲ水位、低水位。

（2）热网加热器正常水位由正常疏水调节阀控制。

（3）当水位达到高Ⅰ水位时，应联锁全开正常疏水调节阀，并在控制室报警。

（4）当水位达到高Ⅱ水位时，应联锁打开事故疏水阀，并在控制室报警。

（5）当热网加热器水位出现高Ⅲ值时，应执行下列联锁，并在控制室报警：

1）全开单元制及非单元制运行的热网加热蒸汽系统所对应的全部供汽机组中低压缸连通管道上调节蝶阀，并应同时联锁关闭供热抽汽管道上快关调节阀及气动止回阀。

2）全开供热抽汽管道上气动止回阀前的疏水阀，应联锁关闭热网加热器循环水进、出口阀门。

（6）当热网加热器壳侧水位达到低水位时，应联锁关闭正常疏水调节阀，并在控制室报警。

（7）热网疏水箱水位由疏水泵变频调节或水位调节阀调节，当热网疏水箱的水位达到低Ⅱ水位时，联锁停运热网疏水泵或关闭水位调节阀。

第四节　热网补水系统

一、系统功能及范围

（一）系统功能

热网补水系统的主要功能是为热网循环水系统补充由于跑、冒、滴、漏或管道破裂等事故引起的热网循环水的泄漏损失，以确保热网循环水压力稳定，并保证热网系统不发生汽化。

（二）系统范围

热网补水系统设计范围包括从化学软化水车间至热网低压除氧器的补水管道、从低压除氧器出口通过补水泵至热网回水管道的正常补水管道、从低压除氧器出口通过定压水泵至热网回水管道的热网定压管道、从水工专业来的热网事故补水管道，以及大气式除氧器放水放气及其安全阀泄放管道等。

热网补水系统通常由大气式除氧器、补水泵、定压泵、流量计以及管道、阀门等组成。

二、系统设计

（一）主要原则

（1）热网补水分为正常补水和事故补水系统。

（2）正常补水一般采用化学专业软化水，也可利用锅炉排污水，或反渗透出水、除盐水。

（3）正常补水应进行除氧，以防止热网循环水系统氧化腐蚀。

（4）事故补水一般直接采用水工专业工业水，由于是短时事故应急工况，可不除氧。

（5）热网补水/定压系统还应满足热网定压要求。

（二）系统拟定

（1）正常补水先经热网低压除氧器除氧，低压除氧器出口的热网补水，通过热网补水泵，接入热网循环水泵前热网回水母管。若补水压力足够，能够直接补入热网时，可不设补水泵。由于热网低压除氧器的布置高度限制，其出口补水压力较低，通常需设置热网补水泵。

（2）事故补水通常来自水工工业水，压力相对较高，一般不需设置补水泵。具体项目需根据热网回水压力等实际情况核定。

（3）正常和事故补水均应装设记录式流量计。

（4）热网补水泵出口需设置至低压除氧器的再循环管道。

（5）热网循环水泵停运时，应保证必要的静压值，不应使热网任何一点的循环水汽化，并有 30～50kPa 的富裕压头。热网定压的参数要求由外网提出，如热网定压的参数与热网补水的参数相同或相近，热网补水泵可兼做热网定压泵，不再单独设置定压泵；否则，需按照外网定压值要求设置定压水泵，满足热网循环水泵故障时，整个热网水系统不发生汽化的要求。

（6）正常补水量取热网循环水量的 1%～2%。事故补水量取热网循环水量的 4%（含正常补水量）。

（7）通常全厂设置 1 台热网低压除氧器，用于化学车间来的软化水的加热除氧。除氧器通常采用定压运行方式，除氧加热汽源来自热网加热蒸汽或辅助蒸汽。

（三）典型设计方案

以某热电联产项目为例，热网首站设置 1 台热网补水除氧器；两台补水泵，1 台运行、1 台备用，变频调速；设 1 台热网定压泵。

典型热网补水系统图如图 9-11 所示。

三、设备选型

热网补水系统设备主要包括热网补水泵和定压泵、热网补水低压除氧器。

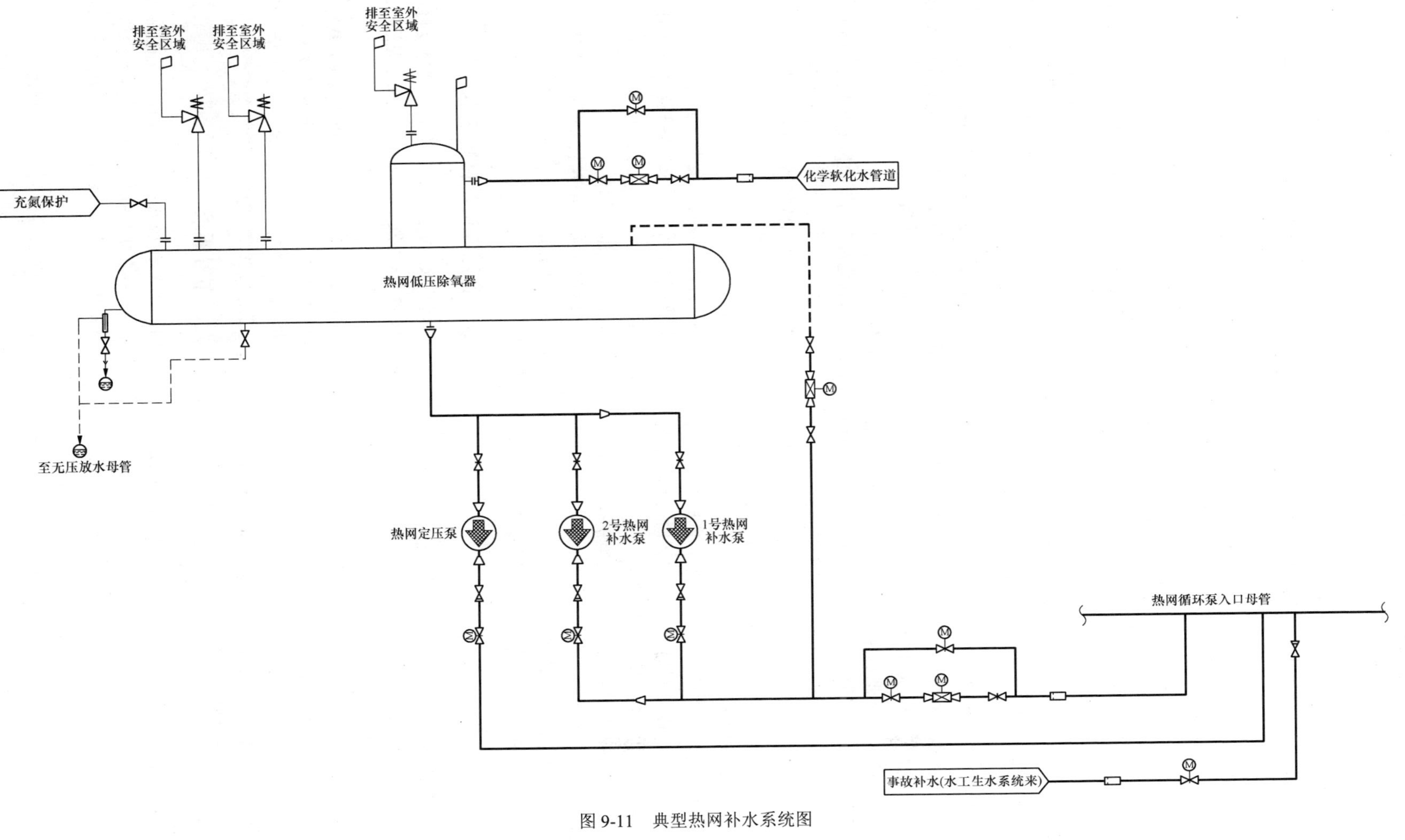

图 9-11 典型热网补水系统图

（一）补水泵和定压泵

1. 补水泵和定压泵选型和配置

（1）热网补水泵形式、台数及容量应按照正常补水的要求确定。热网定压泵按照外网要求的定压值核算是否需要单独设置。

（2）热网补水泵建议采用变频调速，宜设置两台，互为联锁，1 台运行、1 台备用。补水泵通常采用卧式离心泵。

（3）热网补水泵兼有热网定压功能时，应考虑设计保安电源。若热网补水泵扬程不能满足热网定压要求，应设置单独的定压泵。定压泵通常设置 1 台，采用卧式离心泵。

2. 补水泵容量和扬程选取

热网补水泵总容量应为热网正常补水量的 110%，或由外网提出补水量需求。

补水泵扬程应在补水设计流量下，按下列各项之和计算，并留有 30～50kPa 的裕量：

（1）从热网补水低压除氧器出口至补水接入点的补水管系（含阀门）阻力，另加 20%裕量。

（2）补水接入点处热网循环水回水压力。

（3）补水除氧器额定工作压力（取负值）。

（4）补水至热网循环水回水接入点处与补水除氧器最低水位间的水柱静压差。

定压泵的扬程计算与补水泵相似，同时，定压泵的容量和扬程需满足热网循环水泵停运时，热网系统任何一点不汽化的热网定压值的要求。

需要注意的是，具有热网充水功能的热网补水泵或定压泵，扬程还应满足充水要求。

（二）热网补水低压除氧器

（1）热网补水低压除氧器对正常补水进行加热除氧，宜采用大气式旋膜除氧器，也可采用大气式内置喷嘴除氧器。

（2）通常全厂设置 1 台热网补水低压除氧器。

（3）补水低压除氧器额定出力应不小于热网正常补水量。

（4）除氧器给水箱有效容积能满足 15～20min 热网正常补水消耗量的要求，除氧器给水箱有效容积是指给水箱正常水位至水箱出水管顶部水位之间的容积。

根据 CJJ 34—2010《城镇供热管网设计规范》，热网正常补水水质要求见表 9-1。

表 9-1　　热网补水水质要求

项　目	要　求
浊度（FTU）	≤5.0
硬度（mmol/L）	≤0.60
溶解氧（mg/L）	≤0.10
油（mg/L）	≤2.0
pH 值（25℃）	7.0～11.0

四、设计参数选取

（一）正常补水及定压系统

1. 设计压力

（1）软化水车间至热网低压除氧器入口之间的补水管道：取软化水系统最高工作压力。

（2）热网低压除氧器出口至补水泵及定压泵入口之间的补水及定压管道：取低压除氧器额定工作压力与最高水位时水柱静压差之和。

（3）补水泵及定压泵出口至热网循环水回水之间的管道：取补水泵及定压泵性能曲线最高点对应的扬程与进水侧压力之和。

2. 设计温度

（1）软化水车间至热网低压除氧器入口之间的补水管道：取软化水系统最高工作温度。

（2）热网低压除氧器出口至补水泵及定压泵入口之间的补水及定压管道：取低压除氧器额定工作压力下的饱和温度。

（3）补水泵及定压泵出口至热网循环水回水之间的补水及定压管道：取低压除氧器额定工作压力下的饱和温度。

（二）事故补水系统

事故补水来自水工专业工业水，设计压力取工业水系统最高工作压力，设计温度取工业水系统最高工作温度。

五、管道规格及材料选取

热网补水及定压系统的管径、壁厚及材料等按照 DL/T 5054《火力发电厂汽水管道设计规范》进行计算和选取。

补水泵及定压泵入口管道推荐流速为 0.5～1.0m/s，补水泵及定压泵出口管道推荐流速为 1.5～3m/s。

热网补水及定压系统流量小、参数低，管道规格小，一般采用无缝钢管，材料为 20 号钢。

六、布置要求

（1）热网补水低压除氧器宜布置在热网首站顶层，也可布置在主厂房内，其布置高度应满足热网补水泵及定压泵入口必须汽蚀余量或静压补水压力的要求。

（2）热网补水泵、定压泵应布置在热网首站零米层，并宜尽量靠近热网补水低压除氧器。

七、联锁要求

（1）补水低压除氧器正常运行水位应由低压除氧器补水管道上水位调节阀控制。

（2）当补水低压除氧器水位下降到低Ⅰ值时，宜在控制室报警，并应联锁全开补水管道上水位调节阀；当补水低压除氧器水位下降到低Ⅱ值时，应在控制室报警，并应同时联锁补水泵跳闸，并闭锁备用泵启动。

（3）当补水低压除氧器水位上升到高Ⅰ值时，宜在控制室报警；当补水低压除氧器水位上升到高Ⅱ值时，应在控制室报警，同时联锁全开高水位放水阀。

（4）当一台运行热网循环水补水泵故障跳闸时，应联锁启动备用补水泵。

第十章

厂 房 布 置

第一节 主 厂 房 布 置

主厂房布置是火力发电厂设计中重要的工作之一。主厂房布置集中体现了设计、制造、施工、运行的水平，在很大程度上反映了一个国家电力工业的综合水平。布置得好坏不仅影响到建设速度和建设费用，而且与长期运行是否安全经济、维护是否方便、扩建时是否合理等方面均有直接关系。因此进行主厂房设计时，须根据国家的方针政策，周密考虑各方面问题，并通过详细的技术经济比较，选择先进、合理、经济的方案。

一、主厂房的布置原则

主厂房设计应符合 DL/T 5174《燃气－蒸汽联合循环电厂设计规定》的有关规定，根据现场具体条件，采用可用率高、经济效益好、技术先进的设计方案，做到工艺流程顺畅，布置合理，安排好检修设施和检修场地，为电厂安全运行、维护检修提供良好的工作环境。布置原则如下：

1. 主厂房布置的模块化

主厂房内布置的设备尽可能地采用模块式紧凑型设备。

2. 安装、维护与检修方便

主厂房的布置需考虑设备和部件的检修空间以及相应的检修用起吊设施及其空间，考虑设备和部件的运输和维护通道，以满足安装、检修时设备拆装和搬运方便，以及运行维护的要求。

3. 考虑地区的特殊条件

根据所处地区的气候条件，考虑环境温度、湿度、风沙、盐雾等的差异，主辅设备可采用部分或全部露天布置。根据所处地区的地震等级，设备及厂房的设计需考虑不同的抗震措施。

4. 符合全厂的整体性、一致性、艺术性

主厂房内部各类设备、管道、电缆等布置应力求整齐、美观、协调与和谐，主厂房建筑的立面和平面与周围的环境相和谐，并具有一定的艺术性。主厂房扩建时应考虑与原有部分相匹配的整体性与一致性。

5. 合理的布置优化

燃气－蒸汽联合循环电厂的主设备布置时应进行设计优化。在经济合理的条件下，宜减少燃气轮机与余热锅炉间排气压损，缩短余热锅炉与汽轮机间蒸汽管道，减少蒸汽压损。合理压缩主厂房体积，节约用地，并节省土建投资和管道、电缆费用。考虑工艺流程合理布置设备，使流程顺畅，并便于运行维护及检修。

二、主厂房模块划分

主厂房部分一般划分为 3 个模块：燃机房模块、余热锅炉模块、汽机房模块。

（一）燃机房模块

1. 燃气轮机的布置形式

（1）燃气轮机根据吸风口的布置方式可以有不同的布置形式。按燃气轮机不同吸气方式划分，可分为上吸气、下吸气和侧向吸气 3 种方式。

1）上吸气布置方式。燃气轮机及发电机一般采用低位布置，且厂房内起吊检修可以只考虑燃气轮机转子，故可以有效减少主厂房体积，降低投资。但这种布置方式吸气过滤器及进风通道为高位布置，其较大荷载作用在屋顶增加了结构设计难度。图 10-1、图 10-2 所示为燃气轮机上吸气布置示意图。

2）下吸气布置方式。燃气轮机及发电机可采用高位布置，燃气轮机进气口布置在燃气轮机排气口下方。此种布置方式为燃机房、汽机房形成联合厂房提供了条件，在运转层形成大平台，视野开阔，干净整洁，利于检修。但是，此种布置方式需要同时兼顾燃气轮机及其发电机、汽轮机，增大了厂房跨度和高度，燃气轮机机座和主厂房投资增加，不利于投资优化；而且吸气口位于余热锅炉侧，对两台余热锅炉之间的距离有一定要求，因而会增大主厂房区域的占地面积，不利于占地优化；同时，由于燃气轮机高位布置，与集控室的距离较近，而且与集控室之间无任何遮挡，噪声对集控室的影响较大。图 10-3 所示为燃气轮机下吸气布置示意图。

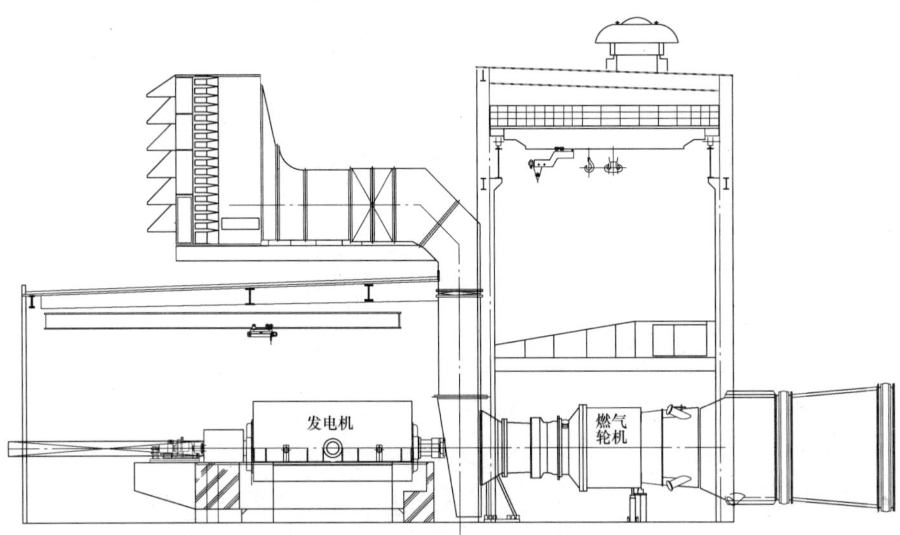

图 10-1 燃气轮机上吸气布置示意图（一）

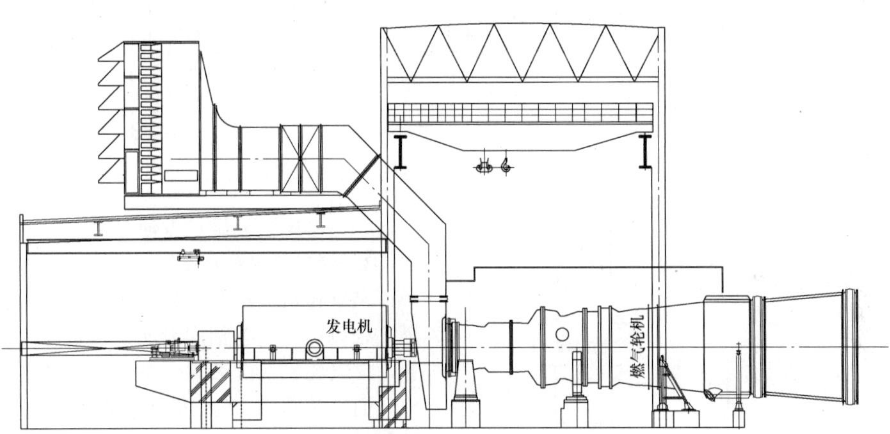

图 10-2 燃气轮机上吸气布置示意图（二）

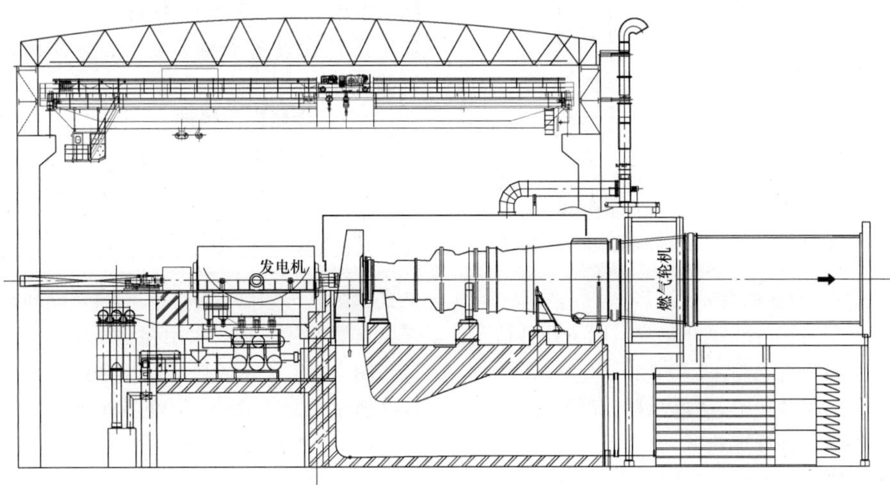

图 10-3 燃气轮机下吸气布置示意图

3）侧向吸气布置方式。燃气轮机及发电机可以采用高位或低位两种布置，但要求燃气轮发电机组之间的距离增大，国内采用侧向吸气布置方式的燃气轮发电机组多为单轴配置。图 10-4 所示为燃气轮机侧吸气布置示意图。

（2）按燃气轮机不同排气方式划分，可分为轴向排气（冷端驱动）和侧向排气（热端驱动）两种方式。图 10-5 所示为燃气轮机排气布置方式示意图。

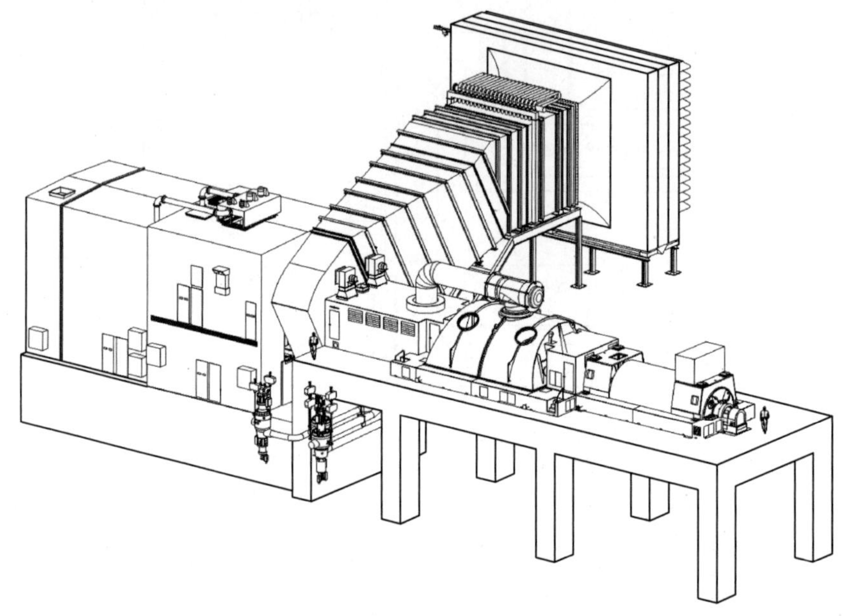

图 10-4　燃气轮机侧向吸气布置示意图

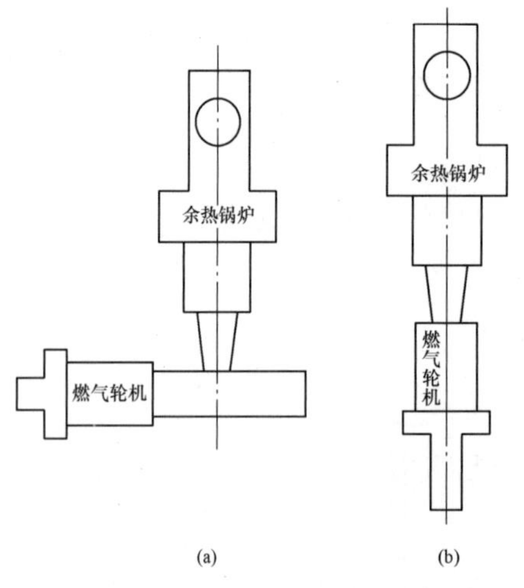

图 10-5　燃气轮机排气布置方式示意图

（a）燃气轮机侧向排气布置；（b）燃气轮机轴向排气布置

2. 燃气轮机的布置原则

燃气轮机可采用室内或室外布置。以下几种情况燃气轮机适宜室内布置。

（1）环境条件差（酸雨、海边等）、严寒地区。

（2）对设备噪声有特殊要求。

（3）去工业化或对景观有特殊要求。

（4）燃气轮机采用外置式燃烧器。

（5）单轴配置的联合循环发电机组。

（6）考虑检修维护方便等要求。

3. 辅助设备的布置

燃气轮机的辅助设备主要布置在零米，通常靠近燃气轮机布置，包括润滑油集装装置、液压油集装装置、燃气轮机水洗装置、发电机密封油集装装置、集电环通风装置、二氧化碳灭火装置以及机组的 6kV 盘柜和热控盘柜等。

燃气轮机的相关辅助设备应就近布置在其周围。当燃气轮机采用室外布置时，辅助设备应根据环境条件和设备本身的要求设置防雨、伴热或加热设施。

（二）余热锅炉模块

1. 余热锅炉的布置形式

余热锅炉按总体结构可分为卧式余热锅炉和立式余热锅炉。汽流水平流动，传热管垂直安装的锅炉为卧式锅炉；汽流向上流动，传热管水平安装的锅炉为立式锅炉。一般卧式锅炉采用自然循环，立式锅炉可采用自然循环，也可采用强制循环。

图 10-6 所示为卧式余热锅炉的典型布置图，图 10-7 所示为立式余热锅炉的典型布置图。

2. 余热锅炉的布置原则

（1）余热锅炉宜露天布置。当燃气轮机电厂地处严寒地区时，余热锅炉可采用室内布置或紧身封闭。

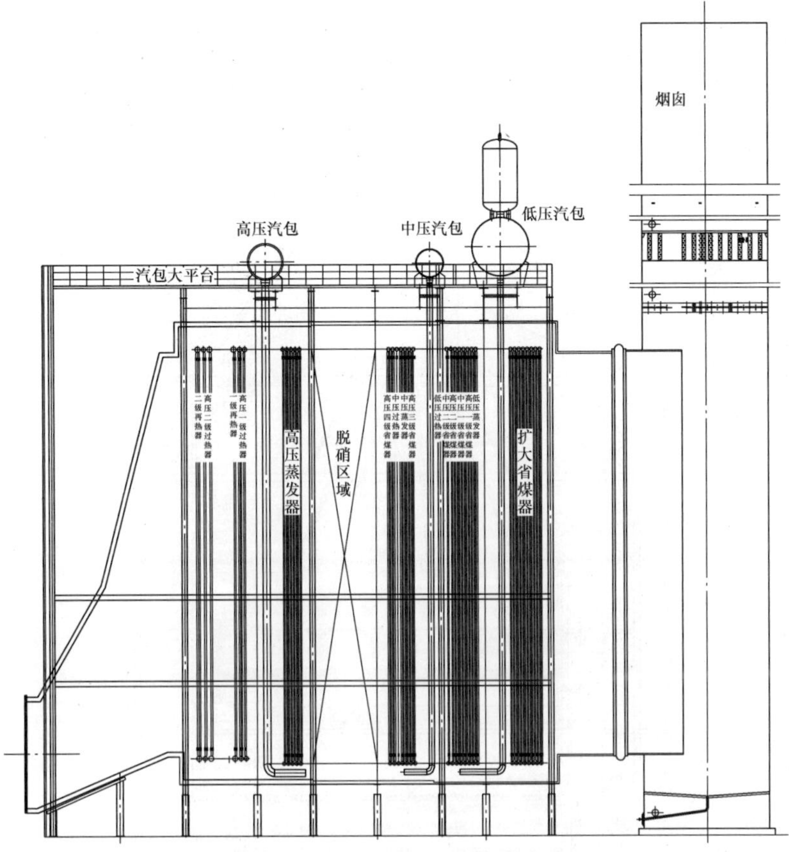

图 10-6　卧式余热锅炉的典型布置图

（2）余热锅炉的辅助设备、附属机械及余热锅炉本体的仪表、阀门等附件露天布置时，应根据环境条件和设备本身的要求考虑采取防雨、防冻、防腐等措施。

（3）当除氧器与余热锅炉低压汽包合为一体时，应根据余热锅炉低压汽包的安装标高核实给水泵的安装标高，以满足各种工况下，给水泵不发生汽蚀的要求。

3. 烟囱的布置

（1）烟囱的设置应根据机组的循环方式、余热锅炉形式及布置方式等因素确定，烟囱的高度应能满足烟气排放的环保要求，烟囱的出口直径应根据燃气轮机排放量及出口流速确定。

（2）简单循环发电机组宜每台燃气轮机设置一座钢制烟囱。

（3）当采用立式余热锅炉时，宜采用钢制烟囱并直接设置在锅炉顶部。

（4）当采用卧式余热锅炉时，根据机组的布置情况，可每台余热锅炉设置 1 座烟囱，也可多台余热锅炉设置 1 座（集管式）烟囱。

（5）当设置旁路烟囱时，宜将其设置在烟道直段上，以便安置烟气切换挡板门；余热锅炉烟囱内可安装挡板门。旁路烟囱烟道与余热锅炉进口烟道之间须设置膨胀节，余热锅炉与锅炉烟囱之间应设置出口膨胀节。消声器应安装在旁路烟囱上。

4. 辅助设备的布置

余热锅炉辅助设备主要有高压给水泵、中压给水泵（三压锅炉）、凝结水循环泵、除氧器、定期排污扩容器、连续排污扩容器等，这些设备一般都由锅炉厂供货。除氧器可要求锅炉厂在设计时布置于炉顶，也可布置在水泵框架的顶部。高、中压给水泵及凝结水循环泵布置于炉侧地面，为降低噪声，可采用室内布置。随着燃气轮机的高效率化和大容量化，余热锅炉逐步采用低压汽包与除氧器合为一体的整体除氧器设置。余热锅炉带整体除氧器，在结构上可缩小余热锅炉部分的整体尺寸。

（三）汽机房模块

1. 汽轮机的布置形式

按汽轮机的排汽方式划分，可分为轴向排汽、侧向排汽和垂直向下排汽 3 种方式。

汽轮机轴向排汽平面布置如图 10-8 所示，汽轮机侧向排汽平面布置如图 10-9 所示，汽轮机垂直向下排汽平、断面布置如图 10-10 所示。

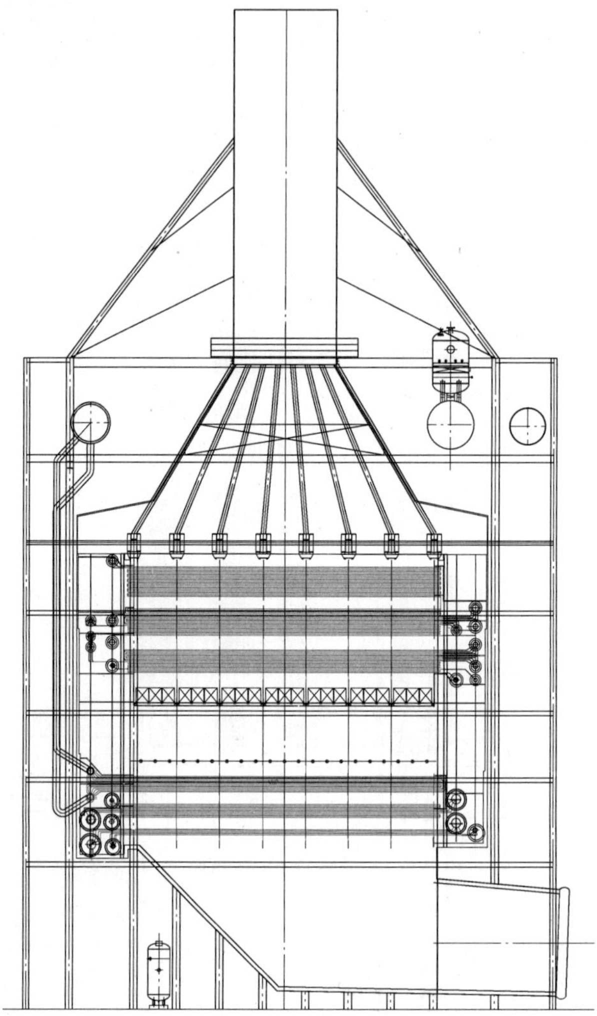

图 10-7　立式余热锅炉的典型布置图

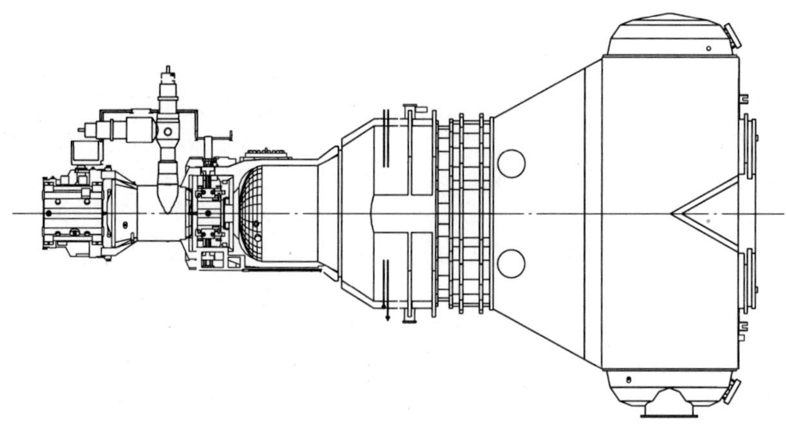

图 10-8　汽轮机轴向排汽平面布置图

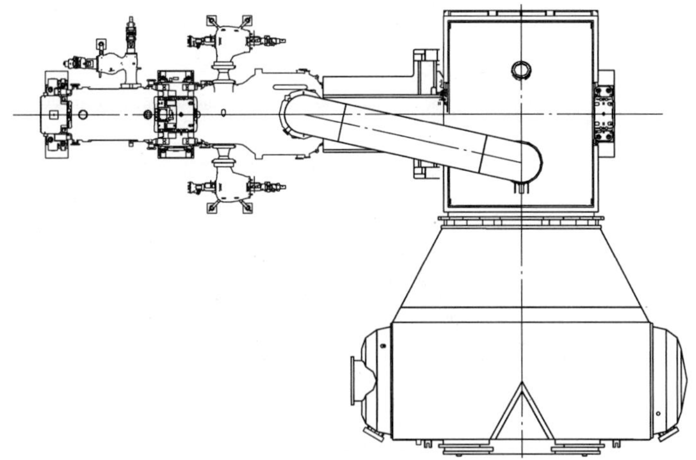

图 10-9　汽轮机侧向排汽平面布置图

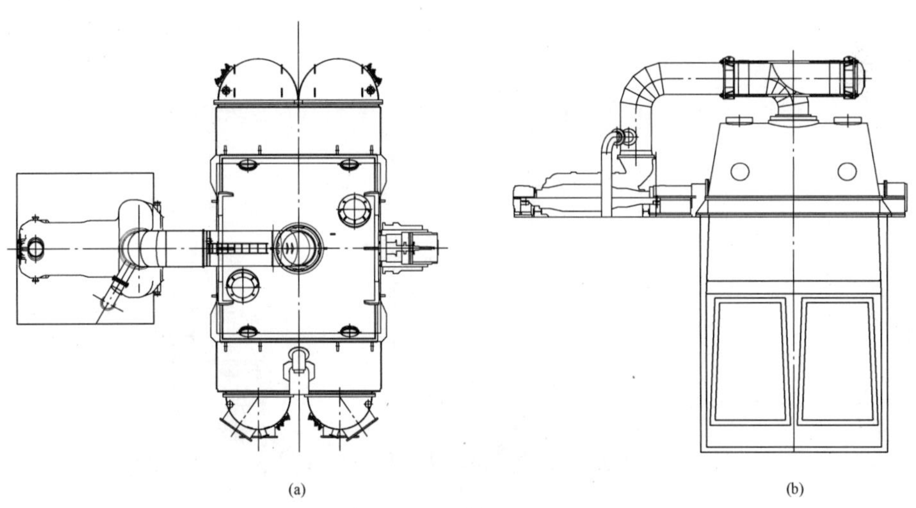

图 10-10　汽轮机垂直向下排汽平、断面布置图

（a）平面布置图；（b）断面布置图

燃气－蒸汽联合循环机组通常没有抽汽回热系统，故在汽机房布置上，不必考虑高、低压加热器及除氧器等设备的布置空间，汽机房的格局相对紧凑、简单。但是，北方供暖地区，为了实现供热最大化的目标，供热的燃气－蒸汽联合循环机组配置了SSS 离合器，在供热高峰，机组可切除低压缸背压排汽供热。由于机组带 SSS 离合器，使得汽轮机高中、低压缸及发电机的相互放置位置发生了变化，发电机的布置位置由常规的低压缸外侧，移到了高压缸外侧，同时机组高压主汽阀和中、低压主汽阀以及中压缸至低压缸的联通管分布于汽轮机两侧，汽轮机本体的长度和宽度较同容量的燃煤机组的汽轮机本体有所增加。因此，带 SSS 离合器可背压运行的联合循环供热机组，厂房布置在力求紧凑的同时，需要考虑上述变化因素。汽轮机模块平面布置图如图 10-11、图 10-12 所示。

2. 汽机房的布置原则

（1）汽轮机应室内布置。当汽轮机为轴向或侧向排汽时，汽轮机可低位布置；当汽轮机为垂直向下排汽时，汽轮机可高位布置。

（2）燃气－蒸汽联合循环机组的汽轮机的布置方式与燃煤机组的汽轮机类似，均可采用横向或纵向布置，分别与不同的总平面布置相配合，使厂区布置更加合理。

（3）燃气－蒸汽联合循环机组通常无回热系统，没有高、低压加热器，除氧器与余热锅炉低压汽包合为一体，故汽机房不再需单设除氧、加热器间。

3. 辅助设备的布置

（1）汽轮机的主油箱、油泵及冷油器等设备通常布置在汽机房零米层并远离高温管道。

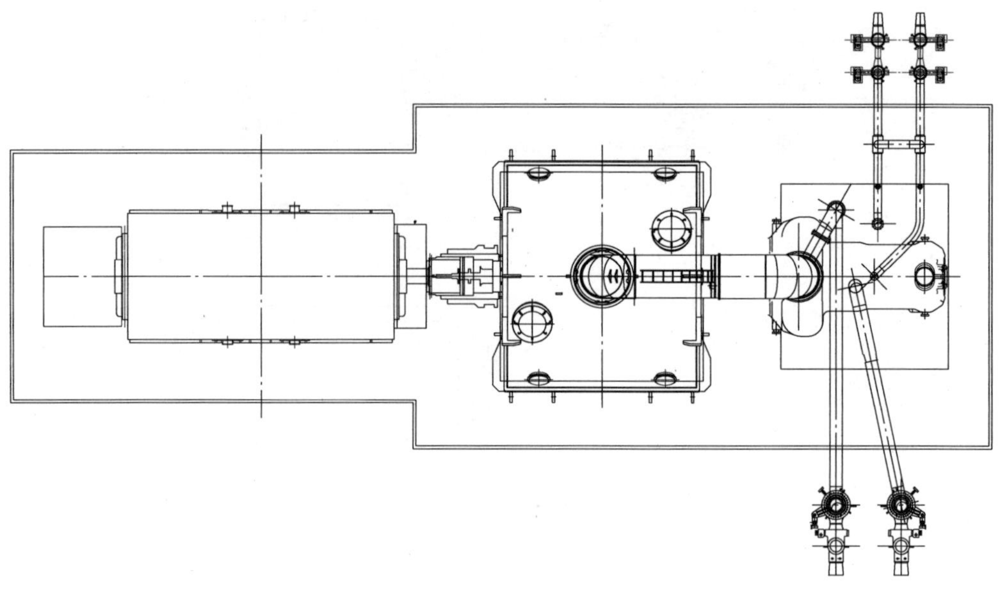

图 10-11　汽轮机模块（不带 SSS 离合器）平面布置图

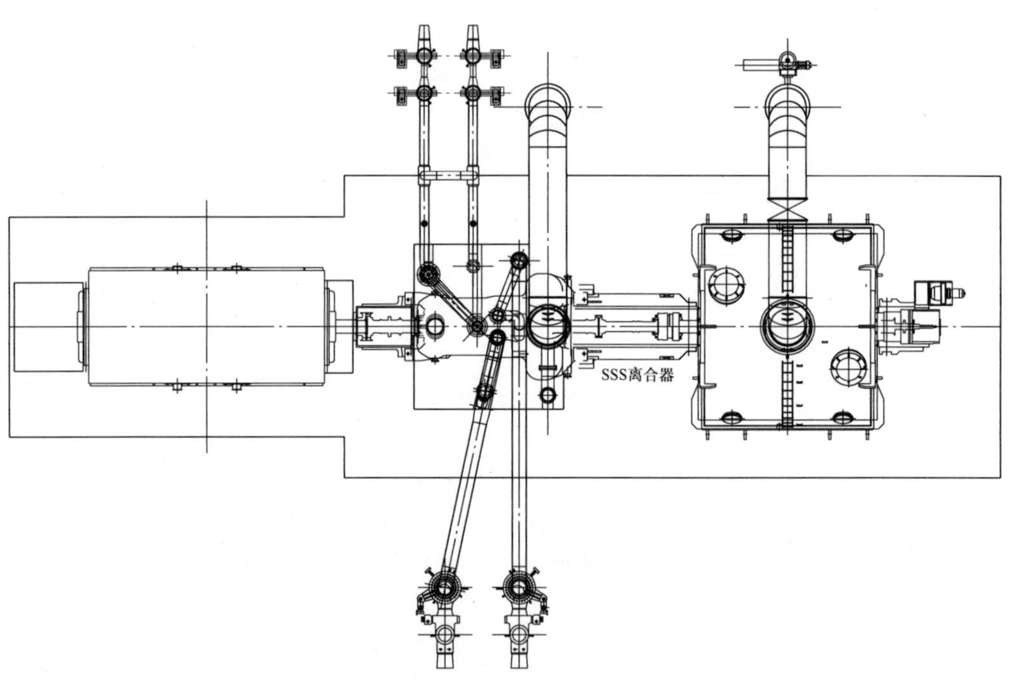

图 10-12　汽轮机模块（带 SSS 离合器）平面布置图

（2）对汽轮机主油箱及油系统必须考虑防火措施。在主厂房外侧的适当位置，设置事故油箱（坑），其布置标高和油管道的设计应满足事故时排油畅通的需要。事故油箱（坑）的容积不小于一台最大机组油系统的油量。事故放油门布置在安全且便于快速操作的位置，并有 2 条人行通道可以到达。

三、主厂房典型布置

（一）6B 级燃气－蒸汽联合循环电厂主厂房典型布置

1. 主厂房布置特点

6B 级燃气－蒸汽联合循环机组常见的为“一拖一”

多轴布置，即 1 台燃气轮机及其发电机、1 台余热锅炉和 1 台汽轮机及其发电机。

如果燃气轮机为侧向排气，则余热锅炉中心线与燃气轮机中心线垂直。

燃气轮机和余热锅炉可视气候条件采取露天布置，汽轮机室内布置。

针对2套“一拖一”配置，可采用如下几种布置方式。

（1）两台燃气轮机纵向对称布置，发电机之间留出抽芯位置，汽机房和控制室集中布置，可平行布置在 2 台余热锅炉之间［如图 10-13（a）所示］；汽机房和控制室也可平行［如图 10-13（b）所示］或垂直［如图 10-13（c）所示］布置在余热锅炉外侧。

（2）两台余热锅炉纵向对称布置在同一轴线上，燃气轮机横向、垂直于余热锅炉布置，汽机房和控制室集中布置，纵向布置在 2 台燃气轮机之间［如图 10-13（d）所示］。

如果燃气轮机为轴向排气，则余热锅炉与燃气轮机在同一轴线上，燃气轮机和余热锅炉可视气候条件采取露天布置，汽轮机室内布置。如图 10-14（a）所示，两台燃气轮机纵向平行布置，汽机房和控制室集中布置在燃气轮机和余热锅炉侧面；如图 10-14（b）所示，两台燃气轮机横向布置在汽机房两侧。

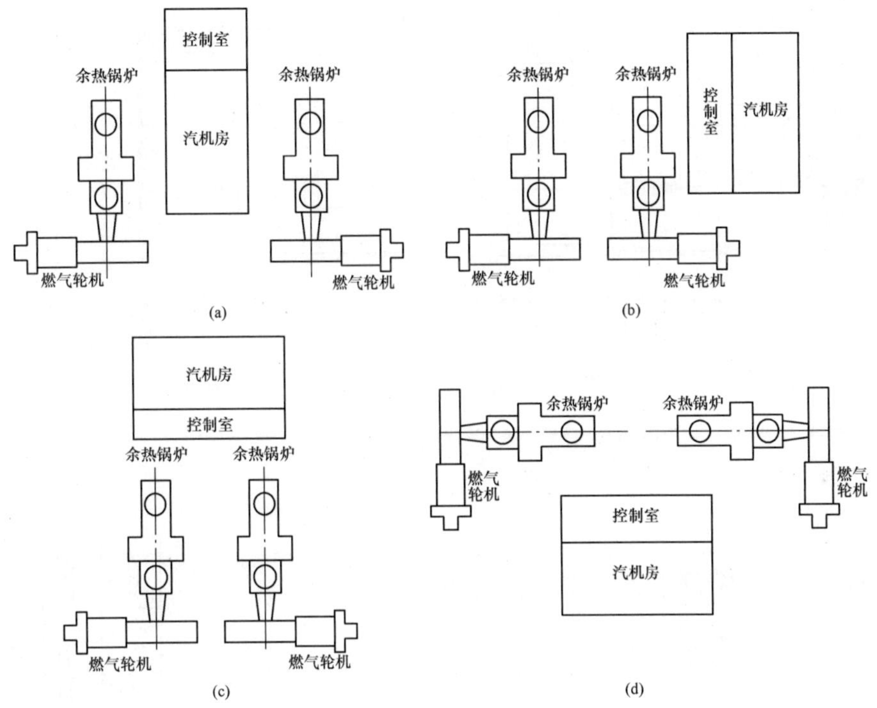

图 10-13 燃气轮机侧向排气布置方案

（a）方案一；（b）方案二；（c）方案三；（d）方案四

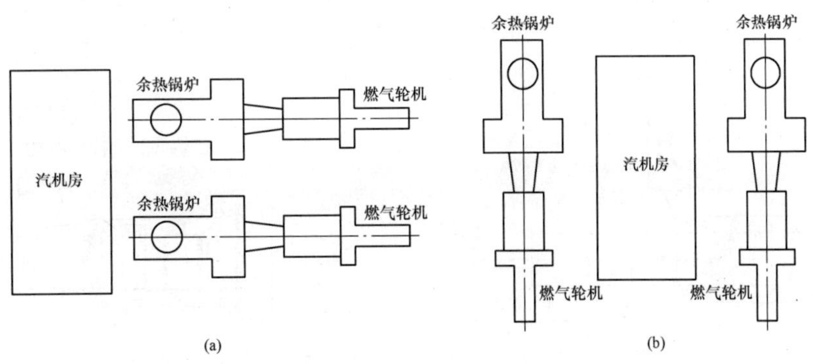

图 10-14 燃气轮机轴向排气布置方案

（a）布置一；（b）布置二

2. 工程案例

以某 6B 级燃气轮机 2 套“一拖一”多轴布置主厂房为案例。图 10-15 所示的电厂燃气轮机为侧向排气，露天布置，余热锅炉的中心线与燃气轮机中心线垂直，两台燃气轮机组纵向顺列布置，并在两台发电机之间留出抽芯位置；汽轮机室内布置，汽机房和控制室垂直布置在余热锅炉外侧或尾部。图 10-16 所示的燃气轮机为轴向排气，露天布置，余热锅炉与燃气轮机布置在同一轴线上；汽轮机室内布置，两台汽轮发电机组纵向顺列布置，汽机房和控制室布置在余热锅炉尾部，汽轮机中心线与燃气轮机中心线垂直。

（二）9E 级燃气－蒸汽联合循环电厂主厂房典型布置

1. 主厂房布置特点

9E 级燃气－蒸汽联合循环机组，常见的为“一拖一”多轴布置联合循环，燃气轮机可轴向排气也可侧向排气，布置方案图可参见图 10-17、图 10-18。也有“二拖一”多轴布置联合循环，布置方案图可参见图 10-19、图 10-20。

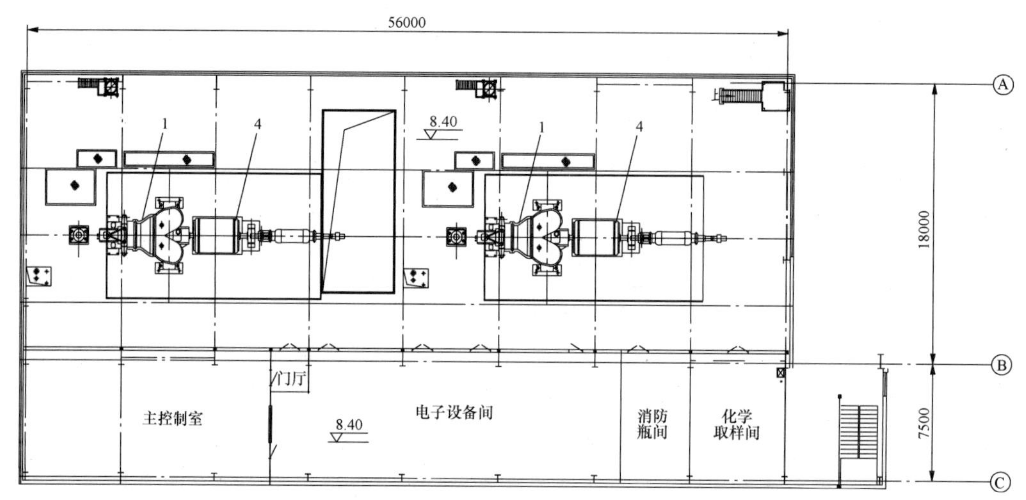

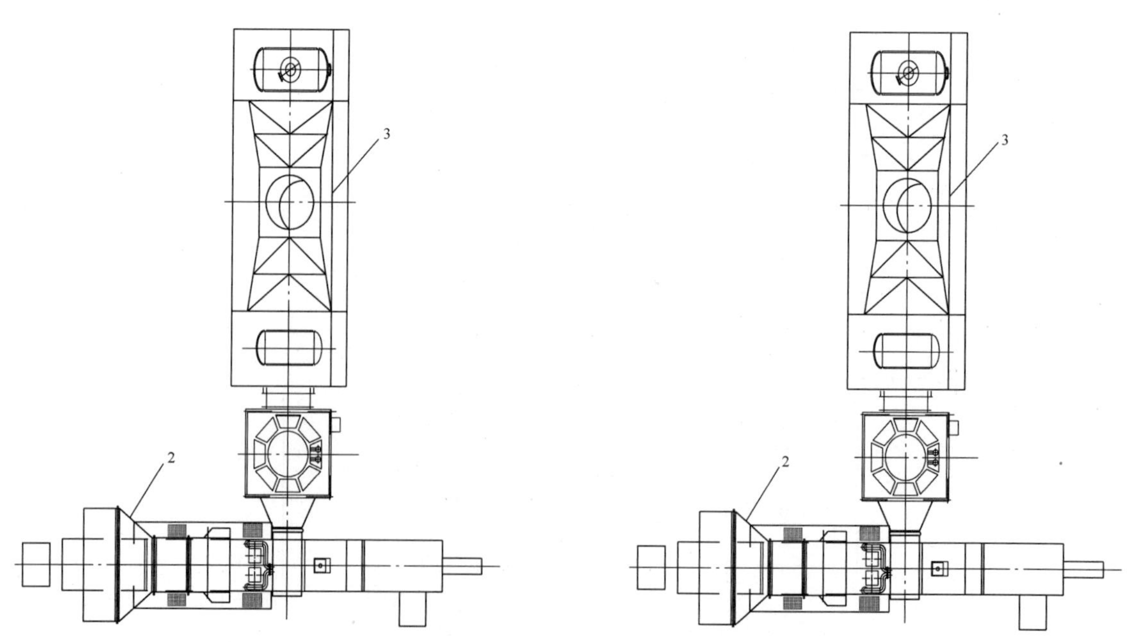

图 10-15 某 6B 级燃气－蒸汽联合循环电厂 2 套“一拖一”多轴布置主厂房平面图（燃气轮机侧向排气）

1—汽轮机；2—燃气轮机；3—余热锅炉；4—发电机

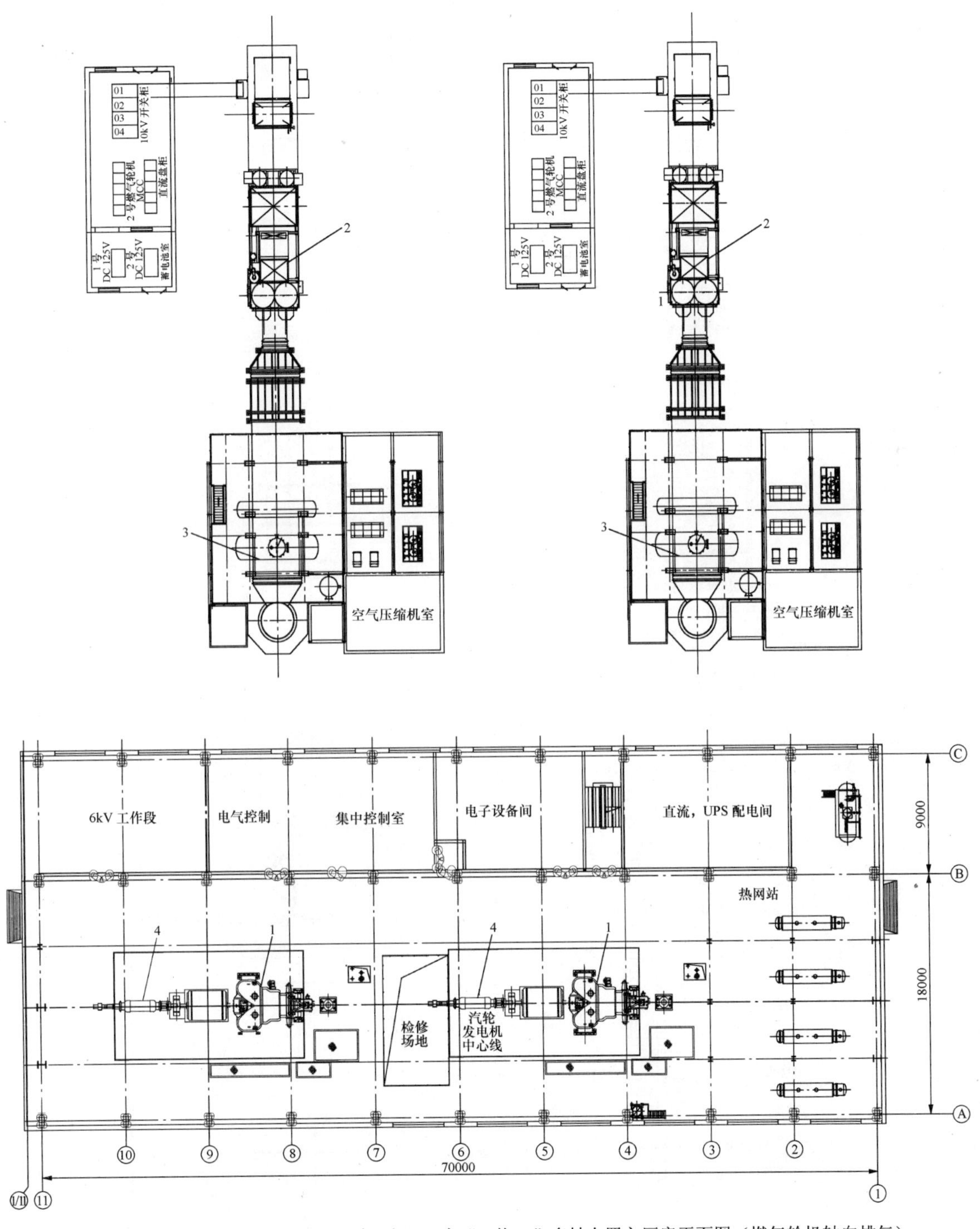

图 10-16 某 6B 级燃气－蒸汽联合循环电厂 2 套“一拖一”多轴布置主厂房平面图（燃气轮机轴向排气）

1—汽轮机；2—燃气轮机；3—余热锅炉；4—发电机

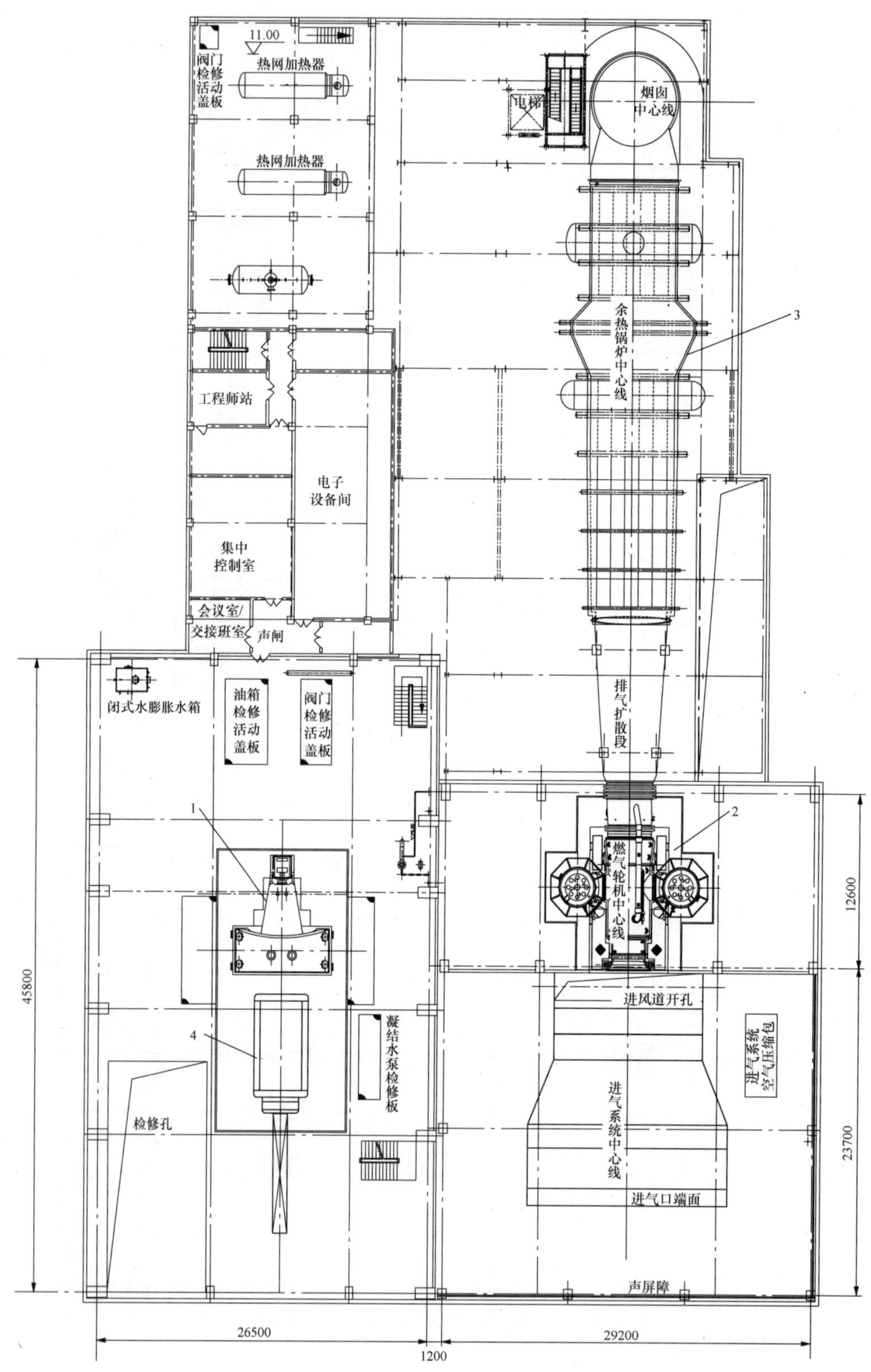

图 10-17　某 9E 级燃气－蒸汽联合循环电厂“一拖一”多轴布置主厂房平面图

1—汽轮机；2—燃气轮机；3—余热锅炉；4—发电机

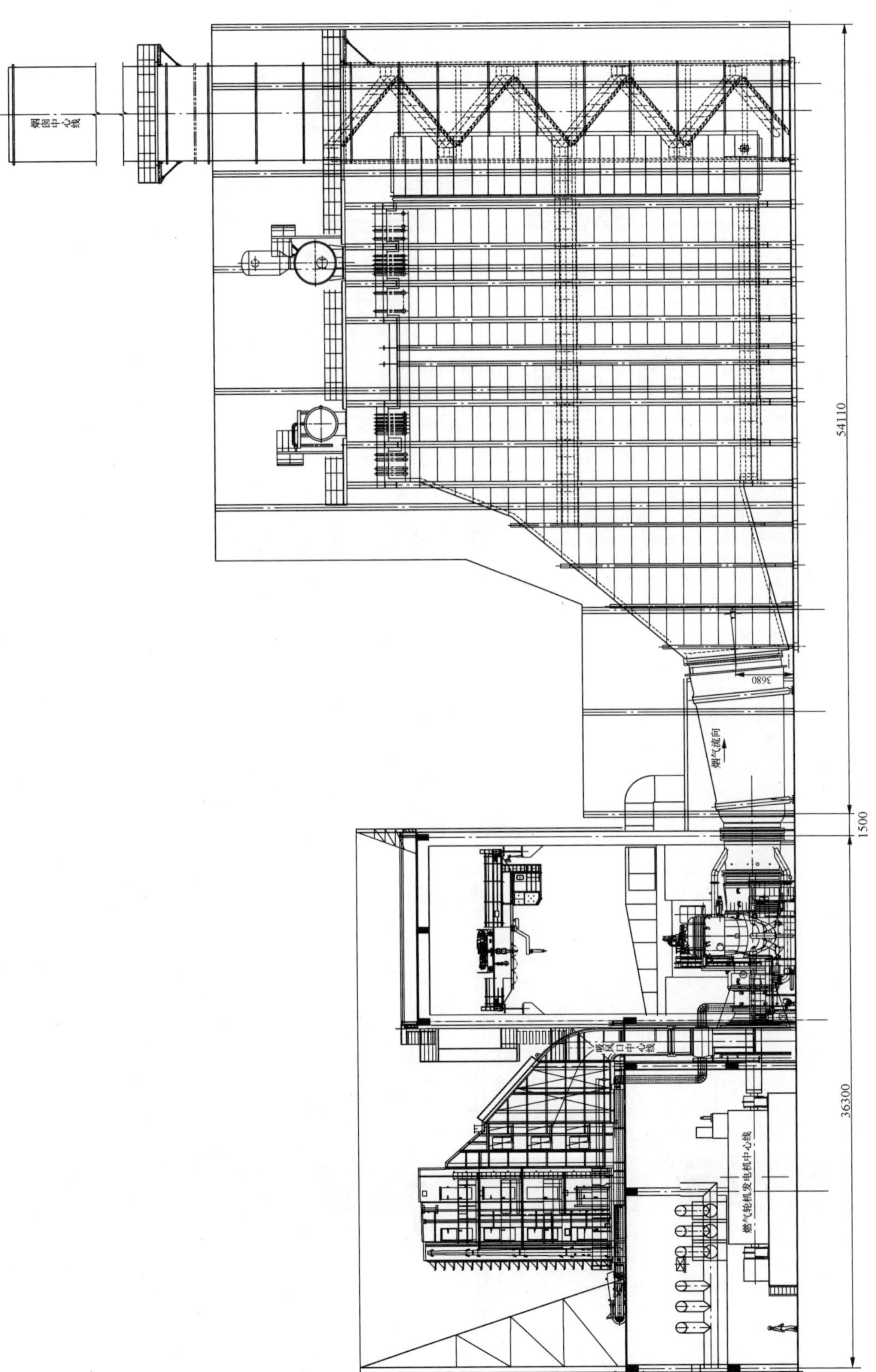

图 10-18 某 9E 级燃气—蒸汽联合循环电厂“一拖一”多轴布置主厂房断面图

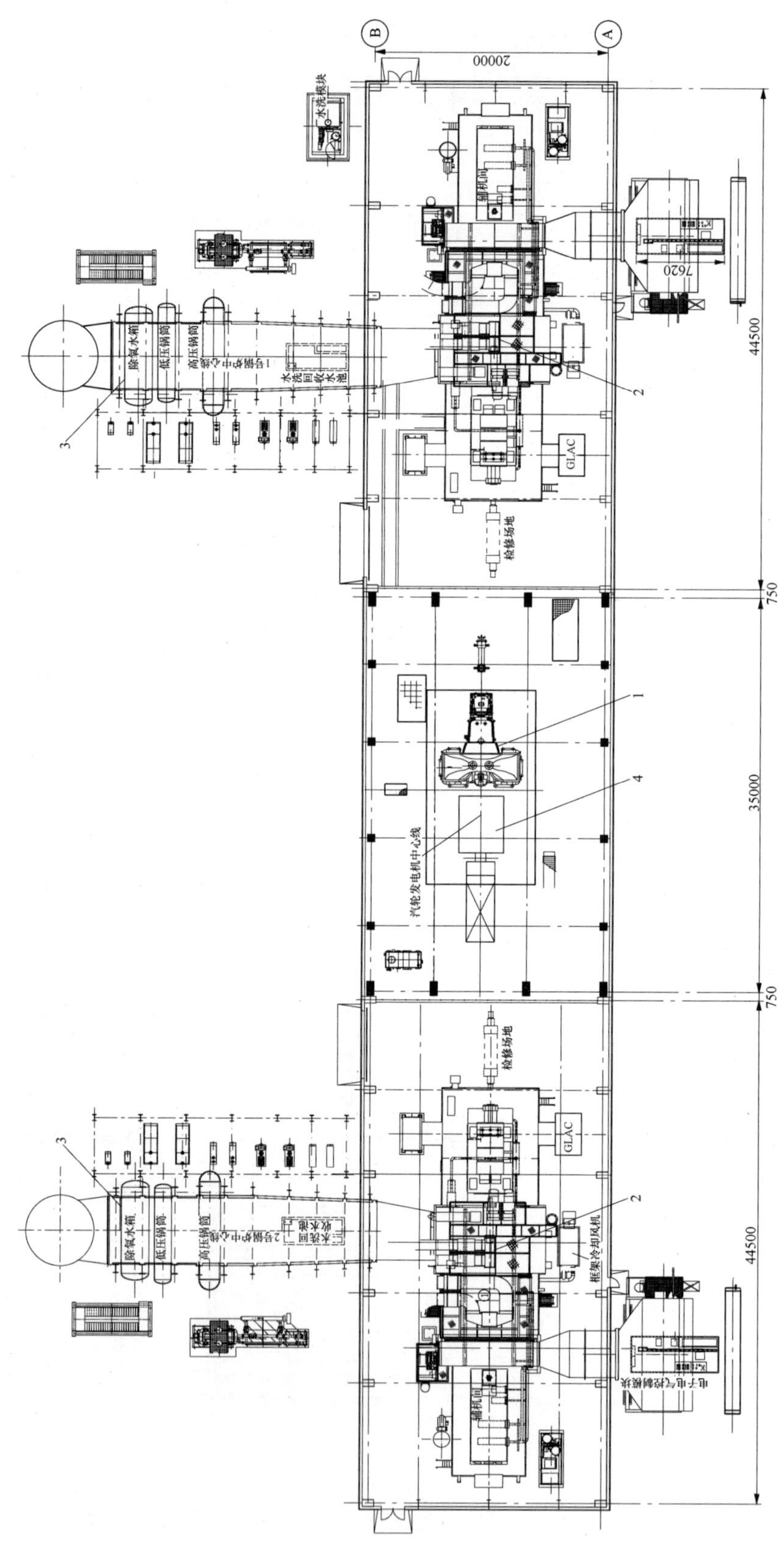

图 10-19 某 9E 级燃气—蒸汽联合循环电厂“二拖一”多轴布置主厂房平面图

1—汽轮机；2—燃气轮机；3—余热锅炉；4—发电机

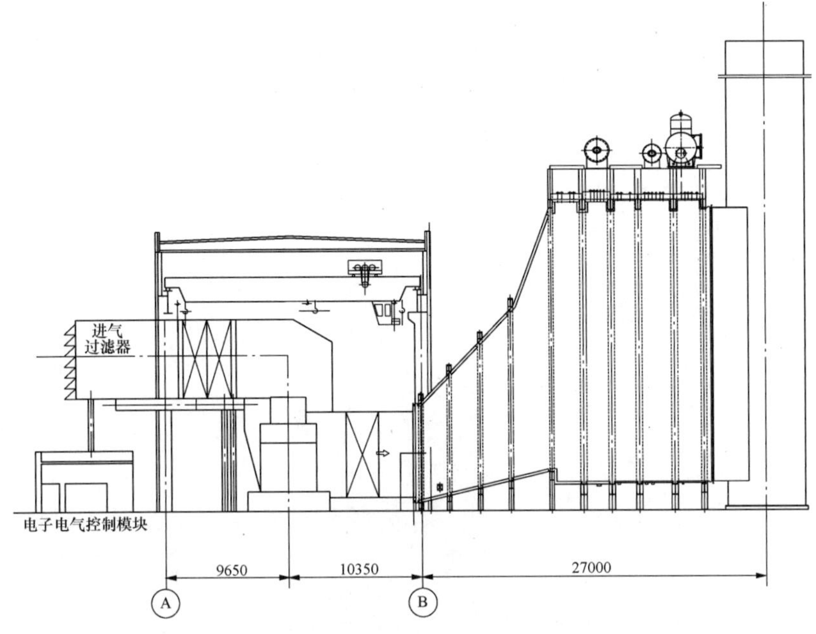

图 10-20 某 9E 级燃气－蒸汽联合循环电厂“二拖一”多轴布置主厂房断面图

2. 工程案例

图 10-17、图 10-18 所示为某 9E 级燃气轮机 1 套“一拖一”多轴布置主厂房案例。燃机房、汽机房相邻布置。汽轮机组采用高位布置，凝汽器采用下排汽。燃气轮发电机组为低位布置，燃气轮机采用上进气，进气设备布置在燃气轮发电机上方。

图 10-19、图 10-20 所示为某 9E 级燃气轮机 1 套“二拖一”多轴布置主厂房案例。汽机房布置在两个燃机房中间。汽轮机组采用高位布置，凝汽器采用下排汽。燃气轮发电机组为低位布置，燃气轮机采用侧进气，进气设备布置在燃机房外。

（三）6F 级燃气－蒸汽联合循环电厂主厂房典型布置

1. 主厂房布置特点

6F 级燃气－蒸汽联合循环机组布置与 6B 级机组类似，燃气轮机通常为轴向排气，联合循环机组布置形式常见的配置为“一拖一”，布置方案图可参见图 10-21。

2. 工程案例

图 10-21、图 10-22 所示为某 6F 级燃气轮机 2 套“一拖一”多轴布置主厂房案例，汽轮机与燃气轮机联合布置在一个主厂房内，两台汽轮机布置在两台燃气轮机中间。汽轮机组采用高位布置，凝汽器采用下排汽。燃气轮发电机组为低位布置，燃气轮机采用上进气，进气设备布置在燃气轮发电机上方。

（四）9F 级燃气－蒸汽联合循环电厂主厂房典型布置

1. 主厂房布置特点

9F 级燃气－蒸汽联合循环机组，燃气轮机通常为轴向排气，根据进气系统不同的布置形式可采用高位布置或低位布置，联合循环机组布置形式有“一拖一”单轴、“一拖一”多轴、“多拖一”多轴等多种组合。

2. 工程案例

图 10-23、图 10-24 所示为某 9F 级燃气轮机 2 套“一拖一”单轴布置主厂房案例，燃气轮机、汽轮机、余热锅炉在同一轴线上，发电机布置在轴系的末端。燃气轮机采用高位布置，进气系统为下吸气布置方式。

图 10-25、图 10-26 所示为某 9F 级燃气轮机 2 套“一拖一”多轴布置主厂房案例。燃气轮机采用低位布置，进气系统采用上吸气布置方式，汽轮机平行布置在两台燃气轮机之间。

图 10-27、图 10-28 所示为某 9F 级燃气轮机“二拖一”多轴布置主厂房案例（一）。燃气轮机采用低位布置，进气系统采用上吸气布置方式，两台燃气轮机集中布置，汽轮机平行布置在两台燃气轮机侧面。

图 10-29、图 10-30 所示为某 9F 级燃气轮机“二拖一”多轴布置主厂房案例（二）。燃气轮机采用高位布置，进气系统采用下吸气布置方式，汽轮机垂直布置在两台燃气轮机之间。

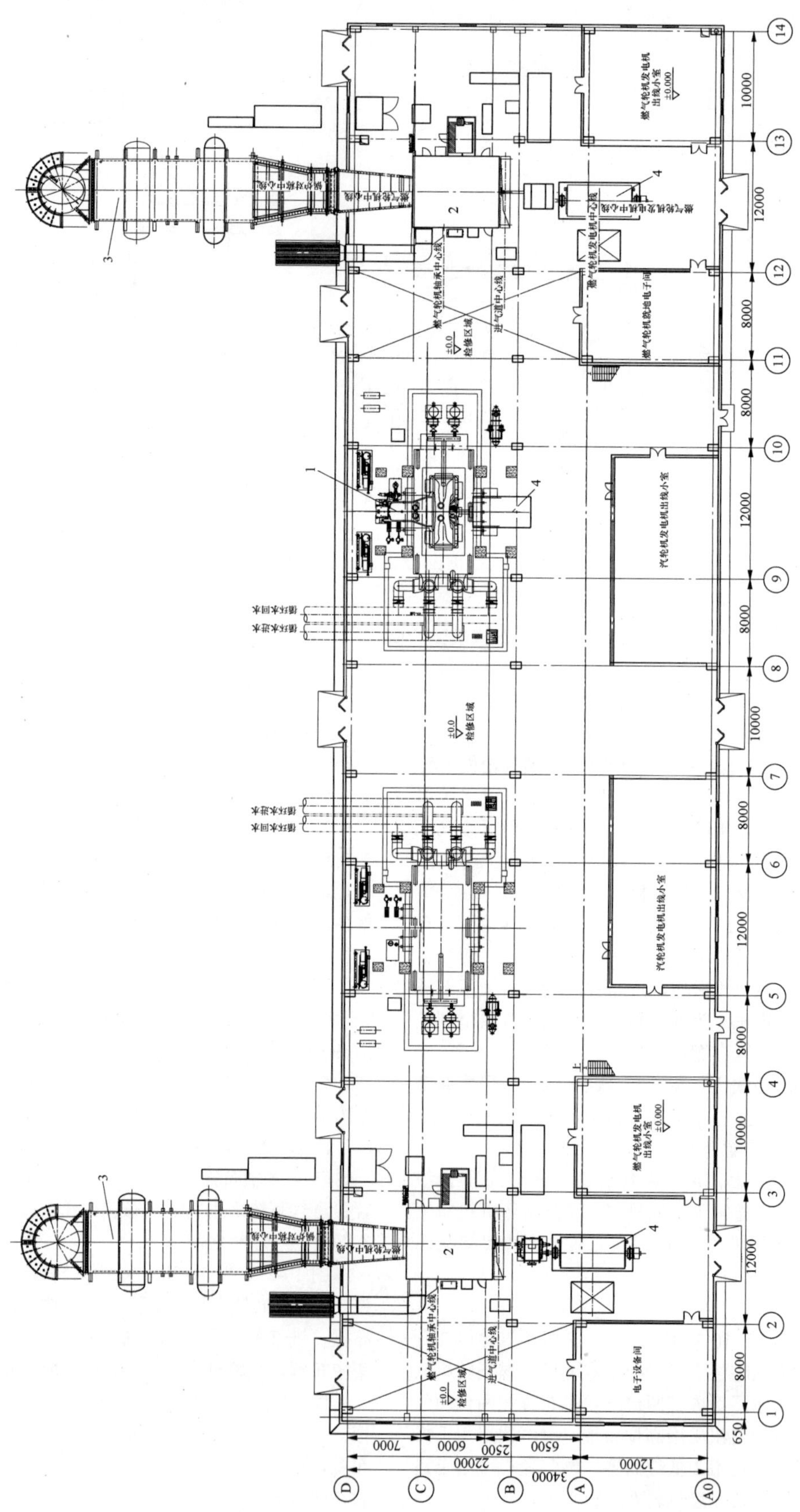

图 10-21　某 6F 级燃气—蒸汽联合循环电厂“一拖一”多轴布置主厂房平面图

1—汽轮机；2—燃气轮机；3—余热锅炉；4—发电机

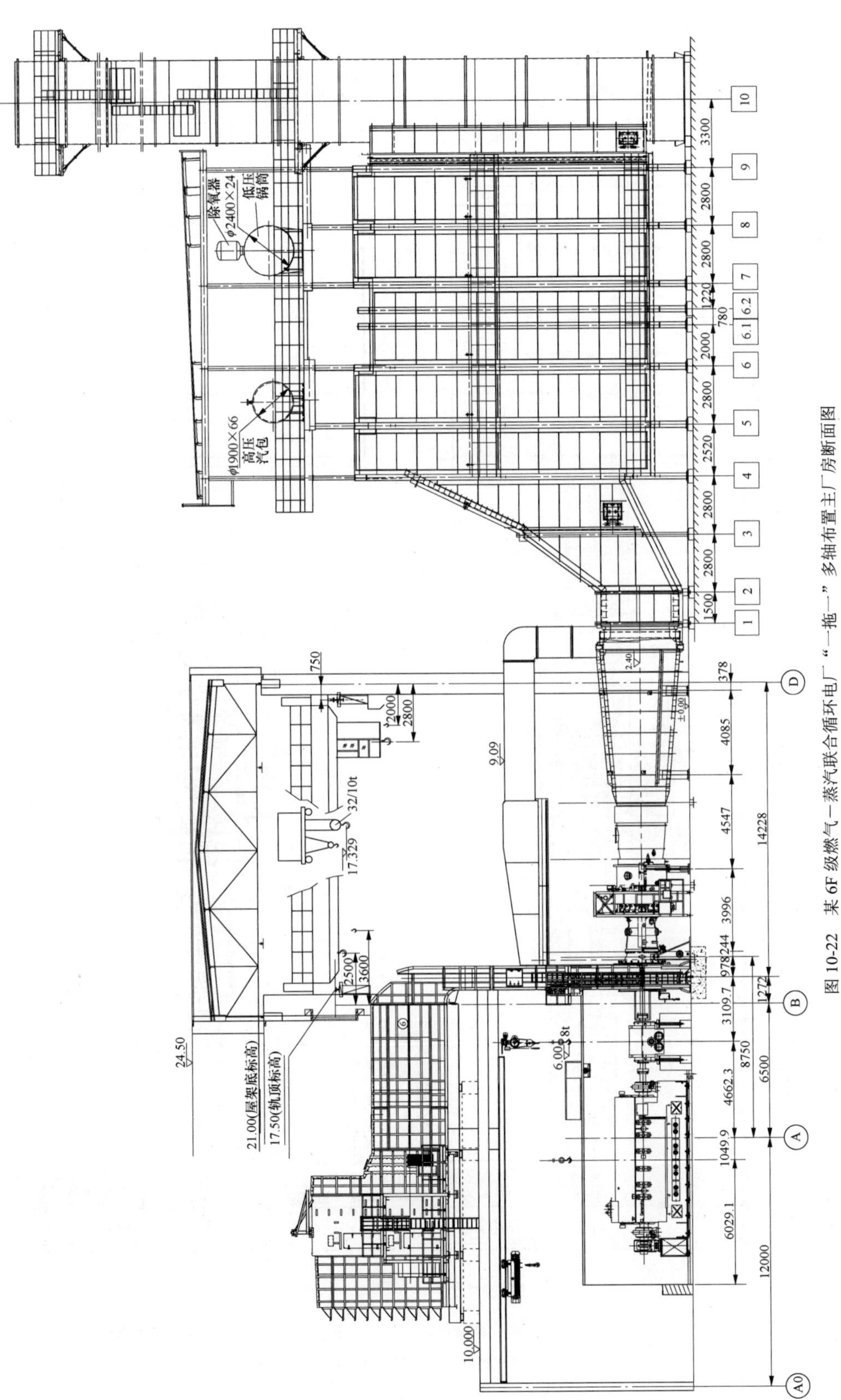

图 10-22　某 6F 级燃气—蒸汽联合循环电厂"一拖一"多轴布置主厂房断面图

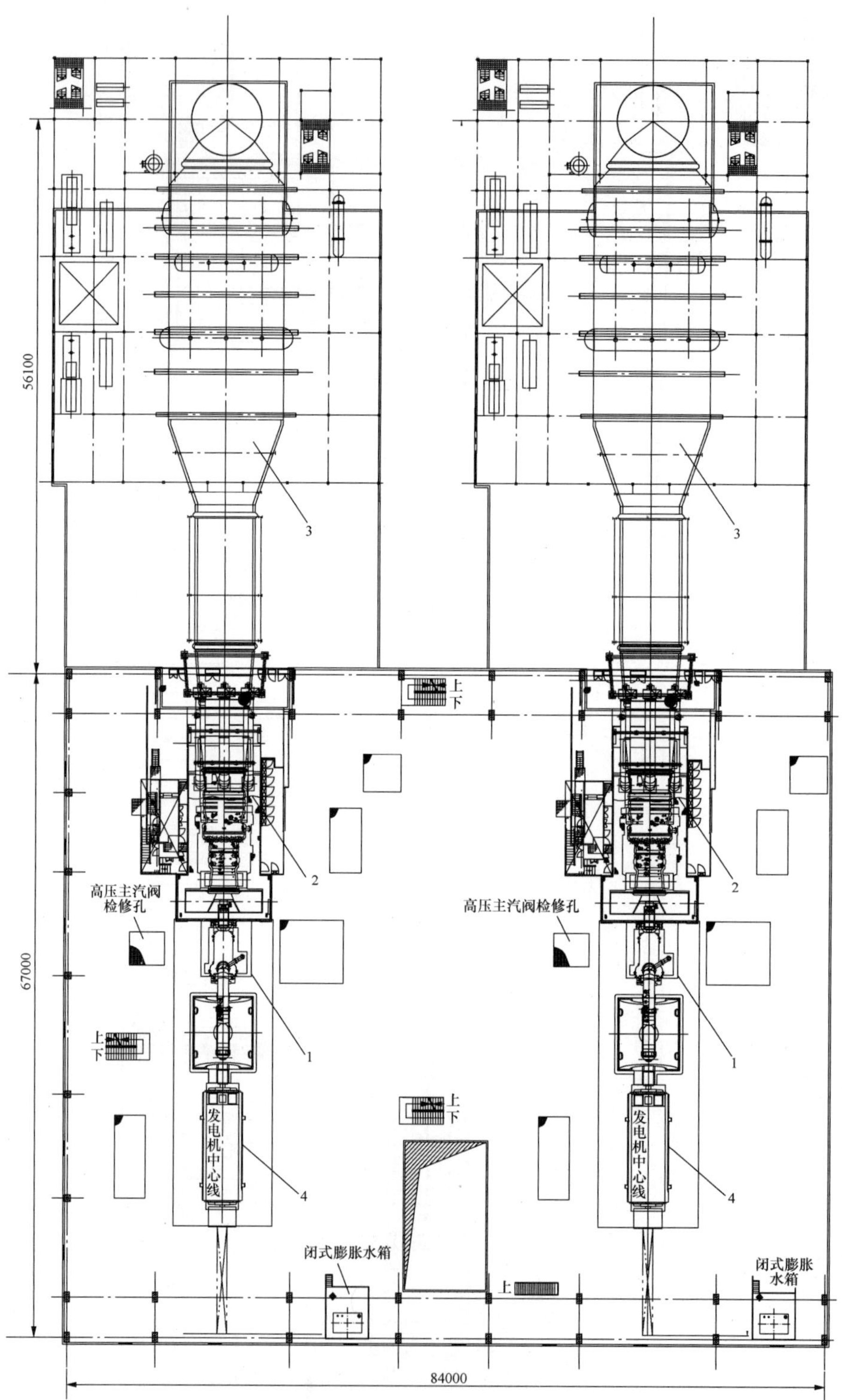

图 10-23　某 9F 级燃气－蒸汽联合循环电厂“一拖一”单轴布置主厂房平面图

1—汽轮机；2—燃气轮机；3—余热锅炉；4—发电机

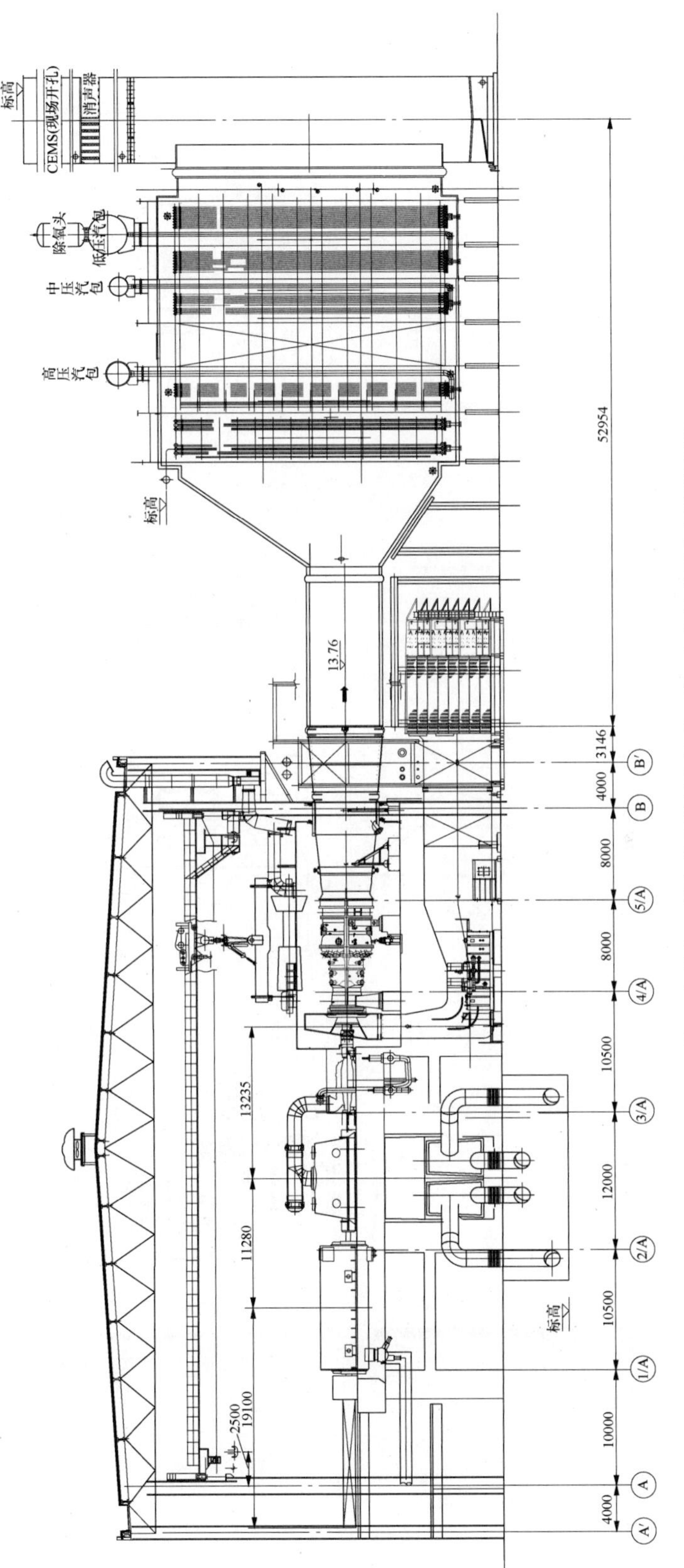

图 10-24 某 9F 级燃气—蒸汽联合循环电厂“一拖一”单轴布置主厂房断面图

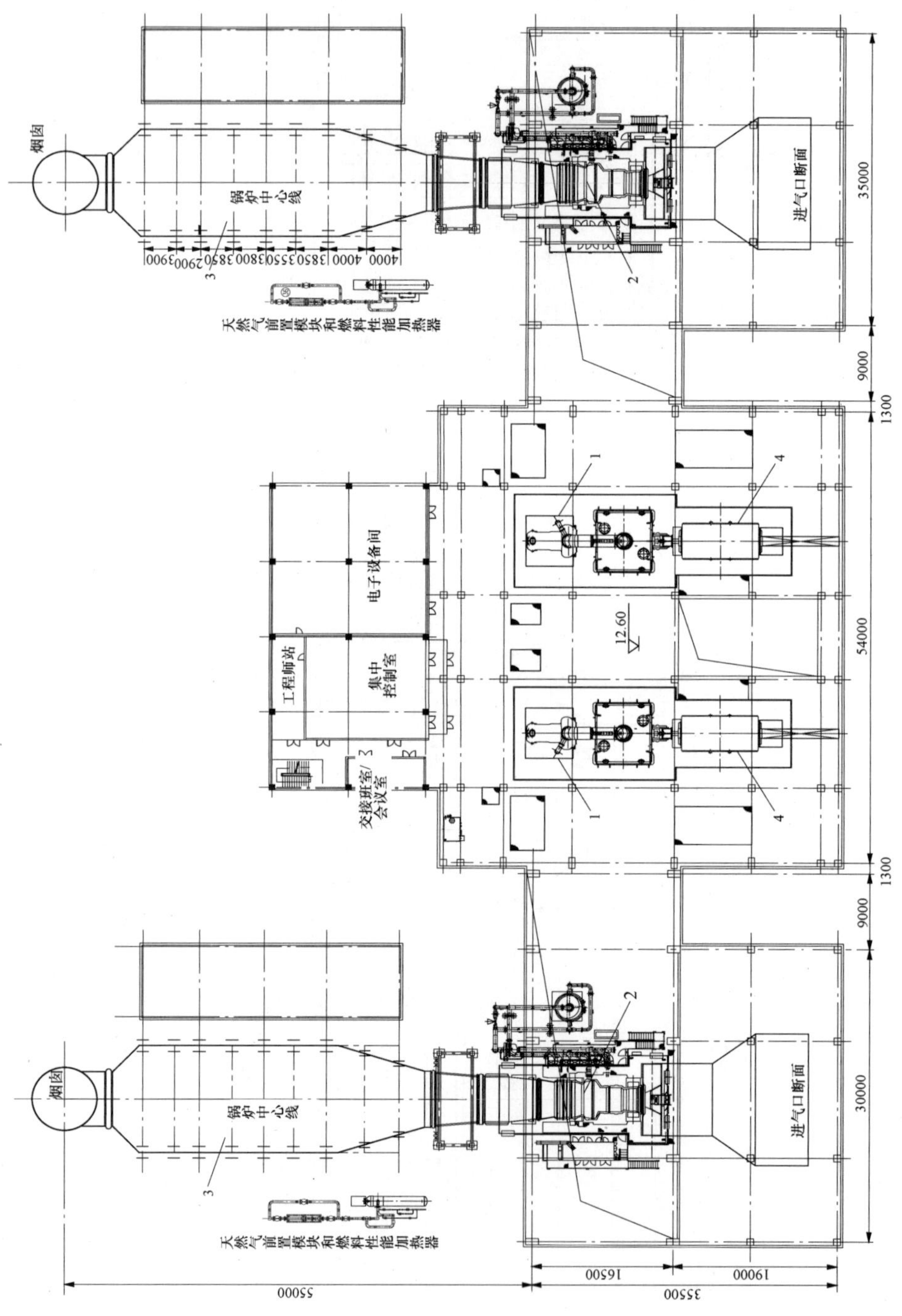

图 10-25 某9F级燃气—蒸汽联合循环电厂“一拖一”多轴布置主厂房平面图

1—汽轮机；2—燃气轮机；3—余热锅炉；4—发电机

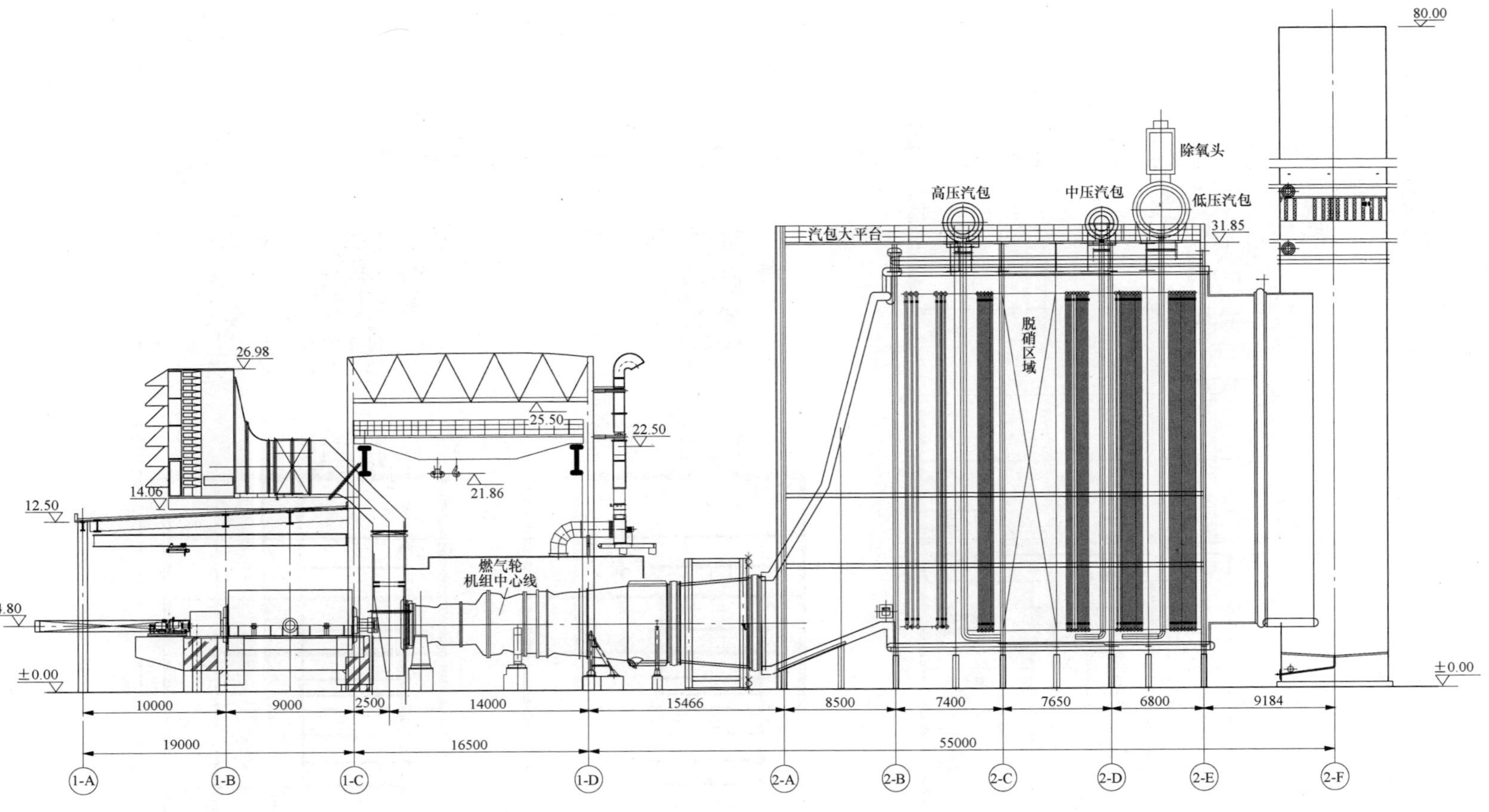

图 10-26 某 9F 级燃气—蒸汽联合循环电厂“一拖一”多轴布置主厂房断面图

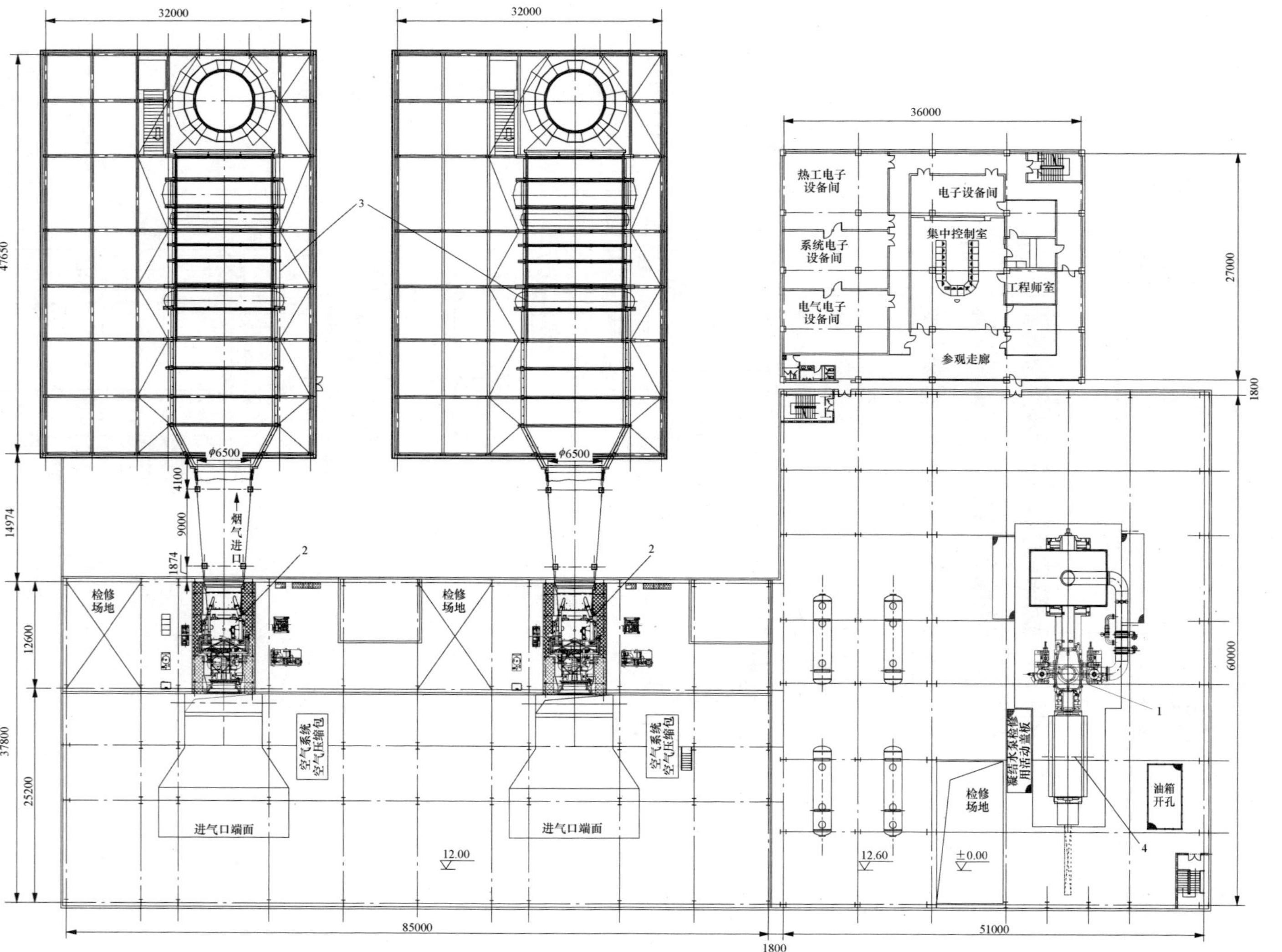

图 10-27 某 9F 级燃气—蒸汽联合循环电厂“二拖一”多轴布置主厂房平面图（一）

1—汽轮机；2—燃气轮机；3—余热锅炉；4—发电机

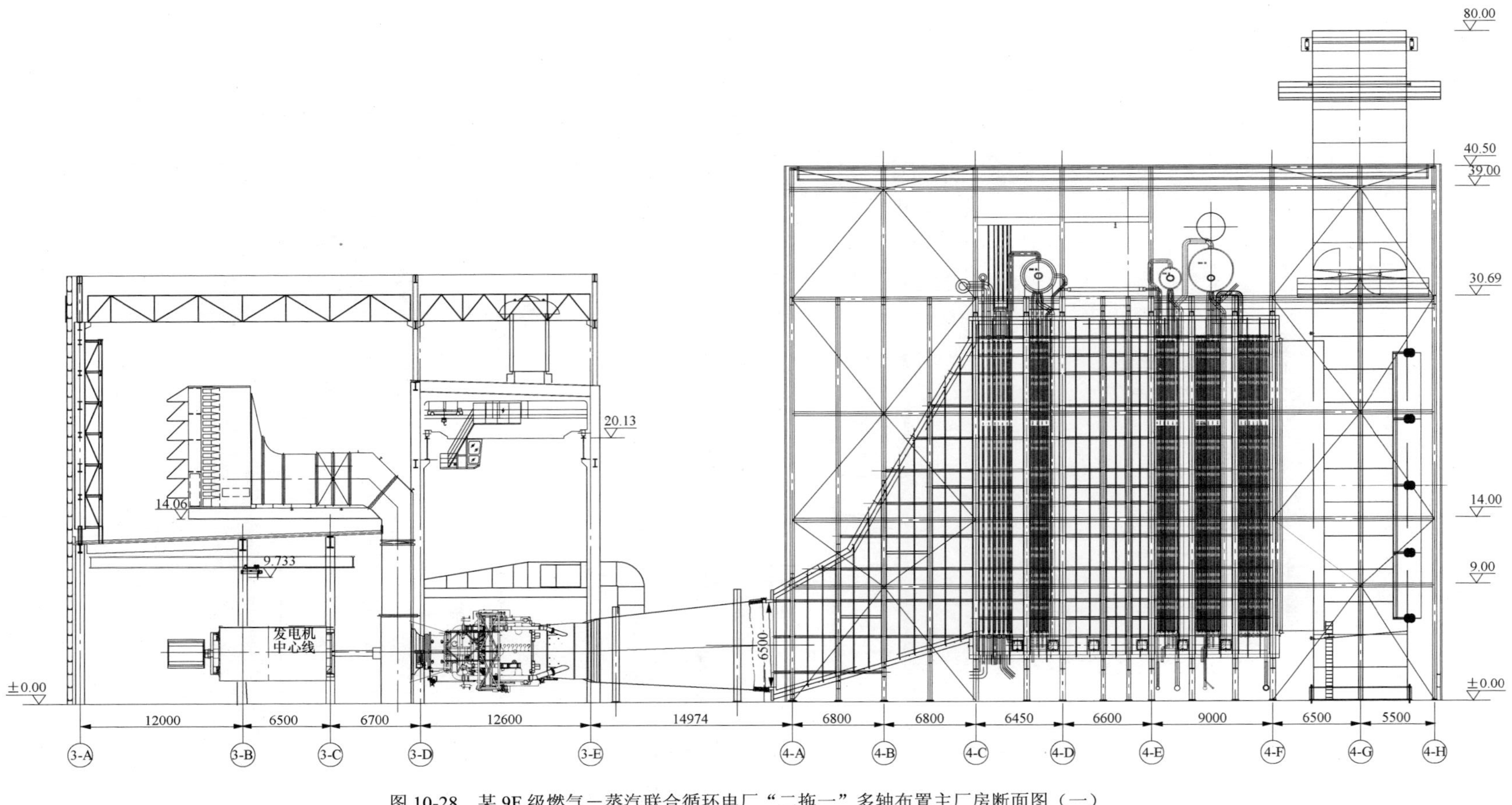

图 10-28 某 9F 级燃气—蒸汽联合循环电厂"二拖一"多轴布置主厂房断面图（一）

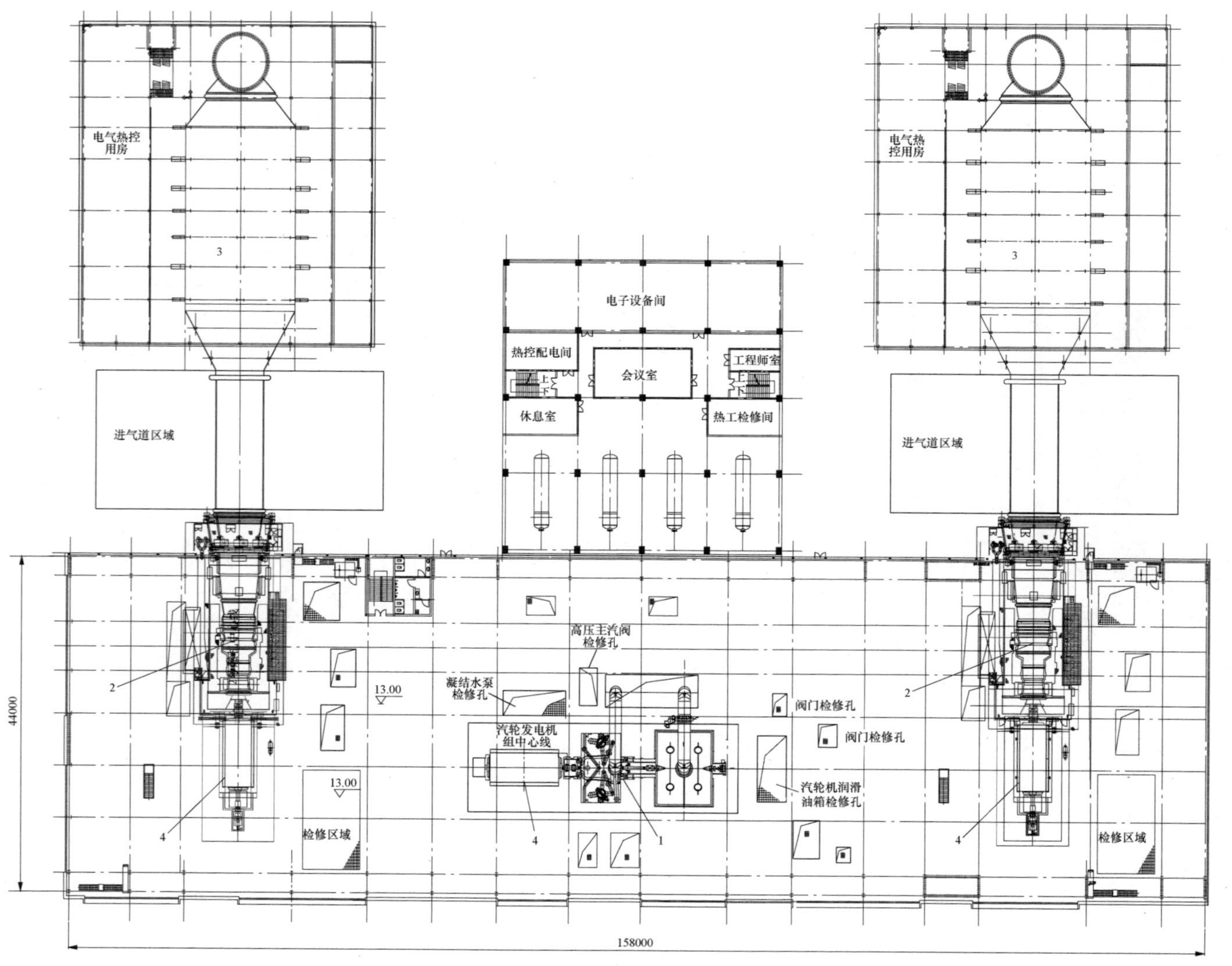

图 10-29　某 9F 级燃气－蒸汽联合循环电厂“二拖一”多轴布置主厂房平面图（二）

1—汽轮机；2—燃气轮机；3—余热锅炉；4—发电机

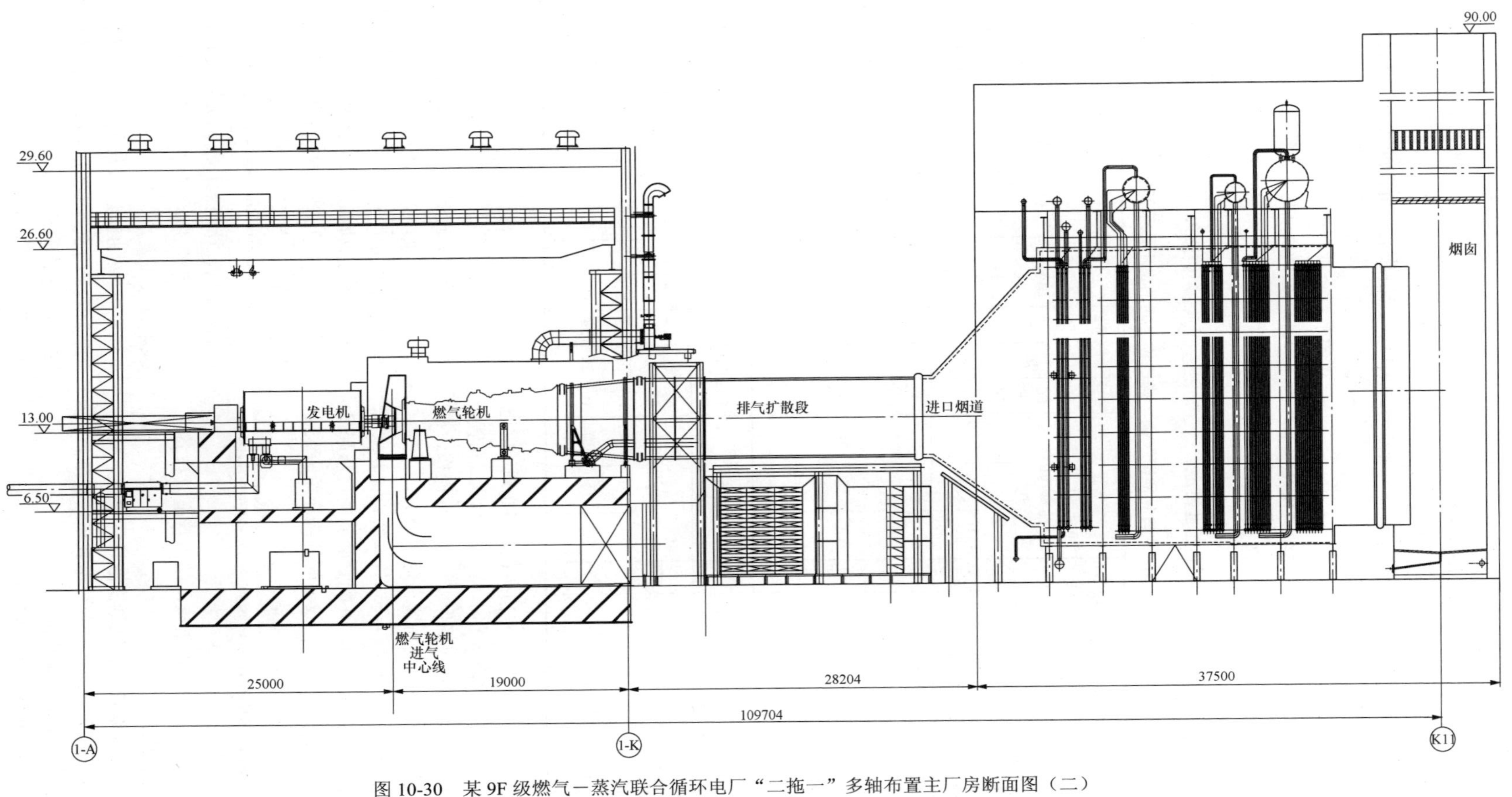

图 10-30 某 9F 级燃气—蒸汽联合循环电厂“二拖一”多轴布置主厂房断面图（二）

第二节 辅助车间布置

一、调压站

（一）调压站位置的选择

（1）调压站应尽可能布置在变电站、配电站常年主导风向的下风向方位，散发火花、灼热物常年主导风向的上风向方位。

（2）调压站位置的设置尽量避开交通要道。

（3）应考虑燃气管道敷设的经济合理性。

（4）应尽量靠近燃气负荷集中区，便于接管和运行管理。

（5）应有较好的朝向，并有利于自然通风和采光。

（6）应符合国家的卫生标准、环保标准、防火规定及安全规程中的有关规定。

（7）调压站与其他建筑物、构筑物水平间距应符合DL/T 5174《燃气－蒸汽联合循环电厂设计规定》，见表10-1。

（二）调压站布置原则

（1）调压站（含增压机）宜露天布置或半露天布置。在严寒及风沙地区，也可采用室内布置，但必须考虑通风防爆措施。调压采用室内布置时，宜采用独立式布置。

表10-1　调压站与其他建筑物、构筑物之间的最小水平间距　（m）

<table>
<tr><th rowspan="2">序号</th><th rowspan="2" colspan="2">建（构）筑物名称</th><th colspan="2">丙、丁、戊类建筑耐火等级</th><th rowspan="2">燃气轮机（房）、余热锅炉</th><th rowspan="2">天然气调压站</th><th colspan="2">燃油处理室</th><th colspan="3">主变压器或屋外厂用变压器油量（t/台）</th><th rowspan="2">屋外配电装置</th><th rowspan="2">自然通风冷却塔</th><th rowspan="2">机力通风冷却塔</th><th rowspan="2" colspan="2">露天卸煤装置或储煤场</th><th rowspan="2">供氢站</th><th rowspan="2">储氢罐</th><th colspan="2">行政生活福利建筑</th><th colspan="2">线路中心线</th><th rowspan="2">厂外道路（路边）</th><th colspan="2">厂内道路（路边）</th><th rowspan="2">围墙</th></tr>
<tr><th>一、二级</th><th>三级</th><th>原油</th><th>重油</th><th>≤10</th><th>>10
≤50</th><th>>50</th><th>一、二级</th><th>三级</th><th>厂外</th><th>厂内</th><th>主要</th><th>次要</th></tr>
<tr><td>1</td><td colspan="2">燃气轮机或联合循环发电机组（房）、余热锅炉（房）</td><td>10</td><td>12</td><td>—</td><td>30</td><td>30</td><td>10</td><td>12</td><td>15</td><td>20</td><td>10</td><td>20</td><td>35</td><td colspan="2">15</td><td>12</td><td>12</td><td>10</td><td>12</td><td>5</td><td>5</td><td colspan="3">无出口1.5，有出口、无引道3，有引道7～9</td><td>5</td></tr>
<tr><td>2</td><td colspan="2">天然气调压站</td><td>12</td><td>14</td><td>30</td><td>—</td><td>12</td><td>12</td><td colspan="3">25</td><td>25</td><td>20</td><td>35</td><td>15</td><td rowspan="2">褐煤25</td><td>12</td><td>12</td><td colspan="2">25</td><td>30</td><td>20</td><td>15</td><td>10</td><td>5</td><td>5</td></tr>
<tr><td rowspan="2">3</td><td rowspan="2">燃油处理室</td><td>原油</td><td>12</td><td>14</td><td>30</td><td>12</td><td>—</td><td>—</td><td colspan="3">25</td><td>25</td><td>20</td><td>35</td><td>15</td><td>12</td><td>12</td><td colspan="2">25</td><td>30</td><td>20</td><td>15</td><td>10</td><td>5</td><td>5</td></tr>
<tr><td>重油</td><td>10</td><td>12</td><td>10</td><td>12</td><td>—</td><td>—</td><td>12</td><td>15</td><td>20</td><td>10</td><td>20</td><td>35</td><td colspan="2">15</td><td>12</td><td>12</td><td colspan="2">10</td><td>5</td><td>5</td><td colspan="3">无出口1.5，有出口、无引道3，有引道7～9</td><td>5</td></tr>
</table>

（2）调压站工艺设置应确保安全，方便操作、检修、安装，保证设备及管道布置合理、简洁。

（3）调压站内布置应符合天然气系统设计要求，设置必要的检修场地及通道，并配置必要的检修起吊设备。主要通道不小于0.8m，设备间外缘净距应大于1m，周围还应考虑检修操作场地。

（4）严寒地区调压站管道设备及管道应考虑防冻措施。

（5）调压站应考虑避雷措施，站内管道及设备应有防静电接地设施。

（6）调压站应设置天然气凝析液排污系统，排出的污物、污水应收集处理，符合环保要求后排放。

（三）调压站典型布置案例

某调压站平面布置如图10-31所示。

二、启动锅炉房

燃气－蒸汽联合循环电厂启动锅炉一般采用燃气启动锅炉，也可采用燃油启动装锅炉。本节重点介绍燃气启动锅炉的布置。

（一）启动锅炉房总体布置原则

（1）燃气启动锅炉房布置上应考虑天然气有易燃易爆等特点，燃气启动锅炉房与其他建（构）筑物的间距应符合GB 50016《建筑设计防火规范》、GB 50028《城镇燃气设计规范》及相关标准的规定。

（2）燃气启动锅炉房宜为地上独立式布置，露天或半露天布置。

（3）启动锅炉房与主厂房或其他生产厂房相连时，应符合TSG G0001《锅炉安全技术监察规程》、GB 50016《建筑设计防火规范》及GB 50041《锅炉房设计规范》的有关规定。

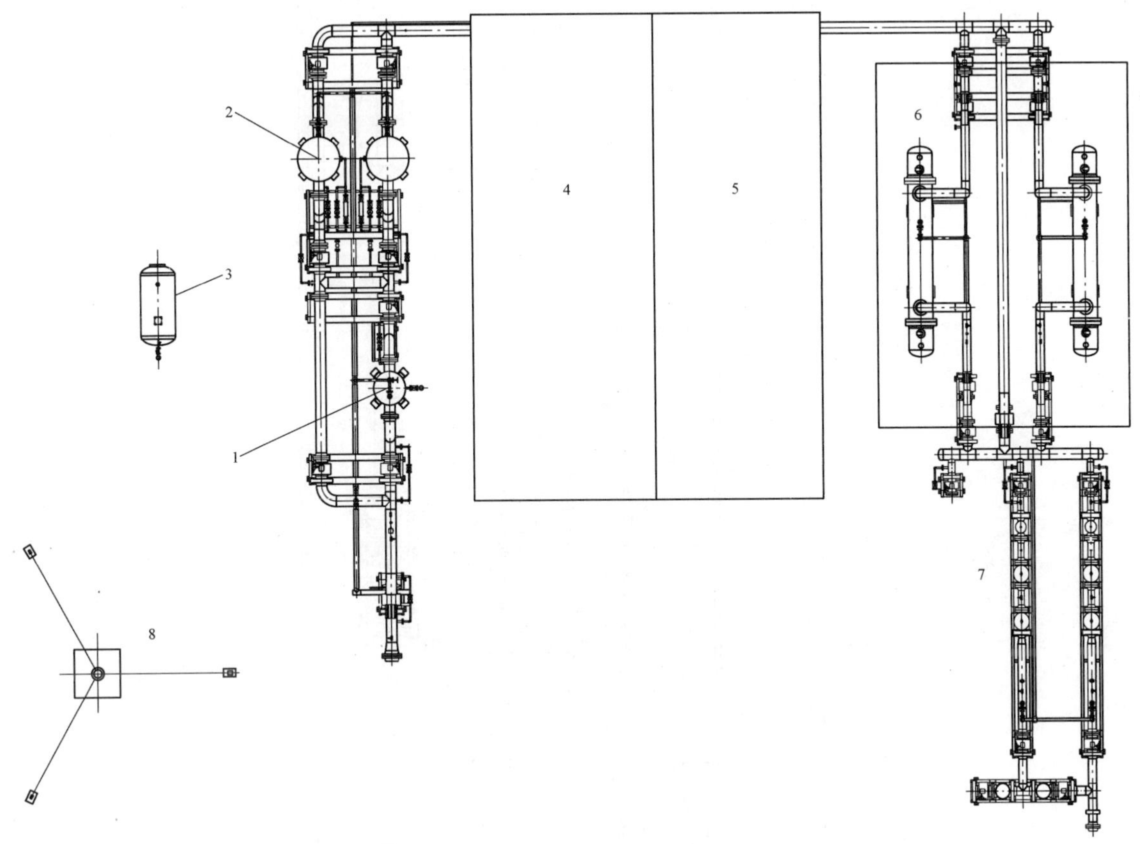

图 10-31 某调压站平面布置图

1—分离器；2—过滤器；3—冷凝储罐；4—贸易计量单元；

5—对比计量单元；6—换热单元；7—调压单元；8—放散塔

（4）启动锅炉房不得与甲、乙类及使用可燃液体的丙类火灾危险性建筑物相连，若与其他厂房相连时，应用防火墙隔开。为满足泄爆和疏散要求，锅炉房必须靠外墙设置。

（5）燃气启动锅炉房的燃气管道应设有防漏设施和漏气燃烧的防火措施。

（6）燃气－蒸汽联合循环电厂的燃气启动锅炉房的调压、计量模块一般设在调压站内。

（7）燃气启动锅炉房的控制室、配电间与锅炉间的隔墙为防火墙，观察窗应采用具有一定抗爆能力的固定玻璃窗。

（二）启动锅炉房的布置要求

1. 燃气启动锅炉房的组成

燃气启动锅炉房内一般包括燃气炉本体（含燃烧器、省煤器、烟囱等）、给水泵、除氧器、排污扩容器、加药装置、取样装置、端子箱。

2. 启动锅炉房的抗爆和泄压要求

锅炉房抗爆和泄压的目的是要将锅炉爆炸时引起的破坏范围和损失尽量减小。锅炉间应做成抗爆体，在抗爆体上开设足够面积的泄放口（如玻璃窗、天窗、轻型屋面、轻质墙体等），使爆炸释放出的瞬间能量及时排泄，降低其破坏力。泄压口的设置应避开人员集中的场所和主要通路，宜设置在靠近容易发生爆炸的部位。泄压面积可根据实际情况参照下列比例确定：

（1）泄压面积与建筑物体积比为 0.05～0.22，体积超过 $1000m^3$ 的建筑，如采用上述比值有困难时，可适当降低，但不宜小于 0.03。

（2）泄压面积不少于锅炉占地面积的 10%。

3. 启动锅炉房的防火和通风要求

（1）燃气启动锅炉房及有关辅助间应设有消防设施。

（2）设在建筑物内的燃气启动锅炉房，应有每小时不少于 3 次的换气量，换气量中不包括锅炉燃烧用风量。安装在有爆炸危险房间内的通风装置应防爆。

（三）启动锅炉房典型布置案例

图 10-32 所示为某燃气启动锅炉房布置案例，蒸汽锅炉布置厂方正中，四周布置有给水泵、排污扩容器、除氧器、化学加药等附属设施。

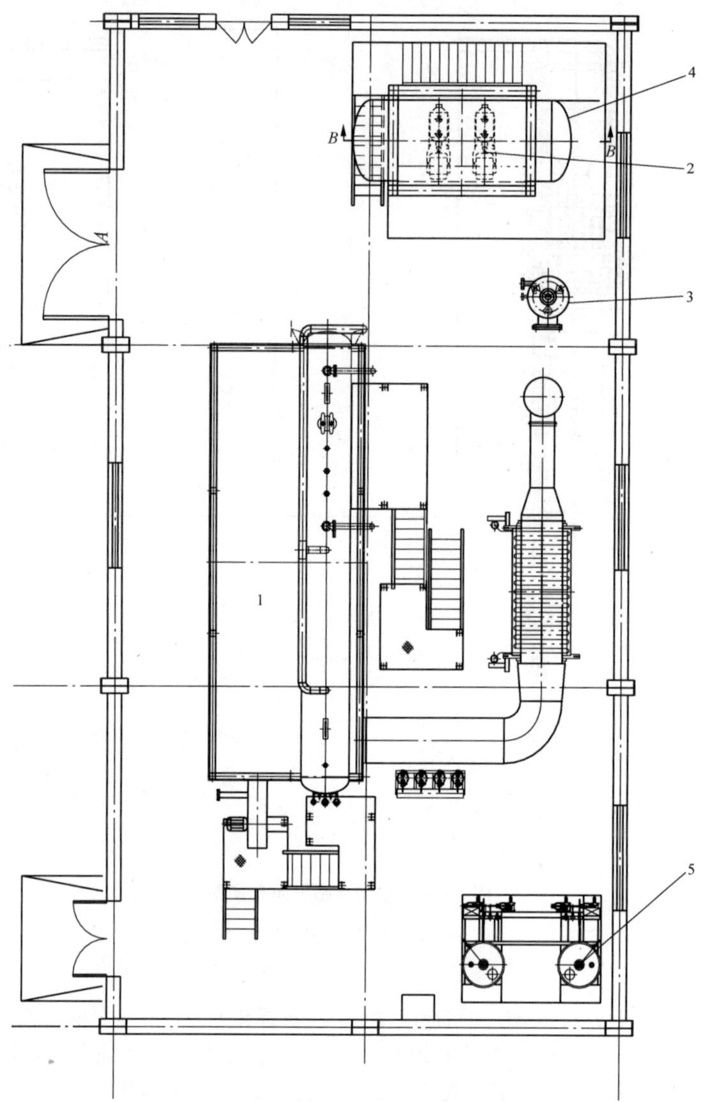

图 10-32　某燃气启动锅炉房布置案例

1—燃气蒸汽锅炉；2—给水泵；3—排污扩容器；4—除氧器；5—化学加药

第十一章　防　爆

第一节　爆炸危险区域及其划分

一、爆炸危险区域定义

1. 爆炸性气体环境

爆炸性气体环境是指在大气条件下，可燃性物质以气体或蒸气的形式与空气形成的混合物被点燃后，能够保持燃烧自行传播的环境。

根据爆炸性气体环境出现或预期可能出现的数量达到足以要求对电气设备的结构、安装和使用采取专门措施的区域称为危险场所。根据 GB 50058《爆炸危险环境电力装置设计规范》的规定，爆炸性气体环境应根据爆炸性气体混合物出现的频次和持续时间，把危险场所分为 0 区、1 区和 2 区，其中：

（1）0 区为连续出现、频繁出现或长期出现爆炸性气体混合物环境的场所。

（2）1 区为在正常运行时可能偶尔出现爆炸性气体混合物环境的场所。

（3）2 区为在正常运行时不太可能出现爆炸性气体混合物环境或即使出现也仅是短时存在的场所。

2. 释放源等级

根据 GB 50058《爆炸危险环境电力装置设计规范》的规定，释放源可根据可燃性气体、蒸气、薄雾或液体可能释放出形成爆炸性气体的部位、地点、频繁程度或持续时间长短，分为连续级、一级和二级 3 个基本等级。其中连续释放、预计频繁释放或长期释放为连续级释放；在正常运行时，预计可能周期性或偶尔释放的为一级释放；而在正常运行时，预计不可能释放，如果释放也仅是偶尔或短期释放的为二级释放。

（1）连续级释放源一般包括以下部分：

1)没有用惰性气体覆盖的固定顶盖储罐中的可燃液体的表面。

2）油、水分离器等直接或空间接触的表面。

3)经常或长期向空间释放可燃气体或可燃液体的蒸气的排气孔和其他孔口。

（2）1 级释放源一般包括以下部分：

1）在正常运行时，会释放可燃物质的泵、压缩机和阀门等的密封处。

2）储有可燃液体的容器上的排水口处，在正常运行中，当水排掉时，该处可能会向空间释放可燃物质。

3）正常运行时，会向空间释放可燃物质的取样点。

4）正常运行时，会向空间释放可燃物质的泄压阀、排气口和其他孔口。

（3）二级释放源一般包括以下部分：

1）在正常运行时，不能出现释放可燃物质的泵、压缩机和阀门等的密封处。

2）正常运行时，不能释放可燃物质的法兰、连接件和管道接头。

3）正常运行时，不能向空间释放可燃物质的取样点。

4）正常运行时，不能向空间释放可燃物质的安全阀、排气孔和其他孔口处。

3. 爆炸危险区域的划分

爆炸危险区域的划分按释放源级别和通风条件确定，存在连续级释放源的区域可划为 0 区，存在一级释放源的区域可划为 1 区，存在二级释放源的区域可划为 2 区，并根据通风条件按下列规定调整区域划分：

（1）当通风良好时，可降低爆炸危险区域等级；当通风不良时，应提高爆炸危险区域等级。

（2）局部机械通风在降低爆炸性气体混合物浓度方面比自然通风和一般机械通风更为有效时，可采用局部机械通风降低爆炸危险区域等级。

（3）在障碍物、凹坑和死角处，应局部提高爆炸危险区域等级。

（4）利用堤或墙等障碍物，限制比空气重的爆炸性气体混合物的扩散，可缩小爆炸危险区域的范围。

二、爆炸危险区域分析

（一）爆炸危险因素

燃气轮机电厂可能发生爆炸危险的因素有燃气轮机主设备系统爆炸、天然气调压站和管道系统爆炸、氢气爆炸、油系统爆炸等。

（二）有爆炸危险性的系统

1. 天然气系统

（1）天然气属甲类火灾危险性物质。发生泄漏后形成与空气混合气，其浓度处于一定范围时，遇点火源即发生火灾、爆炸。

（2）天然气管道输送压力高，输送量大，而且天然气具有易燃、易爆危险性。如设计、施工、运行管理过程中存在设计不合理、施工质量问题、腐蚀、疲劳等因素，造成天然气调压站、增压站及管道系统发生泄漏而引起火灾爆炸等事故。

（3）天然气调压站的紧急切断阀、调压器前后管路的放空阀及安全阀工作释放所形成的气源有引发火灾、爆炸事故的危险。

（4）调压器失控且紧急切断拒动时会造成燃气进气压力升高，进而引发相应安全阀工作泄放或管线、阀门事故泄漏，若房间内事故通风失灵、存在热源就会造成天然气火灾、爆炸。

（5）燃气轮机燃烧室喷嘴、管道，因天然气压力调整不当，喷嘴回火至管道，引起爆炸。

2. 氢气系统

（1）氢气比重小，常积于建筑物的上部，当达到一定浓度比例时，遇明火会发生爆炸。

（2）在燃气轮机电厂的氢站、氢罐间、蓄电池室、主厂房（以氢作为冷却剂）等处有发生氢爆的可能性。

3. 油系统

油罐区、油管路系统、油处理系统释放所形成的气源有引发火灾、爆炸事故的危险。

三、爆炸危险区域划分案例

1. 燃机房天然气系统及其设施防爆区域划分

燃机房内爆炸危险区域的划分应以主机厂的划分要求为准，典型区域一般可按下列规则划分：

（1）有足够闭合通风的燃气轮机罩壳内部区域为2区。

（2）燃气管道放散阀排放点至周围3m的范围划分为1区，排放点至周围3～5m的范围划分为2区。

（3）氢气管道排放点周围3m的范围划分为1区，排放点至周围3～5m的范围划分为2区。

（4）燃气轮机罩壳通风口至附近3m的区域为2区。

2. 燃气锅炉房防爆区域划分

（1）燃气锅炉房内部天然气管道阀门和流量计等设备附近可能存在泄漏的区域，周围半径4.5m内区域为2区。

（2）放散阀排放点至周围3m的范围划分为1区，排放点至周围3～5m的范围划分为2区。

3. 调压站防爆区域划分

（1）燃气管道放散阀排放点至周围3m的范围划分为1区，排放点至周围3～5m的范围划分为2区。

（2）调压站露天布置或为室内布置且具有良好通风设施时，调压站区域为2区。

第二节　防　爆　措　施

一、爆炸发生条件

在爆炸性气体环境中要发生爆炸，应符合下列两项：

（1）存在可燃气体、可燃液体的蒸气或薄雾，浓度在爆炸极限以内。

（2）存在足以点燃爆炸性气体混合物的火花、电弧或高温。

二、防爆措施

防爆的基本原则是采取综合措施保证不同时满足上述两个爆炸发生条件，则可防止爆炸。

为了防止发生爆炸，可综合采用以下具体措施：

（1）产生爆炸条件同时出现的可能性应减少到最小程度。

（2）工艺设计中应采取以下消除或减少可燃物质的释放及积聚的措施：

1）工艺流程中宜采用较低的压力和温度，将可燃物质限制在密闭容器内。

2）工艺布置应限制和缩小爆炸危险区域的范围，并宜将不同等级的爆炸危险区与非爆炸危险区在厂房或界区内分隔。

3）在设备内可采用以氮气或其他惰性气体覆盖的措施。

4）采取安全连锁或发生事故时加入聚合反应阻聚剂等化学药品的措施。

（3）防止爆炸性气体的形成和缩短爆炸性气体的滞留时间，可采取以下措施：

1）工艺装置采取露天或开敞式布置。

2）设置防爆型机械通风装置。

3）在爆炸危险环境内设置正压室。

4）对区域内易形成和积聚爆炸性气体的地点设置自动测量仪器装置，当气体或蒸气浓度接近爆炸下限值的50%时，应能可靠地发出信号或切断电源。

（4）天然气各系统之间需设充氮置换及放散系统。放散系统周围电气设备设置应符合GB 3836.1《爆炸性环境　第1部分：设备　通用要求》的有关规定。

（5）在爆炸性环境内设备应按GB 50058《爆炸和火灾危险环境电力装置设计规范》的规定进行保护接地设计。

（6）在区域内采取消除或控制设备线路产生火花、电弧或高温的措施。

（7）采用防爆电器。对易燃易爆场所，如天然气调压站等的电气设备采用防爆型，并采用防爆灯具和器件，严格按防火规范设计、安装。

第十二章

燃料供应系统管道设计

第一节　天然气管道设计

一、管道组成件选择

（一）管子

1. 主要管子标准

在进行天然气管道管子的选择时应根据管道的设计条件和介质特点选择合适的管子标准。从管子类型看，主要采用无缝钢管和焊接钢管，其材质以碳钢和不锈钢为主。天然气管子常用材料标准见表 12-1。

表 12-1　天然气管子常用材料标准

标准号	标准名称
GB/T 8163	输送流体用无缝钢管
GB/T 9711	石油天然气工业　管线输送用钢管
GB/T 5310	高压锅炉用无缝钢管
GB/T 14976	流体输送用不锈钢无缝钢管
GB 6479	高压化肥设备用无缝钢管

2. 管子的管径选择

按 DL/T 5204—2016《发电厂油气管道设计规程》的规定，厂内天然气管子的管径可按下式计算，即

$$D_{\mathrm{i}}=34.157\left[\frac{Q_{\mathrm{s}}^{2}\lambda\rho Z(273+t)L}{p_{1}^{2}-p_{2}^{2}}\right]^{0.2} \tag{12-1}$$

式中　D_i——管子内径，mm；

Q_s——天然气体积流量（气体在绝对压力101.3kPa，温度0℃状态下），m^3/h；

λ——管子摩擦系数；

ρ——天然气密度，kg/m^3；

Z——天然气平均压缩系数，可按 0.9～1.15 取值，温度低于 0℃或者压力高于 4.0 取上限，具体参见 GB 17747《天然气压缩因子的计算》；

t——天然气工作温度，℃；

L——天然气管子长度，km；

p_1——管子起点绝对压力，kPa；

p_2——管子终点绝对压力，kPa。

按 DL/T 5204—2016《发电厂油气管道设计规程》的规定，天然气管子的流速可按式（12-2）、式（12-3）计算，即

$$v=Q_{\mathrm{w}}\left(\frac{18.81}{D_{\mathrm{i}}}\right)^{2} \tag{12-2}$$

$$Q_{\mathrm{w}}=\frac{Q_{\mathrm{s}}(273+t)Z}{9.87\times273\times p_{\mathrm{w}}} \tag{12-3}$$

式中　v——天然气在工作状态下的流速，m/s；

Q_w——天然气在工作状态下的体积流量，m^3/h；

p_w——天然气的工作压力（绝对压力），MPa。

厂内天然气管子的管径，可按天然气流量和从厂内设计分界点到燃气轮机等设备用户前输送气体允许的压降计算确定，同时还需考虑设备的运行工况要求，也可按天然气流速 15～30m/s 估算管径，然后校核压降是否满足要求。对于采用城市管网天然气为燃料的燃气轮机电厂，天然气流速宜选用下限以降低管子阻力。

3. 管子的壁厚计算

根据 GB 50251《输气管道工程设计规范》和 DL/T 5204《发电厂油气管道设计规程》的规定，天然气管子直管壁厚的确定，可按以下公式计算，即

$$\delta=\frac{pD}{2\sigma_{\mathrm{s}}\phi f\tau} \tag{12-4}$$

式中　δ——管子壁厚，mm；

p——管子设计压力，MPa；

D——管子外径，mm；

σ_s——材料最小屈服强度，MPa；

ϕ——焊缝系数；

f——强度设计系数，可按 GB 50028《城镇燃气设计规范》有关规定选取，三级地区的工业厂区可取 0.4；

τ——温度折减系数，温度小于 120℃取 1。

管子的选用壁厚建议根据式（12-4）计算壁厚考虑一定的腐蚀裕量、壁厚偏差和对口偏差等。直管壁厚也可按 GB/T 20801《压力管道规范　工业管道》中公式进行计算。

4. 管子的选用

天然气管子材料的选择应符合国家有关标准，并根据管子的设计压力、温度、使用地区、材料的焊接性能等因素，经技术经济比较后确定。现行国家标准有 GB/T 20801.2《压力管道规范　工业管道　第 2 部分：材料》、GB 50028《城镇燃气设计规范》和 GB 50251《输气管道工程设计规范》等。天然气管道规格应按 GB/T 17395《无缝钢管尺寸、外形、重量及允许偏差》和 GB/T 21835《焊接钢管尺寸及单位长度重量》规定的规格系列选用。

天然气管道的规格也可选用 GD 2016《火力发电厂汽水管道零件及部件典型设计》中，所确定的天然气管道的压力等级对应的管道规格。

天然气管道最小管壁厚度不应小于 4.5mm。

设计压力小于 4.0MPa 的天然气管道，可采用：

（1）符合 GB/T 8163《输送流体用无缝钢管》规定的 10 号、20 号和 Q345B 材料的钢管管材。

（2） 符合 GB/T 9711《石油天然气工业　管线输送用钢管》规定的 L245 及以上材料的钢管管材。

（3）符合不低于上述两项标准相应技术要求的其他钢管标准和材料。

设计压力大于或等于 4.0MPa 的天然气管道宜采用高压无缝钢管，其技术性能应符合 GB/T 5310《高压锅炉用无缝钢管》、GB/T 14976《流体输送用不锈钢无缝钢管》或 GB 6479《高压化肥设备用无缝钢管》的规定。高压无缝钢管的材料可选用 20G（GB/T 5310）、16Mn（GB 6479）和不锈钢（GB/T 14976）。

当环境温度低于−40℃时，室外架空布置的天然气管道材料可选用符合 GB/T 14976《流体输送用不锈钢无缝钢管》规定的不锈钢材料。

（二）弯头、三通、异径管、封头

（1）天然气弯头或弯管、三通、异径管、封头通常选用标准件。

（2）天然气管道附件宜选用锻钢件，不得采用螺旋焊缝钢管制作，严禁使用铸铁件。管件等管道附件的压力等级不应低于所在管道的取用压力等级，其材质与管道相同。

（3）公称压力 PN2.5 及以下的管道支管连接，在满足补强要求时可采用直接开孔连接，面积补强结构和计算方法应符合 GB 50251《输气管道工程设计规范》的规定。公称压力高于 PN2.5 的支管连接或支管外径大于或等于 1/2 主管内径时应采用成型三通连接。

（4）异径管接头、封头结构、尺寸和强度设计应符合 GB150《压力容器》（所有部分）的有关规定。

（5）如果天然气管道内侧，要求通过清管器或检测仪器，则其弯头的弯曲半径宜按大于或等于 4 倍的公称直径设置，或提前与清管厂商确认。

天然气管件选用标准见表 12-2。

表 12-2　　天然气管件选用标准

标准号	标准名称
GB/T 12459	钢制对焊管件类型与参数
GB/T 13401	钢制对焊管件　技术规范
GD 2016	火力发电厂汽水管道零件及部件典型设计
SY/T 0510	钢制对焊管件规范
SY/T 5257	油气输送用钢制感应加热弯管
GB 150	压力容器（所有部分）

（三）法兰、垫片、紧固件

天然气管道阀门一般采用法兰连接，法兰连接时宜采用技术缠绕垫片，不应采用石棉橡胶垫片。天然气管道法兰选用标准见表 12-3。

表 12-3　　天然气管道法兰选用标准

标准号	标准名称
GB/T 9112～GB/T 9124	钢制管法兰
ASME B16.5	管法兰和法兰管件

（四）阀门

天然气系统隔断阀应采用球阀，且应采用全通径、固定球式软密封、耐火型。电动或气动隔断球阀应配有阀位指示，手动隔断球阀应配套齿轮箱驱动装置。主管路上的电动或气动隔断球阀应有远传信号，传输阀门的状态信号至电厂的主控室。主管路上的隔断球阀均应配备缓注开启阀。所有隔断阀的泄漏等级至少应为 CLASS VI。

为保证严密，天然气管道上放散、充氮系统应采用双阀隔断。

天然气管道阀门选用标准见表 12-4。

表 12-4　　天然气管道阀门选用标准

标准号	标准名称
ANSI B16.34	钢制法兰和对焊连接阀门

（五）阻火器

阻火器一般设置在天然气放散口处，其所选用压力等级应与管道相同，且应采用耐火型。

（六）绝缘接头

埋地天然气管道进、出地面处均应设置绝缘接头。

绝缘接头应为焊接端整体结构。绝缘接头结构主体可为整体锻制或锻制本体与短节（钢板卷制或钢管）焊接连接结构，其内径应与所接管道的内径一致。

绝缘接头和绝缘法兰的设计、制造及检验应符合SY/T 0516《绝缘接头与绝缘法兰技术规范》的有关规定。

二、管道布置

（一）一般要求

（1）天然气管道的布置应遵循GB 50028《城镇燃气设计规范》和DL/T 5204《火力发电厂油气管道设计规程》的规定。

（2）天然气管道宜采用架空或直埋敷设，不应采用地沟敷设。应根据天然气特性、环境条件、运行维护及施工等因素，经技术经济比较后确定具体敷设方式。

（3）架空或直埋敷设的天然气管道的布置均需考虑疏放水坡度，其坡度不宜小于0.003，当坡度方向为逆气流方向时，坡度不宜低于0.005。

（二）地上管道

地上架空管道的布置可参考汽水管道。

（三）直埋管道

（1）厂区埋地天然气管道应敷设在当地气候的冻土层以下，且最小覆土厚度［地（路）表面至管顶］不得小于0.6m，埋设在机动车道下时，最小覆土厚度［地（路）表面至管顶］不得小于0.9m。

（2）铺设在管沟、设备基础下方或穿越道路的埋地天然气管道应加装套管，套管内径宜比天然气管道外径大100mm以上。套管中间填干砂，套管两端应采用柔性的防腐、防水材料密封，确保套管和管道之间不得有金属接触或低电阻接触。

（3）直埋敷设的天然气管道宜设置警示带和路面标志等。

三、管道放水、放气系统

架空天然气管道放水、放气系统可参见本手册第十三章《管道通用设计》。直埋天然气管道宜尽量采用气压试验代替水压试验，不设放水、放气点，或设临时放水、放气点。

四、管道应力计算

天然气管道的应力计算可参见本手册第十三章《管道通用设计》。

埋地天然气管道的设计温度大于50℃时，应进行管道应力分析验算，可采用成熟的通用计算软件，如“CAESARII”或“Start”计算软件进行分析验算。

应力验算的主要工作为根据不同的土壤特性、埋层深度，验算管道内压、自重和土壤的重力等外载作用下的一次应力，及土壤在热胀、冷缩下对管道位移限制时所产生的二次应力，判断管道对端点设备产生的推力和力矩在设备的安全承受范围内。

五、管道支吊架

（1）天然气管道支吊架应选用标准的、典型通用的零部件。

（2）天然气管道支吊架管部宜采用管夹式结构，不宜采用焊接吊板。

（3）天然气管道支吊架设计可参见本手册第十三章《管道通用设计》。

六、保温、油漆和防腐

（一）保温

外表面温度大于60℃的架空天然气管道可考虑设置防烫保温，其防烫保温的设计执行DL/T 5072《火力发电厂保温油漆设计规程》的规定。

输送介质温度不超过100℃的埋地钢质管道防腐保温层应由防腐层-保温层-防护层端面防水帽组成，保温管道结构如图12-1所示。其防腐保温敷设工艺应执行GB/T 50538《埋地钢质管道防腐保温层技术标准》的规定。

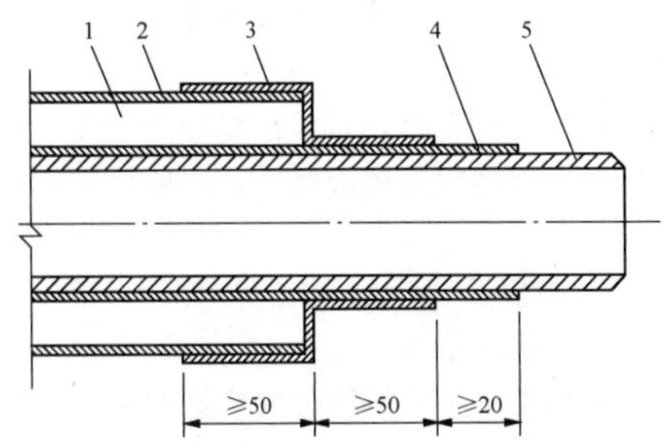

图12-1　保温管道结构图

1—保温层；2—防护层；3—防水帽；4—防腐层；5—管道

埋地钢质管道防腐保温层的涂层工艺应在工厂内完成预制，不得在现场进行涂敷。

埋地管道防腐保温层的防腐层、保温层、防护层和端面防水帽材料及性能的要求按GB/T 50538《埋地钢质管道防腐保温层技术标准》的规定。

（二）油漆

架空天然气管道油漆设计应符合DL/T 5072《火力发电厂保温油漆设计规程》的规定。

（三）防腐

1. 普通防腐

（1）埋地天然气管道的外表面防腐及防腐之前的表面处理要求执行GB/T 21447《钢质管道外腐蚀控制规范》的规定。

（2）架空天然气管道的外表面防腐涂层及防腐之前的表面处理要求执行DL/T 5072《火力发电厂保温

油漆设计规程》的规定。其管道外表面的涂层材料应根据当地大气腐蚀环境情况确定。

（3）当管道内侧有积水或污物时，应及时进行清管作业，清管装置可采用清管球、皮碗清管器或其他类型清管器，辅以清管器发射和接收装置。

（4）埋地天然气管道的防腐应采用三层结构的聚乙烯防腐层（3 层 PE），其防腐层的涂层工艺过程应在涂敷厂内完成预制，并应符合 GB/T 23257《埋地钢质管道聚乙烯防腐层》的相关要求；天然气管道的防腐不得在现场进行涂敷。

2. 阴极保护防腐

（1）埋地天然气管道同时应采用阴极保护措施联合防腐；电厂区域的其他埋地管道，其区域内的土壤电阻率小于 20Ω · m 时，埋地钢管也应采用防腐涂层和阴极保护联合防腐。

（2）天然气管道的阴极保护执行 GB/T 21448《埋地钢质管道阴极保护技术规范》的规定。

（3）实施阴极保护的天然气管道与未保护的设施（设备或管道）之间应实现电绝缘。可通过设置绝缘接头或绝缘法兰等形式实施。绝缘接头的内径与所接管道的内径一致。天然气场站进、出地面管道均应设置绝缘接头。

（4）阴极保护有牺牲阳极法和外加电流法两种方法。根据电厂天然气管道的特点，一般选用牺牲阳极保护法。

1）牺牲阳极法。牺牲阳极的种类分为镁合金牺牲阳极与锌合金牺牲阳极。

镁合金牺牲阳极的规格选取依据 GB/T 17731《镁合金牺牲阳极》。通常选择 D 型镁合金牺牲阳极或梯形镁合金牺牲阳极。

锌合金牺牲阳极的规格选取依据 GB/T 4950《锌-铝-镉合金牺牲阳极》。对于埋地天然气管道，型号选择 ZP 系列。

土壤电阻率是判断土壤腐蚀性的重要参数。采用哪种牺牲阳极的材料，应根据土壤电阻率的大小确定，一般情况下，当土壤电阻率在 15～150Ω · m 时，采用镁合金牺牲阳极；当土壤电阻率小于 15Ω · m 时，采用锌合金牺牲阳极。高电阻率土壤环境及专门用途，可选择带状牺牲阳极，也可选择镁合金牺牲阳极。（土壤电阻率可在相关工程的岩土专业《岩土工程勘测报告》中查取）

天然气管道的保护电流密度应根据其表面土壤覆盖层电阻率，并结合工程经验选取。对于表面预制 3 层 PE 的天然气管道，可根据工程实际经验在保护电流密度为 0.03～0.15mA/m^{2}之间选择，安装完成后，应实测管道的保护电位，应介于−850～1200mV（CSE）之间。

阴极保护的计算根据 GB/T 21448—2008《埋地钢质管道阴极保护技术规范》中附录 A 的相关计算公式进行。通过管道长度、天然气管道保护电流密度以及保护的寿命等内容计算出所需牺牲阳极的数量及规格。

对于电厂天然气管道，牺牲阳极埋设可采用单支等间距方式布置。

牺牲阳极的埋设方式通常采用水平式，也可采用立式。牺牲阳极距离管道外壁 3～5m，最小不宜小于 0.5m，埋设最小深度以阳极顶部距地面大于 1m。

棒状牺牲阳极应埋设在土壤冰冻线以下。在地下水位低于 3m 的干燥地带，阳极应适当加深埋设。

对于平行铺设且距离较近的阴极保护管道，在实际运行中可能会因电位的不同引起干扰腐蚀，需用均压线将管道连接在一起。

埋地牺牲阳极四周应增加填包料，填包料的配比遵照 GB/T 21448《埋地钢质管道阴极保护技术规范》的相关规定。

对存在交流干扰的管道，在阴极保护系统设计中应给予更大的保护电流密度；在运行调试中应使管道保护电位（相对于 CSE，消除 IR 降后）比阴极保护准则电位（一般土壤环境中为−850mV，在厌氧菌或硫酸盐还原菌及其他有害菌土壤环境中为−950mV）负值更大。

交流干扰区域内，在同一条或同一系统的管道中，根据实际情况可采用一种或多种交流干扰防护措施；但所有措施均不得对管道阴极保护的有效性造成不利影响。

阴极保护的主要控制指标应满足：保护率为 100%，运行率大于 98%，保护度大于 85%。阴极保护的参数检测方法遵照 GB/T 21246《埋地钢质管道阴极保护参数测量方法》。

2）外加电流法。外加电流法一般用于电厂外长距离输气管道，电厂内较少采用。

七、管道检验和试验

天然气管道的检验和试验执行 GB/T 20801.5—2006《压力管道规范　工业管道　第 5 部分：检验与试验》。

（1）所有焊缝需按 GB/T 20801.5—2006 中第 6 章有关规定进行 100%目视检查、100%表面无损检测和 100%射线照相检测。对焊缝无损检验时发现的不允许缺陷，应消除后进行补焊，并对补焊处用原规定的方法进行检验，直至合格。

（2）天然气管道安装完毕后应采用清水作介质进行压力试验，试验压力为设计压力的 $1.5ps_1/s_2$ 倍（p 为设计压力，s_1 为试验温度下管子的许用应力，s_2 为设计温度下管子的许用应力）；压力试验合格后应进行泄漏试验，试验介质采用空气，试验压力为设计压力。

（3）埋地天然气管道，如果不采用水介质做压力试验，根据 GB/T 20801.5—2006 也可采用空气作为介质进行压力试验，压力试验应满足 GB/T 20801.5—2006 相关规定。

（4）天然气管道采用空气作介质进行压力试验时，试验压力为设计压力的 1.15 倍，压力试验合格后应进行泄漏试验，试验压力为设计压力。

（5）压力试验后，应对天然气管道进行通球清扫。

（6）直埋管天然气管道的敷设及回填的验收执行 CJJ 33《城镇燃气输配工程施工及验收规范》的规定。

第二节　燃油管道设计

一、管道组成件选择

（一）管子

1. 主要管子标准

燃油管子的材料选择应考虑设计压力、设计温度、燃油特性的操作特点等使用条件，材料的焊接性能、制造加工工艺及经济合理性、所有钢材的技术要求应符合现行国家标准和行业标准的有关规定。从管子类型看，主要采用无缝钢管，其材质以碳钢和不锈钢为主。燃油管子常用材料标准见表 12-5。

表 12-5　燃油管子常用材料标准

标准号	标准名称
GB 3087	低中压锅炉用无缝钢管
GB/T 5310	高压锅炉用无缝钢管
GB/T 14976	流体输送用不锈钢无缝钢管

2. 管子的管径选择

燃油管子的管径计算应遵循 DL/T 5204《发电厂油气管道设计规程》的相关要求。对长距离输油管子的管径应根据油泵输送压力、阻力损失和管子工程造价进行优化设计确定。对短距离输油管子可按式（12-5）～式（12-7）计算。

对单相流体的用泵输送的燃油管子内径，应按下式计算，即

$$D_i = 18.81\sqrt{\frac{Q}{v}} \tag{12-5}$$

或

$$D_i = 18.81\sqrt{\frac{G}{\rho v}} \tag{12-6}$$

对单相流体的自流燃油管子内径，应按下式计算，即

$$D_i = 17.25\sqrt{\frac{\lambda QL}{H}} \tag{12-7}$$

式中　D_i——燃油管子内径，mm；

Q——燃油体积流量，m^3/h；

G——燃油质量流量，t/h；

ρ——介质密度，t/m^3；

v——介质流速，m/s；

λ——沿程阻力系数；

L——管子计算长度，m；

H——管子始端与终端的高程差，m。

燃油管子的介质流速应根据燃油黏度、管子直径及输油管子的长短确定。燃油管子的介质流速可按表 12-6 选取，最低流速不得小于 0.5m/s。

表 12-6　燃油管子介质流速选用表

恩氏黏度（°E）	运动黏度（m^2/s）	泵入口管流速（m/s）		泵出口管流速（m/s）	
		范围	推荐值	范围	推荐值
1～2	1.0～11.5	0.5～2.0	1.5	1.0～3.0	2.5
2～4	11.5～27.7	0.5～1.8	1.3	0.8～2.5	2.0
4～10	27.7～72.5	0.5～1.5	1.2	0.5～2.0	1.5
10～20	72.5～145.9	0.5～1.2	1.1	0.5～1.5	1.2
20～60	145.9～438.5	0.5～1.0	1.0	0.5～1.2	1.1
60～120	438.5～877.0	0.5～0.8	0.8	0.5～1.0	1.0

3. 管子的壁厚计算

燃油管子壁厚应按下式计算，即

$$\delta_c = \delta_m + c + \alpha \tag{12-8}$$

$$\delta_m = \frac{pD_o}{2[\sigma]^t \eta + 2Yp}$$

$$c = \frac{m}{100 - m}\delta_m$$

式中　δ_c——设计厚度，mm；

δ_m——最小壁厚，mm；

c——管子厚度负偏差的附加值，mm；

α——腐蚀余量，对输送轻柴油管子宜取 1～2mm，对输送重油或大直径管子宜取 2～3mm；

p——设计压力，MPa；

D_o——管子外径，mm；

$[\sigma]^t$——设计温度下材料的许用应力，MPa；

η——许用应力的修正系数，对无缝钢管 η=1；

Y——温度对壁厚的修正系数，可以取 0.4；

m——管子产品技术条件中规定的壁厚允许负偏差，取百分数。

4. 管子的选用

燃油管子的材料选择应遵循 GB/T 20801.2《压力管道规范　工业管道　第 2 部分：材料》和 DL/T 5204《发电厂油气管道设计规程》的规定。

无缝钢管适用于各类参数的管道。符合 GB 3087《低中压锅炉用无缝钢管》规定的无缝钢管可用于设计压力小于或等于 5.3MPa 的管道；符合 GB/T 5310《高压锅炉用无缝钢管》规定的无缝钢管可用于设计压力大于 5.3MPa 的管道。

（二）弯头、三通、异径管、封头

（1）燃油管道弯头计算详见 GB/T 20801.3《压力管道规范　工业管道　第 3 部分：设计和计算》，通常按标准件设计。弯头、三通、异径管、封头的选用标准见表 12-6。

（2）燃油管道上的管件的公称压力应按比管道设计压力对应的公称压力高一级压力等级选用。

（三）阀门、法兰、垫片、紧固件

（1）燃油管道不得选用铸铁阀门，应采用铸钢或锻钢阀门。

（2）燃油管道上的阀门及法兰附件的公称压力按比管道设计压力对应的公称压力高一级压力等级选用。

（3）燃油管道阀门垫片应选用耐油垫片，严禁使用塑料垫片、橡皮垫片和石棉垫片。

二、管道布置设计

（一）一般要求

（1）燃油管道应架空布置。当受条件限制时，厂内可采用地沟敷设，但应分段封堵；厂外可采用短距离直埋，但应设置检漏设施，并对管道进行防腐处理。当燃油管道埋地穿越道路时应加装套管，且套管内应设支撑。

（2）燃油管道应设置坡度。卸油和供油管道宜坡向油泵房，其坡度不小于下列规定：

1）轻油管道为 0.003。

2）重油管道为 0.004。

3）其他油管道为 0.005。

4）回油管道的坡度应比供油管道的坡度大。

（3）油管道不宜安装在高温管道附近；当必须安装在高温管道附近时，高温管道应保温良好，且采用密闭的金属保温层。油管道及其阀门和法兰宜布置在高温管道的下方，若布置在高温管道的上方时，高温管道应保温良好，且采用密闭的金属保护层，并在油管阀门和法兰的下方设收油盘，把漏油及时排到安全的地方。

（4）燃油管道布置应充分利用自补偿能力，当自补偿不足时，宜设 π 型补偿。

（二）油罐区管道布置要求

（1）油罐区卸油总管和供油总管应布置在油罐防火堤之外。

（2）进、出油罐防火堤的各类管线、电缆宜从防火堤顶跨越，当必须穿过防火堤时，与防火堤间的缝隙应采用防火堵料填塞。当管道周边有可燃物时，还应在防火堤堤体两侧 1m 范围内的管道上采取防火保护措施。当直径大于或等于 32mm 的燃油管道穿越防火堤时，除填塞防火封堵材料外，还应设置阻火圈或阻火带。

（3）防火堤内所有管道不得贴地布置，管子或保温保护层外壁离地净空不应小于 200mm。

三、管道放油和放气系统

燃油管道应在最高点设置放气点，在最低部位设置排油点，排油出口应距离地面有一定的高度，严禁把污油直接排入地沟或全厂排水系统。

四、管道应力计算

燃油管道设计温度大于或等于 80℃时，宜进行应力分析计算。

五、管道支吊架

（1）燃油管道支吊架应选用标准的、典型通用的零部件。

（2）燃油管道支吊架管部宜采用管夹式结构，不宜采用焊接吊板。

（3）燃油管道支吊架设计可参见本手册第十三章《管道通用设计》。

六、油漆防腐

（1）燃油管道的油漆防腐设计应符合 DL/T 5072《火力发电厂保温油漆设计规程》的有关规定。可参见本手册第十三章《管道通用设计》。

（2）燃油管道外表面油漆应采用涂刷底漆、中间漆和面漆防腐，油漆品种可采用环氧涂料、聚氨酯涂料。燃油管道漆膜总厚度不得低于 220μm。

（3）不保温油罐的外壁可选用耐候性热反射隔热涂料，油箱的内壁可选用环氧耐油涂料，油罐内壁应采用耐油环氧导静电涂料。

七、管道检查和试验

燃油管道的检验和试验执行 GB/T 20801.5《压力管道规范　工业管道　第 5 部分：检验与试验》的规定。

管道安装完毕后应采用清水作介质进行压力试验，试验压力为设计压力的 $1.5pS_1/S_2$ 倍（p 为设计压力，S_1 为试验温度下管子的许用应力，S_2 为设计温度下管子的许用应力）；压力试验合格后应进行泄漏试验，试验介质采用空气，试验压力为设计压力。

第十三章

管道通用设计

本章适用于汽、水及汽轮机润滑油等常规介质金属管道的通用设计，天然气、燃油等燃气轮机燃料介质的管道设计参见本手册第十二章的相关内容。

第一节　管道组成件选择

一、管子

（一）主要管子标准

燃气－蒸汽联合循环电厂中管道的工艺参数和输送介质种类较多，其重要程度和危险性也不同，在进行管子的选择时应根据管道的设计条件和介质特点选择合适的管子标准。从管子类型看，主要采用无缝钢管和焊接钢管，其材质以碳钢、低合金钢和合金钢为主。主要材料标准如下：

（1）GB/T 5310《高压锅炉用无缝钢管》。

（2）GB 3087《低中压锅炉用无缝钢管》。

（3）GB/T 3091《低压流体输送用焊接钢管》。

（4）GB/T 8163《输送流体用无缝钢管》。

（5）GB/T 9711《石油天然气工业　管线输送系统用钢管》。

（6）GB/T 14976《流体输送用不锈钢无缝钢管》。

（二）管子的管径选择

（1）单相流体管子的直径可按下列公式计算，即按质量流量计算为

$$D_i = 594.7\sqrt{\frac{Gv}{w}} \tag{13-1}$$

按容积流量计算为

$$D_i = 18.81\sqrt{\frac{Q}{w}} \tag{13-2}$$

式中　D_i——管子内径，mm；

G——介质质量流量，t/h；

v——介质比容，m^3/kg；

w——介质流速；m/s；

Q——介质容积流量，m^3/h。

（2）各类常用介质的管道流速宜按表 13-1 取用。

表 13-1　推荐的管道介质流速　（m/s）

介质类别	管道名称	推荐流速
蒸汽	过热蒸汽管道	35～60
	饱和蒸汽管道	30～50
	湿蒸汽管道	20～35
	减压减温器入口的蒸汽管道	60～90
给水	高压给水管道	2～6
	低压给水管道	0.5～3.0
凝结水	凝结水泵入口管道	0.5～1.0
	凝结水泵出口管道	2.0～3.5
其他水	离心泵入口管道	0.5～1.5
	离心泵出口管道及其他压力管道	1.5～3.0
	自流、溢流等无压排水管道	＜1.0
润滑油	润滑油供油管道	1.5～2.0
	润滑油回油管道	0.5～1.5
压缩空气	厂房内仪用压缩空气管道	10～15
	厂房内厂用压缩空气管道	8～15
	厂区仪用压缩空气管道	10～12
	厂区厂用压缩空气管道	8～10

（三）管子的壁厚计算

（1）当$\frac{D_o}{D_i}\leqslant 1.7$时，承受内压的直管最小壁厚计算式为

$$S_m = \frac{pD_o}{2[\sigma]^t\eta + 2Yp} + C \tag{13-3}$$

式中　S_m——管子最小壁厚，mm。

p——管子的设计压力，MPa。

D_o——管子外径，取用包括管径正偏差的最大外径，mm。

$[\sigma]^t$——钢材在设计温度下的许用压力，MPa。

Y——修正系数，Y值可按表 13-2 取用。

η——许用应力的修正系数。对于无缝钢管η=1.0；对于焊接钢管，按有关制造技术条件检验合格者，其η值可按表 13-3 取用；对于进口焊接钢管，其许用应力的修正系数按相应的管子产品技术条件中规定的数据选取。

C——腐蚀、磨损和机械强度要求的附加厚度。对于一般的蒸汽管道和水管道，可不考虑腐蚀和磨损的影响；对于具有两相流的管道，应考虑附加厚度，腐蚀和磨损裕度可取用 2mm；对于腐蚀性介质管道，根据介质的腐蚀特性确定。离心浇铸件 C 取 3.56mm，静态浇铸件 C 取 4.57mm。

表 13-2　修正系数 Y

材料	温度（℃）					
	≤482	510	538	566	593	621
铁素体钢	0.4	0.5	0.7			
奥氏体钢	0.4				0.5	0.7

注　1. 介于表列中间温度的 Y 值可用内插法计算。

2. 当管子的 $\frac{D_o}{S_m}$ 小于 6 时，对于设计温度小于或等于 480℃的铁素体和奥氏体钢，Y 值应按 $Y=\frac{D_i}{D_i+D_o}$ 计算。

表 13-3　焊接钢管许用应力的修正系数η

接头形式		焊缝类型	检验方法	η
电阻焊		直缝或螺旋缝	按产品标准检验	0.85
电熔焊	单面焊（无填充金属）	直缝或螺旋缝	按产品标准检验	0.85
			附加 100%射线或超声检验	1.00
	单面焊（有填充金属）	直缝或螺旋缝	按产品标准检验	0.80
			附加 100%射线或超声检验	1.00
	双面焊（无填充金属）	直缝或螺旋缝	按产品标准检验	0.90
			附加 100%射线或超声检验	1.00
	双面焊（有填充金属）	直缝或螺旋缝	按产品标准检验	0.90
			附加 100%射线或超声检验	1.00

注　电阻焊纵缝钢管管子和管件不允许通过增加无损检验提高纵向焊缝系数。

（2）当采用直缝电熔焊钢管，并在蠕变温度范围内运行时，最小壁厚应采用式（13-4）计算，即

$$S_m=\frac{pD_o}{2[\sigma]^t\eta W+2Yp}+C \tag{13-4}$$

式中　W——焊接钢管强度降低系数，按表 13-4 选用。

（3）管子的计算壁厚按下式进行计算，即

$$S_c=S_m+C_1 \tag{13-5}$$

式中　S_c——管子的计算壁厚，mm；

C_1——管子壁厚负偏差的附加值，mm。

表 13-4　焊接钢管强度降低系数 W

钢材种类	热处理状态	按下列温度的焊接钢管强度降低系数 W										
		371℃	399℃	427℃	454℃	482℃	510℃	538℃	566℃	593℃	621℃	649℃
CrMo 钢	—			1.00	0.95	0.91	0.86	0.82	0.77	0.73	0.68	0.64
蠕变强化铁素体钢	正火+回火						1.00	0.95	0.91	0.86	0.82	0.77
	回火					1.00	0.50	0.50	0.50	0.50	0.50	0.50

注　1. 非本表中所列材料的纵向焊缝管子不应在蠕变范围内使用。

2. 本表材料的焊缝金属碳含量不低于 0.05%。

3. 本表材料的纵向焊缝应经过 100%的射线或超声检测合格。

4. 本表材料的埋弧焊焊剂的碱度不小于 1.0。

5. CrMo 钢包括 0.5Cr0.5Mo、1Cr0.5Mo、1.25Cr0.5MoSi、2.25Cr1Mo、3Cr1Mo 以及 5Cr1Mo。焊缝必须经过正火、正火+回火或者适当的回火热处理。

6. 蠕变强化铁素体钢包括 91、92、911、122、23 等级。

（4）对于管子规格以“外径×壁厚”标识的管子，其壁厚负偏差附加值可按下式确定，即

$$C_1=\frac{m}{100-m}S_m \tag{13-6}$$

式中　m——管子产品技术条件中规定的壁厚允许负偏差，取百分数。

（5）对于以“外径×壁厚”标识的管子的取用壁厚，应根据管子的计算壁厚，按管子产品规格中公称壁厚系列选取；任何情况下，管子的取用壁厚均不得小于管子的计算壁厚。管子的取用壁厚应计入对口加工裕量，对口加工裕量可取 0.5 倍外径正偏差值。

（6）管子的管径偏差应取用相应的管子产品技术

条件规定值。

（7）承受外压的管子壁厚计算和加强要求，应符合 GB/T 150.3《压力容器　第 3 部分：设计》的有关规定。

（四）管子的选用

（1）管子应根据管内介质的性质、参数及在各种工况下运行的安全性和经济性进行选择。

（2）无缝钢管适用于各类参数的管道。符合 GB/T 8163《输送流体用无缝钢管》的无缝钢管可用于设计压力小于或等于 1.6MPa 的管道；符合 GB 3087《低中压锅炉用无缝钢管》的无缝钢管可用于设计压力小于或等于 5.3MPa 的管道；符合 GB/T 5310《高压锅炉用无缝钢管》的无缝钢管可用于设计压力大于 5.3MPa 的管道。

（3）低压流体用焊接钢管应符合 GB/T 3091《低压流体输送用焊接钢管》的规定，电熔焊钢管可用于设计压力不高于 1.6MPa 且设计温度不高于 300℃的管道，电阻焊碳钢钢管不应用于设计压力大于 1.6MPa 或设计温度大于 200℃管道。

（4）不锈钢管的选用应符合 GB/T 14976《流体输送用不锈钢无缝钢管》的规定。

（5）存在汽水两相流的疏水和再循环管道，调节阀后管道宜采用 CrMo 合金钢材料，且壁厚宜加厚一级。

（6）用于输送海水介质的管道，可选用衬胶或衬塑的碳钢管或采取其他防腐措施。

二、弯头

（一）弯头和弯管的壁厚计算

（1）弯管、弯头加工完成后的最小壁厚 S_m 应按下列公式进行计算，即

$$S_m = \frac{pD_o}{2([\sigma]^t \eta / I + Yp)} + C \qquad (13\text{-}7)$$

式中　I——弯管、弯头壁厚修正系数，侧壁弯曲中性线 I 取 1.0。

内弧处为

$$I = \frac{4(R/D_o)-1}{4(R/D_o)-2} \qquad (13\text{-}8)$$

外弧处为

$$I = \frac{4(R/D_o)+1}{4(R/D_o)+2} \qquad (13\text{-}9)$$

式中　R——弯管、弯头弯曲半径，mm。

（2）弯管和弯头任何一点的实测壁厚不得小于弯管和弯头相应点的计算壁厚，且外弧侧壁厚不得小于相连管子允许的最小壁厚 S_m。

（3）感应加热弯管弯制前推荐的直管最小壁厚可按表 13-5 推荐的壁厚值取用。

表 13-5　感应加热弯管弯制前推荐的直管最小壁厚

弯曲半径	弯管弯制前的直管最小壁厚	
	$D_o/S_m \leqslant 20$	$D_o/S_m > 20$
6 倍管子外径	$1.06S_m$	$1.07S_m$
5 倍管子外径	$1.08S_m$	$1.09S_m$
4 倍管子外径	$1.10S_m$	$1.12S_m$
3 倍管子外径	$1.14S_m$	$1.16S_m$

注　1. 介于上述弯曲半径间的弯头，允许用内插法计算。
2. S_m 为式（13-3）中计算的直管最小壁厚。

（4）采用以“外径×壁厚”标示的直管弯制弯管时，宜挑选正偏差壁厚的管子进行弯制。

（5）弯管弯曲半径宜为管子外径的 3～5 倍，弯制后的圆度不得大于 5%。弯管圆度指弯管弯曲部分同一截面上最大外径与最小外径之差与最大外径之比。

（二）弯头和弯管的选用

（1）热压弯头应符合相关国家标准和行业标准，优先采用长半径弯头，短半径弯头仅在布置特殊需要时使用。

（2）弯管宜采用中频感应加热弯管的成型方式，弯管弯曲半径宜为管子外径的 3～5 倍。

（3）公称压力 PN10 以下、公称尺寸 DN50 以下的管道可采用冷弯弯管。

（4）公称压力大于 PN16 的管道上应采用无缝热压弯头，且宜带直管段。

（5）焊接弯头的工作压力不应超过 1.0MPa，工作温度不应超过 300℃。

三、支管连接

（一）支管连接的强度计算

1. 支管连接的面积补强法计算（见图 13-1）

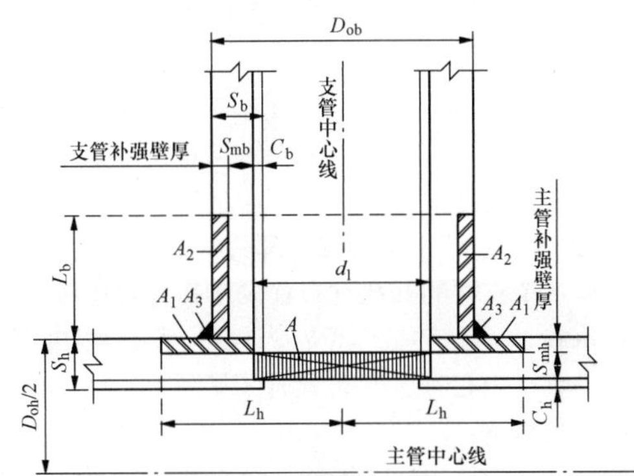

图 13-1　面积补强法计算图

（1）面积补强法宜用于支管轴线与主管轴线夹角为 90°，承受持续内压荷载的补强计算，其补偿条件应按下式进行计算，即

$$A_1+A_2+A_3 \geqslant A \tag{13-10}$$

式中 A_1——补强范围内主管的补强面积，mm^2；

A_2——补强范围内支管的补强面积，mm^2；

A_3——补强范围内角焊缝面积，mm^2；

A ——主管开孔需要补强的面积；mm^2。

（2）主管开孔需补强的面积 A 应按下式进行计算，即

$$A=S_{mh}d_1 \tag{13-11}$$

（3）主管、支管补强面积应按下列公式进行计算，即

$$A_1=(2L_h-d_1)(S_h-S_{mh}-C_h) \tag{13-12}$$

$$A_2=2L_b(S_b-S_{mb}-C_b) \tag{13-13}$$

$$d_1=D_{ob}-2(S_b-C_b)$$

式中 d_1——主管上经加工的支管开孔沿纵向中心线的尺寸，mm；

L_h——主管有效补强范围宽度之半，L_h 取 d_1 或 $(S_b-C_b)+(S_h-C_h)+\dfrac{d_1}{2}$ 两者中的较大者，但任何情况下不大于 D_{oh}，mm；

L_b——支管有效补强高度，L_b 取 2.5（S_b-C_b）或 2.5（S_h-C_h）两者中的较小值，mm；

D_{oh}、D_{ob}——主管、支管外径，mm；

S_h、S_b——主管、支管的实际壁厚，mm；

S_{mh}、S_{mb}——主管、支管的最小壁厚，mm；

C_h、C_b——主管、支管的附加壁厚，mm。

（4）补强面积的某些部分可由与主管材料不同的材料组成，若补强材料的许用应力小于主管材料许用应力，则由补强材料提供的补强面积应按材料许用应力之比折算予以相应折减；若补强材料许用应力高于主管材料的许用应力，则不应计及其增强作用。

（5）对于焊接的支管连接，除焊接材料外，不宜采用其他辅助材料进行补强。

（6）用式（13-12）和式（13-13）计算主管、支管的补强面积时，不得超出主管的有效补强宽度和支管的有效补强高度。

2. 主管上多开孔的补强计算

（1）多个支管的开孔宜布置成使其有效补强范围不相互重叠，开孔应按上述支管连接面积补强法的要求进行补强；当必须紧密布置时（见图 13-2），应符合下面几项规定。

（2）开孔应按上述支管连接面积补强法的要求进行组合补强，其补强面积应等于单个开孔所需补强面积的总和。

（3）在计算补强面积时，任何重叠部分面积不得重复计入。

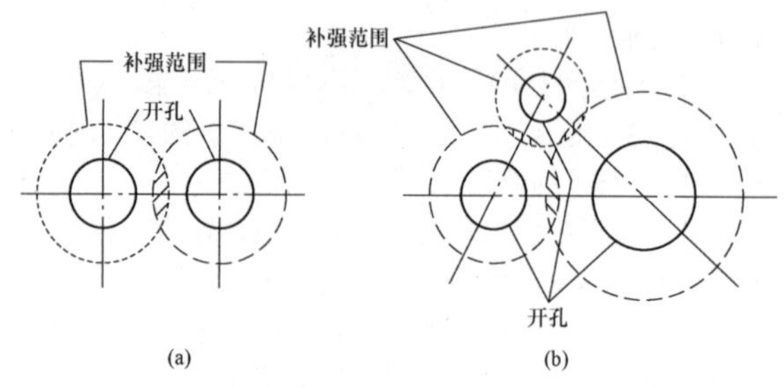

图 13-2 多个开孔的补强

（a）双孔的补强范围重叠；（b）三孔的补强范围重叠

（4）多个相邻开孔采用组合补强时，这些开孔中的任意两个开孔中心间最小距离不应小于 1.5 倍的平均直径，且在两孔间的补强面积不应小于这两个开孔所需补强总面积的 50%。

3. 支管连接的压力面积法

（1）压力面积法（见图 13-3）宜用于支管轴线与主管轴线夹角为 90°，承受持续内压荷载，且采用挤压形式的支管连接的补强，45°锻制斜三通的补强可采用压力面积法计算，以 A_p 为承压面积，A_σ为承载面积。

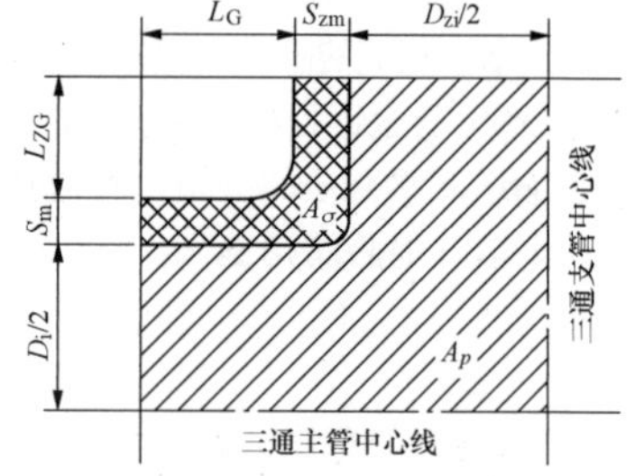

图 13-3 压力面积法计算图

1）强度条件应满足下式，即

$$[\sigma]^t \geqslant p\left[\frac{A_p}{A_\sigma}+\frac{1}{2}\right] \tag{13-14}$$

2）最大的补强长度应按下列公式进行计算：

对于主管为

$$L_G=\sqrt{(D_i+S_m)S_m} \tag{13-15}$$

对于支管为

$$L_{ZG}=\sqrt{(D_{zi}+S_{zm})S_{zm}} \tag{13-16}$$

（2）A_p 和 A_σ按图 13-3 作图求得，承载面积 A_σ应计入通用的成型方式造成的面积计算误差，取 0.9 的修正系数。

（二）支管连接的选用

（1）公称压力 PN25 及以下压力参数，在满足补强要求的前提下可采用直接连接，公称压力 PN25 以上的支管连接应采用成型管件。

（2）三通不宜采用带加强环、加强板及加强筋等辅助元件加强的形式。

（3）主要管道的三通形式宜按表 13-6 选用。

表 13-6 主要管道三通形式

管道类别	机组参数			
	超超临界参数	超临界参数	亚临界参数	亚临界以下参数
主蒸汽管道	锻制、热压	锻制、热压	锻制、热压	热压
高温再热蒸汽管道	锻制、热压	锻制、热压	锻制、热压	热压
低温再热蒸汽管道	焊接	焊接	焊接	焊接、热压
高压给水管道	热压	热压	热压	热压

（4）接管座、锻制 T 形三通和焊制三通强度计算宜采用面积补偿法，热挤压三通和锻制斜三通强度计算宜采用压力面积法。

（5）亚临界及以上参数机组的主蒸汽、再热蒸汽管道的合流或分流三通宜采用 45°斜三通或 Y 形三通等。

四、异径管

（一）异径管的强度计算

（1）异径管成型件允许的最小壁厚 S_m 计算时（见图 13-4）应取式（13-17）和式（13-18）的较大值，即

$$S_m = \frac{pD_m + 2[\sigma]^t \eta C + 2YpC}{\left[2[\sigma]^t \eta - 2p(1-Y)\right]\cos\theta} \tag{13-17}$$

或

$$S_m = \frac{pD_o}{2[\sigma]^t \eta + 2Yp} + C \tag{13-18}$$

式中 D_m——异径管平均直径，为距大端 l 处的圆锥端平均直径，计算中 D_m 可取（D_o−S），l 取 $\sqrt{D_m S}$ 和 $\frac{L}{2}$ 两者之中的较小值，mm；

η——许用应力的修正系数，按表 13-3 取值；

C——壁厚的附加值，按管子的壁厚附加值要求取值；

θ——半锥角，计算中可取 15°。

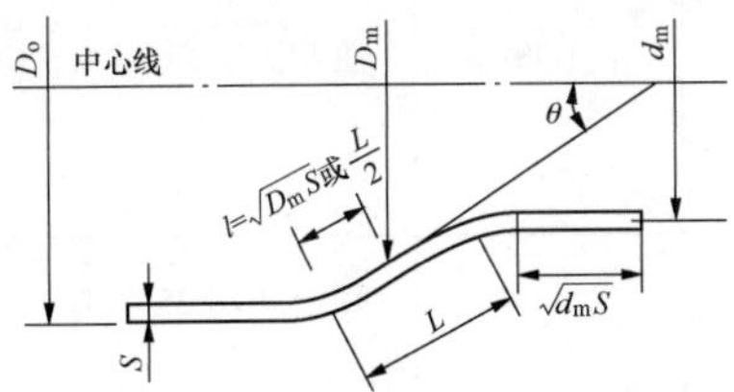

图 13-4 异径管壁厚计算图

（2）异径管与管道连接处的强度应按下列原则核算：

1）当曲率半径 r 不小于 $0.1D_o$，大端壁厚满足式（13-17）和式（13-18）时，大端强度可不核算。

2）小端强度（见图 13-5）应按式（13-19）～（13-21）进行强度核算，即

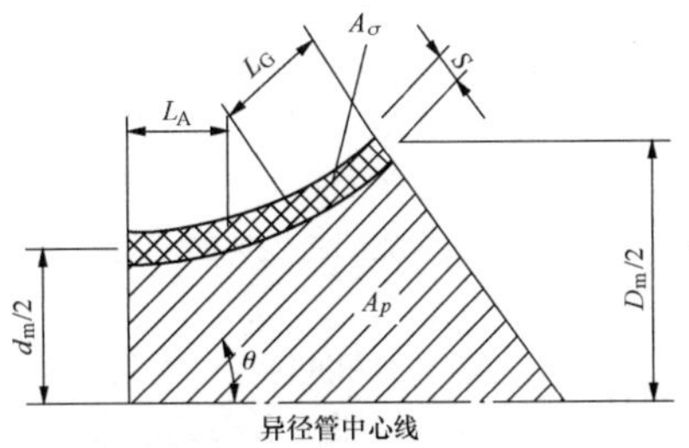

图 13-5 异径管补强示意图

$$[\sigma]^t \geqslant p\left(\frac{A_p}{A_\sigma} + \frac{1}{2}\right) \tag{13-19}$$

式中 $[\sigma]^t$——设计温度下材料的许用应力，MPa；

p——设计压力，MPa；

A_p——承压面积，mm^2；

A_σ——承载面积，mm^2。

$$L_G = \sqrt{D'_m s} \tag{13-20}$$

$$L_A = \sqrt{d_m s} \tag{13-21}$$

式中 D'_m——离弯曲段 L_G 处的平均直径，计算时可近似用大端连接管道平均直径 D_m 来代替，mm；

d_m——离弯曲段 L_A 处的平均直径或取用小端连接管的平均直径，mm。

（3）异径管锥顶角不宜大于 30°，外侧曲率半径不宜小于 $0.1D_o$。

（二）异径管的选用

（1）钢管模压异径管可用于各种压力等级的管道上。

（2）钢板焊制异径管宜用于公称压力不大于 PN16 的管道上。

（3）异径管可采用同心或偏心形式。

五、封头

（一）封头的强度计算

1. 椭圆形封头壁厚计算

（1）椭圆形封头外形如图 13-6 所示。其最小壁厚 S_m 可按式（13-22）或式（13-23）计算，即

$$S_m = \frac{K'pD_i}{2[\sigma]^t \eta - 0.5p} + C \tag{13-22}$$

$$S_m = \frac{K'pD_o}{2[\sigma]^t \eta - (2K' - 0.5)p} + C \tag{13-23}$$

$$K'=\frac{1}{6}\left[2+\left(\frac{D_i}{2h_i}\right)^2\right] \tag{13-24}$$

式中　K'——椭圆形封头的椭圆形状系数，$D_o/(2h_i)=2$ 时可按图 13-7 取值；

p——设计压力，MPa；

D_i——封头内径，取相连管道的最大内径，mm；

$[\sigma]^t$——设计温度下材料许用应力；MPa；

η——焊接接头系数，可根据对焊焊缝形式及无损检测的长度比例确定，可按表 13-7 取值；

C——考虑腐蚀和冲蚀裕量的附加厚度，mm；

D_o——封头外径，取相连管道的最大外径，mm；

h_i——封头内曲面深度，mm。

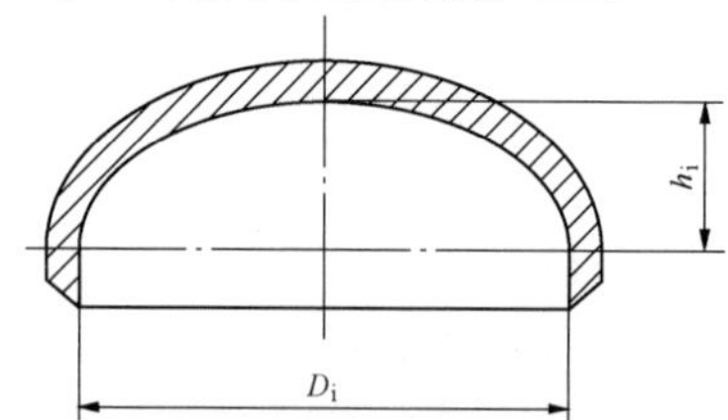

图 13-6　椭圆形封头外形图

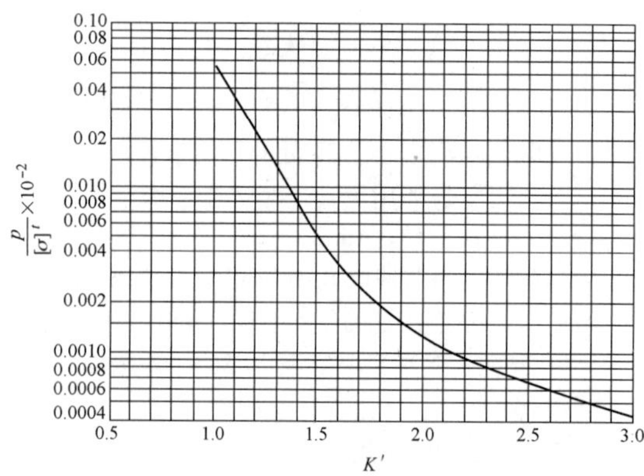

图 13-7　$D_o/(2h_i)=2$ 时的椭圆形封头的椭圆形状系数 K'值

表 13-7　　焊接接头系数表

项目	双面焊		单面焊	
	全部无损检测	局部无损检测	全部无损检测	局部无损检测
η	1.0	0.85	0.9	0.8

（2）椭圆形封头取用壁厚应按下式进行计算，即

$$S=S_m+C_1 \tag{13-25}$$

式中　S——椭圆形封头计算壁厚，mm；

C_1——钢板厚度负偏差附加值，按照钢板产品技术条件中规定的板厚负偏差百分数确定，应考虑钢板加工减薄量。

2. 平封头壁厚计算

$$S_m=K'D_i\sqrt{\frac{p}{[\sigma]^t\varphi'}} \tag{13-26}$$

式中　D_i——封头内径，取相连管道的最大内径，mm；

K'、φ'——与封头结构有关的系数，可按表 13-8 选取；

p——设计压力，MPa；

$[\sigma]^t$——设计温度下材料许用应力，MPa。

3. 夹在两法兰之间的节流孔板以及中间堵板、回转堵板的厚度计算

可按平封头的厚度计算式（13-26）计算，其 K'值取 0.45，焊接式节流孔板厚度可按平封头厚度计算式（13-26）计算，其 K'值取 0.6。

（二）封头的选用

（1）公称压力 PN25 以上的管道宜采用椭圆形封头，也可采用对焊平封头。

（2）公称压力 PN25 及以下的管道可采用平焊封头。

表 13-8　　封头结构系数

封头形式	结构要求	K'	φ'		备　注
			$l\geqslant 2s_1$	$2s_1>l\geqslant s_1$	
	$r\geqslant\frac{2}{s}s_1$ $l\geqslant s_1$	0.4	1.05	1.00	推荐优先采用的结构形式
		0.6	0.85		用于 PN≤25 和 DN≤400 的管道
		0.4	1.05		只用于水压试验

续表

封头形式	结构要求	K'	φ		备注
			$l \geqslant 2s_1$	$2s_1 > l \geqslant s_1$	
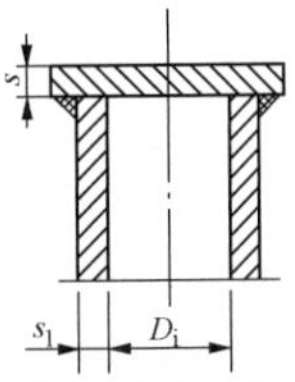		0.6	0.85		用于PN<25和DN<40的管道
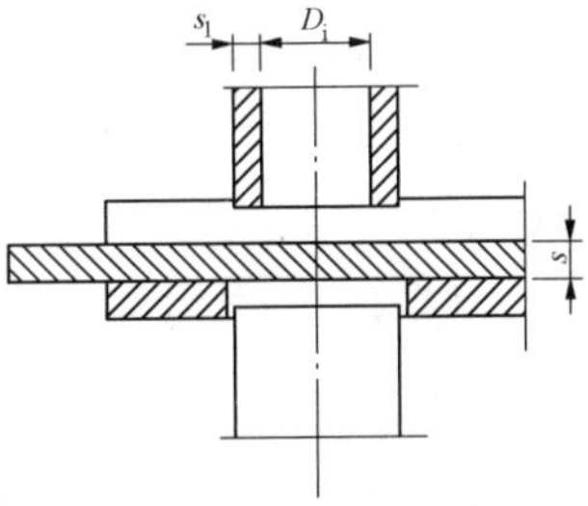		0.45	0.85		用于回转堵板，中间堵板和法兰式节流孔板

六、法兰

法兰是将管道或设备作可拆卸连接时最常用的重要零件，是电力、石化、化工、冶金等工程设计中使用广泛的零部件。法兰、垫片和紧固件组成管道系统中的可拆卸连接结构，在管道系统中广泛应用。通常法兰、垫片和紧固件三者共同组成一个密封结构，共同作用，相辅相成，才能保证法兰连接结构的良好密封。国际上较为通用的法兰标准可概括为两个不同的且不能互换的法兰体系，其中一个是欧洲 EN 1092-1《法兰及其连接 PN 标记的管子、阀门、管件及附件用圆形法兰　第 1 部分：钢制法兰》关于 PN 标记的法兰标准；另一个是美国 ASME B16.5《管法兰和法兰管件》关于 Class 标记的法兰标准。我国 GB/T 9112《钢制管法兰　类型和参数》～GB/T 9124《钢制管法兰　技术条件》系列标准综合采用了上述两个标准，包括了 Class 标记法兰和 PN 标记法兰的相关技术内容。对于 PN 和 Class 两大体系的法兰在尺寸上和压力温度等级上均无互换性和可比性，在工程设计时应尽可能选用单一的法兰体系。

(一) 主要法兰标准

（1）GB/T 9112《钢制管法兰　类型和参数》～GB/T 9124《钢制管法兰　技术条件》系列标准。

（2）HG/T 20592《钢制管法兰（PN 系列）》。

（3）HG/T 20615《钢制管法兰（Class 系列）》。

（4）SH/T 3406《石油化工钢制管法兰》。

（5）EN 1092-1《法兰及其连接 PN 标记的管子、阀门、管件及附件用圆形法兰　第 1 部分：钢制法兰》。

（6）EN 1759-1《法兰及其连接 Class 标记的管子、阀门、管件及附件用圆形法兰　第 1 部分：钢制法兰，NPS 1/2～24》。

（7）ASME B16.5《管法兰和法兰管件》。

（8）MSS SP-44《钢制管法兰》。

值得注意的是：我国目前同时存在着 4 种法兰标准，分别是国家标准、化工行业标准、石化行业标准和机械行业标准。法兰在使用时应尽可能采用相同标准配对使用，如因特殊原因确需不同标准间法兰配对使用时，应核对两个标准的法兰的连接尺寸、压力等级、法兰形式是否相同。本节后续相关内容均按国家标准法兰的规定进行描述。

(二) 法兰的类型及代号

常用的法兰类型及代号见表 13-9。

(三) 密封面的形式及代号

常用的密封面形式及代号见表 13-10。

表 13-9　常用的法兰类型及代号

法兰类型	带颈螺纹法兰	对焊法兰	带颈平焊法兰
法兰类型代号	Th	WN	SO
法兰国家标准	GB/T 9114《带颈螺纹钢制管法兰》	GB/T 9115《对焊钢制管法兰》	GB/T 9116《带颈平焊钢制管法兰》
法兰简图	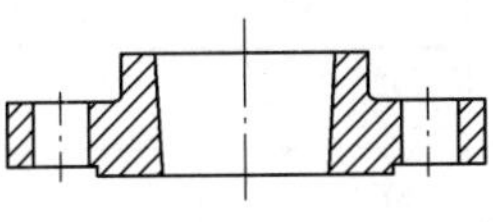	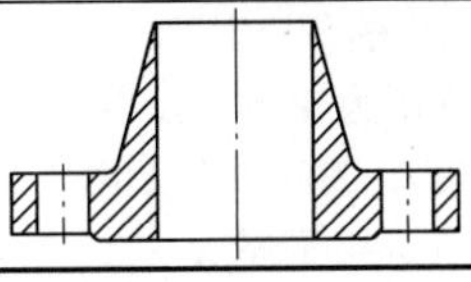	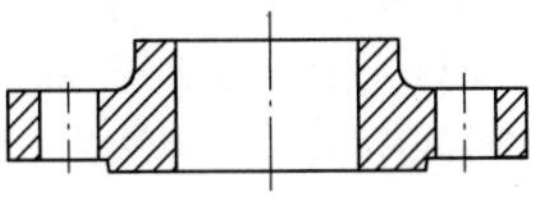

续表

法兰类型	带颈承插焊法兰	板式平焊法兰	法兰盖
法兰类型代号	SW	PL	BL
法兰国家标准	GB/T 9117《带颈承插焊钢制管法兰》	GB/T 9119《板式平焊钢制管法兰》	GB/T 9123《钢制管法兰盖》
法兰简图			

表 13-10　常用的密封面形式及代号

密封面形式	平面	凹凸面	
代号	FF	MF（凸面 M、凹面 F）	
简图			
密封面形式	突面	榫槽面	
代号	RF	TG（榫面 T、槽面 G）	
简图			

（四）法兰的公称压力

PN 系列和 Class 系列的法兰公称压力标记如下：

1. PN 系列

PN 系列的法兰公称压力标记为 PN2.5、PN6、PN10、PN16、PN25、PN40、PN63、PN100、PN160、PN250、PN320、PN400。

2. Class 系列

Class 系列的法兰公称压力标记为 Class150、Class300、Class600、Class900、Class1500、Class2500。

（五）法兰的公称尺寸和钢管外径

法兰的公称尺寸对应的钢管外径见表 13-11，其中根据国内应用情况用 PN 标记的法兰对应的钢管外径分为系列Ⅰ（英制系列）和系列Ⅱ（公制系列）。

（六）法兰的选用

（1）法兰及附件的适用压力和温度应符合 GB/T 9124《钢制管法兰　技术条件》的规定。不同压力等级的法兰相连接时，法兰及附件的使用条件应以较低等级法兰为准。

（2）管道法兰形式的选择应符合 GB/T 9115《对焊钢制管法兰》、GB/T 9116《带颈平焊钢制管法兰》和 GB/T 9119《板式平焊钢制管法兰》的规定。

（3）设计温度大于 300℃或公称压力 PN40 及以上的管道应选用对焊法兰；设计温度在 300℃及以下且公称压力在 PN25 及以下的管道宜选用平焊法兰。对焊法兰宜采用凹凸面和突面形式，平焊法兰应采用突面形式。

（4）管道系统中不宜采用平面板式平焊法兰、承插焊法兰、松套法兰和螺纹法兰。

（5）法兰材料的选用应符合表 13-12 的规定。

表 13-11　法兰的公称尺寸对应的钢管外径　（mm）

用 PN 标记的法兰			用 Class 标记的法兰		
公称尺寸 DN	钢管外径		公称尺寸		钢管外径
	系列Ⅰ	系列Ⅱ	NPS	DN	系列Ⅰ
10	17.2	14	—	—	—
15	21.3	18	1/2	15	21.3
20	26.9	25	3/4	20	26.9
25	33.7	32	1	25	33.7
32	42.4	38	1-1/4	32	42.4
40	48.3	45	1-1/2	40	48.3
50	50.3	57	2	50	50.3
65	76.1	76	2-1/2	65	76.1
80	88.9	89	3	80	88.9

续表

用PN标记的法兰			用Class标记的法兰		
公称尺寸DN	钢管外径		公称尺寸		钢管外径
	系列Ⅰ	系列Ⅱ	NPS	DN	系列Ⅰ
100	114.3	108	4	100	114.3
125	139.7	133	5	125	139.7
150	168.3	159	6	150	168.3
200	219.1	219	8	200	219.1
250	273.0	273	10	250	273.0
300	323.9	325	12	300	323.9
350	355.6	377	14	350	355.6
400	406.4	426	16	400	406.4
450	457	480	18	450	457
500	508	530	20	500	508
600	610	630	24	600	610
700	711	720			
800	813	820			
900	914	920			
1000	1016	1020			
1200	1219	1220			
1400	1422	1420			
1600	1626	1620			
1800	1829	1820			
2000	2032	2020			
2200	2235	2220			
2400	2438	2420			
2600	2620				
2800	2820				
3000	3020				
3200	3220				
3400	3420				
3600	3620				
3800	3820				
4000	4020				

表 13-12 法兰材料的选用

公称压力PN	介质温度（℃）						
	0～200	300	350	400	425	510	555
≤16	Q235B、20		20、Q345B		Q345B	—	
25、40、63、100	20、Q345B				Q345B	12CrMo 15CrMoA	—
压力不限	—					12Cr1MoVR	

（6）法兰强度应分别按运行工况及螺栓预紧力进行计算，并应计及流体静压力及垫片的压紧力。

（7）法兰及法兰连接计算应按 GB/T 17186.1《管法兰连接计算方法　第 1 部分：基于强度和刚度的计算方法》或 GB/T 150.3《压力容器　第 3 部分：设计》的有关规定计算。

（8）法兰盲板所需的厚度应按下列公式进行计算，即

$$t_{pd}=d_G\sqrt{\frac{3p}{16[\sigma]^t\eta}} \tag{13-27}$$

$$S_m=t_{pd}+C \tag{13-28}$$

式中 t_{pd}——压力作用下的计算厚度，mm；

d_G——垫圈内径，mm；

S_m——计入腐蚀余量的最小厚度，mm。

七、垫片

（一）主要垫片标准

（1）GB/T 4622.1《缠绕式垫片　分类》。

（2）GB/T 4622.2《缠绕式垫片　管法兰用垫片尺寸》。

（3）GB/T 4622.3《缠绕式垫片　技术条件》。

（4）GB/T 9126《管法兰用非金属平垫片　尺寸》。

（5）GB/T 9129《管法兰用非金属平垫片　技术条件》。

（6）GB/T 9128《钢制管法兰用金属环垫　尺寸》。

（7）GB/T 9130《钢制管法兰连接用金属环垫　技术条件》。

（8）GB/T 13404《管法兰用非金属聚四氟乙烯包覆垫片》。

（9）GB/T 15601《管法兰用金属包覆垫片》。

（10）GB/T 19066.1《柔性石墨金属波齿复合垫片　尺寸》。

（11）GB/T 19066.3《柔性石墨金属波齿复合垫片　技术条件》。

（12）GB/T 19675.1《管法兰用金属冲齿板柔性石墨复合垫片　尺寸》。

（13）GB/T 19675.2《管法兰用金属冲齿板柔性石

墨复合垫片　技术条件》。

（14）JB/T 87《管路法兰用非金属平垫片》。

（15）JB/T 88《管路法兰用金属齿形垫片》。

（16）JB/T 89《管路法兰用金属环垫》。

（17）JB/T 90《管路法兰用缠绕式垫片》。

（18）JB/T 6628《柔性石墨复合增强（板）垫》。

（19）JB/T 8559《金属包垫片》。

（二）垫片的类型及代号

垫片作为法兰连接的主要元件，对密封起着非常重要的作用。常用的垫片类型有非金属平垫片、缠绕式垫片、金属齿形垫片、金属包覆垫片、柔性石墨金属波齿复合垫片等。

常用缠绕式垫片的类型及代号见表 13-13。常用缠绕式垫片类型及结构示意如图 13-8、图 13-9 所示。

表 13-13　常用缠绕式垫片的类型及代号

类型	代号	适用的法兰密封面形式
基本型	A	榫槽面
带内环型	B	凹凸面
带定位环型	C	全平面
带内环和定位环型	D	突面

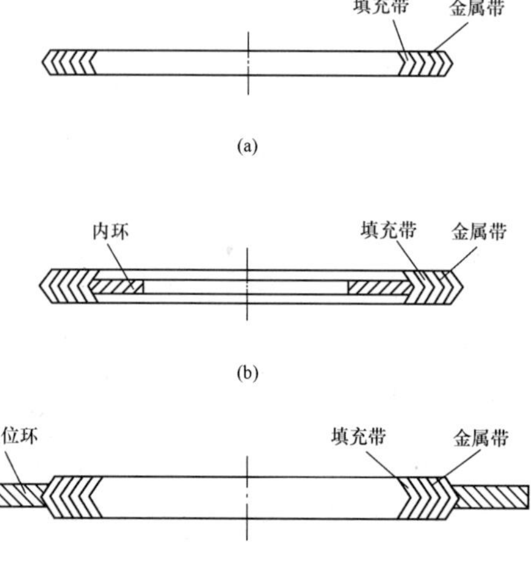

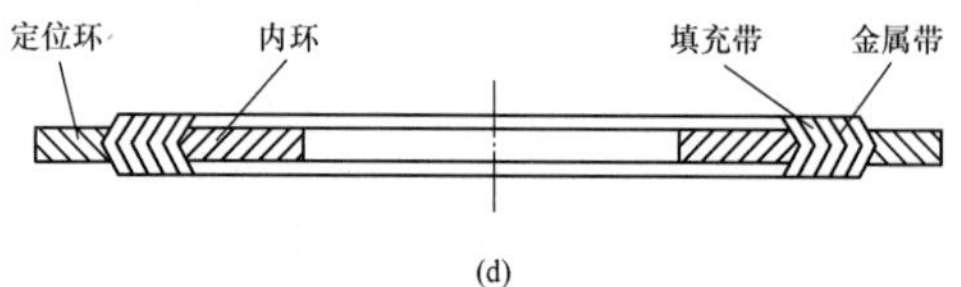

图 13-8　常用缠绕式垫片类型示意图

（a）基本型；（b）带内环型；（c）带定位环型；（d）带内环和定位环型

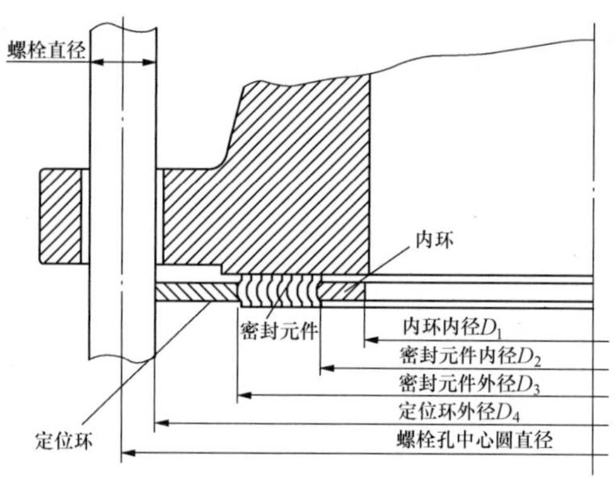

图 13-9　常用缠绕式垫片结构示意图

（三）垫片的选用

（1）垫片应根据流体性质、使用温度、压力，以及法兰密封面等因素选用。垫片的密封荷载应与法兰的设计压力、设计温度、密封面形式、表面粗糙度、法兰强度与紧固件相适应。

（2）管道法兰垫片宜采用柔性石墨金属缠绕式，并应符合 GB/T 4622.3《缠绕式垫片　技术条件》等相关标准的规定。对公称压力小于 PN10 且设计温度小于 150℃的情况也可采用非金属垫片。缠绕式垫片内环材料应满足流体介质和管道设计温度的要求，外环材料应满足管道设计温度的要求。

（3）垫片形式的选用时应与法兰的形式相对应。突面法兰（RF）宜采用带定位环或带内环和定位环型，不应采用基本型或仅带内环型。凹凸面法兰（MF）应采用带内环型缠绕式垫片。

（4）非金属垫片的外径可超过突面（RF）型法兰密封面的外径，制成“自对中”式垫片。

（5）用于不锈钢法兰的非金属垫片，其氯离子的含量不得超过 200mg/L。

（6）基本型缠绕垫片只适用于榫槽法兰，Class600、Class900、Class1500、Class2500 以及采用 PTFE 为填充材料的垫片应使用内环。

（7）在选用垫片尺寸时，应注意保证非金属平垫垫片内径或缠绕垫内环内径不得低于法兰内径。

（8）柔性石墨复合垫片的最高工作压力为 6.3MPa，最高工作温度取决于金属芯板材料。

八、紧固件

（一）紧固件的类型和材料

选择法兰连接用紧固件材料时，应同时考虑管道的工作压力、工作温度、介质种类和垫片类型等多种因素。

根据结构形式不同，螺栓可分为六角头螺栓和双头螺柱两类，而双头螺柱又分为全螺纹和非全螺纹两种。其中六角头螺栓常与平焊法兰和非金属垫片配合用于中低压的场合。双头螺柱常与对焊法兰配合使用在温度压力较高的场合，其中，全螺纹双头螺柱没有截面形状的变化，故承载能力较非全螺纹双头螺柱强。常用的螺母为六角形。

常用紧固件的性能等级或材料牌号见表 13-14。

表 13-14 常用紧固件的性能等级或材料牌号

性能等级/材料牌号	公称压力 PN 或 Class	工作温度范围（℃）
5.6、8.8	≤PN 16 ≤Class 150	−10～+300
A2-50、A4-50	≤PN 40 ≤Class 300	−196～+400
06Cr17Ni12Mo2、06Cr19Ni10		−196～+550
A2-70、A4-70	≤PN 100 ≤Class 600	−196～+400
40Cr		−20～+350
35CrMoA		−100～+500
25Cr2MoVA		−20～+550
30CrMo、42CrMo		−100～+450

（二）紧固件的选用

（1）紧固件的选用应符合 GB/T 150.3《压力容器 第 3 部分：设计》或 GB/T 9125《管法兰连接用紧固件》等相关标准的规定。

（2）紧固件应符合预紧及运行参数下垫片的密封要求。

（3）高温条件下使用的紧固件应与法兰材料具有相近的热膨胀系数。

（4）公称压力不大于 PN25、工作温度不大于 250℃，配用非金属垫片的法兰连接处可采用 GB/T 5785《六角头螺栓 细牙》规定的六角头螺栓，对应的螺母可采用 GB/T 6170《Ⅰ型六角螺母》或 GB/T 6171《Ⅰ型六角螺母 细牙》规定的Ⅰ型六角螺母。

（5）公称压力不大于 PN40、工作温度不大于 250℃的法兰连接处宜采用 GB/T 901《等长双头螺柱 B 级》规定的双头螺柱，对应的螺母宜采用 GB/T 6170《Ⅰ型六角螺母》或 GB/T 6171《Ⅰ型六角螺母 细牙》规定的Ⅰ型六角螺母。

（6）除上述(4)和(5)外，公称压力不大于 PN100、工作温度不大于 500℃的法兰螺栓应采用 GB/T 9125《管法兰连接用紧固件》规定的专用双头螺柱，螺母应采用 GB/T 9125《管法兰连接用紧固件》规定的六角螺母。

九、阀门

（一）阀门的分类和形式

常用阀门的分类见表 13-15。

表 13-15 常用阀门的分类

按材质分类	按用途分类	按结构分类		
（1）青铜阀	（1）一般配管用	（1）闸阀	楔式	单闸板
（2）铸铁阀	（2）发电厂水、蒸汽用			双闸板
（3）铸钢阀	（3）石油炼制、化工专用			弹性闸板
（4）锻钢阀	（4）一般化学用		平行闸板	
（5）合金钢阀	（5）船舶用	（2）截止阀	基本形阀	
（6）不锈钢阀	（6）采暖用		角形阀	
（7）特殊钢阀	（7）其他		针型阀	
（8）非金属阀			节流阀	
（9）其他		（3）止回阀	升降式	
			旋启式	
		（4）球阀		
		（5）蝶阀		
		（6）隔膜阀		
		（7）安全阀		

（二）阀门的选用

（1）阀门应根据系统的参数、通径、泄漏等级、启闭时间等进行选择，并应满足系统关断、调节、运行要求和布置设计的需要。阀门的形式、操作方式应根据阀门的结构和安装、运行、检修的要求来选择。

（2）除设计另有规定外，对于公称压力 PN40 及以上阀门的选用应符合下列规定：

1）阀盖密封不应采用螺纹连接的密封结构，宜采用压力自密封结构。

2）阀门端部应采用对焊连接。

（3）公称压力 PN16 及以上的阀门应采用钢制阀门。

（4）对于双向密封阀门应采取适当的安全措施防止因温度升高导致内部超压。

（5）流体为饱和蒸汽和汽水两相流时，阀门的阀座及阀芯应采用耐冲蚀材料。

（6）管道系统中阀门动作时间应满足相应系统功能的要求。

（7）高压加热器三通阀应以阀门打开或关闭时阀座两侧的最大不平衡压差作为设计压力的基准值，阀座直径不应小于连接管道内径的 90%。

（8）阀门的选择应满足下述要求：

1）闸阀作关断用，应用于全开或全关场合，不宜作调节用。对要求密封性能好、流动阻力较小、公称尺寸较大或介质需两个方向流动的汽水管道宜选用闸阀。双闸板闸阀宜装于水平管道上，阀杆垂直向上；单闸板闸阀可装于任意位置的管道上。

2）截止阀作关断用。对严密性要求较高、流阻要求较宽松、公称尺寸较小的汽水管道宜选用截止阀。截止阀可装于任意位置的管道上。当调节幅度小且不需要经常调节时，对调节精度要求不高的下列管道可用截止阀兼作关断和调节用：

a．设计压力不大于 1.6MPa 的水管道。

b．设计压力不大于 1.0MPa 的蒸汽管道。

3）球阀作调节或关断用。对要求迅速关断或开启的小口径管道，可选用球阀。球阀可装于任意位置的管道上，但带传动机构的球阀应阀杆垂直向上。

4）调节阀的选择应满足下述要求：

a．调节阀应根据介质、管系布置、使用目的、调节方式、调节范围及调节阀的流量特性（等百分比、线性、平方根、抛物线等）来选用并应满足在任何工况下对流量、压降及噪声的要求。

b．调节阀不宜作关断阀使用。

c．调节阀应有控制噪声，防止闪蒸及汽蚀的措施。

d．调节阀的选择应根据 GB/T 10869《电站调节阀》以及 GB/T 4213《气动调节阀》的规定进行，但当采用国内外不同制造厂的调节阀时，所取的流量系数和相应的计算，应与制造厂的要求相符合。

5）止回阀使流体单向流动。止回阀的选用应符合下列规定：

a．立式升降止回阀应装在垂直管道上，且介质自下而上流动。

b．直通式升降止回阀应装在水平管道上。

c．旋启式止回阀宜安装于水平管道上，当安装在垂直管道上时，管内介质流向应为由下向上。

d．底阀应装在水泵的垂直吸入管端。

6）疏水器可分为机械型、热静力型和热动力型。

a．机械型疏水器有自由浮球式、自由半浮球式、杠杆浮球式、倒吊桶式等。

b．热静力型疏水器有膜盒式、波纹管式、双金属片式等。

c．热动力型疏水器有圆盘式、脉冲式、孔板式等。

疏水器应水平安装。根据疏水系统的要求也可采用自动控制的疏水器。疏水器应按疏水量、选用倍率和制造厂提供的不同压差下的最大连续排水量进行选择。单个疏水器容量不足时，可两个并联使用。疏水器宜带有过滤器或在疏水器前安装过滤器。

7）蝶阀宜用于全开、全关的大口径管道上，也可作调节用。

8）装于管道上的安全阀，其规格和数量应根据排放介质的流量和参数进行计算或按制造厂资料进行选择。

（9）旁通阀设置应满足下述要求：

1）具有下列情况之一的关断阀，制造厂如不带旁通阀时，宜装设旁通阀。

a．蒸汽管道启动暖管需要先开旁通阀预热时。

b．汽轮机主汽阀前的电动主闸阀。

c．对于截止阀，介质作用在阀座上的力超过 50kN 时。

d. 公称压力不大于 PN10，公称直径不小于 DN600 手动闸阀。

e．公称压力等于 PN16，公称直径不小于 DN450 手动闸阀。

f．公称压力等于 PN25，公称直径不小于 DN350 手动闸阀。

g．公称压力等于 PN40，公称直径不小于 DN250 手动闸阀。

h．公称压力等于 PN63，公称直径不小于 DN200 手动闸阀。

i．公称压力等于 PN100，公称直径不小于 DN150 手动闸阀。

j．公称压力不小于 PN200，公称直径不小于 DN100 手动闸阀。

2）关断阀的旁通阀公称尺寸可按表 13-16 选用。

表 13-16　关断阀的旁通阀公称尺寸选用表　（mm）

关断阀公称尺寸 DN	100～250	300 及以上
旁通阀公称尺寸 DN	20～25	25～50

（10）化学加药和取样管道阀门应采用不锈钢材质。

（11）阀门的动力驱动装置应满足下列要求：

1）在下列情况下工作的阀门，需装设动力驱动装置：

a．按生产过程的控制要求，需要频繁启闭、远方操作或由联锁控制时。

b. 阀门装设在手动难以实现的地方或必须在两个及以上的地方操作时。

2）电动、气动或液动驱动方式的选用应根据系统需要、安装地点、环境条件、热工控制和制造厂要求，以及驱动装置特点进行选择。

3）电动驱动装置供电系统简单，敷设方便，当电动驱动装置用于有爆炸性气体或物料积聚及高温潮湿雨淋的场所时，应选用相应防护等级的电动驱动装置。气动驱动装置有动作快、受环境条件影响小的特点，但气动驱动装置应有可靠的供气系统及气源设施。

4）对于驱动装置失去动力时阀门有“开”或“关”位置要求时，应采用气动或液动驱动装置。

（12）阀门传动装置应满足下列要求：

1）阀门传动装置各组件应根据阀门和操作器的布置、阀门的扭矩，按典型设计选用。阀门手轮上的启闭扭矩应以制造厂提供的数据为准。

2）传动装置的连杆应符合下列规定：

a. 传动装置的连杆宜采用低压流体输送用焊接钢管制成，并应具有足够的刚度，其扭转角不应超过 0.05rad。所需连杆横断面的轴惯性矩应满足下列条件，即

$$J \geqslant 0.013 M_{\max} L \tag{13-29}$$

式中 J——连杆横断面的轴惯性矩，cm^4；

$M_{\max}$——连杆承受的最大扭矩，N·m；

L——一根连杆的长度（不超过 4m），m。

b. 为满足被传动阀门手轮的升降和万向接头转动灵活，以及吸收管道（设备）与传动装置接头处的位移，应在传动连杆上装设补偿器。

3）在下列情况下应使用换向器：

a. 当由操作部件至被操作阀门或至第二个部件的距离较远，且不能用一根连杆时。

b. 当传动部件沿直线连接有困难而必须转向时。

4）万向接头最大变换方向不宜大于30°，齿轮（蜗轮）换向器允许的变换方向不宜大于 90°。

5）拉链传动只用在操作较少且难以装设连杆传动装置的公称压力 PN25 以下且公称尺寸 DN200 以下的阀门上。当采用拉链传动时，在阀门手轮上应有防止拉链脱落的装置。

第二节　管 道 布 置 设 计

一、一般要求

（1）管道的布置应满足工艺流程、安全生产、经济运行和环境保护的要求，同时应满足总体布置、安装、运行及维修的要求。

（2）管道布置应合理规划，做到整齐有序。厂房内的管道应结合厂房设备布置及建筑结构情况进行，充分利用建筑结构设置管道的支吊架。管道走向宜与厂房轴线一致。在水平管道交叉较多的地区，宜按管道的走向划定纵横走向的标高范围，将管道分层布置。

（3）管道宜采用架空或地上布置，如确有必要也可采用埋地布置或敷设在管沟内。

（4）管道与墙、梁、柱及设备之间的净空距离，应符合下列要求：

1）对于不保温的管道，管道外壁与墙之间的净空距离不应小于 200mm。

2）对于保温的管道，保温表面与墙之间的净空距离不应小于 150mm。

3）管道与梁、柱、设备之间的局部距离可按管道与墙之间的净空距离减少 50mm。

（5）布置在地面（或楼面、平台）上的管道与地面之间的净空距离应符合下列规定：

1）对于不保温的管道，管道外壁与地面的净空距离不应小于 350mm。

2）对于保温的管道，保温表面与地面的净空距离不应小于 300mm。

3）管道靠地面侧没有焊接要求时，上述净空距离可适当减小。

（6）对于平行布置的管道，两根管道之间的净空距离应符合下列规定：

1）对于不保温的管道，两管外壁之间的净空距离不应小于 200mm。

2）对于保温的管道，两管保温表面之间的净空距离不应小于 150mm。

（7）当管道有冷热位移时，上述与墙、梁、柱、设备、地面及管道之间的净空距离，在考虑管道位移后应不小于 50mm。

（8）管道跨越各类通道的净空距离应考虑管道位移的影响，并符合下列规定：

1）当管道横跨人行通道上空时，管道外表面或保温表面与通道地面或楼面之间的净空距离不应小于 2000mm。当通道需要运送设备时，其净空距离必须满足设备运送的要求。

2）当管道横跨扶梯上空时（如图 13-10 所示），管道外表面或保温表面至扶梯倾斜面的垂直距离 h，应根据扶梯倾斜角 θ 的不同，分别不应小于表 13-17 所规定的数值。当布置有困难时，管道外表面或保温表面至管道正下方踏步的距离 H 不应小于 2200mm。

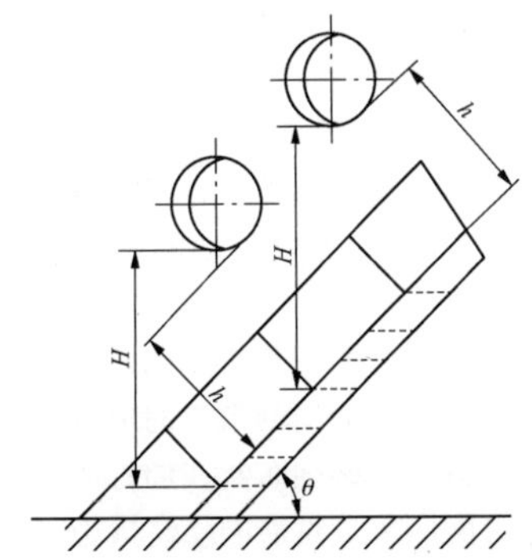

图 13-10　管道横跨扶梯上空时的净空要求

表 13-17　管道或管道保温层表面至扶梯倾斜面的垂直距离表

θ	45°	50°	55°	60°	65°
h（mm）	1800	1700	1600	1500	1400

3）当管道在直爬梯的前方横越时，管道外表面或保温表面与直爬梯垂直面之间的净空距离不应小于750mm。

（9）水平管道的安装坡度应根据疏放水和防止汽轮机进水的要求确定，并应计及管道冷、热态位移对坡度的影响，蒸汽管道的坡度方向宜与汽流方向一致。管道的位移可按设计压力下的饱和温度计算。各类管道的坡度应符合下列要求：

1）对于顺汽流蒸汽管道：当温度小于430℃时，其坡度不应小于0.002；当温度大于或等于430℃时，其坡度不应小于0.004。

2）对于水管道，其坡度不应小于0.002。

3）对于疏水、排污管道，其坡度不应小于0.003。

4）对于各类母管，其坡度宜取值0.001～0.002。

5）自流管道的坡度应按式（13-30）计算，即

$$i \geqslant 1000\frac{\lambda}{D_i}\times\frac{\omega_m^2}{2g} \tag{13-30}$$

式中 λ——管道摩擦系数；

D_i——管道内径，mm；

ω_m——管道平均流速，m/s。

6）主蒸汽管道的疏水坡度方向必须顺汽流方向，且坡度不应小于0.005。

7）汽轮机本体疏水管道按水流方向的坡度不应小于0.005。

8）汽封系统喷水减温器的下游管道上应设置自动疏水。汽轮机与汽封联箱之间的汽封系统管道应使疏水坡向联箱，其坡度不得小于0.02；至汽封系统的外部供汽管道必须坡向供汽汽源，其坡度不得小于0.02，至轴封加热器的轴封漏气管道应坡向轴封加热器，其坡度不应小于0.02。

（10）管道的布置应保证支吊架的生根结构、拉杆与管道保温层不致相碰。

（11）垂直管道穿过各层楼板和屋顶时，在孔洞周围应有防水措施；穿过屋顶的管道应装设防雨罩。

（12）管道布置不宜使介质的主流在三通内变换方向。

（13）当蒸汽管道或其他热管道布置在油管道的阀门、法兰或其他可能漏油部位的附近时，应将其布置于油管道上方。当必须布置在油管道下方时，油管道与热管道之间应采取可靠的隔离措施。

（14）存在两相流的管道，当介质流动方向由下向上时，宜先水平后垂直布置；当介质流动方向由上向下时，宜先垂直后水平布置。

（15）管道系统中应避免出现下列由于刚度较大或应力较低部分的弹性转移而产生局部区域的应变集中的情况，如果下列情况不能避免，应采用合理的限位装置或冷紧等措施，以缓和弹性转移现象。

1）小管与大管或与刚度较大的管道连接，而此小管具有较高的应力。

2）局部缩小管道断面尺寸或局部采用性能较差的材料；管系中应力分布不均匀性大，小部分管段的应力值显著大于其余部分。

（16）管道布置时应充分利用管道本身柔性的自补偿性能来补偿管道的热膨胀，60°以下的弯头不宜用做自然补偿。当自补偿不能满足要求时，必须增设补偿器。

（17）当采用波纹管补偿器时，可利用补偿器的轴向变形来吸收直管段的热膨胀，也可利用补偿器的弯曲变形组成单式或复式补偿器来吸收管道横向的热膨胀。波纹管补偿器应根据波纹管的类型考虑其推力和力矩对设备接口或管道固定点的影响。

（18）以下区域的管道布置不应妨碍设备的维护及检修：

1）需要进行设备维护的区域。

2）设备检修起吊需要的区域包括整个起吊高度及需要移动的空间。

3）设备内部组件的抽出及设备法兰拆卸需要的区域。

4）设备吊装孔区域。

二、厂区架空管道

（1）厂区架空管道应结合道路、消防和环境等条件合理设置。

（2）厂区架空管道穿过道路、铁路及人行道等的净空高度应符合下列要求：

1）电力机车的铁路，轨顶以上：≥6.6m。

2）铁路轨顶以上：≥5.5m。

3）道路：推荐值≥5.0m；最小值为4.5m。

4）管廊横梁的底面：≥4.0m。

5）管廊下面的管道，在通道上方：≥3.2m。

6）人行过道，在道路旁：≥2.2m。

7）管道与高压电力线路间交叉净距应符合架空电力线路现行国家标准的规定。

（3）在管架上敷设管道时，管架边缘至建筑物或其他设施的水平距离除按以下要求外，还应符合GB 50160《石油化工企业设计防火规范》、GB 50187《工业企业总平面设计规范》及GB 50016《建筑设计防火规范》的规定。

1）至铁路轨外侧：≥3.0m。

2）至道路边缘：≥1.0m。

3）至人行道边缘：≥0.5m。

4）至厂区围墙中心：≥1.0m。

5）至有门窗的建筑物外墙：≥3.0m。

6）至无门窗的建筑物外墙：≥1.5m。

（4）多层管廊的层间距离应满足管道安装要求。油管道应布置在管廊下层。高温管道不应布置在对电缆有热影响的下方位置。

（5）沿墙布置的管道不应影响门窗的开闭。

三、管沟管道

（1）厂房内的汽水管道除特殊情况外不宜布置在管沟内。

（2）管沟管道的布置应方便检修及更换管道组成件。

（3）管沟内宜采用单层布置。当采用多层布置时，可将管径小、压力高、有阀门或法兰连接的管道布置在上面。

（4）管沟内布置的管道（如图 13-11 所示）的各种净空应符合下列要求：

1）对于不保温的管道，管道外壁至沟壁的净空距离$\varDelta_1$应为 100～150mm；管道外壁至沟底的净空距离$\varDelta_2$不应小于 200mm；相邻两管外壁之间的净空距离，垂直方向$\varDelta_3$不应小于 150mm，水平方向$\varDelta_4$不应小于 100mm。

2）对于保温的管道，在计入冷、热位移条件下，除保证上述净空距离外，且保温后的净空距离不应小于 50mm。

3）多层布置时，上层管道应有一个不小于 400mm 的水平间距$\varDelta_5$。

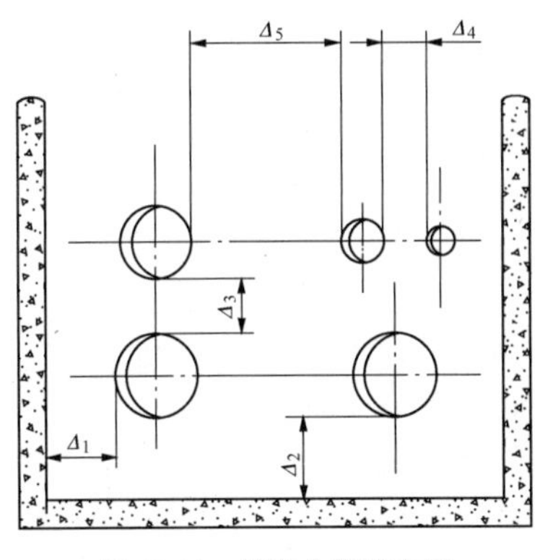

图 13-11　管沟内管道布置

四、埋地管道

（1）温度小于或等于 150℃、压力小于或等于 2.35MPa 的水管道或无压排水管道在必要时可埋地布置，有伴热的管道不应直接埋地。

（2）直埋管道应按 DL/T 5072《火力发电厂保温油漆设计规程》及 DL/T 5394《电力工程地下金属构筑物防腐技术导则》的规定采取相应防腐措施。

（3）直埋蒸汽管道由地下转至地上时，外护管必须一同引出地面，其外护管距地面的高度不宜小于 0.5m，并应设防水帽和采取隔热措施。

（4）地下管线交叉布置时符合下列要求：

1）热力管道应在其他管道之上。

2）供、排水应在电力电缆、可燃气体管道、氧气管道的下面。

3）供水管道应在排水管道上面。

4）供、排水管道应在有腐蚀性介质的管道及碱性、酸性介质的排水管道的上面。

（5）直埋管道不应布置在建（构）筑物的基础压力影响范围内，且不应穿越设备基础。

（6）直埋管道与铁路、道路及建筑物等相关设施的相互水平或垂直净距应满足表 13-18 的要求。

表 13-18　直埋管道与铁路、道路及建筑物等相关设施的相互水平或垂直净距

设施、管道		最小水平净距（m）	最小垂直净距（m）
厂区给排水管道		1.5	0.15
燃气管道	压力＜400kPa	1.2	0.15
	压力＜800kPa	1.5	0.15
	压力＞800kPa	2.0	0.15
压缩空气、二氧化碳管道		1.2	0.15
乙炔、氧气管道		1.5	0.25
易燃、可燃液体管道		1.5	0.30
管架基础边缘		1.5	—
排水盲沟沟边		1.5	0.5
道路、铁路边坡底脚		1	0.7（路面）
铁路		3.0（钢轨）	1.2（轨底）
栈桥支座基础		2.0	—
照明、通信电杆中心		1.0	—
建筑物基础边缘		3.0	—
围墙基础边缘		1.0	—
乔木、灌木中心		3.0	—
电缆	通信电缆管块	1.0	0.3
	电力电缆＜35kV	2.0	0.5
	电力电缆＜110kV	2.0	1.0
架空输电线杆基础	＜1kV	1.0	—
	35～220kV	3.0	—
	330～500kV	5.0	—

（7）直埋管道的最小覆土深度应考虑土壤和地面活载荷对管道强度的影响，并保证管道不发生纵向失稳。其最小覆土深度应满足表 13-19 的要求。

表 13-19　直埋管道最小覆土深度

管径（mm）	50～100	125～200	250～450	500～700
车行道下（m）	0.8	1.0	1.2	1.3
非车行道下（m）	0.7	0.7	0.9	1.0

（8）穿越检修通道的埋地管道，根据上部可能发生的荷载确定埋深，顶部至路面的高度不宜小于 700mm，必要时应加防护套管。

（9）大直径薄壁管道深埋时，应满足在土壤压力下的稳定性及刚度要求。

（10）厂房外埋地管道应考虑防冻。埋深应结合冻土层深度、地下水位和管道自身刚度综合确定，管道埋深应在冰冻线以下，当无法实现时，应有可靠的防冻保护措施。

（11）管道埋地敷设时，在穿过道路、铁路及其他用途的各种沟槽时，如不能满足表 13-18 的规定时，应加防护套管。防护套管伸出构筑物外壁、铁路路基、道路路肩长度不应小于 1m。套管两端应采用防腐、防水材料密封。在穿越重要位置及地沟、管沟处的套管应安装检漏管。

（12）带有隔热层及外护套的管道埋地敷设时，应有足够柔性，在外套内应有内管热胀的余地。

（13）直埋管道的坡度不小于 0.002，高处宜设放气阀，低处宜设放水阀。

五、管道组成件的布置

（1）两个成型附件相连接时，宜装设一段直管，其长度可按下列规定选用：

1）对于公称尺寸小于 DN150 的管道，不应小于管道直径且不应小于 150mm。

2）对于公称尺寸不大于 DN500 且不小于 DN150 的管道，不应小于管道直径且不应小于 200mm。

3）对于公称尺寸大于 DN500 的管道，不应小于 500mm。

4）当直管段内有支吊架或疏水管接头时，管道对接焊口距支、吊架边缘不应小于 50mm，管道对接焊口距疏水管孔距离应大于孔径且不应小于 60mm。

（2）在三通附近装设异径管时，对于汇流三通，异径管应布置在汇流前的管道上；对于分流三通，异径管应布置在分流后的管道上。

（3）水泵入口水平管道上的偏心异径管，当泵入口管道由下向上水平接入泵时，应采用偏心向下布置；当泵入口管道由上向下水平接入泵时，应采用偏心向上布置。

（4）阀门的布置应满足下列要求：

1）便于操作、维护和检修。

2）应按照阀门的结构、工作原理、介质流向及制造厂的要求确定阀门及阀杆的安装方式。

3）重型阀门和规格较大的焊接式阀门宜布置在水平管道上，门杆宜垂直向上；当必须装设在垂直管道上时应取得阀门制造厂的认可。

4）法兰连接的阀门或铸铁阀门应布置在管系弯矩较小处。

5）水平布置的阀门，除有特殊要求外，阀杆不宜朝下。

6）地沟内的阀门，当不妨碍地面通行时，阀杆可露出地面，操作手轮宜高出地面 150mm 以上；否则，应考虑简便的操作措施。

7）阀门宜布置在管系的热位移较小位置。

（5）阀门手轮的布置应满足下列要求：

1）布置在垂直管段上直接操作的阀门，操作手轮中心距地面、楼面、平台的高度宜为 1300mm。

2）对于平台外侧直接操作的阀门，呈水平布置的操作手轮中心或呈垂直布置手轮平面离开平台的距离 Δ 不宜大于 300mm（如图 13-12 所示）。

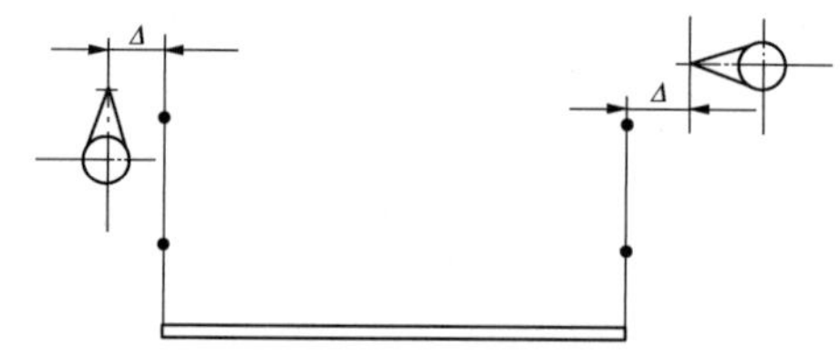

图 13-12　阀门手轮与平台距离

3）任何直接操作的阀门手轮边缘，其周围至少应保持有 150mm 的净空距离。

（6）当阀门不能在地面或楼面进行操作时，应装设阀门传动装置或操作平台。传动装置的操作手轮座应布置在不妨碍通行的地方，并且万向接头的偏转角不应超过 30°，连杆长度不应超过 4m。

（7）存在两相流动的管系，调节阀的位置宜接近接受介质的设备。如果条件许可，调节阀应直接与接受介质的容器连接。调节阀后出现的第一个转向弯头应改用三通连接，三通直通的一端应加设封头。

（8）流量测量装置（包括测量孔板或喷嘴）的设置应满足下列要求：

1）流量测量装置前后应有一定长度的直管段。其最小直管段长度可按表 13-20 查取。

表 13-20　　流量测量装置前后侧的最小直管段长度

d/D_i	流量测量装置前侧局部阻力件形式和最小直管段长度 L_1						流量测量装置后侧最小直管段长度 L_2（左面所有的局部阻力件形式）
	一个 90°弯头或只有一个支管流动的三通	在同一平面内有多个 90°弯头	空间弯头（在不同平面内有多个 90°弯头）	异径管（大变小，$2D_i \to D_i$ 长度大于 $3D_i$；小变大 $\frac{1}{2}D_i \to D_i$，长度大于或等于 $1\frac{1}{2}D_i$）	全开截止阀	全开闸阀	
1	2	3	4	5	6	7	8
0.20	10（6）	14（7）	34（17）	16（8）	18（9）	12（6）	4（2）
0.25	10（6）	14（7）	34（17）	16（8）	18（9）	12（6）	4（2）
0.30	10（6）	14（7）	34（17）	16（8）	18（9）	12（6）	5（2.5）
0.35	10（6）	14（7）	36（18）	16（8）	18（9）	12（6）	5（2.5）
0.40	14（7）	18（9）	36（18）	16（8）	20（10）	12（6）	6（3）
0.45	14（7）	18（9）	38（19）	18（9）	20（10）	12（6）	6（3）
0.50	14（7）	20（10）	40（20）	20（10）	22（11）	12（6）	6（3）
0.55	16（8）	22（11）	44（22）	20（10）	24（12）	14（7）	6（3）
0.60	18（9）	26（13）	48（24）	22（11）	26（13）	14（7）	7（3.5）
0.65	22（11）	32（16）	54（27）	24（12）	28（14）	16（8）	7（3.5）
0.70	28（14）	36（18）	62（31）	26（13）	32（16）	20（10）	7（3.5）
0.75	36（18）	42（21）	70（35）	28（14）	36（18）	24（12）	8（4）
0.80	46（23）	50（25）	80（40）	30（15）	44（22）	30（15）	8（4）

注　1．本表所列数字为管道内径 D_i 的倍数。
2．本表括号外的数字为“附加极限相对误差为零”的数值；括号内的数字为“附加极限相对误差为±0.5%”的数值。
3．表中 d—喷嘴或孔板孔径；D_i—管道内径。

2）当流量测量装置的孔径未知，且预计该孔径与管道内径之比值在 0.3～0.5 之间时，流量测量装置前后直管段长度可分别取不小于管道内径的 20 倍和 6 倍。

3）流量测量装置前后允许的最小直管段长度内不宜装设疏水管、测量元件或其他接管座。

（9）埋地管道的组成件布置应满足下列要求：

1）埋地管道的阀门或法兰处应设检修井，如图 13-13 所示，检修井的布置尺寸应满足下列要求：

a．开启后阀杆净空距离Δ_1不宜小于 100mm。

b．阀门与沟壁检修净空距离Δ_2 宜为 400～500mm。

c．阀门与沟壁检修净空距离Δ_3 宜为 200mm。

2）直埋供热管道上的阀门应能承受管道的轴向荷载，宜采用钢制阀门及焊接连接。

3）直埋蒸汽管道变径时，工作管宜采用底平的偏心异径管。

（10）架空管道的组成件布置应符合下列规定：

1）在道路、铁路上方的管道不应安装阀门、法兰、螺纹接头及带有填料的补偿器等可能泄漏的管道附件。

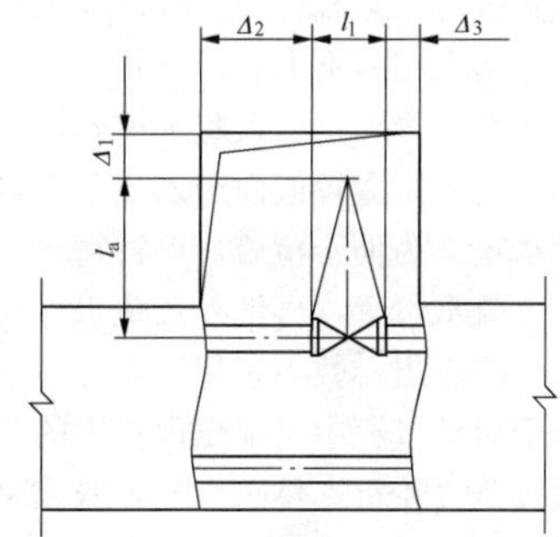

图 13-13　检修井内阀门布置尺寸

l_1—阀门长度；l_a—阀门中心线至开启后门杆或手轮顶端的长度

2）补偿器布置时应避免环境温度降低时流体冷凝及结冰的影响。

（11）管沟管道和直埋管道设有补偿器、阀门及其他需维修的管道组成件时，应将其布置在符合安全要求的井室中，井室内应有宽度大于或等于0.5m的维修空间。

（12）直埋管道的补偿器设置应满足下列要求：

1）直埋管道采用补偿器时，应保证在管道可能出现的最高温度下，补偿器应留有不小于20mm的补偿余量。

2）轴向补偿器和管道轴线应一致，距补偿器12m范围内管道不应有变坡和转角。

3）直埋管道采用补偿器时应设置固定墩。

（13）化学加药和取样管道的组成件布置应符合下列规定：

1）化学加药应在加药点附近设置一次阀门，阀门位置尽可能靠近加药点，并应布置在便于操作的地方。

2）汽水取样管道在汽水取样点附近设置一次阀门，对于高温高压管道应设置双阀门，阀门位置尽可能靠近取样点，并应布置在便于操作的地方。

第三节　管道疏放水和放气系统

一、一般要求

（1）管道疏水、放水、放气系统的设计，应从全厂整体出发，对机组安全经济运行、快速启动、事故处理、减少汽水损失、回收介质和热量，以及实现自动化等进行全面规划，统筹安排，力求系统简单可靠，布置合理，便于维修和扩建。

（2）蒸汽管道为单元制系统时，疏水系统应按单元或扩大单元设计。

（3）蒸汽管道为母管制系统时，疏水系统宜采用母管制。不同压力的蒸汽管道，经常疏水应分别设置相应的母管，压力相差不大者，可共用一根母管。

（4）各疏水母管分别引入疏水扩容器，并考虑有旁路措施。当疏水压力较低而进入疏水扩容器有困难时可引入疏水箱。为便于检修，可将每台机组的启动疏水管接成分疏水母管，再汇入总疏水母管。接入一根总疏水母管的机组台数不宜超过4台。

（5）对于启动过程中可能出现负压的蒸汽管道，其疏水必须接至汽轮机本体疏水扩容器或凝汽器。

（6）在下列地点应设置经常疏水：

1）经常处于热备用状态的设备（如减压减温器装置等）进汽管段的低位点。

2）蒸汽不经常流通的管道死端，而且是管道的低位点时。

3）饱和蒸汽管道和蒸汽伴热管道的适当地点。

（7）在下列地点应设置启动疏水：

1）按暖管方向分段暖管的管段末端。

2）为了控制管壁升温速度，在主管上端可装设疏汽点。

3）管道上无低位点，但管道展开长度超过100m处。

4）在装设经常疏水装置处，同时应装设启动疏水和放水装置。

5）所有可能积水而又需要及时疏出的低位点。

（8）热力设备的疏水、放水和放气系统设计应满足下列要求：

1）在正常运行过程中，将疏水和空气连续排出。

2）在故障满水时，能自动紧急疏水或溢流。

3）当正常疏水、放气管道故障时，应有备用的疏放措施。

4）在启动时排出空气，在停止运行时将积水和蒸汽排出。

5）热力设备的放水应经漏斗排至放水母管。

（9）管道的放水宜接入放水母管。管道的放水装置，应设在管道可能积水的低位点处。蒸汽管道的放水装置应与疏水装置联合装设。

二、疏放水系统的主要形式

（1）管道的疏水、放水装置的设计，应满足下列要求：

1）公称压力大于或等于PN40的管道疏水和放水应串联装设两个截止阀；公称压力小于或等于PN25的管道疏水和放水宜装设一个截止阀。对于防止汽轮机进水的疏水系统管道上的疏水阀门，其中一个应为动力驱动阀。

2）经常疏水的疏水装置，对于公称压力不小于PN63的管道，宜装设节流装置或疏水阀，节流装置后的第一个阀门，应采用节流阀；对于公称压力不大于PN40的管道，宜采用疏水阀；当管道内蒸汽压力很低时，可采用U形水封装置。

3）疏水收集器应由公称尺寸不小于DN150的管子制作，长度应满足安装水位传感器的要求。疏水收集器下方引出管公称尺寸不小于DN50，应装设一个动力驱动的疏水阀。

4）管道放水应经漏斗接至放水母管或相应排水点。疏水、放水装置的组合形式见图13-14～图13-19，其中图13-18、图13-19为带动力驱动疏水阀的疏水装置的组合形式。经常疏水与放水装置可按需要装设。

5）高温管道的局部地方可能因疏水引起较大的温差应力时，应采取适当的措施消除温差应力。

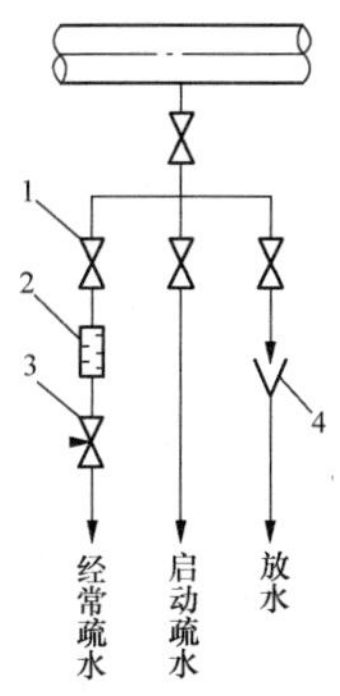

图 13-14　PN≥63 管道的疏水、放水装置

1—截止阀；2—节流装置；3—节流阀；4—漏斗

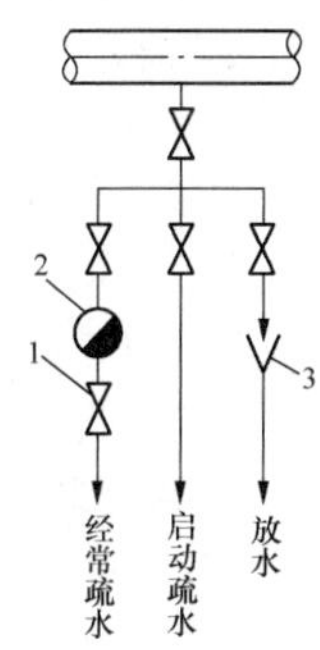

图 13-15　PN40 管道的疏水、放水装置

1—截止阀；2—疏水器；3—漏斗

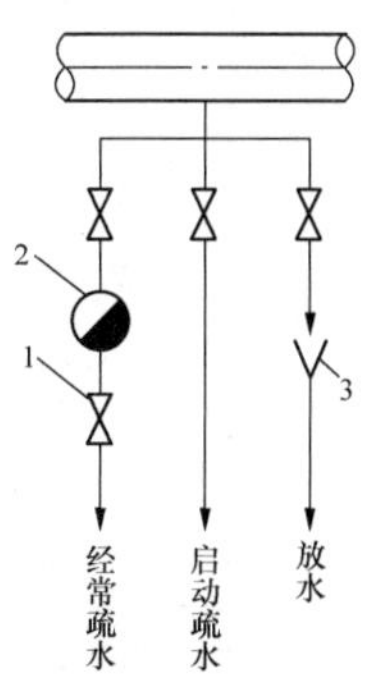

图 13-16　PN≤25 管道的疏水放水装置

1—截止阀；2—疏水器；3—漏斗

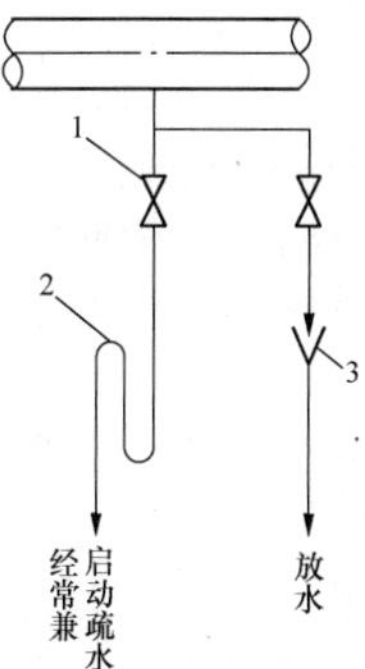

图 13-17　压力很低的 U 形管疏水、放水装置

1—截止阀；2—水封；3—漏斗

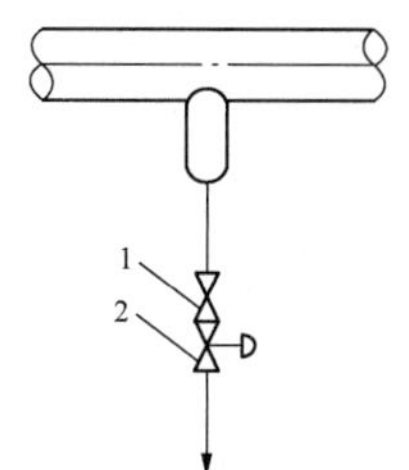

图 13-18　带疏水收集器的疏水装置

1—截止阀；2—动力驱动疏水阀

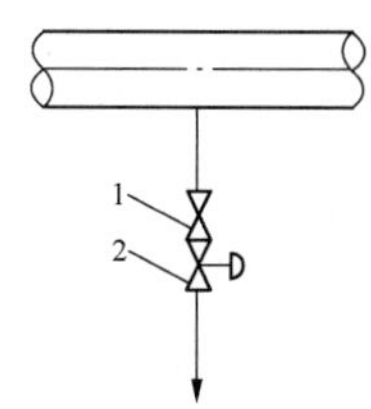

图 13-19　不带疏水收集器的疏水装置

1—截止阀；2—动力驱动疏水阀

（2）水管道的最高位点应装设放气装置。

1）对于凸起布置的管段，可根据积存空气的可能，适当装设放气装置。

2）需进行水压试验的蒸汽管道，其最高位点应装设放气装置。对于凸起布置的管段，可根据需要适当装设供水压试验用的放气装置。

3）公称压力不小于 PN40 管道的放气装置应串联装设两个截止阀（如图 13-20 所示）；公称压力不大于 PN25 管道的放气装置可只装设一个截止阀（如图 13-21 所示）。

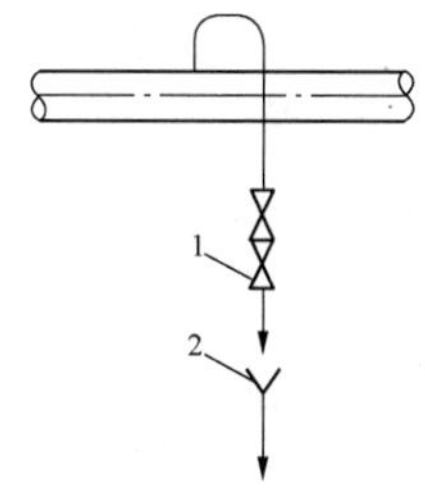

图 13-20　PN≥40 管道的放气装置

1—截止阀；2—漏斗

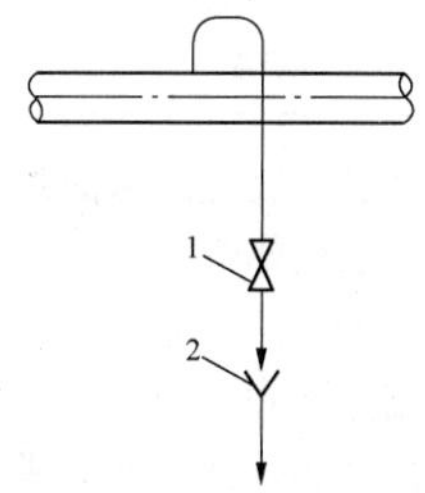

图 13-21　PN≤25 管道的放气装置

1—截止阀；2—漏斗

（3）设计中应结合具体情况，减少疏水装置的数量，合理简化疏水系统。示例见图 13-22～图 13-25。

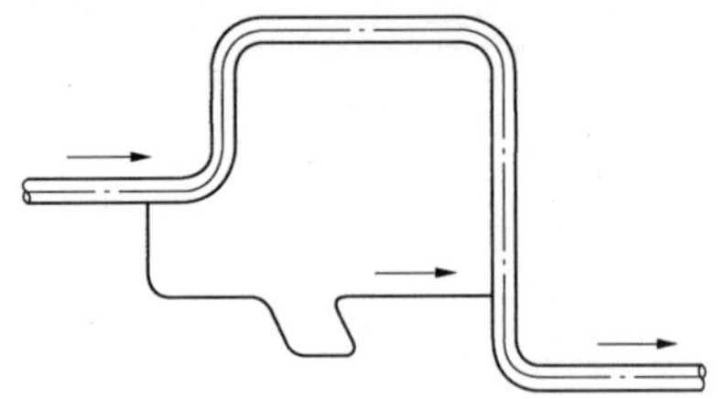
图 13-22　高位至低位的疏水转注

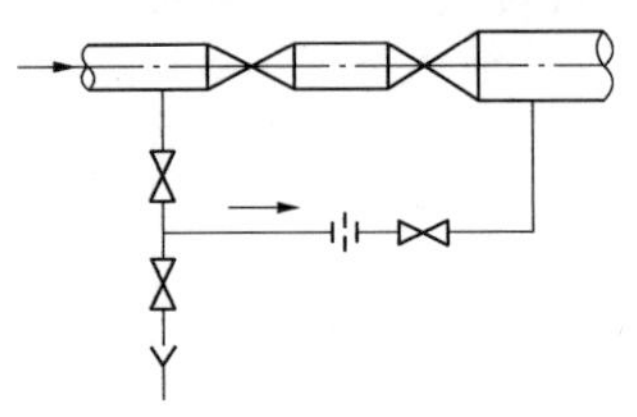
图 13-23　高压至低压的疏水转注

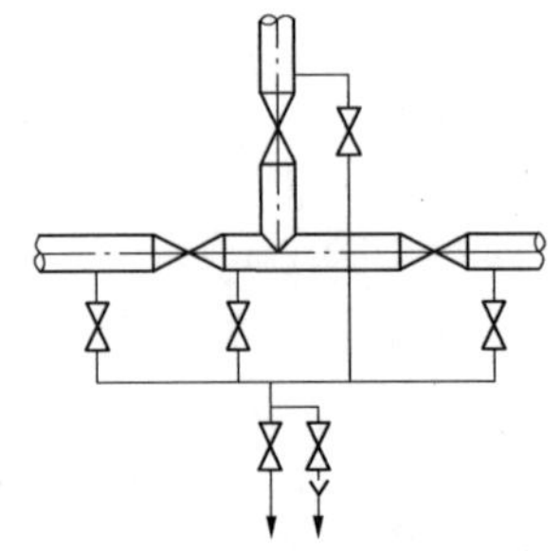
图 13-24　疏水集中处的疏水合并

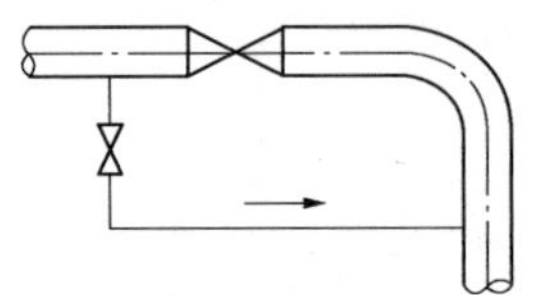
图 13-25　阀门前后疏水转注

三、疏放水管道组成件的选择

（1）疏水管道和阀门的通流截面选择应满足下列要求：

1）疏水管道和阀门的通流截面应按机组在各种运行工况下，可能出现的最大疏水量来考虑。并应考虑疏水管道能够在最小压差的情况下排出可能出现的最大水量。任何情况下其疏水管道内径不应小于 20mm。

2）疏水、放水、放气管道的管径应按表 13-21 选用。疏水、放水和排污母管的管径应按表 13-22 选用。

3）为控制管壁温升速度而装设的疏汽管，管径宜采用 DN65～DN100。

4）接入疏水扩容器的总母管的通流截面面积应大于接入该母管的所有疏水管道内截面面积之和的 10 倍。

表 13-21　　**疏水、放水、放气管道管径选择表**　　（mm）

管径 DN	≤125	150～200	225～300	350～800	850～1200
启动疏水管管径	20～25	25～32	32～50	32～50	50～100
经常疏水管管径	20～25	20～25	20～25	25	32
放水管管径	20	20	25	32	32
放气管管径	15～20				

注　滑参数启停时，有关管道的启动疏水管管径，可采用表中上限值，疏水阀后的管径，可放大一级选择。凝疏管管径不受此限。

表 13-22　　**疏水、放水和排污母管的管径选择表**

不小于 PN100 管道的疏水母管	PN40～PN100 管道的疏水母管	不大于 PN25 管道的疏水母管	除氧器给水箱放水母管	定期排污母管	定期排污环形母管	放水母管
DN50～DN80	DN80～DN100	DN80～DN150	DN80～DN200	DN80～DN125	＞DN50	DN150～DN300

（2）疏水、放水、放气管道的管子及附件的材料和设计参数应满足下列要求。

1）疏水管道应符合下列规定：

a. 节流装置或疏水阀门及其以前的管子和附件应按与所连接管道相同的设计参数选择。

b. 节流装置或疏水阀门以后的管子和附件，对于所连接管道的设计压力为 14MPa 及以上者可按 PN63 选择；设计压力为 10MPa 者可按 PN40 选择；设计压力为 6.3MPa 及以下者可按不大于 PN25 选择。

2）放水管道应满足下列要求：

a. 放水阀及其以前的管子和附件应按与所连接管道相同的设计参数选择。

b. 放水阀以后的管子和附件可按不大于 PN25 选择。

3）放气管道应符合下列规定：

a. 放气阀及其以前的管子和附件应按与所连接管道相同的设计参数选择。

b. 放气阀以后的管子和附件可按不大于 PN25 选择。

四、疏放水管道的布置

（1）各疏水管道应按运行压力范围相近者进行分组，分别接入不同压力的疏水联箱或扩容器。

（2）接至疏水扩容器总管上各疏水管道的布置应按压力顺序排列，压力低的靠近扩容器侧，并应与总管轴线成45°角，且出口朝向扩容器；当疏水扩容器上有多个疏水总管时，接入不同疏水总管的疏水按压力由高到低的顺序由下到上依次接入疏水总管。

（3）各种手动阀门宜根据不同用途分组集中布置。

（4）放水、放气漏斗的布置位置应保证不危及设备和人身的安全，避免漏斗反水，操作时能看见工质的流动情况。

（5）汽轮机本体疏水扩容器的布置应保证疏水扩容器的正常水位高于凝汽器热井正常水位1m以上。

（6）露天布置的管道和阀门应有防冻措施。

第四节 管道应力计算

一、一般要求

（1）管道可按设备连接点或固定点分为若干计算管段，每个计算管段应包括所有管道组成件和支吊架，并构成独立管系统一进行应力计算。

（2）对于多个相互连接的管系应合并进行应力计算，若必须分开计算时，应满足下列要求：

1）主管和支管的刚度比宜大于10。

2）在支管应力计算时应计入主管在分支点处的附加线位移和角位移。

3）计入分支点处的应力增加系数，该点的应力应验算合格。

（3）在进行作用力和力矩计算时，应采用右旋直角坐标系作为基本坐标系。基本坐标系的原点可以任意选择，Z轴宜为向上的竖直轴，X轴宜为沿主厂房纵向的水平轴，Y轴宜为沿主厂房横向的水平轴。

（4）管道与设备或固定点相连接时，应计入管道连接点处的附加位移，包括线位移和角位移。

（5）应力计算应计入管道上各种类型支吊装置的作用，当支吊装置的根部固定在有位移的结构上时，应计入根部结构附加位移的影响。

（6）应力计算时应按DL/T 5366《发电厂汽水管道应力计算技术规程》的规定计入柔性系数和应力增加系数。

（7）应力计算中的任何假设与简化，不应对分析计算结果的作用力、应力等产生不利或不安全的影响。

（8）除合同约定外，应力计算应计入以下偶然荷载的作用：

1）安全阀起跳排汽反力荷载。

2）当抗震设防烈度为8度及以上时的管道地震荷载。

3）室外露天布置管道的风荷载。

4）其他可能发生的偶然荷载。

（9）地震荷载、风荷载可不与其他偶然荷载一同构成组合工况。

二、管道的应力验算

（1）管道在工作状态下，由内压产生的折算应力应符合下式要求，即

$$\sigma_{eq}=\frac{p[0.5D_o-Y(S-C)]}{\eta(S-C)}\leqslant[\sigma]^t \qquad (13\text{-}31)$$

式中 σ_{eq}——内压折算应力，MPa；

p——设计压力，MPa；

D_o——管子外径，mm；

Y——修正系数，应按表13-2选用；

S——管子实测最小壁厚，mm；

C——有腐蚀、磨损和机械强度要求的附加厚度，mm；

η——许用应力修正系数，应按表13-3选用；

$[\sigma]^t$——钢材在设计温度下的许用应力，MPa。

（2）由内压产生的环向应力可短时超出钢材在相应温度下的许用应力，但应符合下列规定：

1）环向应力超出许用应力值不大于15%时，每次超出时间不应超过8h，连续12个月累计超出时间不应超过800h。

2）环向应力超出许用应力值不大于20%时，每次超出时间不应超过1h，连续12个月累计超出时间不应超过80h。

（3）管道在工作状态下，由内压、自重和其他持续外载产生的轴向应力之和应符合下式要求，即

$$\sigma_L=\frac{pD_i^2}{D_o^2-D_i^2}+0.75\frac{iM_A}{W}\leqslant1.0[\sigma]^t \qquad (13\text{-}32)$$

式中 σ_L——管道在工作状态下，由内压、自重和其他持续外载产生的轴向应力之和，MPa；

p——设计压力，MPa；

D_i——管子内径，mm；

D_o——管子外径，mm；

i——应力增加系数，应按DL/T 5366《发电厂汽水管道应力计算技术规程》取用，且$0.75i$不应小于1；

M_A——自重和其他持续外载作用在管子横截面上的合成力矩，N·mm；

W——管子抗弯截面系数，mm^3；

$[\sigma]^t$——钢材在设计温度下的许用应力，MPa。

（4）管道在工作状态下受到偶然荷载作用时，由内压、自重和其他持续外载及偶然荷载所产生的轴向应力之和应满足下式要求，即

$$\frac{pD_i^2}{D_o^2-D_i^2}+0.75\frac{iM_A}{W}+0.75\frac{iM_B}{W}\leqslant K[\sigma]^t \quad (13\text{-}33)$$

式中 K——系数，在管道正常允许的运行压力波动范围内，且内压产生的环向应力未超过相应温度下的许用应力，当偶然荷载作用时间每次不超过 8h，且连续 12 个月累计不超过 800h 时，取 K=1.15；当偶然荷载作用时间每次不超过 1h，且连续 12 个月累计不超过 80h 时，取 K=1.20。

M_B——安全阀或释放阀起跳、汽锤、风及地震等产生的偶然荷载作用在管道横截面上的合成力矩，N·mm。在验算时，M_B 中的地震力矩只取用变化范围的一半。地震引起管道端点位移，当式（13-34）中已计入时，式（13-33）中可不计入。

（5）管系热胀应力范围应满足下列要求：

1）管系热胀应力范围应按下式计算，即

$$\sigma_E=\frac{iM_C}{W}\leqslant f[1.2[\sigma]^{20}+0.2[\sigma]^t+([\sigma]^t-\sigma_L)] \quad (13\text{-}34)$$

式中 σ_E——热胀应力范围，MPa；

M_C——按全补偿值和钢材在 20℃时的弹性模量计算的，热胀引起的合成力矩范围，N·mm；

f——热胀应力范围的减小系数；

$[\sigma]^{20}$——钢材在 20℃时的许用应力，MPa。

2）当式（13-33）中偶然荷载的合成力矩未计入地震引起的端点位移时，式（13-34）的热胀合成力矩范围应计入地震引起的端点位移力矩。

3）在电厂预期的运行年限内，热胀应力范围的减小系数可按管道全温度周期性的交变次数 N 确定：

a．当 N≤2500 时，f=1。

b．当 N>2500 时，$f=4.78N^{-0.2}$。

4）如果温度变化的幅度有变动，当量全温度范围的交变次数可按下式计算，即

$$N=N_E+r_1^5N_1+r_2^5N_2+\cdots+r_n^5N_n \quad (13\text{-}35)$$

式中 N_E——计算热胀应力范围 σ_E 时，全温度变化 Δt_E 的交变次数；

$N_1,N_2,\cdots,N_n$——各温度变化 $\Delta t_1,\Delta t_2,\cdots,\Delta t_n$ 的交变次数；

$r_1,r_2,\cdots,r_n$——各温度变化与全温度范围的比值 $\Delta t_1/\Delta t_E,\Delta t_2/\Delta t_E,\cdots,\Delta t_n/\Delta t_E$。

（6）在水压试验的内压下，管道的环向应力值不应大于材料在试验温度下屈服强度的 90%；由水压试验内压、自重和其他持续荷载产生的管道轴向应力不应大于材料在试验温度下屈服强度的 90%。

第五节 管 道 支 吊 架

一、一般要求

1. 管道支吊架的设计

（1）管道支吊架的设置和选型应根据管道系统的总体布置综合分析确定。支吊系统应合理承受管道的动荷载、静荷载和偶然荷载；合理约束管道位移；保证在各种工况下，管道应力均在允许范围内；满足管道所连设备对接口推力、力矩的限制要求；增加管道系统的稳定性，防止管道振动。

（2）支吊架间距应使管道荷载合理分布，满足管道强度、刚度、防止振动和疏放水的要求。

（3）支吊架必须支承在可靠的构筑物上，应便于施工，且不影响邻近设备检修及其他管道的安装和扩建。

（4）支吊架零部件应有足够的强度和刚度，结构简单，应采用典型的支吊架标准产品，否则需对其强度和刚度进行计算。支吊架零部件应按对其结构最不利的组合荷载进行选择和设计。

（5）管道吊架的螺纹拉杆应有足够的调整长度，具有在承载条件下直接调节管道垂直高度的能力。当吊架上、下端均不能调整拉杆长度时，可采用花篮螺栓在中间调整。

（6）对于吊点处有水平位移的吊架，吊杆配件的选择应使吊杆能自由摆动而不妨碍管道水平位移。在任何工况下管道吊架拉杆可活动部分与垂线的夹角，刚性吊架不得大于 3°，弹性吊架不得大于 4°。当上述要求不能满足时，应使支吊架的管部或根部在水平方向相对支吊架的设计位置偏装一定距离，或者装设滚动装置。根部相对管部在水平面内的计算偏装值为冷位移（矢量）+1/2 热位移（矢量）。

（7）位移或位移方向不同的吊点，不得合用同一套吊架中间连接件。

（8）不锈钢管道不应直接与碳钢支吊架管部焊接或接触，应在不锈钢管道与碳钢管部之间设不锈钢垫板或非金属材料隔垫。

（9）支吊架部件不应用于设计以外的用途，也不应作为吊物或安装使用。

2. 弹性支吊架的选择

（1）变力弹簧支吊架应满足下列要求：

1）变力弹簧支吊架应选用整定式弹簧支吊架，并联弹簧应有相同的刚度。

2）由管道垂直位移引起变力弹簧支吊架的荷载变化系数应按下列公式计算，且不应大于 25%，即

$$\xi = \frac{k \cdot \Delta Z}{P_d} \times 100\%$$

式中 ξ——弹簧支吊架的荷载变化系数；

k——弹簧刚度，N/mm；

ΔZ——管道垂直位移，mm；

P_d——弹簧支吊架的设计荷载，N。

（2）选用恒力支吊架时，其公称位移量应在计算位移量的基础上留有 20%裕量，且裕量最小为 20mm。计算位移量应计及由于水平位移引起垂直位移的变化。

（3）当有水平位移时，弹簧支架宜加装滚柱、滚珠盘或聚四氟乙烯板；当水平位移较大时，不宜设置弹簧支架。

3. 刚性支吊架的选择

（1）刚性支吊架包括刚性吊架、滑动支架和固定支架。

（2）支吊架装置选型时，宜采用合适的刚性支吊架。

（3）在需要控制管道振动、限制管道各方向位移或管道较长时，宜在适当位置设置固定支架；固定支架的水平力应计入其他支架的摩擦力、承受管道的热胀冷缩作用力和弹性支吊架的转移荷载对水平力的影响。

（4）采用柔性补偿装置的管道应设置固定支架和导向支架。

（5）滑动支架应允许管道水平方向自由位移，滚动支架应允许水平管道沿轴线方向自由位移，只承受垂直方向的各种荷载。

4. 限位支吊架的选择

（1）限位支吊架应选用限位支架和导向支架。

（2）限位支架和导向支架在预定约束方向上的冷态间隙应计及管道径向热膨胀量，不宜超过 2mm。

5. 减振装置的选择

（1）减振装置应选用弹簧减振装置和液压阻尼装置。

（2）弹簧减振装置用以限制管道振动或晃动位移。根据具体情况需控制管道不同方向的振动时，可装设几个不同方位的弹簧减振装置。

（3）弹簧减振装置的最大工作行程应在减振器防振力调节量与管道位移引起减振装置轴向位移量之和的基础上留 20%的裕量，且裕量最小为 15mm。如果无法确定减振装置防振力调节量时，弹簧减振装置的最大工作行程应在管道位移引起减振轴向位移量的基础上留 40%裕量，且裕量最小为 25mm。

6. 阻尼装置的选择

（1）根据需要，阻尼装置可选用抗振动阻尼装置和承受瞬态力阻尼装置。

（2）对于控制管道轴向振动的阻尼装置，当沿管道轴向平行安装两台阻尼器装置时，单台阻尼装置的荷载应按该点工作荷载的 75%进行选用。

（3）阻尼装置的行程应大于管道热位移引起的阻尼装置轴向位移量，且单侧应至少留有 10mm 的裕量。

7. 支吊架布置

（1）设备接口附近的支吊架间距和形式，除符合管道的强度、刚度和防振要求外，还应使设备接口所承受的管道最大推力和力矩在允许范围内，且不应限制设备接口位移。

（2）在靠近阀门、三通等集中荷载处宜布置支吊架。

（3）装设波纹管补偿器或套筒补偿器的管道应根据管道补偿需要和补偿器性能，设置固定支架和导向装置，将管道热位移正确地引导到补偿器处，并应满足补偿器制造厂的要求。

（4）安全阀排汽管道的自重和排汽反力应由支吊架承受；对于开式排放系统，当阀管上不设支吊架时，应对安全阀进出口接管和法兰进行强度核算。

（5）在π形补偿器两侧适当位置宜设置导向装置。

（6）当设备接口承受过大的管道推力或力矩时，如装设限位装置，其位置及限位方向应通过计算确定。

（7）对于室外管道吊架的拉杆，在穿过保温层处应装设防雨罩。

（8）主蒸汽及再热蒸汽管道的汽锤力宜设置限位支架承受，限位支架布置困难时可设置阻尼装置，限位支架及阻尼器装置宜沿管道的轴向约束。

（9）支吊架的布置应将支管连接点和法兰接头处承受的弯矩值控制在安全的范围内。

（10）为防止管道侧向振动，垂直管道宜设置适当数量的管道侧向约束装置。

二、支吊架间距

（1）水平布置的管道应控制一定的支吊架间距，以保证管道不产生过大的挠度、弯曲应力和剪切应力。

（2）水平直管的支吊架允许间距应按管道强度条件及刚度条件来确定，取两个条件确定的支吊架间距的较小值。

（3）水平直管道上的支吊架间距应满足下列刚度要求：

1）刚度条件应按单跨管道简支梁计算，其最大挠度值不应大于 2.5mm。

2）按刚度条件，除考虑管道自重均布荷载，另有集中外载的水平管道支吊架间距应按下列公式计算，即

$$\delta_{max} = \frac{L^3}{E_t I}\left(\frac{5}{384}qL + \frac{1}{48}P\right)\times 10^5 \qquad (13\text{-}36)$$

式中 δ_{max}——最大弯曲挠度，mm；

L——支吊架间距，m；

E_t——管道材料在设计温度下的弹性模量，MPa；

I——管道截面惯性矩，cm^4；

q——管道单位长度自重，N/m；

P——跨中集中荷载，N。

3）按照刚度条件，只考虑管道自重均布荷载的水平直管道的支吊架允许最大间距应按下式计算，即

$$L_{max} = 0.2093\sqrt[4]{\frac{E_t I}{q}} \qquad (13\text{-}37)$$

式中 L_{max}——支吊架的最大允许间距，m。

（4）水平直管道上的支吊架间距应满足下列强度要求：

1）管道强度应按 DL/T 5366《发电厂汽水管道应力计算技术规程》有关外载应力验算的规定计算，使管道的持续外载当量应力在允许范围内；并且单跨管道按简支梁计算，管道自重引起的最大弯曲应力不应大于 16MPa。

2）按强度条件，除考虑管道自重均布荷载，另有集中外载的水平管道支吊架间距应按下列公式计算，即

$$L = \frac{\sqrt{P^2 + 8qW\sigma_{max}} - P}{q} \qquad (13\text{-}38)$$

式中 L——支吊架间距，m；

P——跨中集中荷载，N；

q——管道单位长度自重，N/m；

W——管道截面系数，cm^3；

σ_{max}——水平直管最大弯曲应力，MPa。

3）按照强度条件，只考虑管道自重均布荷载的水平直管道的允许支吊架间距按下式计算，即

$$L_{max} = 0.3578\sqrt{\frac{W}{q}} \qquad (13\text{-}39)$$

（5）在水平管道方向改变处，两支吊点间的管道展开长度不应超过水平直管支吊架允许间距的 0.73 倍，其中一个支吊点宜靠近弯管或弯头的起弯点。

（6）垂直管道支吊架的间距可大于水平直管支吊架的允许间距，但也应控制间距，管壁应力在最不利荷载作用下不应超过允许值。

三、支吊架荷载

（1）支吊架设计应考虑，但不限于下列各项荷载：

1）管道组成件和保温结构的重力。

2）支吊架零部件重力。

3）管道所输送介质的重力。

4）蒸汽管道水压试验或管路清洗时的介质重力。

5）管道上柔性管件，如波纹管补偿器、滑动伸缩节、柔性金属软管等，由于内部压力产生的作用力。

6）支吊架约束管道位移（包括热胀、冷缩、冷紧和端点附加位移）所承受的约束反力、力矩和弹簧支吊架转移荷载。

7）管道位移时在活动支吊架上引起摩擦力。不同摩擦形式的摩擦系数可按表 13-23 取值。

表 13-23　不同摩擦形式的摩擦系数

序号	摩擦形式	摩擦系数
1	钢与钢滑动摩擦	0.3
2	钢与聚四氟乙烯板	0.2
3	聚四氟乙烯之间	0.1
4	不锈钢（镜面）薄板之间	≤0.1
5	不锈钢（镜面）与聚四氟乙烯板间	0.05～0.07
6	吊架	0.1
7	钢表面的滚动摩擦	0.1

8）室外管道受到的雪荷载。

9）室外管道受到的风荷载。

10）正常运行时，由于种种原因引起的管道振动力。

11）管内流体动量瞬时突变（如汽锤、水锤）引起的瞬态作用力。

12）流体排放产生的排放反力。

13）管道装在有地震地区产生的地震力，但不考虑地震与风荷载同时出现的工况。

（2）支吊架结构荷载的确定应满足下列要求：

1）支吊架应按照使用过程中的各种工况分别计算，并组合同时作用于支吊架上的所有荷载，取其中对支吊架结构最不利的组合，并计及支吊架自身和临近活动支吊架上摩擦力的作用作为结构荷载。

2）支吊架结构荷载计算可考虑下述工况：

a．运行初期冷态工况。

b．运行初期热态工况。

c．管道应变自均衡后的冷态工况。

d．各种暂态工况。

e．水压试验或管路清洗工况。

3）管道各工况载荷效应组合应满足下列要求：

a．运行初期冷态工况应考虑上述（1）中 1）、2）、6）、8）的荷载效应组合，其中 6）中仅考虑管道冷紧位移的约束力和弹簧支吊架转移荷载。

b．运行初期热态工况应考虑上述（1）中 1）～3）、5）～8）、10）的荷载效应组合，其中 6）中的冷紧位

移应乘以冷紧有效系数。

c．管道应变自均衡冷态工况，应考虑上述（1）中1)、2)、6)、8）的荷载的效应组合，其中6）按管道自均衡的位移约束反力组合。

d.暂态工况应按下列规定将各种暂态情况与运行初期热态工况分别进行组合。

管道系统阀门瞬间启闭时，应考虑上述（1）中11）和运行初期热态工况的荷载效应组合。

锅炉、压力容器或管道的安全阀或释放阀动作时，应考虑上述（1）中12）和运行初期热态工况的荷载效应组合。

风载荷应考虑上述（1）中9）和运行初期热态工况的荷载效应组合。

地震时，应考虑上述（1）中13）和运行初期热态工况的荷载效应组合。

4）水压试验或管路清洗时，应考虑上述（1）中1)、2)、4）～6)、8）的荷载效应组合，其中5）应取水压试验或管路清洗时的介质压力，6）中仅考虑管道冷紧位移的约束力。

5）对于装有变力弹簧支吊架的管系，各个支吊架所承受的管系重力荷载应考虑到变力弹簧支吊架在冷状态和热状态下承载力的变化，并由此引起荷载向临近刚性支吊架的转移。

6）计算上述（1）中1）规定的荷载时，应乘以荷载修正系数，荷载修正系数可取1.4。此时，修正后的荷载已包括支吊架零部件自重。

7）动力荷载应根据荷载的动力特性采用有关瞬态计算确定，并乘以相应的动荷载系数，安全阀排汽管道排汽反力的动载系数可取1.1～1.2，其他动载系数可取1.2。

8）当考虑荷载长期效应组合时，对东北地区雪荷载可取0.2倍计算值，对新疆北部地区雪荷载可取0.15倍计算值，对其他地区雪荷载可不考虑。

9）风荷载和地震荷载可按DL/T 5054—2016《火力发电厂汽水管道设计规范》附录F的相关规定计算。

10）作用于露天管道上的雪荷载应按GB 50009《建筑结构荷载规范》有关规定采用，雪荷载的标准值应按下列公式计算，即

$$S_k=\mu_r S_o \tag{13-40}$$

式中 S_k——雪荷载标准值，kN/m^2；

μ_r——管道顶面积雪分布系数，对圆形管道取0.4；

S_o——基本雪压，基本雪压应由当地气象部门提供，但不应小于GB 50009《建筑结构荷载规范》中全国基本雪压分布图所规定的数值，kN/m^2。

（3）弹簧支吊架或恒力支吊架的分配荷载包括分配给该支吊架的管子、阀门、管件、保温结构和所输送介质的重力，在必要时，可考虑支吊架管部和连接件的重力。当管道为热态吊零时，工作荷载等于分配荷载；当管道为冷态吊零时，安装荷载等于分配荷载。

四、弹簧选择

（1）管道支吊点的热位移值应使用程序计算，设计温度低于300℃的次要管道也可使用近似方法计算。计算热位移时，应考虑管道端点附加位移的影响。

（2）弹簧支吊架的弹簧选择应符合下列要求：

1）管道由冷态到运行工况，弹簧的荷载变化系数不应大于25%。

2）弹簧的安装荷载和工作荷载均不应大于其最大允许荷载。

（3）弹簧串联安装时，应选用最大允许荷载相同的弹簧，此时热位移值应按弹簧的刚度分配；并联安装时，支吊架两侧应选用相同型号的弹簧，其荷载由两侧弹簧承担。

（4）弹簧的选择计算应满足下列要求：

1）支吊架的弹簧，应根据管道在运行初期热态工况下，所产生的位移进行选择，并有热态吊零和冷态吊零两种荷载分配方式。

2）对于热态吊零管道的弹簧，应按支吊点垂直方向的热位移和工作荷载计算；对于冷态吊零管道的弹簧，应按支吊点垂直方向的热位移和安装荷载计算。

五、支吊架结构强度计算

（1）支吊架零部件的强度应按结构荷载计算。

（2）支吊架零部件材料的选用应满足下列要求：

1）与管道直接接触的支吊架零部件，其材料应按管道设计温度选用。与管道直接焊接的零部件，其材料应与管道材料相同或相容。

2）用于承受拉伸荷载的支吊架零部件应采用有冲击功值的材料。若采用没有冲击功值的钢材，应按现行国家标准进行冲击韧性试验，其冲击功值符合国家标准的相关规定方可使用。

3）支吊架零部件不应采用沸腾钢或铸铁材料。

4）螺纹吊杆材料应为Q235B级、C级、D级或Q345B级、C级、D级、E级或20优质碳素钢，其中直径大于或等于48mm的吊杆应采用20优质碳素钢或Q345B及以上级别低合金钢。

5）管道保温层以外支吊架零件的材料宜采用Q235B，环境计算温度低于0℃且大于−20℃的管道宜采用Q235C或Q345C；环境计算温度低于−20℃且大于−40℃的管道，宜采用Q235D或Q345D；环境计算

温度低于–40℃的管道，宜采用 Q345E。

环境计算温度按 GB 50736《民用建筑供暖通风和空气调节设计规范》中规定的冬季空气调节室外计算温度确定。

（3）支吊架零部件材料许用应力的选取应满足下列要求：

1）支吊架零部件材料的许用应力按 GB/T 17116.1《管道支吊架　第 1 部分：技术规范》选取。

2）对于 Q235B 材料的许用应力应乘 0.9 的质量系数。

3）许用压缩应力应根据结构稳定性和压杆纵弯曲而降低。

4）螺纹拉杆的抗拉许用应力应按 GB/T 17116.1《管道支吊架　第 1 部分：技术规范》选取，拉杆截面积按螺纹根部直径计算。

5）支吊架零部件组装焊缝的许用剪切应力为较弱被焊件许用应力的 0.8 倍，支吊架零部件组装焊缝的抗拉、抗压许用应力为较弱被焊件许用应力。

6）水压试验时，支吊架材料的许用应力可提高到不大于其在室温下屈服强度最小值的 80%。

7）在运行期间短时超载时，支吊架材料的许用应力可提高 20%。

（4）公称尺寸小于或等于 DN50 的管道，拉杆直径不应小于 10mm；公称尺寸大于或等于 DN65 的管道，拉杆直径不应小于 12mm。

（5）支吊架管部设计应保证管道局部应力在允许范围内。

（6）垂直管道采用两臂刚性支吊架时，应注意由于管道位移可能引起单侧脱载，支吊架管部单侧、单边拉杆、刚性支撑部件和根部应能承受该支吊点的全部荷载，卡块选用时需考虑管道的壁厚，以免对管道造成破坏；对于两臂同时带有弹簧支吊架的结构，单边只要能承受该支吊架全部荷载的一半；对于液压阻尼器部件，由于阻尼器抗震工况的特殊性，在阻尼器、动载管部、根部选型时，单边应能承受该支吊点全部荷载的 75%。

（7）生根结构除满足强度条件外，尚应满足下述刚度条件：

1）固定支架、限位装置和阻尼装置生根结构的最大挠度不应大于其计算长度的 0.2%。

2）其他支吊架生根结构的最大挠度不应大于其计算长度的 0.4%。

（8）生根结构采用焊接或梁箍固定的双支点梁形式时，可按简支梁计算其强度和刚度；梁式生根结构在其承受较大弯矩处开孔时应进行补强；当作用力不通过非对称型钢的弯曲中心时应考虑偏心扭转因素。

第六节　保温、油漆和防腐

一、保温

（一）一般要求

（1）具有下列情况之一的设备、管道及其附件应按不同要求予以保温：

1）外表面温度高于 50℃，且需要减少散热损失者。

2）要求防冻、防凝露或延迟介质凝结者。

3）工艺生产中不需保温、其外表面温度超过 60℃，而又无法采取其他措施防止烫伤人员的部位。

（2）需要防止烫伤人员的部位应在下列范围内设置防烫伤保温：

1）距地面或工作平台的垂直高度小于 2100mm。

2）靠近操作平台水平距离小于 750mm。

（3）除防烫伤要求保温的部位外，下列设备、管道及其附件可不保温：

1）运行及维修人员接触不到的排汽管道、放空气管道。

2）输送易燃易爆介质时，要求及时发现泄漏的设备和管道上的法兰、人孔等附件。

3）工艺要求的不能保温的管道和附件。

（4）下列管道宜根据当地气象条件和布置环境设置防冻保温：

1）露天布置的工业水管道、冷却水管道、疏放水管道、补给水管道、除盐水管道、消防水管道、汽水取样管道、厂区杂用压缩空气管道等。

2）安全阀管座、控制阀旁路管、一次表管。

（5）环境温度不高于 27℃时，设备和管道保温结构外表面温度不应超过 50℃；环境温度高于 27℃时，保温结构外表面温度可比环境温度高 25℃，但不应超过 60℃。对于防烫伤保温，保温结构外表面温度不应超过 60℃。

（6）不保温的和设计温度不超过 120℃保温的设备、管道及其附件以及支吊架、平台扶梯应进行油漆。不保温的管道外表面或保温结构外表面应涂刷介质名称和介质流向箭头；设备外表面只涂刷设备名称。

（二）保温材料性能要求

（1）保温材料应具有明确的随温度变化的热导率方程式、图或表的产品。对于松散或可压缩的保温材料，应有在使用密度下的热导率值、图或表。

（2）保温材料的主要物理化学性能除应符合国家现行有关产品标准外，其热导率和密度尚应符合表 13-24 的要求。

表 13-24 保温材料热导率和密度最大值

设计温度（℃）	热导率最大值［W/（m·K）］	密度最大值（kg/m³）		
		硬质保温制品	半硬质保温制品	软质保温制品
450～650	0.11	220	200	150
<450	0.09			

注 热导率最大值是指保温结构内表面为设计温度、外表面温度为 50℃时的计算值。

（3）常用保温材料及其制品的主要性能应满足下列要求：

1）硅酸钙制品应采用无石棉耐高温增强纤维，抗压强度不小于 0.4MPa，抗折强度不小于 0.2MPa，质量含水率不大于 7.5%，干燥线收缩率不大于 2.0%，在使用温度下不产生裂缝。

2）岩棉、矿渣棉、玻璃棉、硅酸铝棉及其制品和硅酸镁纤维毯的渣球含量、有机物含量和纤维平均直径等性能应符合有关材料标准的规定。

3）复合硅酸盐制品应不含石棉，用于室外时应采用憎水型，用于室内时宜采用憎水型，其憎水率不应小于 98.0%。

（4）保温材料应按 GB 8624—2012《建筑材料及制品燃烧性能分级》中 5.1 的规定选用 A 级不燃类材料，并应符合环保要求，不应选用含有石棉的材料及其制品。

（5）凡未经具备国家相应资质的法定检测机构鉴定的新型保温材料、油漆和防腐涂料，不得在发电厂保温、油漆和防腐设计中使用。保温设计采用的保温材料物理化学性能的检验报告应是由具备国家相应资质的法定检测机构按国家标准检验而提供的原始文件，其报告应列出下列性能：

1）热导率方程式、图或表；对于松散或可压缩的保温材料，为使用密度下的热导率方程式、图或表。

2）密度，对于松散或可压缩的保温材料，为使用状态下的密度。

3）最高使用温度。

4）不燃性。

5）硬质保温制品应具有抗压强度、质量含水率、线收缩率和抗折强度等。

6）软质保温材料及半硬质制品应具有渣球含量、纤维平均直径、有机物含量、加热永久线变化、吸湿率和憎水率等。

7） 对设备和管道表面无腐蚀。用于奥氏体不锈钢设备和管道上的保温材料，其氯离子、氟化物、硅酸根、钠离子的含量应符合 GB/T 17393《覆盖奥氏体不锈钢用绝热材料规范》的规定。

（三）保温层材料选择

（1）保温层材料选择应符合下列原则：

1）保温材料及其制品的推荐使用温度应高于设备和管道的设计温度，对于要进行吹扫的管道，应高于吹扫介质温度。

2）在保温材料物理化学性能满足工艺要求的前提下，应优先选用热导率小、密度小、造价合理、施工方便的保温材料。

（2）保温层材料宜按下列规定选择：

1）设计温度大于或等于 350℃时，应选用耐高温保温材料，或经技术经济比较合理时也可选择复合保温结构。设计温度小于 350℃时，可选择单一的耐中低温保温材料。

2）阀门、弯头等异形件的保温层材料可选择软质保温材料或保温涂料，当采用玻璃钢阀门保温套时，保温套内部宜由厂家填塞软质保温材料。

3）外径小于 38mm 管道的保温层材料宜选择硅酸铝纤维绳。

4）多雨地区露天布置或潮湿环境中的低温设备和管道的保温层材料宜选择憎水型材料，其憎水率不应小于 98.0%。

（3）设备和管道保温伸缩缝和膨胀间隙的填塞材料应根据设计温度选用软质纤维状材料，大于或等于 350℃时可选用普通硅酸铝纤维，小于 350℃时可选用玻璃棉、岩棉或矿渣棉等。

（4）玻璃棉、岩棉和矿渣棉制品应按 GB/T 17430《绝热材料最高使用温度的评估方法》有关规定进行最高使用温度评估，且在最高使用温度基础上降低至少 100℃作为材料的推荐使用温度。

（四）保护层材料选择

（1）保护层材料性能应符合下列要求：

1）防水、防潮，抗大气腐蚀性能好。

2）材料本身的化学性能稳定，使用年限长，不易老化变质。

3）强度高，在温度变化及振动情况下不开裂，外形美观。

4）燃烧性能应符合不燃类材料的要求，储存或输送易燃易爆介质的设备和管道，以及与此类管道邻近的管道，必须采用不燃类材料作保护层。

5）抹面保护层的密度不应大于 800kg/m³，抗压强度不应小于 0.8MPa，烧失量（包括有机物和可燃物）不应大于 12%；抹面干燥后（冷状态下）不应产生裂缝、脱壳等现象，不应对金属产生腐蚀。

（2）保护层材料的选择应根据投资状况、机组容量、布置环境和保温材料的性能等因素综合决定。

（3）保护层分为金属保护层和非金属保护层，宜采用金属保护层，常用金属保护层包括彩钢板、铝合金板、镀锌钢板等；非金属保护层包括玻璃丝布、玻璃钢、抹面等。

（4）常用金属保护层的形式和厚度应符合表13-25的规定。

表 13-25　　常用金属保护层的形式和厚度

类别	保温层外径 D_1	金属保护层			
		材料	标准	形式	厚度（mm）
圆形设备及管道	<760	彩钢板	GB/T 12754《彩色涂层钢板及钢带》	平板	0.35～0.50
		铝合金板	GB/T 3880.1～GB/T 3880.3《一般工业用铝及铝合金板、带材》	平板	0.50～0.75
		镀锌钢板	GB/T 2518《连续热镀锌钢板及钢带》、GB/T 15675《连续电镀锌、锌镍合金镀层钢板及钢带》	平板	0.35～0.50
	≥760	彩钢板	GB/T 12754《彩色涂层钢板及钢带》	平板	0.60～0.75
		铝合金板	GB/T 3880.1～GB/T 3880.3《一般工业用铝及铝合金板、带材》	平板	0.80～1.00
		镀锌钢板	GB/T 2518《连续热镀锌钢板及钢带》、GB/T 15675《连续电镀锌、锌镍合金镀层钢板及钢带》	平板	0.60～0.75
平壁及方形设备	—	彩钢板	GB/T 12754《彩色涂层钢板及钢带》	压型板	0.50～0.75
		铝合金板	GB/T 3880.1～GB/T 3880.3《一般工业用铝及铝合金板、带材》	压型板	0.60～1.00
		镀锌钢板	GB/T 2518《连续热镀锌钢板及钢带》、GB/T 15675《连续电镀锌、锌镍合金镀层钢板及钢带》	压型板	0.50～0.75
泵、阀门、法兰等不规则表面	—	彩钢板	GB/T 12754《彩色涂层钢板及钢带》	平板	0.50～0.75
		铝合金板	GB/T 3880.1～GB/T 3880.3《一般工业用铝及铝合金板、带材》	平板	0.60～1.00
		镀锌钢板	GB/T 2518《连续热镀锌钢板及钢带》、GB/T 15675《连续电镀锌、锌镍合金镀层钢板及钢带》	平板	0.50～0.75

注　1．当为复合保温时，保温层外径是指复合保温外层外径 D_2。
　　2．当圆形设备及管道的保温层外径大于2000mm时，金属保护层按平壁选用。

（5）彩钢板的质量应符合GB/T 12754《彩色涂层钢板及钢带》的有关要求，应明确基板的屈服强度和表面镀铝锌量，公称镀层重量应满足不低于中等腐蚀性等级要求，彩钢板正面涂层厚度应不小于 20μm，反面涂层厚度应不小于 12μm。彩钢板的基板类型可采用热镀锌基板。

（6）硅酸钙制品采用抹面保护层时，应选用硅酸钙专用抹面材料。

（五）防潮层材料选择

（1）防潮层材料的选择应满足下列要求：

1）防潮层材料应选择具有抗蒸汽渗透性能、防水性能和防潮性能，且吸水率不大于1%的材料。

2）防潮层材料应阻燃，其氧指数不应小于30%。

3）防潮层材料应选用化学性能稳定、无毒且耐腐蚀的材料，并不得对绝热层和保护层材料产生腐蚀和溶解作用。

4）防潮层材料应选用在夏季不软化、不起泡和不流淌的材料，且在低温使用时不脆化、不开裂、不脱落的材料。

5）涂抹型防潮层材料，其软化温度不应低于65℃，20℃时粘接强度不应小于 0.15MPa，挥发物不得大于30%。

（2）防潮层的材料可选用沥青类胶泥中间加玻璃纤维布现场涂抹、合成高分子防水卷材、高聚物改性沥青防水卷材等。玻璃纤维布宜选用经纬密度为 8×8 根/cm^2、厚度为 0.10～0.20mm 的中碱粗格平纹布，两边封边。

二、油漆

（1）下列情况应按不同要求进行外部油漆：

1）不保温的设备、管道及其附件。

2）介质温度不超过120℃的保温设备、管道及其附件。

3）现场制作的支吊架、平台扶梯等钢结构。

（2）设计温度超过 120℃的保温碳钢和低合金钢设备、管道及其附件外表面宜涂刷耐高温涂料。

（3）直径较大的循环水管道以及箱和罐等按不同的要求进行内部油漆。

（4）设备、管道和附属钢结构在涂装前的表面预处理应根据钢材表面的腐蚀等级，按设计规定的除锈方法进行，并达到规定的预处理等级。涂料可选用醇酸树脂涂料、高氯化聚乙烯涂料、环氧树脂涂料、酚醛环氧涂料、丙烯酸涂料、聚氨酯涂料、有机硅涂料等。涂料应配套使用，涂层一般应由底漆、中间漆和面漆构成。涂装施工可采用刷涂、滚涂、空气喷涂和高压无气喷涂等方法。

（5）大气腐蚀等级分类应符合 GB/T 30790.2《色漆和清漆 防护涂料体系对钢结构的防腐蚀保护 第2部分：环境分类》的有关规定，大气腐蚀性等级不宜低于 C4。

（6）涂层耐久性应符合 GB/T 30790.1《色漆和清漆 防护涂料体系对钢结构的防腐蚀保护 第1部分：总则》的有关规定，分为低等（L）、中等（M）和高等（H），涂层耐久性不宜低于中等（M），即 5～15 年。

（7）设备、管道和附属钢结构的涂料和涂层干膜厚度应根据其所处的环境、涂料的性能以及要求的防腐蚀年限选用。

1）涂料的选择应满足下列要求：

a．涂料的性能应与腐蚀环境相适应。

b．涂料一般应由底漆、中间漆和面漆构成，并且配套使用。

c．选用的底漆应与规定的钢材除锈等级相适应。

d．安全可靠，经济合理。

2）涂层干膜厚度应满足下列要求：

a．与环境的腐蚀程度相适应。

b．与钢材表面的预处理方法、除锈等级及其表面粗糙度相适应。

c．根据选用涂料品种的特性与使用环境，保证涂层能起保护作用的最低厚度。

d．需要加重防腐蚀部位和涂装困难部位，宜增加适当的厚度。

3）大气腐蚀等级、涂料耐久性与涂层干膜总厚度最低要求应符合表 13-26 的规定。

表 13-26 大气腐蚀等级、涂料耐久性与涂层干膜总厚度最低要求 （μm）

涂料耐久性	大气腐蚀等级						
	C2	C3		C4		C5-I、C5-M	
		其他	Zn（R）	其他	Zn（R）	其他	Zn（R）
低等（2～5 年）	80	120	—	200	160	200	—
中等（5～15 年）	120	160	—	240	200	300	240
高等（15 年以上）	160	200	160	280	240	320	320

注 1. Zn（R）为富锌底漆，其他表示非富锌底漆。
2. 大气腐蚀等级为 C5-M 时，涂料耐久性仅推荐中等和高等。

4）常用的涂层配套设计可按表 13-27 选用。

表 13-27 常用的涂层配套设计

涂料品种	涂层配套		度数	每度涂层干膜厚度（μm）	涂层干膜总厚度（μm）	适用温度（℃）	适用环境类型
醇酸涂料	底漆	铁红醇酸底漆	1	40	160	−20～80	C3：大气腐蚀，弱腐蚀环境
	中间漆	云铁醇酸防锈漆	1	40			
	面漆	醇酸面漆	2	40			
高氯化聚乙烯涂料	底漆	高氯化聚乙烯铁红底漆	2	30	200	−20～100	C3、C4：大气腐蚀，中等腐蚀环境
	中间漆	高氯化聚乙烯云铁中间漆	2	40			
	面漆	高氯化聚乙烯面漆	2	30			
环氧涂料	底漆	富锌底漆	1	60	220	−20～120	C3、C4：大气腐蚀，中等腐蚀环境
	中间漆	环氧云铁中间漆	1	80			
	面漆	环氧防腐面漆	2	40			
聚氨酯涂料	底漆	富锌底漆	1	60	240	−20～120	C4、C5：大气腐蚀，强腐蚀环境
	中间漆	环氧云铁中间漆	2（1）	50（100）			
	面漆	脂肪族聚氨酯面漆	2	40			
丙烯酸聚氨酯涂料	底漆	富锌底漆	1	60	240	−20～100	C4、C5：大气腐蚀，强腐蚀环境
	中间漆	环氧云铁中间漆	1	100			
	面漆	丙烯酸聚氨酯面漆	2	40			

续表

涂料品种	涂层配套		度数	每度涂层干膜厚度（μm）	涂层干膜总厚度（μm）	适用温度（℃）	适用环境类型
聚氨酯耐热涂料	底　漆	聚氨酯铝粉防腐漆（或富锌底漆）	2（1）	30（60）	90	≤150	大气腐蚀，耐温150℃以下的环境
	面　漆	聚氨酯耐热防腐面漆	2	30			
酚醛环氧涂料	底　漆	酚醛环氧底漆	1	125	250	≤90	浸泡环境，90℃以下热水箱内壁
	面　漆	酚醛环氧面漆	1	125			
酚醛环氧涂料	底　漆	酚醛环氧底漆	1	125	250	≤230	大气腐蚀，耐温230℃以下的环境
	面　漆	酚醛环氧面漆	1	125			
有机硅耐热涂料	底　漆	无机富锌底漆	1	50	100	≤400	大气腐蚀，耐温400℃以下的环境
	面　漆	有机硅铝粉防腐漆	2	25			
	底　漆	无机富锌底漆	1	50	75	≤400	保温设备、管道防腐，弱腐蚀环境
	中间漆	有机硅耐热中间漆	1	25			
	底　漆	有机硅铝粉耐热漆	1	25	75	≤600	大气腐蚀，耐温600℃以下的环境
	面　漆	有机硅铝粉耐热漆	2	25			
	底　漆	有机硅铝粉耐底漆	2	25	50	≤600	保温设备、管道防腐，弱腐蚀环境
环氧沥青厚浆型涂料	底　漆	环氧沥青厚浆型底漆	1	150	300	–20～90	水下或潮湿环境，油罐外壁底板防腐蚀、循环水管道内壁防腐蚀
	面　漆	环氧沥青厚浆型面漆	1	150			
高固体分改性环氧涂料	底　漆	高固体分改性环氧涂料	1	250	500	–20～120	浸泡或土壤环境，循环水管道内、外壁长效防腐蚀
	面　漆	高固体分改性环氧涂料	1	250			
无溶剂环氧涂料	底　漆	无溶剂环氧涂料	1	250	500	–20～80	水下或潮湿环境设备及管道、循环水管道内外壁
	面　漆	无溶剂环氧涂料	1	250			
环氧导静电防腐涂料	底　漆	富锌底漆	1	60	260	–20～120	浸泡环境，油罐内表面防腐蚀
	中间漆	环氧导静电防腐中间漆	1	100			
	面　漆	环氧导静电防腐面漆	1	100			
太阳热反射隔热涂料	底　漆	太阳热反射隔热底漆	2	40	200	–20～120	大气腐蚀，不保温油罐的外壁隔热防腐
	中间漆	太阳热反射隔热中间漆	1	30			
	面　漆	太阳热反射隔热面漆	3	30			

注　1. 以上富锌底漆可选择环氧富锌、无机硅酸盐富锌或无机磷酸盐富锌底漆。
2. 表中涂料适用于基材类型为碳钢和低合金钢。
3. 采用海水的循环水管道内壁总干膜厚度应不小于600μm。

5）不保温的设备和管道油漆设计应满足下列要求：

a. 室内布置的设备、管道和附属钢结构，可以选用醇酸涂料、环氧涂料、丙烯酸涂料、聚氨酯涂料、有机硅涂料等；室外布置的设备、管道和附属钢结构，可选用高氯化聚乙烯涂料、环氧涂料、丙烯酸涂料、聚氨酯涂料、有机硅涂料等。

b. 燃油罐外壁可选用耐候性热反射隔热涂料，内壁应采用耐油导静电涂料；油箱内壁可选用环氧耐油涂料。

c. 管沟中管道、循环水管道外壁、工业水管道、工业水箱外壁、直径较大的循环水管道内壁可选用高固体分改性环氧涂料、无溶剂环氧涂料或环氧沥青涂料。采用高固体分改性环氧涂料或无溶剂环氧涂料时，输送海水的循环水管道内壁总干膜厚度应不小于600μm。

d. 排汽管道可选用聚氨酯耐热涂料、酚醛环氧涂料、有机硅耐热涂料等。

e．制造厂供应的设备（如水泵、风机、容器等）和支吊架，如涂料损坏时，可涂刷1～2度颜色相同的面漆。

（8）保温的设备和管道的涂装设计应满足下列要求：

1）当设计温度不超过120℃时，设备和管道的外表面应涂刷环氧涂料，可只涂刷底漆或底漆和中间漆，涂层干膜总厚度约120μm。

2）当设计温度大于120℃时，设备和管道的外表面宜涂刷有机硅耐热涂料，涂层干膜总厚度为50～75μm。

3）温度不超过90℃的热水箱等设备内壁宜涂刷2度酚醛环氧涂料，其他设备和容器内壁的防腐方式根据工艺要求决定。

三、防腐

埋地管道外壁可采用环氧煤沥青涂料、互穿网络防腐涂料、高固体分改性环氧涂料或其他防腐涂料防腐。

1）埋地钢管所处的土壤腐蚀性评价应符合DL/T 5394《电力工程地下金属构筑物防腐设计技术导则》的有关规定。

2）环氧煤沥青防腐层结构见表13-28。

表13-28　环氧煤沥青防腐层结构

防腐等级	防腐层结构	干膜总厚度（mm）
普通防腐	沥青底漆-沥青3层夹玻璃布2层	0.60
加强防腐	沥青底漆-沥青4层夹玻璃布3层	0.80
特强防腐	沥青底漆-沥青5层夹玻璃布4层	1.00

3）互穿网络防腐层结构见表13-29。

表13-29　互穿网络防腐层结构

防腐等级	防腐层结构	干膜总厚度（mm）
普通防腐	底漆-面漆-面漆	0.20
加强防腐	底漆-面漆-玻璃布-面漆-面漆	0.40
特强防腐	底漆-面漆-玻璃布-面漆-玻璃布-面漆-面漆	0.60

4）高固体分改性环氧防腐层结构见表13-30。

表13-30　高固体分改性环氧防腐层结构

防腐等级	防腐层结构	干膜总厚度（mm）
普通防腐	防腐底漆－防腐面漆	0.40
加强防腐	防腐底漆－防腐面漆	0.50
特强防腐	防腐底漆－防腐面漆	0.60

5）当埋地管道与水工构筑物、铁路、公路相交时或在杂散电流作用地区的埋地管道应设特强等级的防腐结构。防腐蚀涂料体系与阴极保护措施相结合，可以获得更长的使用寿命。

第七节　管道的检查和试验

一、检查

1. 目视检查

目视检查是对易于观察或能暴露检查的组成件、连接接头及其他管道元件的部分在其制造、制作、装配、安装、检查或试验之前、进行中或之后进行观察。这种检查包括核实材料、组件、尺寸、接头的制备、组对、焊接、法兰连接、螺纹或其他连接方法、支承件、装配以及安装等的质量是否达到规范和工程设计的要求。

2. 无损检测

无损检测可分为磁粉检测、渗透检测、射线检测和超声波检测等，其检测方法应按NB/T 47013《承压设备无损检测》（所有部分）的规定进行。

3. 制作过程中的检查

管道组成件制作过程中的检查包括光谱分析（符合DL/T 991《电力设备金属光谱分析技术导则》）、硬度检验（符合GB/T 231.1《金属材料　布氏硬度试验　第1部分：试验方法》、GB/T 17394.1《金属材料　里氏硬度试验　第1部分：试验方法》）和金相检验（符合GB/T 13298《金属显微组织检验方法》）等。

4. 检查范围

（1）碳钢和低合金钢管道对焊接头的检查方法及比例如表13-31所示。

表13-31　碳钢和低合金钢管道对焊接头的检查方法及比例

焊接接头类别	范　围	检验方法及比例（%）					
		目视检查		无损检测		光谱	硬度
		自检	检查	射线	超声		
Ⅰ	外径$D>159$mm，且工作温度$t>450$℃的蒸汽管道	100	100	100		100	100
	工作压力$p>8$MPa的汽、水管道	100	100	50		100	100

续表

焊接接头类别	范围	检验方法及比例（%）					
		目视检查		无损检测		光谱	硬度
		自检	检查	射线	超声		
I	工作温度 300℃＜t≤450℃的汽水管道及管件	100	50	50		100	100
II	工作温度 150℃＜t≤300℃的蒸汽管道及管件	100	25	5		—	100
	工作压力为 4MPa≤p≤8MPa 的汽、水管道	100	25	5		—	100
	工作压力 1.6MPa＜p＜4MPa 的汽、水管道	100	25	5		—	—
III	工作压力 0.1MPa≤p≤1.6MPa 的汽、水管道	100	25	1		—	—
	外径 D＜76mm 的疏水、放水、排污、取样管道	100	100	—		—	—

厚度不大于 20mm 的管道采用超声波检测时，还应按检测数量的 20%进行射线检测；厚度大于 20mm 的管道和焊件，射线检测或超声波检测可任选其中一种。

（2）碳钢和低合金钢管道角焊缝和支管连接的无损检测方法和比例如表 13-32 所示。

表 13-32　碳钢和低合金钢管道角焊缝和支管连接的无损检查方法和比例

焊接接头类别	检查方法	检查比例（%）	
		角焊缝	支管连接
I	目视检查	100	100
	磁粉/渗透	100	100
	射线照相/超声波	—	100①
II	目视检查	100	100
	磁粉/渗透	20	20
	射线照相/超声波	—	20①
III	目视检查	100	100
	磁粉/渗透	—	10
	射线照相/超声波	—	—

① 适用于大于或等于 DN100 的管道。

（3）碳钢和低合金钢管道对焊接头、角焊缝和支管连接焊接接头的质量级别应满足表 13-33 的规定。

表 13-33　焊接接头的质量级别规定

检测方法	焊接接头类别		
	I	II	III
射线检测	II	II	III
超声波检测	I	I	II
磁粉检测	I	I	II
渗透检测	I	I	II

注 1. 磁粉、渗透检测结果不应有任何裂纹、成排气孔、分层和长度大于 1.5mm 的线性缺陷显示（长度与宽度之比大于 3 的缺陷显示按线性缺陷处理）。

2. 焊接质量按照 NB/T 47013《承压设备无损检测》（所有部分）的规定分级。

二、试验

管道安装完成后，在初次运行前应按设计规定进行压力试验检查管道系统的严密性，压力试验包括水压试验和气压试验。

1. 压力试验的替代

不适合使用液体或者气体进行耐压试验的管道，可采用替代试验。替代试验应满足以下要求：

（1）管道系统的环焊缝和纵向焊缝经 100%射线检测或超声波检测合格。

（2）管道系统的角焊缝经 100%磁粉检测或渗透检测、100%超声波检测或射线检测合格。

2. 水压试验

（1）水压试验应使用洁净水。对于奥氏体不锈钢管道水中氯离子含量不超过 50×10^{-6}。

（2）水压试验时环境温度不应低于 5℃，水温不宜高于 70℃。水压试验的压力不应小于管道设计压力的 1.5 倍，且不小于 0.2MPa。

（3）管道系统进行水压试验时，管道周向应力和由试验压力与动载荷和静载荷产生的轴向应力均不应大于该管道材料试验温度下屈服强度的 90%。轴向应力按下式计算，即

$$\sigma_L = \frac{p_T D_i^2}{D_o^2 - D_i^2} + \frac{M_A}{W} \tag{13-41}$$

式中 σ_L——试验压力、自重和其他持续外载产生的轴向应力之和，MPa；

p_T——试验压力，MPa；

D_i——管子内径，mm；

D_o——管子外径，mm；

M_A——由于自重和其他持续外载作用在管子横截面上的合成力矩，N·mm；

W——管子截面抗弯矩，mm^3。

3. 气压试验

（1）气压试验时，应将脆性破坏的可能性减小到最小程度，选材时应考虑试验温度的影响。

（2）试验时应装有压力泄放装置，设定压力不应高于 1.1 倍的试验压力。

（3）试验介质应是空气或其他不易燃、无毒、无腐蚀性的气体。

（4）承受内压的金属管道，试验压力应为设计压力的 1.15 倍，真空管道的试验压力应为 0.2MPa。

（5）试验前应进行预试验，预试验压力宜为 0.2MPa。

（6）试验时应逐级缓慢增加压力，当压力升至试验压力的 50%时，应进行初始检查，如未发现异常或泄漏，继续按试验压力的 10%逐级升压并保持足够的时间，直至达到规定的试验压力。然后再降至设计压力，检查有无泄漏。

（7）采用气体进行严密性试验的管道设计压力不宜大于 0.6MPa。

附　　录

附录 A　饱和蒸汽、凝结水及过热蒸汽比焓表

表 A-1　　饱和蒸汽比焓表

压力（绝对压力，MPa）	温度（℃）	比焓（kJ/kg）	压力（绝对压力，MPa）	温度（℃）	比焓（kJ/kg）
0.001	6.98	2513.8	1	179.88	2777
0.002	17.51	2533.2	1.1	184.06	2780.4
0.003	24.1	2545.2	1.2	187.96	2783.4
0.004	28.98	2554.1	1.3	191.6	2786
0.005	32.9	2561.2	1.4	195.04	2788.4
0.006	36.18	2567.1	1.5	198.28	2790.4
0.007	39.02	2572.2	1.6	201.37	2792.2
0.008	41.53	2576.7	1.7	204.3	2793.8
0.009	43.79	2580.8	1.8	207.1	2795.1
0.01	45.83	2584.4	1.9	209.79	2796.4
0.015	54	2598.9	2	212.37	2797.4
0.02	60.09	2609.6	2.2	217.24	2799.1
0.025	64.99	2618.1	2.4	221.78	2800.4
0.03	69.12	2625.3	2.6	226.03	2801.2
0.04	75.89	2636.8	2.8	230.04	2801.7
0.05	81.35	2645	3	233.84	2801.9
0.06	85.95	2653.6	3.5	242.54	2801.3
0.07	89.96	2660.2	4	250.33	2799.4
0.08	93.51	2666	5	263.92	2792.8
0.09	96.71	2671.1	6	275.56	2783.3
0.1	99.63	2675.7	7	285.8	2771.4
0.12	104.81	2683.8	8	294.98	2757.5
0.14	109.32	2690.8	9	303.31	2741.8
0.16	113.32	2696.8	10	310.96	2724.4
0.18	116.93	2702.1	11	318.04	2705.4
0.2	120.23	2706.9	12	324.64	2684.8
0.25	127.43	2717.2	13	330.81	2662.4
0.3	133.54	2725.5	14	336.63	2638.3
0.35	138.88	2732.5	15	342.12	2611.6
0.4	143.62	2738.5	16	347.32	2582.7
0.45	147.92	2743.8	17	352.26	2550.8
0.5	151.85	2748.5	18	356.96	2514.4
0.6	158.84	2756.4	19	361.44	2470.1
0.7	164.96	2762.9	20	365.71	2413.9
0.8	170.42	2768.4	21	369.79	2340.2
0.9	175.36	2773	22	373.68	2192.5

续表

温度（℃）	压力（绝对压力，MPa）	比焓（kJ/kg）	温度（℃）	压力（绝对压力，MPa）	比焓（kJ/kg）
0	0.000611	2501	80	0.047359	2643.8
0.01	0.000611	2501	85	0.057803	2652.1
1	0.000657	2502.8	90	0.070108	2660.3
2	0.000705	2504.7	95	0.084525	2668.4
3	0.000758	2506.5	100	0.101325	2676.3
4	0.000813	2508.3	110	0.14326	2691.8
5	0.000872	2510.2	120	0.19854	2706.6
6	0.000935	2512	130	0.27012	2720.7
7	0.001001	2513.9	140	0.36136	2734
8	0.001072	2515.7	150	0.47597	2746.3
9	0.001147	2517.5	160	0.61804	2757.7
10	0.001227	2519.4	170	0.79202	2768
11	0.001312	2521.2	180	1.0027	2777.1
12	0.001402	2523	190	1.2552	2784.9
13	0.001497	2524.9	200	1.5551	2791.4
14	0.001597	2526.7	210	1.9079	2796.4
15	0.001704	2528.6	220	2.3201	2799.9
16	0.001817	2530.4	20	2.7979	2801.7
17	0.001936	2532.2	240	3.348	2801.6
18	0.002063	2534	250	3.9776	2799.5
19	0.002196	2535.9	260	4.694	2795.2
20	0.002337	2537.7	270	5.5051	2788.3
22	0.002642	2541.4	280	6.4191	2778.6
24	0.002982	2545	290	7.4448	2765.4
26	0.00336	2543.6	300	8.5917	2748.4
28	0.003779	2552.3	310	9.8697	2726.8
30	0.004242	2555.9	320	11.29	2699.6
35	0.005622	2565	330	12.865	2665.5
40	0.007375	2574	340	14.608	2622.3
45	0.009582	2582.9	350	16.537	2566.1
50	0.012335	2591.8	360	18.674	2485.7
55	0.01574	2600.7	370	21.053	2335.7
60	0.019919	2609.5	371	21.306	2310.7
65	0.025008	2618.2	372	21.562	2280.1
70	0.031161	2626.8	373	21.821	2238.3
75	0.038548	2635.3	374	22.084	2150.7

表 A-2　　凝结水比焓表

压力（绝对压力，MPa）	温度（℃）	比焓（kJ/kg）	压力（绝对压力，MPa）	温度（℃）	比焓（kJ/kg）
0.35	138.891	584.45	0.72	166.123	702.29
0.36	139.885	588.71	0.74	167.237	707.16
0.37	140.855	592.88	0.76	168.328	711.93
0.38	141.803	596.96	0.78	169.397	716.61
0.39	142.732	600.95	0.8	170.444	721.2
0.4	143.642	604.87	0.82	171.471	725.69
0.41	144.535	608.71	0.84	172.477	730.11
0.42	145.411	612.48	0.86	173.466	734.45
0.43	146.269	616.18	0.88	174.436	738.71
0.44	147.112	619.82	0.9	175.389	742.9
0.45	147.939	623.38	0.92	176.325	747.02
0.46	148.751	626.89	0.94	177.245	751.07
0.47	149.55	630.34	0.96	178.15	755.05
0.48	150.336	633.73	0.98	179.04	758.98
0.49	151.108	637.07	1	179.916	762.84
0.5	151.867	640.35	1.05	182.048	772.26
0.52	153.35	646.77	1.1	184.1	781.35
0.54	154.788	653	1.15	186.081	790.14
0.56	156.185	659.05	1.2	187.995	798.64
0.58	157.543	644.95	1.25	189.858	806.89
0.6	158.863	670.67	1.3	191.644	814.89
0.62	160.148	676.26	1.35	193.386	822.67
0.64	161.402	681.72	1.4	195.078	830.24
0.66	162.625	687.04	1.45	196.725	837.62
0.68	163.817	692.24	1.5	198.327	844.82
0.7	164.983	697.32	1.55	199.887	851.84

表 A-3　　过热蒸汽比焓　　(kJ/kg)

温度（℃）	压力（绝对压力，MPa）											
	0.1	0.5	1	2	3	4	5	10	15	20	25	30
10	42.1	42.5	43.0	44.0	44.9	45.9	46.9	51.7	56.5	61.3	66.1	70.8
20	84.0	84.4	84.9	85.8	86.7	87.7	88.6	93.3	97.9	102.6	107.2	111.8
40	167.6	168.0	168.4	169.3	170.2	171.1	172.0	176.4	180.8	185.2	189.5	193.9
60	251.2	251.6	252.0	252.8	253.7	254.5	255.3	259.5	263.7	267.9	272.1	276.2
80	335.0	335.3	335.7	336.5	337.3	338.1	338.9	342.9	346.9	350.8	354.8	358.8
100	2675.8	419.4	419.8	420.5	421.3	422.0	422.8	426.5	430.3	434.1	437.9	441.7
120	2716.6	504.0	504.3	505.1	505.8	506.5	507.2	510.7	514.2	517.8	521.4	525.0
140	2756.7	589.3	589.6	590.3	590.9	591.6	592.2	595.5	598.8	602.1	605.4	608.8
160	2796.4	2767.4	675.8	676.4	677.0	677.6	678.1	681.1	684.1	687.2	690.2	693.3
180	2836.0	2812.4	2777.4	763.7	764.2	764.7	765.2	767.8	770.5	773.2	775.9	778.7

续表

温度（℃）	压力（绝对压力，MPa）											
	0.1	0.5	1	2	3	4	5	10	15	20	25	30
200	2875.5	2855.9	2828.3	852.6	853.0	853.4	853.8	855.9	858.1	860.4	862.7	865.1
250	2974.5	2961.1	2943.2	2903.2	2856.5	1085.7	1085.7	1085.7	1086.0	1086.6	1087.3	1088.3
300	3074.5	3064.6	3051.7	3024.3	2994.3	2961.7	2925.6	1343.1	1338.1	1334.1	1331.1	1328.7
350	3175.8	3168.1	3158.2	3137.6	3116.1	3093.3	3069.3	2924.0	2693.0	1646.0	1623.9	1608.8
400	3278.5	3272.3	3264.4	3248.2	3231.6	3214.4	3196.6	3097.4	2975.5	2816.8	2578.6	2152.4
450	3382.8	3377.7	3371.2	3358.1	3344.7	3331.0	3317.0	3242.3	3157.8	3061.5	2950.4	2820.9
500	3488.7	3484.4	3479.0	3468.1	3457.0	3445.8	3434.5	3375.1	3310.8	3241.2	3165.9	3084.8
550	3596.3	3592.6	3588.1	3578.9	3569.6	3560.2	3550.8	3501.9	3450.5	3396.2	3339.3	3279.8
600	3705.6	3702.5	3698.6	3690.7	3682.8	3674.8	3666.8	3625.8	3583.3	3539.2	3493.7	3446.9
610	3727.6	3724.6	3720.8	3713.2	3705.6	3697.8	3690.1	3650.4	3609.4	3566.9	3523.2	3478.3
620	3749.8	3746.8	3743.2	3735.8	3728.4	3720.9	3713.3	3674.9	3635.3	3594.4	3552.3	3509.3

附录B 压缩空气在不同露点温度与压力下对应的空气饱和含湿量

露点温度（℃）	0.5MPa	0.6MPa	0.7MPa	0.8MPa
	空气饱和含湿量（g/kg）			
−60	0.00112	0.00096	0.00094	0.000746
−50	0.00408	0.0035	0.00306	0.00272
−40	0.0133	0.0114	0.01	0.0089
−35	0.0231	0.0198	0.0174	0.0154
−30	0.039	0.034	0.030	0.026
−29	0.044	0.037	0.033	0.029
−28	0.048	0.041	0.036	0.032
−27	0.054	0.046	0.040	0.036
−26	0.059	0.051	0.044	0.040
−25	0.066	0.056	0.049	0.044
−24	0.072	0.062	0.054	0.048
−23	0.08	0.069	0.06	0.053
−22	0.088	0.076	0.066	0.059
−21	0.097	0.083	0.073	0.065
−20	0.107	0.092	0.080	0.071
−19	0.118	0.101	0.088	0.078
−18	0.129	0.111	0.097	0.086
−17	0.142	0.122	0.107	0.095
−16	0.156	0.134	0.117	0.104
−15	0.171	0.147	0.128	0.114
−14	0.188	0.161	0.141	0.125
−13	0.206	0.176	0.154	0.137
−12	0.225	0.193	0.169	0.150
−11	0.246	0.211	0.185	0.164
−10	0.269	0.231	0.202	0.18
−9	0.294	0.252	0.221	0.196
−8	0.312	0.267	0.234	0.208
−7	0.350	0.300	0.263	0.234
−6	0.376	0.322	0.282	0.251
−5	0.417	0.357	0.312	0.278
−4	0.454	0.389	0.340	0.302
−3	0.494	0.423	0.370	0.329
−2	0.537	0.460	0.402	0.358
−1	0.583	0.500	0.437	0.389
0	0.634	0.543	0.475	0.422
1	0.682	0.585	0.511	0.455
2	0.727	0.623	0.545	0.484
3	0.787	0.674	0.59	0.524
4	0.845	0.724	0.633	0.563
5	0.906	0.776	0.679	0.604
6	0.971	0.832	0.728	0.647

续表

露点温度（℃）	0.5MPa	0.6MPa	0.7MPa	0.8MPa
7	1.040	0.892	0.780	0.693
8	1.114	0.955	0.835	0.742
9	1.192	1.022	0.894	0.794
10	1.276	1.093	0.956	0.85
11	1.364	1.169	1.023	0.909
12	1.458	1.249	1.093	0.971
13	1.557	1.334	1.167	1.037
14	1.662	1.424	1.246	1.107
15	1.774	1.520	1.329	1.181
16	1.891	1.621	1.417	1.260
17	2.016	1.727	1.510	1.342
18	2.147	1.839	1.609	1.430
19	2.287	1.959	1.714	1.523
20	2.434	2.085	1.824	1.621
21	2.590	2.219	1.940	1.724
22	2.754	2.359	2.063	1.833
23	2.927	2.507	2.192	1.948
24	3.110	2.664	2.330	2.070
25	3.303	2.829	2.474	2.198
26	3.506	3.003	2.626	2.333
27	3.720	3.186	2.786	2.475
28	3.946	3.379	2.954	2.625
29	4.183	3.582	3.132	2.782
30	4.433	3.796	3.319	2.948
31	4.695	4.020	3.515	3.122
32	4.972	4.257	3.721	3.306
33	5.263	4.505	3.939	3.499
34	5.568	4.766	4.166	3.701
35	5.889	5.041	4.406	3.913
36	6.225	5.328	4.657	4.136
37	6.579	5.631	4.921	4.371
38	6.950	5.948	5.198	4.616
39	7.339	6.280	5.488	4.874
40	7.747	6.628	5.792	5.143
41	8.175	6.994	6.112	5.427
42	8.624	7.377	6.445	5.723
43	9.308	7.961	6.955	6.174
44	9.587	8.200	7.163	6.359
45	10.103	8.640	7.547	6.699
46	10.639	9.097	7.945	7.052
48	11.799	10.086	8.808	7.817
50	13.061	11.162	9.745	8.647
51	13.743	11.742	10.250	9.095
52	14.447	12.342	10.773	9.558
53	15.186	12.972	11.321	10.042
54	15.960	13.630	11.893	10.550
55	16.768	14.317	12.492	11.079

附录C 室外空气

省/直辖市/自治区		北京(1)	天津(2)		河北(10)									
市/区/自治州		北京	天津	塘沽	石家庄	唐山	邢台	保定	张家口	承德	秦皇岛	沧州	廊坊	衡水
海拔(m)		31.3	2.5	2.7	81	27.8	76.8	17.2	724.2	377.2	2.6	9.6	9	18.9
年平均温度(℃)		12.3	12.7	12.6	13.4	11.5	13.9	12.9	8.8	9.1	11	12.9	12.2	12.5
室外计算温度、湿度	供暖室外计算温度(℃)	−7.6	−7	−6.8	−6.2	−9.2	−5.5	−7	−13.6	−13.3	−9.6	−7.1	−8.3	−7.9
	冬季通风室外计算温度(℃)	−3.6	−3.5	−3.3	−2.3	−5.1	−1.6	−3.2	−8.3	−9.1	−4.8	−3	−4.4	−3.9
	冬季空气调节室外计算温度(℃)	−9.9	−9.6	−9.2	−8.8	−11.6	−8	−9.5	−16.2	−15.7	−12	−9.6	−11	−10.4
	冬季空气调节室外计算相对湿度(%)	44	56	59	55	55	57	55	41	51	51	57	54	59
	夏季空气调节室外计算干球温度(℃)	33.5	33.9	32.5	35.1	32.9	35.1	34.8	32.1	32.7	30.6	34.3	34.4	34.8
	夏季空气调节室外计算湿球温度(℃)	26.4	26.8	26.9	26.8	26.3	26.9	26.6	22.6	24.1	25.9	26.7	26.6	26.9
	夏季通风室外计算温度(℃)	29.7	29.8	28.8	30.8	29.2	31	30.4	27.8	28.7	27.5	30.1	30.1	30.5
	夏季通风室外计算相对湿度(%)	61	63	68	60	63	61	61	50	55	55	63	61	61
	夏季空气调节室外计算日平均温度(℃)	29.6	29.4	29.6	30	28.5	30.2	29.8	27	27.4	27.7	29.7	29.6	29.6
风向、风速及频率	夏季室外平均风速(m/s)	2.1	2.2	4.2	1.7	2.3	1.7	2	2.1	0.9	2.3	2.9	2.2	2.2
	夏季室外最多风向的平均风速(m/s)	3	2.4	4.3	2.6	2.8	2.3	2.5	2.9	2.5	2.7	2.7	2.5	3
	冬季室外平均风速(m/s)	2.6	2.4	3.9	1.8	2.2	1.4	1.8	2.8	1	2.5	2.6	2.1	2
	冬季室外最多风向的平均风速(m/s)	4.7	4.8	5.8	2	2.9	2	2.3	3.5	3.3	3	2.8	3.3	2.6
最大冻土深度(cm)		66	58	59	56	72	46	58	136	126	85	43	67	77
大气压力	冬季室外大气压力(hPa)	1021.7	1027.1	1026.3	1017.2	1023.6	1017.7	1025.1	939.5	980.5	1026.4	1027	1026.4	1024.9
	夏季室外大气压力(hPa)	1000.2	1005.2	1004.6	995.8	1002.4	996.2	1002.9	925	963.3	1005.6	1004	1004	1002.8
设计计算用供暖期天数及其平均温度	日平均温度≤+5℃的天数	123	121	122	111	130	105	119	146	145	135	118	124	122
	日平均温度≤+5℃的起止日期	11月12日—次年3月14日	11月13日—次年3月13日	11月15日—次年3月16日	11月15日—次年3月5日	11月10日—次年3月19日	11月19日—次年3月3日	11月13日—次年3月11日	11月3日—次年3月28日	11月3日—次年3月27日	11月12日—次年3月26日	11月15日—次年3月12日	11月11日—次年3月14日	11月12日—次年3月13日
	平均温度≤+5℃期间内的平均温度(℃)	−0.7	−0.6	−0.4	0.1	−1.6	0.5	−0.5	−3.9	−4.1	−1.2	−0.5	−1.3	−0.9
极端最高气温(℃)		41.9	40.5	40.9	41.5	39.6	41.1	41.6	39.2	43.3	39.2	40.5	41.3	41.2
极端最低气温(℃)		−18.3	−17.8	−15.4	−19.3	−22.7	−20.2	−19.6	−24.6	−24.2	−20.8	−19.5	−21.5	−22.6

计算参数

山西省（10）									
太原	大同	阳泉	运城	晋城	朔州	晋中	忻州	临汾	吕梁
778.3	1067.2	741.9	376	659.5	1348.8	1041.4	828.2	449.5	950.8
10	7	11.3	9.14	11.8	3.9	8.8	9	12.6	9.1
−10.1	−16.3	−8.3	−4.5	−6.6	−20.8	−11.1	−12.3	−6.6	−12.6
−5.5	−10.6	−3.4	−0.9	−2.6	−14.4	−6.6	−7.7	−2.7	−7.6
−12.8	−18.9	−10.4	−7.4	−9.1	−25.4	−13.6	−14.7	−10	−16
50	50	43	57	53	61	49	47	58	55
31.5	30.9	32.8	35.8	32.7	29	30.8	31.8	34.6	32.4
23.8	21.2	23.6	26	24.6	19.8	22.3	22.9	25.7	22.9
27.8	26.4	28.2	31.3	28.8	24.5	26.8	27.6	30.6	28.1
58	49	55	55	59	50	55	53	56	52
26.1	25.3	27.4	31.5	27.3	22.5	24.8	26.2	29.3	26.3
1.8	2.5	1.6	3.1	1.7	2.1	1.5	1.9	1.8	2.6
2.4	3.1	2.3	5	2.9	2.8	2.8	2.4	3	2.5
2	2.8	2.2	2.4	1.9	2.3	1.3	2.3	1.6	2.1
2.6	3.3	3.7	2.8	4.9	5	1.9	3.8	2.6	2.5
72	186	62	39	39	169	76	121	57	104
933.5	899.9	937.1	982	947.4	868.6	902.6	926.9	972.5	914.5
919.8	889.1	923.8	962.7	932.4	860.7	892	913.8	954.2	901.3
141	163	126	101	120	182	144	145	114	143
10 月 6 日—次年 3 月 26 日	10 月 24 日—次年 4 月 4 日	11 月 12 日—次年 3 月 17 日	11 月 22 日—次年 3 月 2 日	11 月 14 日—次年 3 月 13 日	10 月 14 日—次年 4 月 13 日	11 月 5 日—次年 3 月 28 日	11 月 3 日—次年 3 月 27 日	11 月 13 日—次年 3 月 6 日	11 月 5 日—次年 3 月 27 日
−1.7	−4.8	−0.5	0.9	0	−6.9	−2.6	−3.2	−0.2	−3
37.4	37.2	40.2	41.2	38.5	34.4	36.7	38.1	40.5	38.4
−22.7	−27.2	−16.2	−18.9	−17.2	−40.4	−25.1	−25.8	−23.1	−26

省/直辖市/自治区		内蒙古（12）											
市/区/自治州		呼和浩特	包头	赤峰	通辽	鄂尔多斯	呼伦贝尔		巴彦淖尔	乌兰察布	兴安盟	锡林郭勒盟	
海拔（m）		1063	1067.2	568	178.5	1460.4	661.7	610.2	1039.3	1419.3	274.7	964.7	989.5
年平均温度（℃）		6.7	7.2	7.5	6.6	6.2	−0.7	−1	8.1	4.3	5	4	2.6
室外计算温度、湿度	供暖室外计算温度（℃）	−17	−16.6	−16.2	−19	−16.8	−28.6	−31.6	−15.3	−18.9	−20.5	−24.3	−25.2
	冬季通风室外计算温度（℃）	−11.6	−11.1	−10.7	−13.5	−10.5	−23.3	−25.1	−9.9	−13	−15	−18.1	−18.8
	冬季空气调节室外计算温度（℃）	−20.3	−19.7	−18.8	−21.8	−19.6	−31.6	−34.5	−19.1	−21.9	−23.5	−27.8	−27.8
	冬季空气调节室外计算相对湿度（%）	58	55	43	54	52	75	79	51	55	54	69	72
	夏季空气调节室外计算干球温度（℃）	30.6	31.7	32.7	32.3	29.1	29	29	32.7	28.2	31.8	33.2	31.1
	夏季空气调节室外计算湿球温度（℃）	21	20.9	22.6	24.5	19	19.9	20.5	20.9	18.9	23	19.3	19.9
	夏季通风室外计算温度（℃）	26.5	27.4	28	28.2	24.8	24.1	24.3	28.4	23.8	27.1	27.9	26
	夏季通风室外计算相对湿度（%）	48	43	50	57	43	52	54	39	49	55	33	44
	夏季空气调节室外计算日平均温度（℃）	25.9	26.5	27.4	27.3	24.6	23.6	23.5	27.5	22.9	26.6	27.5	25.4
风向、风速及频率	夏季室外平均风速（m/s）	1.8	2.6	2.2	3.5	3.1	3.8	3	2.1	2.4	2.6	4	3.3
	夏季室外最多风向的平均风速（m/s）	3.4	2.9	2.5	4.6	3.7	4.4	3.1	2.5	3.6	3.9	5.2	3.4
	冬季室外平均风速（m/s）	1.5	2.4	2.3	3.7	2.9	3.7	2.3	2	3	2.6	3.6	3.2
	冬季室外最多风向的平均风速（m/s）	4.2	3.4	3.1	4.4	3.1	3.9	2.5	3.4	4.9	4	5.3	4.3
最大冻土深度（cm）		156	157	201	179	150	389	242	138	184	249	310	265
大气压力	冬季室外大气压力（hPa）	901.2	901.2	955.1	1002.6	856.7	941.9	947.9	903.9	860.2	989.1	910.5	906.4
	夏季室外大气压力（hPa）	889.6	889.1	941.1	984.4	849.5	930.3	935.7	891.1	853.7	973.3	898.3	895.9
设计计算用供暖期天数及其平均温度	日平均温度≤+5℃的天数	167	164	161	166	168	210	208	157	181	176	181	189
	日平均温度≤+5℃的起止日期	10月20日—次年4月4日	10月21日—次年4月2日	10月26日—次年4月4日	10月21日—次年4月4日	10月20日—次年4月5日	9月30日—次年4月27日	10月1日—次年4月26日	10月24日—次年3月29日	10月16日—次年4月14日	10月17日—次年4月10日	10月14日—次年4月12日	10月11日—次年4月17日
	平均温度≤+5℃期间内的平均温度（℃）	−5.3	−5.1	−5	−6.7	−4.9	−12.4	−12.7	−4.4	−6.4	−7.8	−9.3	−9.7
极端最高气温（℃）		38.5	39.2	40.4	38.9	35.3	37.9	36.6	39.4	33.6	40.3	41.1	39.2
极端最低气温（℃）		−30.5	−31.4	−28.8	−31.6	−28.4	−40.5	−42.3	−35.3	−32.4	−33.7	−37.1	−38

续表

辽宁（12）											
沈阳	大连	鞍山	抚顺	本溪	丹东	锦州	营口	阜新	铁岭	朝阳	葫芦岛
44.7	91.5	77.3	118.5	185.2	13.8	65.9	3.3	166.8	98.2	169.9	8.5
8.4	10.9	9.6	6.8	7.8	8.9	9.5	9.5	8.1	7	9	9.2
–16.9	–9.8	–15.1	–20	–18.1	–12.9	–13.1	–14.1	–15.7	–20	–15.3	–12.6
–11	–3.9	–8.6	–13.5	–11.5	–7.4	–7.9	–8.5	–10.6	–13.4	–9.7	7.7
–20.7	–13	–18	–23.8	–21.5	–15.9	–15.5	–17.1	–18.5	–23.5	–18.3	–15
60	56	54	68	64	55	52	62	49	49	43	52
31.5	29	31.6	31.5	31	29.6	31.4	30.4	32.5	31.1	33.5	29.5
25.3	24.9	25.1	24.8	24.3	25.3	25.2	25.5	24.7	25	25	25.5
28.2	26.3	28.2	27.8	27.4	26.8	27.9	27.7	28.4	27.5	28.9	26.8
65	71	63	65	63	71	67	68	60	60	58	76
27.5	26.5	28.1	26.6	27.1	25.9	27.1	27.5	27.3	26.8	28.3	26.4
2.6	4.1	2.7	2.2	2.2	2.3	3.3	3.7	2.1	2.7	2.5	2.4
3.5	4.6	3.6	2.2	2	3.2	4.3	4.8	3.4	3.1	3.6	3.9
2.6	5.2	2.9	2.3	2.4	3.4	3.2	3.6	2.1	2.7	2.4	2.2
3.6	7	3.5	2.1	2.3	5.2	5.1	4.3	4.1	3.8	3.5	3.4
148	90	118	143	149	88	108	101	139	137	135	99
1020.8	1013.9	1018.5	1011	1003.3	1023.7	1017.8	1026.1	1007	1013.4	1004.5	1025.5
1000.9	997.8	998.8	992.4	985.7	1005.5	997.8	1005.5	988.1	994.6	985.5	1004.7
152	132	143	161	157	145	144	144	159	160	145	145
10月30日—次年3月30日	11月16日—次年3月27日	11月6日—次年3月28日	10月26日—次年4月4日	10月28日—次年4月3日	11月7日—次年3月31日	11月5日—次年3月28日	11月6日—次年3月29日	10月27日—次年4月3日	10月27日—次年4月4日	11月4日—次年3月28日	11月6日—次年3月30日
–5.1	–0.7	–3.8	–6.3	–5.1	–2.8	–3.4	–3.6	–4.8	–6.4	–4.7	–3.2
36.1	35.3	36.5	37.7	37.5	35.3	41.8	34.7	40.9	36.6	43.3	40.8
–29.4	–18.8	–26.9	–35.9	–33.6	–25.8	–22.8	–28.4	–27.1	–36.3	–34.4	–27.5

省/直辖市/自治区		内蒙古（12）	吉林（8）							
市/区/自治州		呼和浩特	长春	吉林	四平	通化	白山	松原	白城	延边
海拔（m）		1063	236.8	183.4	164.2	402.9	332.7	146.3	155.2	176.8
年平均温度（℃）		6.7	5.7	4.8	6.7	5.6	5.3	5.4	5	5.4
室外计算温度、湿度	供暖室外计算温度（℃）	−17	−21.1	−24	−19.7	−21	−21.5	−21.6	−21.7	−18.4
	冬季通风室外计算温度（℃）	−11.6	−15.1	−17.2	−13.5	−14.2	−15.6	−16.1	−16.4	−13.6
	冬季空气调节室外计算温度（℃）	−20.3	−24.3	−27.5	−22.8	−24.2	−24.4	−24.5	−25.3	−21.3
	冬季空气调节室外计算相对湿度（%）	58	66	72	66	68	71	64	57	59
	夏季空气调节室外计算干球温度（℃）	30.6	30.5	30.4	30.7	29.9	30.8	31.8	31.8	31.3
	夏季空气调节室外计算湿球温度（℃）	21	24.1	24.1	24.5	23.2	23.6	24.2	23.9	23.7
	夏季通风室外计算温度（℃）	26.5	26.6	26.6	27.2	26.3	27.3	27.6	27.5	26.7
	夏季通风室外计算相对湿度（%）	48	65	65	65	64	61	59	58	63
	夏季空气调节室外计算日平均温度（℃）	25.9	26.3	26.1	26.7	25.3	25.4	27.3	26.9	25.6
风向、风速及频率	夏季室外平均风速（m/s）	1.8	3.2	2.6	2.5	1.6	1.2	3	2.9	2.1
	夏季室外最多风向的平均风速（m/s）	3.4	4.6	2.3	3.8	3.5	1.6	3.8	3.8	3.7
	冬季室外平均风速（m/s）	1.5	3.7	2.6	2.6	1.3	0.8	2.9	3	2.6
	冬季室外最多风向的平均风速（m/s）	4.2	4.7	4	3.9	3.6	1.6	3.2	3.4	5
最大冻土深度（cm）		156	169	182	148	139	136	220	750	198
大气压力	冬季室外大气压力（hPa）	901.2	994.4	1001.9	1004.3	974.7	983.9	1005.5	1004.6	1000.7
	夏季室外大气压力（hPa）	889.6	978.4	984.8	986.7	961	969.1	987.9	986.9	986.8
设计计算用供暖期天数及其平均温度	日平均温度≤+5℃的天数	167	169	172	163	170	170	170	172	171
	日平均温度≤+5℃的起止日期	10月20日—次年4月4日	10月20日—次年4月6日	10月18日—次年4月7日	10月25日—次年4月5日	10月20日—次年4月7日	10月20日—次年4月7日	10月19日—次年4月6日	10月18日—次年4月7日	10月20日—次年4月8日
	平均温度≤+5℃期间内的平均温度（℃）	−5.3	−7.6	−8.5	−6.6	−6.6	−7.2	−8.4	−8.6	−6.6
极端最高气温（℃）		38.5	35.7	35.7	37.3	35.6	37.9	38.5	38.6	37.7
极端最低气温（℃）		−30.5	−33	−40.3	−32.3	−33.1	−33.8	−34.8	−38.1	−32.7

续表

黑龙江（12）											
哈尔滨	齐齐哈尔	鸡西	鹤岗	伊春	佳木斯	牡丹江	双鸭山	黑河	绥化	大兴安岭地区	
142.3	145.9	238.3	227.9	240.9	81.2	241.4	83	166.4	179.6	433	371.7
4.2	3.9	4.2	3.5	1.2	3.6	4.3	4.1	0.4	2.8	−4.3	−0.8
−24.2	−23.8	−21.5	−22.7	−28.3	−24	−22.4	−23.2	−29.5	−26.7	−37.5	−29.7
−18.4	−18.6	−16.4	−17.2	−22.5	−18.5	−17.3	−17.5	−23.2	−20.9	−29.6	−23.3
−27.1	−27.2	−24.4	−25.3	−31.3	−27.4	−25.8	−26.4	−33.2	−30.3	−41	−32.9
73	67	64	63	73	70	69	65	70	76	73	72
30.7	31.1	30.5	29.9	29.8	30.8	31	30.8	29.4	30.1	29.1	28.9
23.9	23.5	23.2	22.7	22.5	23.6	23.5	23.4	22.3	23.4	20.8	21.2
26.8	26.7	26.3	25.5	25.7	26.6	26.9	26.4	25.1	26.2	24.4	24.2
62	58	61	62	60	61	59	61	62	63	57	61
26.3	26.7	25.7	25.6	24	26	25.9	26.1	24.2	25.6	21.6	22.2
3.2	3	2.3	2.9	2	2.8	2.1	3.1	2.6	3.5	1.9	2.2
3.9	3.8	3	3.2	2	3.7	2.6	3.5	2.8	3.6	2.9	2.6
3.2	2.6	3.5	3.1	1.8	3.1	2.2	3.7	2.8	3.2	1.3	1.6
3.7	3.1	4.7	4.3	3.2	4.1	2.3	6.4	3.4	3.3	3	3.4
205	209	238	221	278	220	191	260	263	715	—	288
1004.2	1005	991.9	991.3	991.8	1011.3	992.2	1010.5	1000.6	1000.4	984.1	974.9
987.7	987.9	979.7	979.5	978.5	996.4	978.9	996.7	986.2	984.9	969.4	962.7
176	181	179	184	190	180	177	179	197	184	224	208
10月 17日— 次年 4月 10日	10月 15日— 次年 4月 13日	10月 17日— 次年 4月 13日	10月 14日— 次年 4月 15日	10月 10日— 次年 4月 17日	10月 16日— 次年 4月 13日	10月 17日— 次年 4月 11日	10月 17日— 次年 4月 13日	10月 6日— 次年 4月 20日	10月 13日— 次年 4月 14日	9月 23日— 次年 5月 4日	10月 2日— 次年 4月 27日
−9.4	−9.5	−8.3	−9	−11.8	−9.6	−8.6	−8.9	−12.5	−10.8	−16.1	−12.4
36.7	40.1	37.6	37.7	36.3	38.1	38.4	37.2	37.2	38.3	38	37.2
−37.7	−36.4	−32.5	−34.5	−41.2	−39.5	−35.1	−37	−44.5	−41.8	−49.6	−45.4

省/直辖市/自治区		上海（1）	江苏（9）								
市/区/自治州		上海	南京	徐州	南通	连云港	常州	淮安	盐城	扬州	苏州
海拔（m）		2.6	8.9	41	6.1	3.3	4.9	17.5	2	5.4	17.5
年平均温度（℃）		16.1	25.5	14.5	15.3	13.6	15.8	14.4	14	14.8	16.1
室外计算温度、湿度	供暖室外计算温度（℃）	–0.3	–1.8	–3.6	–1	–4.2	–1.2	–3.3	–3.1	–2.3	–0.4
	冬季通风室外计算温度（℃）	4.2	2.4	0.4	3.1	–0.3	3.1	1	1.1	1.8	3.7
	冬季空气调节室外计算温度（℃）	–2.2	–4.1	–5.9	–3	–6.4	–3.5	–5.6	–5	–4.3	–2.5
	冬季空气调节室外计算相对湿度（%）	75	76	66	75	67	75	72	74	75	77
	夏季空气调节室外计算干球温度（℃）	34.4	34.8	34.3	33.5	32.7	34.6	33.4	33.2	34	34.4
	夏季空气调节室外计算湿球温度（℃）	27.9	28.1	27.6	28.1	27.8	28.1	28.1	28	28.3	28.3
	夏季通风室外计算温度（℃）	31.2	31.2	30.5	30.5	29.1	31.3	29.9	29.8	30.5	31.3
	夏季通风室外计算相对湿度（%）	69	69	67	72	75	68	72	73	72	70
	夏季空气调节室外计算日平均温度（℃）	30.8	31.2	30.5	30.3	29.5	31.5	30.2	29.7	30.6	31.3
风向、风速及频率	夏季室外平均风速（m/s）	3.1	2.6	2.6	3	2.9	2.8	2.6	3.2	2.6	3.5
	夏季室外最多风向的平均风速（m/s）	3	3	3.5	2.9	3.8	3.1	2.9	3.4	2.8	3.9
	冬季室外平均风速（m/s）	2.6	2.4	2.3	3	2.6	2.4	2.5	3.2	2.6	3.5
	冬季室外最多风向的平均风速（m/s）	3	3.5	3	3.5	2.9	3	3.2	4.2	2.9	4.8
最大冻土深度（cm）		8	9	21	12	20	12	20	21	14	8
大气压力	冬季室外大气压力（hPa）	1025.4	1025.5	1022.1	1025.9	1026.3	1026.1	1025	1026.3	1026.2	1024.1
	夏季室外大气压力（hPa）	1005.4	1004.3	1000.8	1000.5	1005.1	1005.3	1003.9	1005.6	1005.2	1003.7
设计计算用供暖期天数及其平均温度	日平均温度≤+5℃的天数	42	77	97	57	102	56	93	94	87	50
	日平均温度≤+5℃的起止日期	1月1日—次年2月11日	12月5日—次年2月13日	11月27日—次年3月3日	12月19日—次年2月13日	11月26日—次年3月7日	12月19日—次年2月12日	12月2日—次年3月4日	12月2日—次年3月5日	12月7日—次年3月3日	12月24日—次年2月11日
	平均温度≤+5℃期间内的平均温度（℃）	4.1	3.2	2	3.6	1.4	3.6	2.3	2.2	2.8	3.8
极端最高气温（℃）		39.4	39.7	40.6	38.5	38.7	39.4	38.2	37.7	38.2	38.8
极端最低气温（℃）		–10.1	–13.1	–15.8	–9.6	–13.8	–12.8	–14.2	–12.3	–11.5	–8.3

续表

浙江（10）									
杭州	温州	金华	衢州	宁波	嘉兴	绍兴	舟山	台州	丽水
41.7	28.3	62.6	66.9	4.8	5.4	104.3	35.7	95.9	60.8
16.5	18.1	17.3	17.3	16.5	15.8	16.5	16.4	17.1	18.1
0	3.4	0.4	0.8	0.5	−0.7	−0.3	1.4	2.1	1.5
4.3	8	5.2	5.4	4.9	3.9	4.5	5.8	7.2	6.6
−2.4	1.4	−1.7	−1.1	−1.5	−2.6	−2.6	−0.5	0.1	−0.7
76	76	78	80	79	81	76	74	72	77
35.6	33.8	36.2	35.8	35.1	33.5	35.8	32.2	30.3	36.8
27.9	28.3	27.6	27.7	28	28.3	27.7	27.5	27.3	27.7
32.3	31.5	33.1	32.9	31.9	30.7	32.5	30	28.9	34
64	72	60	62	68	74	63	74	80	57
31.6	29.9	32.1	31.5	30.6	30.7	31.1	28.9	28.4	31.5
2.4	2	2.4	2.3	2.6	3.6	2.1	3.1	5.2	1.3
2.9	3.4	2.7	3.1	2.7	4.4	3.9	3.7	4.6	2.3
2.3	1.8	2.7	2.5	2.3	3.1	2.7	3.1	5.3	1.4
3.3	2.9	3.4	3.9	3.4	4.1	4.3	4.1	5.8	3.1
—	—	—	—	—	—	—	—	—	—
1021.1	1023.7	1017.9	1017.1	1025.7	1025.4	1012.9	1021.2	1012.9	1017.9
1000.9	1007	998.6	997.8	1005.9	1005.3	994	1005.3	997.3	999.2
40	0	27	9	32	44	40	8	0	0
1月2日—次年2月10日	—	1月11日—次年2月6日	1月12日—次年1月20日	1月9日—次年2月9日	12月31日—次年2月12日	1月2日—次年2月10日	1月29日—次年2月5日	—	—
4.2	—	4.8	4.8	4.6	3.9	4.4	4.8	—	—
39.9	39.6	40.5	40	39.5	38.4	40.3	38.6	34.7	41.3
−8.6	−3.9	−9.6	−10	−8.5	−10.6	−9.6	−5.5	−4.6	−7.5

省/直辖市/自治区		安徽（12）											
市/区/自治州		合肥	芜湖	蚌埠	安庆	六安	亳州	黄山	滁州	阜阳	宿州	巢湖	宣城
海拔（m）		27.9	14.8	18.7	19.8	60.5	37.7	1840.4	27.5	30.6	25.9	22.4	89.4
年平均温度（℃）		15.8	16	15.4	16.8	15.7	14.7	8	15.4	15.3	14.7	16	15.5
室外计算温度、湿度	供暖室外计算温度（℃）	–1.7	–1.3	–2.6	–0.2	–1.8	–3.5	–9.9	–1.8	–2.5	–3.5	–1.2	–1.5
	冬季通风室外计算温度（℃）	2.6	3	1.8	4	2.6	0.6	–2.4	2.3	1.8	0.8	2.9	2.9
	冬季空气调节室外计算温度（℃）	–4.2	–3.5	–5	2.9	–4.6	–5.7	–13	–4.2	–5.2	–5.6	–3.8	–4.1
	冬季空气调节室外计算相对湿度（%）	76	77	71	75	76	68	63	73	71	68	75	79
	夏季空气调节室外计算干球温度（℃）	35	35.3	35.4	35.3	35.5	35	22	34.5	35.2	35	35.3	36.1
	夏季空气调节室外计算湿球温度（℃）	28.1	27.7	28	28.1	28	27.8	19.2	28.2	28.1	27.8	28.4	27.4
	夏季通风室外计算温度（℃）	31.4	31.7	31.3	31.8	31.4	31.1	19	31	31.3	31	31.1	32
	夏季通风室外计算相对湿度（%）	69	68	66	66	68	66	90	70	67	66	68	63
	夏季空气调节室外计算日平均温度（℃）	31.7	31.9	31.6	32.1	31.4	30.7	19.9	31.2	31.4	30.7	32.1	30.8
风向、风速及频率	夏季室外平均风速（m/s）	2.9	2.3	2.5	2.9	2.1	2.3	6.1	2.4	2.3	2.4	2.4	1.9
	夏季室外最多风向的平均风速（m/s）	3.4	1.3	2.8	3.4	2.7	2.9	7.7	2.5	2.4	2.4	2.5	2.2
	冬季室外平均风速（m/s）	2.7	2.2	2.3	3.2	2	2.5	6.3	2.2	2.5	2.2	2.5	1.7
	冬季室外最多风向的平均风速（m/s）	3	2.8	3.1	4.1	2.8	3.3	7	2.8	2.5	2.9	3	3.5
最大冻土深度（cm）		8	9	11	13	10	18	—	11	13	14	9	11
大气压力	冬季室外大气压力（hPa）	1022.3	1024.3	1024	1023.3	1019.3	1021.9	817.4	1022.9	1022.5	1023.9	1023.8	1015.7
	夏季室外大气压力（hPa）	1001.2	1003.1	1002.6	1002.3	998.2	100.4	814.3	1001.8	1000.8	1002.3	1002.5	995.8
设计计算用供暖期天数及其平均温度	日平均温度≤+5℃的天数	64	62	83	48	64	93	148	67	71	93	59	65
	日平均温度≤+5℃的起止日期	12月11日—次年2月12日	12月15日—次年2月14日	12月7日—次年2月27日	12月25日—次年2月10日	12月11日—次年2月12日	11月30日—次年3月2日	11月9日—次年4月15日	12月10日—次年2月14日	12月6日—次年2月14日	12月1日—次年3月3日	12月16日—次年2月12日	12月10日—次年2月12日
	平均温度≤+5℃期间内的平均温度（℃）	3.4	3.4	2.9	4.1	3.3	2.1	0.3	3.2	2.8	2.2	3.5	3.4
极端最高气温（℃）		39.1	39.5	40.3	39.5	40.6	41.3	27.6	38.7	40.8	40.9	39.3	41.1
极端最低气温（℃）		–13.5	–10.1	–13	–9	–13.6	–17.5	–22.7	–13	–14.9	–18.7	–13.2	–15.9

续表

福建（7）							江西（9）				
福州	厦门	漳州	三明	南平	龙岩	宁德	南昌	景德镇	九江	上饶	赣州
84	139.4	28.9	342.9	125.6	342.3	869.5	46.7	61.5	36.1	116.3	123.8
19.8	20.6	21.3	17.1	19.5	20	15.1	17.6	17.4	17	17.5	19.4
6.3	8.3	8.9	1.3	4.5	6.2	0.7	0.7	1	0.4	1.1	2.7
10.9	12.5	13.2	6.4	9.7	11.6	5.8	5.3	5.3	4.5	5.5	8.2
4.4	6.6	7.1	−1	2.1	3.7	−1.7	−1.5	−1.4	−2.3	−1.2	−0.5
74	79	76	86	78	73	82	77	78	77	80	77
35.9	33.5	35.2	34.6	36.1	34.6	30.9	35.5	36	35.8	36.1	35.4
28	27.5	27.6	26.5	27.1	25.5	23.8	28.2	27.7	27.8	27.4	27
33.1	31.3	32.6	31.9	33.7	32.1	28.1	32.7	33	32.7	33.1	33.2
61	71	63	60	55	55	63	63	62	64	60	57
30.8	29.7	30.8	28.6	30.7	29.4	25.9	32.1	31.5	32.5	31.6	31.7
3	3.1	1.7	1	1.1	1.6	1.9	2.2	2.1	2.3	2	1.8
4.2	3.4	2.8	2.7	1.8	2.5	3.1	3.1	2.3	2.3	2.5	2.5
2.4	3.3	1.6	0.9	1	1.5	1.4	2.6	1.9	2.7	2.4	1.6
3.1	4	2.8	2.5	2.1	2.2	2.5	3.6	2.8	4.1	3.2	2.4
—	—	—	7	—	—	—	—	—	—	—	—
1012.9	1006.5	1018.1	982.4	1008	981.1	921.7	1019.5	1017.9	1021.7	1011.4	1008.7
996.6	994.5	1003	967.3	991.5	968.1	911.6	999.5	998.5	1000.7	992.9	991.2
0	0	0	0	0	0	0	26	25	46	8	0
—	—	—	—	—	—	—	1月11日—次年2月5日	1月11日—次年2月4日	12月24日—次年2月10日	1月12日—次年1月19日	—
—	—	—	—	—	—	—	4.7	4.8	4.6	4.9	—
39.9	38.5	38.6	38.9	39.4	39	35	40.1	40.4	40.3	40.7	40
−1.7	1.5	−0.1	−10.6	−5.1	−3	−9.7	−9.7	−9.6	−7	−9.5	−3.8

省/直辖市/自治区		江西（9）				山东						
市/区/自治州		吉安	宜春	抚州	鹰潭	济南	青岛	淄博	烟台	潍坊	临沂	德州
海拔（m）		76.4	131.3	143.8	51.2	51.6	76	34	46.7	22.2	87.9	21.2
年平均温度（℃）		18.4	17.2	18.2	18.3	14.7	12.7	13.2	12.7	12.5	13.5	13.2
室外计算温度、湿度	供暖室外计算温度（℃）	1.7	1	1.6	1.8	−5.3	−5	−7.4	−5.8	−7	−4.7	−6.5
	冬季通风室外计算温度（℃）	6.5	5.4	6.6	6.2	−0.4	−0.5	−2.3	1.1	−2.9	−0.7	−2.4
	冬季空气调节室外计算温度（℃）	−0.5	−0.8	−0.6	−0.6	−7.7	−7.2	−10.3	−8.1	−9.3	−6.8	−9.1
	冬季空气调节室外计算相对湿度（%）	81	81	81	78	53	63	61	59	63	62	60
	夏季空气调节室外计算干球温度（℃）	35.9	35.4	35.7	36.4	34.7	29.4	34.6	31.1	34.2	33.3	34.2
	夏季空气调节室外计算湿球温度（℃）	27.6	27.4	27.1	27.6	26.8	26	26.7	25.4	26.9	27.2	26.9
	夏季通风室外计算温度（℃）	33.4	32.3	33.2	33.6	30.9	27.3	30.9	26.9	30.2	29.7	30.6
	夏季通风室外计算相对湿度（%）	58	63	56	58	61	73	62	75	63	68	63
	夏季空气调节室外计算日平均温度（℃）	32	30.8	30.9	32.7	31.3	27.3	30	28	29	29.2	29.7
风向、风速及频率	夏季室外平均风速（m/s）	2.4	1.8	1.6	1.9	2.8	4.6	2.4	3.1	3.4	2.7	2.2
	夏季室外最多风向的平均风速（m/s）	3.2	3	2.1	2.4	3.6	4.6	2.7	3.5	4.1	2.7	2.4
	冬季室外平均风速（m/s）	2	1.9	1.6	1.8	2.9	5.4	2.7	4.4	3.5	2.8	2.1
	冬季室外最多风向的平均风速（m/s）	2.5	3.5	2.6	3.1	3.7	6.6	3.3	5.9	3.2	4	2.9
最大冻土深度（cm）		—	—	—	—	35	—	46	46	50	40	46
大气压力	冬季室外大气压力（hPa）	1015.4	1009.4	1006.7	1018.7	1019.1	1017.4	1023.7	1021.1	1022.1	1017	1025.5
	夏季室外大气压力（hPa）	996.3	990.4	989.2	999.3	997.9	1000.4	1001.4	1001.2	1000.9	996.4	1002.8
设计计算用供暖期天数及其平均温度	日平均温度≤+5℃的天数	0	9	0	0	99	108	113	112	118	103	114
	日平均温度≤+5℃的起止日期	—	1月12日—次年1月20日	—	—	11月22日—次年3月3日	11月28日—次年3月15日	11月18日—次年3月10日	11月26日—次年3月17日	11月16日—次年3月13日	11月24日—次年3月6日	11月17日—次年3月10日
	平均温度≤+5℃期间内的平均温度（℃）	—	4.8	—	—	1.4	1.3	0	0.7	−0.3	1	0
极端最高气温（℃）		40.3	39.6	40	40.4	40.5	37.4	40.7	38	40.7	38.4	39.4
极端最低气温（℃）		−8	−8.5	−9.3	−9.3	−14.9	−14.3	−23	−12.8	−17.9	−14.3	−20.1

续表

（14）							河南（12）						
菏泽	日照	威海	济宁	泰安	滨州	东营	郑州	开封	洛阳	新乡	安阳	三门峡	南阳
49.7	16.1	65.4	51.7	128.8	11.7	6	110.4	72.5	137.1	72.7	75.5	409.9	129.2
13.8	13	12.5	13.6	12.8	12.6	13.1	14.3	14.2	14.7	14.2	14.1	13.9	14.9
−4.9	−4.4	−5.4	−5.5	−6.7	−7.6	−6.6	−3.8	−3.9	−3	−3.9	−4.7	−3.8	−2.1
−0.9	−0.3	−0.9	−1.3	−2.1	−3.3	−2.6	0.1	0	0.8	−0.2	−0.9	−0.3	1.4
−7.2	−6.5	−7.7	−7.6	−9.4	−10.2	−9.2	−6	−6	−5.1	−5.8	−7	−6.2	−4.5
68	61	61	66	60	62	62	61	63	59	61	60	55	70
34.4	30	30.2	34.1	33.1	34	34.2	34.9	34.4	35.4	34.4	34.7	34.8	34.3
27.4	26.8	25.7	27.1	26.5	27.2	26.8	27.4	27.6	26.9	27.6	27.3	25.7	27.8
30.6	27.7	26.8	30.6	29.7	30.4	30.2	30.9	30.7	31.3	30.5	31	30.3	30.5
66	75	75	65	66	64	64	64	66	63	65	63	59	69
29.9	28.1	27.5	29.7	28.6	29.4	29.8	30.2	30	30.5	29.8	30.2	30.1	30.1
1.8	3.1	4.2	2.4	2	2.7	3.6	2.2	2.6	1.6	1.9	2	2.5	2
1.7	3.6	5.4	3	1.9	2.8	4.4	2.8	3.2	3.1	2.8	3.3	3.4	2.7
2.2	3.4	5.4	2.5	2.7	3	3.4	2.7	2.9	2.1	2.1	1.9	2.4	2.1
3.3	4	7.3	2.8	3.8	3.4	3.7	4.9	3.9	2.4	3.6	3.1	3.7	3.4
21	25	47	48	31	50	47	27	26	20	21	35	32	10
1021.5	1024.8	1020.9	1020.8	1011.2	1026	1026.6	1013.3	1018.2	1009	1017.9	1017.9	977.6	1011.2
999.4	1006.6	1001.8	999.4	990.5	1003.9	1004.9	992.3	996.8	988.2	996.6	996.6	959.3	990.4
105	108	116	104	113	120	115	97	99	92	99	101	99	86
11月20日—次年3月6日	11月27日—次年3月14日	11月26日—次年3月21日	11月22日—次年3月5日	11月19日—次年3月11日	11月14日—次年3月13日	11月19日—次年3月13日	11月26日—次年3月2日	11月25日—次年3月3日	12月1日—次年3月2日	11月24日—次年3月2日	11月23日—次年3月3日	11月24日—次年3月2日	12月4日—次年2月27日
0.9	1.4	1.2	0.6	0	−0.5	0	1.7	1.7	2.1	1.5	1	1.4	2.6
40.5	38.3	38.4	39.9	38.1	39.8	40.7	42.3	42.5	41.7	42	41.5	40.2	41.4
−16.5	−13.8	−13.2	−19.3	−20.7	−21.4	−20.2	−17.9	−16	−15	−19.2	−17.3	−12.8	−17.5

省/直辖市/自治区		河南（12）									湖北
市/区/自治州		商丘	信阳	许昌	驻马店	周口	武汉	黄石	宜昌	恩施州	荆州
海拔（m）		50.1	114.5	66.8	82.7	52.6	23.1	19.6	133.1	457.1	32.6
年平均温度（℃）		14.1	15.3	14.5	14.9	14.4	16.6	17.1	16.8	16.2	16.5
室外计算温度、湿度	供暖室外计算温度（℃）	−4	−2.1	−3.2	−2.9	−3.2	−0.3	0.7	0.9	2	0.3
	冬季通风室外计算温度（℃）	−0.1	2.2	0.7	1.3	0.6	3.7	4.5	4.9	5	4.1
	冬季空气调节室外计算温度（℃）	−6.3	−4.6	−5.5	−5.5	−5.7	−2.6	−1.4	−1.1	0.4	−1.9
	冬季空气调节室外计算相对湿度（%）	69	72	64	69	68	77	79	74	84	77
	夏季空气调节室外计算干球温度（℃）	34.6	34.5	35.1	35	35	35.2	35.8	35.6	34.3	34.7
	夏季空气调节室外计算湿球温度（℃）	27.9	27.6	27.9	27.8	28.1	28.4	28.3	27.8	26	28.5
	夏季通风室外计算温度（℃）	30.8	30.7	30.9	30.9	30.9	32	32.5	31.8	31	31.4
	夏季通风室外计算相对湿度（%）	67	68	66	67	67	67	65	66	57	70
	夏季空气调节室外计算日平均温度（℃）	30.2	30.9	30.3	30.7	30.2	32	32.5	31.1	29.6	31.1
风向、风速及频率	夏季室外平均风速（m/s）	2.4	2.4	2.2	2.2	2	2	2.2	1.5	0.7	2.3
	夏季室外最多风向的平均风速（m/s）	2.7	3.2	3.1	2.8	2.6	2.3	2.8	2.6	1.9	3
	冬季室外平均风速（m/s）	2.4	2.4	2.4	2.4	2.4	1.8	2	1.3	0.5	2.1
	冬季室外最多风向的平均风速（m/s）	3.1	3.8	3.9	3.2	3.3	3	3.1	2.2	1.5	3.2
最大冻土深度（cm）		18	—	15	14	12	9	7	—	—	5
大气压力	冬季室外大气压力（hPa）	1020.8	1014.3	1028.6	1016.7	1020.6	1023.5	1023.4	1010.4	970.3	1022.4
	夏季室外大气压力（hPa）	999.4	993.4	997.2	995.4	999	1002.1	1002.5	990	954.6	1000.9
设计计算用供暖期天数及其平均温度	日平均温度≤+5℃的天数	99	64	95	87	91	50	38	28	13	44
	日平均温度≤+5℃的起止日期	11月25日—次年3月3日	12月11日—次年2月12日	11月28日—次年3月2日	12月4日—次年2月28日	11月27日—次年3月2日	12月22日—次年2月9日	1月1日—次年2月7日	1月9日—次年2月5日	1月11日—次年1月23日	12月27日—次年2月8日
	平均温度≤+5℃期间内的平均温度（℃）	1.6	3.1	2.2	2.5	2.1	3.9	4.5	4.7	4.8	4.2
极端最高气温（℃）		41.3	40	41.9	40.6	41.9	39.3	40.2	40.4	40.3	38.6
极端最低气温（℃）		−15.4	−16.6	−19.6	−18.1	−17.4	−18.1	−10.5	−9.8	−12.3	−14.9

续表

(11)						湖南（12）					
襄樊	荆门	十堰	黄冈	咸宁	随州	长沙	常德	衡阳	邵阳	岳阳	郴州
125.5	65.8	426.9	59.3	36	93.3	44.7	35	104.7	248.6	53	184.9
15.6	16.1	14.3	16.3	17.1	15.8	17	16.9	18	17.1	17.2	18
–1.6	–0.5	–1.5	–0.4	0.3	–1.1	0.3	0.6	1.2	0.8	0.4	1
2.4	3.5	1.9	3.5	4.4	2.7	4.6	4.7	5.9	5.2	4.8	6.2
–3.7	–2.4	–3.4	–2.5	–2	–3.5	–1.9	–1.6	–0.9	–1.2	–2	–1.1
71	74	71	74	79	71	83	80	81	80	78	84
34.7	34.5	34.4	35.5	35.7	34.9	35.8	35.4	36	34.8	34.1	35.6
27.6	28.2	26.3	28	28.5	28	27.7	28.6	27.7	26.8	28.3	26.7
31.2	31	30.3	32.1	32.3	31.4	32.9	31.9	33.2	31.9	31	32.9
66	70	63	65	65	67	61	66	58	62	72	55
31	31	28.9	31.6	32.4	31.1	31.6	32	32.4	30.9	32.2	31.7
2.4	3	1	2	2.1	2.2	2.6	1.9	2.1	1.7	2.8	1.6
2.6	3.6	2.5	2.6	2.6	2.6	1.7	3	2.5	2.4	3.2	3.2
2.3	3.1	1.1	2.1	2	2.2	2.3	1.6	1.6	1.5	2.6	1.2
2.6	4.4	3	3.5	2.9	3.6	3	3	2.7	2	3.3	2
—	6	—	5	—	—	—	—	—	5	2	—
1011.4	1018.7	974.1	1019.5	1022.1	1015	1019.6	1022.3	1012.6	995.1	1019.5	1002.2
990.8	997.5	956.8	998.8	1000.9	994.1	999.2	1000.8	993	976.9	998.7	984.3
64	54	72	54	37	63	48	30	0	11	27	0
12月11日—次年2月12日	12月18日—次年2月9日	12月5日—次年2月14日	12月19日—次年2月10日	1月2日—次年2月7日	12月11日—次年2月11日	12月26日—次年2月11日	1月8日—次年2月6日	—	1月12日—次年1月22日	1月10日—次年2月5日	—
3.1	3.8	2.9	3.7	4.4	3.3	4.3	4.5	—	4.7	4.5	—
40.7	38.6	41.4	39.8	39.4	39.8	39.7	40.1	40	39.5	39.3	40.5
–15.1	–15.3	–17.6	–15.3	–12	–16	–11.3	–13.2	–7.9	–10.5	–11.4	–6.8

省/直辖市/自治区		湖南（12）										
市/区/自治州		张家界	益阳	永州	怀化	娄底	湘西州	广州	湛江	汕头	韶关	阳江
海拔（m）		322.2	36	172.6	272.2	100	208.4	41.7	25.3	1.1	60.7	23.3
年平均温度（℃）		16.2	17	17.8	16.5	17	16.6	22	23.3	21.5	20.4	22.5
室外计算温度、湿度	供暖室外计算温度（℃）	1	0.6	1	0.8	0.6	1.3	8	10	9.4	5	9.4
	冬季通风室外计算温度（℃）	4.7	4.7	6	4.9	4.8	5.1	13.6	15.9	13.8	10.2	15.1
	冬季空气调节室外计算温度（℃）	0.9	–1.6	–1	–1.1	–1.6	–0.6	5.2	7.5	7.1	2.6	6.8
	冬季空气调节室外计算相对湿度（%）	78	81	81	80	82	79	72	81	78	75	74
	夏季空气调节室外计算干球温度（℃）	34.7	35.1	34.9	34	35.6	34.8	34.2	33.9	33.2	35.4	33
	夏季空气调节室外计算湿球温度（℃）	26.9	28.4	26.9	26.8	27.5	27	27.8	28.1	27.7	27.3	27.8
	夏季通风室外计算温度（℃）	31.3	31.7	32.1	31.2	32.7	31.7	31.8	31.5	30.9	33	30.7
	夏季通风室外计算相对湿度（%）	66	67	60	66	60	64	68	70	72	60	74
	夏季空气调节室外计算日平均温度（℃）	30	32	31.3	29.7	31.5	30	30.7	30.8	30	31.2	29.9
风向、风速及频率	夏季室外平均风速（m/s）	1.2	2.7	3	1.3	2	1	1.7	2.6	2.6	1.6	2.6
	夏季室外最多风向的平均风速（m/s）	2.7	3.3	3.2	2.6	2.7	1.6	2.3	3.1	3.3	2.8	2.8
	冬季室外平均风速（m/s）	1.2	2.4	3.1	1.6	1.7	0.9	1.7	2.6	2.7	1.5	2.9
	冬季室外最多风向的平均风速（m/s）	3	3.8	4	3.1	3	2	2.7	3.1	3.7	2.9	3.7
最大冻土深度（cm）		—	—	—	—	—	—	—	—	—	—	—
大气压力	冬季室外大气压力（hPa）	987.3	1021.5	1012.6	991.9	1013.2	1000.5	1019	1015.5	1020.2	1014.5	1016.9
	夏季室外大气压力（hPa）	969.2	1000.4	993	974	993.4	981.3	1004	1001.3	1005.7	997.6	1002.6
设计计算用供暖期天数及其平均温度	日平均温度≤+5℃的天数	30	29	0	29	30	11	0	0	0	0	0
	日平均温度≤+5℃的起止日期	1月8日—次年2月6日	1月9日—次年2月6日	—	1月8日—次年2月5日	1月8日—次年2月6日	1月10日—次年1月20日	—	—	—	—	—
	平均温度≤+5℃期间内的平均温度（℃）	4.5	4.5	—	4.7	4.6	4.8	—	—	—	—	—
极端最高气温（℃）		40.7	38.9	39.7	39.1	39.7	40.2	38.1	38.1	38.6	40.3	37.5
极端最低气温（℃）		–10.2	–11.2	–7	–11.5	–11.7	–7.5	0	2.8	0.3	–4.3	2.2

续表

广东（15）									
深圳	江门	茂名	肇庆	惠州	梅州	汕尾	河源	清远	揭阳
18.2	32.7	84.6	41	22.4	87.8	17.3	40.6	98.3	12.9
22.6	22	22.5	22.3	21.9	21.3	22.2	21.5	19.6	21.9
9.2	8	8.5	8.4	8	6.7	10.3	6.9	4	10.3
14.9	13.9	14.7	13.9	13.7	12.4	14.8	12.7	9.1	14.5
6	5.2	6	6	4.8	4.3	7.3	3.9	1.8	8
72	75	74	68	71	77	73	70	77	74
33.7	33.6	34.3	34.6	34.1	35.1	32.2	34.5	35.1	32.8
27.5	27.6	27.6	27.8	27.6	27.2	27.8	27.5	27.4	27.6
31.2	31	32	32.1	31.5	32.7	30.2	32.1	32.7	30.7
70	71	66	74	69	60	77	65	61	74
30.5	29.9	30.1	31.1	30.4	30.6	29.6	30.4	30.6	29.6
2.2	2	1.5	1.6	1.6	1.2	3.2	1.3	1.2	2.3
2.7	2.7	2.5	2	2	2.1	4.1	2.2	2.5	3.4
2.8	2.6	2.9	1.7	2.7	1	3	1.5	1.3	2.9
2.9	3.9	4.1	2.6	4.6	2.4	3	2.4	2.3	3.4
—	—	—	—	—	—	—	—	—	—
1016.6	1016.3	1009.3	1019	1017.9	1011.3	1019.3	1016.3	1011.1	1018.7
1002.4	1001.8	995.2	1003.7	1003.2	996.3	1005.3	1000.9	993.8	1004.6
0	0	0	0	0	0	0	0	0	0
—	—	—	—	—	—	—	—	—	—
—	—	—	—	—	—	—	—	—	—
38.7	37.3	37.8	38.7	38.2	39.5	38.5	39	39.6	38.4
1.7	1.6	1	1	0.5	−3.3	2.1	−0.7	−3.4	1.5

省/直辖市/自治区		广西（13）												
市/区/自治州		南宁	柳州	桂林	梧州	北海	百色	钦州	玉林	防城港	河池	来宾	贺州	崇左
海拔（m）		73.1	96.8	464.4	114.8	12.8	173.5	4.5	81.8	22.1	211	84.9	108.8	128.8
年平均温度（℃）		21.8	20.7	18.9	21.1	22.8	22	22.2	21.8	22.6	20.5	20.8	19.9	22.2
室外计算温度、湿度	供暖室外计算温度（℃）	7.6	5.1	3	6	8.2	8.8	7.9	7.1	10.5	6.3	5.5	4	9
	冬季通风室外计算温度（℃）	12.9	10.4	7.9	11.9	14.5	13.4	13.6	13.1	15.1	10.9	10.8	9.3	14
	冬季空气调节室外计算温度（℃）	5.7	3	1.1	3.6	6.2	7.1	5.8	5.1	8.6	4.3	3.6	1.9	7.3
	冬季空气调节室外计算相对湿度（%）	78	75	74	76	79	76	77	79	81	75	75	78	79
	夏季空气调节室外计算干球温度（℃）	34.5	34.8	34.2	34.8	33.1	36.1	33.6	34	33.5	34.6	34.6	35	35
	夏季空气调节室外计算湿球温度（℃）	27.9	27.5	27.3	27.9	28.2	27.9	28.3	27.8	28.5	27.1	27.7	27.5	28.1
	夏季通风室外计算温度（℃）	31.8	32.4	31.7	32.5	30.9	32.7	31.1	31.7	30.9	31.7	32.2	32.6	32.1
	夏季通风室外计算相对湿度（%）	68	65	65	65	74	65	75	68	77	66	66	62	68
	夏季空气调节室外计算日平均温度（℃）	30.7	31.4	30.4	30.5	30.6	31.3	30.3	30.3	29.9	30.7	30.8	30.8	30.9
风向、风速及频率	夏季室外平均风速（m/s）	1.5	1.6	1.6	1.2	3	1.3	2.4	1.4	2.1	1.2	1.8	1.7	1
	夏季室外最多风向的平均风速（m/s）	2.6	2.8	2.6	1.5	3.1	2.5	3.1	1.7	3.3	2	2.8	2.3	2
	冬季室外平均风速（m/s）	1.2	1.5	3.2	1.4	3.8	1.2	2.7	1.7	1.7	1.1	2.4	1.5	1.2
	冬季室外最多风向的平均风速（m/s）	1.9	2.7	4.4	2.1	5	2.2	3.5	3.2	2	1.9	3.3	2.3	2.2
最大冻土深度（cm）		—	—	—	—	—	—	—	—	—	—	—	—	—
大气压力	冬季室外大气压力（hPa）	1011	1009.9	1003	1006.9	1017.3	998.8	1019	1009.9	1016.2	995.9	1010.8	1009	1004
	夏季室外大气压力（hPa）	995.5	993.2	986.1	991.6	1002.5	983.6	1003.5	995	1001.4	980.1	994.4	992.4	989
设计计算用供暖期天数及其平均温度	日平均温度≤+5℃的天数	0	0	0	0	0	0	0	0	0	0	0	0	0
	日平均温度≤+5℃的起止日期	—	—	—	—	—	—	—	—	—	—	—	—	—
	平均温度≤+5℃期间内的平均温度（℃）	—	—	—	—	—	—	—	—	—	—	—	—	—
极端最高气温（℃）		39	39.1	38.5	39.7	37.1	42.2	37.5	38.4	38.1	39.4	39.6	39.5	39.9
极端最低气温（℃）		1.9	−1.3	−3.6	−1.5	2	0.1	2	0.8	3.3	0	−1.6	−3.5	−0.2

续表

海南（2）		重庆（3）			四川（16）									
海口	三亚	重庆	万州	奉节	成都	广元	甘孜州	宜宾	南充	凉山州	遂宁	内江	乐山	泸州
13.9	5.9	351.1	186.7	607.3	506.1	492.4	2615.7	3408	309.3	1590.9	278.2	347.1	424.2	334.8
24.1	25.8	17.7	18	16.3	16.1	16.1	7.1	17.8	17.3	16.9	17.4	17.6	17.2	17.7
12.6	17.9	4.1	4.3	1.8	2.7	2.2	–6.5	4.5	3.6	4.7	3.9	4.1	3.9	4.5
17.7	21.6	7.2	7	5.2	5.6	5.2	–2.2	7.8	6.4	9.6	6.5	7.2	7.1	7.7
10.3	15.8	2.2	2.9	0	1	0.5	–8.3	2.8	1.9	2	2	2.1	2.2	2.6
86	73	83	85	71	83	64	65	85	85	52	86	83	82	67
35.1	32.8	35.5	36.5	34.3	31.8	33.3	22.8	33.8	35.3	30.7	34.7	34.3	32.8	34.6
28.1	28.1	26.5	27.9	25.4	26.4	25.8	16.3	27.3	27.1	21.8	27.5	27.1	26.6	27.1
32.2	31.3	31.7	33	30.6	28.5	29.5	19.5	30.2	31.3	26.3	31.1	30.4	29.2	30.5
68	73	59	56	57	73	64	64	67	61	63	63	66	71	86
30.5	30.2	32.3	31.4	30.9	27.9	28.8	18.1	30	31.4	26.6	30.7	30.8	29	31
2.3	2.2	1.5	0.5	3	1.2	1.2	2.9	0.9	1.1	1.2	0.8	1.8	1.4	1.7
2.7	2.4	1.1	2.3	2.6	2	1.6	5.5	2.4	2.1	2.2	2	2.7	2.2	1.9
2.5	2.7	1.1	0.4	3.1	0.9	1.3	3.1	0.6	0.8	1.7	0.4	1.4	1	1.2
3.1	3	1.6	1.9	2.6	1.9	2.8	5.6	1.6	1.7	2.5	1.9	2.1	1.9	2
—	—	—	—	—	—	—	—	—	—	—	—	—	—	—
1016.4	1016.2	980.6	1001.1	1018.7	963.7	965.4	741.6	982.4	986.7	838.5	990	980.9	972.7	983
1002.8	1005.6	963.8	982.3	997.5	948	949.4	742.4	965.4	969.1	834.9	972	963.9	956.4	965.8
0	0	0	0	12	0	7	145	0	0	0	0	0	0	0
—	—	—	—	1月12日—次年1月23日	—	1月13日—次年1月19日	11月6日—次年3月30日	—	—	—	—	—	—	—
—	—	—	—	4.8	—	4.9	0.3	—	—	—	—	—	—	—
38.7	35.9	40.2	42.1	39.6	36.7	37.9	29.4	39.5	41.2	36.6	39.5	40.1	36.8	39.8
4.9	5.1	–1.8	–3.7	–9.2	–5.9	–8.2	–14.1	–1.7	–3.4	–3.8	–3.8	–2.7	–2.9	–1.9

省/直辖市/自治区		四川（16）					
市/区/自治州		绵阳	达州	雅安	巴中	资阳	阿坝州
海拔（m）		470.8	344.9	627.6	417.7	357	2664.4
年平均温度（℃）		16.2	17.1	16.2	16.9	17.2	8.6
室外计算温度、湿度	供暖室外计算温度（℃）	2.4	3.5	2.9	3.2	3.6	−4.1
	冬季通风室外计算温度（℃）	5.3	6.2	6.3	5.8	6.6	−0.6
	冬季空气调节室外计算温度（℃）	0.7	2.1	1.1	1.5	1.3	−6.1
	冬季空气调节室外计算相对湿度（%）	79	82	80	82	84	48
	夏季空气调节室外计算干球温度（℃）	32.6	35.4	32.1	34.5	33.7	27.3
	夏季空气调节室外计算湿球温度（℃）	26.4	27.1	25.8	26.9	26.7	17.3
	夏季通风室外计算温度（℃）	29.2	31.8	28.6	31.2	30.2	22.4
	夏季通风室外计算相对湿度（%）	70	59	70	59	65	83
	夏季空气调节室外计算日平均温度（℃）	28.5	31	27.9	30.3	29.5	19.3
风向、风速及频率	夏季室外平均风速（m/s）	1.1	1.4	1.8	0.9	1.3	1.1
	夏季室外最多风向的平均风速（m/s）	2.5	2.4	2.9	1.9	2.1	3.1
	冬季室外平均风速（m/s）	0.9	1	1.1	0.6	0.8	1
	冬季室外最多风向的平均风速（m/s）	2.7	1.9	2.1	1.7	1.3	3.3
最大冻土深度（cm）		—	—	—	—	—	25
大气压力	冬季室外大气压力（hPa）	967.3	985	949.7	979.9	980.3	733.3
	夏季室外大气压力（hPa）	951.2	967.5	935.4	962.7	962.9	734.7
设计计算用供暖期天数及其平均温度	日平均温度≤+5℃的天数	0	0	0	0	0	122
	日平均温度≤+5℃的起止日期	—	—	—	—	—	11月6日—次年3月7日
	平均温度≤+5℃期间内的平均温度（℃）	—	—	—	—	—	1.2
极端最高气温（℃）		37.2	41.2	35.4	40.3	39.2	34.5
极端最低气温（℃）		−7.3	−4.5	−3.9	−5.3	−4	−16

续表

贵州（9）								
贵阳	遵义	毕节地区	安顺	铜仁地区	黔西南州	黔南州	黔东南州	六盘水
1074.3	843.9	1510.6	1392.9	279.7	1378.5	440.3	720.3	1515.2
15.3	15.3	12.8	14.1	17	15.3	19.6	15.7	15.2
−0.3	0.3	−1.7	−1.1	1.4	0.6	5.5	−0.4	0.6
5	4.5	2.7	4.3	5.5	6.3	10.2	4.7	6.5
−2.5	−1.7	−3.5	−3	−0.5	−1.3	3.7	−2.3	−1.4
80	83	87	84	76	84	73	80	79
30.1	31.8	29.2	27.7	35.3	28.7	34.5	32.1	29.3
23	24.3	21.8	21.8	26.7	22.2	—	24.5	21.6
27.1	28.8	25.7	24.8	32.2	25.3	31.2	29	25.5
64	63	64	70	60	69	66	64	65
26.5	27.9	24.5	24.5	30.7	24.8	29.3	28.3	24.7
2.1	1.1	0.9	2.3	0.8	1.8	0.6	1.6	1.3
3	2.3	2.3	3.4	2.3	2.3	1.7	3.1	2.5
2.1	1	0.6	2.4	0.9	2.2	0.7	1.6	2
2.5	1.9	1.9	2.8	2.2	2.3	1.8	2.3	2.5
—	—	—	—	—	—	—	—	—
897.4	924	850.9	963.1	991.3	864.4	968.6	938.3	849.6
887.8	911.8	844.2	856	973.1	857.5	954.7	925.2	843.8
27	35	67	41	5	0	0	30	0
1月11日—次年2月6日	1月5日—次年2月8日	12月10日—次年2月14日	1月1日—次年2月10日	1月29日—次年2月2日	—	—	1月9日—次年2月7日	—
4.6	4.4	3.4	4.2	4.9	—	—	4.4	—
35.1	37.4	39.7	33.4	40.1	35.5	39.2	37.5	35.1
−7.3	−7.1	−11.3	−7.6	−9.2	−6.2	−2.7	−9.7	−7.9

省/直辖市/自治区		云南					
市/区/自治州		昆明	保山	昭通	丽江	普洱	红河州
海拔（m）		1892.4	1653.5	1949.5	2392.4	1302.1	1300.7
年平均温度（℃）		14.9	15.9	11.6	12.7	18.4	18.7
室外计算温度、湿度	供暖室外计算温度（℃）	3.6	6.6	−3.1	3.1	9.7	6.8
	冬季通风室外计算温度（℃）	8.1	8.5	2.2	6	12.5	12.3
	冬季空气调节室外计算温度（℃）	0.9	5.6	−5.2	1.3	7	4.5
	冬季空气调节室外计算相对湿度（%）	68	69	74	46	78	72
	夏季空气调节室外计算干球温度（℃）	26.2	27.1	27.3	25.6	29.7	30.7
	夏季空气调节室外计算湿球温度（℃）	20	20.9	19.5	18.1	22.1	22
	夏季通风室外计算温度（℃）	23	24.2	23.5	22.3	25.8	26.7
	夏季通风室外计算相对湿度（%）	68	67	63	59	69	62
	夏季空气调节室外计算日平均温度（℃）	22.4	23.1	22.5	21.3	24	25.9
风向、风速及频率	夏季室外平均风速（m/s）	1.8	1.3	1.6	2.5	1	3.2
	夏季室外最多风向的平均风速（m/s）	2.6	2.5	3	2.5	1.9	3.9
	冬季室外平均风速（m/s）	2.2	1.5	2.4	4.2	0.9	3.8
	冬季室外最多风向的平均风速（m/s）	3.7	3.4	3.6	5.5	2.7	5.5
最大冻土深度（cm）		—	—	—	—	—	—
大气压力	冬季室外大气压力（hPa）	811.9	835.7	805.3	762.6	871.8	865
	夏季室外大气压力（hPa）	808.2	830.3	802	761	865.3	871.4
设计计算用供暖期天数及其平均温度	日平均温度≤+5℃的天数	0	0	73	0	0	0
	日平均温度≤+5℃的起止日期	—	—	12月4日—次年2月14日	—	—	—
	平均温度≤+5℃期间内的平均温度（℃）	—	—	3.1	—	—	—
极端最高气温（℃）		30.4	32.3	33.4	32.3	35.7	35.9
极端最低气温（℃）		−7.8	−3.8	−10.6	−10.3	−2.5	−3.9

续表

（16）

西双版纳州	文山州	曲靖	玉溪	临沧	楚雄州	大理州	德宏州	怒江州	迪庆州
582	1271.6	1898.7	1636.7	1502.4	1772	1990.5	776.6	1804.9	3276.1
22.4	18	14.4	15.9	17.5	16	14.9	20.3	15.2	5.9
13.3	5.6	1.1	5.5	9.2	5.6	5.2	10.9	6.7	−6.1
16.5	11.1	7.4	8.9	11.2	8.7	8.2	13	9.2	−3.2
10.5	3.4	−1.6	3.4	7.7	3.2	3.5	9.9	5.6	−8.6
85	77	67	73	65	75	66	78	56	60
34.7	30.4	27	28.2	28.6	28	26.2	31.4	26.7	20.8
25.7	22.1	19.8	20.8	21.3	20.1	20.2	24.5	20	13.8
30.4	26.7	23.3	24.5	25.2	24.6	23.3	27.5	22.4	17.9
67	63	68	66	69	61	64	72	78	63
28.5	25.5	22.4	23.2	23.6	23.9	22.3	26.4	22.4	15.6
0.8	2.2	2.3	1.4	1	1.5	1.9	1.1	2.1	2.1
1.7	2.9	2.7	2.5	2.4	2.6	2.4	2.5	2.3	3.6
0.4	2.9	3.1	1.7	1	1.5	3.4	0.7	2.1	2.4
1.4	3.4	3.8	1.8	2.9	2.8	3.9	1.8	2.4	3.9
—	—	—	—	—	—	—	—	—	25
851.3	875.4	810.9	837.2	851.2	823.3	802	927.6	820.9	684.5
942.7	868.2	807.6	832.1	845.4	818.8	798.7	918.6	816.2	685.8
0	0	0	0	0	0	0	0	0	176
—	—	—	—	—	—	—	—	—	10月23日—次年4月16日
—	—	—	—	—	—	—	—	—	0.1
41.1	35.9	33.2	32.6	34.1	33	31.6	36.4	32.5	25.6
1.9	−3	−9.2	−5.5	−1.3	−4.8	−4.2	1.4	−0.5	−27.4

省/直辖市/自治区		西藏（7）						
市/区/自治州		拉萨	昌都地区	那曲地区	日喀则地区	林芝地区	阿里地区	山南地区
海拔（m）		3648.7	3306	4507	3936	2991.8	4278	9280
年平均温度（℃）		8	7.6	−1.2	6.5	8.7	0.4	−0.3
室外计算温度、湿度	供暖室外计算温度（℃）	−5.2	−5.9	−17.8	−7.3	−2	−19.8	−14.4
	冬季通风室外计算温度（℃）	−1.6	−2.3	12.6	−3.2	0.5	−12.4	9.9
	冬季空气调节室外计算温度（℃）	−7.6	−7.6	−21.9	−9.1	−3.7	−24.5	−18.2
	冬季空气调节室外计算相对湿度（%）	28	37	40	28	49	37	64
	夏季空气调节室外计算干球温度（℃）	24.1	26.2	17.2	22.6	22.9	22	13.2
	夏季空气调节室外计算湿球温度（℃）	13.5	15.1	9.1	13.4	15.6	9.5	8.7
	夏季通风室外计算温度（℃）	19.2	21.6	13.3	18.9	19.9	17	11.2
	夏季通风室外计算相对湿度（%）	38	46	52	40	61	31	68
	夏季空气调节室外计算日平均温度（℃）	19.2	19.6	11.5	17.1	17.9	16.4	9
风向、风速及频率	夏季室外平均风速（m/s）	1.8	1.2	2.5	1.3	1.6	3.2	4.1
	夏季室外最多风向的平均风速（m/s）	2.7	2.1	3.5	2.5	2.1	5	5.7
	冬季室外平均风速（m/s）	2	0.9	3	1.8	2	2.6	3.6
	冬季室外最多风向的平均风速（m/s）	2.3	2	7.5	4.5	2.3	5.7	5.6
最大冻土深度（cm）		19	81	281	58	13	—	86
大气压力	冬季室外大气压力（hPa）	650.6	679.9	583.9	636.1	706.5	602	598.3
	夏季室外大气压力（hPa）	652.9	681.7	589.1	638.5	706.2	604.8	602.7
设计计算用供暖期天数及其平均温度	日平均温度≤+5℃的天数	132	148	254	159	116	238	251
	日平均温度≤+5℃的起止日期	11 年 1 日—次年 3 月 12 日	10 月 28 日—次年 3 月 24 日	9 月 17 日—次年 5 月 28 日	10 月 22 日—次年 3 月 29 日	11 月 13 日—次年 3 月 8 日	9 月 28 日—次年 5 月 23 日	9 月 23 日—次年 5 月 31 日
	平均温度≤+5℃期间内的平均温度（℃）	0.61	3	−5.3	−0.3	2	−5.5	−3.7
极端最高气温（℃）		29.9	33.4	24.2	28.5	30.3	27.6	18.4
极端最低气温（℃）		−16.5	−20.7	−37.6	−21.3	−13.7	−36.6	−37

续表

陕西（9）									甘肃（13）				
西安	延安	宝鸡	汉中	榆林	安康	铜川	咸阳	商洛	兰州	酒泉	平凉	天水	陇南
397.5	958.5	612.4	509.5	1057.5	290.8	978.9	447.8	742.2	1517.2	1477.2	1346.6	1141.7	1079.1
13.7	9.9	13.2	14.4	8.3	15.6	10.6	13.2	12.8	9.8	7.5	8.8	11	14.6
–3.4	–10.3	–3.4	–0.1	–15.1	0.9	–7.2	–3.6	–3.3	–9	–14.5	–8.8	–5.7	0
–0.1	–5.5	0.1	2.4	–9.4	3.5	–3	–0.4	0.5	–5.3	–9	–4.6	–2	3.3
–5.7	–13.3	–5.8	–1.8	–19.3	–0.9	–9.8	–5.9	–5	–11.5	–18.5	–12.3	–8.4	–2.3
66	53	62	80	55	71	55	67	59	54	53	55	62	51
35	32.4	34.1	32.3	32.2	35	31.5	34.3	32.9	31.2	30.5	29.8	30.8	32.6
25.8	22.8	24.6	26	21.5	26.8	23	—	24.3	20.1	19.6	21.3	21.8	22.3
30.6	28.1	29.5	28.5	28	30.5	27.4	29.9	28.6	26.5	26.3	25.6	26.9	28.3
58	52	58	69	45	64	60	61	56	45	39	56	55	52
30.7	26.1	29.2	28.5	26.5	30.7	26.5	29.8	27.6	26	24.8	24	25.9	28.5
1.9	1.6	1.5	1.1	2.3	1.3	2.2	1.7	2.2	1.2	2.2	1.9	1.2	1.7
2.5	2.2	2.9	1.9	3.5	2.3	2.2	2.9	3.9	2.1	2.8	2.8	2	3.1
1.4	1.8	1.1	0.9	1.7	1.2	2.2	1.4	2.6	0.5	2	2.1	1	1.2
2.5	2.4	2.8	2.4	2.9	2.9	2.3	2.3	4.1	1.7	2.4	2.2	2.2	2.3
37	77	29	8	148	8	53	24	18	98	117	48	90	13
979.1	913.8	953.7	964.3	902.2	990.6	911.1	971.7	937.7	851..5	856.3	870	892.4	898
959.8	900.7	936.9	947.8	889.9	971.7	898.4	953.1	923.3	843.2	847.2	860.8	881.2	887.3
100	133	101	72	153	60	128	101	100	130	157	143	119	64
11月23日—次年3月2日	11月6日—次年3月18日	11月23日—次年3月3日	12月4日—次年2月13日	10月27日—次年3月28日	12月12日—次年2月9日	11月10日—次年3月17日	11月23日—次年3月3日	11月25日—次年3月4日	11月5日—次年3月14日	10月23日—次年3月28日	11月5日—次年3月27日	11月11日—次年3月9日	12月9日—次年2月10日
1.5	–1.9	1.6	3	–3.9	3.8	–0.2	1.2	1.9	–1.9	–4	–1.3	0.3	3.7
41.8	38.3	41.6	38.3	38.6	41.3	37.7	40.4	39.9	39.8	36.6	36	38.2	38.6
–12.8	–23	–16.1	–10	–30	–9.7	–21.8	–19.4	–13.9	–19.7	–29.8	–24.3	–17.4	–8.6

省/直辖市/自治区		甘肃（13）							
市/区/自治州		张掖	白银	金昌	庆阳	定西	武威	临夏州	甘南州
海拔（m）		1482.7	1398.2	19976.1	1421	1886.6	1530.9	1917	2910
年平均温度（℃）		7.3	9	5	8.7	7.2	7.9	7	2.4
室外计算温度、湿度	供暖室外计算温度（℃）	–13.7	–10.7	–14.8	–9.6	–11.3	–12.7	–10.6	–13.8
	冬季通风室外计算温度（℃）	–9.3	–6.9	–9.6	–4.8	–7	–7.8	–6.7	–9.9
	冬季空气调节室外计算温度（℃）	–17.1	–13.9	–18.2	–12.9	–15.2	–16.3	–13.4	–16.6
	冬季空气调节室外计算相对湿度（%）	52	58	45	53	62	49	59	49
	夏季空气调节室外计算干球温度（℃）	31.7	30.9	27.3	28.7	27.7	30.9	26.9	22.3
	夏季空气调节室外计算湿球温度（℃）	19.5	21	17.2	20.6	19.2	19.6	19.4	14.5
	夏季通风室外计算温度（℃）	26.9	26.7	23	24.6	23.3	26.4	22.8	17.9
	夏季通风室外计算相对湿度（%）	37	48	45	57	55	41	57	54
	夏季空气调节室外计算日平均温度（℃）	25.1	25.9	20.6	24.3	22.1	24.8	21.2	15.9
风向、风速及频率	夏季室外平均风速（m/s）	2	1.3	3.1	2.4	1.2	1.8	1	1.5
	夏季室外最多风向的平均风速（m/s）	2.1	3.3	3.6	2.9	1.7	3.3	2	3.3
	冬季室外平均风速（m/s）	1.8	0.7	2.6	2.2	1	1.6	1.2	1
	冬季室外最多风向的平均风速（m/s）	2.1	2.1	3.5	2.8	1.9	2.4	1.9	3
最大冻土深度（cm）		113	86	159	79	114	141	85	142
大气压力	冬季室外大气压力（hPa）	855.5	864.5	802.8	861.8	812.6	850.3	809.4	713.2
	夏季室外大气压力（hPa）	846.5	855	798.9	853.5	808.1	841.8	805.1	716
设计计算用供暖期天数及其平均温度	日平均温度≤+5℃的天数	159	138	175	144	155	155	156	202
	日平均温度≤+5℃的起止日期	10月21日—次年3月28日	11月3日—次年3月20日	10月15日—次年4月4日	11月5日—次年3月28日	10月25日—次年3月28日	10月24日—次年3月27日	10月24日—次年3月28日	10月8日—次年4月27日
	平均温度≤+5℃期间内的平均温度（℃）	–4	–2.7	–4.3	–1.5	–2.2	–3.1	–2.2	–3.9
极端最高气温（℃）		38.6	39.5	35.1	36.4	36.1	35.1	36.4	30.4
极端最低气温（℃）		–28.2	–24.3	–28.3	–22.6	–27.9	–28.3	–24.7	–27.9

续表

青海（8）								宁夏（5）				
西宁	玉树州	海西州	黄南州	海南州	果洛州	海北州	海东地区	银川	石嘴山	吴忠	固原	中卫
2295.2	3681.2	2807.3	8500	2835	3967.5	2787.4	1813.9	1111.4	1091	1343.9	1753	1225.7
6.1	3.2	5.3	0	4	−0.9	1	7.9	9	8.8	9.1	6.4	8.7
−11.4	−11.9	−12.9	−18	−14	−18	−17.2	−10.5	−13.1	−13.6	−12	−13.2	−12.6
−7.4	−7.6	−9.1	−12.3	−9.8	−12.6	−13.2	−6.2	−7.9	−8.4	−7.1	−8.1	−7.5
−13.6	−15.8	−15.7	−22	−16.6	−21.1	−19.7	−13.4	−17.3	−17.4	−16	−17.3	−16.4
45	44	39	55	43	53	44	51	55	50	50	56	51
26.5	21.8	26.9	19	24.6	17.3	23	28.8	31.2	31.8	32.4	27.7	31
16.6	13.1	13.3	12.4	14.8	10.9	13.8	19.4	22.1	21.5	20.7	19	21.1
21.9	17.3	21.6	14.9	19.8	13.4	18.3	24.5	27.6	28	27.7	23.2	27.2
48	50	30	58	48	57	48	50	48	42	40	54	47
20.8	15.5	21.4	13.2	19.3	12.1	15.9	23.3	26.2	26.8	26.6	22.2	25.7
1.5	0.8	3.3	2.4	2	2.2	2.2	1.4	2.1	3.1	3.2	2.7	1.9
2.9	2.3	4.3	3.4	2.9	3.4	2.9	2.2	2.9	3.1	3.4	3.7	1.9
1.3	1.1	2.2	1.9	1.4	2	1.5	1.4	1.8	2.7	2.3	2.7	1.8
3.2	3.5	2.3	4.4	1.6	4.9	2.3	2.6	2.2	4.7	2.8	3.8	2.6
123	104	84	177	150	238	250	108	88	91	130	121	66
774.4	647.5	723.5	663.1	720.1	624	725.1	820.3	896.1	898.2	870.6	826.8	883
772.9	651.5	724	668.4	721.8	630.1	727.3	815	883.9	885.7	860.6	821.1	871.7
165	199	176	243	183	255	213	146	145	146	143	166	145
10月20日—次年4月2日	10月9日—次年4月25日	10月15日—次年4月8日	9月17日—次年5月17日	10月14日—次年4月14日	9月14日—次年5月26日	9月29日—次年4月29日	11月2日—次年3月27日	11月3日—次年3月27日	11月2日—次年3月27日	11月4日—次年3月26日	10月21日—次年4月4日	11月2日—次年3月26日
−2.6	−2.7	−3.8	−4.5	−4.1	−4.9	−5.8	−2.1	−3.2	−3.7	−2.8	−3.1	−3.1
36.5	28.5	35.5	26.2	33.7	23.3	33.3	37.2	38.7	38	39	34.6	37.6
−24.9	−27.6	−26.9	−37.2	−27.7	−34	−32	−24.9	−27.7	−28.4	−27.1	−30.9	−29.2

省/直辖市/自治区		新疆						
市/区/自治州		乌鲁木齐	克拉玛依	吐鲁番	哈密	和田	阿勒泰	喀什地区
海拔（m）		917.9	449.5	34.5	737.2	1374.5	835.3	1288.7
年平均温度（℃）		7	8.6	14.4	10	12.5	4.5	11.8
室外计算温度、湿度	供暖室外计算温度（℃）	−19.7	−22.2	−12.6	−15.6	−8.7	−24.5	−10.9
	冬季通风室外计算温度（℃）	−12.7	−15.4	−7.6	−10.4	−4.4	−15.5	−5.3
	冬季空气调节室外计算温度（℃）	−23.7	−26.5	−17.1	−18.9	−12.8	−29.5	−14.6
	冬季空气调节室外计算相对湿度（%）	78	78	60	60	54	74	67
	夏季空气调节室外计算干球温度（℃）	33.5	36.4	40.3	35.8	34.5	30.8	33.8
	夏季空气调节室外计算湿球温度（℃）	18.2	19.8	24.2	22.3	21.6	19.9	21.2
	夏季通风室外计算温度（℃）	27.5	30.6	36.2	31.5	28.8	25.5	28.8
	夏季通风室外计算相对湿度（%）	34	26	26	28	36	43	34
	夏季空气调节室外计算日平均温度（℃）	28.3	32.3	35.3	30	28.9	26.3	28.7
风向、风速及频率	夏季室外平均风速（m/s）	3	4.4	1.5	1.8	2	2.6	2.1
	夏季室外最多风向的平均风速（m/s）	3.7	6.6	2.4	2.8	2.2	4.2	3
	冬季室外平均风速（m/s）	1.6	1.1	0.5	1.5	1.4	1.2	1.1
	冬季室外最多风向的平均风速（m/s）	2	2.1	1.3	2.1	1.8	2.4	1.7
最大冻土深度（cm）		139	192	83	127	64	139	66
大气压力	冬季室外大气压力（hPa）	924.6	979	1027.9	939.6	866.9	941.1	876.9
	夏季室外大气压力（hPa）	911.2	957.6	997.6	921	856.5	925	866
设计计算用供暖期天数及其平均温度	日平均温度≤+5℃的天数	158	147	118	141	114	176	121
	日平均温度≤+5℃的起止日期	10月24日—次年3月30日	10月31日—次年3月26日	11月7日—次年3月4日	10月31日—次年3月20日	11月12日—次年3月5日	10月17日—次年4月10日	11月9日—次年3月9日
	平均温度≤+5℃期间内的平均温度（℃）	−7.1	−8.6	−3.4	−4.7	−1.4	−8.6	−1.9
极端最高气温（℃）		42.1	42.7	47.7	43.2	41.1	37.5	39.9
极端最低气温（℃）		−32.8	−34.3	−25.2	−28.6	−20.1	−41.6	−23.6

续表

（14）

伊犁哈萨克自治州	巴音郭楞蒙自治州	昌吉回族自治州	博尔塔拉蒙古自治州	阿克苏地区	塔城地区	克孜勒苏柯尔克孜自治州
662.5	931.5	793.5	320.1	1103.8	534.9	2175.7
9	11.7	5.2	7.8	10.3	7.1	7.3
–16.9	–11.1	–24	–22.2	–12.5	–19.2	–14.1
–8.8	–7	–17	–15.2	–7.8	–10.5	–8.2
–21.5	–15.3	–28.2	–25.8	–16.2	–24.7	–17.9
78	63	79	81	69	72	59
32.9	34.5	33.5	34.8	32.7	33.6	28.8
21.3	22.1	19.5	—	—	—	—
27.2	30	27.9	30	28.4	27.5	23.6
45	33	34	39	39	39	27
26.3	30.6	28.2	28.7	27.1	26.9	24.3
2	2.6	3.5	1.7	1.7	2.2	3.1
2.3	4.6	3.5	2	2.3	2.2	5
1.3	1.8	2.5	1	1.2	2	1.4
2	3.2	2.9	1.6	1.6	2.1	5.9
60	58	136	141	80	160	650
947.4	917.6	934.1	994.1	897.3	963.2	786.2
934	902.3	919.4	971.2	884.3	947.5	784.3
141	127	164	152	124	162	153
11月3日—次年3月23日	11月6日—次年3月12日	10月19日—次年3月31日	10月27日—次年3月27日	11月4日—次年3月7日	10月23日—次年4月2日	10月27日—次年3月28日
–3.9	–2.9	–9.5	–7.7	–3.5	–5.4	–3.6
39.2	40	40.5	41.6	39.6	41.3	35.7
–36	–25.3	–40.1	–33.8	–25.2	–37.1	–29.9

附录D　热网水管道水力计算表

G（t/h）	DN25		DN32		DN40		DN50		DN65		DN80	
	32×2.5		38×2.5		45×2.5		57×3.5		76×3.5		89×3.5	
	v（m/s）	R_m（Pa/m）	v（m/s）	R_m（Pa/m）	v（m/s）	R_m（Pa/m）	v（m/s）	R_m（Pa/m）	v（m/s）	R_m（Pa/m）	v（m/s）	R_m（Pa/m）
0.5	0.25	39.0	0.17	13.4								
0.6	0.30	56.2	0.20	19.3	0.14	7.0						
0.7	0.35	76.5	0.24	26.3	0.16	9.5						
0.8	0.41	99.9	0.27	34.4	0.18	12.4						
0.9	0.46	126.4	0.31	43.5	0.21	15.7						
1	0.51	156.1	0.34	53.7	0.23	19.3						
1.1	0.56	188.9	0.37	65.0	0.25	23.4	0.16	7.2				
1.2	0.61	224.8	0.41	77.3	0.28	27.9	0.18	8.5				
1.3	0.66	263.8	0.44	90.8	0.30	32.7	0.19	10.0				
1.4	0.71	305.9	0.47	105.3	0.32	37.9	0.21	11.6				
1.5	0.76	351.2	0.51	120.8	0.35	43.5	0.22	13.3				
1.6	0.81	399.6	0.54	137.5	0.37	49.5	0.24	15.2				
1.7	0.86	451.1	0.58	155.2	0.39	55.9	0.25	17.1				
1.8	0.91	505.7	0.61	174.0	0.42	62.7	0.27	19.2				
1.9	0.96	563.5	0.64	193.9	0.44	69.8	0.28	21.4				
2	1.01	624.3	0.68	214.8	0.46	77.4	0.30	23.7				
2.1	1.06	688.3	0.71	236.8	0.48	85.3	0.31	26.2				
2.2			0.75	259.9	0.51	93.6	0.32	28.7				
2.3			0.78	284.1	0.53	102.4	0.34	31.4				
2.4			0.81	309.3	0.55	111.4	0.35	34.2				
2.5			0.85	335.7	0.58	120.9	0.37	37.1	0.19	6.8		
2.6			0.88	363.1	0.60	130.8	0.38	40.1	0.20	7.3		
2.7			0.92	391.5	0.62	141.0	0.40	43.3	0.21	7.9		
2.8			0.95	421.1	0.65	151.7	0.41	46.5	0.22	8.5		
2.9			0.98	451.7	0.67	162.7	0.43	49.9	0.22	9.1		
3			1.02	483.4	0.69	174.1	0.44	53.4	0.23	9.7		
3.1			1.05	516.1	0.72	185.9	0.46	57.0	0.24	10.4		
3.2			1.08	550.0	0.74	198.1	0.47	60.8	0.25	11.1		
3.3			1.12	584.9	0.76	210.7	0.49	64.6	0.26	11.8		
3.4			1.15	620.8	0.78	223.7	0.50	68.6	0.26	12.5		
3.5					0.81	237.0	0.52	72.7	0.27	13.2	0.19	5.3
3.6					0.83	250.8	0.53	76.9	0.28	14.0	0.20	5.6
3.7					0.85	264.9	0.55	81.2	0.29	14.8	0.20	6.0
3.8					0.88	279.4	0.56	85.7	0.29	15.6	0.21	6.3
3.9					0.90	294.3	0.58	90.2	0.30	16.4	0.21	6.6
4					0.92	309.6	0.59	94.9	0.31	17.3	0.22	7.0

续表

G（t/h）	DN40		DN50		DN65		DN80		DN100		DN125	
	45×2.5		57×3.5		76×3.5		89×3.5		108×4		133×4	
	v（m/s）	R_m（Pa/m）	v（m/s）	R_m（Pa/m）	v（m/s）	R_m（Pa/m）	v（m/s）	R_m（Pa/m）	v（m/s）	R_m（Pa/m）	v（m/s）	R_m（Pa/m）
4.2	0.97	341.3	0.62	104.7	0.33	19.1	0.23	7.7				
4.4	1.02	374.6	0.65	114.9	0.34	20.9	0.24	8.4				
4.6	1.06	409.4	0.68	125.5	0.36	22.9	0.25	9.2				
4.8	1.11	445.8	0.71	136.7	0.37	24.9	0.26	10.0				
5	1.15	483.7	0.74	148.3	0.39	27.0	0.27	10.9				
5.2	1.20	523.2	0.77	160.4	0.40	29.2	0.29	11.8				
5.4	1.25	564.2	0.80	173.0	0.42	31.5	0.30	12.7				
5.6	1.29	606.8	0.83	186.1	0.43	33.9	0.31	13.6				
5.8	1.34	650.9	0.86	199.6	0.45	36.4	0.32	14.6				
6	1.38	696.5	0.89	213.6	0.47	38.9	0.33	15.7				
6.2	1.43	743.7	0.92	228.1	0.48	41.6	0.34	16.7				
6.4			0.95	243.0	0.50	44.3	0.35	17.8				
6.6			0.97	258.4	0.51	47.1	0.36	18.9				
6.8			1.00	274.3	0.53	50.0	0.37	20.1				
7			1.03	290.7	0.54	53.0	0.38	21.3				
7.5			1.11	333.7	0.58	60.8	0.41	24.5				
8			1.18	379.7	0.62	69.2	0.44	27.8	0.30	9.8		
8.5			1.26	428.6	0.66	78.1	0.47	31.4	0.31	11.0		
9			1.33	480.6	0.70	87.6	0.49	35.2	0.33	12.4		
9.5			1.40	535.4	0.74	97.6	0.52	39.2	0.35	13.8		
10			1.48	593.3	0.78	108.1	0.55	43.5	0.37	15.3		
10.5			1.55	654.1	0.81	119.2	0.58	47.9	0.39	16.8		
11			1.62	717.9	0.85	130.8	0.60	52.6	0.41	18.5		
11.5			1.70	784.6	0.89	143.0	0.63	57.5	0.42	20.2		
12					0.93	155.7	0.66	62.6	0.44	22.0		
12.5					0.97	168.9	0.69	67.9	0.46	23.9	0.30	7.4
13					1.01	182.7	0.71	73.5	0.48	25.8	0.31	8.0
13.5					1.05	197.0	0.74	79.3	0.50	27.9	0.32	8.6
14					1.09	211.9	0.77	85.2	0.52	30.0	0.33	9.3
14.5					1.12	227.3	0.80	91.4	0.54	32.1	0.34	9.9
15					1.16	243.2	0.82	97.8	0.55	34.4	0.35	10.6
16					1.24	276.8	0.88	111.3	0.59	39.1	0.38	12.1
17					1.32	312.4	0.93	125.7	0.63	44.2	0.40	13.7
18					1.40	350.3	0.99	140.9	0.66	49.5	0.43	15.3
19					1.47	390.3	1.04	157.0	0.70	55.2	0.45	17.1
20					1.55	432.4	1.10	173.9	0.74	61.1	0.47	18.9

续表

G（t/h）	DN65		DN80		DN100		DN125		DN150		DN200	
	76×3.5		89×3.5		108×4		133×4		159×4.5		219×6	
	v（m/s）	R_m（Pa/m）	v（m/s）	R_m（Pa/m）	v（m/s）	R_m（Pa/m）	v（m/s）	R_m（Pa/m）	v（m/s）	R_m（Pa/m）	v（m/s）	R_m（Pa/m）
21	1.63	476.8	1.15	191.8	0.78	67.4	0.50	20.8				
22	1.71	523.2	1.21	210.5	0.81	74.0	0.52	22.9				
23	1.78	571.9	1.26	230.0	0.85	80.8	0.54	25.0				
24	1.86	622.7	1.32	250.5	0.89	88.0	0.57	27.2				
25	1.94	675.7	1.37	271.8	0.92	95.5	0.59	29.5				
26			1.43	294.0	0.96	103.3	0.61	31.9				
27			1.48	317.0	1.00	111.4	0.64	34.4				
28			1.54	340.9	1.03	119.8	0.66	37.0				
29			1.59	365.7	1.07	128.5	0.69	39.7				
30			1.65	391.4	1.11	137.5	0.71	42.5				
31			1.70	417.9	1.14	146.9	0.73	45.4				
32			1.76	445.3	1.18	156.5	0.76	48.4				
33			1.81	473.5	1.22	166.4	0.78	51.4				
34			1.87	502.7	1.26	176.7	0.80	54.6				
35			1.92	532.7	1.29	187.2	0.83	57.9				
36			1.98	563.6	1.33	198.1	0.85	61.2				
37					1.37	209.2	0.87	64.7	0.61	24.8		
38					1.40	220.7	0.90	68.2	0.62	26.2		
39					1.44	232.4	0.92	71.8	0.64	27.6		
40					1.48	244.5	0.95	75.6	0.66	29.0	0.34	5.3
41					1.51	256.9	0.97	79.4	0.67	30.5	0.35	5.6
42					1.55	269.6	0.99	83.3	0.69	32.0	0.36	5.9
43					1.59	282.6	1.02	87.3	0.71	33.5	0.37	6.2
44					1.62	295.9	1.04	91.4	0.72	35.1	0.38	6.5
45					1.66	309.5	1.06	95.7	0.74	36.7	0.39	6.8
46					1.70	323.4	1.09	100.0	0.75	38.3	0.40	7.1
47					1.74	337.6	1.11	104.3	0.77	40.0	0.40	7.4
48					1.77	352.1	1.13	108.8	0.79	41.7	0.41	7.7
49					1.81	366.9	1.16	113.4	0.80	43.5	0.42	8.0
50					1.85	382.1	1.18	118.1	0.82	45.3	0.43	8.4
51					1.88	397.5	1.21	122.9	0.84	47.1	0.44	8.7
52					1.92	413.2	1.23	127.7	0.85	49.0	0.45	9.0
53							1.25	132.7	0.87	50.9	0.46	9.4
54							1.28	137.7	0.89	52.8	0.47	9.7
55							1.30	142.9	0.90	54.8	0.47	10.1
56							1.32	148.1	0.92	56.8	0.48	10.5

续表

G（t/h）	DN125		DN150		DN200		DN250		DN300	
	133×4		159×4.5		219×6		273×6		325×7	
	v（m/s）	R_m（Pa/m）	v（m/s）	R_m（Pa/m）	v（m/s）	R_m（Pa/m）	v（m/s）	R_m（Pa/m）	v（m/s）	R_m（Pa/m）
58	1.37	158.9	0.95	61.0	0.50	11.2				
60	1.42	170.0	0.98	65.2	0.52	12.0				
62	1.47	181.6	1.02	69.7	0.53	12.9				
64	1.51	193.5	1.05	74.2	0.55	13.7				
66	1.56	205.8	1.08	78.9	0.57	14.6				
68	1.61	218.4	1.12	83.8	0.59	15.5				
70	1.65	231.5	1.15	88.8	0.60	16.4				
72	1.70	244.9	1.18	93.9	0.62	17.3				
74	1.75	258.7	1.21	99.2	0.64	18.3				
76	1.80	272.8	1.25	104.7	0.65	19.3				
78	1.84	287.4	1.28	110.2	0.67	20.3				
80	1.89	302.3	1.31	116.0	0.69	21.4				
85			1.39	130.9	0.73	24.2				
90			1.48	146.8	0.78	27.1				
95			1.56	163.5	0.82	30.2				
100			1.64	181.2	0.86	33.4				
105			1.72	199.8	0.90	36.9				
110			1.81	219.3	0.95	40.5	0.60	12.0		
115			1.89	239.6	0.99	44.2	0.62	13.1		
120			1.97	260.9	1.03	48.1	0.65	14.3		
125			2.05	283.1	1.08	52.2	0.68	15.5		
130			2.13	306.2	1.12	56.5	0.70	16.8		
135			2.22	330.2	1.16	60.9	0.73	18.1		
140			2.30	355.2	1.21	65.5	0.76	19.5		
145			2.38	381.0	1.25	70.3	0.79	20.9		
150			2.46	407.7	1.29	75.2	0.81	22.3		
155					1.34	80.3	0.84	23.8		
160					1.38	85.6	0.87	25.4	0.61	10.2
165					1.42	91.0	0.89	27.0	0.63	10.8
170					1.46	96.6	0.92	28.7	0.65	11.5
175					1.51	102.4	0.95	30.4	0.67	12.1
180					1.55	108.3	0.98	32.2	0.69	12.9
190					1.64	120.7	1.03	35.8	0.73	14.3
200					1.72	133.7	1.08	39.7	0.76	15.9
210					1.81	147.4	1.14	43.8	0.80	17.5
220					1.90	161.8	1.19	48.0	0.84	19.2

续表

G（t/h）	DN200		DN250		DN300		DN350		DN400		DN450	
	219×6		273×6		325×7		377×7		426×7		478×7	
	v（m/s）	R_m（Pa/m）	v（m/s）	R_m（Pa/m）	v（m/s）	R_m（Pa/m）	v（m/s）	R_m（Pa/m）	v（m/s）	R_m（Pa/m）	v（m/s）	R_m（Pa/m）
230	1.98	176.9	1.25	52.5	0.88	21.0						
240	2.07	192.6	1.30	57.2	0.92	22.8						
250	2.15	209.0	1.36	62.0	0.95	24.8						
260	2.24	226.0	1.41	67.1	0.99	26.8						
270	2.33	243.7	1.46	72.4	1.03	28.9						
280	2.41	262.1	1.52	77.8	1.07	31.1						
290	2.50	281.2	1.57	83.5	1.11	33.4						
300			1.63	89.3	1.15	35.7						
310			1.68	95.4	1.18	38.1						
320			1.73	101.6	1.22	40.6						
330			1.79	108.1	1.26	43.2						
340			1.84	114.8	1.30	45.9						
350			1.90	121.6	1.34	48.6						
360			1.95	128.6	1.37	51.4	1.01	22.9				
370			2.01	135.9	1.41	54.3	1.04	24.2				
380			2.06	143.3	1.45	57.3	1.06	25.5				
390			2.11	151.0	1.49	60.3	1.09	26.9				
400			2.17	158.8	1.53	63.5	1.12	28.3				
410			2.22	166.9	1.57	66.7	1.15	29.7				
420			2.28	175.1	1.60	70.0	1.18	31.2				
430			2.33	183.5	1.64	73.3	1.20	32.7				
440			2.38	192.2	1.68	76.8	1.23	34.2				
450			2.44	201.0	1.72	80.3	1.26	35.8				
460			2.49	210.0	1.76	83.9	1.29	37.4				
470			2.55	219.3	1.79	87.6	1.32	39.0	1.02	20.1		
480			2.60	228.7	1.83	91.4	1.34	40.7	1.04	21.0		
490			2.66	238.3	1.87	95.2	1.37	42.4	1.07	21.9		
500			2.71	248.2	1.91	99.2	1.40	44.2	1.09	22.8		
520			2.82	268.4	1.99	107.3	1.46	47.8	1.13	24.7		
540			2.93	289.5	2.06	115.7	1.51	51.5	1.17	26.6		
560					2.14	124.4	1.57	55.4	1.22	28.6		
580					2.21	133.4	1.63	59.5	1.26	30.7		
600					2.29	142.8	1.68	63.6	1.31	32.8	1.03	17.6
620					2.37	152.5	1.74	67.9	1.35	35.1	1.06	18.8
640							1.79	72.4	1.39	37.4	1.10	20.1
660							1.85	77.0	1.44	39.7	1.13	21.4

续表

G（t/h）	DN350		DN400		DN450		DN500		DN600		DN700	
	377×7		426×7		478×7		529×7		630×7		720×8	
	v（m/s）	R_m（Pa/m）	v（m/s）	R_m（Pa/m）	v（m/s）	R_m（Pa/m）	v（m/s）	R_m（Pa/m）	v（m/s）	R_m（Pa/m）	v（m/s）	R_m（Pa/m）
680	1.91	81.7	1.48	42.2	1.17	22.7						
700	1.96	86.6	1.52	44.7	1.20	24.0						
720	2.02	91.6	1.57	47.3	1.23	25.4	1.00	14.7				
740	2.07	96.8	1.61	49.9	1.27	26.8	1.03	15.6				
760	2.13	102.1	1.65	52.7	1.30	28.3	1.06	16.4				
780	2.19	107.5	1.70	55.5	1.34	29.8	1.09	17.3				
800	2.24	113.1	1.74	58.4	1.37	31.4	1.11	18.2				
820	2.30	118.8	1.78	61.3	1.41	33.0	1.14	19.1				
840	2.35	124.7	1.83	64.4	1.44	34.6	1.17	20.1				
860	2.41	130.7	1.87	67.5	1.47	36.3	1.20	21.0				
880	2.47	136.9	1.91	70.6	1.51	38.0	1.23	22.0				
900	2.52	143.2	1.96	73.9	1.54	39.7	1.25	23.0				
920	2.58	149.6	2.00	77.2	1.58	41.5	1.28	24.1				
940	2.63	156.2	2.04	80.6	1.61	43.3	1.31	25.1				
960	2.69	162.9	2.09	84.1	1.65	45.2	1.34	26.2				
980	2.75	169.7	2.13	87.6	1.68	47.1	1.36	27.3				
1000	2.80	176.7	2.18	91.2	1.71	49.0	1.39	28.4				
1020	2.86	183.9	2.22	94.9	1.75	51.0	1.42	29.6				
1040	2.91	191.2	2.26	98.6	1.78	53.0	1.45	30.8	1.01	12.1		
1060	2.97	198.6	2.31	102.5	1.82	55.1	1.48	32.0	1.03	12.6		
1080			2.35	106.4	1.85	57.2	1.50	33.2	1.05	13.0		
1100			2.39	110.4	1.89	59.3	1.53	34.4	1.07	13.5		
1150			2.50	120.6	1.97	64.8	1.60	37.6	1.12	14.8		
1200			2.61	131.3	2.06	70.6	1.67	41.0	1.17	16.1		
1250			2.72	142.5	2.14	76.6	1.74	44.4	1.22	17.5		
1300			2.83	154.1	2.23	82.9	1.81	48.1	1.26	18.9		
1350			2.94	166.2	2.32	89.4	1.88	51.8	1.31	20.4	1.01	10.2
1400					2.40	96.1	1.95	55.8	1.36	21.9	1.04	10.9
1450					2.49	103.1	2.02	59.8	1.41	23.5	1.08	11.7
1500					2.57	110.3	2.09	64.0	1.46	25.2	1.12	12.5
1550					2.66	117.8	2.16	68.3	1.51	26.9	1.15	13.4
1600					2.74	125.5	2.23	72.8	1.56	28.6	1.19	14.3
1650					2.83	133.5	2.30	77.4	1.61	30.4	1.23	15.2
1700					2.92	141.7	2.37	82.2	1.65	32.3	1.27	16.1
1750					3.00	150.1	2.44	87.1	1.70	34.2	1.30	17.1

续表

G（t/h）	DN500		DN600		DN700		DN800		DN900	
	529×7		630×7		720×8		820×8		920×8	
	v（m/s）	R_m（Pa/m）	v（m/s）	R_m（Pa/m）	v（m/s）	R_m（Pa/m）	v（m/s）	R_m（Pa/m）	v（m/s）	R_m（Pa/m）
1750	2.44	87.1	1.70	34.2	1.30	17.1	1.00	8.5		
1800	2.51	92.2	1.75	36.2	1.34	18.1	1.03	9.0		
1850	2.58	97.4	1.80	38.3	1.38	19.1	1.06	9.5		
1900	2.64	102.7	1.85	40.4	1.42	20.1	1.09	10.1		
1950	2.71	108.2	1.90	42.5	1.45	21.2	1.11	10.6		
2000	2.78	113.8	1.95	44.7	1.49	22.3	1.14	11.2		
2100	2.92	125.5	2.04	49.3	1.56	24.6	1.20	12.3		
2200			2.14	54.1	1.64	27.0	1.26	13.5		
2300			2.24	59.1	1.71	29.5	1.31	14.8	1.04	8.0
2400			2.34	64.4	1.79	32.1	1.37	16.1	1.08	8.7
2500			2.43	69.9	1.86	34.8	1.43	17.4	1.13	9.5
2600			2.53	75.6	1.94	37.7	1.49	18.9	1.17	10.2
2700			2.63	81.5	2.01	40.6	1.54	20.3	1.22	11.0
2800			2.72	87.6	2.09	43.7	1.60	21.9	1.27	11.9
2900			2.82	94.0	2.16	46.9	1.66	23.5	1.31	12.7
3000			2.92	100.6	2.23	50.2	1.71	25.1	1.36	13.6
3100			3.02	107.4	2.31	53.6	1.77	26.8	1.40	14.6
3200			3.11	114.5	2.38	57.1	1.83	28.6	1.45	15.5
3300			3.21	121.7	2.46	60.7	1.88	30.4	1.49	16.5
3400			3.31	129.2	2.53	64.4	1.94	32.3	1.54	17.5
3500			3.41	136.9	2.61	68.3	2.00	34.2	1.58	18.6
3600			3.50	144.9	2.68	72.2	2.06	36.2	1.63	19.6
3700			3.60	153.0	2.76	76.3	2.11	38.2	1.67	20.7
3800			3.70	161.4	2.83	80.5	2.17	40.3	1.72	21.9
3900			3.79	170.0	2.91	84.8	2.23	42.4	1.76	23.0
4000			3.89	178.9	2.98	89.2	2.28	44.6	1.81	24.2
4200			4.09	197.2	3.13	98.3	2.40	49.2	1.90	26.7
4400			4.28	216.4	3.28	107.9	2.51	54.0	1.99	29.3
4600			4.48	236.5	3.43	117.9	2.63	59.0	2.08	32.1
4800			4.67	257.5	3.58	128.4	2.74	64.3	2.17	34.9
5000			4.87	279.5	3.72	139.3	2.86	69.7	2.26	37.9
5200			5.06	302.3	3.87	150.7	2.97	75.4	2.35	41.0
5400			5.25	326.0	4.02	162.5	3.08	81.4	2.44	44.2
5600					4.17	174.8	3.20	87.5	2.53	47.5

续表

G（t/h）	DN700		DN800		DN900		DN1000		DN1200	
	720×8		820×8		920×8		1020×10		1220×12	
	v（m/s）	R_m（Pa/m）	v（m/s）	R_m（Pa/m）	v（m/s）	R_m（Pa/m）	v（m/s）	R_m（Pa/m）	v（m/s）	R_m（Pa/m）
5800	4.32	187.5	3.31	93.9	2.62	51.0	2.14	30.1	1.50	11.9
6000	4.47	200.6	3.43	100.4	2.71	54.6	2.22	32.3	1.55	12.7
6200	4.62	214.2	3.54	107.2	2.80	58.2	2.29	34.4	1.60	13.6
6400	4.77	228.3	3.66	114.3	2.89	62.1	2.36	36.7	1.65	14.5
6600	4.92	242.8	3.77	121.5	2.98	66.0	2.44	39.0	1.70	15.4
6800	5.07	257.7	3.88	129.0	3.07	70.1	2.51	41.4	1.76	16.3
7000	5.21	273.1	4.00	136.7	3.16	74.2	2.58	43.9	1.81	17.3
7200	5.36	288.9	4.11	144.6	3.25	78.6	2.66	46.5	1.86	18.3
7400	5.51	305.2	4.23	152.8	3.34	83.0	2.73	49.1	1.91	19.3
7600	5.66	321.9	4.34	161.1	3.43	87.5	2.81	51.8	1.96	20.4
7800	5.81	339.1	4.46	169.7	3.52	92.2	2.88	54.5	2.01	21.5
8000	5.96	356.7	4.57	178.6	3.61	97.0	2.95	57.4	2.06	22.6
8200			4.68	187.6	3.70	101.9	3.03	60.3	2.12	23.8
8400			4.80	196.9	3.80	106.9	3.10	63.2	2.17	24.9
8600			4.91	206.3	3.89	112.1	3.18	66.3	2.22	26.1
8800			5.03	216.0	3.98	117.3	3.25	69.4	2.27	27.4
9000			5.14	226.0	4.07	122.7	3.32	72.6	2.32	28.6
9200			5.25	236.1	4.16	128.3	3.40	75.8	2.37	29.9
9400			5.37	246.5	4.25	133.9	3.47	79.2	2.43	31.2
9600			5.48	257.1	4.34	139.6	3.54	82.6	2.48	32.6
9800			5.60	267.9	4.43	145.5	3.62	86.1	2.53	33.9
10000			5.71	279.0	4.52	151.5	3.69	89.6	2.58	35.3
10500							3.88	98.8	2.71	38.9
11000							4.06	108.4	2.84	42.7
11500							4.25	118.5	2.97	46.7

主要量的符号及其计量单位

量 的 名 称	符号	计量单位	量 的 名 称	符号	计量单位
长度	L（l）	m	热量	Q	J
高度	H（h）	m	热负荷	Q	kW
半径	R（r）	m	发热量	q	kJ/m^3
直径	D（d）	m	热耗率	q	kJ/（kW・h）
公称直径	DN	mm	供热发电比	β	%
厚度（壁厚）	δ	m	单位发电煤耗	b	kg/（kW・h）
面积	A	m^2	单位供热煤耗	b	kg/GJ
体积，容积	V	m^3	蒸汽流量	D	t/h
流速	v	m/s	流量，耗气量	G	t/h
密度	ρ	kg/m^3	比㶲	e	kJ/kg
比体积	v	m^3/kg	功率	P	W
力	F	N	电量	W	kW・h
力矩	M	N・m	设备利用小时数	n	h
压力	p	Pa	厂用电率	ξ	%
热力学温度	T	K	比摩阻	R_m	Pa/m
摄氏温度	t	℃	效率	η	%
温升（温差）	Δt	℃			

参 考 文 献

[1] 杨旭中，郭晓克，康慧. 热电联产规划设计手册. 北京：中国电力出版社，2009.
[2] 华北电力设计院有限公司. 高效低碳环保大型燃气轮机电厂工程实践　工程篇. 北京：中国电力出版社，2013.
[3] 华北电力设计院有限公司. 高效低碳环保大型燃气轮机电厂工程实践　技术篇. 北京：中国电力出版社，2015.
[4] 中国华电集团公司. 大型燃气－蒸汽联合循环发电技术丛书　设备及系统分册. 北京：中国电力出版社，2009.
[5] 清华大学热能工程系动力机械与工程研究所，深圳南山热电股份有限公司. 燃气轮机与燃气－蒸汽联合循环装置(上下册). 北京:中国电力出版社,2007.
[6] 门金成. 大型燃气－蒸汽联合循环发电技术　三菱F级. 北京：中国电力出版社，2017.